U0425622

生活是设计之源

源从生活、提炼生活、超越生活是设计的路途。

"从生活超越创意"！

需要努力!!!

[illegible]

2018-12-24.

刘文金——著

刘岸 沈华杰 章国强 邓昕——编

家具设计研究文集

FURNITURE&FURNISHING DESIGN RESERACH COLLECTION

中国林业出版社

图书在版编目(CIP)数据

刘文金家具设计研究文集 / 刘文金著；刘岸等编.

北京：中国林业出版社，2024. 12. -- ISBN 978-7-5219-2835-8

Ⅰ. TS664.01-53

中国国家版本馆CIP数据核字第2024CS3365号

策划编辑：樊　菲

责任编辑：樊　菲　李　鹏

封面设计：刘　芑

整体装帧设计：杨昶贺　樊　菲

出版发行：中国林业出版社

（100009，北京市西城区刘海胡同 7 号，电话 83143610）

电子邮箱：cfphzbs@163.com

网址：https://www.cfph.net

印刷：北京博海升彩色印刷有限公司

版次：2024 年 12 月第 1 版

印次：2024 年 12 月第 1 次印刷

开本：787mm×1092mm 1/16

印张：29.5

插页：34 面

字数：730 千字

定价：198.00 元

编者名单

著　　者：刘文金

编　　者：刘　岸　沈华杰　章国强　邓　昕

审　　读：陈新义　李国华　王　超　王育凯

整理校对：（按姓氏笔画排序）

王　超　王育凯　王诗阳　邓　昕　刘　芑　刘　岸

李　娟　李国华　杨　元　沈华杰　陈新义　周　熙

郑柳杨　章国强　谭　淳

特别支持：强恩逊（惠州）家居发展有限公司

前言

留点什么，以记录我们敬爱的刘老师一生关于家具文化、家具设计、家具教育、家具行业等的点点滴滴，是我们师兄弟姐妹在刘老师病重期间不约而同的想法。然而，那时，我们做的更多的是看望刘老师，对这个共同想法的具体落实做得不够。在2023年12月11日依依不舍送别关爱我们的刘老师时，我们仍没能回答好“留点什么”的自问。

回顾过往，“家具设计大家”“家具领域专家”“家具界教师”等，是朋友们给刘老师的代名词；“课上得好”“会写文章”“会做研究”“豪爽”等，是同事们对刘老师的深刻印象；“严谨”“慈祥”“爱学生”“懂生活”等，是学生们关于刘老师抹不去的记忆。为回答我们的自问，以最美的文字缅怀刘老师，让我们永远记住刘老师对家具深沉的爱，我们最终决定整理出版刘老师生前发表的文章。

本书首次刊载刘老师来不及续笔的《我的半生经历》和来不及发表的遗作《新时期工业设计专业学生美育的特殊性及方法探析》，汇总了《对我国现代家具设计的一些思考》等40篇刘老师作为第一作者的研究论文，以及《家具形态设计（三）天人合一——自然形态向人造形态的转化》等62篇刘老师作为通讯作者的研究论文，共计102篇。这些文章系统呈现了刘老师在家具设计、家具文化、家具形态、家具造型、松木家具、竹家具、家具产业、家具教育等方面的理论研究与应用探索。本书刊载了刘老师代表作之一《中国家具设计白皮书》，记录了刘老师被学界、业界广为赞誉的对“新中式家具”的率先定义与阐释……字里行间藏有后来刘老师赠予我们的“因唯美，得个性，而社会”的师生情、校友情、社会责任感。

本书承载了刘老师生前工作、生活的美好回忆。遗憾的是，向来忙于工作的刘老师并没给我们留下太多的照片或音视频。

时间有限，本书收录了少量刘老师生前好友对刘老师的纪念文章。

放眼未来，我们开枝散叶于五湖四海，在政府机关、企事业单位、高等院校、科研院所等机构和领域，担任相关负责人，或自创公司，却总不忘刘老师传给我们“家具人”的“基因”。

谨以此，缅怀我们敬爱的刘老师。

编　者

2024年11月

因唯美，得个性，而社会。

——刘文金

目录

前言

刘文金遗作

刘文金纪念文章

刘文金家具设计研究文章精选

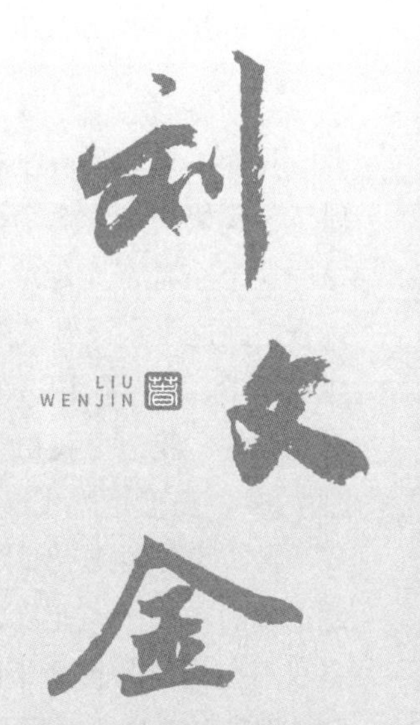

遗作

我的半生经历

我读书启蒙实际上很早，应该是不到5岁。原因很简单，我奶奶比较要强。爷爷被抓丁，我奶奶带着3个孩子"守寡"多年，日子过得很苦，以至于乡邻都怀疑我奶奶支撑的这个家是否能延续。但她老人家撑下来了！而且还撑到了有了孙子我！她想向别人宣告，她这个家没有破败，孙子都可以读书了，于是就把我早早地送进了学校。记忆中，我在小学、中学阶段一直都比较争气，成绩应该一直是名列前茅。但那个时期的教育有点儿异常。我记得我初中读的是"棉花班"（棉花培育班），高中读的是"赤医班"（赤脚医生班），虽然也学了些文化，但是不规范、不系统。

1977年高中毕业时，我不足15岁，虽然说是高中毕业，但我清楚自己的文化功底是很差的。高中毕业后，我就回到当时的生产队开始务农。可以说生产队的所有农活没有我不会的，并且我干的农活得到许多老农的认可。后来，我又做过生产队的记工员、会计助理和仓库保管助理，当时他们应该是想把我往村干部方向培养的。

1977年下半年，高考恢复搅动了我的思绪。当时的我，虽然名义上是高中毕业生，但实际知识储备最多就是小学水平，是不能应对高考的。虽然我参加了第一次高考，但实际上根本没入门。接下来我有两条路可以选择：一条是务农，估计后面能当上一个村干部；另一条就是继续读书，但基础太差，只能从初中开始学。当时，乡中学办了一个专门辅导考中专的班，选拔应届初中生成绩较好但家里负担不起继续读高中的人一起上课。1978年底，一个远房亲戚老师鼓励我去上这个班，目标是考上中专跳出农门。读了一个学期，我从初一知识学起，到后来我的成绩应该是班里数一数二的了。但没料到1979年国家取消了单独的中专考试，中专招生和高考并轨。也就是说，即使我只想读个中专，也要参加高考。高考是要考高中知识的呀，而我学得的高中知识几乎是零。这时候，老师鼓励我："你去跟着高中毕业班补习一年，但你必须在一年时间内补习完高中的所有知识。"我一想，经过半年的初中补习，我已经把初中知识掌握得比较好了，再花一年时间补习高中知识应该也不是天方夜谭！于是，我重新补习高中知识并于1980年参加了第二次高考。就这样，我以一年半不到的时间补习了初中、高中的所有课程。结果当然可想而知，我的知识是一锅"夹生饭"，1980年我的高考分数只勉强上了大专线。但我一直是一个"盲目乐观"的人，我坚信我能考上大学本科！于是，我选择了继续复读。

1980年复读的一年是我人生中最艰难的时间！那一年，家乡遭洪灾，活命都难！其间，有很多心酸，不想提及。

1981年，我参加了我的第三次高考。考上了中南林学院。"嘿嘿"，当时我还在傻乐，心想：如果我当时在澧县一中复读，我定能考上清华北大。

这样的信念支撑了我一辈子。

大学刚毕业，我母亲就因病去世了，我便成了家里的顶梁柱。至今还未放下担子。

1985年，受学校推荐我被抽调参加省里的高考招生工作，表现不错，同时也结识了省教育厅和学校的许多领导。当时，学校有意把我往招生干部岗位方向上培养，但我觉得搞行政不是我所愿，我还是喜欢当老师。

当时，我所在教师岗位的收入较低，加上有了自己的小家庭，我必须在课余时间搞点副业补贴开支。最直接的途径就是学习建筑装修设计与施工。于是，1990 年我借了 15000 元，买了一辆摩托车和 1 个 BB 机，成立了自己的装饰公司，1993 年我又注册成立了自己的家具厂。

未曾想到，通过五六年的努力，我的装修业务前景一片光明，人脉关系也逐渐铺开。副业虽越搞越好，但也分了一些我当老师的心。于是，我不得不又要做一次选择：是继续当老师还是做老板？我觉得鱼和熊掌不可兼得，我选择了前者。

于是，1998—1999 年，我果断放弃了装修业务和家具厂经营，准备去考博士。经过一年复习，主要是复习英语，2000 年我考上了南京林业大学的博士研究生，师从华毓坤教授。

博士毕业后，我又随波逐流先后任普通教师和学院院长，现在又回到教师的岗位上。

回想我这一生，做过一个算合格的农民，最终却定位在了教师岗位上；经历了求学的坎坷，怀着一个中专生的理想，最终却站在了国家二级教授、博导的位置上；我不想从政，到后来却当了 12 年大学的学院院长。还有一些"拉风"的花絮：我曾经拥有全校第一批"大哥大"、全校第一辆私家小车；也做过一些荒唐事，比如，我曾参加株洲市处级干部选拔考试，由于作文写完后按习惯署了名，违规，录取是不可能的，但文章被刊登在了当年的《湖南党建》期刊上。

半生经历不长，但其间的风风雨雨、坎坎坷坷、跌宕起伏，想起来还是蛮有意思的。

刘文金

写于 2021 年暮春

新时期工业设计专业学生美育的特殊性及方法探析

习近平总书记在给中央美院八位教授的回信中，充分肯定了高校美育工作的重要性，对高校做好美育工作、弘扬中华美育精神提出了殷切期望，为高校的美育研究指明了方向。工业设计专业可谓是“创造美”的专业，美育的重要性自然不言而喻。但据调查分析，仍有部分院校对此未引起足够重视。归纳起来存在两个主要问题：一是概念模糊；二是有针对性的方式方法欠缺。工业设计专业属性介于工科类专业和艺术类专业之间，生源大多为理工类学生，以往的美育基础相对较为薄弱，但该专业学生入学后均会学习素描、色彩等艺术类相关课程，这让绝大多数高校在统筹该专业的美育计划时出现一些模糊的认识，误将课程教学中的形式美育替代学生素质的实质美育，形成该专业实质美育的真空。课题组借助“十三五”省级综合改革试点专业课题研究机遇，在充分领悟工业设计专业内涵、国内外专业建设与发展趋势的基础上，系统研究了该专业在美育教育中不同于其他工科类专业和艺术设计类专业的特殊性，以期为该专业的美育提供必要的理论依据。

1　工业设计专业的内涵及其在新时期的美育特征分析

1.1　国际视野下对工业设计概念的解读

按照国际工业设计协会的定义：“工业设计旨在引导创新、促发商业成功及提供更好质量的生活，是一种将策略性解决问题的过程应用于产品、系统、服务及体验的设计活动。它是一种跨学科的专业，将创新、技术、商业、研究及消费者紧密联系在一起，共同进行创造性活动，并将需解决的问题、提出的解决方案进行可视化，重新解构问题，将其作为建立更好的产品、系统、服务、体验或商业网络的机会，提供新的价值以及竞争优势。通过其输出物对社会、经济、环境及伦理等方面的问题予以回应，旨在创造一个更好的世界。”根据此定义，工业设计专业的基本内涵主要体现在以下 4 个方面：一是关于“泛生活”意义的设计活动，这里的“生活”包括内容丰富的社会生活，如生产、社交、商贸、流通和日常起居生活等；二是设计活动的宗旨是“策略性”解决问题，换句话说，是提出解决问题的“构想、方案、策略”；三是其核心聚焦的领域主要包括产品（尤其是批量生产的工业产品）、与产品有关的系统（资源、生产、流通、使用、报废等）、产品的服务（产品中的人机关系和人与人之间的关系）、人类对于产品的体验等；四是强调“可视化”的设计表达，即采用直观、感性、具有氛围渲染特征的图像、影像、图示等载体进行视觉化的表达。

1.2　多方位渗透“人性化因素”的跨学科属性及其美育目标

由上面工业设计定义的解读可以看出，工业设计研究的主要对象是人，研究内容包括人与人的关系以及人与物的关系，这就决定了该专业的跨学科特征：一是专业定位的跨学科，二是专业领域知识的跨学科。在设计思维上，既涉及社会、伦理、文化等人文社科类学科，也涉及材料、技术、工程等工科类学科，还涉及经济、管理等相关学科的知识；在设计要素上，工业设计关注人机交互关系、视觉形态、功能、制造与加工、使用过程的合理与优化等；在设计方法上，既重视逻辑化的理性推理（工程师的设计模式），也倡导情绪化的灵感再现（艺术家的创作模式）。

工业设计专业的跨学科特征就决定了工业设计专业学生多维度的美育目标。从审美观基础来看，强调学生具有基于大众审美的社会审美观，并具有能够影响和引导大众的社会责任感，同时又需要培养学生以与众不同的方式创造美的个性化审美观；从认识美、感受美的审美训练来看，需要学生将主观与客观、主动与被动有机结合起来，需要学生既能够理解和善于欣赏美，又具有创造美的兴趣和才能；从审美对象和类型来看，既需要学生具有自然美、社会美等一般审美的知识，又需要强化艺术美、技术美等特殊技能。总之，工业设计专业学生的美育工作有其不同于其他专业类别的特殊性和复杂性，需要有一个适合其专业特点的完整的美育体系。

1.3　中国新时期工业设计专业建设的核心价值及其美育的典型特征

与其他传统专业领域相比，中国工业设计专业的发展历史相对较短，在其发展过程中，就专业领域内涵与边界，学科属性与知识结构体系，培养计划、教学大纲以及教学方法，等等，也经历过许多尝试。尽管也走了许多弯路，但一些核心问题，如专业设置对于社会发展的作用与意义、跨学科领域的新型学科属性、系统策划思维模式与特殊的表征手段等，均已形成基本共识。换句话说，专业建设的探索期暂时告一段落，而应该将其积极地融入社会建设的实践活动中去。中国社会已进入一个新的历史时期，工业设计专业如何在新时期体现出自身的教育价值，是我们必须思考的命题。

新时期中国工业设计专业建设的核心价值是社会服务、社会创新和文化传承。

社会服务是专业获得社会认同的必要前提。摆正本专业是为其他专业领域服务的“专业定位”，用工业设计的系统思维解决以往其他社会生产中各领域所面临的各种问题，并使之转型升级，专业的社会价值自然得到彰显。当前工业设计专业履行社会服务职责的核心在于构建合理的社会生产系统和提供美的产品，与此相适应的美育就是培养学生从宏观上规划社会美的能力，从而确立社会系统和谐的设计思想。

创新不仅是社会发展的动力，同时也是工业设计专业建设可持续发展的核心动力。工业设计专业学生创新能力的培养同样离不开因材施教的基本原则。就其生源知识基础和素质、专业培养目标、一般意义上的创新途径与方法等培养工业设计专业学生创新能力的主要影响要素来看，综合创新是最主要的切入点。综合创新主要包括观念创新、思维创新、形式创新、方法创新等方面，主要体现为“集成创新”，与此相适应的美育就是要培养学生的综合审美观，同时让学生具备个性化特殊技能。

文化传承已明确为高校的核心职责之一。工业设计专业的学生应责无旁贷地承担起传承中国传统设计文化的重任。在中国传统设计文化中，以人为本、以自然为本、天人合一的审美表现得尤为充分，并由此演绎了许多具有鲜明民族特色的设计形式。这些都是中国特色设计之魂，与此相适应的美育就是民族审美情愫的塑造和对民族审美文化的自信。

总之，工业设计专业学生的美育任务无论就其专业内涵还是当前的时代需求，都具有较为鲜明的特殊性，相关高校应为该专业的学生制订一个系统的、有别于其他专业的教育计划。

❷ 适合我国新时期工业设计专业特点的美育思想与方法

上面的讨论基本回答了什么是工业设计、工业设计专业的特殊性以及在新时期工业设计专业教育的任务等问题，这些为工业设计教育实践奠定了理论基础。依照蔡元培美育思想：美育，又称为美感教育。即通过培养人们认识美、体验美、感受美、欣赏美和创造美的能力，从而使我们具有美的理想、美的情操、美的品格和美的素养。工业设计教育是一个庞大的系统工程，本文聚焦其中的美育问题进行探讨，探寻针对工业设计专业特殊性的美育思想与方法。

2.1 树立提升社会审美水平的美育思想——从形式美育转向实质美育

当前工业设计专业的美育实践主要存在两个问题：一是教育认知误区，表现在“既然开设了美术基础类、设计表现类课程，美育就自然地融入其中了”；二是急功近利的价值取向，表现在为了“获奖”，似乎“设计的唯一突破口就是个性”。前者将狭义的美育与广义的美育相混淆，将艺术形式的视觉美认识这一培养学生具备表象性技能的“术”等同于陶冶学生具有内在性崇高审美情操的“育”，导致只有“术”的传授没有“育”的养成。毫无疑问，图形与图像、形态与结构、比例与尺度、色彩与搭配、虚与实等“术”的知识培育，它们是学生认识艺术形式美的基础，是获取作品美的氛围与意境的技能，但不是学生具备优秀人格的本质。例如：有些学生设计作品非原创，拼贴别人的作品，并运用高超的技巧使之天衣无缝，就自欺欺人地认为是自己的设计并冠以后现代美的手法；有些学生作品形式上无比夸张，本质上却低俗无趣，还自认为是先锋前卫。这些就是典型的例子。后者是将感性美育与理性美育相混淆，将设计师自身的个性凌驾于社会、社会审美之上，表面上心无旁骛，实则目中无人。在学生的设计作品中，我们可以经常发现一些置绿色生态于不顾而无端使用珍稀树种木材、贵重金属、濒危动物毛皮的案例；只求自己的标新立异，用“抢眼球”的手段设计一些荒诞离奇形态的作品；远离现实技术条件和现实生活方式，只图一时之快的超现实“狂想”。在他们的心目中，设计的社会与历史责任感、满足公共需求和承载社会美育重任等理念荡然无存。

针对上述问题，结合中国社会主义建设新时期社会的基本特点，我们倡导提升学生社会审美水平的美育思想。所谓提升社会审美水平，就是通过工业设计的手段和方法，建立体现中国国情的物质产品生产关系，体现和提升社会的和谐美；开发符合中国当代大众审美情趣并引导受众具备更高审美品位的产品，体现产品的综合美。例如，课题组受政府委托设计了一家定制家居企业，在规划企业模式时，考虑到方便政府在园区内统一协调大型企业与小微企业之间的关系，决定采用标准化生产模式，龙头企业主导产品研发和关键技术，小微企业专业化生产劳动力密集的部分零件，做到各得其所；在产品规划时，针对国内制造技术水平、市场消费水平和大众审美中普遍存在的“趋同”心理，在初期摒弃难度较大的“全个性化定制产品”而采用相对较易推广的“大规模定制产品”，而后通过改进设计、细节设计等手段逐年提升产品的个性化审美品质，并将产品升级过程完整展示给消费者，由此引导消费者的审美认知升级。几年来，企业的经济、社会效益良好，企业经济收入稳步提高，与此同时，消费者普遍反映从该企业身上学到了许多关于家居设计的知识。参与项目的学生从案例中领略了我国企业间的社会协作关系、行业基础技术水平、公众审美与消费效应等社会要素对设计的影响，感受到了大众消费审美逐年提升所带来的成就感和喜悦感。

总结上述教学案例，我们认为：要树立提升社会审美水平的美育思想，关键在于确立"因唯美得个性而社会"这种智育与德育并行的教育理念。倡导社会"唯美"是理想、设计师和消费者的"个性"提升是必要的过程和手段，其核心在于立足"社会"：理想建立在社会审美的基础之上，所有的过程和手段也应该适应现实社会的各种条件和需求。

2.2　循序渐进和体验式相结合——审美能力"渗透"式的教学机制

工业设计专业的生源以理科学生为主，中学阶段受到的审美教育和艺术训练很少，但大多数高校等他们一进校的时候，普遍采取"强化"甚至"强迫"式的艺术训练，短时间、高强度地开设素描、色彩、造型基础等艺术形式类课程，虽然能取得及时的效果，但后续效应不明显，尤其是与后续的设计基础类课程脱节，造成"阶段性"美育之不可持续的后果。因此，对于工业设计专业的学生而言，我们可以尝试美育长期渗透的教学机制，就是根据具体课程的教学内容，有计划、有步骤地在教学中循序渐进"渗透"美育的理念和实践，将艺术训练类课程的高阶内容分散至后续的专业基础课程甚至是专业课程中，使艺术训练的美育 4 年不断线。我校（中南林业科技大学）的专业改革实践就初步证明了这一点。我们将总学时为 340 的艺术基础课程分散在 6 个学期，其中将素描、色彩等课程分布在第一学年的两个学期，将造型基础分别与专业基础课和专业课结合，学生反响很好。

虽然工业设计专业的学生要开设大量的艺术形式类课程，但他们的培养目标与纯艺术类专业有较大的区别，更多的是以"产品"为载体来表达他们的审美思想。一方面，设计师应该意识到自己的设计不仅对当代也对历史负有责任，不仅要设计出能满足公共需求的功能性产品，更应该意识到设计产品承担着公共美育的重任，设计师应该在满足功能性的前提下，设计出更美、更富于精神力量的产品，设计师应力求使自己的设计能进入历史，力求能使设计真正成为设计文化，这些都离不开设计师对产品使用过程的亲身体验。另一方面，产品是利用特定的材料，由特定的工艺，通过特定的设备和工具制作出来的，产品的美除了形式美外，还集中体现为技术美，而技术美与产品的形成过程密切相关。于是，设计师在制作过程中的亲身体验也就变得尤为重要。而实际情况恰恰相反。由于教学资源尤其是实训资源缺乏，当前大多数开办工业设计专业的高校还是以课堂讲授的教学手段为主，这种"灌输"的教学模式显然不能取得良好的效果。西方现代美育创始人之一的席勒就曾经说过："从感觉的被动状态到思想和意志的主动状态这一转变过程，只有通过审美自由这个中间状态才能实现。"而实现这一转变的基本方式就是加强学生的亲身"体验"，就是让他们在不断的"设计"和"制作"中感受到"美"。为此，我们尝试了"工作室"培养模式。让部分学生进入到教师的设计工作室和制作实验室中，很好地激发了学生的设计兴趣，且一大批学生在各类设计大赛中获奖。

2.3　服务社会的项目训练——综合审美的习惯养成

教育部门明确指出：我国高校美育的基本任务是培养和发展学生创造现实美和艺术

美的才能和兴趣。要使学生学会按照美的法则建设生活，把美体现在生活、劳动和其他行动中，养成他们美化环境以及生活的能力和习惯。对于工业设计专业的学生而言，怎样于在读期间就能让他们领略到上述观点，对于他们毕业后的影响极为重要。

审美习惯也称审美习惯心理，是审美中循着固有心理积习、惯性与已知对象同化、和谐的心理趋势，它是审美经验积累所凝聚的习惯成自然的审美能力。当人再度面对已知的或类似的对象时，以往积淀的情感、理智便再现于当前的直觉之中，乃至唤醒沉淀于大脑中的潜意识，使人无须经过理智的分析，便能凭着"直觉"而比较轻松、迅速、自然地把握对象的审美特性。正因为如此，培养学生正确审美观的良好习惯就非常重要。

学生在校期间往往要参与大量的设计实践，据调查，当前学生的训练课题有 80% 以上都是老师指定的虚拟课题，设计目的具有较大的自由度，设计评价的标准也很难把握，一些重要的审美理念较难在课题设计时贯彻，学生往往处于似是而非的状态。

针对上述状况，我们尝试了项目训练。所有训练项目皆来源于社会需求。在项目执行初期，我们组织学生对项目的设计目的进行深入的调查分析，真正弄清其依据，并将其"转译"为设计要素。项目完成后，我们又要花费大量的时间对设计结果进行跟踪调查，验证设计理念与设计结果的吻合程度，并及时进行项目设计总结。这种训练很好地因应了理工科学生聚焦型思维能力较强的特点，将一些发散型思维内容形成为具有程序化的知识，逐渐形成一种习惯。实践证明，这种相对程序化的习惯不仅没有僵化学生的设计意识，反而引导他们更加综合性地思考设计命题，对于他们毕业后马上进入实际工作状态帮助极大。

❸ 结　语

工业设计是社会创新的重要驱动之一，已引起了社会各界的高度重视。工业设计专业是高校开设面较广的新型专业，工业设计教育尚处于探索阶段，无论是专业属性、专业建设、培养目标、教学机制等都有待深入系统地研究。该专业的美育研究也应结合我国高等教育的国情和专业定位，力争培养既能引领创新又能引导社会审美，既能欣赏美又能创造美，既具有个性美又融合社会美的高端人才。

刘文金

写于 2019 年 11 月

刘文金

LIU WENJIN

纪念文章

刘文金教授悼词

各位亲属、各位来宾：

今天，我们怀着无比沉痛的心情，聚集在庄严肃穆的追远厅，送别学校家具与艺术设计学院创院院长，我国家具行业著名的专家，我们尊敬的刘文金教授。在此，我谨代表中南林业科技大学对刘文金教授的辞世表示深切哀悼，向刘文金教授家人致以诚挚的问候！

刘文金教授患病两年多来，家人付出极大的精力，给予了无微不至的照顾，学校领导、学院教职工、亲朋好友以及学生经常看望慰问他，送去温暖。近日，刘文金教授的病情突然加重，经全力抢救，却无力回天，他不幸于2023年12月9日凌晨2: 30辞世，享年62岁。

刘文金教授于1962年9月出生在湖南澧县。1976—1978年，他在澧县余家台中学读初中。1978—1981年，他在澧县第六中学读高中。1981—1985年，他在中南林学院林业工程系木材加工专业学习。1985年7月，他留校任教；2000—2003年，他在南京林业大学攻读木材科学与技术专业博士研究生并获工学博士学位。2007年9月—2009年11月，他任中南林业科技大学湖南省家具家饰工业设计中心专职副主任。2009年11月—2021年5月，他任中南林业科技大学家具与艺术设计学院院长。

刘文金同志于1986年加入中国共产党，1997年晋升为副教授，2002年晋升为教授，2020年晋升为二级教授。2023年9月，他光荣退休。

工作期间，刘文金教授承担了繁重的教学、科研、行政工作任务，积累了丰富的工作经验，受到同事、学生的一致好评。他多次获得学校优秀共产党员、优秀教师等荣誉称号。刘文金教授始终保持积极向上、认真负责的工作态度，为学校的建设和发展付出了辛勤劳动，作出了积极贡献。特别是担任家具与艺术设计学院院长期间，刘文金教授呕心沥血、勤勉敬业，主持申报了一级学科硕士学位点——“设计学”，两个专业硕士学位点——“艺术硕士”和“工业设计工程”，并兼任设计学学科带头人多年。其所在的工业设计专业于2016年获评为“湖南省十三五综合改革试点专业”，2019年获批成为教育部首批“国家级一流专业建设点”。

作为我国家具高等教育领域的著名专家，刘文金教授为家具人才培养、科学研究和设计实践奋斗了一生，培养出一大批高水平的学者，为中国家具设计教育和产业发展作出了杰出贡献。他曾获“中国工业设计十佳教育工作者”“中国家具行业杰出贡献奖”等荣誉；主持国家重点研发计划、国家社会科学基金、国家公益行业专项等国家级项目4项，主持教育部博士点基金、湖南省科技计划、湖南省设计基金等省级项目6项；获设计发明专利2项，公开出版《木材与设计》《当代家具设计理论研究》《家具造型设计》《室内设计基础》《家具设计》等专著5本，公开发表研究论文100余篇；获国家级教学成果奖1项，省级教学成果奖2项，省级及行业科技进步奖3项；设计作品多次获国际产品博览会金奖，指导学生获各类设计奖50余项。

刘文金教授忠诚于党的教育事业，爱岗敬业，坚持原则，顾全大局，公正处事，廉洁自律，体现了一名党员领导干部的高尚情操。刘文金教授心有大我，言为士则，启智润心，勤学笃行，乐教爱生，胸怀天下，表率了一名教育工作者的教育家精神。刘文金教授以赓续中国家具学科建设为己任，以领航中国家具工业发展为己任，屡创佳绩、屡建新功，谱写了一位家具资深学者的丰功伟绩。

刘文金教授的一生，是见证了我们学校追求一流、勇攀高峰的一生。刘文金教授的一生，是缔造家具理论研究新里程的一生。刘文金教授的一生，是创造家具人才培养新时代的一生。刘文金教授的一生，是指明家具行业高质量发展方向的一生。刘文金教授的一生，是奠定家具教育后继有人新基石的一生。

湘江北去，气势磅礴；先生归西，音容宛在。敬爱的刘文金先生已经离我们而去，但他的党员榜样必将长留于我们心中，他的教育家精神必将永驻于我们心中，他的敬业风范必将成为我们学习的典范，成为我们精神的动力。刘老师，我们大家衷心祈愿您长陌远行，清风浩荡，一路走好！

刘文金教授的离开，是我国家具行业的巨大损失，是我们中南林业科技大学的巨大损失。

敬爱的刘文金教授，您安息吧！

王忠伟　中南林业科技大学副校长

写于 2023 年 12 月 11 日

深刻怀念刘文金先生

胡景初

文金先生离开我们一周年了，文金短暂而发光的一生值得我们永远怀念和追思。

文金担任家具与艺术设计学院院长的十年，是他人生和事业的巅峰期，不仅学院得到了快速和高质量的发展，"家具与艺术设计"专业作为教育部的一级建设学科，多次通过专家评审和验收。他个人的科研成果和学术专著也达到了高峰。遗憾的是刚到退休年龄便离开了我们，结束了他短暂而发光的一生。

学生时代的文金是一位聪明好学，心灵手巧、生活朴实的学生，给我留下了深刻的印象，所以毕业时，因专业建设的需要，我和柳淑宜老师都极力推荐他留校任教，后来便成为了家具与艺术设计学院重点培养对象与骨干教师。

文金是一位优秀的青年学者，教学科研和社会服务都十分出色。刚留校不久，在改革开放早期政策的支持和鼓励下，为弥补他未经下厂锻炼而实践经验不足的缺陷，他便申办了自己的室内装修公司和木工作坊，而且取得成功。但很快又醒悟到，学科建设更需要的是高学历的人

《深刻怀念刘文金先生》胡景初手稿

才，于是他又毅然放弃了亲手创办的且业务满满的装饰公司和木工作坊，走上了攻读博士的学术之路。这一人生的重大转折，为他后来的成功打下了扎实的基础。

在家庭生活中，文金是一位热爱生活且充满情趣的达人。他对夫人和儿子关爱有加，是一个合格的丈夫和父亲。在兄弟姐妹中，他是老大。由于母亲早逝，而父亲又是一个不善言辞老实本分的农民。因此他又承担了长兄为父的责任，为弟妹在学校的后勤部门谋到了一分合适的工作，兑现了母亲临终时对他的嘱咐。

工作之余，他喜欢钓鱼与烹饪，他做的菜美味可口，在他家吃过饭的人无不满口称赞。他的缺点就是好酒，并为此而付出了生命的代价。

文金喜欢读书，读书和学习是他的第一乐事。上世纪80年代我担任建工学院院长时，曾给他配了一间学习工作室，他十分高兴，有空便呆在工作室看书和工作，春节也不例外。我记得每年春节团拜后他不是回家，而是回到工作室，享受安静读书之乐。后来他曾对我说，株洲的岁月是他最开心最值得留恋的岁月。

愿文金在天堂继续他最喜欢的生活。

《深刻怀念刘文金先生》胡景初手稿

深刻怀念刘文金先生

文金先生离开我们快一年了，他短暂而发光的一生值得我们永远怀念和追思。

文金担任中南林业科技大学家具与艺术设计学院院长的10年，不仅学院得到了快速和高质量的发展，“家具与艺术设计”专业作为教育部的一级建设学科，多次通过专家评审和验收；他个人的科研成果和学术专著也达到了高峰。遗憾的是，刚到退休年龄，他便离开了我们，结束了短暂而发光的一生。

学生时代的文金是一位聪明好学、心灵手巧、生活朴实的学生，给我留下了深刻的印象。所以他毕业时，因专业建设的需要，我和柳淑宜老师都极力推荐他留校任教，后来他便成为家具与艺术设计学院重点培养对象与骨干教师。

文金是一位优秀的青年学者，教学科研和社会服务都十分出色。刚留校不久，在改革开放早期政策的支持和鼓励下，他为弥补自己未经下厂锻炼而实践经验不足的缺陷，便申办了自己的室内装修公司和木工作坊，而且取得了成功。但他很快又认识到，学科建设更需要的是高学历的人才。于是，他毅然放弃了亲手创办的且业务满满的装饰公司和木工作坊，走上了攻读博士的学术之路。这一人生的重大转折，为他后来的成功打下了扎实的基础。

在家庭生活中，文金是一位热爱生活且充满情趣的达人。他对夫人和儿子关爱有加，是合格的丈夫和父亲。在兄弟姐妹中，他是老大。由于母亲早逝，而父亲又是一个不善言辞、老实本分的农民。因此，他又承担了长兄为父的责任，为弟妹在学校的后勤部门谋到了一份合适的工作，兑现了母亲临终时对他的嘱咐。

工作之余，他喜欢钓鱼与烹饪，他做的菜美味可口，在他家吃过饭的人无不满口称赞。他的缺点就是好酒，并为此而付出了生命的代价。

文金喜欢读书，读书和学习是他的第一乐事。20世纪80年代，我担任建工学院院长时，曾给他配了一间学习工作室，他十分高兴，有空便待在工作室看书和工作，春节也不例外。我记得每年春节团拜后他不是回家，而是回到工作室，享受安静读书之乐。后来，他曾对我说，株洲的岁月是他最开心、最值得留恋的岁月。

愿文金在天堂继续他最喜欢的生活。

胡景初　中南林业科技大学教授

写于2024年11月

追忆刘文金教授

转眼间，刘文金教授离开我们已经快一年了。曾记得还是在前几年，第一次听说文金教授生病在北京住院的时候，我很惊讶，甚至不敢相信这是真的！后经打听，虽确认此事，但因那时是新冠期间，我一直未能如愿去看望文金教授；去年 12 月 9 日，文金教授因病辞世，我惊悉噩耗，甚为悲痛！

我与文金教授是同年、同届、同专业和同行好友，我们都是 1963 年[①] 出生、1981 年上大学、1985 年本科毕业，虽然我在南京林业大学（原南京林产工业学院、南京林学院），文金在中南林业科技大学（原中南林学院），但我们当年学的都是木材机械加工专业，后来各自留校又都是从事家具设计与制造、工业设计等专业的教学科研、社会服务以及学院管理等方面的工作。

至今我还记得，第一次与文金相识是在 2000 年 9 月，文金考上了南京林业大学博士研究生，师从华毓坤教授攻读木材科学与技术学科（家具与室内设计方向）的博士学位，我当时是南京林业大学木材工业学院副院长，分管科研和研究生培养工作。所以，当年文金到学校报到时，我们有过第一次的简短见面和交流。2003 年 6 月，我作为答辩专家参加了文金的博士研究生学位论文答辩会，对文金的学术研究方向有了初步的了解。由此，因为我们有相同的专业背景和专业学科研究方向，所以就开始有了更多的接触与交流。

在此后的 20 多年，我们在中国家具协会陈宝光副理事长等领导的组织下，与行业其他专家们一起共同参与了中国家具协会设计工作委员会的组建，“金斧奖”中国家具设计大赛的评审，中国家具产业集群的考评，全国性家具行业和深圳、广州、上海等展会家具设计大赛的评选工作，以及与家具行业相关的其他会议或活动。每年我们都会见面好多次，经常在一起工作，也走遍了全国各地的家具产业基地和企业，甚至，我们还一起去过欧洲，考察了德国和意大利等国家的家具、木工机械企业以及米兰国际家具展。

与此同时，我们还与北京林业大学张亚池教授等人一起组建了中国林业出版社木材科学与设计艺术学科教材编写委员会（2003 年），并相继成立了中国林学会家具与室内装饰研究会（2008 年）、全国家具专业学科高校教师联盟（2016 年）、中国林学会家具与集成家居分会（2019 年），为各高校、企业就家具专业学科建设、人才培养、教育教学改革、科学研究与产教融合等方向搭建了很好的交流研讨平台，聚集了好多高校专业教师和相关企业人员，每年都有会议和活动，大家在一起做了很多事情，也有了一定的凝聚力。

除此之外，我和文金教授还分别是国内高校最早两个家具学院的创院院长，任职也都是 10 年左右的时间。我们南京林业大学家具与工业设计学院是 2008 年 9 月成立的，当时是在 2003 年 4 月获批自主设立“家具设计与工程”二级博士点学科的发展基础上，

① 刘文金档案资料为 1963 年出生，实际为 1962 年出生。

随着学校专业学科和院系的调整，由木材工业学院的家具设计系和机械电子工程学院的工业设计系合并组建成立。中南林业科技大学家具与艺术设计学院成立于 2009 年 12 月，同年也自主设置了“家具与室内设计工程”二级博士点学科。这两个家具（现已先后分别改为家居）学院都设有家具设计、工业设计、产品设计等专业，并都涉及林业工程的家具学科和设计学学科，在专业教学、研究生培养、科学研究及专业学科建设等方面都十分相似。两个学院成立以来，立足于专业的特色和交叉学科的优势，迅速发展壮大，为满足家具及大家居行业的人才需求和技术发展作出了应有的贡献，并都具有较高的知名度和影响力。

文金教授长期以来一直从事工业设计教育、家具设计理论研究和设计实践工作，主持过很多国家及省部级科研项目，出版和发表了很多教材、专著与学术研究论文，也培养了很多硕士和博士研究生。他自身的教学、科研和技术服务工作以及学院行政管理和社会工作等，都做得很好；他热爱自己的工作，对工作充满激情，也为工作倾注了很多心血，作出了许多实实在在的贡献；同时，他行事低调，待人热情，至今他那自带湘音、洋溢笑容的神态，依旧在我们的眼前或记忆里。

在文金教授离开我们快一周年之际，谨以此文追忆文金教授。

愿文金教授一路走好！

吴智慧　南京林业大学教授 / 博士生导师

写于 2024 年 10 月 31 日

追忆刘文金

值此刘文金教授离开我们将近一年之际，学生们专门为他编辑出版了这一本《刘文金家具设计研究文集》，这不仅是对文金兄生平职业成就的最好总结与写照，也是对行业、对社会的重要贡献与对后生的勉励。

刘老师的学生特邀我写一篇追忆的短文，我提起笔，思绪瞬间回到了那个家具学术界莘莘学子艰苦跋涉、一步一个脚印的火红年代。

我和文金兄属于同时代学者，他在中南林业科技大学就职，我在南京林业大学任教，我们同为林家大院的子弟。他的导师是胡景初教授，我的导师是张彬渊教授，我们都认彼此的导师为自己的导师，我们都是站在巨人的肩膀上成长起来的中年学子。我们的先辈是这个专业领域的拓荒者，秉承着深深的责任感，带着非凡的勇气和敏锐的洞察力；我们的使命是要在此基础上构建起属于中国自己的、先进的家具（家居）领域的理论大厦；我们的后辈则肩负着让中国家具（家居）理论走向世界巅峰的伟大历史使命。中国家具（家居）界人才辈出、薪火相传、生生不息。

每个时代总会有那么一些人，影响着这个时代步伐的前进。刘文金无疑是这个辉煌时代优秀学者的典型代表。

当代中国家具（家居）业的发展与改革开放同步，已走过了将近半个世纪的历程。从卖方市场的野蛮生长到摸着石头过河的朦胧探索，实践一直走在了理论的前面。从产品品质的提升到生产制造的工业化进程，从材料与风格的二元导向到产品的全要素设计，从活动家具到系统家具的产品延伸，从产品为基础的供给方式到整装集成的一体化解决方案，从家具到家居，行业发展日新月异，眼花缭乱。这一切都对实用理论有着极高的要求和殷切的期待，需要有人在迷雾中导航、领跑，当代中国家具（家居）正在建立自己先进的理论体系与设计哲学。

在此进程中，学术界从未停止过蹒跚而又坚定的进取步伐，兢兢业业、筚路蓝缕、艰难前行。

刘文金先生走了，英年早逝、令人唏嘘，但他培养起来的学生们已堪当重任，中国家具（家居）学术界与实业界均后继有人，这应该是文金兄最大的安慰。上个月我到西南林业大学做讲座时，欣慰地看到了他的研究生和博士生都已挑起了大梁。我告诉他们："刘老师的学生就是我的学生，刘老师未竟的事业就是我的事业。"那一刻我们的眼睛都湿润了。

谨以此文表达我对文金兄的哀思！并以此文激励我们的后生，不辱使命，勇攀高峰！

许柏鸣　南京林业大学教授 / 博士生导师
深圳家具研究开发院院长
写于 2024 年 11 月 5 日

永远的思念

只要一提到刘文金，我的内心就隐隐作痛，眼眶就会湿润。那个小眼睛的文金，那个才华横溢的文金，那个笑声爽朗的文金，那个喝酒豪爽的文金，那个讲课幽默而富有思辨能力的文金，那个开过工厂、做过生意、当过博导的文金，那个重情重义的文金，太多的模样，太深的记忆，总在我眼前晃，仿佛他就在身边。我们一起喝酒聊天，畅谈行业，交流办学……然而，他却走了，走得那么突然，走得那么痛苦，走得那么不舍！去年听闻他去世的消息，仿佛是晴天霹雳，让我心痛，让我伤心，让我不敢相信这是真的。然而，他，真的就那么走了。

在他离开我们的日子，文金常常出现在我的眼前，很多时候我总觉得他没有离开过我们，仿佛他还在与我们一起出差、评审。老天爷为什么这么无情，让这么好的人早早就离开我们。他还要做很多事情，他还要亲自操办儿子的婚礼，还要抱孙子，享受天伦之乐，还要陪伴唐老师走遍世界，还要和老同学叙叙旧，还要写几本书，把一生的专业知识积累留给后人……我知道，文金会有多么不舍，不想就这么走了。命运就是这么无情。

我跟文金是博士同学，在行业里又经常一起工作、开会、评审和交流。应该说，在家具行业 20 多年的从业经历中，交流最多、感情最深的莫过于文金。就博士同学而言，从 2003 年毕业之后，基本就与文金既是同学又是行业战友，与其他同学，基本一毕业就难以碰面了。

文金的文笔非常好，清新优美而又观点鲜明。他很爱写文章，在当时的《家具》杂志、上海博华主办的《中国家具》、中南林业科技大学的《家具与室内装饰》等杂志上，常常发表文章。我也喜欢写文章，也经常读到文金的很多文章，印象很深。读着他的文章，总在想这应该是一位戴着眼镜文质彬彬的男老师，也很想有机会跟他交流专业方面的话题。没想到，有念想就有缘分。我们都上了同一届南京林业大学的博士，而且都在木材工业学院。他的博导是华毓坤教授，当时在南林是鼎鼎有名的大博导；我的导师周定国教授，是当时木材工业学院的院长，也是国内知名专家。周老师又是华老师的学生，两人关系也非常好，而且当时木材工业学院这一届博士生，搞家具的主要就是我和他，这么多的巧合，使我与文金的关系自然近了很多。

记得第一次见文金，是在 2000 届博士开学典礼的会场，当老师点名念到刘文金的名字时，他站起来跟大家打了一声招呼。我坐在前排，听到叫他的名字时就赶紧转过身，看一下刘文金到底长什么样。我仔细一看，他黑不溜秋，长着一对超细的但能溢出强光的眼睛，看起来很幽默且睿智，精气神十足，这跟我以前的想象很不一样。会后，我就主动去跟他打招呼，我跟文金说："没有想到，长着这么豪放、外向的小眼睛，竟然能写出那么优美的文字。"他很开心地笑了。我们初识的场景，过去几十年了，每次想起都历历在目，他那双笑眯眯的小眼睛就会在眼前，好像正在跟我说话。就这样，在后来 20 多年的岁月里，我们不仅成了很好的朋友，并且，我们两家人也都成了挚友。

文金的离去，是学校的损失，是学生的损失，是行业的损失，是国家的损失，更是我们这些朋友的损失。他是中南林业科技大学家具学院的创院院长，从胡景初老师手中接过重任，把家具专业办得风生水起，很快在全国有了很大的影响力。我非常钦佩他的人品，他从不争荣誉，总把荣誉给老师们，总在为老师们创造学习深造的机会，在他当院长期间，把一批又一批老师送到国外读博士，极大地优化了师资结构，提升了教学质量，也让老师改变了命运。目前的社会，像他这样心里装的总是别人的领导少之又少。

他是典型的湖南人，做事雷厉风行，说一不二，为人豪爽，热心助人。因此，大家都喜欢跟他交朋友，每次跟他出差，不管到哪里，都有朋友过来看他，这让我们非常羡慕。这 20 多年，我们一起参加过家具行业中的很多评审，一起参加过十几届广州和上海家具展设计奖的评审，一起参与中国家具协会设计工作委员会和科学技术委员会的活动，参加企业的研讨或评审会，仅就一起参加中山红古轩的“新中式设计大赛”也有 13 届……在一起工作的日子里，我们留下了很多挥之不去的回忆，一想到再也见不到文金，听不到他略带沙哑和磁性的声音，看不到他有神的小眼睛，怎能不叫我伤心？

文金，希望你在天堂再也没有伤痛，没有遗憾，也不再孤单。因为，你的家人、你的朋友、你的学生都爱你，都常常想念你，永远怀念你，永远记得你的大爱，记得你的帮助和你的情谊……

做你的同学是我的骄傲，做你的朋友是我的幸运。

文金，想念你！

刘晓红　顺德职业技术学院教授

写于 2024 年 11 月 7 日

怀念刘文金先生

这几年，行业内的信息来得比较慢了，关于刘文金老师去世的消息我是今年才听到的。

初闻简直不敢相信是真的，然而这还就是真实的事情，我不由得悲从中来。哀哉！文金！痛哉！文金！

我与文金相识在20多年前，还是组织成立中国家具协会设计工作委员会的时候。文金此时应该已经当了院长，他对协会成立的事特别积极，专门编写了一本书，名字叫《中国家具设计白皮书》。此书编写完成后是在设计工作委员会成立大会上印发的。

此后的若干年里，我们一直在一起工作，一年中总要相见多次。工作主要是全国家具行业设计方面的赛事评选活动、中国家具产业集群的考评活动以及一些全国性的行业会议。每次邀请文金参加或出席活动，他都非常爽快，特别是请他义务承担什么公共事务，他都不会轻易推脱。

就这样，广州、上海、北京以及众多家具产区和企业，都留下我们共同的足迹。那些年里，我们一起跑遍全国家具圈的上上下下，一起为家具产业做了许多事情。

开始做“金斧奖”家具设计大赛的时候，由于当时很多人对家具设计还不大积极，那次比赛影响很局限。刘文金与几个院校的老师积极发动本院师生参与，还有南京林业大学的吴智慧、北京林业大学的张亚池、顺德职业技术学院的彭亮和刘晓红等一起努力宣传发动，慢慢地，“金斧奖”有了一定的影响力。多年以来，在推动中国家具设计进步方面，刘文金功不可没。

对于企业设计进步，文金也是倾注心血的，尤其对湖南家具企业的设计提升特别用心。为了企业的发展，文金曾专程邀请我前往共同诊断指导，那些共处的时光历历在目，恍如昨日。

也是经文金的力荐，我成为他们学院的兼职教授，这让我多了一个为家具设计发声的平台，这份荣耀至今铭记。

胡景初先生是中国家具界设计方面的泰斗，也是该学科的领路人。文金正是从胡老手里接过的接力棒，他身体力行，以自身实践证明没有辜负老一辈和众人的期望。

文金是个爽快人，不但工作上当仁不让，喝酒也十分爽快，加之他还好点热闹，经常一起工作的几个朋友，只要机会合适，一定会小聚一番。偶尔他也有多喝一点的情况，但绝不影响第二天的工作。这样，我们既是工作中的朋友和战友，还是饭桌上的酒友。

文金比我年轻不少，平时看上去身体壮得跟头牛似的，结实得很，所以他的突然离去让我难以接受，估计他身边的人更是难过。

悲痛之余，期望文金的学生们及后人，不负前人之志，高擎设计大旗，继续刘文金先生未竟事业。

文金，走好！

陈宝光　中国家具协会原副理事长

写于2024年10月28日

缅怀刘文金教授

认识刘文金教授20年了。拥有这位终生合作的作者，无疑是我最大的荣幸与自豪。我们彼此间有着无须多言的默契、深深的理解、亲切的关怀和坚定的信任。刘文金教授于我来说，既是作者，更是导师和朋友。

我和刘文金教授是在2003年组建中国林业出版社木材科学与设计艺术学科教材编写指导委员会时认识的。教材编写指导委员会一共举办了8次年会，木材科学与工程、家具设计与工程两个专业的系列教材，就是在此期间，逐步完成编写和出版的。教材建设实现了从无到有到优，实现了服务教学、提高教学质量的目标。刘文金教授作为教材编写指导委员会的副主任，是教材建设最有力的支持者和推动者。每一次会议有他在，我就会很踏实。会议的预备会，他贴心地提醒我各种会议细节；会议研讨期间，他帮助我协调院校间的合作关系；会后，他帮助我落地和执行会议的各项决议。他是工作中无私帮助我的导师，而这背后，是他对学科发展强烈的责任心。

刘文金教授是中国林业出版社的资深作者。他编写过《家具造型设计》《当代家具设计理论研究》等著作，和他在一起，话题总是离不开这些书如何修订，如何更好地适应教学需要，他最近又有什么新的想法和写作思路上的困惑。这让我非常有感触。刘文金教授是胡景初教授最为得意的门生之一。非常荣幸的是，我与胡景初教授合作过《家具设计概论》，还与向仕龙教授合作过《室内装饰材料》。中南林业科技大学谦虚、认真、严谨、低调的学术风格，以及他们对我平等而尊重的交流态度，对我编辑工作的肯定，对于那时年轻的我来说，让我很早就找到做编辑的自信。刘文金教授也是这样一位有着中南林业科技大学优良传统的教授。我常常感恩于中南林业科技大学对我编辑成长之路的帮助，对此铭记于心。目前，这几位教授编写的教材仍在高校使用，与他们精益求精的精神和高质量的编写及出版分不开。

刘文金教授为人低调、平易近人，是个性情中人，对于不善言辞的我来说，使得我可以放松地表达我对图书的理解和期望。我们几乎每年都会见面，他总是微笑着与我分享他的思考。我们从作者与读者、教师与学生、现在与未来等角度，探讨教材的编写、专业的走向。他的学者风范，对专业的热情和责任心，让我倍感敬佩，鞭策自己努力提高编辑眼界和眼力，并致力于在专业领域内做好专业图书出版工作。我们希望彼此在专业上有进步、有成就。

难以接受、不愿面对的是，2023年，刘文金教授离我们而去。我沉浸在深深的悲痛之中，不敢触碰这个话题，只能借助忙碌的工作来暂时掩盖内心的难过与对往昔的回忆。2024年，刘文金教授的文集在中国林业出版社出版，看到封面上教授熟悉的笑容，悲伤再次袭来，他的音容笑貌从未离开，他的精神、他的作品，激励着我们继续前行。斯人已逝，幽思长存；逝者已矣，生者如斯。

教授已化为天空中最亮的那颗星，照亮我们前行。

杜　娟　中国林业出版社建筑家居分社副社长

2024年12月12日

师恩难忘

千言万语，当把稿纸铺开，却不知从何下笔……

“师父”，如师，如父，亦如友……

1982年的冬季，株洲樟树下，在中南林学院常德同乡会上，一位笑起来眼睛眯成一条缝的淳朴“大哥哥”给我留下了深刻的印象。

缘分，总是那么不经意地就来了。当1988年9月我进入中南林学院读大学时，我发现，那位“大哥哥”竟然是我的班主任！从那时起，我和恩师——刘文金老师的师生之缘便开启了。

几十年眨眼之间就过去了，学习、生活中的点点滴滴历历在目，难以忘怀，恩师对我的谆谆教诲犹在耳边。当初，我对家具专业的认识一窍不通，是恩师不遗余力地将所学知识传授于我。恩师的博学、睿智、言传身教使我很快进入学生角色，更让我挺起了胸膛。在大学里，印象最深刻的是一次课程作业，我将家具的“实用功能”和“使用功能”混淆了，恩师将我叫到跟前，仔细给我讲解了二者之间的联系与区别，语重心长。35年了，此情此景，宛如昨日。

大学毕业时，我有机会到广州、深圳等大城市工作，但最终我还是选择留在了湖南一个正在筹建的家具厂。因为我记得恩师曾经说过：“脚踏实地才能站得更稳，行得更远。”我需要从零做起。厂房的规划、生产线的布局、生产工艺的选择、产品的质量管理等我都全程参与，因此工作很快就得心应手。当毕业第二年，我第一次发表论文时，那种开心难以言表。恩师知道之后，给了我许多鼓励的话语，但最后一句话更是让我受益匪浅：“路漫漫其修远兮。”当时虽有困惑，但慢慢地，我明白了，恩师是让我静下心来夯实基础。

20世纪90年代末期，随着改革开放的深入，当时我所在的企业陷入经营困境，是南下打工还是继续学习？36岁的我处于人生的十字路口，面临着艰难的抉择。在我万分迷茫之际，恩师的话语宛如明灯，给我指引了方向。在生产一线工作14年之后，我又回到了大学课堂，再次有幸成为恩师的学生。这一次，一待就是7年，2500多个日日夜夜。从工厂到学校，不论是心境还是学习上的困难可想而知。恩师像朋友和家人一样待我，恩师的宽容、严格、细心指导使我顺利完成了硕博学业。这7年，不仅有我学业上的进步，更重要的是让我从恩师的言传身教中学到了为人处世的道理。当我成为老师之后，每年给新招研究生上的第一堂课就是如何做人、做事、做学问。

如今，恩师已离我远去将近一年，每每想起相处的日日夜夜，我都不禁悄然泪下。时间无法倒流，但愿我等竭尽所能，将恩师的言传身教之法传于后来者，这也许是对恩师最大的回报。

与恩师相识、相知四十余载，恩师如师、如父、如友。今提笔所书，虽有千言万语，但难述心中感恩之情，只为怀念我那位笑起来眼睛眯成一条缝的“大哥哥”。

孙德林　中南林业科技大学教授/博士生导师

写于2024年11月1日

缅怀恩师刘文金教授

——心之所铭，便是长存

恩师常在。

恩师刘文金教授，1962 年 9 月出生于湖南澧县，中南林业科技大学家具与艺术设计学院创院院长，我国家具行业著名专家、教授、博士生导师，因病医治无效，于 2023 年 12 月 9 日凌晨 2: 30 辞世，享年 62 岁。

1981—1985 年，刘文金在中南林学院林工系木材加工专业学习；1985 年 7 月，他留校任教；其间，2000—2003 年，他在南京林业大学攻读木材科学与技术专业博士研究生并获工学博士学位。

2007 年 9 月—2009 年 11 月，他任中南林业科技大学湖南省家具家饰工业设计中心专职副主任。

2009 年 11 月—2021 年 5 月，他中南林业科技大学任家具与艺术设计学院院长；1986 年，他加入中国共产党，1997 年晋升副教授，2002 年晋升教授，2020 年晋升为二级教授；2023 年 9 月，他光荣退休。

作为我国家具高等教育领域的著名专家，恩师刘文金教授为家具人才培养、科学研究和设计实践奋斗了一生，培养出 23 名博士、260 余名硕士等一大批高水平的学者和专业人才，创院以来他领导学院累计为社会各界输送 4700 余名优秀人才，为中国家具设计教育和产业发展作出了杰出贡献。他曾获“中国工业设计十佳教育工作者”“中国家具行业杰出贡献奖”等荣誉称号；主持国家重点研发计划、国社科基金、国家公益行业专项等国家级项目 4 项，主持教育部博士点基金、湖南省科技计划、湖南省设计基金等省级项目 6 项；获设计发明专利 2 项，公开出版《木材与设计》《当代家具设计理论研究》《家具造型设计》《室内设计基础》等专著 5 本，公开发表研究论文 100 余篇；获国家级教学成果奖 1 项，省级教学成果奖 2 项，省级及行业科技进步奖 3 项；设计作品多次获国际产品博览会金奖；指导学生获各类设计奖 50 余项。

缅怀恩师刘文金教授，恩师为学生、学院、学校和学科发展殚精竭虑，奉献毕生光华，值得我们无限敬佩和无上敬仰。

恩师是一位卓越的学者，恩师是一位无私的良师。他出生农村，笑对苦难；他深耕学术，成就斐然；他抚育晚辈，桃李满天。

感谢恩师在学术上的广度与深度，让学生看到了丰富精彩的科学世界、真理世界和理性世界；感谢恩师在为人处世上的宽厚与睿智，让学生提升了人生观和价值观。

感谢恩师以远大指引我们，用实干锻炼我们，以严规要求我们，用温暖保护我们。

虽然恩师已经离我们而去，但他的精神和影响力将永远存在；他的智慧、勇气和热情，将继续激励我们前行。我辈将承继恩师遗志，深耕于祖国大地，将其理念发扬光大；去追求知识、去关爱他人、去创造美好。

恩师常在，音容常在，教诲常在，品格常在，精神常在。

恩师千古，心之所铭，便是长存！

章国强　强恩逊（惠州）家居发展有限公司董事长

写于 2023 年 12 月 11 日

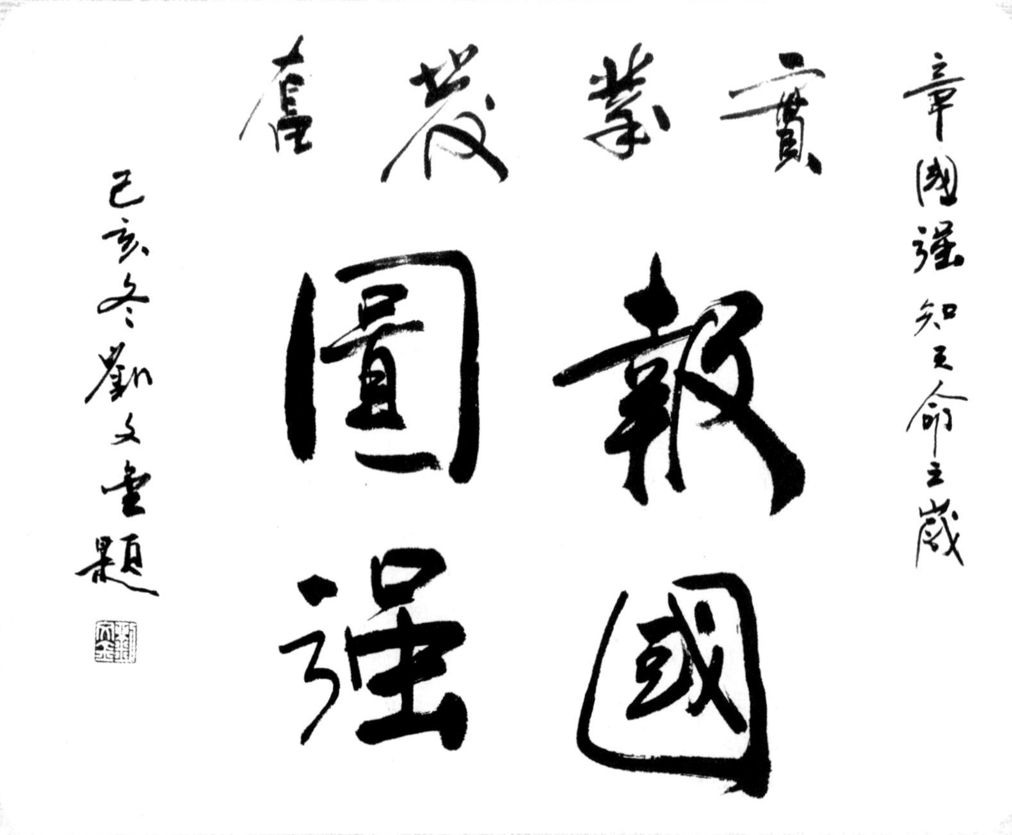

刘文金为学生章国强的题字

家具设计研究文章精选

对我国现代家具设计的一些思考

近来，国内的家具市场出现了商品严重积压现象，价格一再下调，顾客也很少问津，“门庭冷落车马稀”。这固然有整个市场不景气的影响，但是，其根本原因，笔者认为，是我国家具生产中存在着设计与消费的脱节。我们的家具产品中，总有大量的滞销品，即使产销率较高的企业，甚至达到95%，也不能轻视，因为如果把全国5%的滞销品聚集起来，就足以填满全国各地大大小小的家具市场。况且，我国家具企业的产销率远远低于95%，换句话说，滞销品至少有一成，有约70亿元以上的家具积压着卖不出去（我国家具生产总额为780亿元）。

设计和消费之间的联系，在市场条件下是以商品的交换实现的，这种交换除了物的交换，还内含着劳动价值的交换，以及设计师和消费者之间的信息交换；而在实现设计完全的价值方面（完全合乎消费者需求），最主要的是设计者和消费者之间的信息交换。

笔者在1998年新加坡国际家具展上与意大利同行交流，了解到意大利家具生产方式基本上可划分为两大类：一类是以现代生产方式为主的大工业化生产，其产品以集团消费和大众消费为主，采用系列化、规格化、标准化方式生产；另一类以“个性”消费为主，生产方式与手工业生产方式相近，但在技术上却采用非常现代的方式，如采用数控机床、“加工中心”等。这两种产品在市场上各有“领地”，泾渭分明、各得其所。

回顾手工业生产作坊的生产方式，例如制作一个衣柜，设计者（又是制造者）时时在和消费者发生联系。消费者不断地审核着设计者口头和笔头提出的各种方案，设计者不断地按消费者的要求加以修改，最后做出来的产品是设计者、生产者、消费者共同的产物。这种以客户直接参与的生产方式实际上包含着极为深刻的现代营销内涵。上述的两种“个性化”生产方式，设计者和生产者都以消费者为基础，消费者参与设计、生产的全过程，甚至是直接策划者，设计、生产、消费某一产品的整体过程互相影响，双向交流。这种产销方式构筑了一种理想的牢不可破的链环。

现今的生产方式是，设计者以经过市场调查收集来的资料为依据进行设计，有些甚至是根据主观推断来设计，生产加工产品，再利用广告或其他营销手段，推向市场。消费者面对的是一件木已成舟的产品，购买交易的过程是一个被动的“心理打动”或是“勉强接受”，甚至是被哄骗的过程。这种产销方式是一种单向链式，经不起市场经济的考验。

实际上，这是一种工业化大生产的产物，它作为社会大分工的一种表现形式，一方面极大地提高了劳动生产率，另一方面也造成了设计、生产和消费之间直接关系的分离。在这里，市场虽然是联系设计者、生产者和消费者的纽带，但它是一根极其僵硬的纽带。设计者、生产者和消费者是通过一种“事后”的方式来进行信息交流的。从设计角度来看，这是一种脱离对象的设计，因此它随时有可能中断设计—生产—消费中的任何环节。

家具市场已是一个买方的市场，因此一切要以消费者的意志为转移，而上述生产方式的结构性缺陷正是目前市场疲软的症结。当今的设计者虽然也注重市场调查，但是如果我们只认识了消费者的群体需求概念，而忽略了这一群体概念中所包含的千差万别的特殊要求，即现代家具消费个性化的需求，我们同样也难以逃脱市场失败的命运。

现代设计确有自身完整的市场调查方法和设计程序，理论上看，它似乎可以解决和满足消费者的各种需求。但事实上，千篇一律的办公室、各种似曾相识的居家陈设，雷同得令人乏味。虽然不同消费层次的消费者各自在文化意识、审美情趣上是大致相同的，但是如果深入家具市场调研，仔细倾听顾客对产品的意见，你会发现，现代的消费者已不再是为解决温饱而不加选择"但求拥有"的群体，而是思想丰富、追求多样的理性消费者，他们的需求不仅千差万别，而且有理有节。

现代主义是现代大工业生产在设计上的表现，它以"功能第一"为基础，理论上，以功能的分析和实现作为其"功利性的目标"；实践上，它也的确解决了大工业生产初期生产和消费的一系列问题。但它有一种"天生的缺陷"：现代设计对产品消费对象的假定，即它为之服务的"人"，只是个"群体"。生产的规模越大,"群体"的包容量越大，而其外延也越大，但其内涵越模糊。现代设计对市场调查的结果进行分析，结果表明对某一产品的消费行为均呈正态分布，但是这种分布恰好也表明，总有一部分是不属于主要分布区域的。换句话说，就是总有一部分人的需求是我们无法顾及的。

更为重要的是，对家具这种还牵涉"文化内涵"产品的消费，问题就更为复杂。从设计的内涵来看，现代设计更多的是考虑到"功能第一"以及消费者生理和经济的问题（如运用人体工程学和价值工程学的原理），至于他们在心理和社会等方面的属性则往往被忽略了，但从市场或更深刻的角度（如人性的满足、社会的进步等）来看，后者是更为重要的东西。因为人是具体的，是"各种社会关系的总和"。人的心理、文化素质、社会属性各不相同。如果忽略了这一点，我们所假定的消费对象就是一个空洞的被淡化的抽象对象。这种忽略与漠视的直接后果，就是设计风格的单调、设计语言的单一、设计形式的雷同，这就是目前我国家具市场上充斥着大同小异的产品的根本原因。

因此，我们可以看到，现代设计方法的这种结构性缺陷，其本质是以大规模为特征的工业化生产方式和作为个体存在的消费者之间的矛盾。现代设计遇到了前所未有的挑战。

在当代市场急剧变化的情况下，设计的发展也正悄然发生着根本性的变化，这种变化也许会成为一种摆脱目前困境的"应战"。

纵观国内外从古至今的家具发展脉络，无论是从技术内核还是造型表现方面来观察，它都是一条螺旋上升的曲线，而在其急速转向和上升变化中，有一条"以人为本"的主脉，它以不变应万变，贯穿历史的始终。任何设计最终要服务于人，一切为了人的设计最终才会为人所接受。因此，我们要做的工作就是要认识人，认识人的人性本质、社会特征、自然特征，具体来说，包括人的心态、社会地位、社会关系、文化素质、道德水准、心理和生理等诸多因素，契合这些因素的设计是设计的基本定位，同时也是产品多样化的理论依据，甚至即使从某一特定因素入手，也能使设计收到意想不到的效果。例如，揣摩了人们对现代文明的厌倦而做的"回归自然"的设计，摒弃等级观念、抵制依附关系的企业管理制度，充分体现人的自身价值和社会地位的现代办公系统，追忆历史的怀旧设计，崇尚自然万物的仿生设计，重视人类生存环境的生态设计，等等，无一不具有勃勃的生机和广阔的市场。

市场在发展，商品的类型涨溢于人们的需求之外，而随着人们生活水平的提高，市场需求的分化进一步加剧，也显得更加苛刻。市场在需求上的“多元取向”决定了设计的“多元化”。这种多元化的设计也就决定了设计中所选取的对象应跳出现代设计的“设计群体”的窠臼，转化到抽象化、虚拟化的对象上来。一方面，在这种设计对象下，设计师的角色与现在相比发生了根本的变化，他面临的是他“设想”的各种可能情况，然后提供很多可供选择的方案。产品设计师的职责由创造方式转化到提供可被选择的样式，即由产品的主宰者变成了产品的推荐者和参议者，由此形成卖方市场到买方市场的转变。另一方面在这种新的市场体系下，消费者再也不是产品的被动接受者，他们可以挑选设计师，可以挑选特定的商品，成为从设计到消费这一循环中的主导。

更重要的是，设计对象的虚拟化并不意味着使设计者无所适从；相反，它给设计师营造了更富有想象力和创造力的空间，他们不必为满足某些条条框框而瞻前顾后，左右为难。从这种意义上说，设计对象的虚拟化，无论对设计者还是消费者，都是一种全方位的“解脱”。

虚拟化的设计看似没有一个实质的对象，显得不着边际，但是通过这种设计对象进行延展，都是有直接目的的设计，因而是切合实际的。这就避免了本文开头说的各种在设计上的浪费。

从虚拟化的设计最终落实到一个个的具体方案，这个过程实际上就是设计师与消费者直接对话和合作的过程，在这个过程中，信息技术将扮演主要角色。近十几年来，计算机技术日新月异，各种硬件和软件层出不穷，作为设计工具的计算机，可以在很短的时间里创作出大量的可供选择的方案，创造出新的设计语言和表现技法；多媒体技术的发展使虚拟化的设计方案更加贴近真实生活本身，设计者和消费者双方都能进入包括视觉、听觉在内的各种氛围，使设计内容更加形象、具体；网络技术的运用，更使设计者和消费者的对话和合作因技术而成为可能，设计师通过网络把方案信息传递给每一位消费者，而消费者又通过网络对方案提出修改意见，直至最后确定方案；而这一过程的实现，不仅完全可以足不出户，而且有充分发表各自意见的机会，这无疑是一种有效的对话和合作，是一种完全的设计与消费的双向交流。正是这种沟通，使设计、生产、流通和消费之间的关系在形式上回归到手工业生产方式，修补了前述的现代生产方式所存在的结构性缺陷，但这是一种螺旋式上升的“回归”。

设计观念的根本更新还依赖技术的发展，这是实现设计对象和设计方法转变的基本前提。而这种前提，在当前有的已成为现实，有的显示出了前景：数控技术可以使加工极为精确、机电一体化与计算机控制技术可以使设计与生产紧密联系在一起；家具生产中的“加工中心”等可以使生产加工更加个性化和高效；而CIMS技术更为家具个性化的生产开辟了无限广阔的天地。手工业生产方式看似陈旧但具有稳固的双向交流模式，在注入高新技术以后，被赋予了新的生命，这必将成为我国家具设计的发展方向。历史发展的否定之否定规律似乎在这里也得到验证。

原文发表于《家具》1999年1月刊第43—45页

两种不同使用状态下木材光色效应的初步研究

摘　要：对木材表面进行装饰时，需要对其光色进行定量分析。在家具和装饰行业中使用的木材除实木外，最主要的是覆贴于人造板表面的微薄木。对两种使用状态下的几种常用木材表面分别用光泽仪和DELUX色彩比较系统对其光泽、色彩进行了测试与分析，结果表明，它们表现出不同的光色效应，其差异主要表现在光泽和色彩纯度上。

关键词：实木；微薄木；光色效应

在室内装饰和家具制造行业中，木材是无法被其他材料完全替代的，主要原因是木材具有独有的设计特征。除了美丽的纹理，更重要的是它具有特殊的光泽、色彩和质感。以往对木材材性和木材改性研究，主要是定性方面的研究，而且研究对象以实木为主。实际上，在家具和室内装饰行业，对实木的使用数量非常有限，而大量使用的是表面经二次加工的人造板。在人造板表面装饰中，薄木、微薄木是最常用、外观档次高、最容易让消费者接受的材料。本研究试图使木材表面特征量化，这将极大地方便计算机技术对木制品的模拟设计和室内装饰的模拟设计。

1 材料与方法

1.1 材　料

选用6种在家具和室内装饰业最常用树种的实木和用其微薄木贴面的胶合板，这6个树种是柳桉、水曲柳、山毛榉、椴木、枫木和花梨木。试材的切向均为弦向，表面用200号水砂纸砂光。

1.2 方　法

用国产DZ-Ⅱ型光泽度测试仪对实木板表面和微薄木贴面胶合板表面测试其光泽度。用DELUX色彩比较系统对上述树种在不同使用状态进行分析，用孟赛尔（Albert H.Munsell）表色系统记录。

2 结果与分析

2.1 实木与微薄木光泽比较（表1）

木材的光泽是指木材表面对光线的全反射率（R）。用下式表示：

$$R=(R_1+R_2)/2 \tag{1}$$

式中：R_1 为入射光垂直于木纹方向的反射率；R_2 为入射光平行于木纹方向的反射率。

表 1　几种常用树种的实木与微薄木的光泽比较

树种	实木	微薄木
柳桉	0.221	0.238
水曲柳	0.300	0.327
山毛榉	0.664	0.693
椴木	0.462	0.496
枫木	0.517	0.553
花梨	0.580	0.601

由表 1 可知：①树种不同，其木材对光的反射率是不同的，无论实木还是微薄木，其反射率从小到大依次是柳桉＜水曲柳＜椴木＜枫木＜花梨＜山毛榉；②覆贴微薄木的人造板表面比实木板表面的光泽度高，约高出 8%，其原因是微薄木在被覆贴过程中，胶料渗透到材料的细微孔隙之中，提高了板面的平整度，同时，固化后的胶料表面具有高反射性，也使光泽度得到提高。

在室内装饰和家具制造领域，人们常常追求木材表面的高柔光效果，显然用实木材料更理想。如用薄木覆面人造板，应选用高柔光涂料和在表面进行“去光”处理。

2.2　实木与微薄木的颜色对比（表 2）

表 2　几种常用树种的实木与微薄木的颜色对比

树种	使用状态	色彩属性		
		色相	明度	纯度
柳桉	实木	8.0YR	5.6	4.1
	微薄木	8.0YR	5.5	3.8
水曲柳	实木	9.0YR	5.8	4.1
	微薄木	9.0YR	5.8	3.7
山毛榉	实木	5.0YR	6.1	5.2
	微薄木	5.0YR	6.0	5.0
椴木	实木	2.0Y	7.4	4.7
	微薄木	2.0Y	7.4	4.5
枫木	实木	2.5Y	7.0	5.0
	微薄木	2.5Y	7.0	4.7
花梨	实木	4.0YR	5.4	5.4
	微薄木	4.0YR	5.4	5.0

注：表中色彩属性用孟赛尔表色系统记录。

由表 2 可知：①心、边材材色不一，心材较深，边材较浅，早、晚材材色不一，早材较浅，晚材较深；②实木与微薄木表面颜色相近，但后者纯度下降，主要原因是微薄木在被粘贴过程中发生了有机溶剂的渗透，影响了木材本身的颜色。

在用计算机模拟技术对木材表面的色彩模拟时，用表 2 的数据即可获得满意的效果。木材表面有涂料等覆盖物时，表面颜色受影响，进行计算机模拟时，可根据实际情况做滤色处理。

3 结论与讨论

（1）不同树种的木材其光色效应相差悬殊，同种树种的木材在不同的使用状态下也表现出不同的光色效应。

（2）木材是一种特殊的自然材料，使用过程中所采取的某些加工方法可能会影响木材原有的表面特性，应尽量避免，尤其是对于珍贵树种。

（3）木材在各种设计中的应用已越来越广泛，对其材性的研究领域也应相应拓展，除了以往人们所重视的物理力学性能，还应加强对其表面性能和装饰性能的研究，并应尽可能量化，以适应家具及室内装饰的发展。

原文发表于《中南林学院学报》2000 年 1 月刊第 91—92 页

松木家具制造中的几项关键工艺技术

由于以人造板为基材的家具产品的环保性能一直受到人们的质疑，实木家具便成为有一定消费能力的消费者的首选。据近期国外有关资料统计，在西欧市场，实木家具占家具市场份额的47%；在中国市场，实木家具的份额也由1991年的12%上升到2000年的34%，且有方兴未艾之势。但由于天然林保护工程的实施，用作实木家具的主要原材料资源受到限制。因此，大力开发人工林速生材在家具制造中的利用是实木家具发展的方向。南方松木由于材性变异大、干缩变异大、干燥时易变形、木节多、含脂量大、易发霉和蓝变且影响表面涂饰等缺陷，在家具制造中一直受到冷落。自1990年以来，以南方速生马尾松、国外松等为研究对象，对其用于家具制造的锯材厚度规格选择、脱脂处理、漂白、干燥、家具零部件的加工等工艺进行了研究。研究表明，只要对松木进行适当的工艺处理，其完全可以用作家具用材，而且其产品具有色泽自然清新、纹理美观、耐久性好、表面装饰性优异、经济附加值高等特点。经部分厂家生产实践证明，松木家具可以与其他珍贵树种的实木家具媲美并深受用户喜爱，在市场上具有较强的竞争力。

1 松木家具制造工艺流程简介

松木家具制造工艺流程如下：

松木锯解→溶脂→脱脂→干燥→表面机加工→剔除缺陷→接长（铣指接榫→涂胶→指接）→拼板（侧面刨光→涂胶→侧向拼板）→拼厚（四面刨→涂胶→正面胶拼）→零部件精加工（以下工艺流程与其他木家具制造工艺相同）→组装→表面涂装→检验→出厂。

由此可以看出，松木家具制造与其他实木家具制造的基本工艺流程是大致相同的，对这些常规工艺，本文将不再赘述。在此，我们将重点就其基材的制备、处理和加工等特殊和关键技术进行阐述。

2 松木锯材厚度规格的选择

松木锯材厚度规格的选择主要考虑下列3个因素：①锯材出材率。锯材为板材形式，当厚度规格过大或过小时，都会降低出材率。一般小径级木材锯薄板，较大径级的材锯厚板。②脱脂的难易。一般来说，锯材厚度越大，脱脂所用的时间越长，木材表面强度损失也越大。③常用家具零部件的尺寸规格。合适的家具零部件的尺寸是决定锯材厚度规格的主要因素。

综合上述因素，松木锯材厚度规格选择及其用途见表1。

表 1　松木锯材厚度规格及其用途

锯材名称	厚度规格（mm）	用途
薄板	20 ～ 22	板式部件、框式部件的镶板、抽屉板等
中板	26 ～ 30	台面板、板式部件镶边、框式部件的框架等
厚板	40	支承件、柱体、腿、脚架等

❸ 松木脱脂工艺

松木脱脂是松木利用的关键，本技术以国外常用的蒸煮法为基础，并加以改进。

3.1　工艺流程

松木脱脂在自制的密封罐中进行。其工艺流程如图 1 所示。

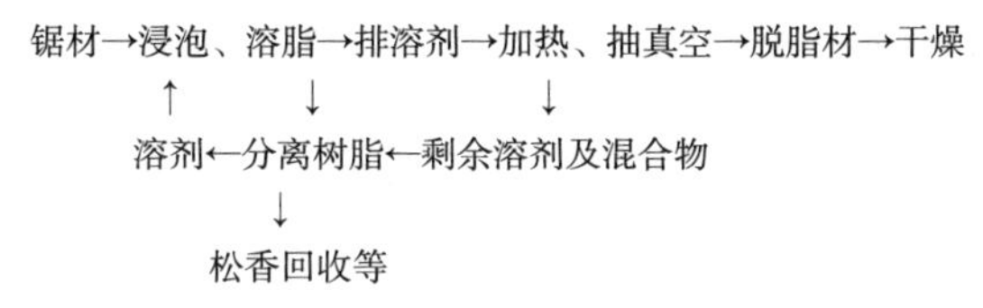

图 1　松木脱脂工艺流程

3.2　主要工艺参数

不同厚度的锯材应分开处理。浸泡溶液为 $NaHCO_3$ + Na_2CO_3 + $Ca(ClO_3)_2$ + 活性剂，按适当比例混合，其 pH 值为 10 ～ 12，在 30 ～ 40℃下浸泡 8 ～ 24h（视板材厚度而定）。排出溶液后，用蒸汽法加热木材至温度在 60 ～ 80℃，保温 2 ～ 4h（视板材厚度而定）后，抽真空至（30 ～ 50）$\times 10^3$Pa，维持此状态 2h 左右，冷却至常温出罐。

❹ 脱脂材的干燥

出罐时的木材含水率约为 30%，且应立即烘干。烘干处理在自建的干燥窑中进行。不同板材厚度采用不同的干燥基准（表 2）。

表 2　脱脂材的干燥基准

基准编号	初含水率（%）	时间阶段	干球温度（℃）	湿球温度（℃）	相对湿度（%）	喷蒸次数	时间系数（%）	干燥时间（h）	终含水率（%）
1	30 ～ 32	1	90	78	61	3	30	144 ～ 194	10 ～ 12
		2	100	82	49		30		
		3	110	82	36		40		
2	30 ～ 34	1	85	72	65	3	35	240 ～ 288	10 ～ 12
		2	95	77	54		25		
		3	100	78	42		40		
3	32 ～ 35	1	76	69	73	4	35	288 ～ 360	10 ～ 12
		2	85	73	60		25		
		3	95	74	47		40		

注：表中基准编号 1、2、3 分别是薄板、中板和厚板的干燥基准。

5 指接接长、拼板、加厚

干燥后的板材经四面刨加工，再用以锯代刨的形式横截或纵解板材，剔除有缺陷（死节、虫眼、大树脂囊，以及干燥缺陷）的部分后，方可实施接长、拼宽和加厚。接长是指用指接的形式将相同宽度的短板在长度方向上接长成所需要的板长。先将要接长的短板两端铣平，再用加工指接榫的专用铣床铣指接榫，然后涂胶和拼接。由于松木尤其是薄板经脱脂处理后，其表面的材性较未脱脂的松木脆，其指接榫的形式与其他材种稍有不同（图 2）。拼板是指在宽度方向上将若干窄板或接长后的窄板拼宽成家具零部件所需要的宽度。拼板结构为侧向对接，指接接长后的板条经两面刨光后在侧面直接涂胶再两边加压即可。加厚主要用于截面较大的家具零件，是指用厚板正面胶拼而成（图 3）。将要拼厚的板用双面压刨或四面刨将正面刨平，再涂胶和两面加压。接长、拼板和加厚可采用乳白胶、改性脲醛胶、木粉胶等胶种。可用专用加压模具手工操作或机械操作。

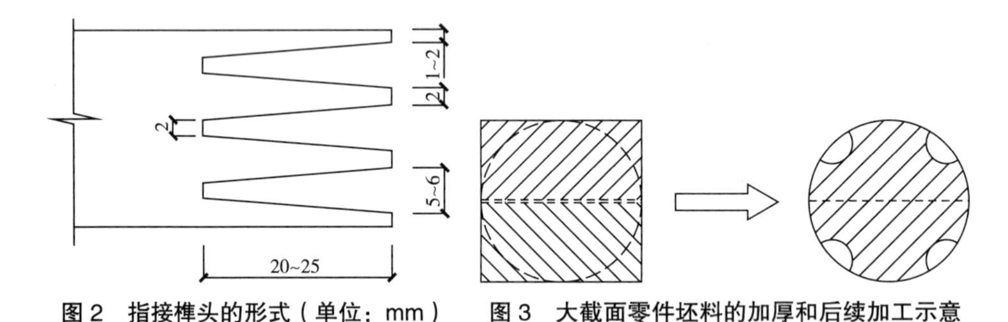

图 2　指接榫头的形式（单位：mm）　　图 3　大截面零件坯料的加厚和后续加工示意

6 存在的问题及建议

（1）脱脂溶剂不能长期反复使用，一般经 10 ～ 15 次循环使用后其溶脂能力明显下降，故工厂生产仍有部分污水排放，虽较脱脂常用的蒸煮法等其他方法减少了大量的污水排放量，但仍须解决排污问题。

（2）薄板及中板的脱脂率达 85% 以上，完全可以满足家具生产用材的要求，但厚板的脱脂率稍低，在干燥过程中局部仍有少量树脂溢出，尤其是内含树脂囊之外表处，故脱脂工艺有待进一步改进。

（3）可将防霉、阻燃等改性技术综合使用。

原文发表于《林产工业》2001 年 4 月刊第 25—26 页

家具设计中经济要素的研究

摘　要：家具产品的设计必须考虑相关的经济因素。了解市场和进行市场预测是家具产品设计的前提；价值工程的工作原理是家具产品设计的基本依据；技术与经济分析是家具产品设计的主要内容之一。

关键词：家具产品；经济要素；价值工程；技术与经济分析

截至2000年下半年，与国民经济其他部门的上升势头相比，家具行业呈现出明显的疲软态势。据不完全统计，广东家具行业2001年5月的产值和销售额与1998年同期相比分别下降了12%和17%。究其原因，主要表现在以下两个方面：一方面是消费环境的改变。住房制度改革已基本完成，个体消费基本趋于饱和，新的个体消费已由过去的“但求拥有”的“盲目型”逐步转为“有选择”的“理智型”；国家基本建设投资的压缩以及投资方向从规模型向效益型的转化，使得集团消费萎缩。因此，市场对家具产品总的需求量减少。另一方面是家具生产厂家一成不变的固定生产模式以及对家具市场变化的反应迟钝，使得满足消费者需求的有效产品的供应量减少。为了彻底扭转这种局面，到了我们真真切切按市场规律办事的时候了。

家具产品与其他工业产品一样，设计已成为产品的第一因素。虽然“实用、美观、经济”的总体原则仍然没有改变，但我们对于它们的理解却在不断地更新和深化。就家具产品设计的经济性而言，它不仅仅局限于低成本，而是一个关系到家具设计全局的系统工程的问题。也就是说，经济因素已成为家具设计过程中不可忽视的一个主要因素。

1　家具设计与家具市场

市场是商品或劳务交换的场所。狭义的市场活动表现为商品生产者、劳务供应者同需求者之间的买卖活动；广义的市场活动除了买卖活动以外，还包括市场分析、市场预测、售后服务等整个流通领域。

1.1　家具市场要素

家具市场是家具产品及相关劳务交换的场所。它主要包括主体、客体和交换行为3个基本要素。

家具市场主体：生产者（包括设计者）、销售者和消费者。

家具市场客体：各种家具产品。按照家具的物质性和精神性的存在方式，它具有有形和无形两个基本类型。有形的家具产品是指供人们使用，并最终决定是否该拥有它的，看得见、摸得着的实际存在的家具商品；无形的家具产品是一种主观存在，它包括家具产品所具备的情感、文化，使用者对它的欣赏，生产者在科技文化领域所提供的设计、技术、信息，生产者和销售者所提供的各种服务等。

家具市场交换行为：即在交易活动中各方面主体所采取的交换行为，是人的主观意志的外在表现。它的发生依赖于买方和卖方的目的和要求趋向一致。

家具市场的核心问题是社会需求。满足社会需求就是要提供适销对路、用户满意的产品。对于设计者来说，就是要设计出有用的、为社会承认并能取得经济效益的产品。为此，设计者必须从社会需求出发来考虑一切有关设计的技术问题。换言之，就是设计师要有市场观念：一方面，对市场进行预测，在产品的品种、规格、式样、质量、包装、品牌、标志、价格、功能、安全性、可靠性、服务等方面都要加以考虑；另一方面，在产品销售之后，要及时地进行跟踪调查，听取用户意见，以继续改进产品设计。

1.2 家具市场分析

20 世纪 50 年代中期，美国市场学家温德尔・史密斯（Wender Smith）提出了市场细分的概念。市场细分就是根据消费者对产品的需要、购买动机与习惯爱好的差异，把整体市场划分为两个或两个以上的消费群体，从而确定企业目标、市场和设计人员设计方向的活动过程。每一个购买需求和习惯大体相同的消费群体就是一个细分市场。

家具产品是一种大众化的日用品，细分家具市场的因素很多。例如，围绕着“实用、美观、经济”的主线来细分家具市场，得到如图 1 所示的主要要素。

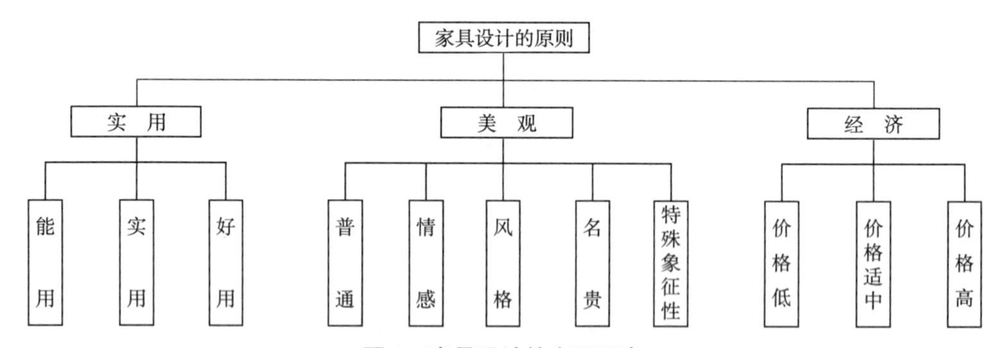

图 1　家具设计的主要要素

针对上述市场因素，就湖南家具市场，笔者进行了初步调查，其结果见表 1。

表 1　湖南家具市场消费群体调查

消费群体类别	消费群体份额（%）	主要市场因素
Ⅰ	19	能用、普通、价格低
Ⅱ	55	实用、鲜明的风格、价格适中
Ⅲ	26	实用、名贵、价格高

表 1 中，消费群体Ⅰ主要是广大的农村消费者和城镇低收入的中老年消费者；消费群体Ⅱ主要是工薪阶层和中等收入水平的家庭；消费群体Ⅲ主要是高收入阶层和少数特殊消费者。

市场调查还可以针对某些个别因素进行。例如，笔者针对家具产品的“耐久性”因素，对湖南家具市场做了初步调查，其结果见表 2。

进行上述调查的目的就是要求家具生产企业针对市场分类来找准自己的产品定位，占领适合于自己的市场，不要盲目生产，否则将导致产品没有自己的特色。

表 2　消费者对家具耐久性的要求

消费群体类别	消费群体份额（%）	对耐久性的要求
Ⅰ	11	无所谓
Ⅱ	33	5 ~ 10 年
Ⅲ	56	经久耐用

1.3　家具产品生命周期

产品的生命周期又称为产品的经济生命周期或产品的市场生命周期，是指产品从投入市场到衰亡的全过程，它一般包括投入、成长、成熟和衰退 4 个发展阶段。

家具产品的生命周期是以销售增长率和利润率的变化来决定的。如果以时间为横坐标，以销售量为纵坐标，则家具产品周期的全过程就可以用产品生命曲线来表示。现以广东某家具企业的卧室套装家具的生命周期曲线为例（图 2），说明企业对于它的应用。

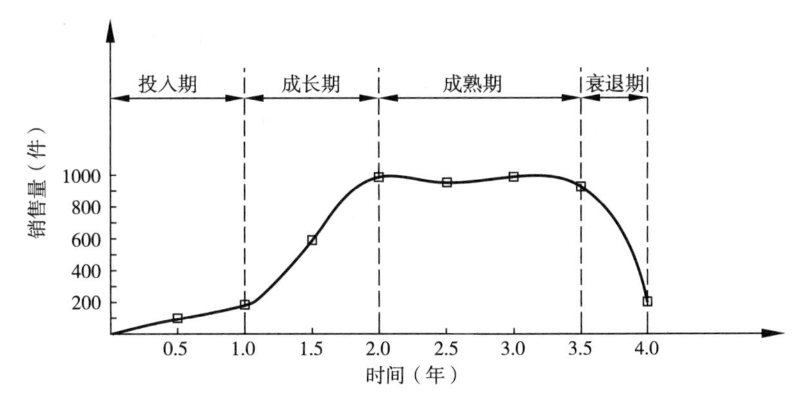

图 2　某厂新产品生命周期曲线图

投入期：是指新产品的试制、试销阶段。此阶段因产品初投放市场，用户不熟悉，销售量不大，利润小甚至会亏损。这一阶段的主要特点是设计尚未定型，产品正在试制，有待进一步改进；市场情况不明，需要通过试销了解市场状况。在这一阶段，设计人员要着重研究市场对产品的需求，听取用户的意见来改进设计，以缩短投入时间，使产品尽快批量进入市场。

成长期：是指产品逐渐为市场所接受的阶段。此阶段产品设计和工艺基本定型，可以批量生产，成本降低。如果销售市场看好，同行便已开始仿制此产品，因而出现竞争。因此，企业需进一步提高产品质量。

成熟期：是指产品进入稳定销售阶段。此阶段市场需求已开始出现饱和，竞争会更加激烈，利润开始下降。此阶段产品的售后服务更为重要。

衰退期：市场上已出现同类新产品，旧产品将逐步退出市场。设计人员的工作就是积极着手新旧产品的交替工作。

❷ 家具设计与家具市场预测

预测是对未来家具产品的预见和推测，它应建立在调查、分析和实践的基础之上。目前，家具企业的市场预测工作更多的是依赖各种各样的展销会，哪种产品在展销会上走俏，企业就大量生产此类产品。结果有的企业产品严重积压，造成了巨大的经济损失。笔者认为：严格来说，展销会上行销的产品，只是对此种产品开发是否对路的一种验证，它代表的是上一轮产品开发的成功。如果展销会时间正处于此产品的成长期，企业可考虑适当加大生产；如果展销会时间正处于此产品的成熟期，就应该是企业将旧产品尽快脱手的时间。由此可以看出，家具展销会并不是家具企业进行市场预测的有效和唯一手段。

2.1　家具市场预测技术

家具市场的预测包括技术预测和市场预测。

技术预测就是根据过去和现有的知识，对有关科学技术和文化的未来发展和变化情况作出概略的估计和判断。就家具市场的技术预测而言，笔者归纳为以下 4 种：

（1）基础研究预测。针对家具行业和其他行业的新的科学技术的发展（如新发明、新材料、新工艺、新设备、新结构等因素的出现），对新产品进行预测。

（2）应用预测。针对新的生活方式（如家居办公）、生活条件（如温饱型、小康型等）的改变，对新产品进行应用方面的预测。

（3）设计预测。针对新的社会、文化观念（如生态观、人与自然、世界文化多元化、中国优秀传统文化的继承和发展等）的变化，探讨家具设计方向。

（4）需求预测。针对已掌握的新产品对其市场需求情况进行预测。

市场预测就是根据市场调查得到的信息资料，运用一定的方法（如系统工程分析法）或模型（如图示模型、数学模型），对未来市场发展变化趋势进行估计、推测和评价。在其过程中必须考虑到选取合适的样品、兼顾时间与费用、估计并调整可能出现的误差等各种因素。

按预测所跨及的时间长短，市场预测可分为短期（月、季度、一年）、中期（1 ～ 3 年）、长期（3 ～ 8 年）3 种。针对我国家具市场的状况，笔者建议：对于一般时尚家具，应以短期预测为主；对于依赖新技术的家具产品，应以中期预测为主；而对于新概念家具产品，可考虑以中、长期预测为主。

2.2　家具市场预测方法

家具产品与其他产品不同，它的可变因素和影响因素很多，要进行准确的预测比较困难，一般以预测趋势为主。因此，家具市场预测一般采取经验预测和计量预测的方法。

（1）经验预测是凭预测者的经验对家具市场的发展趋势进行主观判断。预测者可能是本行业的专家、学者、企业管理人员、营销人员和顾客，但受个人知识、经验的限制和权威的影响，有时可能会出现较大误差。德菲尔法（Delphi method）是目前国际上较流行的一种经验预测法，其具体做法是：将预测目标以书信的形式通知各位专家，取得信息反馈，再由企业对这些意见进行综合整理，就各种不同的意见和依据重新征求专家意见，作为他们修改意见的参考，并作出重新预测。如此反复多次，直至取得较为一致的意见。

（2）计量预测是根据历史的资料，将富有变化因素的不同权重加以量化，用数学模型来分析各个变数之间的关系，最后得到结果（如最佳设计因素组合、最大利润的产量等数据）。这种方法虽然比较复杂，但目标明确，结果清晰。由于涉及复杂的数学运算，这里不再赘述。

3 家具设计中的价值工程

产品设计各个阶段的技术经济分析，目的就是提高所设计产品的价值。以提高产品的功能和价值并同时降低成本为目的的技术经济方法，就是价值工程（value engineering，VE）。它最初由美国通用电气公司的工程师密尔斯（L. D. Miles）提出。将价值工程的原理用于家具设计，其基本点在于：①确定影响家具销售的主要因素（如造型、风格、用材、耐久性、价格等）和影响企业利润的主要因素（如成本、批量、生产率、销售价格、其他费用等），运用系统工程的原理，从总体最优出发，来全面考虑问题的系统；②以功能为中心，满足消费者对功能的要求；③对技术、经济进行综合分析，二者不能偏废；④采取“推测—创造—提高”的原理，将价值工程的思想贯穿设计的始终；⑤定性分析和定量分析相结合，充分发挥定性分析的灵活性和定量分析的精确性；⑥集思广益，发挥设计者、工程师、企业家和使用者的集体智慧。

3.1 价值工程

价值工程中所说的价值，可以用以下公式来表示：

$$V = F/C \tag{1}$$

式中：V 为价值；F 为功能；C 为成本。

功能就是产品为社会提供的效用，如使用寿命、质量、可靠性、效能等；成本就是为实现某种功能所支付的全部费用（劳动耗费、材料等）；效用与耗费之比就是经济效益，因此，价值是经济效益的一种表现形式。

由上述公式可以看出，提高家具产品的价值有 5 种形式：①功能不变，设法降低成本；②成本不变，设法提高功能；③既提高功能，又降低成本；④成本略有提高，功能有较大增强；⑤功能稍下降，但成本大幅度降低。很明显：第 3 种情况是最理想的。随着科技的进步，提高功能并不一定意味着要提高成本，有的反而会降低成本。

3.2 家具设计中的成本管理

成本不仅是生产中的主要因素，在某种意义上讲，家具产品的设计决定了家具产品的成本。撇开设计的不成功所造成的直接经济损失不说，单就可为用户接受的设计来讲，它也与成本有着非常直接的关系。这主要反映在以下 4 个方面：

（1）家具产品功能设计：具有组合功能的设计相对于单功能的设计来说，能为用户提供更多的方便，同时也节约制造成本。

（2）家具产品结构设计：相同的功能可以通过不同的结构来实现，直接且简单的结构可以节约成本（加工成本、材料成本、使用成本、维护成本等）。

（3）家具产品造型设计：简洁大方的造型不仅塑造工业产品在形式上的简洁美，同时降低制造过程中的难度，从而降低成本（如模具费用、加工费用等）。

（4）材料的选用：在产品设计中，材料的使用往往是可变因素。其选用原则是，虽然资源丰富，但应尽量避免使用稀有材料；按照总体最优的原则，有选择性地使用质优价贵的材料，优材优用，劣材劣用，有利于提高材料的利用率。

4 家具产品设计的技术与经济分析

设计的过程是一个构思的过程，技术与经济因素应该成为构思的主要内容之一。

4.1 家具设计中的价值分析

设计阶段是指产品的定型阶段，主要是确定方案设计的适用性和改进的可能性，使设计更趋于完善。

（1）设计的技术评价

技术评价就是将目标系统中的最低要求和期望要求进行综合，并补充其重要的技术性能（产品的功能、制造和使用状况的一切性能）。技术评价主要采用给分评价和经济评价两种基本方法。

给分评价：用计算或测定的方法来求得最低要求、期望要求和技术性能的实现程度，从而确定各项数据。进行评价时，可用理想的技术方案为基准进行比较，通过评分来确定其理想程度。设计人员可以根据评价情况努力改进设计方案中的薄弱环节。

经济评价：考量产品的制造费用并用经济价值来表示。经济价值是理想制造费用和实际制造费用之比。

（2）设计的综合评价

一个产品的设计方案，有时可能技术价值很高但经济价值很低，也可能技术价值和经济价值都很高。为了求得最佳的设计方案，可采用技术—经济对比关系图来进行综合评价（图 3）。

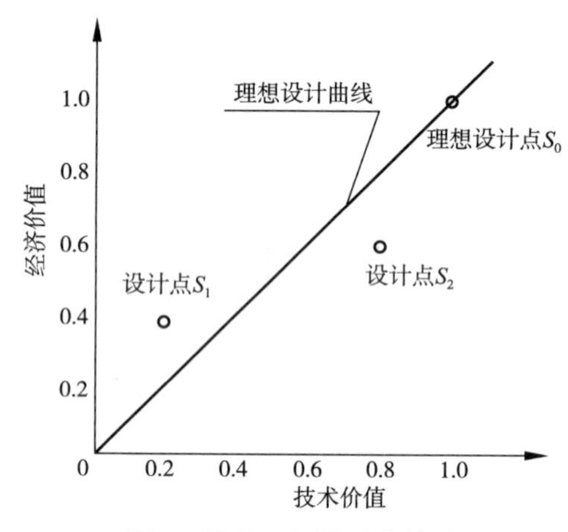

图 3　技术－经济对比关系

在图 3 中，以技术价值为横坐标，经济价值为纵坐标，交点为设计点 S_0。在 S_0 点表示理想的设计方案，坐标原点与 S_0 的连线表示最佳设计线。随着设计的不断完善，设计点会不断地向最佳设计线靠拢。

4.2 家具产品的附加价值

必须指出，家具产品的附加价值在家具产品价值中所占的份额越来越大。世界各大企业、著名设计集团、家具设计师为提高产品的附加价值而投入了大量劳动。所谓附加价值是指对家具产品额外加上的有意义的价值，如名牌产品、特殊材料制成品、知识密集型产品、高科技产品、特殊象征意义的产品、优秀设计、名人设计，以及具有鲜明历史、文化特征的设计等。创造产品附加价值的途径是设计师运用附加价值理论、根据不同的消费层次进行正确的设计论证与决策，以开发出别具特色和添加了新功能的产品。

原文发表于《家具》2001 年 6 月刊第 12—15 页

木材干缩湿胀对实木家具设计的影响

在实木家具的设计中，木材的特殊性能是不可忽视的一个重要因素，其中对家具的结构强度、稳定性、耐久性影响最大的就是木材的干缩湿胀。

由木材的干缩湿胀所引发的主要质量问题有：板件开裂、榫接合失效、框架变形、活动部件卡死等。

由于木材的材种不同、生产过程中所采用的干燥工艺不同、木材干燥的最终含水率不同、使用场所的空气湿度不同等因素，木材的干缩湿胀也各有差异。因此，在实木家具生产过程中，在一件家具上应尽量采用相同的树种，并尽可能采用同一初始条件的木材作为基材。

要消除由于木材的干缩湿胀给家具产品带来的不利影响，除了在生产过程中进行适当的控制外，设计也是一个不可忽视的因素。合理的设计可以消除、削弱由于木材的干缩湿胀所带来的产品质量问题。

在实木家具设计中，应重点考虑榫接合、拼板结构、镶嵌门中的嵌板、内陷式门和抽屉等结构形式和相关尺寸。由于木材的干缩湿胀与树种有直接的关系，本文以松木为例，说明在家具设计中应如何考虑木材干缩湿胀的影响。

1 木材干缩湿胀的基本特性

木材干缩湿胀的基本特点是：在木材含水率低于纤维饱和点时，由于木材含水率的变化（木材的吸湿和解吸），木材的尺寸会发生变化。木材在各个方向上的干缩率不同，横向大于纵向，其中横向之径向大于弦向。由于木材的材种不同，其干缩率也各不相同。

木材由于干缩湿胀引起的尺寸变化可大致由下式求出，这是木材零件尺寸设计时考虑其尺寸变化的基本依据。

$$\Delta D = D \times S \times \left(\frac{\Delta M_c}{f_{sp}}\right) \qquad (1)$$

式中：D 为零件的初始尺寸；S 为木材的干缩率；ΔM_c 为木材含水率的变化值；f_{sp} 为纤维饱和点（这里设定为 28%）。

2 木材干缩湿胀对榫接合的影响及榫的尺寸设计

现代家具设计中，实木家具中的榫接合一般采用直榫，如图 1 所示。榫眼深度方向为横向，宽度方向为纵向，厚度方向为横向；榫头长度方向为纵向，宽度和厚度方向均为横向。根据木材不同纹理方向上干缩湿胀不同的特点，以及榫接合整体强度由榫接强度和榫接合中的胶接强度共同决定的规律，在榫头厚度方向上应采用间隙配合，在榫头宽度方向上应采用过盈配合，以防止家具使用中榫接合的失效。其配合尺寸见下式。

$$a = a_1 \text{ 或 } a = a_1 - 0.2\ \text{mm}$$
$$b = b_1 + 1\ \text{mm} \quad (2)$$

式中：a，a_1，b，b_1 所示尺寸如图 1 所示。

❸ 减小板件开裂的拼板结构设计

家具的部件，如台面板、隔板或搁板、侧板等，均为板件。一般由窄板拼成需要的宽度，由于木材的干缩湿胀，拼板常常会发生拼缝开裂的现象。

除了采用合适的干燥工艺对基材进行处理，拼板结构的形式也至关重要。

由于弦向的压缩系数大于径向，故生产中用于拼板的零件最好是径向板。但这在生产中往往会降低材料的利用率，因而使用受到限制。

拼板接合形式是防止拼缝开裂的重要因素。以往采用的方式是对拼和企口拼。实践证明：当板厚为允许可开指接榫的情况下，采用指接的拼板方式对防止板面的开裂尤为有效。值得说明的是：接合面均应涂胶。胶种可为乳白胶、木粉胶等。由于材种不同，其指接形式和尺寸也各不相同。松木家具拼板的指接形式和相关尺寸如图 2 所示。

如果结构许可，在不影响美观和使用的前提下，可在板件的背面加装一个固定筋条，如图 3 所示。

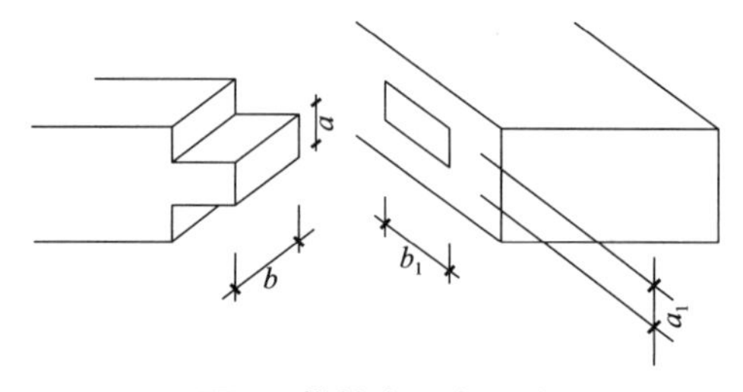

图 1　榫接合配合尺寸

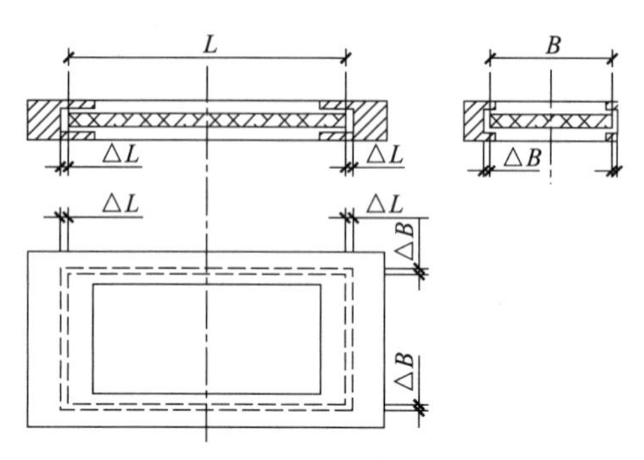

图 2　指接拼板指接榫的基本尺寸

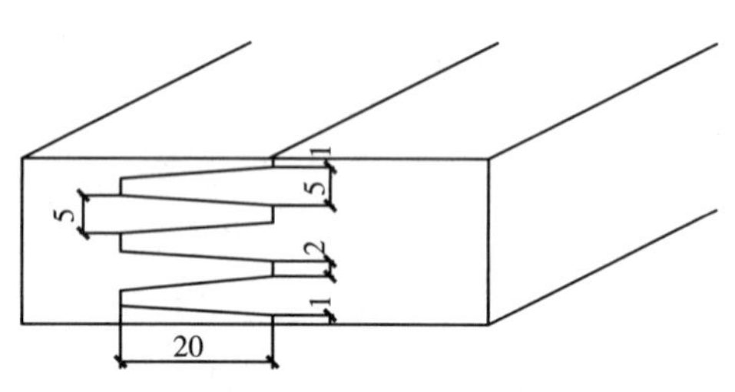

图 3　背面加装固定筋条的拼板方式（单位：mm）

❹ 镶嵌门中嵌板的尺寸设计

镶嵌门是实木家具中最常见的门型，其基本结构如图 4 所示。其攒边零件均为纵向，而门宽方向上的嵌板为横向。由于木材在纵、横方向上的干缩湿胀的差异很大，如对嵌板的尺寸设计不合理，极有可能产生攒边“炸开”的质量缺陷。在设计中为避免此情况的发生，应使嵌板四周与攒边槽之间有合适的伸缩空间且横向预留的伸缩空间要比纵向预留的空间大。以松木家具为例，其预留尺寸见表 1。

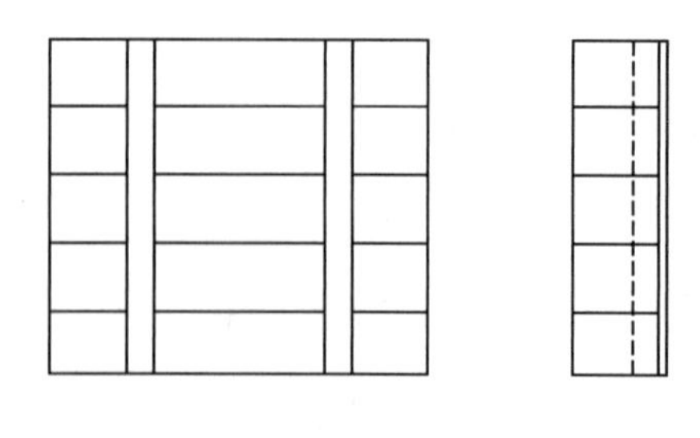

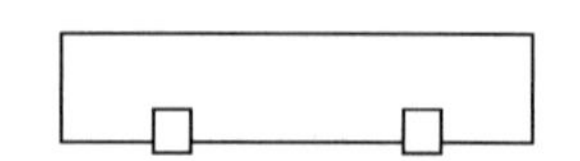

图 4　镶嵌门中攒边与嵌板的基本结构

表 1　嵌板门中嵌板与攒边间的间隙尺寸　单位：mm

B	ΔB	L	ΔL
250	1.5	300 ～ 400	1.0
300	1.5	400 ～ 600	1.2
300 ～ 400	2.0	600 ～ 800	1.5
400 ～ 500	2.5	800 ～ 1000	2.0
500 ～ 600	3.0	1000 ～ 1200	2.5
600 以上	3.5	1200 以上	3.0

注：表中 B、ΔB、L、ΔL 所示项目同图 2 中 B、ΔB、L、ΔL。

5　内陷式门的规格尺寸设计

由于木材干缩湿胀所引起的内陷式门的主要质量缺陷是门缝过大、门被卡死或开启不顺滑。当内陷式门为镶嵌门结构时，通过镶嵌结构可以避免上述情况的发生；当门型为平板门时，则应设计门的合适的规格尺寸。由于柜体框架常常以整体形式出现，因此木材干缩湿胀所产生的变形和尺寸变化受到整体牵制，表现得不明显；而门相对于整体来说是一个活动部件，它的尺寸变化就直接影响到自身的开启是否灵活或者门缝是否过大。在设计中采用的方法是根据门框的尺寸设计合适的门的尺寸，即门的设计尺寸较门框尺寸小。以松木家具为例，合适的配合尺寸见表 2。

表 2　门框与门之间合适的配合尺寸　单位：mm

门框高	门框高与门高	门框宽	门框宽与门宽
400 ～ 600	2 ～ 3	600	3
600 ～ 800	3	700	3 ～ 4
800 ～ 1000	3 ～ 4	800	4
1000 ～ 1200	4	900	5
1200 ～ 1600	4	1000	6
＞ 1600	5	＞ 1000	6

注：上表均指采用双开门造型。

另一个方法就是将门的装配结构设计成门盖枋型（全盖或半盖），即将门板平面置于柜体框架的表面，如图 5 所示。

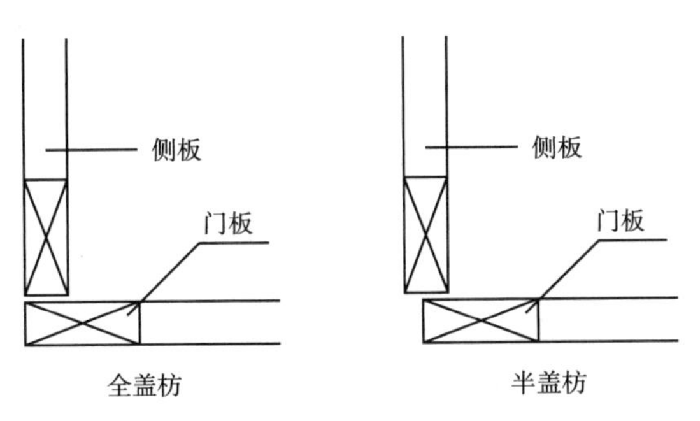

图 5　侧板与门板装配的两种不同位置

6 内陷式抽屉屉面板的尺寸设计

内陷式抽屉由于木材的干缩湿胀所产生的质量缺陷与内陷式门相似。解决问题的方法也与其相同：一是将其装配结构设计为屉盖枋型（全盖或半盖均可）；二是相对于框架尺寸确定合适的屉面板尺寸，以松木家具为例，其合适的配合尺寸见表3。

总之，由于实木与人造板的干缩湿胀不同，对于实木家具的设计也应与其他人造板家具的设计有所不同，尤其表现在结构形式和结构尺寸上。即使就实木家具而言，由于木材的树种不同，其设计也应有所区别。

表3　抽屉框与屉面板之间合适的配合尺寸　　单位：mm

屉框高	屉面板高缩小	屉框宽	屉面板宽缩小
120～140	3	400～600	2～3
140～160	3～4	600～700	3
160～180	4	700～800	3～4
180～200	4～5	800～900	4
＞200	5	＞900	4

注：屉面板宽度方向的木材纹理方向为纵向。

原文发表于《林产工业》2002年3月刊第29—31页

对中国传统家具现代化研究的思考

摘　要：中国传统家具有深厚的文化底蕴，蕴含传统文化特色的家具产品具有强大的生命力。中国家具要走向世界，就不能忽视中国传统家具的现代化研究。中国传统家具现代化的研究应立足于继承、创新性发展，着眼于理论研究、技术研究和生产应用，在风格精神化、造型元素符号化、材料多元化、结构可拆装化、生产过程现代化等方面下功夫。

关键词：中国传统家具；现代设计；仿古家具

1 注重中国传统家具现代化研究，探索符合中国国情的设计模式

2001年8月，在深圳举办的中国家具展上，中国传统家具题材的产品荣获5个金奖中的3个；无独有偶，在接着举办的上海国际家具展暨家具设计展上，产品类设计中的“汉风”系列又获金奖。这表明：面对形形色色的现代家具产品，具有传统文化特色的家具产品仍然具有强大的生命力。与以往获奖的作品相比较，这同时也说明：当代中国的家具设计正处于一个自我探索的新时期。

与传统设计相对应的就是现代设计。回顾我国近20年的家具行业的发展，我们不难得出这样的结论：中国家具工业已初步形成了一个完整的工业体系，在这一进程中，中国的现代家具设计在引进西方现代家具设计思想和方法的基础上也逐渐被建立起来，这对于改变我国近代家具设计落后的面貌无疑起着非常重要的作用。但我们也应当看到：一方面，建立在大量生产、大量销售、大量消费基础之上的现代设计方式，在极大地改善了人们生活的同时，也导致了全球资源的短缺以及环境状况的恶化；另一方面，现代设计向着多元化方向发展，注重个性、情感、传统文化的体现，这就要求设计师不断寻求新的思路，包括从传统文化中寻求灵感。

熟悉设计史的人一定懂得一个道理：设计思想转型时期正是我们向世界先进设计看齐、与世界设计交融和对话的最好时机。如今我们正处于建设社会主义市场经济的过程中，鉴于人口多而资源相对贫乏的国情，我们不能简单重复西方发达国家的做法。如果我们抛弃了自己民族的优秀传统，一味地跟在别人后面生搬硬套，且不说发扬光大本民族文化，即使从满足社会需求、适应市场变化来看，也无法胜任。因此，吸取传统文化中的精华，探索符合中国当代文化特点及国情的设计模式，是摆在中国当代家具设计师面前的一项重要课题。

有学者指出，中国家具工业技术水平已基本具备与国际接轨的能力。加入世界贸易组织给中国家具工业带来更多的是契机。因为家具行业一直是劳动密集型行业，而中国又有大量的劳动力资源。因此，中国家具走向世界只是一个时间问题。

然而中国家具的设计现状却不乐观，现今的中国家具设计理念和生产技术水平与其所处的时代还存在相当大的差距。这主要表现在缺少原创设计，更多的是以模仿为主：中国的现代家具几乎就是意大利、德国等发达国家产品的翻版；实木家具以模仿北欧家具为主；仿古家具的生产也多以照搬照抄中国传统家具和模仿西方家具风格为主。无论是传统家具还是现代家具，由于各国的文化底蕴和对设计的理解不同，不同时代的人其价值观和审美观也不同，应该有各自的不同特点。而我国家具设计的现状严重制约了中国家具行业的发展，也严重地影响了中国家具的世界化。

就现今中国的家具产品而言，大致可被划分为两大类别：一类是所谓的“仿古家具”，另一类是“现代家具”。在“仿古家具”品种中，一部分是中国传统家具类型，即仿红木家具，全国总产值大约为 60 亿元人民币；另一部分是仿西洋传统家具，年产值大约为 30 亿元人民币。相对全国家具产值的近 2800 亿元人民币来说，现代家具产品占据了中国家具产品的最大份额。但值得注意的是，“仿古家具”中，中国传统家具类型的产值正稳步增长，而仿西洋传统家具类型的产值却不断萎缩。究其原因，大致有以下 3 个方面：一是中国消费者或具有中国传统文化教育基础的海外消费者对于中国传统文化的情有独钟；二是消费者的理性使然，西洋传统家具类型无论在室内布置还是在陈设配套上都存在着诸多困难，何况以前的崇洋心态也已有所调整；三是中国传统家具生产技术上的现代化，使其质量进一步提高，价格也随之降低，与普通消费者的消费能力接近。中国传统家具类型产品的大发展为设计者和生产者提供了一个信息：中国传统家具产品和具有中国特色的家具产品与其他家具产品相比，具有更强大的生命力。中国家具要走向世界，就不能忽视中国传统家具的现代化研究。

2 中国传统家具有深厚的文化底蕴，有待现代设计师批判地吸收借鉴和扬弃

2.1 中国传统家具是中国传统文化的重要组成部分

中国传统家具伴随着人类社会的发展，经历了一个漫长的历史发展过程。从旧石器时代的以草皮、羽毛、树枝所构成的“床”“席”，到新石器时代的陶制“仓”“灶”；从青铜器时代的铜制家具，到商周朝后期的木制家具；从战国至两汉时期的“矮式床”“榻”“筵席”，到摆脱席地而坐习惯的隋唐五代时期的“椅”“凳”“墩”；再经过宋元时期的积聚和发展，到明代中期，我国迎来了家具发展史上的最辉煌时期。家具无不见证历史。

中国的明清家具是中国传统家具的光辉典范。中国明清家具造型优美，尺度合理，榫卯构成的结构形式科学而严谨，装饰繁简相宜、取材广泛、用料考究，加工制作工艺精湛，从而使中国家具达到了世界家具发展史上的最高水平。

家具作为社会生活的重要组成部分，它是人类改善生活条件的第一需要，中国传统家具影响了人类生活方式，参与铸就了中华民族“礼仪之邦”的美誉。

中国传统家具与中国古代建筑技术等密切联系，推动了中国社会历史的发展。

中国传统家具与中国传统的书法、绘画、雕刻、漆艺等艺术形式相结合，体现了中华民族在不同时期的政治、经济、文化背景，反映了中华民族独特的生活习俗、审美情趣。

总之，中国传统家具既是中国传统文化的一面镜子，又是中国传统文化的一个重要组成部分。

2.2 中国传统家具在世界家具发展史上曾经并将继续占据重要地位

众所周知，中国家具文化在世界家具文化发展史上是有其重要地位的。中国明式家具与西方哥特式、巴洛克、洛可可等风格的家具一样，同样创造了世界家具文明史的辉煌。

随着国际文化交流的进一步扩大，中国文化在世界范围内的影响也越来越大，中国传统文化及其对当今社会的影响，成为目前世界各国学者研究的一个焦点，如儒家思想对于社会关系的影响、天人合一的观点对于可持续发展的影响、儒商经济的研究等。当然，中国文化在世界范围内的延伸是全方位的，它也包括中国家具文化在内。

民族的才是世界的。中国家具要走向世界，必须具有中国家具自身的特色。优秀而具有广泛影响力的中国传统家具正是这一过程中最具借鉴性的要素。中国传统家具深厚的文化底蕴（如以人为本的设计思想、简约的设计风格、崇尚自然美等）为中国家具走向世界奠定了扎实的文化基础。

2.3 中国传统家具的设计思想与后现代设计思想具有高度的一致性

活跃的产品设计，其思路绝不是唯一的，设计思想、风格和方法也无定式可言。笔者认为有一点是可以肯定的：后工业社会所带来的后现代设计将在一定的历史时期成为设计的主流风格。对于这一点目前有很多争议。一部分人认为中国社会还没有完全进入后工业社会，社会生产仍然以大工业生产为主体，现代设计的基本思想仍将持续较长的一段时间，倡导后现代设计思想只是“赶时髦”，不具有现实意义。但笔者认为：现代设计的基本思想与后现代设计的基本思想并不是完全矛盾的。后现代设计风格强调的重点就是设计的文化内涵，主张民族文化、地域文化的张扬及与世界文化的交融和协调，主张对文脉的把握，它们都是为了更好地满足人们的使用要求，都注重理性的运用；只不过后现代设计更注重情感和个性，因而在设计手法上更强调效能和求异求新。二者在设计意义上殊途同归。

中国传统文化的博大精深以及中国家具文化的源远流长为中国的家具设计师们提供了丰富的设计素材。现代中国家具设计师不应该对这一点熟视无睹。国际著名的芬兰籍设计大师库卡波罗先生花费了近10年时间设计了“中国椅”；丹麦青年设计师汉斯不远万里，来到中国寻求中国传统家具的真谛；中国建筑师吴明光先生的“明概念”家具设计，在中国理论界引起了很大的反响。以上案例都充分表明，中国传统家具在当今设计领域仍然具有极大的吸引力。

因此，在主张设计多元化的今天，吸收中国传统文化的真谛并加以发扬光大，是现代中国家具设计师的根本任务之一，也是中国家具行业立足本土、走向世界的根本出路之一。

2.4 中国传统家具在理性设计上的缺陷制约其进一步的发展

用现代设计的观点来看待中国传统家具的设计，其缺陷主要在于：

（1）缺乏系统化的理论体系。尽管我们认为中国传统家具产品在某种意义上可谓完美，但其缺乏从设计思想到设计方法、设计技术等全方位的理论体系，缺乏便于设计知识传播和积累所必需的典籍。中国传统家具产品涉及各个方面，而系统化的整理工作仅在现代才有所进展；曾经令我们荣耀一时的《鲁班真经》《营造法式》与古罗马几何研究、透视法则和形形色色的西方家具古籍相比，甚至与中国传统家具的物质文化相比，又显得那么单薄。我们对于家具设计的理解和交流更多的是口头上的阐述和文字上的“游戏”，对于设计技术的研究和积累与同时代的西方国家相比差距较大。

（2）设计思想守旧，设计观念落后。从观念文化、行为文化、物质文化和艺术文化4个层面所构成的文化空间上来说，中国传统文化在设计上的反映也是十分片面的。例如，作为观念文化层面的“天人合一”与自然“共存共荣”的思想，在很长一段时期内是被视为一种消极的、落后的观念。中国传统文化中的行为文化更多的是政治上强调权力集中、等级分明；在性格上是求保守而反对激进，求稳妥而反对创新；在价值观念上是重义轻利、重共性而轻个性；在学术上重文轻理、重直觉轻逻辑；在物质文化观念上重“天命”而轻创造。这些都严重地制约了中国设计文化的发展和交流，同时也制约了家具设计和生产的发展。例如：中国清朝后期的家具就明显偏离了明式家具的设计思想，转而强调社会等级的差异；到了清朝后期，“京式”“广式”“苏式”等家具的主要流派趋于雷同。这些现象，无疑是有着深厚的文化根源的，同时也是我们在进行当代家具设计思想研究时值得注意的重要内容。

3 中国传统家具现代化研究的内涵与思路

中国传统家具现代化研究应包含两个方面的意义：一是以传统家具产品为研究对象，结合现代审美特点，探讨其造型的变化，并以现代生产条件（材料、设备、工艺、技术等）为基础，探讨其现代化生产方式。二是以现代设计理论为基础，吸收传统家具文化的精华，依靠现代生产条件生产出具有中国传统特色的现代家具产品。由于“传统”产品对材料要求苛刻，价格非普通老百姓消费得起，加之现代人消费理念和审美观的变化，因而其市场份额和需求量有限。从这个意义上说，对于后者的研究其意义远大于前者。

对于中国传统家具现代化的研究，应在立足于继承的基础上，注重创新性发展，只有这样，才能使之具有永恒的生命力。

中国传统家具的现代化研究包含理论研究、技术研究和在生产实际中的运用，具体来说，主要应在以下5个方面下功夫。

3.1 风格精神化

风格就是一种精神。尽管我们对“风格”有各种各样的解释：有就设计思想而言的，有对设计手法进行概括的，也有对设计师的不同个性进行总结的，还有对设计作品所产生的时代进行归纳的。但真正反映风格的全部意义和内涵的就是设计精神，即设计思想、设计方法、设计技术的综合。因此，中国传统家具现代化的研究应从文化角度出发，深层次地、全面地分析中国传统家具的设计思想，并提炼出其精髓要素，结合现代文化的发展以及社会现状，提出中国传统家具现代化的主要设计思想，力求在造型风格上神似，从而建立具有中国特色的现代家具设计的思想体系。

笔者认为，进行中国传统家具现代化研究应该注意以下3点：

（1）坚持以人为本的设计思想。进行中国传统家具现代化研究，应从以人为本的哲

学思想、人性化设计、人体工效学原理的运用与分析、装饰中的情感因素等方面入手，具体分析中国传统家具“以人为本”的设计思想。

中国文化一贯崇尚人的价值，主张人的核心作用，即以人为本。在中国传统家具中的主要表现有：人性化设计，体贴人的情感；符合人的尺度，遵从人体工效学的原理；崇尚工艺，装饰考究（精湛的工艺是人的智慧的具体反映，装饰是人的情感在产品上的依附）；追求人与人之间互相平等的社会关系和人与社会共生的和谐关系。总之，中国传统家具是以人为本设计思想的典范，而以人为本又是当今设计的主流设计思想。

（2）倡导简约的设计风格。中国传统家具尤其是明式家具，无论是造型、装饰还是结构、品种、功能等方面，都倡导一种简约的设计风格。“贫贱不能移，富贵不能淫”的儒家思想在其中得以充分反映，而这正是后现代社会所倡导的生活方式。当然，这不是一种简单的回归，它必须与现时的社会条件相联系。

（3）崇尚自然美。中国传统家具的显著特点之一是崇尚自然美，自然材料的大量使用、自然因素（如花草、动物等）在装饰图案中的主导地位等无不反映了这点，而现今所倡导的“生态设计”“可持续发展设计”的设计思想均是崇尚自然的具体反映。

3.2 造型元素符号化

中国传统家具的造型可谓丰富多彩。从品种上说，它几乎拥有现代家具的所有类型；从材料上说，它涉及当时包括木材、金属、石材、织物、藤材、珠宝等在内的所有材料；从装饰上讲，手法千变万化，图案应有尽有；从单个产品的造型来讲，或圆或方，或曲或直，或简单或烦琐，或朴素或华贵，色泽或深或浅，等等。因此，零散地、个体地去分析中国传统家具的造型只能是只见树木、不见森林。

此项研究的具体内容应包括：造型形态的符号化，形态构成法则，零部件形态的符号化，装饰图案的符号化，色彩规律，等等。总之，此项研究须力图从现代设计的基本方法入手，对中国传统家具的造型元素加以抽象和简化，并采用构成的方法进行设计，从而使设计更加理性化，能被更多的人所理解、接受和运用。

3.3 材料多元化

中国传统家具的用材类型较为广泛，但以木材为主，更确切的是以红木系列木材为主。针对珍贵木材资源严重缺少的现实，合理利用其他材料、其他木材品种和人造板材，是中国传统家具现代化研究的关键所在。

从某种意义上讲，对于材料的使用反映出设计师对设计的理解及其设计水平的高低。现代材料可谓五彩缤纷，如各种新型木材、改性木材、玻璃、塑料、合金等，这些都应该进入传统家具开发的视野之中。

3.4 结构可拆装化

中国传统家具的结构以榫卯为主。一方面，它具有合理的受力状态、足够的接合强度、精湛的工艺性能；另一方面，它是一种固定式结构，不利于生产和产品的标准化、系列化以及产品的远途运输，给大规模生产和销售带来了很大不便。开发具有中国传统特色的家具产品并让其扩大市场覆盖面乃至走向世界，使家具产品结构可拆装化是必不可少的一个环节。

实现结构可拆装化建立在两项基本技术基础之上，一是连接件的设计和使用，二是家具结构的定性、定量分析。具体工作可从以下 4 个方面着手：①探讨部件间结构的可拆装化；②简化零件间的结构，分析零件间的接合采用现代简化结构的合理性和用于生产实际的可行性；③家具结构稳定性分析；④家具零部件强度的稳定性分析。

3.5　生产过程的现代化

中国传统家具的生产以手工制作方式为主，生产效率低下，远远不能适应大规模生产的需要。现代生产技术条件是中国传统家具现代化研究的技术基础，同时也是此项研究得以实现的必要条件。研究工作可从以下两个方面着手：

（1）高效能生产。这里的高效能生产不同于现代设计意义上的大规模、高产量、高消费和高利润，它强调生产系统的高效能，即生态环境资源的高效利用、对材料的高效利用、产品使用功能的高效开发、生产过程的高效益等方面。

（2）人性化生产方式。所谓人性化生产方式应是一种强调生产者的感受、强调生产过程中个性的一种生产方式。其特征表现在 3 个方面：一是柔性生产技术的广泛运用。通过快速改造和重组不同企业、不同工艺过程的资源，可以在很短的时间内构成一个新的生产系统，以适应“瞬息万变、无法预测”的市场。二是大规模定制模式。大规模定制是在现代生产体制条件下充分反映消费者个性的一种有效的生产模式，通俗理解就是，它是大规模体制下的小批量、通用设计基础之上的吸收消费者个体设计的一种生产模式，这是对大工业时代下大批量生产方式的革命。它建立在柔性生产系统、数字化技术、虚拟设计等高新技术基础之上。三是高技术条件下的手工艺生产概念。技术的进步否定了简单的手工艺生产，但是技术的再进步却可以让生产者和消费者在更高层面上找回手工艺时代的美好感觉。高技术条件下的手工艺生产可以使生产者摆脱单调枯燥的重复劳动，找回劳动的真正乐趣；同时又可以充分发挥劳动者的主观能动性，缓解大工业时代的高失业率的社会现象。

原文发表于《郑州轻工业学院学报（社会科学版）》2002 年 3 月刊第 61—65 页

浅谈松木家具制造过程中含水率的控制

松木是南方主要的速生材种之一，目前对于松木的利用研究较多，如用作胶合板、细木工板、门窗用材、建筑用材和家具制造木材等。在中国，松木家具工业化生产还是近几年的事情，其主要产品为居住用家具，如木沙发、茶几、床、餐桌等。

松木家具的特点鲜明：如纹理清晰，早、晚材区别明显；枝节部位的活节、纹理等生长特征自然，变化丰富；本色涂饰色泽清新、明快；材质柔韧，弹性好；在适当的使用条件下使用寿命长；出材率高，加工容易。更重要的是，松木是我国南方人工林的主要树种，在限制使用天然林的现实情况下，使用松木的环保效应更加明显。

北欧国家如芬兰、瑞典等制造的松木家具品质高，在国际市场上有很强的竞争力。我国南方有一些与新加坡等国合资的企业生产的松木家具，质量和档次都能达到较高的层次，取得了较好的经济效益。许多松木林区附近的地区近年来也在尝试生产松木家具，总的来说，效益较好，但也很明显存在许多质量问题，具体反映在以下 3 个方面：在使用过程中构件尤其是板件变形；拼板和拼方处开裂；接合部位松动，造成结构失效。

据调查分析，造成上述质量问题的主要原因是在松木家具的生产过程中，对木材含水率的控制不严或不合理。

对木材含水率的控制应贯彻生产过程中的始末，具体体现在以下 5 个方面。

1 基材含水率的控制

控制基材的含水率是松木家具制造过程中关键的环节。松木经脱脂处理后，应在其树脂囊结构尚未破坏时进行干燥处理。出窑时材料的含水率必须控制在 8% 左右。

经干燥处理后的木材如不立即使用，应存放在恒湿状态的材料仓库中。如不具备此条件，可选用大小合适的塑料薄膜袋将木材包裹，并密封袋口，以待使用。

2 加工生产环境

松木家具生产对生产环境的要求较高，具体包括以下两方面：

（1）车间的密闭性好，受外部环境的湿度影响小，在必要时可做抽湿处理。一般南方地区生产车间内空气湿度应控制在 65% 左右，北方地区可控制在 50% 左右。

（2）车间地面应有隔潮层或采用楼房式车间，并将生产车间安排在二楼及以上的位置。

❸ 车间平面工艺布置

生产车间平面布置应紧凑、合理。材料仓库应靠近生产车间，最好建在生产车间内，以避免材料在搬运过程中吸湿。

将生产工序少、生产周期短的加工工艺（如配料、初加工等）与生产工序多、生产周期长的工艺线（如精加工、成型加工等）分开设置。

可单独设置标准零件（如各种腿件）和标准部件（如抽屉）生产线。

成品和半成品的放置最好采用便于搬运的专用存储箱。

❹ 工艺设计

松木在加工过程中吸湿返潮非常快，因此，缩短生产加工周期非常必要。有经验的生产厂家一般将生产周期控制在 3 天，有的生产周期甚至更短。要在如此短的时间内完成生产的全过程，其工艺流程安排应非常合理。

单次产品加工量应视车间生产加工能力合理确定。对于大批量的生产任务，可以采取多批次的加工方式，尽量缩短每一批次的生产时间。

工艺流程设计的原则是使工件在加工过程中的停留时间尽量短。对于采用可拆装结构的家具，在生产安排时应视其零部件的加工难易程度来安排生产，先完成机加工的工件应先涂饰、先入库。对于不可拆装结构家具的生产，应以“零部件加工最后完成时间”为参照指标安排生产，即加工工序多、加工时间长的先安排生产，加工工序少、加工时间短的后安排生产，使同一批次、同一品种的产品的所有零部件基本在同一时间被加工完成。

拼板和拼方是松木家具生产过程中必不可少的工序，在选择胶料品种时，应选择非水溶性的胶种。

机加工完成后的产品白坯应尽快安排涂饰，如选用的涂饰方法施工时间较长，最好先完成封闭底漆的涂饰。涂饰方法以工效高的喷涂和淋涂为佳。在涂饰过程中尽量避免与水的接触，即尽量选用非水溶性的颜料染料、腻子和树脂色浆等。

家具的涂饰在成本可控的情况下可采用全封闭的方法，即对家具的所有表面（包括内表面）均进行涂饰。

❺ 生产过程中对材料含水率的全程监控

在生产的全过程中对基材的含水率实行监控，保证基材的含水率不超过 10%。如发现有含水率超标现象，应及时对基材进行干燥处理。

生产加工过程中的含水率检测可选用针式含水率测量仪，刺探部位应选择产品装配后的隐蔽处。

总之，对基材含水率的控制是生产松木家具的关键。

原文发表于《林产工业》2003 年 1 月刊第 47—48 页

论原创设计的特征

摘　要：原创设计不同于一般的设计活动。原创设计一般具有下列特征：最先对某一设计思想的演绎、与以往不同的创新、先进的技术属性、适合于它产生的时代、引领时尚、被设计者之外的人所认可、能被广泛传播、鲜明的民族性格、国际化的特征和后续的发展空间。

关键词：原创设计；特征

“原”指原来、起初，通俗地说，就是最新出现、原来没有的。“创”即创始、首创。“原创”既强调事件在时间上的“初始”性质，也重视“创造”的性质。事物总有它最初出现的时候，而出现的过程有偶然和必然之分，偶然出现的是一种无意识的过程，它出现在有意识和无意识的行为之中，必然出现的是一种有意识的过程，可以被预料、期望、推理和判断，这些都是一系列有意识的行为。“创造”是一个具有一定目的的行为，创造的目的就决定了创造的意义和发展。这就是广义的“原创”。

“设计”即计划，是人类特有的一种实践活动，也是伴随着人类造物与创形而派生出来的概念。现代的设计概念是指综合社会的、人类的、经济的、技术的、艺术的、心理的、生理的等各种因素，纳入工业化批量生产的轨道，对产品进行规划的技术。

“原创设计”，从字面意思来理解，是指最初出现的、区别于其他的、创造性的设计活动。不具备“最初”的特点，就是“抄袭”；原创设计应与其他设计有较大的或本质上的区别，否则就是“模仿”；原创设计应是一种创造性的活动，除了具有创新性以外，还应具有明确的目的，并对设计结果有初步的预见，否则就是一种盲目的行为。

由设计师、企业或团体自身所作出的迎合消费者审美心理、功能要求和其他消费目的且与他人不同的创新设计都可被定义为原创设计的范畴，这是原创设计的一种特殊形式，即以商业活动为目的的原创设计。在我们所处的这个时代里，基于商业价值的原创设计占据了设计活动的核心地位。它的目的就是要做出得到社会和消费者认可的新产品。

原创设计具有一般设计所具有的全部“共性”，但原创设计绝不同于一般设计。具体来说，原创设计具有以下特征：

1 原始性：一个定义或概念（或对于它们的意义演绎）的首次出现、产品首次出现在市场等性质

一个新的设计理念，一种新的设计思想，以及在这种新理念和新思想指引下所出现的设计，总有首次面世的时候。无论它是个人的还是集体的智慧，在首次出现时，往往会被打上创造者的烙印。在它问世以后，它可能面临着不同的处境和前景，也就是说，它不一定为

大众所接受，也不一定能够长期生存和得到发展。但正是这种“敢为天下先”和“能为天下先”的冲动、激情和智慧得到了社会的广泛尊重。也正是这样，社会才有了进步和发展。

当某种产品首次出现在市场上的时候，企业和团体可能面临着巨大的商业风险，但正是这种风险，奠定了企业或团体良好的商业形象、家喻户晓的品牌形象和无穷无尽的发展机遇。这正是企业追求原创设计的动机，如第一台电视机、第一台空调、第一台计算机等均属此类。

❷ 创新性：某些设计元素的首次出现、新的设计方法的运用、一种新的风格等

创新就是做前人没有做过的事情。设计的创新包括设计本身、原材料的使用、生产工艺的创新。

判断设计或产品是否具有创新性，可从以下 6 个方面来衡量：①具有新的理念和思想；②具有新的原理、构思和设计；③采用了新的材料和元件；④有了某些新的性能和功能；⑤适应了新用途；⑥迎合了新的市场需求。

这里要特别强调的是基于商业价值的产品创新。基于商业价值的产品创新概念，如果与老产品进行比较，最大的改进不一定是在技术上，如果满足了消费者所追求的方便的“实用性能”和“使用效果”（尽管这个“性能”和“使用效果”可能是很低的技术支持的），或者满足了顾客自我实现和社会地位提高的具体欲望，具备这三者其中之一，都可以认为这种创新是基于商业价值的产品创新。

按照创新的范围，可以把这种创新分为以下 4 种：

（1）完全模仿的产品创新。为避免全新产品带来的商业风险，在保留某种产品吸引人的某些特性的基础上，对它进行新的诠释（如新功能、更高的性价比等），并加以宣传和推广。

（2）改进型的产品创新。在原有技术的基础上，对某种老产品进行局部改进，例如，增加花色品种、规格型号，提高产品质量，增加产品功能，提高材料利用率，节省能源，等等。

（3）换代型产品创新。从本质上说，它仍属于改进型产品创新，但它是全局性的重大改进。

（4）全新型产品创新。采用新原理、新思想、新理念、新结构、新材料、新技术研制的国内或国外首创的产品。

从以上分析可以看出：产品的创新从其特性来看，可以是“局部创新”，也可以是“全局创新”。“全局创新”无疑属于原创设计，“局部创新”由于具有与众不同的“从未出现”的意义，也属于原创设计的范畴。

❸ 先进性：在材料、结构、装配、加工工艺、表面装饰、使用功能等技术上的领先和优势

原创设计的先进性决定了该设计的社会性。社会在不断发展进步，任何原创设计都应该遵循社会发展的必然规律，这也是任何设计都必须达到的要求。

原创设计的先进性体现在先进的科学性上。“科学技术是第一生产力”，科学技术是原创设计的原动力。电子技术的产生和发展带来的产品设计的革命；微电子技术的发展，使许多“三维”的电子产品在形象上平面化——依赖先进的科学技术所产生的原创设计可谓数不胜数。

先进的科学性具体表现在以下 3 个方面：

（1）先进的社会意识。社会发展观、社会价值观、社会思想观等，它是原创设计的潜在的原动力。

（2）先进的科学意识。科学的价值和作用、科学思维方法等，如人文科学、材料科学、环境科学等学科领域在设计中的运用。它是原创设计产生和发展的基础。

（3）先进的工程技术基础。如信息技术、材料技术、加工技术的运用等，是原创设计产生的直接动力。

❹ 时代性：与时代相适应的社会、科学、技术、人文因素

任何一个时代都有属于这个时代的原创设计。社会的、科学的、技术的、人文的各种因素在不同的时代有不同的反映。紧跟时代步伐，是原创设计兴盛不衰的保证。具体表现在以下 3 个方面：①适时的社会意识和具体的政治体现；②适时的伦理、道德、价值观；③科学技术的最新成果。

❺ 时尚性：各种流行源

时尚不同于时代，如果一个时代的设计成果是一曲优美的乐章，那么在这个时代里各个不同时期、不同时间段内的时尚就是一个个跳动的音符。原创设计除了符合时代的基本特征，还应保持较长一个时期的时尚，否则只可能是昙花一现，甚至是还来不及“现”就被淹没在纷繁的设计中。反之，一个真正引领了或能引领时尚的设计，是足可以称为原创设计的，如“流线型设计”“黑色风暴”“白色旋风”等均属于此类。

❻ 可认知性：除设计者之外的人对于它的理解和认可

通俗来说，一个不为人所理解的设计是很难得以生存的，一个无法生存的设计很难具有成为原创设计的机会。原创之所以成为原创，在很大程度上依赖于人们对它的理解。当设计具有了不同于一般设计的特点，人们才会对其产生兴趣，继而试图去读懂它。只有人们基本理解了它以后，才会将其与以往的设计进行比较，进而，决定是否赋予它原创设计的意义。

这里要强调设计的超前性。当一个设计具有超前的性质时，在它出现的时候它可能不为人所理解，但这并不否定设计的可认知性。任何超前的设计都是设计者依据现时的种种因素进行推理、预测、判断等一系列复杂的过程之后才产生的。它之所以超前，是因为它具有了在今后一定会为人所认识的潜在可能，否则它充其量也只能算得上是一次设计实践或者是设计师一时的胡思乱想。

超前的设计较其他设计而言，有更大的成为原创设计的可能。

谈到设计的可认知性，就必须论证设计作品的意义，因为作品的意义是人们认识作

品的主要对象。

由于当今人们社会价值观的改变，对于作品的意义的认识已经采取了一种新的态度。当今设计的意义已变得越来越趋向圆钝、模糊、平和。概括来说，主要表现在设计经典文化意义的消失、设计意义表现的多元化和理解的多元化、形象意义和功能意义的关系、设计师对于设计意义的赋予所起的作用等方面。由于设计的意义是一个非常复杂的话题，这个问题有待在后面的章节中详细论述。

7 可传播性：具有语义意义或具有符号意义，因而符合文化传播的条件

原创设计的可传播性可以归结于原创设计的可认知性。设计在某种意义上说是在创立某种符号，这是设计一般意义上的特点。原创设计强调设计符号的特殊性和典型性，正是这种特殊性和典型性增强了设计的可认知性，因而使原创设计具有了广泛传播的可能。

原创设计的广泛传播反过来又加深了原创设计的意义特点。原创设计作为一种特殊的、典型的设计符号，它的能指意义更加广泛，它的所指意义更加具体，原创设计使用了特定的语义和特定的形象，因而它的表现意义的特点更加赋能它成为原创设计。

这里我们可能有一个认识误区：好的原创设计不愁没有好的生存空间，正所谓“好酒不怕巷子深”，一个好的原创设计总会流传开来。殊不知，哪怕是一个普通设计的传播都需要一片适应的“土壤”，如社会基础、经济基础、技术基础。原创设计对“土壤”的要求可能更加苛刻。

原创设计的可传播性在当今商品经济时代尤为重要，任何设计最终都变成了商品，市场赋予了它特定的价值。所以，原创设计除了它必须具有的文化的、审美的意义之外，还必须具备商品的潜在意义，即商品流通的意义。从这一点上来说，一个不可传播的原创设计在本质上是没有任何意义的。

8 民族性：只有民族的才是世界的

民族性既是使一般设计成为原创设计的技巧之一，又是原创设计产生的源泉之一。

一个特定地域、民族有其特定的文化传统，这种特性不是一朝一夕成就的，而是千百年来某一文化系统的积淀。它的产生、存在和发展决定了它是为人所认可的，即有存在的必要和可能。依据这种性质，参考其中的某些元素所形成的设计，构成了这种特定文化系统的某一组成部分。如以中国传统文化要素为主题，中国设计师创作了大量设计作品，在国际设计界享有良好的声誉。

具有民族性的设计主题有其自身不同于其他设计主题的特殊性。由于地域、人种、人文环境、自然环境等因素不同，世界上存在多种有差异的民族文化体系，存在着诸如历史、神话、图腾与图形、地理风貌、自然资源等不同的各种设计元素或设计元素的潜在题材，这些都可能引发有别于其他的设计。

原创设计的民族性在某种意义上决定了原创设计的多元化。世界文化意义（包括设计文化意义）的共同取向是各种文化体系的共存共荣，在当今已是一个不争的事实，对具有民族特色的设计的褒扬无疑有助于这一趋势的发展；反之，各种具有民族特色的设

计百花齐放，也极大地丰富了当今的原创设计。

具有民族特色的设计往往较其他设计具有更加广泛的流传性。“只有民族的才是世界的”，已成为文化传播领域一条颠扑不破的真理。

9 国际性：不仅为本地域、本民族、本土文化所接受，更应为世界范围内其他民族、其他文化系统所接受

原创设计的国际性是由当今社会尤其是国际经济一体化的特征所决定的，一个真正优秀的设计应该是世界文化体系的共同财产。

对不同的设计题材、设计元素进行国际化的设计诠释，是使一个原创设计具有国际性特征的有效途径。一个设计题材、元素在它最初产生的时候，可能具有明显的地域性，地域性认可是否具有国际化认可的潜质，在很大程度上取决于对这些设计题材、元素的诠释方式。如果其手段仍然有某种局限性，其设计成果必然缺乏国际性。笔者曾就“中国传统家具的现代化”问题进行过比较深入的研究和实践，结果表明：以优秀的中国传统家具的某些题材为基础，进行具有国际化的“设计元素符号化、材料多样化、结构可拆装化、工艺设计现代化”等设计改造，收到了很好的效果。

10 动态性：原创设计的特征不是一成不变的，原创设计在不断涌现

原创设计的动态性主要体现在两方面：一是原创设计在不断涌现；二是原创设计的特征也在发生着变化，并不是一成不变的。

人们对原创设计概念的理解在发生变化。传统文化意义上的对原创设计概念的理解更多的是反映在设计原始性和创造性上，由于当今文化意义的改变，特别是强调对于意义的体验的态度，使“体验”成了设计文化意义的主体。“当今一切设计的意义都已变得模糊、圆钝、平和……没有人能决定设计的意义是什么。”这种设计意义的改变直接导致了我们对原创设计概念理解的改变，在“重体验”和“功利性”等设计性质下，“创新设计”“改良设计”必然应被纳入原创设计的范畴；在设计“多元化”的时代里，各种国际风格、民族风格甚至是在一般人眼里作为“另类设计”的各种设计都可被视为原创设计。

原创设计的动态性实质上就是原创设计的时代性。一方面，一个时代有一个时代的审美特征，必然导致某些原创设计在一个时代里被认为是优秀的设计；另一方面，社会在不断发展进步，随着社会的发展、科学技术的进步，也必然会产生各种新的设计题材、元素，从而导致各种崭新的设计。

综上所述，在当今社会条件下，我们归纳原创设计的特点主要是：原始性、创新性、先进性、时代性、时尚性、可认知性、可传播性、民族性、国际性、动态性。

特别要说明的是，上述原创设计的特征，是各类设计要素的综合。因为每一个原创设计的出发点是各不相同的，所以，用数学的术语来表示，它们各自是构成原创设计的充分条件但不是每一点都是构成原创设计的必要条件。这就扩大了原创设计的外延和内涵，使得原创设计有了更大的存在和发展空间。

原文发表于《家具与室内装饰》2003年2月刊第32—34页

当代中国农村家具市场

摘　要：中国当代家具产业尚未关注中国农村家具市场。农村家具产业基本呈现手工业时期的特征。农村消费者对家具的需求不同于城镇消费者。适合于农村市场的家具产品具有造型古朴、结构强度高、耐久、价低等特点。开拓农村家具市场具有良好的发展前景。

关键词：农村家具市场；现状；特点；趋势

中国是一个农业大国，农村人口占据中国人口总数的大部分，这是一个事实；中国当代家具设计、生产、销售忽略了农村这片片阔的天地，这也是一个不争的事实。就连笔者在计划做上述市场调查分析时，都无法获得这方面的信息。职业的敏感也在不断地提醒我：关注农村！

1　农村家具市场的现状

在广大的农村，家具的设计、生产、流通等环节还基本维系着手工艺时代的特征。具体地说，有如下特征：

（1）朴素的风格和浓郁的地方特色。在过去很长的一段时期内，中国农村家具的发展基本处于停滞状态。家具类型以传统流传下来的为主，包括生活内容的各个方面。造型厚拙、简练，保留传统家具的经典元素并加以简化；装饰题材多样，有神话故事、人物、风景、花鸟、书法、植物，以及当地特有物产，还有与地域文化有关的图腾、传说等土著题材，中国传统文化有关的题材，等等；装饰手法也千变万化，有雕刻、彩绘、镶嵌等，甚至是将年画、挂式日历等现代图文材料直接糊裱在家具表面。一般来说，对于家具的款式和装饰，每一个不同的地域有当地特殊的审美观和喜好。

近年来，由于农村人口大量地流向城市、城市居民使用和购买的家具以及对家具的审美渐渐影响到了农村，板式组合家具（严格来说应该是外表像板式家具，结构实为框式家具）在农村得到普遍推广，并逐渐形成一种“时髦”。这类“板式家具”采用实木框架和人造板（大部分为胶合板，少量用覆面刨花板、纤维板）覆面的形式，用传统的榫接、胶接、钉接等接合形式。少有用实木条封边，大多数无装饰线脚，也有少量的将各种装修用的木线脚用于家具的合适部位，采用透明或不透明油漆饰面。

（2）典型的手工业生产模式。家具生产技术（包括家具产品设计）以师徒关系传承。生产者以匠人的名义出现，应客户的要求，上门或在自己简单的作坊内制作，生产方式以手工为主，辅以简单的机械设备。

（3）产品以为客户专门定制的为主，坚持严格的“以销定产”。有少量的作坊内生产的产品到集市中交换。

（4）就地取材。制作家具所需要的材料一般坚持就地取材的原则。木制家具所需的木材以农民自己种植的树木材为主要来源，辅以采购的一些其他材料（如人造板等）。盛产竹材的地区（如中国的江南等地）则有大量的竹家具，云南、福建等地盛产石材，这些地域的石材家具因而也丰富多彩。

❷ 适合农村的家具产品的特点

据调查，适合农村的家具产品具有以下特点：

（1）对城镇居民认为时尚的家具产品的接受程度低，基本不接受西方风格的产品。

（2）对产品使用耐久性的要求较高，要求家具结构强度大。

（3）家具产品需要有较强的对环境适应的性能。农村地区住房条件普遍较差，不利于家具的养护。农村生活习惯的随意性，要求家具表面具有耐脏、耐酸碱等性能。

（4）要求产品价格低，这与农村经济收入水平和农民的消费价值取向有必然的联系。据调查，我国农民平均年收入为2030元人民币，除去生产成本、饮食生活、税收等必要的开支后，可供用于购买其他生活消费品的经济能力为平均每人每年460元人民币，而农民目前基本生活之外的消费取向为：一是住房改造；二是教育投资；三是电视机等基本家用电器；对家具的消费被列为相对次要的位置。因此，除非家具价格在他们看来是非常低廉的，否则不会激发他们强烈的购买欲。据笔者调查：一套包括床、衣柜、写字台、电视柜、餐桌椅、木沙发等的家具，4000～5000元是他们心目中理想的价位，这势必造成他们购买的家具质量低劣。

（5）产品类型与城镇居民要求的不同。椅类较沙发更受欢迎，木制沙发比皮革和布等软体沙发更受欢迎；对椅类家具最大的要求是“不散架”；对柜类家具最大的要求是足够的存储容量；与计算机等新技术有关的家具类型不在农民的需求范围之内；儿童家具等个性化类型的家具被认为是“无必要”。需配置“席梦思”床垫的床类家具只在少数新婚青年消费者中受欢迎。

（6）对家具材料种类强烈的偏倚。金属家具被认为是“易生锈、不耐用”的，玻璃家具被认为是“不安全”的，皮革、织物类表面的家具被看成“易被破坏”的。木材及木质材料制成的家具成为农民的首选。塑料家具广为他们所接受，与当地特产有关的材料被认为具有最强亲和力。

（7）对“可拆装结构”表示“无所谓”。已装配成型的产品广受欢迎。

（8）家具颜色以木材本色最受欢迎。深色系是主要的配色，浅色家具受到抵制。

（9）多功能的家具类型如睡、坐两用沙发受到青睐。可折叠式家具被认为易收存并有相当大的市场。

（10）适合地域特征和农民生活的家具类型。如北方广大农村尚普遍使用的“炕”“烤火架”，南方农村受欢迎的“凉床”“凉椅”等家具品种尚无广泛开发，还有与农民生活习惯有关的“橱具柜”“洗脸盆架”“简易书架”“小型农具柜”等也有待进一步开发。

❸ 农村是中国家具业未来发展的主战场之一

随着中国社会的发展，农村的经济发展水平将会有较快的提高。中国已进入全面建设小康社会的历史进程，在不久的将来，农村的生活水平将会发生根本的变化。我国是一个农业大国。据2000年11月1日进行的第五次全国人口普查，日前我国总人口为12.95亿人，居住在城镇的人口为4.56亿人，占总人口的36.09%，居住在乡村的人口为8.07亿人，占总人口的63.91%。如果按每年每人消费家具额50元计，我国农村家具份额将有近400亿元人民币，相当于目前全国家具销售总额的40%。据预测，在未来20年内，我国城市化水平将达到54%以上。但中国农村人口仍占据中国总人口的半壁江山，并且随着农民购买力的不断增加，中国农村家具市场仍然是中国家具业不可忽视的主战场。

据笔者了解，我国目前的家具企业中几乎没有产品定位在农村家具市场的。大家共同的观点是农村家具消费能力有限，但又有谁认真地了解过农村家具市场，仔细地倾听农民消费者对家具的意见？

可以预计，受历史条件、中国社会发展不均衡、农村特定的地域、人文、经济等因素的影响，在相当长的一段历史时期之内，中国农村市场的家具与中国城镇市场的家具仍然会存在较大区别。

笔者呼吁设计师：将家具产品设计的视野拓宽至广大的农民阶层。建议和提醒广大的家具生产企业：农村是中国家具业未来发展的主战场之一。

原文发表于《家具与室内装饰》2003年4月刊第54—55页

重构中国当代家具文化

摘　要：虽然家具的文化意义与建筑、工艺美术、工业设计等密切相关，但家具文化有它特定的“质”。当今对于家具文化的认识存在片面性，这可能会导致家具文化系统的解体。认识家具的文化属性并重构当今家具文化，有利于当今家具产业的发展。

关键词：家具；家具文化；构建；中国

笔者在不久以前曾撰文构建中国家具文化学，其目的是：在当今铺天盖地的文化大潮中，家具文化作为大众文化的一部分，理应有它的一席之地。因为与“建筑文化”“服装文化”“饮食文化”等文化形式相比较，它的文化属性是非常直接而明了的，更不用说与所谓的“酒文化”“茶文化”相比。也就是说，无论从“文化”的定义属性、特征等角度出发，还是从家具的起源、历史、发展、现状，以及家具的政治社会因素、文化审美因素、艺术与技术因素等出发，构建家具文化都是有根据的，绝不是在本已躁动混乱的当今文化“热”中浑水摸鱼、插科打诨、标新立异。但笔者从上述理论研究的线索出发来分析当今的家具文化现象，却得出一个结论：如果当今中国的家具产业、家具理论研究还是照现在的情况继续的话，它们的结果将走向衰竭，甚至是家具文化本身的解体！因此，当今的家具文化、家具产业、家具业的理论研究都面临着一个根本上的重构、整合和变革的问题。

1　家具的起源与历史上家具的文化意义

1.1　家具与建筑

要弄清家具的起源，必须先分析住宅的起源。建筑最基本的功能是满足人的基本居住要求，民居是天下芸芸众生各自生存与生活的庇护所。倘若上无片瓦、下无立锥之地，无家可归，那么人也就失去了在这个世界上的位置。原始穴居与原始巢居是最早的民居形式，在这种居住条件下，家具无从谈起，最多也就是像很多人描述的那样，以树枝、草叶覆盖在土堆上所形成的“家具”。当人类掌握了最基本的建筑技术后，在土木结构的建筑出现时，家具也随之出现。这一点，在很多建筑史书记载中都已被证实。这说明家具是依附于建筑而产生的，建筑是家具产生、存在的基础，家具产生的基本技术条件与建筑的技术水平密切相关。

人类的居住要求是多方面的。遮风挡雨、抵御来自自然界各种可能的袭击，这只是居住的最基本要求，方便舒适的生活环境是更高的要求。当对居住环境提出更高的要求时，完整意义上的家具便应运而生。所以，家具的功能是建筑功能的补充和完善。家具具有建筑的特性，这也可能是当代的家具理论家在建筑学中寻找自己的理论根据的最主要的原因。

在很长一段历史时期内，家具是作为一种与建筑在功能上进行异化、在造型特征上进行模拟甚至直接进行比例缩小、在结构上共用某些相同的形式、在装饰上采用大致相同的手法、在选材上遵循建筑选材的基本等级原则的建筑的衍生物或附属品，虽然不像建筑那样具有典型和鲜明的“风格”，但它所包含的文化内涵和设计理念却与建筑基本一致。而家具与建筑在使用功能上的差异性，以及家具与人在人的生活过程中因直接、亲密接触而产生的家具与建筑不同的人与物的“亲和性”“赏玩性”、因人而异的更大的“随意性”等许多与建筑不同的特性，使家具拥有了许多与建筑不同的文化内涵。特别是在现代社会条件下，家具已经作为一种“特殊”的工业产品，在与建筑的“搭配性”、与建筑共生共灭的渊源性、生产过程的迥然不同等诸多方面与建筑产生了“分歧”。也就是说，在探讨家具产品的文化内涵时，尽管一直以来人们公认家具文化蕴藏在建筑文化之中，如果始终摆脱不了建筑的这种“隐形的”樊篱的话，对于家具文化的研究必将具有片面性和不完整性，甚至还会脱离家具产品本身的实质，因而具有不客观性甚至是错误。家具与建筑尽管形影相随，但此不是彼。因此，将家具文化的研究纳入建筑文化研究的轨道是不确切和不合时宜的。

对于建筑文化的研究早有定论，鉴于建筑文化的产生、发展以及物质技术特点，它是以物化的文化形态存在的，由于与社会、生活、审美等因素相关联，因而具有了“文化”的基本特征。家具与建筑的关系，正好可以说明家具文化的物化形态特征。

1.2 家具与工艺美术

中国著名的工艺美术理论家、教育家田自秉先生给“工艺美术”下的定义是：“通过生产手段（包括手工、机器等）对材料进行审美加工，以制成物质产品和精神产品的一种美术。”它既有工，也有美；既包括生活日用品制作，也包括装饰欣赏品创作；既有手工制作过程，也有机器生产过程；既有传统产品的制作，也包括现代产品的生产；既有设计过程，也有制作过程；它是融造型、色彩、装饰为一体的工艺形象。由此定义我们可以看出，随着历史的发展，“工艺美术”被赋予了全新的概念。从涉及领域上讲，它包括了衣、食、住、行、用的所有方面；从功能上讲，已从原先的以欣赏为主拓展到使用目的；从制作方式上讲，由手工制作发展到机器生产；从工艺形象上讲，由以强调造型、色彩、装饰等感性形象为主上升到设计等理性形象。同时，我们也看到，虽然它强调艺术与技术（如生产过程、生产材料等）的结合，但它强调的重点仍然是“形象”。也就是说，工艺美术更注重的是对形象的展现和表达。从这一层面上说，由于家具也重视形象，所以家具可以归属到工艺美术的范畴，尤其是在大机器生产时代之前，家具与工艺美术的关系，可以说明家具文化的艺术特征。

1.3 家具与工业设计

目前有很多分类学家将家具划入了工业设计领域。1980 年在英国伦敦举行的世界工业设计第 11 次年会，给工业设计提出了明确的定义：就批量生产的工业产品而言，凭借训练、技术、知识、经验及视觉感受而赋予材料、结构、构造、形态、色彩、表面加工以及装饰一新的品质和资格，叫作工业设计。就其定义来看，家具设计归属于工业设计是再恰当不过了。

但就笔者个人的观点而言，家具与工业产品、家具设计与工业设计之间并不是“属于”而是“与”的关系。首先，就“工业设计”的定义来看，它几乎包括了产品的全部，这种极广阔的定义范围造就了定义本身的不明确性。其次，尽管一切工业产品都要求审美要素，但从人类生活和生活方式与家具的关系的角度出发，家具产品形象所具有的社会象征意义是其他工业产品远远所不及的。最后，从家具存在的悠久历史来说，家具文化是一个古老的文化形态。因此，尽管家具文化与设计文化有许多共同的渊源，就像不能把所有与设计有关的文化形态（如建筑文化）等都归结为设计文化一样，也不能简单地把家具文化归类到设计文化。由于技术要素的参与，当今家具生产具备了一般工业产品生产的某些特性，这是时代赋予家具文化的内涵。家具与工业产品和工业设计的关系，正好可以说明家具文化的时代特征。

1.4 家具与生活和生活方式

离开人类的生活和生活方式来谈论文化的话题，“文化”就将变成“无本之木，无源之水”。这是由“文化”本身的社会性所决定的。家具的产生、发展无不深深地打上了人类生活的烙印。一方面，正如李宗山在《中国家具史图说》中指出：“家具作为社会生活的重要组成部分”，它是人类改善生活条件的“第一需要”；“家具的变化取决于生活方式的变化”“家具来源于生活，服务于生活”“家具从无到有，从简单到复杂，从主要用来满足人们的基本生活需要到实用性与艺术性的有机结合，甚至发展成主要供人欣赏和装点门面的高档艺术品、奢侈品，劳动工具的发展和生活方式的改变始终起着主导作用”。另一方面，家具的发展也影响着生活和生活方式的改变。家具的发展、家具技术水平的提高，不仅改善人们的生活质量，也导致人们生活方式的改变。从这里我们可以看出：家具文化的存在有着深厚的社会基础，这种生活的基础正是家具文化的社会特征。

2 当今家具文化系统的混乱导致了当今家具文化结构的不稳定性

家具文化是一种存在，这是任何人都否定不了的，但存在的不一定就合理。这里所说的不合理并不是说家具文化本身的不合理。家具文化作为一种客观的文化存在，它必然有自身的存在形式、特点和变化、发展规律，只是人们在认识它的时候出现了某种偏差，以至于不能反映家具文化的本来面貌。以人类文化学的基本观点来分析当今家具的文化体系，我们就会发现它存在明显的牵强附会，其主要特征是纠集与机械的拼合。

2.1 行业划分

中国现时的政治经济体制造成了行业划分的不准确性和不规范性。“社会主义改造”时期，由于旧社会绝大多数的家具生产者是手工业劳动者“成分”，将这些人组合起来形成的家具生产厂家一直“归口”于“轻工”行业；由于建筑公司不可避免地有生产家具的任务，于是建筑行业也一直“统领”着许多家具厂；新中国成立初期，仍有许多家具厂沿用了旧时手工艺人的做法，生产的家具大量采用了各种装饰，使家具产品带有明显的“工艺”特性，因而当时的家具厂理所当然地“隶属”于工艺美术厂；林业部门由于掌管着家具的主要用材——木材的营销权，成立自己的家具厂是天经地义的事情……当然这本身并不重要，因为只是“称呼”不同而已。但重要的是由于这种划分和中国当时的政治体制结合起来后，问题就出现了：各自不同的行业标准、技术交流的保守封闭、教育的各自为政等，这些都严重地制约了家具产业的发展；由于文化的发展在很大程度上依赖于社会因素，因此这种混乱的社会局面同时也阻碍了家具文化的发展壮大。

2.2 理论研究

理论研究对文化的发展、产业的成长以及未来的发展方向有着极其重要的意义。截至目前，可以认为有关家具文化的理论研究与建筑学研究、工艺美术学研究、设计研究相比，还处于非常“幼稚”的水平，更多的研究还只停留在关注家具发展历史的水平上，并没有形成一门完整意义上的家具文化学。与家具理论研究有关的学术观点大多建立在建筑文化、设计文化等广义的文化研究上，并没有体现出家具文化的与众不同的特点。

2.3 学科设置

中国的家具文化教育也分属于不同的文化教育系统，有林业院校的家具专业，有轻工院校的工业设计专业家具方向，有工艺美术院校的家具设计方向，以及建筑学科中室内设计专业的家具设计课程，等等。截至目前，还没有一套涉及家具文化全部内容的具有学术价值的教科书。

2.4 家具产业

家具产业的情况非常复杂，这里姑且只分析当今中国的家具设计现象。照搬照抄、一味模仿等行为已是家具业一个不争的事实。从文化的角度去分析，这种照搬照抄的行为由于缺少创造性和可继承性而不具备文化的意义，但由于我们没有适合的设计理论作指导，这种照搬照抄的行为还将继续进行下去。社会生产对相关文化类型的发展的推动作用是显而易见的，就目前家具产业的现状，不用说对中国家具文化有多少进步的推动作用，我们认为它实际上起到了反作用。

2.5 其他产业对当今家具产业的“围剿”

我们不难发现，由于家具文化本身的不稳定性，给其他行业对于家具业的“参与”提供了“可乘之机”。随着住宅产业的发展，各种固定式的带有明显的建筑附件性质的储物柜的生产已脱离了家具生产厂家；由电视机生产厂家配套生产的各种款式的电视柜进入了千家万户；与作为信息技术标志的计算机产品相配套的计算机台的生产已逐渐脱离了传统意义上的家具企业，推而广之，生产电冰箱的企业完全有能力生产一种可调温调湿、防霉防虫的衣柜等。这些行为我们不能简单地认识为“参与”，而更应该看成为建筑、工业设计等文化系统的“收复失地”，以及家具产业在文化意义上的“回归”。但值得注意的是，如果这种“回归”是自然的、必然的和科学的话，我们对这种“回归”的阻止就将是“无力回天”的。问题的关键是，就如今我国家具产业的现状来看，这种“抢占市场份额”的现象不利于各自行业的发展，甚至会最终导致当今中国家具业的解体，而且就当今中国家具业的科技水平而言，完全有能力做得比这些“参与”更好。

3 当代家具文化的重构

我们认为，当今家具文化建设的“圈地”运动是否合理，应取决于家具的文化属性本身，而不是其他的任何因素。

实际上，这种“保卫战”在建筑文化发展史上也曾经发生过。当现代建筑设计认为“建筑是机器”的理论出现时，就曾对传统建筑的意义提出过质疑，但正是建筑本身的意义捍卫了建筑文化。家具文化的“保卫”也是如此。无论家具是由谁生产的，由哪个行业、部门和厂家生产，它都仍然具有家具的意义，而不能因为它是建筑商生产的就变成了建筑，或由电视机厂家生产，它就是家用电器或者什么别的东西。它仍然是家具，它仍然具有家具的文化属性。

接下来的问题是，我们对家具文化的概念如何加以限定，或者说，在我们限定了家具文化的意义之后，上述的一切争辩才会变得清晰和轻松。

3.1 当代家具的文化属性

中国学者对“文化”意义的界定最主要的观点是“文化乃是人类创造的不同形态的特质所构成的复合体”。从这个意义上说，家具是一种不折不扣的文化现象，因为家具是人类创造的、区别于一切自然材料、自然形态并由人的设计和劳动加工而成的、人的生活物质中的一种普遍“对象”。由于与生活和生活方式密切相关，而生活的内涵又涉及社会因素的所有层面，所以家具具有典型的社会特征；家具是人们衣、食、住、行的具体生活物质之一，是看得见、摸得着的现实物质产品，因而具有物化特征；家具的审美要素，使家具具有了区别于一般工业产品的艺术特征；家具的发展变化与社会的发展进步、科技水平的提高、人的生活方式的改变等时间因素相适应，因而具有了明显的时代特征；当代家具产品的生产与科学技术的关系已日渐明显，因而赋予它技术的特征。所有这些特征，都构成了家具文化的“特质”。家具是上述所有“特质”的“复合体”。

家具作为一种产品，与材料、技术等因素相关，它是一种以满足人类的基本生活需求为目的的物化文化形态；家具产品的象征意义，使得家具同时反映了人与人之间的社会关系（如家庭成员间的主从关系、不同使用场合下人与人的不同社会地位等），从而赋予了家具的反映某种道德观念的特殊含义，因而具有了制度层面的行为文化形态的某些特征；家具产品的审美特征和家具设计的内涵，使家具文化具有了精神层面的观念文化形态。当代家具文化是包含了所有文化形态在内的完整的文化体系。这就是当代家具的文化属性。

3.2 当代家具文化的整合和重构

当今家具文化的现状，已经发生了上述各文化门类的结合，就应该反过头来想想“存在的就是合理”的道理。具体来说，就是要这些本还是牵强的、机械结合的因素有机化，让它们结成一个牢固而统一的整体。从人类文化学的角度出发，就是用系统和整合的观点去研究当今家具文化。

当今家具文化的整合和重构，必须从分析家具的本质入手，结合当今家具文化的具体特点，研究家具文化的发展方向。

当今家具文化的整合，实质上包括两个基本方面的整合：一方面，家具产品作为建筑功能的补充和完善，应和建筑学领域的相关要素和谐结合起来，使它成为既是建筑学领域的一个分支，又区别于建筑学本身。鉴于目前它的“物化过程”的特点，因此与家具产业可以形成紧密的协作；另一方面，就是家具产品的工业化生产和产品的艺术和审美特性相结合。实际上，对于这种“结合”的前景，法国著名的社会学家杜尔干（E. Durkheim）早在20世纪初就表示了乐观的态度，他认为工业化是社会发展的必然趋势，坚持过去那种和社会进步不相容的审美价值，对社会简直是一种罪恶。法国学者拉博德（Leon de Laborde）对此也表示了同样乐观的态度，他在《论艺术和工业的结合》一书中明确指出：艺术、科学和工业的未来有赖于它们之间的合作。他主张把工业革命与艺术使命在一个“艺术民族”的熔炉中融合起来。

当今家具文化的整合，具体工作应落实到家具设计过程中。设计的本质在于文化的进步，它正是通过文化整合作用实现的。设计是从造型活动开始的，它的重点在处理产品与人的关系。美国学者西蒙（H. A. Simon）指出：人工物可以看成“内部”环境（人工物自身的物质和组织）和“外部”环境（人工物的工作环境）的接合点。如果把外部环境作为人的活动空间，那么艺术设计处理的问题便是人机界面的问题。也就是说，艺术设计在于使产品适应人的尺度，以满足人的生理、心理和社会文化的需要。这就使整个产品设计的内涵从自然科学和技术领域扩大到人文科学和审美文化的领域。现代家具产品设计，不但为人们未来的生活勾画出物质环境的具体形态，而且也设计着消费者未来的主体属性。因为消费者的活动方式在很大程度上是由活动对象的性质所规定的。家具产品作为消费者的活动对象，对于人的身体特性、生理过程和心理状态以及人际交往方式都有直接影响。所以，家具产品设计也是人的生活方式的设计，它必然作用于人的精神生活和个性心理。家具产品设计作为一种文化整合，涉及整个物质世界、社会环境、自然环境以及消费者个人的身心发展。因此，家具产品设计的价值取向成为当代设计关注的重大问题。

4 结　语

（1）家具虽然作为一种现实的物体存在，但它的定义是飘忽不定的。它随时可以作为建筑、工艺美术、工业设计的一部分而归并于其中之一。但当今的现实情况是：由于建筑系统的庞大，加之家具定义上的“不确定”性，建筑文化系统还顾不上家具这一在建筑看来是极其微小的一部分，因而被当成“遗弃儿”。工艺美术学对家具的审美特征意见不一，认为它更具有一般工业品的特征，因而逐渐给予了“忽视”；工业设计的定义几乎可以包括所有的产品类型，家具只是其中的一小部分，更因为和其他工业产品相比，家具产品的生产技术存在着明显的落后，甚至还带有“手工生产”的痕迹，因而也未给予更大程度上的“关注”。再者，当一个定义大得足可以概括所有形象的时候，其定义的精准性也值得怀疑。也就是说，中国当今的家具文化是一种多种文化成分、多种文化形态游离于各自的文化系统之后自发聚集在一起的“综合体”。

（2）中国当今家具文化仍是一个见缝插针、查漏补缺甚至是不知道自己“姓甚名谁”的角色，由于上述的“综合体”还没有形成有机的“凝聚”，它随时有可能解体。因此，一场有关中国家具文化生死存亡的“文化圈地”运动，或者称为家具文化系统自身的“保卫战”势在必行。

（3）如果仅把家具作为一种产业现象来研究的话，它所面临的困境将是不可避免的。只有把家具作为一种文化现象来加以研究，才能保持家具本身强大而永久的生命力。

原文发表于《中南林学院学报》2003 年 3 月刊第 63—55 页

家具文化学构建

摘　要：从系统论和整合的观点出发，本文提出了："家具是一个文化的整体"的观点；分析了家具文化自身的特点，即它的包容性、多元化多层次的结构、动态的发展模式等；比照于人类文化学的结构，构建了家具文化学的体系；并提出了若干当前家具文化研究的焦点问题。

关键词：文化；家具；家具文化

长期以来，"家具学"（笔者姑且这样称之，尽管国外有此术语出现，但国内尚无）在中国一直是一个"无家可归"的，与"三教九流"无关的"流浪汉"。究其原因，可能是社会分工所致：家具的设计工作一直是由建筑师、其他的设计师或工匠所为；家具生产也一直隶属于作坊或其他的工业领域，并没有形成自己相对独立的体系。

随着社会的不断发展，家具业在社会生活中的地位已发生明显变化。就中国现状而言，"家具工业已成为国民经济一个新的增长点"；"大市场、大贸易、大流通的中国家具市场格局已经形成"；涉及社会、经济、教育、科学、文化、设计、艺术、历史等多方面的家具行业已初具规模。尽管如此，家具设计师和家具行业人士一直在为自己的归属和归宿问题伤脑筋：他们虽然具有艺术家的才情、自然科学家的精细、社会科学家的广博，但他们终不为艺术家和科学家所认同；他们从事的事业虽然与建筑学息息相关，但不知为何却始终未能成为一个正式的分支。近期，大家比较一致的观点是，家具归属于"工业设计"范畴。在几年前，由于国家在调整高等院校专业设置时取消了家具专业，笔者曾和同事们一起，在学校的学科建设中将原来由中南林业科技大学在国内率先创办的家具专业调整为"国家认同"的"工业设计"专业的一个专业方向。经过几年的教学实践和自身不断学习，我们有一种感觉：一来工业设计的范围之广，就像建筑设计、室内设计也可划归于工业设计一样，家具设计隶属于工业设计的确是如同虚设；二来是家具源远流长的历史、文化情结，怎么也让人难以割舍，有一种强烈的未被认同的失落感。

人们从能清晰地辨别眼前的各类事物那天起，就开始对事物进行繁复的分类了。由此，宇宙间的一切便变得精微细密，但随之也显得支离破碎，以至于现代又有人提出从整合的角度对世界进行再认识的观点。文化分类学的方兴未艾、系统科学的应运而生，以及哲学、美学的"走红"都与此不无关联。尽管家具是人们每天目睹的物质存在，但分类学至今仍然未将其纳入它的视线。

笔者无意在社会上争名夺利，也无意去归咎分类学家。但我们实实在在地感到家具的文化属性是一种毋庸置疑的事实。但在分类学家把所有的学科划分阵营以后，却留下了一个难以归类的、具有综合学科形态的家具学科。在人们开始用系统论的观点和整合的观点去认识世界的时候，我们应该认识到：家具本是一个文化整体，对它的任何削割都将会使这个有机整体受到损害。正是基于上述认识，笔者遂萌生了更新意义上的家具文化学（或文化家具学）的观念。

1 文化·家具

“文化”一词源于《易经》：“观乎天文以察时变。观乎人文以化成天下。”意即按照人文来教化。按照人类学家的概念，文化是人类环境中由人创造的一切方面总和的统称，是包括知识、信仰、艺术、道德、习俗等多种现象的复合整体，是整套的“生存样式”。人作为社会成员而发挥的创造能力和习惯也是文化这一概念中至关重要的组成部分。按现代观点来看，文化是人类精神的创造和积累。它包括纯粹精神的创造，诸如宗教、艺术等；行为化的精神财富，诸如礼仪、制度等；物化的精神创造，诸如工具、建筑等。

人与动物的真正区别首先在于人类是唯一在地球上创造和发展了文化系统的动物，因此人类是文化的动物，人类所创造的一切则是文化的产物。从这个观点上讲，人们在席地而坐的时期在洞穴里所挖造的高低有别的土墩和现代的座椅是一样的，都有别于自然界中的土堆。前者是一种文化形态，后者则仅仅是一种物态而已。

在人类文化发展的历史长河中，家具文化就曾经是它的源头和主要组成部分之一，作为与人的基本“生存方式”息息相关的因素。它决定了其他文化形态的存在和发展，如生活方式和生活内容的改变、人类行为审美观的改变、人与人之间关系的确立和变化等。作为人类劳动的结晶——家具产品而言，它在表面上反映出的是无以计数、琳琅满目的家具产品，但在本质上所反映出来的是：一方面，按照政治、经济、宗教、信仰、法律、社会习俗和道德伦理来决定家具的意义、内涵和形象；另一方面，家具也在不断地凝聚其丰富的历史文化传统内涵的基础上不断地深化并改变着人类的方方面面。因此，有人说家具是人类文化的见证和缩影，是有十分充足的理由的。中国明式家具就是其中最好的例子，儒家文化的精髓、平等自由的社会、殷实而又节俭的生活、繁荣高超的技术尽显其中。这种物质与精神之间的协调关系，充分显示了“文化”的意义。

在论及家具文化的时候，许多人常常把它和家具的精神功能联系等同起来，这是不完全的。家具的“精神功能”必然属于“家具文化”，但“家具文化”的含义比“精神功能”的领域要深广得多。家具文化具有一切文化形态所具有的一般特征，同时又有其自身的特点：

（1）家具文化具有包容性。它包含诸如人类学、心理学、历史学、美学等社会科学，以及材料学、结构学、物理学、工艺学等自然科学的成分，是人类文明的综合性的结晶。

（2）家具文化有多元的、多层次的结构。就一般文化而言，它的多元化反映在不同的地域性、民族性、时间性等多方面，它的多层次性反映在文化的结构最里层的内核是观念心态，中层是制度行为文化，最外层是物质文化。家具文化的多元化与一般文化形态相同，它的多层次则反映在物质文化体现在表层，精神文化体现在深层，艺术文化则体现在二者之间的中层面上。

（3）家具文化是动态的文化，很少有固定模式。这一点可以说明它是与文化的总系统平行发展的。

（4）家具文化受其他文化形态的影响，但有它自身的特点。

（5）与其他文化一样，人是家具文化的主体。

（6）家具文化可以在不同的地域、民族间交流。但外来文化总是以本土文化为基础的。两者之间的交流以并存和融合为主。

2 家具文化学架构

文化人类学的方兴未艾，特别是系统科学的应运而生为家具文化的提出提供了一个难得的契机。系统科学主张用整合的观点去看待一个事物，毫无疑问，家具本是一个文化整体，家具文化学就如同建筑文化学、服装文化学、陶瓷文化学一样，在文化人类学中，也应有它的一席之地。

家具作为文化形态的特殊性表现在它本身的整合性上，即家具与科学技术、艺术、社会科学或人文科学的不可分割性，而这个不可分的整体观已是当代重新认识和把握世界的关键。如以人文科学为例，现代整合文化学认为：现在各个分立多元的人文学科最终可能在文化学体系内统一起来而形成文化系统。

在文化学整体中，上述这个系统仅是一个子系统，即精神文化学系统。此外还有物质文化学系统和艺术文化学系统。

无论是物质、精神或艺术，都与家具相关联。因此，与其说家具是文化的一个组成部分，不如说它是文化的一个形态，因为它的整体与整合文化同构。而这个同构说也就是我们建立以家具文化的整合为母系统的家具文化学架构的出发点和归宿点。

家具文化学的架构与整合文化学的架构有着相似性。因此，家具文化学的各分支可以从它所分属的整合文化学各分支中吸取物质成分或精神成分，但这种吸取的范围、规模、深度、方式等无疑要受制于家具文化学这一母系统，否则它就是非家具文化的。从目前来讲，不同的学科对家具的研究常常是非系统的，或者陷入单科间的相互贬抑和忌妒的竞争之中，或者建立在漠不关心的“和平共处”之中。即都没有把家具作为整体来看待。同时也没有把自己从事的单科研究作为系统对象的客体来看待。由此产生了家具的物质或精神功能论、社会论、技术论、艺术论等之间的争执。实际上这些观点本是可以在家具的文化架构中统一起来的，而它们之间的制约关系又恰恰是家具本身最重要的一个课题。

依系统论观点而言，以家具为认识对象。那么家具各学科就都应该是系统对象的客体，即它们彼此相对于认识对象的各个不同的部分、方面、层次、因素、阶段等构合成一个完全系统。每一种认识在这个系统中都占据着不可被取代的位置。它们受到系统内部结构的相互关系的制约。换一个角度，我们也可以把家具看成一个具有表层、中层和深层结构的统一体现在中层，艺术化则体现在二者之间的中层面上。物质表层之所以属于文化，是因为从“自然”向文化的转化正是在物质水平上开始的。至于精神生产，则自然生成相应的精神文化层面（精神文化虽然在自己的内容和发挥功能的方式上是精神的，但它的所有产品也是被物化的。与此相应的是，物质文化的全部过程则表现出精神的自的和模式）。至于艺术文化，则是物质与精神因素在高层次上的审美融合，从而产生出的这种被称为艺术的特殊现象。这三个层面胶合在一起，成为一个整体。因此，作为不同层面的家具技术、艺术、功能科学等绝不是相互贬抑，相反，应是相辅相成、相得益彰的。同时，家具技术科学、人文科学和家具艺术各自又有其相对独立的存在理由和价值，应该在整个系统的协调下分别加以研究和发展的。唯其如此，才能使整个家具文化学得以最终的全面发展，也是真正意义上的发展从而使家具这门古老而又年轻的学科展现新姿态并使家具的多种形象大放异彩。

3 当代家具文化的焦点问题

架构家具文化体系，绝非为了学术上的哗众取宠，是因为我们以往的研究触角已涉及家具文化的方方面面，现在是该对其进行系统研究的时候了。

“家具文化研究”是一个大课题，需要更多同志的参与。“家具文化研究”又是一个迟到的课题，一方面要以其他文化形态为借鉴，跟上其他文化形态研究和整体文化学的研究步伐；另一方面还要弥补前期研究的不足。就目前而言，应集中在以下方面：

（1）家具、家具文化的意义。这是一个永久性的话题。对于家具的认识就像我们认识世界一样是永无止境的，它将会不断地推陈出新。整体的、系统的和发展的观点是研究家具和家具文化的关键所在。

（2）家具文化系统中各要素之间的相互关系。影响家具文化的各要素无主次贵贱、褒贬抑扬之分。

（3）家具设计与创作是家具文化的灵魂。以人为本，以自然为本（绿色生态设计、可持续发展的设计等）的设计思想，现代、后现代设计风格等是当前讨论的焦点。

（4）家具文化符号系统与美。这主要反映在设计手法上，具有美学倾向的不一定就具有美学价值。

（5）中西家具文化的碰撞与交流。全球经济一体化的趋势和世界文化多元化的现状决定了中西家具文化之间不可避免的矛盾。中西家具文化的比较、文脉的探求以及对待的态度是这方面研究的重点。

（6）中国传统家具文化的继承和发扬。祖先为我们留下了丰厚的家具文化遗产，但我们目前的研究大多只局限于就事论事的程度，远不及其他文化形态（如建筑文化）研究来得深入，更令人担忧的是将传统家具文化当成一个文化形态进行系统研究的观念非常淡薄。

（7）家具文化的地域性和家具文化圈。中西家具文化有显著的差异，西方家具文化不同的国度又具有各自不同的特征，中国明清家具有京式、苏式、广式等之分，这些都是家具文化的地域性。此外，对以家具为主体或与家具相关的其他文化形态（如家居文化等）与家具文化共存的家具文化圈的研究，目前还处于一个非常被动的地位。

（8）现代家具文化的基本特征。这包括地域特征、民族特征、中西文化的比较和差异、时代特征等。

（9）对未来家具文化发展的展望。

总之，我们处于一个继往开来的新时期。我们不但有责任恢复家具文化的本来面目。更有义务使家具文化——这朵文化之苑中的奇葩愈发光彩。

原文发表于《家具》2003年3月刊第52—56页

形神兼备
——家具形态设计（一）

摘　要：家具的形态有“状态”“情态”“意态”之分。家具形态设计的出发点在于：家具是生活的元素之一；家具是一种工业产品；家具是一种艺术形式；家具应融于自然。

关键词：家具；形态；形态；设计

家具作为一种客观存在，具有物质的和社会的双重属性。家具的物质性主要表现在它是以一定的形状、大小、空间排列、色彩、肌理和相互间的组配关系等可感现象存在于物质世界之中，与人发生刺激与反应的相互作用。它是一种信息载体，具有发射信息的能力：家具是用什么材料制成的，是给成人用还是给儿童用，是否“好看”、结实，与预定的室内气氛是否协调，等等。将这些信息进行处理，进而产生一种诱发力：是否该对这些家具采取购买行为。家具的社会性则主要指家具具有一定的表情，蕴含一定的态势，可以产生某种情调与人发生暂时的精神联系。前者主要决定家具的价格，后者主要决定家具在消费者心目中的价值。前面产生的某些诱惑与后者对照，最终做出决策：是否该拥有这些家具。综上所述，消费者购买家具的过程是一个充分整理家具物质性和社会性信息的过程，也可以认为是认识、理解家具形态的过程，形态设计在家具设计中的地位由此也可见一斑。

1 “形”（shape）

“形”，通常指物体的外形或形状，它是一种客观存在。自然界中如山川河流、树木花草、飞禽走兽等之所以能被人类所认识和区别，就因为它们都具有“形”。这些都是一种“自在之形”。尽管这种形的种类非常多，但在人们心目中的印象是有限的，因为它们常常呈浮光掠影、姿态万千（动物、植物分类学家的学识由此凸显），离我们的距离较远。真正给我们的认识带来巨大冲击的是另一类“形”，即“视觉之形”。

视觉之形包括3类：一是从纷杂的万象中分化出来的、进入人们注意的视野中并成为独立存在的视觉形象的“形”，即所谓的“图从地中来”。二是人们日常生活中普遍感知的一些形象，即生活中的常见之形，如几何形等。三是各种“艺术”的“形”，即能引起人们情境变化的、被人们称为“有意味”的形。

2 “态”（form）

“形”会对人产生触动，使人产生一些思维活动。也就是说，任何正常的人对“形”

都不会无动于衷。这种由“形”而产生的人对“形”的后续“反应”就是“态”。一切物体的“态”，是指蕴含在物体内的“状态”“情态”和“意态”，是物体的物质属性和社会属性所显现出来的一种质的界定和势态表情。“状态”是一种质的界定，如气态、液态、固态、动态、静态；“情态”由“形”的视觉诱发心理的联想行为而产生，即“心动”。如神态、韵态、仪态、媚态，美态、丑态、怪态，等等。“意态”是由“形”的视觉诱发“形”的“意义”的产生，是由“形”向人传递一种心理体验和感受，是比“情态”更高层次的一种心理反应。“态”又被称为“势”或“场”。世间万事万物都具有“势”和“场”。社会有“形势”，社会发展的必然“趋势”，对处于这个社会中的人都有一种约束，顺“势”者昌，逆“势”者亡；电学中有“电势”一说，电子的运动由“电势”决定，使电子的运动有了一定的规律。地球是一个大磁铁，它产生了地球周围强大的“地磁场”，规定着地球表面所有具有磁性的物体必然的停留方向；庙宇和庙宇中的“菩萨”产生一种“场”，使信教的人在这个“场”中唯有虔诚，可见“场”是一种“氛围”。

❸ “形态”（form of appearance）

对于一切物体而言，由物体的形式要素所产生的给人的（或传达给别人的）一种有关物体“态”的感觉和“印象”，就叫作“形态”。

任何物体的“形”与“态”都不是独立存在的。所谓“内心之动，形状于外”“形者神之质，神者形之用”“形具而神生”，讲的就是这个道理。

“形”与“态”共生共灭。形离不开神的补充，神离不开形的阐释，即“神形兼备”“无形神则失，无神形而晦”。

将物体的“形”与“态”综合起来考虑和研究的学科就称为“形态学”（morphology）。最初它是一门研究人体、动物、植物形式和结构的科学，但对形式和结构的综合研究使它涉及了艺术和科学两方面的内容，经过漫长的历史发展过程，现在它已演变为一门独立的，集数学（几何）、生物、力学、材料、艺术造型为一体的交叉学科。形态学的研究对象是事物的形式和结构的构成规律。

设计中的“几何风格”“结构主义”都是基于形态学的原理所形成的一些设计特征。

❹ 家具中的“形态”

家具设计中的“形”主要是指人们凭感官就可以感知的“可视之形”。构成家具“形”的因素主要有家具的立体构图、平面构图、家具材料、家具结构以及家具的色彩等。

家具的“形态”是指家具的外形和由外形所产生的给人的一种印象。

家具也存在于一种“状态”之中。家具历史的延续和家具风格的变迁，反映了家具随社会变化而变化的“状态”，家具的构成物质也存在“质”的界定，软体、框架、板式等形式反映了家具的“物态”，家具时而表现出稳如泰山、牢不可破的“静态”，时而又展现出轻盈欲飞、婀娜多姿的“动态”。

家具有亲切和生疏之情，有威严和朴素之神，有可爱和厌恶之感，有高贵和庸俗之仪：家具有美丑之分，则是妇孺皆知的事情。这都是家具的“情态”。

家具是一种文化形式，社会、政治、艺术、人性等因素皆从家具形态中反映出来。简洁的形态体现出社会可持续发展的观念；标准化的形态折射出工业社会的影子，各种艺术风格流派无一不在家具形态中传播，个性化的家具形态寄予了设计师无限的百感交集或柔情万种，这些都是家具的“意态”。

5 家具形态设计

形态设计没有固定不变的原则，需要针对物体本身的性质和特点进行设计。

生活是家具形态设计的源泉之一。家具主要是作为一种生活用品（各种艺术家具除外），因此，“生活”成为家具形态设计的根本理念，对于家具的一切“造势作态”都不能违背生活本身和对生活的感受。

在人们的日常生活中，基于生活的体验和朴素的审美观念，总是倾向于可以诱发亲切、自然、平和、愉悦、活泼、轻快、激奋等情感的那些形态。而对于比较费解的、与生活毫不相干的、比较怪异的形态，则并无多少知音。“曲高和寡”，那些故作姿态、要死要活、故弄玄虚者，就只能孤芳自赏了。

家具是一种产品，与“产品”有关的功能、技术、生产等要素形成了家具形态设计的又一基本理念。椅子是给人坐的，床是给人躺的，衣柜是用来存放衣物的，其一招一式都与人的行为密切相关，任何违背人的基本行为方式的设计都说不上好的设计；技术是反映家具物质性的重要因素。尤其是现代家具，已基本摆脱了手工艺的特征，深深地烙上了工业产品的印记，技术的进步与发展，清晰地映在了家具产品的形态上；生产因素的赋予同时也限制了家具的形态，一方面，各种高新技术生产设备的加工可能会给家具产品形态带来意想不到的惊奇；另一方面，作为产品设计的设计师也不是可以为所欲为的，生产因素的限制使你不是设计出什么就能生产出什么。

家具是一种艺术形式。家具形态设计和绘画、雕塑等艺术形式中的形态构思有异曲同工之妙。任何具有个性的、民族特色的设计都不失为好的设计；艺术形态的构成手法在家具设计中同样发挥作用，生活中人们喜闻乐见的如建筑、其他工业产品、手工艺制品等形态可以成为家具形态设计的重要参考。

人是自然之子。亚尔布莱西特·丢勒曾经说过：艺术往往包含在自然之中，谁能从其中发掘它，谁就能得到它。何止艺术是如此呢？人的一切行为何尝能脱离和违背自然？家具形态设计的最高境界恐怕就在于此。

原文发表于《家具与室内装饰》2004年1月刊第53—55页

丰富多彩
——家具形态设计（二）

摘　要：家具的形态大致可分为现实形态和概念形态两种。从“设计”的角度出发，由设计的要素和着眼点不同而产生的不同的家具形态称为家具的设计形态。家具形态大致包括传统形态、功能形态、造型形态、色彩形态、装饰形态、结构形态、材料形态和工艺形态等 8 种。

关键词：家具；形态；类型

形态设计的目的是创造出具有感染力的形态。对于形态的创造不是空穴来风，它需要对形态有大量广泛的了解。认识形态和认识其他事物一样，需要总结出一定的规律，并在此基础之上找出各种形态的特殊性。因此，分析形态的不同类型成为形态设计的前提。不同的形态具有不同的意义。家具形态的构成有别于其他形态的构成，分析总结家具的各种形态将有助于家具形态的创造。

1　形态的分类

世间万物皆有形态。看得见摸得着、以实物形式可转移和运动的称为现实形态。山川、河流、动物、植物等都是现实形态，它们由大自然所塑造，是一种自然形态；建筑、家具、家用电器等也属于现实形态，它们都是人的劳动成果，是一种人造形态。除此之外，还存在一种只能言传意会、以某种概念（用语言来表达、用数学公式来限定其状态等）形式存在的形态，它们经常为人们所认识、描述、表达，这类形态称为抽象形态。几何形态通常作为文化的一部分为人们所传承，因此，几何形态几乎存在于各种不同的形态中；模仿自然是人的“天性”之一，人的一生与自然和谐相处，其结果是人类创造了各种有机的概念形态，创造性是人区别于其他动物的显著标志之一，人在创造（或创作）过程中，会产生一些纯属偶然的行为，有的是人即刻情绪的流露，有的是人对事物的不同理解，有的是特别的人在特别的时间和场合捕捉到的自然界中的不同现象而存在于人头脑中的记忆。这些都可称为概念形态。

对形态的分类本身并无多大的意义，但有助于对形态的了解、总结和记忆。

特别要强调的是：在现实形态和抽象形态之间，并没有截然不同的界限，它们在一定的条件下可以相互转化。这就是给从事设计的人所留下的巨大思维空间。也就是说，即使由人所设计出的形态最终演变成了人造形态，但世间各种形态都可以成为创作或设计的素材。

2 家具形态与家具的设计形态

各种不同的事物有各自不同的形态特征。有的是由自然界的运动规律所决定的，它不以人的意志为转移；有的是由其本身的特性所决定的，如树有树形、花有花貌；有的是由其功能和用途所决定的，如工业产品等人造物品。

家具作为一种物质存在，有它不同于其他物品的形态。由于家具形态的存在，给予了人们评价它的机会和余地，催生出人们对待它的态度甚至是感情。这是研究家具形态的意义所在。

从这里可以看出，研究家具形态的目的有两个：一是要归纳总结出什么是人们所能接受和喜爱的形态，人们为什么接受和喜欢它，进而对家具形态做出一些类似于规范的总结；二是研究一些特定的家具形态是在什么情况下出现的，人们是怎样创造出这些合适的家具形态来的，进而为人们做出一些方法上的引导。很明显，笔者在这里更强调后者的作用。

可以从不同的角度（如审美、艺术创作、工艺技术等）来研究家具形态，从“设计”的角度出发来探讨家具的形态构成要素、形态构成的方法、形态构成的途径是研究家具设计的有效的方法之一。可以将其视为一种理性的思维模式，其逻辑性表现在：将“设计”的概念与“家具形态”的概念联系在一起，

从“设计”的概念出发，了解什么是“设计”以及“设计”工作的内容是什么，再与家具形态的构成要素进行比照，找到家具设计工作的“突破口”。广义的“设计”概念是一个包括文化、思想等概念的极大的范畴，至今仍然是哲学家、思想理论家、设计家在共同探讨的话题这里姑且不深入下去。

通常人们认可的狭义的“设计”概念却是非常明确的。意大利著名设计师法利（Gino Valle）说过：设计是一种创造性的活动。它的任务是强调工业生产对象的形状特征。这种特性不仅仅指外貌式样，它首先指结构和功能。从生产者和使用者的立场出发，使二者统一起来。产品设计的重点在这里已表露无遗：与产品本身有关的外貌式样、结构、与使用者有关的功能、与生产有关的技术。

可以看出：从“设计”的角度出发，家具设计要考虑的因素就是家具的“设计形态”。实质上它们与从家具产品的角度出发所要考虑的“家具形态要素”是基本一致的。而前者的思维线索要清晰和有条理得多。

3 家具形态的种类

认识家具形态的种类没有固定不变的方法。从“家具是一种文化形式”的观点出发，它大致包括历史、艺术（包括设计）、技术等几个主要方面。具体将它们归纳如下。

（1）家具的传统形态：是指家具文化作为一种传统文化形式、家具制品作为一种传统器具所具有的积累与传承。无论是西方传统家具还是中国传统家具，都留下了丰富的遗产，同时也留下了无数为之叹为观止的形态。如各种家具品种、形式、装饰及装饰图案等。对于家具的传统形态，人们的态度完全等同于人们对于传统的态度：继承与发展。从设计的角度来看，那就是承袭与创新。

（2）家具的功能形态：是指与家具的功能发生密切关系的形态要素。床是用来躺的，站着睡觉总是不行，椅子是用来坐的，必须在离地一定高度有一个支撑人体臀部的面，这些都是由家具的功能所决定的。家具功能形态设计的关键是设计者如何在新的社会条件下发现或拓展家具新的使用功能。家具发展的历史在某种程度上说也是一部人类行为不断发展和完善的历史。

（3）家具的造型形态：是指作为一种物质实体而具有的空间形态特性。它包括形状、形体和态势。人类长期的设计实践，已经总结出了大量有关形态构成的基本规律和形式美的法则，这些成为进行家具造型设计的有用的参考。

（4）家具的色彩形态：是指家具具有的特殊的色彩构成和相关的色彩效应。从色彩学的角度出发，任何形态都可以看成色彩的组合和搭配。色彩在家具中的作用已经受到了人们极大的关注。

（5）家具的装饰形态：是指家具由于装饰要素所赋予的家具的形态特征。一方面，家具的格调在很大程度上是由装饰的因素所决定的；另一方面，家具的装饰题材、形式有某些共同的规律。

（6）家具的结构形态：是指由于家具的结构形式不同而具有的家具形态类型。从产品的角度来看，家具整体、部件都是由零件相互结合而构成的，由于接合方式的不同，赋予了家具的不同形态。

（7）家具的结构形态又表现在两个方面：一是由于内部结构不同而被决定了的家具外观形态；二是家具的结构形式直接反映在家具的外观上。

（8）家具材料形态：是指由于家具材料的不同而使家具所具有的形态特征。材料不同，会产生出不同的外观形状；材料的色彩、质感不同，会带来家具形态特征的变化。

（9）家具的工艺形态：是指由家具制造工艺所决定的家具形态特征。手工加工与机械加工所赋予家具的外观效果明显不同。由于加工方式的不同而产生对家具不同的审美反映，由此所带来的家具风格变化的例子比比皆是。在现代社会中尤其是西方发达国家，由于家具加工方式的不同，其产品的价值也因此相差很大。

原文发表于《家具与室内装饰》2004 年 2 月刊第 27—29 页

“形”随“心”动
——概念设计形态与现实设计形态

摘　要：本文阐述了现实设计形态与概念设计形态的深刻含义与特点，并对二者之间的相互联系和转化等进行了探讨。

关键词：概念设计；现实设计；形态；转化

不论何种设计行为，有两个基本因素是不能回避的：设计的动机（出发点）和设计的结果（以何种形式来丰富社会文明）。只是由于设计的形式不同，表达的方式才有所区别。例如，平面艺术设计等形式强调的是视觉冲击力，进而影响人的思想；建筑设计除了上述目的之外，还要提供人类生活的物质环境。所以，由于设计形式的不同，设计的内容必然各不相同。工业设计（家具设计属于工业设计范畴的观点已早有定论）兼有艺术设计和技术设计基本内涵，因而设计的感性和理性是其不可缺少的两面性特征，由此出现了两种基本的设计表现形式：概念设计和现实设计（又有人称其为实践性设计）。概念设计是指那些意在表达设计师思想的设计，无明确的设计对象，通常以设计语义符号出现，其技术内涵可以含糊甚至可以省略，旨在提出一些观点供人们做出判断，现实设计有明确的设计对象和明确的物化目的，重在探讨物化过程的合理性和现实可行性（技术性）。在以往有关设计理论的探讨中，大多数人都将其作为两种不同的指导思想（所追求的不同的设计结果）来加以论述其不同的特征和作用，虽然也有些道理，但难免有些偏颇，在产品设计领域中这种偏颇性表现得更加明显。

由此我们不难看出，一个完整的产品设计过程，实质上包含了产品概念设计和产品现实设计两个方面的基本内容。所以，尽管概念设计和现实设计作为两种不同的设计理念、方式与形式，无论是在设计理念内涵上，还是设计的具体实施上都有自身独特的一面，并在不同的时间和不同的背景下提出，但这两种设计表现形式在工业设计类型中常常是联系在一起的，并在一定条件下互相转化。

1　概念设计与概念设计形态

1.1　概念设计以传达和表现设计师的设计思想为主

生活在纷繁社会里的人对世界有自己的看法，于是用各种方式来发表自己的见解。设计师的社会责任感和职业感驱使他们用设计的方式来表现自己的思想。历史上闻名的《包豪斯宣言》是包豪斯学校对社会、对设计的见解，在这种思想的带动下，出现了现代设计风格，可以认为它是所有现代设计的概念。

概念设计常常无明确的设计对象。所有具体的设计对象此刻在设计师心目中已变得模糊，剩下的只有思想、意念、欲望、冲动等感性的和抽象的思维。所以，有人认为“设计是表达一种精粹信念的活动”，但不能由此就认为概念设计是人的一种“玄妙”和随意的行为。消费者是设计产生、存在的土壤，设计师的分析、判断能力以及他所具有的创造性的视野、灵感与思想才是设计的种子。虽然概念设计是以体现思想、理念、观念为前提的设计活动，但是它更是针对一定的物质技术条件尤其是人自身心理提出的一种设计方式与理念。概念设计所要建立的是一种针对社会和社会大众的全新的生活习惯、生存方式（其结果往往也是这样），是对传统的、固有的某种习以为常却不尽合理的方式与方法的重新解释与探讨，关心的是社会、社会的人而不是具体的物。所以，概念设计可以被认为是人本主义在设计领域的一种诠释。

1.2 概念设计以设计语义符号来表现概念设计形态

人们通常要借助“载体”来表达思想，诗人要么用富有哲理的、要么用充满激情的辞藻来抒发内心的情感，设计师选择的是他们所擅长的设计语言，因为只有这些“语义符号”才更能将那些“只能意会、不可言传”的思想表达得淋漓尽致。这种“物化”的“语言”（具有广义的语言的含义）与画家的绘画语言有异曲同工之妙，虽然不为我们所常见、熟知，但极有可能使我们精神为之一振。

1.3 概念设计重视感性和强调设计的个性

理解了概念设计的动机和表现形式之后，就应该能理解概念设计的基本表现特征重视感性和强调设计的个性。概念设计挖掘设计师心中内在的潜意识，深层次地从人自身的角度出发面对事物、理解事物、解读生活、解读人，因而它是感性的。

概念设计针对的问题与理念的提出往往具有不确定性，常带有某种研究、假定、推敲、探讨性质的态度，加之设计师在开拓、历练的自己设计思维的过程中，由于在设计师个体上、综合素质与文化背景上的不同，体现在设计上的差异也就是自然而然的事了。其结果必然是眼前的设计姿态万千、造型迥异。

在概念设计中强调感性个性，绝不会陷入“唯心主义”和“个人主义”的泥潭，在当今社会中更是如此。在信息化的社会里，忧患意识与生存危机、重视自身生存的意义、自我的空间、自我思想的体现等，这一切都在呼唤、强调个体的存在价值。尤其在物质极大丰富的今天，人们因选择空间广阔而欢悦的同时，更热切地期盼体现自身与自我生存的个性化产品的出现。

2 现实设计与现实设计形态

2.1 现实设计是一种实践性活动

人的任何行为必定受到思想的约束，设计也不能例外。现实设计是一种切实的设计活动，活动的全过程无时不在贯彻既定的设计思想，反映在具体行为上，就是设计的每一个过程、每一个细节都围绕着设计思想展开。

现实设计往往有一种非常明确的目的（可能是一个指标、一个参数、一个预想的计划或工程、一件人们心目中形象已非常清晰的产品等）。围绕这个目的所展开的一系列工作自然是具体的和直接的。例如，对于一种材料，它的资源潜力、发展前景可以预见，它的经济成本、价格信息可以调查获取，它的物理力学性能可以通过检测验证。因此，当设计师考虑材料的使用时，便可以在预想的各种材料搭配方案中进行挑选。现实产品设计的前提是基于对现有产品的认识、使用习惯及大众群体针对产品的期望值，这些因素使设计从开始之初所面对的就是产品本身的特性与大众认知之间的冲突。但设计师有自己的思想，于是设计的过程便成为在自己初始的思想基础之上的调整、重组、整合和优化，这成为现实设计实践活动的基本特征。

2.2 理性的张扬与感性的压抑

由于现实设计建立在具体的技术因素（材料、结构、设备、加工等）和既定的人为因素的基础之上，这些诸如市场、价格、企业原有产品的造型风格、必须满足的功能特点、繁杂的生产技术等时时在设计师的头脑中闪现，同时也会成为熄灭他们灵感火花的隔氧层，束缚着他们的行为，其感性可能会受到不同程度的压抑，这是一个不可回避的事实。但只有理解“社会的人必然受到社会的约束”这个基本道，所有的抱怨便随之烟消云散，于是去探讨如何在理性的张扬中去释放我们的潜能。

将设计师所面对的一些凌乱的因素、烦琐的技术、复杂的过程等要素加以科学、理性的整理，并最大程度地保留设计师不愿舍弃的感性的自豪感与精彩内容，就成为设计师必须具备的才能之一。不然的话，世界上也就无所谓有优秀的设计大师和蹩脚的设计小辈之分了。

2.3 现实设计的结果是具体的物化的现实设计形态

与概念设计的结果不同，现实设计的结果是具体的物化的现实设计形态。汽车产品的现实设计有汽车设计的现实语言，它们是速度、加速性能、制动性能、油耗、风阻、轴距、容量、承载量等。家具产品的现实设计有家具设计的现实语言，它们是空间尺度、人体功效原理、结构、材料、配件、表面装饰等。虽然不同的现实产品设计有着与设计相关的共同因素，但产品类别的不同决定了设计的最终结果是不同的产品功能形态。像衣柜一样的汽车和汽车一样的衣柜无论如何是说不过去的。

3 概念设计

概念设计形态与现实设计、现实设计形态间能够相互转化与促进。首先必须声明两点：一是任何一个产品的设计总不能永远停留在概念设计的状态，否则便缺少了设计本身应具有的意义；二是概念设计与现实设计作为产品设计过程中的两个不同阶段，或者作为表现一种产品的两种不同形式，它们之间是一种逻辑上的平等关系，因而它们之间只有相互转化和相互促进，而无上升和进化。

3.1 概念设计向现实设计转化的条件

技术是联系概念设计与现实设计之间的纽带。在概念设计向现实设计过渡和转化的过程中，技术起了关键性的作用。概念设计为技术发展在茫茫大海之中树立了一座灯塔。现实设计所依赖的先进技术又不断地启发了我们对未来设计的更高愿望，“设计是客观现实向未来可能富有想象力的跨越”，于是思想是贯穿概念产品与现实产品的主线。如果要在概念设计和现实设计之间找到某种血缘关系的话，“思想”便是基本的遗传因子。概念设计与现实设计之间的“神似”由此而生。

市场是推动概念产品向现实产品转化的动力。概念设计向现实设计的转化可以发生也可能不发生，一种只有少数人甚至除设计者本人以外没有人接受的观点在中途夭折是天经地义的事情，可以早发生也可以晚发生，在茫茫的历史长河中一种产品投放社会的快慢似乎也无关紧要。期间起关键作用的是社会的需要，说得更直接即是“市场”。概念产品向现实产品转化的表现形式是产品设计的商业化、日用化、功能化。概念设计无论在造型形态还是在表现力上，与现实设计都存在区别。导致这种区别最根本的原因在于现实设计为了适应社会的需要，将一种概念转化成为一种具体的功能，将一种纯感觉印象转化成为一种商业动机，将一种看似高贵的情感转化成为百姓触手可及的日用元素。一个抽象的概念设计，消费者无论如何也“消受”不起，只有与现实生活“接轨”的设计才是消费者心目中的所需。

3.2 现实设计为新的概念设计提供各种可信的依据

与人类探索自然是一个无限的过程一样，设计也是永无止境的。一种概念设计在一定的社会条件下产生，在更新的条件下得以成为现实，并不等于就此了结，在此更新的历史条件下人们会产生更新的思想、愿望、意念和冲动。从而导致了新一轮的概念设计。在工业设计（产品设计）领域里，两者就是这样周而复始、循环往复、螺旋式上升，不断将设计推向一个又一个新的高潮。

总之，感性和理性的融合是一个设计师应具备的知识结构。概念设计、现实设计作为设计的两种不同的表现方式，在设计中的地位和作用无所谓孰轻孰重，更不可以将其截然分开，它们作为设计浪潮中两股汹涌的脉流，在社会赋予的广阔的河床上时而分道扬镳，时而交汇合流，不断为设计师创造更加美妙的空间，也不断为社会物质文明和精神文明带来灿烂的辉煌。

原文发表于《家具与室内装饰》2004年4月刊第20—23页

TiC reinforced composite coating produced by powder feeding laser cladding

Abstract: Detailed experiments have been conducted to produce a nickel-based alloy composite coating, reinforced with TiC particles on medium carbon steel, substrate by powder feeding laser cladding using a coaxial nozzle. The chemical compositions, microstructures and surface morphology of the coatings were analyzed using scanning electron microscopy (SEM), energy disperse X-ray spectroscopy (EDS) and X-ray diffractometry (XRD). Composite coatings with TiC particles of various shapes and sizes embedded in nickel-based alloy were synthesized in-situ during laser processing. An excellent bonding between the coating and the carbon steel substrate was obtainable. The coatings were uniform, continuously and free from cracks. The microstructure of the coating was mainly composed of γ-Ni dendrites, a small amount of C_rB, Ni_3B, $M_{23}C_6$ and dispersed TiC particles. The maximum microhardness of the coating was about $HV_{0.2}$1200.

Keywords: In-situ synthesized; Nickel-based alloy; Powder feeding; Laser cladding; TiC particle

1 Introduction

Laser cladding can be designed independent of the substrate materials, which has the potential to be an efficient and cost–effective technique to improve the surface properties. Recent literature on laser surface processing, shows increased interest in depositing composite coatings containing various volume fractions of hard particles. In particular, carbide–metal composite coatings have demonstrated a high potential for manufacturing of wear and corrosion–resistant surface layers. The substrate materials included carbon and alloy steels, aluminum alloys, and titanium alloys. The coating materials included Fe–based, Ni–based, Co–based alloys with various ceramic powders of WC, TiC, SiC, etc. Because of its high hardness, high modulus and rather high flexural strength, TiC was widely used as the reinforced phase of composite materials.

In the past decade, thein–situ composite method has been extensively studied to produce composite materials. In this method, reinforcements are formed in the matrix by reaction between added pure elements or compounds, so the reinforcements are much more compatible with the matrix, and the interface is much cleaner than that of composites made by conventional technique. Because the in–situ formed dispersions are thermally stable, this will ensure that the composite matrix has sufficient strength to transfer stress, by which the problem of interface crack propagations could be avoided. Previous work by the present authors showed that anin–situ TiC particulate reinforced nickel–based alloy composite coating could be produced by laser surface remelting a mixture of nickel–based alloy, graphite and titanium preplaced on medium carbon steel. However, there often exists some limits during actual application for preplaced coating technique, such as uniformity of the thickness and efficiency of coatings, and the shape of the component.

In recent years,coaxial laser cladding technique has gained extensive application in laser surface modification and in rapid tooling production, because it is much more flexible and convenient than the traditional laser claddingt echnique, and much more feasible for automatization. In this context the present study aims at investigating the feasibility of in–situ, synthesizing a TiC dispersedly reinforced nickel–based alloy composite layer on medium carbon steel by powder feeding laser cladding. In order to obtain a thicker rcoating and at the same time to make a foundation stone for directly fabricating a component using powder feeding laser cladding, multiple layer cladding technique has been adopted. The microstructure characterization, the mechanism of the formation of the TiC particles, and the property of coating layer has also been studied.

Table 1 Composition ofnickel–based alloy powder

Elements	C	Si	B	Cr	Fe	Ni
wt %	0.5–1.1	3.5–5.5	3–4.5	15–20	< 5.0	Bal

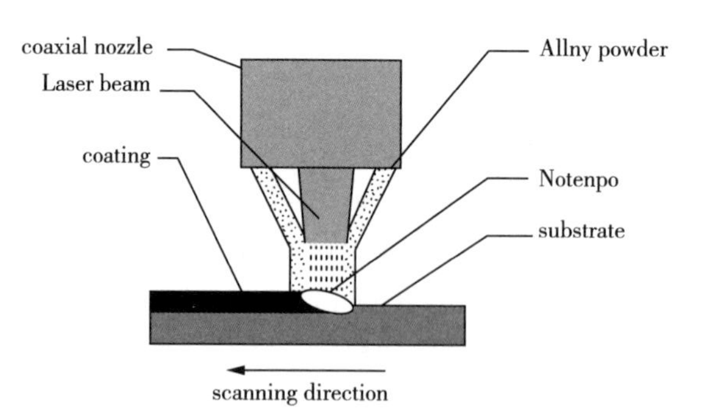

Fig.1 Schematic diagram of coaxial powder feeding lasercl adding system

2 Experimental procedure

The substrate was medium carbon steel, whose nominal chemical composition in wt% is: 0.42-0.52 C, 0.17-0.37 Si, 0.35-0.65 Mn, Ni less 0.25, Cr less 0.25, Pless 0.04, S less 0.04, balance Fe. Rectangular specimens of 60mm × 15mm × 15mm were cut from alloy plate, and the clad surfaces were ground to a surface finish of Ra = 0.2 mm. All specimens were rinsed with ethanol followed by acetone prior to laser cladding. The powder mixtures of the coating alloy were prepared from titanium (purity 99.7 wt%)(200 mesh) , graphite wrapped with nickel (180 mesh, 40 wt.%C) , and self–fluxing Ni–Cr–B–Si –C powders (200 mesh) in a fixed ratio of 15 wt.%. The ratio of titanium to graphite powder corresponded to that of stoichiometric TiC (The composition of the nickel–based alloy powder is listed in) .

Table 1. CaF2 (98.5 wt.%) powder was used as flux and was also mixed with the other alloy powders at a ratio of 5 wt.% prior to laser processing. Laser cladding was conducted with a PRC–3000 continuous wave CO_2 laser with a TH–1 powder feeding system and a coaxial nozzle. The laser output power was varied between 1.6 and 1.8 kW, the laser beam scanning velocity was from 2.5 to 5 mm/s, and the diameter of the laser beam spot was fixed at 3 mm. In order to prevent the melted pool from heavy oxidation, high–purity argon gas was used as shielding gas through the coaxial nozzle at 6 l/ min. The detailed laser processing parameters are listed in Table 2.

Table 2 Laser processing parameters

Power (kW)	Scanning velocity (mm/s)	Beam diameter (mm)	Powder feeding rate (g/min)	Gas flow (l/min)
1.6–1.8	2.5–5	3	3.26	6

Phase identification was carried out on a Rigaku D–MAX X–ray diffractometer with CuKa radiation operating at 40 kV and 120 mA. The characterization of microstructure of the coatings was performed with CSM950 scanning electron microscope (SEM) equipped with a Link Finder–1000 facility for energy–dispersive spectroscopy (EDS) in a semi–quantitative manner. The etching agent was a mixture of 10 ml HF and 90 ml HNO_3. Microhardness was measured with a load of 200 g by using an HX–200 micro–sclerometer.

3 Results and discussions

3.1 Macro–scale morphology of the coating

It can be found that the coating was of continuous, uniform profile, and free from cracks and porosity. The coating was divided into three regions: nickel–based alloy composite zone (CZ) , the dilution zone (DZ) and the heataffected zone (HAZ) in the substrate. The dilution of the coating was calculated as the ratio of the maximum depth of the melted substrate to the sum of the maximum depth of the melted substrate, and the maximum cladding buildup. The calculated value was 15%, which was caused by the serious heat buildup during multiple layers of laser cladding. At the same time, the larger dilution ensured an excellent metallurgical bond between the coating and the substrate.

Table 3 The composition of phases (at%)

Elements	Cr	Ni	Si	Fe	C	Ti
A	3.09	8.70	6.65	37.69	8.71	35.16
B	3.24	1.55	9.42	13.82	11.22	60.75
C	15.83	5.48	0.61	73.98	2.48	1.61
D	4.53	2.51	11.66	0.0	12.86	68.44
E	81.87	4.83	0.0	5.75	2.47	5.07

3.2 Phase identification

As expected, the pure titanium was a–phase, and the nickel–based alloy was mainly composed of g–Ni, $M_{23}C_6$, and Ni_3B phases. With the addition of CaF_2, the diffraction peak of CaF_2 appeared as well. However, by laser processing, the XRD spectrum [Fig. 3（b）] showed an obvious change compared with Fig. 3（a）, which meant that the constituent phases of the coating were different from that of the original powder mixture. Because the formation enthalpy of TiC DH298 = 183.6 kJ mol 1 is very small, Ti may easily react with C under irradiation of high energy density laser beam. X–ray diffraction showed that the phases of the coating consist of g–Ni, TiC, CrB, Ni_3B and $M_{23}C_6$, which meant that the TiC particles were in–situ formed during laser cladding.

3.3 Microstructure characterization

It can be found that there existed an excellent metallurgical bond between the coating and the substrate. Compared with that of the substrate, the microstructure of the coating was greatly refined. It was worth noting that there was an apparent boundary between the substrate and coating, which was due to the planar growth in the bottom of the molten pool . With the increase of distance from the bottom of the coating, the solidification rate rapidly increased and the temperature gradient decreased rapidly, which led the microstructure to change into cellular/dendrite. Because the coating was produced by multiple of layers laser cladding (four layers) , we can see the obvious molten interface between layer and layer, and the microstructure also grew from the former layer in epitaxial mode. Due to the microstructure being repeatedly heated during multiple layers laser cladding, there existed a large quantity of in–situ formed TiC particles in the bottom of the coating, while there were only a small amount of TiC particles in the bottom of the coatings when using preplaced coating technique . TiC particles (di–ameter 1–2 Am) were dispersed in the g–Ni matrix or interdendritic regions. Table 3 shows the composition of phase A, B, and C. It can be found that A and B phases were mainly composed of Ti, while C phase was mainly composed of Fe and Cr, which further confirmed that A and B were TiC, while phase C was a complex carbide. Because of the severe dilution of substrate, a large amount of Fe was found in the bottom of coating. On the other hand, owing to the size of the tested particles were small, generally less than 1 Am, it is unavoidable to include the composition of matrix materials using EDS to test the composition of those particles. Both of the above reasons led to a higher Fe content in A and B phases. With laser clad processing, effect of heat accumulation became much greater, and the temperatures of the molten pool and the substrate increased, so the molten pool could be held with a much longer time, which was in favor of reacting between graphite and titanium elements, and led to coarse microstructures and TiC particles. The size of TiC particles in the middle section of the coating was more than 5–6 Am. However, there existed some incomplete reacting carbides in coatings, its composition was 23.88 at%C, 76.12 at%Ti. In the upper section of the coatings, TiC became much larger, and presented flower–like, and acicular CrB generally grew on the surface of TiC particles. Their compositions were also listed in Table 3 as Point D and E, which showed that D and E were mainly composed of Ti and Cr respectively. It is well known that laser cladding is a transient process. The high rate of heating and cooling developed a thermal gradient around the TiC particles because of large differences between the thermal properties of TiC and nickel–based alloy, which led to the local undercooling in the vicinity of TiC particles, which should be much higher than in the areas far away from them. If a sufficiently high undercooling was achieved in this manner, the CrB phase would nucleate and grow radically into the melt in acicular morphology.

The microstructures of coatings were sensitive to the processing parameters. By adjusting the processing parameters, this phenomenon could be eliminated.

3.4 Microhardness of coating

Microhardness within the coating gradually decreased from the top surface to the bottom; the maximum value could reach HV0.21200, which was about five times larger than that of the substrate. Sometimes it was unavoidable to make indentions close to the TiC particles, the result of which was a much higher hardness. This resulted in some fluctuations on the hardness curves, despite that an average of three measurements was taken. It was noted that there was no sudden transition from the coating to the substrate in the hardness, which indicated an absence of a sharp demarcation in material properties across the interface. However, there existed a fluctuation of microhardness between layer and layer, the main reason was that there were less TiC particles in the bottom of every layer.

4 Conclusion

A nickel–based alloy composite coating reinforced with TiC particles was successfully prepared on medium carbon steel by powder feeding laser cladding. The dispersed TiC particles could be introduced by in–situ reacting titanium and graphite during laser processing, instead of TiC particles being added into molten pool directly. An excellent metallurgical bond between the coating and the substrate was obtained. The microstructure of the coating was composed of g–Ni, TiC, CrB, M23C6 and Ni3B phases, TiC particles dispersed in g–Ni dendrite or interdendritic, its size increased from bottom to the top of the coating, and its shape also changed from globular to flower–like. CrB generally grew on TiC. The microhardness of the coating gradually increased from the bottom to the top of the coating; the maximum value was about HV0.21200.

5 Acknowledgements

One of the authors (S. Yang) is grateful to Japan Society for the Promotion of Science for offering a JSPS fellowship. The authors would like to express their gratitude to 985 Science Foundation of Tsinghua University (Grant No. 081100500) , Innovation Foundation of Astronautic Science and Technology, Postdoctoral Science Foundation of China and Postdoctoral Science Foundation of Tsinghua–Zhongda for financial support.

原文发表于 *Materials Letters* 2004 年第 58 卷第 24 期 2958—2962 页

当代社会与技术条件下的新型木质复合住宅建筑

摘　要：木质复合住宅建筑是在木材资源紧缺条件下的一种理想的木建筑。本文阐述了木质复合住宅建筑的标准化，主要包括原材料的质量标准和规格标准体系、标准化的结构件和中间产品等内容。

关键词：木建筑；木质复合住宅；木质复合材料；结构；材料；中间产品

作为一种基本的建筑样式，木质建筑具有悠久的历史。随着人们生活观念的改变，这种具有良好生态特性、优越的自然特性和与人类具有强烈亲和力的建筑形式重新得到人们的青睐。木建筑在发达国家和地区已成为主要的建筑形式之一，尤其是北欧、美国、日本、澳大利亚、加拿大等。木质住宅是主要的木质建筑类型，近年来在发达国家已经占据相当大的市场份额，虽然由于资源减少等因素的影响，木质住宅在住宅中所占比例有所降低，但绝对总量仍在增加。1994 年，美国兴建了 145 万栋的木质住宅，其中独门独户的住宅建筑（single-family）有 119 万栋，公寓式（multi-family）有 26 万栋。日本 1994 年也兴建了 72 万多栋木质住宅，并成立了“Japan 2 × 4 Home Builder Association”组织来大力推介该类型的木质住宅建筑在日本的应用。这种态势也波及我国国内，新型木质住宅建筑先后在北京、天津、上海等地应运而生，且数目可观。

但是我们不能忽视这样的基本事实：木材自然资源正急剧减少；随着人们生态环保意识的普遍提高以及国家林业保护政策的制定，可供使用的木材在品种和品质上受到了极大的限制。如何在这种社会情状下发展木质建筑已成为人们关注的话题。

我们认为：任何人工物的产生与发展不能摆脱它所处的社会物质技术条件，木质住宅建筑同样也不例外。当前木质住宅建筑的设计与生产应该充分尊重我国现阶段的社会文化（包括居住文化）现状，正确处理木材资源的供求矛盾，同时吸收建筑和木材工业领域里的先进的科学技术成果，以满足市场的需要。

1　中国现阶段的木质住宅建筑模式

可以肯定，新型木质住宅并不是我国住宅建筑的主体，它只是作为形式多元化的一种基本存在，这是由我国人口、资源、物质、经济水平等因素决定的。随着社会生活物质条件的改善，人们已开始追求一种返璞归真、接近于自然的高质量的生活，越来越多的人喜爱用木材建造房屋，用木质材料装饰居室，以营造一个自然的生活环境。因此，木质住宅建筑将会有一个持续发展的市场。发达国家木质建筑发展的历程就可以充分证明这一点，也就是说，不能忽视对木质建筑发展的研究。

1.1　标准化住宅是主体

木质建筑在我国得以存在的市场基础主要有两点：一是经济较发达地区的一部分人对提高生活质量的要求；二是自然条件差，当地资源以木材为主，其他建筑材料难以使用的较落后偏远地区的基本居住要求。今天人们已充分认识到，建筑的形态应是人们生活方式的反映。就我国居住实际而言，人们还未真正完成住宅“由量的时代转变成质的时代”的过程，必须“量”与“质”兼顾。对于“质”而言，居住性将成为人们选择住宅的最重要因素之一，而其中最基本的是检验住宅结构能否抵御外界气候的多变性，能否在任何自然状态下都能给人们创造一种舒适的居住环境。很明显，木质建筑能解决这个基本问题。“量”仍然是我国建筑活动的主体。建筑材料资源、传统木建筑个性化的模式、建造环节以现场施工为主的生产方法决定了木质建筑在“量”上的诸多限制。这也是木质建筑与其他建筑相比发展缓慢的原因之一。在合理使用资源的前提下，解决这一问题的主要方法是实现木质建筑设计和生产的标准化。

与其他形式的标准化住宅一样，木质住宅的标准化是指木质建筑单元、建筑元素、建筑构件和中间产品在设计和生产过程中的标准化。盒式木质建筑就是新型木质建筑的一个例子。它是一种高度预制装配式建筑形式。以一个房间单体为基本组成单元，其单元的长、高、宽以及细部尺寸均符合模数设计原则，再按照整体要求使用标准化构件将这些单体进行组合，使其成为一套具有综合功能的建筑。采用壁体与地板的预制嵌板（prefab panel）及标准化的构件是新型木质建筑标准化的又一新工艺。按照标准化设计原理和实际使用要求，将壁体和地板等建筑的主要界面元素设计成标准件，再采用标准化的配件进行连接，使其能构成各种不同空间大小的建筑单体。

这种建筑形式最大的特点就在于，把施工现场的工作最大程度地转移到了工厂中去完成，从而加快了工程进度，减轻了劳动强度。由于建筑构件和配套构件可以作为商品预先定制，在工厂中组织工业化生产，提高了工效和产品质量，减少了材料损耗，而且施工不受季节限制，减少了立地条件对建筑的限制。

1.2　适当发展个性化住宅

就我国住宅建设的实际情况而言，相对于大量的钢筋混凝土结构、砖混结构建筑来说，木质建筑本身就是一种个性化建筑形式。随着木质住宅建筑的逐步推广，千篇一律的居住方式必将受到质疑。在木质住宅建筑发展的过程中，市场会不断提出各种个性化的需求，这也是木质住宅建筑能否持续发展的关键因素。因此，在执行木质住宅建筑标准化工作的进程中，要适度考虑研究和发展个性化产品。

就木质材料的特性而言，与其他建筑材料相比，它可以很方便地进行各种成型加工和装饰。所以，木质建筑是最能塑造建筑个性的形式之一。木质建筑技术发达国家对木质建筑个性化的设计主要包括以下内容：根据建筑立地条件的实际，结合周边环境对建筑进行设计，创造出造型各异的建筑作品；构件和中间产品的个性化设计与制造；室内装饰和室内陈设内容的个性化设计。

2　新型木质材料是新型木质住宅建筑发展的物质基础

现代建筑材料造就了各式各样的建筑。19 世纪，钢材和混凝土材料作为结构材料的出现使建筑物的规模产生了飞跃性发展，钢材、混凝土材料建造了大型结构物；20 世纪出现的高分子材料（以塑料、合成树脂为代表）、新型金属材料（以铝合金、不锈钢等材料为代表）和各种复合材料（有机材料与无机材料的复合、金属材料与非金属材料的复合、同类材料的复合等），使建筑物的功能和外观发生了根本性的变革。同样，新型木质材料的研究开发也必将有力地推动新型木质建筑的发展。新型木质材料主要指木质复合材料，木质复合结构指其主要结构部分由集成材、木质复合板材等其中一种或两种以上的木质复合结构材料所构成的结构体系，由此而建造的建筑称为木质复合建筑。经历了小跨度古代梁柱式木结构、钢木混合结构、木质胶合结构 3 个木质建筑不同的发展阶段，木质复合建筑在 20 世纪后叶产生，进入 20 世纪末，有了更快的发展。

2.1　木质复合材料将替代实木锯材

顾名思义，木质建筑的主要用材是木质材料。传统木质建筑的主要用材是实木锯材。随着森林资源的减少以及国家林业保护政策的制定，木材资源已越来越珍贵。2000 年，我国作为商品材的木材需求量为 11380 万 m^3，预计到 2010 年，作为商品材的木材年需求量将达到 12940 万 m^3。而实际能供给的木材量仅为需求量的 2/3。专家预测：2005 年以后，我国木材资源供给主体将发生根本性转化，人工速生林木材及人工速生林培育过程中的间伐材会成为主要的木材供给类型，其中速生人工林年可供木材 3000 万 m^3，间伐林木材供应量约为 500 万 m^3 。与传统天然林木材和珍贵树种木材相比，这类木材的材性普遍较差，主要表现在材质疏松、物理力学性能较差。

为了提高这类木材的使用性能，木材工业领域内的学者做了大量的工作。研究表明：木质复合材料可以有效地改善木材的性能。这里的所谓木质复合材料，是指采用化学的、物理的或机械的等诸多方法加工或处理木材和木质材料，有的先把整体变成碎料、再由碎料结合成整体，从而赋予这些材料某些新的性能，或改良它们的某些缺点，或满足某种特殊用途的需要，由此产生了与原材料性质大有不同，但仍以木材或木质材料作为基质的一类材料。除了传统的人造板材如纤维板（FB）、刨花板（PB）、胶合板（VB），现在又研制并产业化生产出了各种高性能的复合材料，如各种集成材、定向结构材、轻质隔热保温材料等功能性材料。以木材为基材的这些材料除具有木材的某些优良性能，如强重比大、环保性能好、质感佳等特性，通过科学的复合工艺，赋予了材料更高的品质和更卓越的工程性能；以其他木质材料（如农作物秸秆）等为主要基材的复合材料由于来源广泛，则更具有研究价值。

2.2　木质复合轴材成为主要的结构用材

近几十年来，以建筑用人造板为中心，国际上研究开发了结构用轴材（线型材且作为结构材时应力呈轴向分布）、机械应力分等（按不同的使用场合选用不同强度等级的材料）的锯材（MSR）等，可作为结构材的人造板主要是各种“定向”产品，如单板层积材（LVL）、胶合层积木（集成材）、重组木（scrimber）、单板条平行层积材（PSL）、定向结构板（OSB、OWP）等。

符合我国国情并在我国已投入产业化生产的木质结构材料类型主要是单板层积材（LVL）、集成材和定向结构板。

单板层积材是用旋切的厚单板，经施胶、顺纹组坯、施压、胶合而得到的一种结构材料。由于全部顺纹组坯，故又称为平行胶合板，其层积数目可达十几层。虽然 LVL 某些性能不如成材，但实践结果表明，由于使原木本身的缺陷（如节子、裂缝、腐朽等）均匀分布在 LVL 中，平均性能优于成材，MOE、MOR 均接近或超过同种树种的实木锯材；强度性能变异系数小，因而它的许用应力值较高，有利于节约材料；有良好的抗蠕变性能；在复合过程中，同时施以防霉、防虫、防火等处理，则综合性能更甚于普通锯材。按照设计要求，LVL 可制成各种形状的建筑部件，如各式弧形、“工”字梁等。

集成材是指将厚型单板（或锯材）按一定规律接长、接宽和接厚。由于在接合过程中剔除了原来木材中的缺陷，加之现代胶合材料足可以保证胶接部位的强度，故集成材的性能一般优于普通锯材。

我国已自主地开发出了定向刨花板（OSB）生产技术。OSB 是在传统刨花板（PB）技术基础之上开发出的一种新型结构材料。由于刨花形状尺寸较大且按性能要求刨花呈一定状态排列，因而强度性能优于 PB。欧洲国家普遍用 OSB 替代木材作为建筑用材，1995 年其年消耗量已达 1500 万 m^3。

2.3 木质复合板材成为用材主体

木质复合板材是指除各种结构板材以外的可作为建筑界面用材的一类材料。各种传统型人造板、功能型人造板等均属此类。具体品种有装饰人造板、防腐、防火、防虫、隔音等功能的人造板等。

各种木质复合板材可用于不同的建筑部位。建筑外墙可用 PB、OSB、防潮型胶合板等；建筑内墙可用 MDF、普通胶合板、PB 以及各种装饰型人造板；墙体材料可用各种轻质人造板（如轻质木纤维板、秸秆人造板、水泥人造板等）；地板材料可选用 PB、MDF、集成木材地板、木质复合地板、竹－木地板等；顶面材料可用轻质纤维板、各种饰面人造板、木质－无机材料复合板等。

使用木质复合材料可以极大地改善室内环境。研究结果显示：对于住宅的室内环境，人们比较重视热环境、空气品质和声环境；专家们对木质复合墙体结构住宅的室内环境的评价较高；在木材资源紧缺、限制烧制黏土砖的形势下，木质复合材料是实木和传统黏土砖的优良替代品。

3 标准化生产是新型木质住宅建筑发展的技术基础

在由传统经验型向科学化、标准化的现代木质复合建筑转化中涉及很多因素，其中标准化是首先要解决的问题，它主要包括以下两个方面。

3.1 原材料的标准化质量体系和标准化规格

建筑工程材料必须以质量为前提，所以必须首先解决质量标准保证体系。随着我国建材工业和木材加工领域科学技术的发展，对于木质复合材料而言，已相继建立了比较规范的质量保证体系，并以各种标准的形式推广执行或强制执行。如各种人造板物理力学强度性能等级标准、人造板产品环保性能标准等。这有利于规范人造板产品的使用。目前存在的主要问题有：一是行业间质量标准脱节与混乱。在同一个国度内，建筑、建材工业部门和林业、木材工业部门甚至采用不同的标准。国外先进的质量保证体系值得借鉴，即由政府制定统一质量标准，该标准在材料生产、运输、销售、使用和验收鉴定等环节通用；标准的各项指标由产品的终端部门加以制定和裁定。二是与国际接轨。木材工业部门执行的标准虽然与国外标准在实质上已基本接近，但表述方式有待进一步修订。

我国木质复合材料产品类型繁多，产品规格按一般用途制定，并多年未作修改。虽然大部分指标与国际标准相同，但与相应的建筑标准有一定差距。如规格尺寸与建筑尺寸模数之间的关系等因素尚未得到重视。各种特殊用途产品的规格由于未征得使用部门的具体意见，因而出现了影响使用和推广的情况。

提高木质复合建筑所需原材料的结构轴材及结构板材的标准化系数，最大程度地选用标准材料，有助于木质复合材料的有效使用和高效使用。

3.2 标准化结构件和中间产品

这里所谓的构件主要是指结构件，如结构框架、标准梁柱、墙体与墙体间交叉与连接部位的构件等。一般以材料和五金件两种形式出现。日本市场上可随时购买到用于制作门、窗、门窗套、地板支撑梁等类型的成品构件材料，用户只需简单地加工（如锯断）就可直接使用。配套五金件是指材料间接合的各种配件，如铆接件、螺丝螺杆紧固件、包接件和特殊用途的连接件等，其开发重点应放在系列化和多品种上。

中间产品主要是指一些预制的建筑产品，如门窗、天窗、楼梯、整型墙体等。中间产品的标准化直接影响到建筑生产的标准化和工厂化。

4 结 语

木质建筑依赖木质材料而存在，在当前木材资源短缺的情况下，发展各种新型木质复合材料是木质建筑得以可持续发展的物质基础；新型木质复合材料由于具有质轻、高强度、高耐久性、环保、耐火防火等特性，因而它在建筑中的使用符合未来建筑材料与建筑可持续发展的方向。

随着木材加工利用新技术的不断发展，出现了更新的木质复合工程材料和更加先进的木质建筑生产工艺，这一切不仅给木质建筑设计带来了新的形式和风格，充实了设计的内容，而且也促进了设计的新方法、新功能、新概念的出现。

木质复合建筑推广的重点在工业化问题上，即实现由传统经验型向科学化、标准化的现代木质复合建筑转化，目标是走出一条适应木质复合建筑工业化生产的装配化施工的发展道路。标准化是近期工作的核心，个性化是得以持续发展的方向。

原文发表于《建筑学报》2004 年 10 月刊第 36—38 页

桂林大圩古镇与民间家具印象

大圩古镇位于“山水甲天下”的桂林漓江畔，是个民风淳朴的小镇。尽管这里百姓的生活仍不算富裕，且离旅游胜地桂林市不到30km，也不乏机会，但它似乎很少受到外界的影响，在这里感受不到那种充斥着整个中国的所调商业氛围，甚至有些古朴。

古镇基本保留了它原有的城市规划格局：大约2km长的主街道顺着蜿蜒的漓江而延伸，每隔50～100m便有一条通往漓江的石级走道和简易码头。两条山溪从小镇背后的山川里“酝酿”后穿过古镇汇入漓江，跨越山溪的两座明末清初所建的石拱桥。石拱桥虽然因为年久失修而已被现在的石板桥所取代，但往昔赶集时嘈杂的叫卖声似乎依稀可闻，因充满憧憬而倚栏眺望的少女的身影仍隐约可见。3座拱形的城门横断在街道的东西两端和中间。街道有宽有窄，大约四五米宽的街道已明显经过了修整，但仍可判断原来全是由青石铺就的。街道两边就是连绵一体、风格基本雷同的建筑。以木建筑为主，也有少量的土石建筑穿插其间。所谓土石建筑，就是指墙体是由黏土、卵石、石块等共同夯制而成。据老人回忆，这样的石建筑冬暖夏凉，舒服得很。

建筑单体的格局也非常一致，前后两厢分别是店铺与住房。店铺的木楼板上开有方形的通道口，以便楼上储存货物。在前厢与后院之间是一个方形的天井，天井中分别安排有收集雨水的水池和花坛。据老者介绍，这里的水池是预防火灾用的，即使漓江近在咫尺，但万一有个火情，加之又是木建筑，还是从家里直接取水方便快捷。各家的花坛可以说是各家情趣的真实写照，按照各自的喜爱有种植桂树的、枸树的，更多家是种植吊葫芦等食用观赏两用植物和如铁树之类的观赏植物。总之，这个花坛如果不被他们雕塑得有色有形的话，那这家在外人眼里是绝对没有面子的。后厢房的住房又分内外几襟，家族人众的便向纵深发展，祖孙几代共享天伦之乐。

木建筑的形制为南方民居常见的“穿斗”构架结构，与众不同的是夸张的临街“挑檐”，大多外伸1.5～2m。究其原因是由于此地雨水较多，加之风向不定，长长伸出的屋檐一来可以为行人避雨，二来可以方便自家店铺的生意。

实事求是地说，古镇的建筑留给笔者的意识非常有限且不够强烈，倒是这里的家具引起人注意：有古旧家具，也有现时的家具；有“有模有样”的，也有普通的民间家具。按照当代人的审美标准和“价值”标准，这些家具能值得炫耀的地方不多，因而也就没有曾经到过的许多被冠以“古镇”的场景，那里只要是在一些商人或“淘宝者”眼中稍微有一些“价值”的东西，都一律会被“供奉”起来。而这里所看到的没有一件是刻意摆放的，它们都在各自的岗位上“恪尽职守”，虽已脏旧不堪，但依旧那样真实可靠。这使笔者每每想拍照时也要花费不小的功夫。但它们在笔者的眼中就和我身旁絮叨的这位老人一样亲切。这位老人已经85岁了，儿女分别在外地和本地的城市和农村中生活，且都属于中国那波“先富裕起来”的人，但无论是农村的女儿还是城里的儿子都不能把他老两口接走，他们几十年来一直经营着海盐煮鸡蛋的生意，他说他们只要还能动，就绝不能为后辈们增加任何“负担”。岁月的沧桑已淡化了这里古旧家具的品系，我们已很难从中梳理出有关“风格”的头绪，但有零星的几件却无论如何都是值得记载的。

最让我难以忘怀的是两张圆桌。其中的一张桌面是宽木板用穿榫横拼而成的，另一张则是中间镶嵌大理石。四条弧形束腰的腿支撑着桌面，下部有离心放射状排列的花瓣形底座盘绕因桌面较一般桌子高，下部的底盘大概是用来放脚的。桌面以下的所有构件截面都束以双圆楞，更因为常和竹圈椅摆放在一起，所以乍看就好像是一件竹藤类家具，但据笔者初步判别是为酸枝木所制。其做工之精致、形制之严谨实为罕见。据说古镇历代为商贾云集之地，茶楼林立，这种桌子常用作茶桌。另一件使我至今仍迷惑不解的就是长案几。说它是长案几，一是因为从形态上判断是案几类家具，之所以说它“长”，是因为它比一般所见的案几之长宽比例要长 2 倍左右。但一个 10 岁左右天真的小孩却要跟我强调这是长“凳子”，他说他从小（尽管他现在也不大）就坐在上面玩耍、吃饭、做作业。我却偏不能苟同他，并亲自给他示范，说像我这样的人坐在上面都几乎要坍塌了，如果一个壮汉坐在上面那还了得。很显然他被我“批”得无话可说了，但打心底里还是不服气，见到他先是委屈后来几乎要哭了的样子，我也只好让他三分而改说凳子，他这才拉着身边的小朋友们跑了。古镇里像这样的“凳子”很多，有新有旧，大多是用来在客厅摆放一些小器物用的。

漓江两岸是广西著名的竹乡，这里的竹家具千姿百态就不足为奇。在古镇所见的竹家具类型很多，有竹床、竹椅、竹凳、竹架等。这里竹家具的造型可谓是集大成，江南其他地域民间竹家具的风格特点在这里都有所体现，如在加工手法上，福建地区竹家具的“折头”，湖南地区竹家具的“双拼”等技艺均有所见，而在造型款式上，也几乎是应有尽有。

“桂林山水甲天下”，其中一半应该是指它峻峭的山，而成就这奇山峻岭的则是石头。所以，石材自古以来就是这里的人们最爱利用也最善于用的材种之一。我发现几乎每家的门口都摆放着几块或方或圆的石磁，开始时疑惑不解，经过打听才知道这里面还大有文章。原来这些石块作用有四：一是用作坐具。夏天坐在石凳上的那种惬意自然是不言而喻。二是用来探测气候。这里由于紧靠漓江因而气候潮湿，如果天即将要下雨，石凳上就自然会泛起一层薄薄的水膜来昭示人们。三是用它来镇宅祛邪，当然这多少有些迷信。四是用作道具。这里的人不管男女老少大多习武，这些两侧带有凹陷的石块自然就是最好最便宜的器材了。出于个人的嗜好，我也不会“放掉”这里的“通俗”民间家具。之所以叫它们通俗民间家具，是因为可能它们是老百姓的即兴之作或者出于其他的什么考虑而做就的家具。震撼人心的东西不多，但创作者们所具有的、可能连自己都无法总结出的“功能主义设计思想”却给我留下最深的印象。尽管有些家具是实用加美观兼有，甚至还颇有些大师风范，但有些即使是常人看来也会觉得丑陋不堪：木椅上垫放一块海绵就成了软椅，乌黑且破烂不堪也不肯丢弃；长椅上铺放一张草席就成了凉椅；快散架的椅子加上几根改善受力状态的斜枨，稳定性顿时陡增。更让我感兴趣的是一张长凳靠墙放置，再在墙上钉上一块韵律感十足的竹排，就成了一件造型独特的长椅。试想，即使是一块单独的竹排靠墙而立，也应该不失为一件创意作品，更何况在这种“艺术化”

的同时还因此实现了“凳”和“椅”功能的转化。这样的一些“别出心裁”我很快就找到了答案：古镇上随处可遇的工艺匠人和极具后现代风格的各种服饰。一位长期从事木匠职业的年迈者告诉我，这里曾经是能人辈出。言下之意，像这样的处理只能算是“雕虫小技”了。老人随之给我展示了他的一些工具和雕刻作品，他的这些得意之作虽谈不上是“绝伦”，但其刀工刀锋之娴熟却绝不可等闲视之。

几经转悠，又回到了先前那圆桌的主人家。我试着想打探一下收藏这两张圆桌的可能。不料想他头摇得天转，我窘迫着是否因为不懂行而开价太低，他断然否定。再追问下去，他才淡淡地告诉我：如果卖出去给了你，那么我家、我们的古镇还剩下什么？联想起一些被冠以“古镇”称号的地方甚至连保存完好的建筑上的构件都可随意被敲下换钱的举动，我哑然。沿石级而下即将乘船离开古镇，回想这些令我回味的所见所闻，不禁有些伤感，因为除了可贵的历史，古镇的稍许贫穷也是令我不能释怀的。突然在前方可谓是有些杂乱的场景中出现了一个倚窗写字的小女孩，我顿时就觉眼前一亮：未来不就在前方吗?

原文发表于《家具与室内装饰》2005 年 3 月刊第 16—19 页

家具设计基础讲座（五）
——家具设计文化

摘　要：家具文化是一种特殊的文化形态。家具文化的产生、发展、存在状态与社会的变迁、进步、社会存在有着必然的联系。家具文化表现出强烈的社会性特征、物质性特征和精神性特征。家具设计是一项关于家具文化的创造性活动。当代家具设计文化的焦点问题反映在家具设计与生态文化、消费文化、生活文化、科技文化的关系上。

关键词：家具；家具设计；文化

看看我们身边出现的各种冠以“文化”的名词，诸如“饮食文化”“酒文化”“服装文化”“广告文化”“住宅文化”“企业文化”“校园文化”“电视文化”“社区文化”“旅游文化”等，谁会怀疑自己不是生活在空前的文化时代？从20世纪80年代初延续至今的“文化热”，其波及的学科覆盖面之广、涉及其间的人员之多、探讨问题的理论层次之深、争论所跨越的时间之长，前所未有。笔者暂且不去探讨这些被冠以“文化”头衔的是否果真就是“文化”，这些所谓的“文化”与真正的“文化”之间到底存在哪些差异，因为这是一件非常困难的也可能是一件费力不讨好的事，但从“文化”本身的内涵去探讨家具和家具设计的意义，无疑是值得的。

1　文化、家具文化

从文化的概念出发，演绎出“家具是一种文化形态”的推论显然是合理的。从家具对社会的影响、对人们的生活和生活方式的影响以及家具与其他文化形态的关系来看，可以认为家具文化是一种客观存在。

1.1　文化概述

“文化”一词的来源见于《易经》：“观乎天文以察时变，观乎人文以化成天下。”意即按照人文来教化。在英文中比较贴切的是“culture”，意义包括：一是人类社会发展的证据；二是某一社会、种族等特有的文艺、信仰、风俗等的总和。按照人类学家的概念，文化是人类环境中由人所创造的一切方面总和的统称，是包括知识、信仰、艺术、道德、法律、习俗等多种现象的复合，是整套的“生存式样”。其中人作为社会成员而发挥的创造能力和习惯也是文化这一概念中至关重要的组成部分。按现代观点来看，文化是人类精神的创造和积累，它包括：纯粹精神的创造，诸如宗教、艺术、哲学等；行为化的精神财富，诸如礼仪、法律、制度等；物化的精神创造，诸如工具、兵器、建筑等。

1.2　家具文化概述

人与动物的真正区别首先在于人类是唯一在地球上创造和发展了文化系统的动物，因此人类是文化的动物，人类所创造的一切则是文化的产物。从这个观点上讲，人们在席地而坐时期在洞穴里所挖造的高低有别的土墩和现代的座椅是一样的，都有别于自然界中的土堆。前者是一种文化形态，后者则仅是一种物态而已。

在人类文化发展的历史长河中，家具文化就曾经是它的源头和主要组成部分之一。作为与人的基本"生存方式"息息相关的因素，它决定了其他文化形态的存在和发展，如生活方式和生活内容的改变、人类行为审美观的改变、人与人之间关系的确立和变化等。作为人类劳动的结晶——劳动产品而言，它在表面上反映出的是无以计数、琳琅满目的家具产品，但在本质上所反映出来的是：一方面，按照政治、经济、宗教、信仰、法律、社会习俗和道德伦理来决定家具的意义、内涵与形象；另一方面，家具在不断地凝聚其丰富的历史文化传统内涵的基础上，在不断地深化并改变着人类的方方面面。因此，有人说家具是人类文化的见证和缩影，是有十分充足的理由的。中国明式家具就是其中最好的例子，儒家文化的精髓、平等自由的社会、殷实而又节俭的生活、繁荣而又高超的技术尽显其中。这种物质与精神之间的谐调关系，充分显示了"文化"的意义。

与其他文化形态一样，家具文化就是这样一种由人类自身所创造、同时又服务于人类并可以继续进化和演变的一种文化形态。家具文化是关于家具的文化，它以家具为研究对象，探讨家具随着社会的进步而发展的历史，研究围绕家具而发生的社会变革与社会事件，分析家具与其他文化形态的关系，从而总结出来的关于家具的表现方式、家具意义与内涵、家具的属性与本质等。家具文化意义的核心在于家具与社会、家具与人类的关系和相互影响。

2　家具文化的特征

既然家具文化是一种客观存在，就必然反映出它应有的本质和特点。各种不同的文化形态，其表征和特质也各不相同。家具文化的特征主要反映在家具的社会性、物质性和精神性等几个方面。

2.1　家具文化的社会特征

家具文化的产生、发展、状态与社会的变迁、进步、社会存在有着必然的联系。这主要反映在以下几个方面：

（1）家具文化折射整个社会文化的方方面面。社会思想意识、伦理道德、社会生活、文学艺术、科学技术等社会文化的方方面面在家具文化中都有具体的反映。西方工业革命的思想导致了现代家具风格的产生，从此家具具有了更加明确的产品特征；中国儒家学说的思想、中庸之道在中国传统家具中有具体的体现，各种对称、庄重的构图形式被广泛采用；生活形式、生活方式和生活内容与家具产生直接的关系，中国进入小康社会后，对家具人性化、个性化的要求明显高于处于温饱生活水平时期的要求；科学技术的发展为家具技术的发展提供了无穷无尽的动力。

（2）家具文化有着鲜明的地域性和民族性特征。不同的地域风貌，不同的自然资源，不同的气候条件，必然产生家具的种种差异，这就是家具的地域性。不同的传统文化和

风俗习惯使得家具文化表现出明显的多元化特征。中西家具的不同、各民族之间家具的差异，构成了世界家具发展史的主旋律。在世界经济一体化、文化一体化的今天，这种由于地域和民族差异所引起的家具文化的差异依然存在。“国际化”的设计特征虽然越来越明显，家具文化可以在不同的地域、民族间交流，但真正有生命力的“国际化”必然是建立在“本土化”的基础之上，在反映国际化特征的同时也表现出强烈的本土化特征。外来文化总是以本土文化为基础，两者之间的交流以并存和融合为主。在世界范围内，不同民族、不同国度、不同地域的家具产品仍然具有各自不同的形式和特点。这也是“只有民族的才是世界的”论点的另一种演绎。例如，中国传统家具在西方国家受到欢迎，但大部分家具都是作为一类特殊的陈设出现在室内，而不是作为一类具有实际使用功能的家具；意大利、德国等发达国家的家具产品出口中国时，也必须考虑到中国人的生活特点、审美习惯、人体特征、地域环境等因素。

（3）家具文化与时俱进。家具文化是一种动态文化，绝不会停留在一种状态和一个过程中。家具文化的这种动态发展的特征依赖于社会的发展进步和人们认识的改变，包括对家具本身认识的改变；依赖于社会科学技术的发展，社会科学技术的发展与进步必然带来家具生产技术的进步。例如，对于家具本身的认识，曾经有过这样一些观点：家具是人们日常生活的用品；家具是一种工艺美术品；家具是一种生活的设备；家具是一种工业产品类型；家具是商品；等等。虽然这些概念在某种程度上都能为人们所接受，但每种概念所赋予家具的意义却发生了极大变化，当然，所代表的家具文化的意义也可能根本不同。这种关于家具文化意义的发展与变化还在不断地进行中。

2.2 家具文化的物质特征

（1）家具文化以物质的形式反映出来。首先，无论何种家具，都是人们采用一定的材料、通过一定的加工方法制作出来的，看得见、摸得着的现实物体形态。其次，使用和功能始终是家具文化的核心层面，而使用属性和功能属性是反映文化的物质属性的重要方面。最后，作为物质文化，家具是人类社会发展、物质生活水准和科学技术发展水平的重要标志。家具的品种和数量反映了人类从农业时代、工业时代到信息时代的发展和进步。家具材料是人类利用大自然和改造自然的系统记录，家具结构科学和工艺技术反映了工艺技术的进展和科学的发展动态。家具发展史是人类物质文明史的一个重要组成部分。

（2）家具文化的商品文化特征。脱离了自给自足的原始社会后，家具就一直以商品的形式存在。与商品有关的性质如商品交换、价格和价值等也能充分证明家具的物质属性。

2.3 家具文化的精神特征

（1）家具是一种特殊的艺术形式。家具能影响人们的情绪，家具有美、丑之分，家具具有一切艺术形式所具有的普遍特点。所以家具作为一种艺术形式的存在与其他艺术形式相比，它有其自身独特的存在方式。由于家具与制作者的技艺相关联，所以家具一直被认为是一种工艺美术品；由于家具与建筑和室内环境密不可分，它的造型、色彩和艺术风格与建筑和室内空间艺术共同营造特定的艺术氛围，所以家具属于建筑艺术的“分支”——陈设艺术；由于家具的设计原则、表现手法与其他造型艺术有许多共同点，所以家具是一种造型艺术。

（2）家具文化意义上和形式上的精神品质。作为精神文化，家具具有教育功能、审美功能、象征功能、对话功能、娱乐功能等。家具以其特有的功能形式和艺术形象长期呈现在人们的生活中，潜移默化地唤起人们的审美情趣，培养人们的审美情操，提高人们的审美能力。家具以艺术形式直接或间接地通过隐喻或文脉思想，反映当时的社会思想与宗教意识，实现象征功能与对话功能。

3 家具设计的文化特征

家具设计是一种创造性的活动，以家具为创作对象，反映与家具文化相关的内容。家具设计就是针对“家具”的一种规划活动，是在对“家具”具有客观认识基础之上的一种有意识的活动。

3.1 家具设计的思想内涵

（1）家具设计是在一定社会思想指导下的设计。家具设计是一种有意识的活动，设计的目的旨在表明设计师对社会的认识，包括对待自然的态度，对社会生产关系的理解与调整的意识，对人性的态度如对人性的理解与阐释等。家具设计师试图通过家具这个媒体来传达他（她）对于社会的认识，对于家具本身的认识，并由此建立人们新的社会关系、新的生活方式和人与家具本身的关系。例如，如果没有了“大班桌”和“职员桌”之间设计的区别，在淡化劳动秩序的基础上，就消除了集团成员间在办公工作形式上的一些等级差异；北欧的家具设计师在很长的一段时间内“联合”起来设计一些典雅简朴的家具，在营造了一种家具设计氛围的同时，也引导了社会的简朴生活方式；各种充分考虑“人的因素”的家具设计，确立了人与家具之间的关系中人的“主动”地位，人使用家具，家具是人的工具和需要，人们需要轻松随意、自在优雅地使用家具，从此家具就不再是一种累赘。

（2）社会思想对家具设计思想的影响。家具设计并不是真空状态下进行，家具设计师也不是不食人间烟火的神仙。社会的因素必然对家具设计、家具设计师产生影响。现代家具的发展本身就是人的认识由“以满足需要为目的”—“以人为本”—“以自然为本”的辩证发展过程。

3.2 家具设计的艺术精神

（1）家具设计的艺术设计特征。艺术设计是指在现代工业批量生产的条件下，把产品的功能、使用时的舒适和外观的美有机地、和谐地结合起来的设计。艺术设计是艺术、科学和技术的交融结合，“集成性”和“跨学科性”是它的本质特征。这里有一个概念需要说明：国外设计理论学界将“艺术设计”“工业设计”统称为“设计”，并不严格区分它们之间的区别。实质上，在设计领域里，以及设计师的素质来看，这种定义是科学合理的。家具设计具有了艺术设计的全部内涵。家具设计师从家具使用者的立场和观点出发，结合自己对于家具的认识，对家具产品提出新的和创造性的构想，包括对外貌形式的构想、内部结构的构想、未来使用功能的构想、使用者在使用该家具时的体验和情感构想等，用科学的语言加以表达，并协助将其实现。

（2）家具设计的审美与艺术风格。家具设计是一种艺术创作活动，它体现一定的审美思想，遵循一般的审美“法则”和规律。家具设计尽管强调功能等物质的内容，同时也十分重视形式的内容，重视由于形式所带来的象征与隐喻。由于家具在形式上的差异，

人们很自然地将它加以区分，由于家具在形式上与别的艺术形式的类同，人们很自然地将它按各种艺术风格进行总结和分析。

3.3　家具设计的技术本质

（1）家具设计是产品设计。家具设计绝大多数的工作是产品设计，产品设计艺术不同于绘画、文学艺术等其他的艺术形式，家具设计的过程始终与技术联系在一起。材料被认为是“设计的灵魂”，甚至有许多人认为“设计师的能力在很大程度上取决于他（她）运用材料的能力”。家具材料的发展导致了家具艺术风格上的“突变”。家具设计师对材料的认识包括材料的物理力学性能、加工性能、装饰性能等，是家具设计师必要的知识基础。家具设计重视家具的内部结构。家具设计师必须对家具生产的工艺技术条件，设备等有充分的了解，否则一切设计都只能是停留在构思阶段或图纸阶段，不可能形成现实和真正的产品。

（2）家具设计是技术设计。技术设计赋予艺术设计以内容，艺术设计赋予这种内容以形式。从某种意义上说，艺术设计对于技术设计是第二性的设计，技术设计的产品是艺术设计做进一步改进的对象。不过，在设计的实践过程中，艺术设计的构思往往在技术设计之前形成。家具设计涉及材料、结构、工艺、设备等技术要素，对这些技术信息的处理则与工程设计等技术设计的工作性质没有两样。技术设计在处理技术信息时与艺术设计相比，在设计思维、设计方法、执行过程等方面有许多不同。

4　当代中国家具设计的文化取向

艺术设计是一种文化设计。直接设计的可能是产品等具体的东西，但间接设计的是人和社会。人、人的生活方式以及由此而产生的社会关系，是艺术设计师的真正目的所在。它受到文化的制约，同时又在设计某种文化类型和改变文化价值。设计师在不同的社会历史时期所取的文化态度不同，社会文化背景起到了决定性作用。当今世界已进入后工业化时代和信息时代，世界经济一体化、文化一体化的趋势已越来越明显，如何在当今世界的大格局下把握中国当代家具设计的文化取向，是每一个家具设计师都应该认真思考的问题。

4.1　生态文化与绿色家具设计

传统文化以人统治自然为指导思想，以人类中心主义为价值方向。人类依据这样的价值观去实现自己的利益，因而导致了严重的资源危机、生态危机和精神危机。传统文化已走向衰落。代之以传统文化的是生态文化。生态文化是物质文明与精神文明在自然与社会生态关系上的具体表现，是人与环境和谐相处、持续生存、稳定发展的文化。

生态设计就是要用生态文化观去解决产品设计、制作和使用全过程的各种问题，叫作绿色产品。绿色家具产品就是其中的基本类型之一。绿色家具设计倡导人们以简朴的生活方式周密地设计家具产品的全程功能（设计—生产—使用—维护—报废—回收），最大程度地保证对人类生态环境和资源环境的有益性。

与其他产品的设计原则一样、“3R”原则（reduce、reuse、recycling）是绿色家具设计的基本原则。环境属性、能源属性、资源属性和经济属性是绿色家具产品的主要评价指标体系。

中国社会所处的状态不像西方国家那样发达，满足人们生活必需仍然是当前的主要社会矛盾之一，也就是说，我们不能肯定地说中国社会已经进入“后工业”时代，但工业时代西方国家所发生的许多问题在中国已有所反映，不能盲目地步人后尘。

4.2　消费文化与服务的家具设计

消费是一种社会文化行为。消费的目的、消费的价值取向、消费方式无不与社会联系。消费—生产—社会关系—社会矛盾组成了一个封闭的“链环”。

当代中国的消费文化状态发生了根本的变化。消费不再是简单地满足物质生活的需求，而逐渐转向精神消费；消费不是简单的物质占有，而是直接与人的价值相关联；消费方式的趋同性逐渐减小，而消费的差异地认为自己的行为就是为消费者提供可以供他们选择的商品，而更应该认为是一种服务，一种具有引导、教育、满足、适从等多项功能的服务。将产品所包含的文化理念、对生活的态度、对使用的态度、生产过程以及生产过程所包含的技术信息、流通以及流通领域的文化信息、使用与维护信息等产品的所有相关信息准确有效地传达给消费者，设计成为包含系统设计、整体设计等概念的服务。

4.3　生活文化与时尚家具设计

关于生活内容、生活方式的文化称为生活文化。生活文化的主体是生活方式。生活方式是指人们在一定的社会条件制约下和价值观念指导下所形成的满足自身生活需要的全部活动形式与行为特征。生活的内容丰富多彩，不容否定的是，家具与人们的日常生活如吃、住、休息、日常工作等联系最紧密。

有人认为设计家具实质是设计一种生活方式，尽管这句话还有待考究，但家具影响人们日常生活的行为特征是不容置疑的。

休闲、时尚、个性已成为中国人当代主要的生活行为特征。为适应这些特征，家具设计师不能忽视对休闲家具、时尚家具和个性化家具的设计。休闲家具是人们所喜爱的、满足人们自由自在的生理和心理需求的、能寻求自我表现的价值观的家具类型。时尚家具是能随时适应社会审美观和价值观的发展变化、人们生活方式、社会科学技术发展状况的“前沿”产品。个性家具是适合具体的群体甚至是单体个人特殊需要的家具产品。

4.4　科技文化与作为工具、设备的家具设计

科技文化作为社会文化的主要组成部分之一，已深入社会的各个领域并对社会产生了巨大的影响。科技文化是一种崇尚理性的文化，即使在中国这个以感性文化为主体的传统文化国度里，科技文化所造成的冲突也是不可避免的。

科技文化为家具设计带来的最大变化就是理性设计。不可否认，中国传统家具设计甚至是当代的中国家具设计中，感性的成分远远大于理性的成分。人们总是过多地强调情感、感觉、象征、意义之类的精神要素，而忽视理智、规律、科学、实在的要素。很大程度上是辅佐人们日常生活的一类，适合人而不是由家具去主宰人，是家具设计亘古不变的原则。家具文化是一种客观存在，家具文化和其他文化形态一样，有它自身的特点和发展规律，这些都有待更深入地进行研究。中国家具文化体系建立之日，就是中国家具原创设计蓬勃发展、中国家具产品真正走向世界之时。

原文发表于《家具与室内装饰》2005年5月刊第24—27页

家具企业标准化体系的探讨

随着时代的变迁，家具的意义已经发生了很大的变化，家具再也不完全是传统意义上的“手工业”产品。家具的生产方式与其他工业产品一样，融入当今先进的科学技术，基本步入“大工业”生产的序列。改革开放近20年来，中国的家具企业已经基本实现了由手工业向工业化转化的过程，大批量生产已成为主要的生产模式。据不完全统计，中国当今的家具企业中，年产值超过亿元人民币的企业就有近60家，而且有大量的企业正在进行大规模的改建和扩建。据调查了解，这些大、中型家具企业都不同程度地遇到了以下问题：管理机制落后，企业文化建设缺乏；产品系列混乱，新老产品之间的延续性差；产品质量不稳定，质量检测无科学和权威的依据；设计管理概念模糊，产品开发周期盲目地遵从各种展会，产品设计工作草率；先进的生产设备与较低的工人素质之间的矛盾；生产秩序的混乱，生产环境和安全条件较差；产品信息反馈尤其是对国际市场的信息反应速度慢。我们认为：上述弊端是手工业生产向工业化生产转型的过程中不可避免出现的主要问题。国际家具工业领域同样也经历了这样的过程。据发达国家的经验，解决这些问题最有效的方法就是建立企业标准化体系，进而建立行业和国际化的规范模式，实现“手工业”向“大工业”的根本转变。

中国家具业的发展对标准化工作提出了现实而迫切的要求。中国家具行业社会化大生产的格局基本形成，一方面表现在企业对于社会化的材料、设备、配件、附件和其他产品的依赖，另一方面表现在企业自身各部门、各系统之间的密切联系。企业标准化和行业标准化体系便成为这种依赖和联系的纽带。中国家具行业的标准化工作已经取得了显著的成绩，但主要集中在家具产品尺度标准和质量标准两个方面。中国家具企业也广泛开展了企业自身的标准化建设工作，但反映出的主要问题是尚未形成完善的标准化体系，企业层面的标准化工作力度的不足严重制约了行业标准化工作的开展。

可以认为：企业标准化体系的建立是行业标准化工作的基础。企业标准化体系建设工作的条件已基本成熟。中国家具企业在近20年原始资本积累的重要时期，同时也打下了良好的技术基础。大多数企业在设备、材料等硬件条件方面已接近或达到国际先进水平。长期的生产实践，在企业管理、产品开发、员工素质提高、生产工艺规范、产品质量检测等方面做了大量工作并取得了显著的成绩，有的企业在近年来也相继开展了部分标准化建设工作。在标准化理论的指导下，结合企业已有的工作经验，建立企业自身的标准化体系已成为可能。随着企业标准化体系的建立，行业标准化工作必将有新的突破，从而推动行业整体水平的提高，同时也对企业标准化建设提出更新和更高的要求。

1 家具企业标准化体系

企业标准化体系是指企业根据自身的管理水平、产品状况、生产和工艺技术条件、员工素质、企业社会形象等因素建立的适合企业实际情况和有利于提高企业整体水平的各项标准和规范。家具企业标准化体系与其他工业企业标准化体系基本相同，一般包括家具产品标准化、家具生产工艺技术标准化和家具企业管理标准化 3 个重要组成部分。

建立企业标准化体系应遵从的主要原则包括：

（1）先进性。企业标准的具体内容应充分考虑当今先进的科学技术水平，吸收本行业和本企业先进的科学技术成果，并具有一定的前瞻性。

（2）合理性。符合标准所包括的范围和具体的内容、具体的技术指标、技术规程、目标、条令与规范等符合企业的现实情况。一般来说，企业的标准应高于相应的行业标准和国家标准。

（3）实用性。标准所包含的具体内容应具有明确的可操作性。

（4）配套性。企业标准化体系中的各种单项标准之间应相互配套和适合。如产品质量标准中的“尺寸误差”应和相关工艺标准中的“加工误差”相统一。企业标准还应与相关行业标准、国家标准甚至是国际标准相适合。

（5）动态性。企业标准化体系的任何具体内容都不是固定不变的，随着社会的发展与进步，可能要对原有标准进行修改，或者要增补其他新的标准。因此标准化体系的建立要充分考虑可对原有标准体系进行修改和增补的“活口”和“接口”。

（6）完整性。标准化体系强调本身的系统性和完整性，对于可以采用标准化体系解决的所有问题应尽量完全考虑在内，做到不留“死角”。

1.1 家具产品标准化体系

家具产品标准化是企业标准化体系的核心。在某种意义上说，当今绝大多数的家具产品可以被认为是一种“工业产品”。但家具产品又不同于其他工业产品，主要表现在强调产品本身的艺术性、产品家族庞大、更新换代快、尺寸规格复杂、表面处理形式（如色彩、材料、表面装饰等）多样、用户群体广泛、与其他环境和产品的关联性强等方面。因此，家具产品的标准化与其他工业产品的标准化有较大的区别。家具产品标准化主要包括以下 4 个方面的内容：

（1）家具产品编号标准化。家具产品家族尤其庞大。按不同的用途和使用场所可以划分不同家具的类型，如民用卧室家具、办公类屏风家具等；家具 1 个批次的产品光尺寸规格不同的就达 100 多件，家具企业一般 1 年至少有 2 个开发周期，一个年产值在 2 亿元左右的中型家具生产厂家常年的产品品种可能多达 400 多件。长期的产品累积，使企业在产品生产管理、质量检测、产品营销、配件订购等方面产生了混乱，自家的产品甚至连自家也叫不出名字。因此，产品的编号处理已非常重要。

家具产品的编号处理可采用与其他工业产品相类似的方法，即分段表示法，如下例：

A–BC–DEF–––GHI–JK–L–––MN

分段的原则是尽可能地包括产品的生产厂家、产品类型、产品系列、产品批次、主要特点（如颜色和表面用材）等信息。

代号尽可能采用阿拉伯数字，编号总位数可遵从国际惯例，以方便和“条形码”管理技术相适应。代号所表示的信息可根据各企业不同的实际情况而不同。

对每一代号应有具体详尽的解释。

家具产品编号的标准化还应包括家具部件、零件的名称规范。可单独用“名称、术

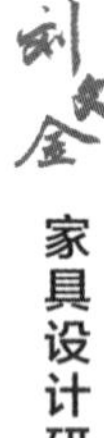

语”的方式附加于产品编号标准之后。

（2）家具产品设计标准化（家具尺寸等）。家具产品设计标准化的主要目的是逐步实现产品的系列化、规格化和标准化，从而保证产品单体、主要通用零部件的可组合性、互换性，简化生产和设计工作。

产品设计标准化的工作集中落实到主要零部件的具体形状和尺寸规格、单体的规格、标准结构尺寸、定形和定位尺寸的制定上。

家具产品设计的标准化可根据不同的家具类型和使用特点来分别制定。功能性家具（家具造型主要是由家具的使用功能来决定的一类家具）一般将其分解为相对固定的功能性单体和可灵活选用的组合件两大部分分别加以规定。如衣柜的主要功能是提供收纳空间，柜身可视为相对固定的单体，其尺寸和规格相对不变，柜门则作为可灵活选用的组合件，通过不同的柜门与柜身的组合来实现不同的衣柜造型；床是用来睡眠的，足够的床面面积是应主要实现的功能，并且床身还要考虑与床垫等配套，故床身可视为标准件，设计时可考虑固定几种标准的床身，前后床头、床头板则主要实现床的不同造型，可视为组合件，设计出不同的床头（板）与床身搭配以供不同的用户选择。

现今，国家标准规定了一些主要家具类型的尺度标准，基本是出于人体工学的依据而制定的。随着我国人口主要生理尺寸的变化，这些尺寸应做适当的调整。

（3）家具结构与配件标准化。家具结构与配件标准化工作的主要内容包括家具结构形式的选择、主要连接件的使用和选择标准、由造型和连接件所决定的结构尺寸、家具组装与拆卸方式等。

家具的结构形式主要可分解为可拆装和不可拆装两种。

连接件的选择是家具结构标准化的关键。鉴于当今家具连接件产品本身标准化的事实，家具企业可借鉴连接件生产厂家的产品标准来制定自己企业的产品结构标准。

家具结构尺寸与产品的造型尺寸有关。柜类家具顶板、上下望板，台桌类家具的台面厚度，门的厚度与门的安装位置等造型要素均对家具的结构尺寸产生了影响。设计过程中，应妥善处理各个部位。

（4）家具质量检测标准化。现今国家已有相对完善的家具产品质量检验标准如尺寸精度标准、零部件形位公差标准、基本尺度标准、表面质量检测标准、结构强度标准、环保标准等规定。对于尺寸精度标准、零部件形位公差标准、基本尺度标准、表面质量检测等标准，由于制定的时间较早，其中的有些参数已经不能适应现代产品质量的需要，企业可适当地提高标准要求，并建议可适当参照国际标准。对于家具结构强度标准，一直是我国家具产品标准的薄弱环节，建议参照有关国际标准执行。对于现今已强制执行的有关绿色环保标准，生产企业普遍反映强烈。一是家具企业对该标准的控制性较差，例如，作为家具产品主要基材的人造板并不是家具生产厂家自行制造的，对于它的环保指标家具厂家无法控制；二是建议该标准的技术参数应是最终产品对室内环境的影响指标，以便企业在家具生产过程中可采取适当措施降低游离甲醛含量。对于该标准的执行，在没有更加科学合理的新标准出台之前，企业应无条件地执行。同时，建议有关部门对该标准认真研究。

1.2 家具生产工艺技术标准化体系

家具生产工艺技术标准化是加强产品生产管理、提高生产效率、保证产品质量的有力措施。家具生产技术由于沿袭了传统的手工加工工艺，对于同样产品的生产加工其生产工艺也各不相同，同时技术条件（如设备条件）的差异性较大，因此，各企业制定生产技术标准的差异性也较大。家具生产企业对生产工艺技术标准非常重视，大多制定了相应的标准和规范，目前的主要任务是将这些分散的标准纳入标准化体系进行管理。

（1）材料性能标准化。家具材料种类繁多，现今国家标准规定了木材、人造板等主要材料类型的质量标准。有关家具用材的木材标准有待修改，因为家具用木材的材种已发生了显著变化：进口木材增多，国产木材中天然林木材减少，人工速生林木材材种增多，同时人们对木材材质的质量观如审美观也发生了变化，如人们不再认为具有“树节”的木材是一种缺陷，而是认为是木材的一种真实质感，企业可针实际情况自主决定。人造板材料的性能规范比较齐全，可直接按照木材工业相关领域的标准加以制定。对于家具用其他材料，如金属、塑料、石材、涂料等材料的性能标准，可参照其他材料领域的标准并结合家具用材的具体要求加以制定。

（2）家具生产技术标准化。对于相同的产品，由于各企业生产实际情况不同，采用的生产技术也各不相同。企业生产技术标准是产品生产技术纲领性文件，包括生产周期与效率、生产技术文件规范、生产组织（生产调度和管理）和管理、度量与公差、加工、检测等采用的技术标准。

（3）家具生产工艺规范和工序、工位操作规范。家具生产工艺规范包括家具产品的主要工艺流程和加工步骤规范。同一件产品或同一个零件的加工，其生产工艺流程可能各不相同，这是由企业的设备条件等技术条件所决定的。不同的工艺流程所实现的生产效率和产品质量也会有所不同，企业应根据自身的技术条件和以往的生产经验制定适合企业自身的工艺标准。

工序、工位操作规范是指对某单一的加工步骤、工序和工位的运作提出具体的要求。如怎样调整设备、刀具、模具，怎样确定切削量、进给速度、主要工艺参数，工人以何种姿态工作，加工余量是多少，怎样操作设备，加工的结果、工时与工效定额如何，等等。此规范的实质是保证无论谁用此设备进行同样的加工，其工作结果（质量、数量、效率）应是相同的。

工艺规范和工序规范往往是企业长期生产实践经验的总结。因此，企业要善于总结自己以往的经验，并从生产实践第一线中采集大量的数据，再用统计分析的方法得出标准参数，并将此参数反馈到生产实践中去加以验证，最终得到合理的参数。这将是一项长期和大量的工作。

1.3 家具企业管理标准化体系

家具企业管理标准化体系的完善与否，是衡量一个企业现代化进程的重要标志之一。无论是何种企业模式，都离不开科学规范的管理。它不仅是一些规章制度，更代表着企业的理念、企业的文化，预示着企业的未来。

（1）企业发展策略。企业发展战略是企业为之奋斗的目标和实现该目标的具体措施。

企业目标分为长期目标和短期目标。中国家具产业起步较晚，基础技术水平较低，但综合40多年改革开放的实践经验以及世界家具工业发展的水平和趋势来看，中国的家具产业既是一个具有良好发展前景的朝阳产业，同时也是剧烈发展变化的转型式行业。

由当今中国家具企业的特点决定，一般企业的短期目标周期为 3 年左右，长期目标周期则视企业的具体情况而定，一般目标周期为 10 ～ 15 年。

企业发展战略所包括的主要内容有：企业社会影响力体系、企业生产规模体系（产能与产值等、人员数量与员工素质水平等）、企业生产技术体系（生产技术水平、劳动生产率水平等）、企业管理体系（管理模式与水平等）、企业资本体系（资本积累、资本构成、资本运营等）、产品体系（包括产品构成、产品定位等）、市场体系（包括市场营销与网络、市场效应和市场占有率等）等几个主要部分。

企业客观条件、国际国内及行业发展水平是企业制定发展战略的依据。短期目标和长期目标在方向上应该一致，其阶段性应明确。短期目标应包括具体的操作措施和计划。

企业发展战略并不是一成不变的。无论是短期战略或长期战略，都应该视企业自身的发展变化定期进行修改。与其他工业行业的企业相比，家具企业发展战略的修改更加频繁，绝不可因此而忽视此项工作。一个经常被修改的战略总比没有战略好。

（2）企业设计管理标准化。许多人总结中国家具行业缺乏原创设计，实际上与缺乏设计管理是分不开的。当今社会以设计为先导的行业里，设计管理的重要性甚至大于企业管理的所有其他方面。

企业设计管理标准化的目的是明确企业设计定位，强调设计工作在企业中的重要性，提出与企业产品设计工作有关的各种规范，将产品设计、开发纳入标准化技术轨道。

家具企业设计管理标准化的主要内容包括设计信息采集与处理技术、设计工作流程、设计评审技术、设计工作管理（人力与物力）、设计投资、设计文件规范等。

（3）企业人力资源管理标准化。近些年，家具企业已基本脱离了家族式管理模式，企业员工的构成已发生了重大变化，人事管理的重要性已逐渐显现出来。企业人力资源管理的目的就是要充分发挥所有员工的主观能动性，为每一个员工提供适合自身发展的环境与空间。

家具企业人力资源管理标准化的主要内容包括人力资源规模、人力资源构成、与企业员工有关的各项组织纪律、对员工的提升与处罚、岗位制度与岗位管理、员工素质与培训、员工福利与待遇、人员录用与流动等。

（4）企业形象设计与管理标准化。企业形象设计（CI 设计）与管理已逐步为广大的家具企业所重视，一般大、中型家具企业都有了自己的 CI 设计，但真正将其与企业管理紧密联系在一起的企业还为数极少，大多还只是流于一种形式。企业形象设计与管理应贯穿于企业的所有工作中。

企业形象设计与管理标准化工作的主要内容包括企业 CI 设计、安全架构设计（CIA 设计）、CI 设计的应用与管理等。

总的来说，家具企业标准化建设工作是家具企业文化建设的主要工作之一，是家具企业逐渐向现代化企业迈进的重要环节。家具企业的标准化建设有利于企业的发展与壮大，提高企业的社会效益与经济效益。家具企业的标准化建设是家具行业标准化建设的基础，而行业的标准化则是推动整个行业良性发展的必要条件。

原文发表于《林产工业》2005 年 4 月刊第 12—15 页

Corrosion and wear resistance characteristics of NiCr coating by laser alloying with powder feeding on grey iron liner

Abstract: To reduce the mixed fuel induced excessive wear of the cast iron engine cylinder liners, research on laser alloying of NiCr alloy with powder feeding was performed to locally change both the composition and the microstructure of the liner. The research indicated that laser alloying of 75Ni25Cr on grey cast iron liner, demonstrates sound alloying layers free of cracks and porosities. The microstructure of the alloyed layer is composed of pre-eutectic austenite and ledeburite. The alloying element Ni is mainly located in the austenite, while Cr is mainly in cementite. The average hardness is HV0.2500. The corrosion resistance of the alloyed layers in diluted H_2SO_4 solution and NaOH solution is dramatically improved compared to the grey cast iron. The relative wear resistance of the laser-alloyed 75Ni25Cr layer is 4.34 times of that of the grey cast iron. The improvements on the corrosion and wear resistance of the cast iron are attributed to the composition, and microstructure change by laser alloying of 75Ni25Cr. Laser alloying can be a good solution to improve wear and corrosion resistance of the grey iron liners in mixed fuel environment.

Keywords: Laser alloying; NiCr; Grey iron liner; Microstructure; Corrosion resistance; Wear resistance

1 Introduction

With increasing requirements on environmental protection, more and more automobiles uses mixed fuel with ethanol and gasoline to reduce the dependency on petroleum and to decrease the exhaust. Mixed fuel is a kind of environmentally friendly alternative fuel, consisting of over 50% of ethanol and the remaining of gasoline. However, engines running with mixed fuel may experience excessive cylinder bore wear, which may be related to the corrosion by mixed fuel, because cast iron is not good for corrosion resistance. So there is greater need for improving the wear resistance of cast iron cylinder liner of automobile engine in mixed fuel corrosion circumstances.

Laser alloying is a hardfacing method by introducing foreign alloying elements into the surface melt pool of the substrates, induced by a high power laser beam, with which the adding elements function as the solute and melt of the substrate as solvent to form a new alloy layer. Laser alloying is able to achieve unique surface quality while maintaining the bulk material properties. Some of the main characteristics of laser alloying include:

(1) the surface properties of materials and parts can be tailored to specific requirements (resistance against corrosion, wear and erosion, etc.) .

(2) the alloyed layer is metallurgically bonded to the substrate with very fine microstructure.

(3) very less deformation is introduced by the process and minimum finishing work is required. Therefore, laser alloying is a good solution to achieve high local wear and/or corrosion resistance on cheap and common industrial materials. Many researches have been reported on laser alloying on aluminium alloys or titanium alloys to improve their wear resistance. Some work was on laser alloying on cast iron, stainless steel and alloyed steel for wear resistance.

In this paper, in order to reduce the mixed fuel induced excessive wear and corrosion, research on laser alloying of NiCr alloy with powder feeding on grey cast iron liner was performed to locally change both the composition, and the microstructure to improve its performances. Ni and Cr are the frequently used alloying elements for improving the performance of various cast irons such as the wear-resistance, corrosion-resistance and thermal-resistance cast irons. Ni can dramatically improve the chemical stability of the iron alloys so as to increase their corrosion resistance. Cr is one of the strong carbide formation elements, it can form complex carbides with the carbon in the cast iron, which significantly enhances the strength and hardness. More Ni content in the powder mixture improves the formability and surface smoothness while more Cr content results in higher cracking tendency. Therefore, the powder mixture with 75 wt% of Ni and 25 wt% of Cr was selected as the alloying materials based on above considerations and experiments.

The microstructure, wear and corrosion resistance on laser- alloyed coatings were investigated.

2 Experimental procedure

The alloying experiments were carried out in a laser processing system consisting of a PRC 3000 3 kW continuous wave fast axial flow CO_2 laser and a CNC controlled working table. The laser beam mode was TEM00 + TEM01. A THPF-1 powder feeder and a THCN-4 coaxial nozzle were used for coaxial powder delivery. The substrate was grey cast iron piece, cut for engine cylinder liner with thickness of 3 mm. The alloying material was the powder mixture of 75Ni25Cr (Ni: 75 wt%, Cr: 25 wt%) , mixed mechanically with pure nickel and chromium powders, the mixed powder size was 40–100 μm. The NiCr powder mixture was coaxially fed into the laser induced melt pool by the powder feeder (Fig. 1) . The analysis specimen was covered by multipass alloying layers with an overlap rate of 50%. The laser alloying parameters were: laser power of 1 kW, scanning speed of 0.2 m/min, beam diameter of 3 mm, powder feed rate of 2.5 g/min. N_2 was used as a powder delivery gas and melt pool shielding gas. The depth of the alloyed coating was about 0.5–0.7 mm.

The metallurgical analysis specimens were cut from the cross–section of the alloying layers. The microstructure was observed using a CSM–950 scanning electronic microscope (SEM) equipped with TN5402 energy diffraction spectrometer (EDS) for composition analysis.

The corrosion resistance tests were conducted on a ZAH– NER Electrik IM6e working station–a tri–electrode polarization device. The continuous scanning anode polarization curves of the laser–alloyed specimen and original cast iron specimen in electrolyte of diluted H_2SO_4 and NaOH solution, with a concentration of 0.5 mol/L that was measured for comparison of corrosion resistance. The test coupons were cut respectively from the 75Ni25Cr laser–alloyed sample and unalloyed cast iron substrate, ground to a dimension of 15 mm × 4.5 mm × 2.8 mm. A copper lead wire with a diameter of 1 mm was welded to the back of each coupon as working electrode, the same area both on alloyed surface and grey iron surface of the test coupons was bared for corrosion experiment and the remaining area of the coupons was completely covered with extender of paraffine and rosin. The start voltage in diluted H_2SO_4 was –0.8 V and end voltage 2.4 V, start voltage in diluted NaOH was –1 V and end voltage 1.5 V, the continuous scanning speed was 4 mV/s.

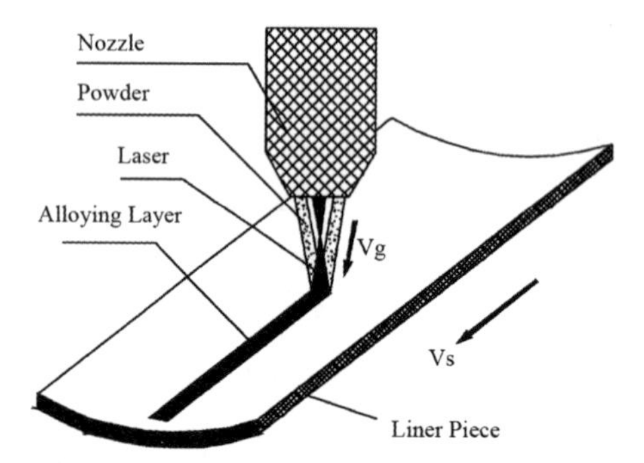

Fig. 1 Sketch map of laser alloying with coaxial powder feeding on grey iron liner piece.

Table 1 Parameters for block–on–ring wear test

	Load (N)	Running velocity (RPM)	Time (minutes)
Running in period	100	400	10
	200	400	5
	500	400	5
Wear period	1000	300	50

Note: Lubricant: 30# machine oil, oil temperature: 28–32℃ , room temperature: 18℃ .

The wear resistance tests were conducted on a MHK–500 block–on–ring test machine. The upper specimen was GCr15 standard ring with a diameter of 49.24 mm and hardness of HRC

61.5. The lower specimens were both the laser–alloyed and the original cast iron specimens to be tested, ground four sides to be the standard dimension of 12.35 mm × 12.35 mm × 19 mm. The parameters for the wear test is listed in Table 1. The friction force was measured per 3 min and the instant friction coefficient and average friction coefficient were calculated accordingly. The width, depth and section area of the wear trace were measured by a surface profile apparatus. The wear resistance was then evaluated with the friction coefficient, and the wear trace area.

3 Results and discussion

3.1 Microstructure and composition of the laser–alloyed layer

The very fine room temperature microstructure in the alloyed layer characterizes a hypoeutectic metalstable structure composed of pre–eutectic austenites and ledeburites, which results from the restraining of the normal γ to M transformation in cast iron during solidification, due to the solid solution of high Ni content in the austenites by alloying. The microstructure at the interface of the alloyed zone and the substrate indicates a good microstructural transition and metallurgical bond. Therefore, laser alloying has dramatically changed the microstructure of the grey cast iron. The EDS element line scanning results illuminates clearly the gradient, but obvious increase of Ni and Cr content from the interface to the alloyed layer. Table 2 lists the composition of the laser–alloyed zone.

Compared with the original composition of the cast iron, a significant increase of nickel and chromium content has been detected, thus laser alloying obviously change the composition of the grey cast ironalso. EDS analysis further indicates that the austenite contains more nickel than the cementite, while the cementite contains most of the chromium and a few nickel. Therefore, the cementites in the alloyed layer are the alloyed cementites rich of Cr, and the austenites are strengthened by the solid solution of both nickel and chromium, in addition to the microstructure refinement due to the rapid solidification during the alloying process. Strengthened by both the alloying elements and the refined grain sizes, the hardness of the alloyed layer has been significant increased with a depth about 0.7 mm. The average hardness of the alloyed layer is about Hv0.2 500, compared to the original hardness of the cast iron Hv 0.2 250.

Table 2 Composition of the laser–alloyed zone and overlapped zone by EDS Element (wt%)

	Ni	Cr	Fe	Si	C
Alloyed zone	17.0	8.3	71.5	1.2	2.0
Overlapped zone	21.1	10.2	67.4	1.4	–

The deviation of the hardness in the alloyed zone in Fig. 6 is due to the different detection positions, since the alloyed cementite is harder than the austenite. Laser alloying of NiCr has changed distinctly the microstructure and the composition of the surface of the grey iron liner.

Multipass–overlap laser alloying was performed to obtain a large area of coverage. The same parameters as the single track alloying were used in overlap alloying, and the overlap rate was 50%. The microstructure in the overlapped zone is also a hypoeutectic metalstable structure, basically similar to that of a single alloying track, but with different percentages of pre–eutectic austenites and ledeburites. EDS analysis indicates higher Ni and Cr contents in the overlapped zone (Table 2) , due to the double feeding of the alloying powder mixture and double alloying processes. The measured hardness in the overlapped zone decreases of about 10.5% compared to that of the single alloying track, because of more content of Ni inside.

3.2 Corrosion resistance of the alloyed layer

(1) Anodic polarization curves in diluted H_2SO_4 solution. The measured and calculated polarization data are listed in Table 3. The passivation phenomenon on grey cast iron substrate in diluted H_2SO_4 solution. The activation range and activation– passivation current shows somewhat of a fluctuation. The natural corrosion potential ε k of the grey cast iron in diluted H_2SO_4 solution is about –0.278 V, passivating current imax is about 0.089A, the range of passivation–maitaining–current–density (PMCD) ip is rather small with its average of about 2.67E–2 A and minimum ipmin of 2.00E–2 A, the correspondent passivation potential range We is 0.996 V. Laser–alloyed 75Ni25Cr specimen demonstrates passivation in diluted H_2SO_4 solution, the natural corrosion potential ε k of the alloyed layer increases and the natural corrosion current potential ik decreases compared to that of unalloyed cast iron, which means that the alloyed layer is harder to be eroded naturally. The passivation current density imax is a little bit higher than that of the cast iron. Within the passivation region, the PMCD ip decreases first and then increases, with its average about 2.20E–3 A, one order of magnitude lower than that of cast iron. PMCD ipmin is 9.71E–4 A, two orders of magnitude lower than the cast iron. The potential range We in passivation region is 1.164 V, higher than that of cast iron sub–strate. Therefore, the laser–alloyed 75Ni25Cr layer has improved its corrosion resistance in diluted H_2SO_4 solution compared to the cast iron substrate.

(2) Anodic polarization curves (APC) in diluted NaOH solution. The measured and calculated polarizing data are in Table 4. The Passivation phenomenon happens in the grey cast iron substrate in diluted NaOH solution. Compared to the APC with passivation characteristics in diluted H_2SO_4, the grey cast iron in alkalinous solution passivates with less passivation current, and its passivation region moves in negative direction. Passivating current density imax and PMCD ip decrease respectively one and two orders, while the potential range in passivation region We increases 0.2 V. Therefore the grey cast iron has relatively better corrosion resistance in diluted NaOH solution than in diluted H_2SO_4 solution with the same electrolyte concentration. Laser–alloyed 75Ni25Cr layer directly passivates in diluted NaOH solution without the activation period. The natural corrosion potential ε_k of the alloyed layer increases and the natural corrosion current potential ik decreases compared to that of unalloyed cast iron, which means that the alloyed layer is harder to be eroded naturally. The PMCD in the passivation region basically keeps constant, which is one or two orders lower than that of the cast iron. The alloyed layer starts to activate when the potential is 0.3 V, then gradually goes into the passivation region with no obvious second passivation region. Therefore laser alloying of 75Ni25Cr layer can dramatically enhance its corrosion resistance in NaOH solution.

As it is known that there are two ways to improve the corrosion resistance of the cast iron: to thermodynamic stability by adding some alloying elements with higher thermodynamic stability, like Ni and Cr, to be solid solution to increase its electrode potential, to decrease the anodic activation, to promote the formation of stable passivation on the surface, and to increase its resistance on corrosion reaction by adding elements like Cr and Mo. Therefore, the dramatic increase on the Ni and Cr content in the cast iron by laser alloying can significantly improve its corrosion resistance. Additionally, the cementites and austenites in the microstructure of the alloyed layer improve the corrosion resistance, since these two phases are the relatively high in corrosion resistance. The fine microstructure by rapid solidification in the laser–alloyed layer decreases the impurity content in the grain boundary, and the composition segregation, thus decreasing the corrosion by micro–cell effect. Therefore, the improvement on corrosion resistance of the alloyed layer can be attributed to the properties of composition and microstructure.

Table 3 The polarization data of laser–alloyed layers and cast iron substrate in diluted H_2SO_4 solution

Sample	ε_k (V)	i_k (A)	ε_p (V)	i_{max} (A)	i_p (A)	i_{pmin} (A)	W_e (V)
Cast iron	–0.278	2.08E–4	0.562	8.86E–2	2.67E–2	2.00E–2	0.996
75Ni25Cr	–0.121	1.72E–6	0.302	0.134	2.20E–3	9.71E–4	1.164

Table 4 The polarization data of laser–alloyed layers and cast iron substrate in diluted NaOH solution

Sample	ε_k (V)	i_k (A)	ε_p (V)	i_{max} (A)	i_p (A)	i_{pmin} (A)	W_e (V)
cast iron	–0.6776	2.25E–7	–0.536	2.65E–4	3.55E–5	2.77E–5	1.192
75Ni25Cr	–0.3089	6.34E–9					

3.3 Wear resistance of the alloyed layer

(1) Friction coefficient. The friction coefficient–time curves indicates that the friction coefficients of the laser–alloyed samples, and the cast iron are not stable but fluctuates in the first 20 min running–in period. After 25 min of running, the friction coefficient and wear runs into the stable period. The detailed statistic data on friction force and friction coefficient are listed in Table 5. It demonstrates that the laser–alloyed sample have relatively better wear resistance compared to the cast iron substrate.

Table 5 Statistic results on friction force and friction coefficient during wear process

Specimen	Average friction force (N)	Friction coefficient		
		Range	Average	Relative wear
Cast iron	18.86	0.1763–0.1909	0.1840	1
75Ni25Cr	17.91	0.1698–0.1781	0.1743	0.95

(2) Wear trace and relative wear resistance. The width of the laser-alloyed specimen is much smaller than the cast iron. The width, depth and the profile of the wear trace were measured by a surface profile apparatus, from which the wear data and relative wear resistance were measured in. Table 6. Therefore the wear resistance of the cast iron has been dramatically improved by laser alloying. The wear resistance of the laser-alloyed 75Ni25Cr layer is 4.34 times of that of cast iron.

Table 6 Wear test results

Alloying	Wear trace width (μm)	Wear trace depth (μm)	Wear trace area (μm^2)	Relative wear resistance
Cast iron	1210	6.41	17489	1
75Ni25Cr	717	1.76	4032	4.34

The ledeburite morphology and the worn flat austenite pits are visible. During the wear process, the alloyed cementites may function as the supporting skeleton of the wear surface to prevent from abrasive wear. While the soft austenites, worn in the early stage of wear to be fits, may function as small oil reservoirs to prevent from adhesive wear. Therefore, the obvious improvement on the wear resistance of laser-alloyed layer can be attributed to the increase of hardness, and micro structure characteristics favourable for wear resistance.

4 Conclusion

Laser alloying of 75Ni25Cr on grey cast iron liner demonstrates sound alloying layers free of cracks and porosities.The microstructure of the alloyed layer is composed of preeutectic austenite and ledeburite. The alloying element Ni is mainly located in the austenite, while Cr mainly in cementite. The average hardness is HV0.2 500.

The corrosion resistance of the alloyed layers in diluted H_2SO_4 solution and NaOH solution is dramatically improved compared to the grey cast iron. The relative wear resistance of the laser-alloyed 75Ni25Cr layer is 4.34 times of that of grey cast iron. The improvements on the corrosion and wear resistance of the cast iron are attributed to the composition and micro structure change by laser alloying of 75Ni25Cr.

原文发表于 *Wear* 2006 年第 260 卷第 11 期第 1349—1355 页

家具设计讲座（六）
——论家具设计批评

摘　要：家具设计批评是对家具设计意义的理解和对家具设计价值的判断。家具设计现象和设计作品是家具设计批评的对象，家具设计的欣赏者、使用者以及设计师本身是家具设计的批评主体。不同的批评主体、不同的媒介、不同的价值取向采用不同的家具设计批评方式，家具设计批评通常有理论批评、实用批评和实践批评 3 种方式。家具设计批评标准具有相对性和动态性，不同的批评方式、不同的历史时期具有不同的家具设计批评标准。家具设计批评对于建立和发展家具设计文化、提高家具设计水平具有重要的理论意义和现实意义。

关键词：设计批评；家具设计

1　家具设计批评是对家具设计意义的理解和对家具设计价值的判断

广义的设计包含了人类的一切活动。可以认为人类的一切有意识的活动都可称为“设计”。它包括人们建设和改造社会的一切活动，也包括人类适应、改造、利用自然的一切行为，甚至包括人们日常生活的举止和内容。赫伯特·西蒙说：“凡是为将现存情形改变成理想情形、为目标而构想行动方案的人都在设计。”手工业社会的设计目的以自我满足为主，工业社会设计的目的是为大多数人服务，后工业社会的设计强调共性与个性的兼顾。尽管设计的目的在发生着不断的变化，但可以看出：现代意义上的设计并不是完全针对设计者本身、它更加重视设计的“受用者”，包括观赏者、使用者以及受其影响的人，重视设计对他们的作用和结果。

希腊语中的 krinein，意义为文学的批判、筛选、区别和鉴定。英语的 criticism，拉丁语、意大利语和西班牙语的 critica，法语的 critique，德语的 kritik，等等都由此演变而来。一般把艺术鉴赏者对作品在深层次上的质量和意义所作的判断，尤其是价值判断称为批评。随着设计从艺术中分离，设计的价值与纯粹意义上的艺术的价值也随之有了区别。根据批评的原本意义，可以认为：设计者和设计的受用者对设计作品、设计物所作出的价值判断称为设计批评。它是运用正确的思想方法，客观、科学、艺术和全面地对设计以及设计师的创作思想、设计作品与设计、设计和作品制作的过程、使用设计的过程、使用设计的社会个体和社会群体的鉴定和评价，对设计进行全面系统的研究、描述、分析、阐释、比较、评价、论证、判断和批判。其核心是设计客体对于人和社会的意义和价值的一种观念。

特别应该指出的是，从上面对于设计、设计批评的意义分析中可以看出：设计本身就是一种设计批评，它包含有对于设计进行内省的批评成分。

家具设计是一种特殊的、具体的设计类型。它以家具为“载体”来表达对于设计的理解。对于家具设计而言，其核心和本质的意义是对于家具意义的理解。

对于家具的认识具有典型的“与时俱进”的特征。当人类与其他动物有了基本区别并开始有尊严的生活时，家具成为人们日常生活的用品，于是，就有了家具“是关于人类日常生活的器具”的意义；由于家具总是与建筑联系在一起的，而且家具主要作为建筑室内空间功能的一种补充和完善，于是有了“家具是影响建筑室内空间功能和意义的陈设”的基本概念；当人们把自己积累的所有其他的技能用于家具制造并赋予家具有关工艺的审美特征时，人们认为家具是“工艺美术品”；家具被艺术家作为一种“载体”来表达他们的情感和思想并以一种特殊的形式出现时，家具又被认为是一种“艺术载体和形式”；当家具和其他工业产品一样被人们用机器大批生产时，家具又成为一种名副其实的“工业产品”。总之，人们对于家具的认识在随着社会的发展变化和人们认识事物观念的更新而变化。

对于家具属性的认识决定了家具设计以及家具设计的意义和价值。家具设计以生活为媒介，反映人与社会、自然之间的关系，家具设计实质上是对于生活方式的设计；家具设计关注人与环境之间的关系，强调人与环境的和谐与自然；家具设计是一种艺术创作，具有与艺术审美价值相近和相似的艺术审美价值；家具设计隶属于设计类别中工业设计的范畴，功能、效用、艺术、技术、经济、市场成为衡量家具价值的主体。

所以，在上述对家具设计的意义理解和价值观认同的（批评标准）基础之上，对一件或一系列家具设计作品的某种整体的价值和意义作出评价和判断，并就如何得出评价结果作出解释，这就是家具设计批评。

由于家具设计是设计的一种特殊形式，所以家具设计批评属于设计批评的范畴。设计批评的意识、原则、名词术语、形式、方法皆可用于家具设计批评，其意义、作用与设计批评也基本相同。但是，家具设计批评的具体标准、形式和方法又有其特殊性。

❷ 家具设计现象和设计作品是家具设计批评的对象，家具设计的欣赏者、使用者以及设计师本身是家具设计的批评者

美国设计家 Vickor Popernek 有一句关于设计的名言：“所有的人都是设计师。”几乎一切时候人们的所作所为都是设计。设计是人类最基本的活动。为一件渴望得到而且可以预见的东西所作的计划、方案，也就是设计的过程，任何一种试图割裂设计，使设计仅为“设计”的举动，都是违背设计先天价值的，这种价值是生活潜在的基本模型等。总之，设计是为创造一种有意义的秩序而进行的有意识的努力。这既是对广义的设计的理解，又是一种独到的设计批评。从这里可以体会到：设计的范围几乎是无所不包。设计批评的范围因此也十分宽泛，它包括各种设计现象，也包括各种设计作品。相对于设计现象的批评来说，对设计作品的批评是设计批评的狭义理解。

家具设计现象是家具设计批评的广义对象。家具设计现象是指家具设计行为所具有的社会属性，即家具设计行为本身及其所具有的特点、对社会的影响与意义、指导思想、

表现特征等。家具设计现象常常表现为一种社会的群体活动，家具设计行为不是一个单纯和孤立的行为，对社会政治、经济、技术均产生深刻的影响，家具设计是在一定设计思想指导下的设计，家具设计表现出特定的艺术风格。例如，绿色生态家具设计就表现为一种特定的现象：工业化进程在创造丰富物质的同时，也带来了自然资源的极度匮乏和生态环境的急剧恶化，绿色生态家具设计倡导人们简朴的生活方式，改变人们对物质的极度占有欲，主张适度消费，并提倡尽可能少地消耗自然资源尤其是不可再生的资源，重视家具在包括设计、生产、使用、报废等整个生命周期的环境效应，尝试用可再生的材料、高效材料作为家具的主要材料并提高材料的利用率，通过新技术改变常规材料的品质，通过各种可能的手段延长家具的正常使用寿命，以保证家具产品的长期有序的供应，进而保证人们对家具产品的长期需要和社会的可持续发展。

家具设计作品是家具设计批评的狭义对象。对于具体的家具产品而言，它包括功能、艺术、技术、经济的因素，如实用功能、审美功能、造型特征、表面色彩和肌理装饰、材料、结构、生产工艺特征、寿命、成本、价格等。

如果说家具设计现象是一种共性的、群体的、抽象的社会现象的话，家具作品就是一种个性的、单体的、具体的设计行为。家具作品的“集合”成为一种家具设计现象，分析家具设计现象必然以分析具体的家具设计作品为基础。所以家具设计现象、家具设计作品作为家具设计批评的对象时，其本质含义是相同的。

家具设计批评的主体是家具设计的欣赏者、使用者以及家具设计师本身。由于家具设计必须被消费，有大量的批评者就是设计的消费者。欣赏是一种消费，使用是更直接的消费。对家具的欣赏虽然不是一件“阳春白雪”的行为，但专家的意见由于考虑的问题更加全面和把握的尺度更加准确，因而具有更强的说服力和影响力。家具的购买行为、使用行为是家具消费者进行批评后的结果。消费者通过对家具的直接欣赏，以自己的认识理解家具设计的意义，或通过广告、营销宣传来了解关于家具、家具设计的相关信息，从而决定是否购买的批评性判断；以自己对家具产品的使用体验来进一步加强对家具的认识，验证使用体验是否与购买判断相符，进而得到对家具价值更深刻、全面的判断或改变以前购买时的判断，并将自己的结论传递给家具生产者或其他的消费者，帮助得到对这些家具的社会判断。设计师以自己特别的和普通消费者不同的眼光来看待家具，这种特别可能来自他（她）对家具设计的专门训练和特殊经历，并以设计家具的方式介入家具的设计批评中来。模仿、抄袭甚至都是一种批评态度，表示他（她）对文本的一种认同，但创造、改进、提高、完善是更富有积极意义的批评态度。

3 不同的批评主体、不同的媒介、不同的价值取向采用不同的家具设计批评方式

就方法论的层面而言，与设计批评一样，家具设计批评可以分为理论批评、应用批评和实践批评 3 种类型。

3.1 理论批评

所谓理论批评是指在理论研究的基础上或是专注于某种理论体系、美学理论和意识形态的批评。有些设计批评也试图从研究设计及设计现象中探求设计艺术的原理，制定

理想的、包罗万象的设计美学和设计评论的原则。

作为理论批评，首先是意识形态批评，然后是历史批评。

意识形态（ideology）又称“社会意识形态”“观念形态”，指作为社会的观念（或思想）的上层建筑，有政治、法律、道德、哲学、艺术、宗教等各种形式。它的本意是“思想”“思想体系”或“思想意识”等。意识形态批评涉及批评的社会结构关系，价值体系以及批评的特定话语，它与政治、经济联系在一起，是一种思维，表达与体验的内在方式。设计的意识形态批评又称为设计的社会政治批评、思想艺术批评等。

家具设计师和其他设计师一样，他们所面临的许多重要理论问题。实质上是哲学问题。如对于家具的认识，从生活方式而产生的关于生活态度、人生价值的问题。家具的艺术、技术、经济性所涉及的关于对社会认识的问题，由家具而引发的关于人与人、人与自然的关系问题，在家具设计中怎样处理功能与形式、艺术与技术的关系问题等都属于这个层面。遗憾的是，不仅中国的家具设计理论家对此研究极少，国际家具设计领域也鲜有这样的研究发现，它们大多湮没在设计批评中。实质上，家具设计有其关于设计的特殊性，挖掘隐藏在家具设计内的某些特殊话语对于家具设计具有极其重要的意义。

所谓设计的历史批评就是研究设计的历史感。它涉及对以往的“过去性”（pastness）和对以往的“在场性”（presence）的感知能力两个方面。历史批评的目的与其说是阐明作品对现代所具有的意义，还不如说是用今天的观点去引导读者敏锐地意识到作品对当时的时代所具有的意义，也就是去认识作品的“过去性”；历史因素的“在场性”，也就是通常所说的“现实化”。历史批评注重社会演变的内在联系，人从社会、文化和历史以及作者的生平事实、作品产生的时代背景等角度出发、对作品进行研究、叙述并作出批评。力求通过历史的方法，再现作品问世时所具有的时代意义价值，借助于强化历史来说明历史必然形成的典型条件。

设计的历史批评包括两个层面：一是纵向研究或者说是系列性研究和顺序性研究，也就是历时性研究。历时性研究侧重时间上的延续性，具有编年史的特点，研究从古至今的设计、设计现象及其有关的事件。二是横向研究，研究同一时期共存的设计——设计现象及其有关的事件，也就是“共时生”研究。共时性研究侧重典型性或时代性，涉及同一时期中的设计与当时的社会、经济、政治和宗教等因素的相互关系及相互影响。

设计史是一种重要的和常见的历史批评形式。文献意义上的设计史是一场漫长的探求，既要研究设计本身，又要研究其环境。设计史的使命在于 3 个方面：一是确定史实；二是解释意义；三是诠释演变和发展的原因。但设计史太浩瀚了，以至于看到的设计史只是由设计史学家编排的历史文献，难免带有一些史学家自己的主观性。

设计的历史批评着重于设计在设计史上的历史地位及其历史作用，讨论设计的历史演化，风格和流派，其历史原型及模式，设计的历史批评的对象还包括设计的类型与风格的发展变化等。

家具设计的历史批评是家具设计理论研究最频繁的活动之一。中外学者对此都有大量的研究。这里不再赘述。

3.2 应用批评

与理论批评相对应，设计的应用批评是批评的主要方法之一。应用批评又称为实用

批评，是将艺术原理和美学理念作为批评原则，应用于对具体作者和设计作品的批评。应用批评包括艺术批评和操作性批评。设计师在设计过程中对自己作品的审视以及与他人作品的比较，也是一种应用批评。

设计的艺术批评是一种形式批评，从一定的思想理论和审美观点出发，根据一定的批评标准，对艺术作品的艺术性和创造性做出鉴别，表达批评主体的感受与反应。

家具的艺术批评注重家具作品的形式分析，将家具作品看作独立自主，无需借助外界的因素而存在的本体。从作品的自我完整的体系出发进行分析，注重作品的艺术技巧、设计手法、设计的形式构思、结构和语言特色等。避开人与社会的因素，着眼于用艺术的方法进行批评，根据形式美、造型规律以及审美趣味进行批评。

设计的操作性批评通常是指具有实用意义的设计个案说明和比较分析，即设计评论。它注重对具体作者与作品，或是对某一时期、某一国家、某一地区、某一流派设计的讨论。设计的操作性批评着重于特殊性和个别性。它主要针对局部的问题，或者要得出某种结果。

各种场合、形式和级别的家具设计竞赛、评选、集团购买中的设计投标，家具学术团体举办的专题评选等都属于此种。

各种形式的家具展览会是操作性批评的重要形式之一。通过展览会的形式集中讨论某一种设计思想和观念即设计主题，汇集各种可能的设计方法，以具体的作品来展示设计师的设计理念，并广泛地与社会各类人士进行沟通和交流，以期获得相对集中的结论，发现并倡导设计的主流，进而影响整个设计市场和消费市场。

中国的家具设计展览会活动是全球最“火爆”的家具展览会，有力地推动了中国家具设计事业的发展，但可惜绝大多数展会只停留于宽泛和模糊的“市场”概念，并无明确的关于设计的主题，因而“涛声依旧”。“深圳国际家具展”始创主题设计展（2005 年 6 月的“创新设计展”），尽管在组织、实施、评选等具体环节还不成熟，但其思维模式是值得肯定的。

3.3 实践批评

设计的实践批评尤其是指包括具体的购买行为和使用行为等在内的消费行为。针对设计作品的消费动机、消费观念本身就是对设计作品的理解；消费感受与经验是对设计作品的最直接的检验与评判。

通常说中国的家具消费者已步入理性消费者的层次，就是指中国的家具消费者对家具有了全面具体的认识。他们会根据自己对家具的喜好而购买，尽管广告宣传的作用不容低估，但更多是借助于广告对家具形成更全面的了解，而不会完全听信广告中对家具品质的“赞扬”；他们会根据自己的需要而购买，设计师对功能的“设计”并不能完全代表他们的意见；他们会根据自己的购买力而挑选，合理分配他们的经济收入在各项生活需要开支中所占的份额；他们会形成对家具的整体意见，并不吝提供给家具设计师和家具生产商，由此影响家具的设计和生产。

4 相对性和动态性并存的家具设计批评标准

一般认为，设计批评具有很高的标准，但不同的批评方式具有不同的批评标准，不同历史时期具有不同的批评标准。家具设计批评也是这样。

作为理论批评的意识形态批评所采用的是关于社会价值、社会思想、社会思想体系或思想意识的相对抽象的标准，或者说是一种哲学标准。从社会学的角度来看，它是一种意义标准，探讨设计对社会更深层次的意义；从设计符号学的角度来看，它强调的是设计的“所指”（signified），即设计符号的隐喻和象征意义。由于意识形态批评的关联域（context）大而含混不清，因而批评标准具有明显的多义性（ambiguity）。

作为理论批评的历史批评具有客观和主观的双重标准。所谓客观性，是指针对设计现象、设计作品、设计师们所发生的时代，就设计现象本身、过程、表现形式、结果、作用等作出客观、公正、准确的描述，即所谓“就事论事”“尊重历史”“尊重事实”。所谓主观性，表现在两个层面：一是历史批评中对设计现象的“在场意义”的评述。通俗来说，就是设计在过去和现在对人们各有什么启示。关于这些批评的评述，不同的批评主体、批评家必然会加入自己的主观意识，采用只适合他们本人的观点来进行批评，也就是所谓的“自圆其说”。

进行家具设计理论批评，关键是建立关于家具的理论体系，尤其是关于家具文化学的理论体系。家具文化学体系的建立，本身就是关于家具的理论批评。当前家具设计的理论批评更多的借鉴建筑、艺术的理论批评标准。

作为应用批评的艺术批评从艺术的本质出发形成特别的批评标准，它包括关于艺术的表现形式和艺术的象征意义两个主要方面。

从艺术的历史类型分析，家具设计属于象征性艺术的范畴。家具艺术批评注重家具的艺术形象、造型、体量及外在结构，从而寻求有意义的形式。着重研究家具的形式构成逻辑、规律及其法则，注重家具的整体形象、细部以及比例、构图，注重作品的艺术技巧、设计手法，设计的形式构成，结构和语言特色等。家具艺术批评也着重解释内容和形式的关系，这里所说的内容主要是指家具艺术形式所具有的象征意义。家具艺术批评从作品的自我完整的艺术体系出发进行分析，避开人与社会的因素，着眼于用艺术的方法进行批评，所以形式美、造型规律以及审美趣味成为家具艺术批评的主要标准。

作为应用批评的操作性批评所采用的标准通常是相对独立、固定的“设计评价体系”。即由设计的概念、性质或具体设计行为的侧重点出发，列举出影响设计质量的各影响因素，确定对这些因素的大众认同率，再利用统计学原理等数学原理制定针对该项设计的评价标准的数学模型，或制定出具体的评分方法。“权重法”就是常用的方法之一：

$$A = a_1x_1 + a_2x_2 + a_3x_3 + \cdots + a_nx_n \qquad (1)$$

式中：A 为得分值；a_1，a_2，…，a_n 为单项因素的权重；x_1，x_2，…，x_n 为单项因素的影响系数。

在制定设计评价体系过程中，确定影响设计的因素非常重要。不同的国家、团体、组织或不同的设计竞赛委员会、不同的展会都会确定自己不同的评价因素。如德国的 IF 设计奖设定的标准包括实用性、机能性、安全性、耐久性、人机工程、独创性、调和环境性、低公害性、视觉性、设计品质、启发性、提高生产率、价格合理性、材质及其他共 15 项因素。

由于设计批评中的实践性批评常常是一种个人行为，或者是一种组织相对分散的活动，所以其批评标准因人而异，很难有一个具体说法。

设计批评的标准不是固定不变的。设计批评的标准在其自然状态下，随着时间的推移、社会的发展而不断向前发展变化。批评标准实质上是一个历史的概念。设计批评标准与地域和文化的差异也有着必然的联系。

5 家具设计批评对于建立和发展家具设计文化、提高家具设计水平具有重要的理论和现实意义

设计批评是一种生产性的活动，是一种具有开放性的实践活动、规律性与目的性统一的生产过程。设计批评以人和适合的需要为尺度，考察并研究设计的创作过程，分析设计话语和设计符号的结构及形式，揭示设计客体与人和社会的深层关系，预测并构建未来的设计客体。

设计批评具有以下 7 种基本功能：

（1）说明与分析。说明功能引导解释功能和判断功能。

（2）解释。将设计作品作为研究对象，从心理学的角度去分析设计师的思想以及形成这种思想的社会环境。

（3）判断。以社会和人的需要为标准，对已经存在的或未来可能存在的客体做出审美的、功能的、技术的、经济的各个方面的价值判断和规范判断，从而树立批评的标准。在超前判断的基础上，在思维和虚拟的形态上构建未来的客体，实现其预测的功能。

（4）预测。在预测未来客体的基础上，形成虚拟世界的价值关系，从而按照价值序列进行选择。

（5）选择。在众多设计现象和设计品中，确立具有合理价值的设计现象或设计品。

（6）导向。通过前面的解释、判断、预测、选择等过程，做出具有说服力的导向，以便形成正确的设计“潮流”。

（7）教育。传授知识，培养鉴赏力。

家具设计批评对于构建家具设计理论体系具有非常重要的理论意义。正如意大利建筑理论家曼弗雷多·塔夫里论述建筑设计批评时所指出的“任何建筑都拥有自身的批评性内核”一样，家具设计作为一种相对特殊的设计形式，家具设计也拥有自身的批评性“内核”。这个内核就是家具设计理论体系，它包括对家具的认识、对家具意义的理解、对家具设计意义的理解等。总的说来，就是对“家具文化”的理解。

家具设计批评与家具设计是一种相辅相成的互动关系。人们在长期的社会活动、生活和经验的认识和总结中，形成了特定的家具设计现象或设计作品。它们是家具设计批评的“第一文本”，人们通过家具设计批评活动，形成了对家具设计的全面认识，转变成为家具设计批评的“第二文本”。这些文本对家具设计实践具有重要的指导意义，它告诉家具设计师或公众对家具的认识、设计、欣赏和使用，起到丰富并延伸家具设计作品、设计师及其价值的作用，赋予家具作品以开放性以及附加的价值。

家具设计批评需要有广泛的社会参与，尤其是家具设计理论家、设计师，在他们心中树立起批评意识之日，便是家具设计现象繁荣之时。正如比利时文艺理论家乔治·布莱在《批评意识》书中说道：“批评是一种思想行为的模仿性重复，它不依赖于一种心血

来潮的冲动。在自我的内心深处重新开始一位作家或哲学家的我思就是重新发现他的感觉和思维的方式，看一看这种方式如何产生、如何形成、碰到何种障碍；就是重新发现一个人从自我意识开始组织起来的生命所具有的意义。”

让我们一起来倡导家具设计批评活动！让我们“去以心发现心，去以自己的火点燃旁人的火”！

原文发表于《家具与室内装饰》2005年10月刊第14—17页

论家具设计教育

摘　要：作为工业设计教育的重要组成部分之一，家具设计教育发展迅猛，探讨家具设计教育的内在规律势在必行。认识“家具”是认识家具设计本质的基础，家具有生活用品、艺术载体、工业产品、环境陈设等多种表现形式。家具设计是一种集产品设计、环境设计、艺术设计等多种设计类型于一体的综合性设计类型。家具设计的综合性决定了家具设计教育是一种综合性设计教育。家具设计主要表现为产品设计，家具设计教育集中体现工业设计教育的特点。家具设计教育又是一种特殊的工业设计教育。

关键词：设计教育；本质；家具设计

1 前　言

家具设计教育已成为中国高等教育的热点之一。2004 年教育部工业设计专业教育指导委员会透露：据不完全统计，截至 2004 年 6 月，全国高等院校中，开办工业设计和与工业设计相关专业的院校近 300 所，具有家具设计方向和家具设计课程设置的院校占开办工业设计专业院校数量的 50%。自 2005 年以来，中国家具产业相对发达的地区如广东、山东、浙江等地的高等院校都在陆续增加或申报工业设计专业家具设计方向。

中国家具产业的迅猛发展是家具设计教育发展的社会基础。中国已经成为世界第一大家具产品生产国和家具产品出口国，而且正在以高于国民经济平均发展水平的速度继续发展，中国家具产业的发展对高素质人才具有巨大的需求。中国家具产业正在实行从“制造”到“设计”的调整，为广大的家具设计人才提供了广阔的发展前景。

中国现行家具设计教育体系基本处于条块分割的状态。以艺术院校为主体的部分高等院校继续沿用“工艺美术”教育体系和逐渐尝试向工业设计教育方向转移；工业设计专业在中国的高等教育中尚可称为一个年轻的专业，部分开办了此专业的高等院校作为一种专业探索的方式正在涉足家具设计领域；林业高等院校近年来是培养中国家具设计人才的“主力军”，他们以传统学科——“木材科学与技术”为基础，融入工业设计教育的特点，重点培养木制家具产品设计和生产技术的专门人才；处于中国家具产业发达地区的部分高等职业技术院校抓住我国发展职业教育的机遇，以良好的产业基础为依托，大力发展家具设计职业技术教育，已经成为一支不可忽视的重要力量。

国外家具设计教育是整个设计教育的重要组成部分之一。100 多年的家具设计教育历史不仅形成了专门的家具设计学院等教育机构，更是形成了科学、合理、实用的家具设计教育体制和模式，为整个设计教育的发展作出了重要贡献。

综上所述，我们认为：

（1）中国家具产业迅猛和可持续的发展为中国家具设计教育提供了良好的机遇。

（2）多年来的家具设计教育实践表明：家具设计教育存在着自身的特殊规律。为了更好、更有效地发展家具设计教育，有必要系统地认识家具设计教育的特点，总结我国家具设计教育实践的经验和教训，探讨既符合国际设计教育、家具设计教育惯例又适合我国国情的家具设计教育体制。

❷ 认识“家具”是认识家具设计本质的基础

认识“设计”（概念名词）的本质是“设计”（行为动词）的基础。广义的设计和狭义的设计概念表达了对设计的不同认识，因而更赋予了对设计的全新意义。设计概念的发展，使人们将自然、社会纳入了设计的视野；工业设计概念的拓展，更新了单纯“产品设计”的内涵，工业设计不仅仅是关于产品材料、结构、构造、形态、色彩、表面加工、装饰等“品质和规格”以及产品包装、宣传、展示、市场开发等一批特殊的实际需要的总和，而是人、自然、社会的有机协调的系统科学方法论。

就像认识“设计”的本质是“设计”的基础一样，认识“家具”是认识家具设计本质的基础。对于家具的认识实质上是对家具文化的认识，它包括家具的社会意义、物质意义、审美意义、技术意义、生活意义等诸多方面。这是一个既宽泛又深刻的课题，在此不做过多的论述。就具体的家具设计而言，更重要的是对家具表现方式和表现意义的认识。

对于家具的表现形式和意义的认识具有典型的“与时俱进”的特征。家具可以以多种形式表现。

当人类与其他动物有了基本区别并开始有尊严的生活时，家具成为人们日常生活的用品，于是就有了家具“是关于人类日常生活的器具”的意义。

由于家具总是与建筑联系在一起的，而且家具主要作为建筑室内空间功能的一种补充和完善，于是就有了“家具是影响建筑室内空间功能和意义的陈设”的基本概念。

当人们把自己积累的所有其他的技能用于家具制造并赋予家具有关工艺的审美特征时，人们认为家具是“工艺美术品”。

家具被艺术家作为一种“载体”来表达他们的情感和思想并以一种特殊的形式出现时，家具又被认为是一种“艺术载体和形式”。

当家具和其他工业产品一样被人们用机器大批量生产时，家具又成为一种名副其实的“工业产品”。

总之，人们对家具的认识随着社会的发展变化和人们认识事物观念的更新而变化。

认识的家具的性质，我们就明确了家具设计的目标。

❸ 家具设计的综合性决定了家具设计教育是一种综合性设计教育

不同的设计师和设计理论家依据自己的观点对设计类型进行了研究，目前比较一致的观点是以构成世界的三大要素——自然、人、社会作为设计类型划分的坐标点，按照设计的目的不同将设计大致分为视觉传达设计、产品设计、环境设计三大类。视觉传达设计包括字体、标志、插图、广告、企业形象、包装、展示、影视等；产品设计包括手

工艺设计和工业设计，所谓手工艺设计是人类以手工、工具和简单机械的方式对产品原料进行有目的的加工与制作；环境设计主要包括城市规划、建筑、室内、景观、公共艺术等。

回过头来看家具设计。从上述对家具意义的理解，可以这样来定义家具设计：

（1）家具设计以生活为媒介，反映人与社会、自然之间的关系，家具设计实质上是对于生活方式的设计。通过对家具这种生活用品的规划、满足、限制与引导，去影响人们的日常生活行为，理解生活的真谛，进而认识生活的价值、意义。

（2）家具设计有时是室内外环境设计的重要组成部分。环境的概念是一个统一、整体的概念。家具设计以室内外环境作为“切入点”，关注人与环境之间的关系，强调人与环境的和谐与自然。

（3）家具设计在古代是手工艺设计的形式之一，这种表现形式将继续延续下去。过去人们的手工艺活动更多的是受生产技术条件的限制，现代社会的手工艺活动更多的是人的个性与价值的直接体现。

（4）家具设计有时是一种纯粹的艺术创作，和绘画、雕塑等艺术创作形式一样具有艺术审美价值。

（5）家具设计在当代更多的是表现为一种工业产品设计。功能、效用、艺术、技术、经济、市场成为衡量家具设计价值的主体。

综上所述，与既定的设计类型理论相比较，家具设计涉及纯艺术、产品设计、环境设计等设计的诸方面。所以，完整概念上的家具设计是一种集多种设计类型于一体的综合性的设计类型。

家具设计的这种性质决定了家具设计教育也必然是一种综合性设计教育。

4 家具设计主要表现为产品设计，家具设计教育集中体现工业设计教育的特点

无论家具设计属于何种类型，它主要是以产品的形式加以表现，或是手工艺产品，或是工业化产品。家具设计教育必须同时关注上述两种基本形式，尤其是要关注后者。

对于以工业产品为主要表现形式的家具设计而言，它完全符合“工业设计”的基本概念。这里有必要重温这一概念：“就批量生产的工业产品而言，凭借训练、技术知识、经验及视觉感受而赋予材料、结构、构造、形态、色彩、表面加工以及装饰以新的品质和规格，叫作工业设计。”“根据当时的具体情况，工业设计师应在上述工业产品全部侧面或其中几个方面进行工作，而且，当需要工业设计师对包装、宣传、展示、市场开发等问题的解决付出自己的技术知识和经验以及视觉评价能力时，这也属于工业设计的范畴。”

上述工业设计的概念可以认为是工业设计教育的“纲领性文件”。工业设计教育的目标就是要培养具有创新能力的工业设计人才；它以产品设计教育为中介，旨在培养学生树立人、自然、社会有机协调的系统科学思想；它强调学生关于自然、社会、技术、艺术的综合知识体系；它注重对学生感性思维和理性思维方法的培养；它应赋予学生进行产品设计的具体技能。

上述可以认为是对工业设计教育本质的论述，也是对家具设计教育本质的论述。

家具设计教育应集中体现工业设计教育的特点。家具设计教育以工业设计教育为基础，以家具产品设计为媒介，贯彻工业设计基本设计思想；在培养学生具有一般产品创新设计能力的同时，着重培养学生对家具产品的原创设计能力；强调与工业设计有关的自然、社会文化基础，尤其重视与家具设计有关的艺术、技术基础，熟练掌握包括家具产品造型设计、技术设计、生产工艺的相关专业知识；具备从事家具产品设计、生产、管理、营销等专业技能。

5 家具设计教育是一种特殊的工业设计教育

国内外长期的工业设计教育经验表明：工业设计教育的特点表现为基础与专业的有机结合。由于工业设计几乎包括了所有的产品设计类型，而各种产品类型又具有各自不同的功能、艺术、技术、经济特征，在有限的教育周期内无法将这些知识全部传授给学生。因此，国内外设计院校（系科）普遍的做法是在强调工业设计基础理论知识的同时，着重强调某些产品类型的专业知识、技术知识和技能，加之他们所拥有的教育资源各不相同，因而也形成了各自不同的教育特色。

家具产品具有和其他产品在原理上相同的功能、艺术、技术、经济特征，但家具产品又不同于其他的产品类型。它的特殊性主要反映在以下 4 个方面：

（1）直接的人体效应。首先，从人体与产品的关系看，家具常常是一种与人直接发生关系的产品，也就是说，家具产品界面无论是功能界面还是操作界面都是一种典型的人体界面；其次，家具常常与人体一起共同构成人的行为，如坐在椅子上看书、躺在床上睡觉。

（2）环境“场”效应。家具有成为它所在环境“场”中的主体的特质，尤其表现在建筑室内外环境场中。当代室内设计中，强调家具作为室内空间的“主角”，强调家具对室内环境氛围的作用与影响，甚至用家具作为“原型”来进行建筑与室内设计，这些就是典型的例子。

（3）传统的艺术媒介。在国内外各种艺术思潮和设计流派中，都少不了家具的影子。家具艺术尤其是家具装饰艺术成为主要的艺术“载体”，家具产品的“出身”也和工艺美术结下了不解之缘。

（4）特殊的技术内涵。家具产品的材料、结构、生产工具与设备、生产工艺等技术因素具有和其他产品不同的特殊性。

家具的特殊产品性质决定了家具设计教育的特殊性：

（1）由于家具设计教育侧重于家具产品设计，为了让学生具备设计其他类型产品的技能以及融会贯通工业设计的全面知识，必须重视设置好该专业学生继续学习和终身学习的“接口”。

（2）重视与人体工学密切相关的家具功能形态的设计。

（3）重视与家具相关的环境设计知识背景。

（4）重视家具生产的专门技术知识。

原文发表于《家具与室内装饰》2005 年 11 月刊第 54—56 页

论家具审美中的功能体验

摘　要：家具的审美不能单纯地仅从功能或仅从艺术的角度去考虑，形式层面与功能技术层面并不是家具设计的两个对立面，彼此不能独立存在；对家具的功能体验是家具的一种最基本的审美形态，它与对家具的形式体验一起构成了完整的家具审美意义。

关键词：家具；审美；功能美；形式美

1 形式与功能

人们在评价家具时所采取的一般做法是，把家具审美当成一件艺术品来看待，注重的是环境的融合、功能的完善、形式的追求等。在这种思路的指引下，人们把家具当成纯艺术品来对待，抽象的形式成了家具的主要语言，比例、均衡、统一、节奏、韵律等形式美的法则成了评价家具美的主要标准。家具评价另一种比较“深沉”的做法就是从美学或哲学的角度去评价，即鼓励在设计中追求一种哲理上的意义，构成、文化、乡土、文脉、传统、符号等枯涩名词使消费者根本无法完全理解其作品设计。这两种评价方式都忽视了一个事实：家具是用来使用的。因此，对家具的功能体验应是家具的一种最基本的审美形态。当然，如果将家具的功能作为设计唯一的依据，这样设计出的家具最终只能是功能的堆砌和功能件的机械拼贴，不禁让人望而生厌，其应有功能也未必能发挥出来。可见，单纯地考虑形式或功能，对于家具设计而言，都是不适合的，其结果只能是两者的对立或悖反。

当前，家具设计中形式与功能的处理一般情况是：如果产品的设计功能要求非常明确，设计的过程就是一个从平面到立体的线性过程，结果往往是在平庸的造型上牵强附会一些所谓的文脉或符号；如果产品的设计在功能方面的规定性较少，设计师就会极力“为赋新词强说愁”，结果往往连设计者自己都认为是矫揉造作。这是典型的形式与功能“二元对立”的做法，其直接后果是目前中国家具设计抄袭盛行，原创设计少，在世界家具设计界的地位不断下降，甚至造成了中国家具设计文化的“断代”。

2 功能体验

家具设计审美观上出现形式与功能间的“二元对立”，其根源在于机械地把形式与功能截然分开。要避免将家具的功能美与艺术美截然分开来设计和审视家具，绝不是不重视家具的功能，或者不重视家具的艺术性，而是要将这两种审美特质有机地结合在一起，将各自的审美效能发挥得恰到好处。

包豪斯著名设计大师蒙荷里·纳基曾说："设计并不是对制品表面的装饰，而是以某一目的为基础，将社会的、人类的、经济的、技术的、艺术的、心理的、生理的等多种因素综合起来，使其纳入工业生产轨道，对制品的这种构思和计划的技术即设计。"可见，设计并不是对外形的简单美化，而是有明确的功能目的，设计的过程正是把这种功能目的转化到具体对象上去。功能目的在家具的形态构成中举足轻重，欠缺的功能在多数情况下会蒙蔽家具形式的光辉，完美的功能与富有表现力的形式相得益彰。

但是，功能和实用价值本身并不能直接构成审美体验，也就是说，并不是因为较好地解决了一件家具的功能目的，这件家具就一定具有富有表现力的形式。不能把功能美与有用性混同起来，功能美并不在于功能本身。

人们根据社会需要制造出各种产品，这些产品如果有良好的功能，其某些特殊造型就会逐步演化为一种富于表现力的形式，后人一见到这种形式，就能体验到一种愉悦，这就是审美体验，产品具有这种功能的美感就是功能美。

日本当代美学界称物质产品的美为"技术美"，并把它同自然美、艺术美加以区分，认为自然物的审美价值和实用价值并不是相互依存的，所以自然美与实用价值无关；艺术品的价值是依附于美的，所以艺术美也与实用价值无关；唯独物质产品是以实用价值为自身存在的前提，所以技术美必须依附于实用价值。在这里，实用价值成了功能与美互相传递的媒介。从功能目的出发，通过实用价值的有效表达来传递审美信息的过程，就是所谓的功能体验。

3 功能体验的审美意义

功能体验是家具的一种最基本的审美形态，与其他审美形态相比，它有许多不同的特点。

首先，家具的功能意义不完全等同于家具的审美意义。对家具的功能体验是在最广大的生产实践范围内创造的一种物质实体的美，主要体现在家具的零部件组织、空间组织、技术手段、材料利用等方面。它是一种最基本、最普遍的审美形态，在多数情况下与情感表达无关，它带给人们的往往只是一种审美上的愉悦感和认同感，而不指向任何深层的情感体验。正因为功能体验与技术有密不可分的关系，所以功能美具有明显的时代特征。中国古典家具中的床普遍带有装饰性很好的床架，在当时是为了私密性的需要，把床与卧室中的其他家具分开，抑或是为了挂放蚊帐。这些功能在现代人的生活中已不再起作用。此外，传统家具采用的多为木材，因为当时没有其他更适合材料，而现代家具的选材则丰富多样。

其次，对家具功能的审美体验区别于对家具本身实用功能的评价。对功能的审美体验在特定的时候也具有超功利性，与家具自身的功能无关。如果家具只具有形式上的功能美，而自身不具有实用功能，便是一种虚假的美——当然，相对于人们的直觉而言，这种虚假的美并不构成对审美体验的伤害。中国故宫里皇帝用的"龙椅"和其他椅子一样也有扶手，这个扶手无疑是形式的需要，因为就椅子的座宽而言，扶手根本不起作用，这个扶手除了象征皇帝的"左膀右臂"之外，也与人们心目中的椅子形象相符。

最后，形式表现力在某种意义上是功能表现力的抽象形态。古典家具中各种腿脚形

状及装饰线条在当今家具设计中仍在使用就是典型的例子。优秀的家具设计往往是以功能美与家具自身的功能评价达到和谐统一而取胜的。

在家具设计中，功能的表现力主要体现在家具的整体性格特征方面，同时也影响着家具的形式语言。家具的每一个局部，每一个处理手法，甚至装饰，都有实用功能的影子。

可见，在家具形态设计中，功能并不是包袱，离开了功能，就很难称其为家具。功能是人们对家具审美体验的重要组成部分，在极端情况下，可以是体验的全部。因此有理由相信，打破形式与功能之间的“二元对立”来设计家具，功能就不会构成设计者的累赘了。

总之，对于家具而言，其形式表现力与功能表现力恰如一枚硬币的两面，在对家具意义的体验中，它们诉说着同样的话语。家具意义的形式层面与功能技术层面并不是“二元对立”的，而是相辅相成的。

原文发表于《郑州轻工业学院学报（社会科学版）》2006 年 3 月刊第 6—7，24 页

中密度纤维板生态循环周期评价理论的研究

摘　要：本文对中密度纤维板生态循环周期评价进行理论研究。以资源、能源、废弃物、使用过程中挥发物污染等4项内容作为参数，探讨了中密度纤维板生态循环周期评价的数学模型，确定了研究过程中采样点选择、数据收集、编目分析、评价模型建立、权重系数确定等具体工作的方法，明确了中密度纤维板生态循环周期评价综合分析的内容和要求。

关键词：木材科学与技术；中密度纤维板；生命周期评价

材料科学最新研究动态表明：人们既可以从自然科学的角度去研究材料，也可以从社会科学的角度来研究材料，前者属于材料科学与工程学科的范畴，主要偏向技术科学，而后者属于自然科学与社会科学的交叉，但其重点偏向技术科学与社会科学的结合。绿色材料的研究是这种观点的直接体现。为了科学准确地定义一种材料是否是一种“绿色材料”，需要系统地研究它在某一过程或其生命周期全过程中对环境的具体影响的特征及其程度大小。

1994—1998年，国际标准化组织先后组织了德国、瑞士、法国、美国、英国、日本等国的科学家进行了有关材料环境影响的研究工作。主要研究方法是生态循环（周期）评价（或称生命周期评价）法（LCA）。目前此方法已成为全世界通行的材料环境影响评价方法，并已在ISO 14000国际环境认证标准中规范化，是ISO 14000的标准系列之一。其主要研究对象是目前使用范围较广的金属、塑料等材料领域。世界范围内对人造板材料绿色性能的定量研究较少。

中国人造板产量2004年已达3030.0万m^3，稳居世界第2位，其中纤维板产量在2002年已达767.42m^3，2003年我国纤维板总设计生产能力已达2044.3m^3，居世界第1位。中密度纤维板（MDF）是主要的、发展最迅猛的人造板品种，它已经成为我国建筑装修、家具产品的主要用材和主要的结构用材。MDF生产技术的研究是木材工业领域技术研究的热点之一，其中用非木材的其他资源生产MDF、MDF具体生产技术等方面的研究为本研究提供了较系统的研究目标，并创造了较多的研究条件。

由于其他人造板类型与MDF有相同的资源项、类似的环境影响和类似的用途，MDF是所有人造板产品中对环境影响最复杂的人造板品种。几乎所有人造板品种生产过程中涉及的与环境有关的因素，在MDF生产过程中都有所体现。所以，MDF生态循环周期评价将为后续的“木质材料生态循环周期评价”打下坚实的研究基础。

1 研究内容与目标

1.1 研究内容

对 MDF 的生态循环周期进行评价，即对 MDF 制造和使用过程中的环境影响进行综合评价，并与其他材料类型进行比较，科学地定义 MDF 的环境性能，并提出对现有技术进行改进的指导性意见。

（1）确定目标和范围定义。

评价目标：选定 MDF 为研究对象，将全过程分为生产制造和使用两个过程。

评价边界范围：生产和使用过程中的所有环节。

功能单元：单位为 m^3。

（2）编目分析。对所研究过程的所有输入输出参数（物质、能量、各种形态的污染物等）进行定量描述。首先确定清单项目，再进行实际数据的采集和汇总计算。清单项目初步拟定为两大类：一是综合性指标，即用“环境负荷”加以定义；二是分项指标，包括资源、能源、废弃物、游离甲醛等。最终得到一个具体的、明确的指标参数来表征其系统或过程对环境影响的程度或强弱。

（3）环境影响评价之数据处理。把评价系统或过程的各种输入和输出参数转化成定量的或半定量的指标来表征该过程对环境造成的影响程度。拟定环境负荷评价法和分项评价方法共同进行，并将其结果进行比较。下面以环境负荷评价法为例进行说明。

主要考察 MDF 环境负荷的 4 个参数，即资源、能源、废弃物、使用过程中挥发物污染，为了简化问题，对于使用过程中挥发物的污染只考虑游离甲醛的污染（这是 MDF 在使用过程中最严重的污染指标）。

$$\text{MDF 的环境负荷} = G\{\text{资源、能源、废弃物、游离甲醛}\} \quad (1)$$

为了使上述 4 个因子能够统一在一个数学表达式中，先定义 3 个指标：

a. 等效环境指数：

$$I_i = C_i/S_i \qquad i = 1, 2, 3, \cdots, n \quad (2)$$

式中：C_i 为污染因子，表示每立方米 MDF 产品的环境影响数值（如废水排放量）；S_i 为具体现行的有关国家或行业标准。

b. 环境因子（EF_i）：

$$\begin{aligned} \text{资源环境因子项 } EF_a &= \sum C_i^a \times I_i^a \\ \text{能源环境因子项 } EF_b &= \sum C_i^b \times I_i^b \\ \text{废弃物环境因子项 } EF_c &= \sum C_i^c \times I_i^c \\ \text{游离甲醛环境因子项 } EF_d &= \sum C_i^d \times I_i^d \end{aligned} \quad (3)$$

式中：C_i^d、C_i^a、C_i^b、C_i^c、C_i^d 分别为不同的常数。

由式（2）和式（3）可以求出 MDF 的环境负荷值（ELV）。

c．环境负荷值（ELV）：

$$ELV = \sum K_k \times EF_k \tag{4}$$

式中：K_k 为相应的权重系数。

上述 3 个指标的相应数学表达式为：

$$\begin{aligned} ELV &= \int_0^n F\{R(n),\ E(n),\ P(n),\ D(n)\}\mathrm{d}n（连续函数）\\ &= \sum\{ELV(n)\}（非连续函数）\end{aligned} \tag{5}$$

式中：$R(n)$ 为资源项；$E(n)$ 为能源项；$P(n)$ 为废弃物项；$D(n)$ 为游离甲醛项。

（4）环境影响评价之判据处理。环境影响评价的判断依据称为判据。从产业发展、经济效益、保护环境、建立绿色工业等角度出发，本研究初步确定 6 个目标变量：T（时间）、Q（质量）判据、C（成本）判据、R（资源）判据、E（能源）判据和 P（污染物排放指标）判据。

以上各目标变量可看成是由各个不同组成部分构成的矢量，如 E（能源）判据可认为是：

$$E = (E_1, E_2, \cdots, E_k) \tag{6}$$

式中：E_1、E_2 可分别看成消耗煤燃烧的热能和消耗的电能。

对任何一个判据的分析的问题又都可以看成由若干类判据变量组成，而每个类别判据变量又可看成一个判据矢量。每一个判据矢量又包含了若干个判据变量，构成了各判据矢量中的元素。于是，整个判据问题的判据变量可用以下的判据矢量组描述：

$$\begin{pmatrix} X(x_1, x_2, x_3, \cdots, x_{m-1}, x_m) \\ Y(y_1, y_2, y_3, \cdots, y_{n-1}, y_n) \\ Z(z_1, z_2, z_3, \cdots, z_{k-1}, z_k) \end{pmatrix} \tag{7}$$

综合上述 6 个目标变量的联系待分析变量和判据目标之间的模型称为技术经济模型：

$$\begin{pmatrix} T = T(X, Y\cdots) \\ Q = Q(X, Y\cdots) \\ R = R(X, Y\cdots) \\ E = E(X, Y\cdots) \\ P = P(X, Y\cdots) \end{pmatrix} \tag{8}$$

建立技术经济模型与目标判据的映射关系：

$$\begin{pmatrix} T = (T_1, T_2, \cdots, T_e) \\ Q = (Q_1, Q_2, \cdots, Q_f) \\ C = (C_1, C_2, \cdots, C_g) \\ R = (R_1, R_2, \cdots, R_h) \\ E = (E_1, E_2, \cdots, E_i) \\ P = (P_1, P_2, \cdots, P_j) \end{pmatrix} \tag{9}$$

最终得到多目标优化结果：

$$Conclusion = (T, Q, C, E, R, P) \quad (10)$$

（5）结果评价。根据科学性原则、技术经济合理性原则、动态原则进行评价。

（6）结果输出。完成技术报告。可作为 MDF 生产、技术开发、使用、相关标准、项目评估的依据。

1.2 研究目标

①对 MDF 生产过程和使用过程的环境性能提出具体意见。②提出 MDF 生产和使用的指导性原则。③在保证生态系统安全、人体健康的前提下，指出 MDF 生产和使用过程中降低或减轻环境影响的途径和可能的方向，为 MDF 乃至整个木材加工业的可持续发展奠定基础。④进行损益分析，寻求环境、技术、经济三者之间的合理平衡，在现实技术条件下，寻求以最低的经济投入和环境损伤代价获得最大的环境效益和经济效益的方法。⑤提出制定适合当前经济技术条件、可操作强的行业或专业标准的基本依据，并指出其随着时代发展的变化动向。

2 研究方法

2.1 采样点选择

①调查我国 MDF 生产厂家的资金来源、生产工艺以及 MDF 的主要使用途径。②按不同的资源来源和生产工艺类型的比例选择我国现阶段有代表性的 MDF 生产厂家 15 个左右，其中应包括天然林资源厂家、人工速生林（工业林）资源厂家、其他植物（如农作物秸秆）或混合资源厂家、干法生产厂家，以及干湿法混合生产工艺厂家。③按不同用途选择 10 个左右有代表性的 MDF 使用单位，其中家具生产厂家 5 个，建筑装修和其他生产厂家 5 个。④某些样品送国家指定或权威部门检测。

2.2 数据收集

①现场采集有关生产和使用过程中的有关数据。②某些数据送国家指定或权威部门认定。③每个现场数据测试 3 次最后取平均值。④ MDF 功能单元数据以 m^3 为单位计，资源项有关数据按生态学有关原则和方法计取，能源项和污染物项有关数据按环境学有关原则和方法计取。⑤分析判据等有关数据按国家或行业有关标准所采用的数据计取单位和方法计取。

2.3 编目分析方法与技术

①按不同的环境影响因素编排主代码。如资源项为 A，能源项为 B。②按不同环境因素项的不同类型编排次代码。如能源项中电能为Ⅰ，蒸汽为Ⅱ。③按 MDF 生产工艺流程顺序逐次编排序代码。如热磨工序代号为 03，热压工序代号为 06，则热磨工序的电能能耗数据码编号为 BⅠ03，热磨工序的蒸汽能耗数据码为 BⅡ03，热压工序的电能能源数据码编号为 BⅠ06，热压工序的蒸汽能源数据码编号为 BⅡ06。④使用过程的编目分析方法与生产过程的编目分析方法相同。

2.4 影响评价模型类型及建模方法

①初步选择模型类型为数学模型。②数学模型的结构选择参照国际先进经验初步确定为“黑箱”型，即为“输入－输出模型”。③对数学模型进行参数估计的方法初步选定为“多元回归分析”法及相关计算机数据处理程序编制。④对于数学模型的验

证初步确定采用“图形表示法”“相关性验证”和“相对误差法”相结合的方法进行。⑤鉴于 MDF 生产过程和使用过程中对应的环境系统均是一个开放性系统，故需对数学模型进行“灵敏度”分析。

2.5 权重系数的确定

①确定原则：科学性、合理性、可操作性、简单化。②无标准但测试方法科学准确和易于得到结果的采用“统计权重系数”。③定性和有争议的采用“专家权重系数”。④有标准和相关依据的采用“当量权重系数”。⑤对于有价的项目采用“经济权重系数”。

3 研究分析的内容与要求

3.1 经济损益分析

经济损益分析的内容是评价 MDF 在生产过程中需要投入的资金与所能达到的环境保护效果的关系。采用指标计算法，首先将经济损益分析分解成费用指标、损失指标和效益指标，然后再按完整的指标体系逐项计算，最后进行综合分析。

3.2 综合决策分析

对 MDF 生产、使用过程系统作出决策，由于未对其他人造板品种进行类似的研究，对整个木材加工工业的综合决策将依赖后续的同类研究。

3.3 现实分析

①比较 MDF 与其他材料（主要是钢材、塑料等）的环境性能，对 MDF 的环境性能做出科学（定量）的评价。②在 MDF 生命周期的全过程中使环境受到破坏或污染的程度如何。③在 MDF 的生命周期全过程中，哪一个具体过程对环境的影响最大，污染最严重，其具体指标是哪些。④产生污染或破坏的主要原因是什么，其主要的工艺参数或条件是什么。⑤是否可以采用替代技术或替代工艺来改变现有技术或工艺参数，以减轻它对环境造成的压力。

原文发表于《中南林学院学报》2006 年 4 月刊第 117—120 页

内地家具产业的发展与提升

20世纪末，世界家具产业发生了翻天覆地的变化。发达国家产业结构的调整和变化，促成了国际家具产业重组，家具制造业由发达国家和地区向发展中国家大转移；家具资本流动、原辅材料供应、家具产品设计和研发活动、家具产品订制以及家具产品供应的全球化，促进了家具业国际合作和贸易的发展，家具产业真正显现出了全球化的趋势；新材料和新结构不断涌现，数字技术逐渐占据家具制造技术的主导地位，由大批量生产向小批量、多品种生产的转化，精益生产、大规模定制、标准化生产、绿色清洁生产等工艺技术的革新，家具制造技术得到了飞速发展。这些造就了世界现代家具产业新的历史背景。

现在中国已成为世界第一大家具生产国和第一大家具出口国。2005年中国家具产业总产值达到近3000亿元人民币，从业人员近600万，规模企业近5万家。

中国家具产业发展也面临着新的矛盾。主要表现在以下4个方面：一是产业格局不合理，占家具产值65%以上的企业分布在沿海地区，内地尤其是西部地区还处于相对落后水平；二是家具产业出现“泡沫经济”征候，主要反映在大量产品“储存”或“积压”在家具经销商手中，大量在生产企业已形成产品的家具，并没有在市场上转换为商品；三是家具制造成本持续攀高，主要是由于劳动力成本、材料成本、产品运输成本等增加；四是随着发达地区和沿海地区“土地效率”意识的提高，地方政府对当地家具产业的扩张采取了适当的限制措施。

为了适应世界家具产业格局的变化，解决中国家具产业目前面临的主要问题，我们认为：中国家具产业在不久的将来也将做出较大的调整。其中可以预见的一个主要趋势就是：为了家具产业的可持续发展，中国家具产业将逐步从沿海、发达地区向内地和相对落后地区转移。因此，内地家具产业的发展和提升成为家具产业关注的焦点问题之一。

1 中国内地家具产业具有较大的发展空间

一方面，随着世界发达国家家具产业向发展中国家的转移，为发展中国家家具产业的发展提供了“机遇”。同时，由于家具产业“劳动密集型”、技术门槛相对较低的特点所决定，发展中国家发展家具产业是一种低成本行为，适合发展中国家的经济承受能力和现有条件。另一方面，国际家具市场需求量和销售量近年来呈持续增长趋势，随着发展中国家经济水平的提升和人民生活水平的提高，发展中国家对家具的国内需求也持续增加。因此，国内一些省份和城市对家具产业的定位是：积极引导，宏观调控，强调规模效益和环境效益”“既是传统产业，又是朝阳产业。

近年来，沿海家具产业发达地区遭遇持续的劳动力供应不足的困境，少数家具企业在规模扩张过程中面临土地升值、地方政府限制条件增加的尴尬，他们尝试着向内地转移，将他们的生产技术、管理机制在内地进行“复制”，收到了预期的良好效果。相对于发达地区和沿海地区而言，内地有充足的劳动力资源，受整体经济环境的影响，对土地价值的期望值也不像发达地区高。更重要的是，随着内地消费能力的增强，内地家具销售量持续以20%的增幅上涨，内地家具企业的产品销售可以节省近40%的产品运输成本，具有很大的价格优势。因此，家具产业在内地具有巨大的发展空间。

❷ 内地发展家具产业的几个关键问题

2.1 “产业链”是发展的关键

中国家具产业几个发达地区的经验证明了产业链的重要性。广东省佛山市顺德区是20世纪90年代在我国最早发展起来的几个家具主要产区之一。它的发展离不开一条以制造为主体的基本产业链：乐从的家具销售、龙江的家具制造、勒流的家具五金涂料饰材、伦教的设备等。深圳是我国家具产业的“龙头”，连续20多年的持续发展，依赖的是一条与顺德家具产区相比更加高层次和宏观的产业链：设计（相对多的设计公司）、技术（深圳家具研发院、众多的高校科研实习基地等）、人才储备、制造企业相对集中，具有全国最大和最有影响力的地方家具协会、深圳国际家具展览会等。另外，还有广东中山红木家具产业、浙江玉环古典新古典家具产业等，都是建立在完善、科学的产业链的基础之上。

许多内地家具企业在内地家具产业链不完善的情况下，发展速度缓慢。但当同样的管理、同样的技术甚至是同样的产品，融入产业链完善的沿海地区后，发展速度得到了极大的提高。

以上正反两个方面的实践证明了产业链的重要性。完善、科学的产业链能营造产业发展的良好氛围，有效地降低成本，同时能激励企业的竞争意识。

2.2 走规模化和集团化发展的道路

虽然家具产业的技术门槛低，生产成本少，投入相对较少，有利于形成中小型企业，但随着家具产业竞争的加剧，过去如20世纪80年代初期的“小而全”的企业发展模式已经不适应了。由于这种企业无竞争实力，往往会被“扼杀在摇篮之中”。

建立“以龙头企业为基础、中小型企业、个体家庭企业为组成部分”的集团化企业，有利于实现生产的专业化，提高产品质量；有利于提高劳动生产率，节省成本；有利于增加抵御风险的能力。

规模化和集团化道路能有效地扩大企业的知名度、品牌效应，从而形成核心竞争力。采取分工协作、外围加工、集散式加工等生产方式，能进一步降低成本。集团化的营销企业有利于统一产品品牌和形象，并有助于形成相对独立的营销企业，拓展市场渠道。

规模化和集团化企业统一进行广告策划与运作，避免了重复和不必要的广告宣传投资，在降低营销成本的同时能取得更好的营销效益。

2.3 走专业化生产道路

采取分散生产与专业化生产相结合、零部件生产与产品组装相结合、初加工与精细加工相结合的方法，加强专业化生产，提高生产效率和产品质量，减少固定资产投入。

2.4 充分发挥本土特色

通过挖掘本土文化特色、充分挖掘本地自然资源优势或劳动力资源优势、发挥已有

产业优势包括其他产业优势等手段，充分发挥本土特色。

2.5 充分发挥行业协会的作用

让行业协会成为行业与政府联系的“纽带”，行业“联合体”，技术发展、信息交流的“平台”，提升对外交流的整体形象，维护企业利益的“代言人”。

3 内地家具产业的提升

基于社会进步与发展带来的压力、产业自身的发展需求、政府经济发展宏观调控意识的增强、环境生态效应与社会服务效应的需求等原因，内地家具产业再也不能甘于传统落后产业的面貌，而应该与时俱进，不断进行自我提升。内地家具产业的提升应主要集中抓好如下 4 个方面的工作：

3.1 技术提升

在重视常规技术的高效运用与改进的同时，加强高新技术的引进、消化与吸收工作。积极使用新材料、引进新设备和新工艺。加强企业自主技术研究，广泛开展与其他研究机构的科研合作。重视标准化工作。加强人才引进与培养，尤其是本土、本企业的人才的培训与培养。加大技术投入。政府对科技创新企业予以政策倾斜和扶持。

3.2 产品提升

产品设计是产业提升的关键。树立设计意识，尊重设计，鼓励创新，加强设计师培养，做好设计师的稳定工作。建立企业产品开发体系、产品设计体系，持续开展新产品研发。建立企业产品设计机制，倡导自主设计机制为主，充分调动社会设计机构、团体和个人设计师的积极性，积极开展与他们的合作。增加设计投入（发达国家企业的设计投入是利润的 30%）。开展弘扬本土特色的设计。积累设计管理经验，逐渐形成适合企业发展的设计文化。

3.3 管理提升

建立现代企业管理制度、管理机制，学习先进的管理理念（如组织管理、技术管理、人力资源管理、财务管理、营销管理）等理念，制定合乎实际的企业发展战略与产品策略（包括明晰的长期战略、中期战略、短期战略、产品策略等）。管理者素质的提高是企业管理提升的关键。家具行业不要盲目否认家族企业的管理模式。

3.4 文化提升

上述所有的提升都可归结为企业文化的提升。

明确企业文化的概念，企业文化包括企业物质、精神财富的积累，企业制度，企业素质（包括企业和企业员工的素质、企业运作形式的文化内涵、企业社会形象与责任、企业的精神与宗旨等）。

企业文化建设的关键在于积累。因此，要使企业文化建设制度化，确定合理的企业文化建设投入，尤其重视企业形象建设和品牌建设。

总之，中国内地发展家具产业具有巨大的空间和潜力，现有家具产业面临产业提升的调整。经过一段时间的努力，中国将形成具有世界竞争力的家具产业。

原文发表于《中国林业产业》2006 年 12 月刊第 21—22 页

中国家具设计白皮书

家具是生活用品，同时也是一种文化，家具设计更是文化的表现。一个国家、地区、民族的家具发展水平一定程度上反映了其社会、政治、经济、技术、艺术、生活等文化特征和发展水平。

随着时代的变迁和社会的发展，家具呈现不同的意义。当代的家具已经不再仅仅是一种手工艺制品和简单的生活用品，它还更多地表现出工业产品、艺术作品、环境陈设的意义。家具设计也不再仅是师徒手艺的传递，而是作为一种设计艺术现象再加以传承和发展。家具设计是设计师基于自己对社会、人性的认识从社会、家具生产者，家具使用者的角度出发，为家具在制造、使用、欣赏等过程中出现的各种要求和问题的制订解决计划。

五千年的历史孕育了灿烂的中国文化。在博大精深的中国文化体系中，家具作为与人们生活形态息息相关的文化要素，具有重要的地位和作用。作为世界家具发展史上被誉为“巅峰”之一的“明式家具”的诞生地，现在的中国已经成为世界第一大家具生产国，但不是世界家具生产强国，无论是在生产技术水平还是在设计水平层面上，都还存在较大的差距，现在中国家具参与世界经济贸易受到广泛关注，但中国家具的出口还仅是简单意义上的商品输出，其文化传播的价值远远没有体现。世界家具市场本应是世界家具文化乃至世界物质文化和精神文化的集中展现，是世界上各具特色的家具艺术的和谐演绎，中国有权利也有义务成为世界家具文化发展的参与者。

回顾历史，中国家具曾经引以为豪；反思当代，倍觉任重而道远；展望未来，相信中国家具将再现新的辉煌。

1 历史篇

中国家具历史发展是中国社会历史发展的映照。中国历代家具承载着中国社会的荣辱兴衰、中国文化的起起落落、中国百姓生活的苦辣酸甜。家具本身就是一部历史。

1.1 曾经的辉煌

翻开中国家具文化历史，发现了中国人曾经有过的辉煌。这种辉煌不仅不亚于其他文化形态，也不亚于世界任何国家的家具文化。

（1）悠久的造物传统

依托世界文明古国的骄傲，可追溯中国社会悠久的造物文化，精美绝伦的石器、青铜器、陶器、木器等皆历历在目。它们承载着人民的勤劳和智慧，寄托着人们的美好愿望，演绎着儒、释、道精神，于自然中展示自己，于自己展示自然，如此的天人合一。

（2）明清家具的国际地位

明清家具作为中国明清时期造物艺术的典型代表，彰显着无尽的辉煌。举世闻名的

中国明式家具，以其造型简练、形制合理、选材优良、结构严谨、技艺精湛。装饰得体的风格表现，凭借娴静、高尚、崇尚自然、富于哲理的精神境界，被誉为中国家具发展史上的“巅峰之作”，更是受到全世界人们的推崇。后世的家具设计师包括许多国际家具设计大师，都对中国的明式家具产生了极大的兴趣，他们甚至在明式家具中寻找未来世界家具设计的方向。早期的清式家具继承了明式家具的优良传统，同时推崇奢华的生活情趣，同样演绎了中国传统家具的精彩乐章，晚期的清式家具由于过分追求表象的华丽，渐渐堕入形式主义的“泥潭”。但其典型的风格特征，也给了我们诸多启示，中国明清家具在世界家具史上确立了它应有的地位，这一点已成为世界共识。

1.2　长期的失落

自清朝晚期一直延续到20世纪初，由于不曾涌现具有鲜明风格特征的家具类型，这数十年也被很多人称为是中国家具历史的“断代史”。其实，在这数十年间，中国家具也发生过极大的变异甚至是根本的颠覆。虽然传统家具在民间得到了继续发展，并且由于外来家具文化的传播产生了“海派家具”，但都没能延续中国家具曾经辉煌的历史，而是以传统家具的没落、消退和现代家具的贫乏、幼稚为结局。中国家具处于极度的衰落之中。

（1）碰撞中的劣势与传播

自鸦片战争到1949年，中国社会经历了较长的半封建半殖民地的历史时期。中国家具发展史上也经历了第一次与外国家具文化的碰撞和交流，一方面，由于社会的腐败阻碍了经济的发展，中国传统家具江河日下。另一方面，西方家具文化强势进入中国。此消彼长的格局注定了中国传统家具的颓废。这既是一种迫不得已，因为中国传统家具失去了发展赖以存在的强大的经济支撑和社会保障，也是一种历史必然，因为与当时的西方家具相比，中国家具也的确存在显著的技术劣势。

历史上中国家具文化与世界家具文化的碰撞，并不是以中国传统家具的失败而告终，相反，中国家具也同样影响世界。唐宋时期不提，就说鸦片战争以后，中国屈辱地接受外来侵略者掠夺的同时，中国传统家具实质上成为中国传统文化的传播者，恐怕这是掠夺者始料未及的。西方学者对中国传统家具也产生了浓厚的兴趣，在法国、德国都出现了中国传统家具的专著。正是由于他们的传播，美国工艺美术运动、北欧学派的现代设计运动中都出现了中国传统家具的“影子”，也产生了世界家具发展史上的“中国主义”。

（2）交融中的吸纳与自我保护

在中西家具文化的碰撞中，西方家具文化对中国家具的影响是不可避免的。20世纪30—40年代，以当时中国经济最为发达的上海地区为主，逐渐形成了一种将中国传统家具与西方家具艺术相结合，中西交融“洋为中用”的双重特色的新型家具——“海派家具”。它以一种另类的手法在续写着中国传统家具的发展。

海派家具一方面表现出了对外来家具文化极大的包容性，另一方面也表现出了对中国传统家具文化的传承性，同时凝聚了当时主要民间家具技艺的精华，历史性地展现了中国家具在其所处的特殊历史时期的风貌。海派家具是中国家具发展历史滚滚洪流中的一朵奇丽的浪花，它第一次系统完整地实现了中西家具文化的交流与碰撞，在引入西方传统家具文化和国际现代家具文化的同时，也实现了中国传统家具文化的改良与发展。这个在中国家具发展历史中常常被人忽视或遗忘的片段，在中国家具文化研究中确实有着不可估量的价值，甚至对中国当代和未来的家具发展都有着巨大的影响。

1.3 迟来的觉醒

进入 20 世纪 80 年代，由于种种原因，中国社会的经济发展还处于较为落后的水平。改革开放政策的实施，人们对于富裕生活的欲望才被真正唤醒，也提供了实现这种欲望的机遇。家具作为衡量人们日常生活水平高低的标志之一，重新受到应有的重视。

（1）百废待兴的机遇

在对西方社会充足富有的了解中，人们再也不能忍受对家具的“计划供应”，在惊愕于世界现代设计成果的同时，再也不满足于几十年来家具的“三十六条腿”。于是，中国经济发展进程中一场声势浩大的“家具制造运动”率先在中国南部省份的广东开展起来。由于家具产业的“门槛”相对较低，也由于当时的中国有大量的剩余劳动力，更由于社会对家具产品的极大需求而丰厚利润，中国现代家具产业迎来了前所未有的发展机遇。

（2）茫然的适从

随着外来资金和外来技术的引入，外来设计是不可避免的。本土设计在经历了几十年的荒废之后也跃跃欲试。但长期处于“饥饿”状态的市场以及“失语”状态下的公众审美情趣对这些同样照单全收，甚至毫无推辞，本来忐忑不安的设计变成了顺理成章，世界各种设计流派在这里尽情演绎。现代家具产业的创业者们甚至在庆幸：即使没有设计，市场依然存在。

在一部分人这样轻松地茫然适从的同时，有很大一部分理性的人却在疑虑和担忧；这种局面还能持续多久？接下来又应该是怎样的格局？

随着市场布局逐渐饱和以及消费者心态的逐渐理性，家具市场果然发生了巨大的变化，产品设计的巨大张力开始发挥作用，由市场主导的优胜劣汰残酷地显现出来。中国家具产业步入了真正的茫然阶段：路该如何走？

2 当代篇

2005 年是一个值得记住的时间，这年中国家具工业实现产值 3400 亿元（425 亿美元），产品出口 137 亿美元，中国真正成为世界家具生产大国和出口大国。同时，中国家具也开始遭遇“反倾销”“特别保护”等国际贸易壁垒的阻拦以及家具设计知识产权保护的不完全公正的鄙视。这些有相当因素源起于中国当代的家具设计。

2.1 被动的适应

几十年的发展，当代中国家具设计基本适应了中国当代的家具产业，但这种适应是被动的，它在被动地应付着产业的扩张，也在无力地适应着市场的盲从。

（1）应付产业的急剧扩张

随着产业的急剧扩张，家具企业普遍面临着设计力量不足的问题。但他们分别采取了自主研发和委托设计的方式进行产品研发，以国际化的视野，利用一切可以利用的力量，基本解决了设计资源数量不足的矛盾。为了适应家具市场日益提高的设计素质要求，企业采取了自主培养设计师、引进高校设计专业毕业生、高薪聘请社会设计师甚至是国外设计师的方法，基本满足了不同层次消费者对设计的需要。但这些很多都是在应付。因为设计缺少对市场的引导和掌控，企业不能根据自身的发展战略完全实现合适的长期、中期和短期产品策略和构建适合企业自身的设计师团队，不能拥有稳定的社会设计资源。

（2）适应市场的感性和无序

绝大多数家具企业的产品研发工作都围绕着适应市场变化、应对大型龙头企业不断发起的产品更新换代运动、国际领域流行的时髦、需要不断推陈出新的展会和消费者瞬间变化的消费需求在进行。他们甚至形容自己在“疲于奔命”，对市场的预测能力相对缺乏。广大中、小家具企业更是如此。产品的“日新月异”成为设计创新的表象和假象，被掩盖的是设计能力的严重不足、设计被动适应市场的真实。

2.2 模仿中发展

中国现代家具产业体系刚刚建立就面临着世界家具产业格局的调整和世界家具制造技术的飞速发展，这将年轻的中国现代家具设计推到了变幻莫测的世界设计潮流风口。

（1）国际背景的驱使

20世纪末，世界家具产业发生了翻天覆地的变化。发达国家产业结构的调整和变化促进了国际家具产业重组，家具制造业由发达国家和地区向发展中国家大转移，家具资本流动、原辅材料供应、家具产品设计和研发活动、家具产品定制以及家具产品供应的全球化，促进了家具业国际合作和贸易的发展，家具产业真正显现出了全球化的趋势：新材料和新结构不断涌现，数字技术逐渐占据家具制造技术的主导地位，由大批量生产向小批量、多品种生产的转化，精良生产，大规模定制，标准化生产、绿色清洁生产等工艺技术的革新，家具制造技术得到了飞速发展。这些造就了现代家具设计新的历史背景，为现代家具设计提出了更新、更高的要求。年轻的中国现代家具设计承受着巨大压力。

在这种国际背景下，借鉴和模仿成为中国家具设计的主要对策。

（2）技术劣势下的“拿来主义”

不可否认，中国当代家具设计严重存在模仿甚至抄袭的现象。但这不是中国家具产业的“专利”。

世界社会发展进程中，对别国社会政治、经济体制的借鉴与模仿屡见不鲜。世界科学技术发展进程中，引进与消化也成为技术进步的主要手段。因此，对设计的借鉴作为设计的启发原本无可厚非。

不得不承认我国在设计理念、设计管理和设计技术上和发达国家存在的差距，也承认中国当代家具设计存在在技术劣势的无奈下所采取的“拿来主义”，但为此也付出了高昂和沉重的代价。不可否认，一些急功近利的企业采取了抄袭的手段，但这绝不是中国当代家具设计的主流。

同时需要看到一个事实：世界经济一体化必然导致世界范围内生活形态的接近和大众审美的趋同，进而导致家具设计表现方式的相似甚至雷同。在这种现象的背后，不约而同的设计趋向在所难免。

2.3 探索中前进

中国当代家具设计面临着巨大的挑战，也迎来了前所未有的发展机遇。社会的发展、中国当代文化的进步，为中国当代家具设计的发展提供了可靠的保障。在艰难的探索中，以确立弘扬传统和顺应世界潮流的设计理念为突破口，以激励和培养中国本土家具设计师为切入点，提供教育，继续教育、展览会、设计竞赛等各种平台，以赞许和宽容的心态对待中国当代设计。经过 20 多年的努力，中国当代家具设计取得了可喜的进步。

（1）沉默的历史焕发青春

历史悠久的中华文明，中国传统家具的崇高成就，为中国当代家具设计奠定了坚实的文化基础。我们深知“只有民族的才是世界的”道理，我们有矢志不渝地弘扬中国传统家具的信念。于是，继承传统家具设计思想的精髓、用现代审美观念来认识家具意义，与现代生活和现代科学技术相融洽的“新中式家具”设计运动在业内广泛开展，受到了广大设计师和消费者的好评，并赢得了广泛的国际市场。

（2）国际化风格的中国演绎

当代家具设计的主流风格是融合了现代设计各个设计风格流派的、倾诉着设计师对设计的自我理解、适合国际范围内消费者公众审美情趣的国际化设计风格。我们认识到了中国消费者对国际化设计风格的态度，熟悉了中国消费者的生活形态，扎根于中华文化深沃的土壤里，逐渐认识了国际化风格在中国的表现特征，设计出了受中国消费者欢迎的家具产品。中国家具产品内销呈持续上升的趋势，不仅说明中国市场购买力的提高，更多的是证实了我们设计出了适合中国消费者的产品。

（3）逐步与国际接轨的中国家具设计

经过 20 年的磨砺，我们认识到了与设计发达的国家之间的差距。通过“走出去、请进来”的方式，广泛扩大与国际家具设计的交流，学习先进国家家具产品设计模式，虚心学习国外企业产品开发的经验，逐步形成了与国际接轨的中国家具设计体系。中国设计开始走向世界。

❸ 反思篇

“落后就要挨打。”我们认识到了与世界家具设计和生产强国之间的差距，同时有信心在世界家具设计和生产中占据一席之地。回想走过的艰难历程，我们需要进行冷静的反思：我们存在的主要问题是什么？根源在哪？以何应对？怎样走出一条具有中国特色的家具设计之路？

3.1 对设计意义的理解

从设计方面而言，对于设计意义的理解凌驾于一切设计活动之上。

（1）设计不仅是“设计”

是否可以这样认识：设计是一种“规划”，设计是规划社会和文化的行为；设计是一种有针对性的活动，设计的目的是设计的第一要素；设计既是一种关于情感的感性活动，又是一种具有条理和规律可循的理性活动；设计不仅仅指单个人的个体行为，而是一种社会性的活动，是文化建设。

根据对“设计”意义的认识，我们这样去理解家具设计：家具设计是设计师基于自己对社会、人性的认识，从社会、家具生产者、家具使用者的角度出发，制订满足和解决家具在制造、使用、欣赏等过程中出现的各种要求和问题的计划。

相对于见异思迁、单纯地就事论事、形式高于一切，为了具体的利润指标而不惜牺牲设计质量、片面强调设计者的个性而置广大消费者的利益于不顾等的设计状况而言，我们自愧于对设计认识的浅薄。

（2）设计的核心在于创新

设计是一种构思或规划，是一种创造，旨在创造人类以前所没有的和现在或今后所需要的。如果设计的结果是曾经已有的，这就是复制，不管这种复制是有意的还是无意的。很明显，复制是一种重复性的劳动，其意义仅是关于设计的传播与推广，其价值便大打折扣。没有创新的设计不具有价值，因为从设计的意义上说，没有创新的设计不能算是“设计”。家具设计与其他类型的设计一样，其真正的意义在于创新。

从20世纪末开始，中国家具业界以各种方式鼓励中国家具的原创设计，期间也涌现了不少优秀设计作品，但相对于庞大的家具产业和立志于世界家具产业的中国家具设计而言，难免势单力薄甚至如沧海一粟。

创新需要付出，需要付出设计师不懈的努力，需要付出巨大的经济代价，有时需要冒着巨大的企业风险；创新需要意识，需要良好的知识产权意识，需要客观的设计投入意识，需要长远利益的意识。这些正是我们难以甚至是不愿意付出的。

（3）设计的附加值

通过设计使得产品具有了超出产品本身的意义。说到底，设计的附加价值就是设计师对消费者予以尊重的后果，以及设计师运用知识使设计所具有的创新价值。

家具设计的附加值是在家具产品基本价值基础上额外加上的有意义的价值。如名牌产品、特殊材料制成品、知识密集型产品、高科技产品、特殊象征意义的产品、优秀设计、名人设计、具有鲜明历史及文化特征的设计等。

家具产品的附加价值在家具产品价值中的份额越来越大。世界各大企业、著名设计集团、家具设计师为提高产品的附加价值而投入了大量的劳动。

无须讳言，设计的附加值是社会对设计意义共同认可的结果，因此，我们难免有对社会设计文化贫乏的抱怨，有对业主设计投入意识和对设计价值认识缺乏的抱怨。但这些都只是暂时的，关键在于设计自身。

3.2 崇高的理想与浮躁的心态

中国家具人心中都有一个美好的愿望。愿望与现实之间总是存在差距。不能指望一夜之间缩短和世界家具强国之间的差距，我们需要积累，需要卧薪尝胆，从长计议，从建立设计的长效机制做起。

（1）设计需要积累

对于企业而言，设计是企业文化的综合积累；对于设计师个人而言，设计是素质、知识与经验的综合积累。

20世纪20年代的中国就出现了现代家具设计的案例，但由于各种原因，现代家具设计在中国的发展速度非常缓慢，甚至一度出现停滞。直到20世纪70年代末期和80年代初期，由于中国现代家具产业的出现，现代家具设计才逐渐重新被恢复和发展。截至目前，我们甚至还未建立完整的家具设计理论体系。虽然在世界现代设计潮流的影响下，中国也出现了各种风格流派的设计作品，但基本可以归结为是形式上的学习，缺乏深刻的思想内涵。虽然设计出市场上琳琅满目的产品，但我们缺乏对市场的规律性的了解和把握，对市场的引导缺乏必要的基础；虽然具有了人数众多的设计队伍，但整体设计水平还较低；虽然有了规模可观的家具设计教育体系，但仍处于家具设计教育的探索阶段。

任何事物的发展都有其自身的发展规律，世界先进设计国家的家具设计水平不是一朝一夕形成的，是长期历史积累的结果。因此，中国家具设计需要积累，甚至需要几代人的努力。

（2）设计的长效机制

和世界发达国家相比，中国家具设计师的经济地位还处于相对低下的水平。截至目前，中国家具设计师尚无被视为具有社会地位的技术职称。许多家具企业对设计师的态度是竭泽而渔后置之不理甚至扫地出门。

广大的家具企业在确立企业发展战略的同时，忽视了企业设计战略的制定，他们奉行的是“车到山前必有路”“到什么山上唱什么歌”的策略。许多企业尚未建立新产品研发机制，对设计的投入不足，世界先进家具企业对新产品研发的投入占总利润的 25% 以上，于此我们还有相当大的差距。

中国家具设计的持续发展需要有长效的设计机制作为保证，任何急功近利、揠苗助长的行为对中国家具设计水平的提高都是极为不利的。

长效设计机制的建立包括社会对设计和设计师态度的转变、设计师自我成长、设计教育体制的建立等几个方面。我们呼吁并创造条件让全社会尤其是家具企业尊重设计，尊重设计师以及设计师的劳动，通过提高设计师的劳动报酬来提高广大设计师的积极性；呼吁政府相关职能部门为广大的家具设计师提供必要的技术平台；号召设计师通过对自我的设计来提高设计素质；号召家具设计教育机构改革旧的教育机制，尽快与国际设计教育接轨，提高广大家具设计专业学生的水平。

3.3 感性和理性之间的失衡

我们处在一个发展的时代，巨大的市场需求让人心潮澎湃；我们处于一个动荡的时代，任何设计都可能会找到它应有的市场；我们处于一个觉醒的时代，与先进国家之间的差距令我们如坐针毡。于是，我们可能会埋头拉车而顾不上看路，可能会浮躁冲动甚至丧失理性。

（1）永恒的经典

熟悉被誉为世界家具“三大展”的人们一定会承认这样一种事实：成为世界潮流的家具产品必然经历了“概念发布”“市场探索”“广泛而相对持久的市场占领”等几个基本过程。在这些过程中，社会对家具从设计思想、设计概念到使用功能、价格等进行全方位的检验，家具企业从制造技术到产品细节进行仔细的斟酌，设计师对设计的各个环节、表现方法进行反复推敲，作品遂成为经典。因此，经典的背后是时间的磨砺，是从容的修改，是不断地坚持。

铸造经典所表现出来的是相对延续的设计策略和设计表现，经典的成长过程是一个相对较长的、循序渐进的变化过程，绝不是昙花一现后的销声匿迹。因此，经典表现出来的是时间的考验，是不懈的生命力，当然还有丰厚的市场回报。

对经典的追求，不仅可以得到优良的产品，同时从长远的利益看，还有利于节约设计成本。“挖井理论”在这里得到了充分的体现。

无论从形成过程看还是从作用过程看，经典都是一种永恒。对经典的追求，不仅可以成就一个设计师，而且可以成就一个企业乃至成就一个国家。因此，对经典的追求是

一种理性思维的结果。

（2）瞬间的时尚

目睹中国家具展的人们也清楚了一个事实：中国的家具市场新产品层出不穷。我们似乎在讲述一个道理：市场瞬息万变，时尚在不断产生。

但是我们不能否认，在这个五彩缤纷的“万花筒”里，是企业应付一年两次的新产品研发频率的疲于奔命，是企业频繁淘汰本可能具有发展潜力的产品所付出沉重代价；在这个“万花筒”的背后，是设计师被迫展现尚未成熟的设计的一种尴尬，是设计师取得领悟之后无法实现领悟的一种遗憾，甚至是由于尝试设计探索而造成的自我毁灭。

这是包括市场、受众、企业和设计师在内的感性的“时尚”。正是由于对瞬间时尚的追求，导致了理性的丧失。继之而来的是企业设计投入的损失和设计师的无所适从。

从长远的观点看，市场终究会归于理性，而且中国理性的市场已初现端倪，浮躁终究会被理性所替代。

我们有理由期待一个经典与时尚并举、感性与理性共存的时代。

4 展望篇

悠久的历史、良好的机遇、粗具规模的实力为我们搭建了具有巨大空间的舞台，我们相信，在未来，中国家具、中国家具设计将为中国为世界奉献一场精彩的演出。

4.1 理论为先导的设计

我们不能否认设计理论对于设计实践的指导意义，因为我们曾经为缺乏设计理论的指导而做出了巨大的付出。我们倡导国际化风格体系中的“中国主义”，我们将逐步实现从人本主义到自然主义的过渡。

（1）国际化风格的地位

中国社会正处于急剧的国际化进程中，世界经济一体化、世界文化一体化的现象不容忽视。中国家具产业已经属于世界，中国家具设计同样应该属于世界。

着眼于世界文化发展的趋势，认同世界设计文化的差异性，适应国际市场的家具文化与家具消费理念，探讨具有国际化特征的家具设计，是未来中国家具设计的重要课题。

我们将紧盯国际设计潮流，面向国际化市场，逐步成为国际设计的重要力量。

（2）畅想“中国主义”

我们坚信“只有民族的才是世界的”真理。我们将继承和发扬优秀的中国传统家具文化，继续扩大中国传统家具文化在世界的影响；将充分展现中国现代文化特色，让世界了解中国；将充分发挥中国家具业既有的整体实力，努力形成自己的特色并影响世界，在世界现代家具设计舞台上拥有自己应有的地位。

我们倡导继续深入开展“新中式”家具设计风格的探索，充分理解其历史意义与现实意义，即中国传统家具文化的现代演绎与基于中国现代社会文化情状的中国现代家具文化的形成和发展并重。

（3）人本主义的过渡

我们尊重中国社会“发展中国家”的历史现状，借鉴发达国家的历史经验，肯定并坚持功能主义设计思想在中国当代家具设计思想中的主导地位，实现人本主义在家具设计中的完美演绎，同时关注适度消费和可持续发展的设计思想。在最短的时间内，吸收和消化世界发达国家的设计历史和相关经验，努力缩短中国当代设计与世界先进设计国家的差距，完成中国现代家具文化发展历程中的时空跨越。

（4）自然主体的归属

我们充分认识到中国社会发展和中国家具产业发展面临的各种危机，倡导生态设计思想，建设生态设计文化。通过家具设计和家具产品正确引导人们的生活方式和生活形态，积极开展绿色生态家具设计的相关设计理论和技术的研究。

4.2 变被动为主动

通过对设计的正确认识，建立良性的、长效的家具设计机制，中国家具设计将逐渐摆脱被动的地位，成为中国家具发展的主导力量。

（1）设计为主导

随着社会对设计的重视，人们将形成设计就是生产力的共识，尊重设计将成为一种社会风尚。企业在加大设计投入的同时，加强设计管理强调设计在企业发展中的主导地位。设计将成为衡量产品价值的主要因素。

（2）实现设计的价值

人们将无法容忍没有设计的产品，无法容忍设计低劣的产品。设计的物质价值和精神价值并重，现实价值和附加值共存，一起构成了设计的价值体系。在设计价值实现的同时，将会是社会审美意识的提升，企业设计意识的增强和设计师自身价值的实现。模仿与抄袭将成为历史，创新将成为设计的核心。

4.3 国际级家具设计大师的诞生与成长

我们已经打开了设计的国门，世界先进的设计思想、设计方法在不断的国际设计交流中传入我国。中国重视文化建设的社会风尚为孕育优秀设计师提供了肥沃的土壤。中国有天资聪颖的新生代设计师，他们在世界设计舞台上已崭露头角。我们有理由相信在不久的将来，中国会出现国际级的家具设计大师。

就像作品是被设计出来的一样，设计师本身就需要设计。世界家具发展历程是教材，悠久的中国家具文化是案例，以国际化的视野，完善对设计师和设计师自身的教育、继续教育和终身教育。社会是大课堂，企业是小课堂，设计教育机构更义不容辞。

我们深知历程的艰难，我们需要耐心甚至容忍，需要理解而且更多的是支持和鼓励。

4.4 从“中国制造”到“中国设计”

毫无疑问，当前的中国是世界家具生产大国，但并不能称为世界家具生产强国，除了家具生产技术水平的局限外，更重要的原因是中国家具设计水平的现状。世界已经发出了“是中国制造还是中国设计”的疑问，世界也已经开始关注中国设计，甚至许多有识之士提出了中国设计主导世界的猜想，我们有理由相信中国家具产业会出现从“中国制造”到“中国设计”的根本性转变。

原文发表于《家具与室内装饰》2007年1月刊第11—14页

松木家具产品设计技术

在木材资源匮乏的今天，人工速生林木材成为主要的商品材。松木是我国主要的人工速生林品种，松木木材已经在建筑、家具和其他领域得到广泛的利用。尤其在家具制造行业，松木家具以其自然清新的外观、良好的绿色生态性能成为家具产品族中的新宠，深受消费者尤其是青少年消费者的喜爱。

松木家具设计既是以松木木材外观形态要素为设计基础的艺术设计，又是关于松木材性的技术设计。松木家具造型设计要充分体现松木木材的外观特征，如自然清新的色彩、清晰的年轮特征、复杂的纹理组成等；同时要充分体现松木的造型特征，如较难弯曲、横截面加工精度不高等；松木家具结构设计要充分考虑松木木材的力学性能和加工性能，松木木材与其他常用木材相比，材性较松软，干缩湿胀系数较大，力学强度指标偏低。所以，松木家具设计可以认为是一种特殊木材材种的实木家具设计。

需要说明的是：即使同样是松木木材，由于树种、生长条件、改性处理（如松木脱脂处理、干燥处理等）不同，用于家具制造的松木木材材性也就各有不同。所以，这里所说的松木是指“泛意义”上的松木。与别的材种相比，松木具有某些与其他材种不同的共同性质。而对于具体品种的松木，其产品的设计又各有所不同。

1 木材材性、性能与指标是松木家具产品设计的基本依据之一

材料是设计的灵魂。设计师的设计能力在很大程度上取决于他（她）对于材料的理解能力。对松木木材的理解，主要在于对松木外观性能、物理－力学性能、加工性能、装饰性能的了解。

1.1 松木外观性能以及外观缺陷与设计选材

松木木材外观特点可以归结为：色泽清新，一般为浅黄、浅棕或黄棕色，由于早材颜色较浅，晚材颜色较深，因而松木木材纹理清晰，径切面呈现近似直线条纹，弦切面呈现美丽的“山纹”，横切面呈现较为规整的同心圆；由于木材组织较为致密，加之表面硬度适中，因而质感表现为细腻而温暖。

松木木材的表面缺陷主要表现有两点：一是“节疤”。它的“活节”较多，由于对家具外观及使用性能、结构性能均无不良影响，一般可不做任何处理，反而活节更能体现松木家具的“实木感”；而少量的“死节”已经脱落或在加工、使用过程中可能脱落，因此，应在“选材”工序中加以剔除或者做“嵌补”处理，如图 1 所示。二是“树脂囊”。由于大部分树脂囊“隐蔽”在木材内，只有在加工过程中才会暴露出来。出现树脂囊的地方会影响后续加工过程，同时影响油漆和外观，因而应及时加以剔除，并用相当尺寸的木块加以“嵌补”，如图 2 所示。

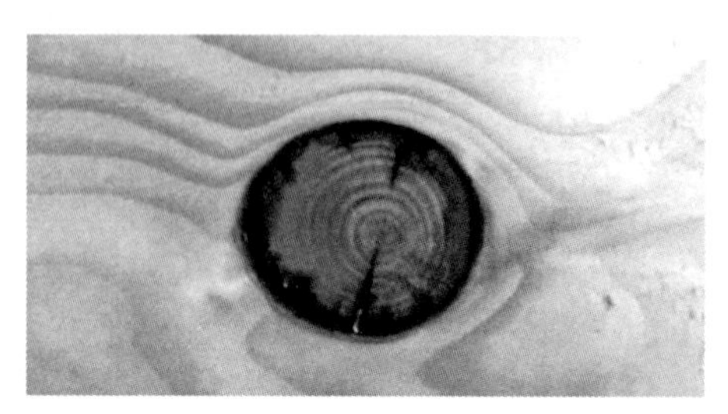

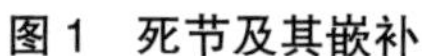

图 1　死节及其嵌补

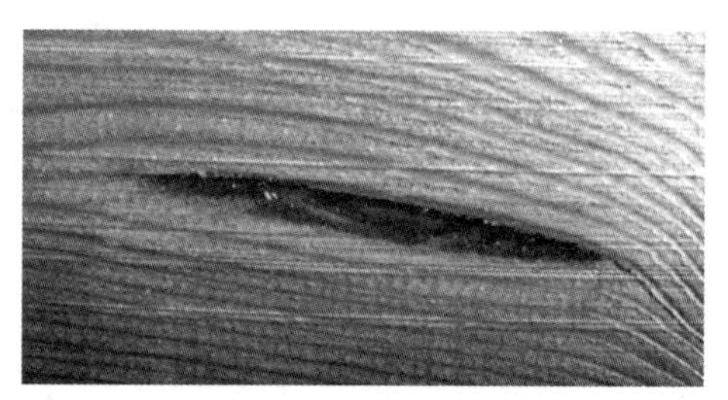

图 2　树脂囊及其嵌补

1.2　松木木材含水率以及含脂量对松木家具设计的影响

木材学研究表明：木材的含水率与木材的变形、开裂、干缩湿胀、物理力学强度指标、接合方式、接合强度等性能和指标有直接的联系，所以木材的含水率直接影响制品的设计以及制品的质量性能。用于家具制造的松木的初始含水率对松木家具设计有较大的影响，同时，松木家具在使用过程中木材的含水率也会发生变化，从而影响家具的结构性能、整体强度，进而影响家具的正常使用。

干燥处理是使木材取得合适的含水率以及控制木材含水率发生变化的主要手段之一。因此，用于家具的松木木材要经过干燥处理。

全地域销售的松木家具产品对木材的初含水率的要求最高，一般应控制在 12% 以下，如果是出口，则应严格控制在 10% 左右。如果仅销售于空气湿度较大的我国南方地区，木材的初含水率可适当放宽要求，但也不应高于 15%。

由于松木中富含树脂道、树脂囊等组织，因此松木木材中含脂量较高。松木中的树脂一方面起到“填充”作用，另一方面能提高松木木材的整体力学强度，但局部的树脂对接合强度、油漆的表面附着力有较大的负面影响。因此，松木木材用来制作家具时，一般要进行“脱脂”处理。“全脱脂”工艺难度大、成本高，并且对木材整体强度性能影响较大（强度下降），所以，用于家具的松木木材一般只进行“部分脱脂”处理。

2　松木家具造型设计

2.1　风格特征

由于松木木材质地较软，在保证制品足够的结构强度的条件下，其零部件的尺寸较大，因此，松木家具与其他材种的实木家具相比，外形一般较粗重，比较适合设计具有乡土风格的家具类型。

由于松木木材较容易变形，这种变形多发生在独立存在的零部件上，即在零件的长度方向上无支撑或接合的零部件上。所以，设计时应尽量避免这些零部件的存在，或者牺牲单纯简洁的造型特征，而增加相应的零件和接合，如图 3 所示。

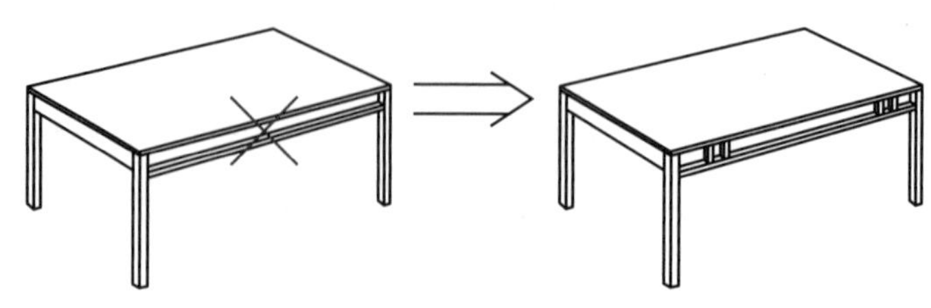

图 3　增加零件提升家具强度示意图

2.2 涂饰与色彩

松木家具表面可以进行染色处理，从而改变松木木材较“肤浅”的色彩，但由于松木中含有一定量的树脂，木材表面着色较难，且容易出现色彩不均匀的“花脸”，如果采用有色透明油漆涂饰，则给人一种不真实的感觉。所以，松木家具一般采用无色透明油漆涂饰，让其呈现清新自然的色彩，从而引发人们绿色环保的联想。

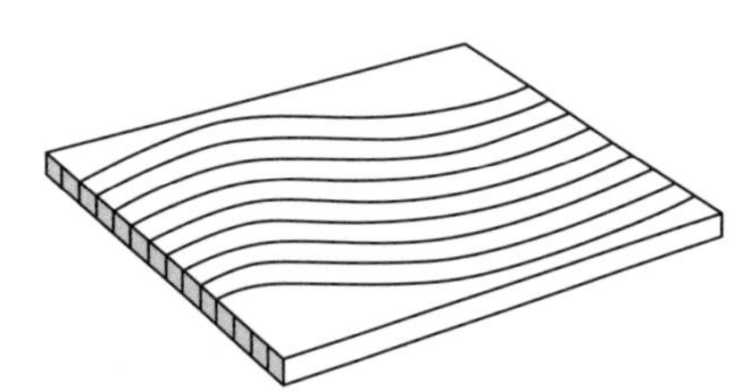

图 4　曲线型零件的制作方法

2.3 零部件形态特征

松木木材在高温高湿条件下可以进行弯曲处理，但由于材性较脆，弯曲程度极为有限，且工艺难度较大，所以，应尽量避免设计曲形零部件。如确有必要，则可选择“套裁”的方法处理，即先将木材“集成”或选择尺寸较大的基材，用细木工带锯在大尺寸的基材上锯出所要求的曲线（面）零件，如图 4 所示。

2.4 肌理特征

松木木材在横向、径向、弦向等不同纹理方向上纹理特征不同的特性可以成为造型设计的要素。充分利用这一质感、纹理特征，可以塑造出丰富的家具形象，如图 5 所示。

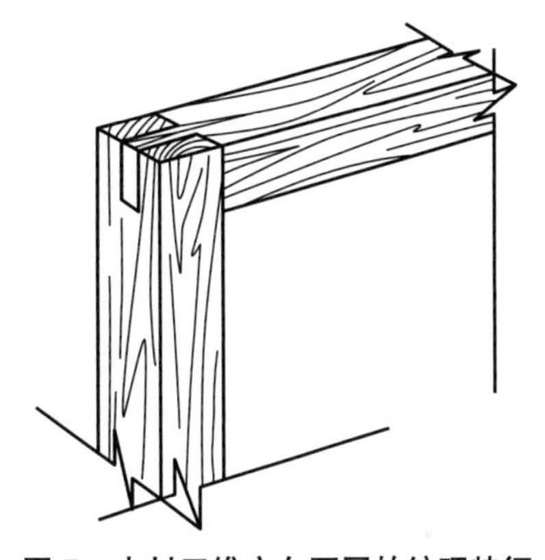

图 5　木材三维方向不同的纹理特征

3 松木家具结构设计

3.1 松木家具基本接合形式及其设计

松木家具的基本接合方式包括榫接、胶接、钉接、连接件接合等几种。

榫接合用于零部件构成和家具整体接合。如果零件间的接合采用的是方榫接合，考虑到松木材性因素，榫头的最小厚度尺寸不应小于 5.0mm，宽度不应小于 15mm。方榫、多方榫接合可选用贯通榫或非贯通榫的形式，榫头与榫孔尺寸与零件规格尺寸相关，榫孔外侧厚度不小于 5mm，以防装配时榫孔部位开裂。

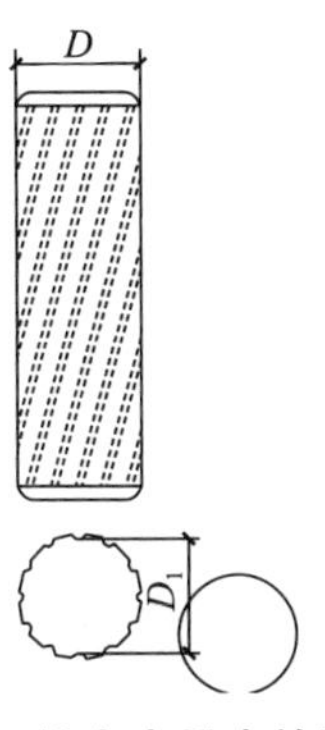

图 6　松木家具中的圆榫

现代家具生产技术中，经常出现用圆棒榫替代方榫的接合类型，其圆榫尽量不要采用与板式家具的定位榫相同的圆榫，可另行自制，圆榫表面采用比前者更粗更深的凹槽，以增加零件间的接合强度，同时，其圆榫尺寸也较前者稍大，如图 6 所示。圆榫接合时，其配合公差见表 1。

表 1　圆榫直径与表面凹槽深度尺寸

单位：mm

D	$D-D_1$
6	1.0
8	1.2
10	1.6
12	2.0

胶接主要用于零部件构成以及配合连接件使用。

松木在任何方向上均能进行胶合连接，在顺纹方向胶接（接长）时，为增加胶接强度，应采用指接形式，横纹方向可采用平面拼接或指接。

在不同纹理方向上，钉接合的强度各不相同，顺纹方向上的钉接强度小于横纹方向上的。用于松木家具的螺钉最好是特制的，在普通螺钉的基础上增大螺距和螺钉直径。

在采用连接件接合时，要特别注意连接件的接合强度如何产生，从而选择合适的连接件和合适的安装方式。

3.2 框式结构设计

现代家具的结构形式大致可分为两种：板式结构和框式结构。支撑家具重量、围合和划分家具内部空间的所有零部件均为板件的家具称为板式家具。家具空间构成以框架结构为主的家具结构形式称为框式。松木实木家具如果全部采用拼板板件而形成板式结构形式的话，板件的变形以及由于木材的干缩湿胀所带来的变形和质量缺陷则不可避免。所以，松木家具一般采用框式结构或者框式与板式相结合的结构形式，如图7所示。

框式结构可以确保零件的长度方向为顺纹方向，而松木在顺纹方向的干缩湿胀最小，从而保证了家具的尺寸稳定性以及避免了由于零件的尺寸变化而产生的“结构失效”。

松木家具部件的零件接合一般采用框式结构，而整件家具部件间的接合则视具体情况可采用框式结构，也可采用板式结构。

当柜类家具的门板、侧板规格尺寸大于600mm×300mm时，一般采用框式结构，将松木板镶嵌在框架内，周边立梃、横档铣槽，考虑到嵌板的干缩湿胀，嵌板安装在框架之中后应预留伸缩空间，其空间大小视板件尺寸而定（图8、表2）。

3.3 板式结构

所谓板式结构，是指按照板式家具零部件间的接合方式设计的家具结构，如板件间采用连接件接合。考虑到家具的“实地装配”性

图7 框式与板式结构共存于同一件松木家具产品中

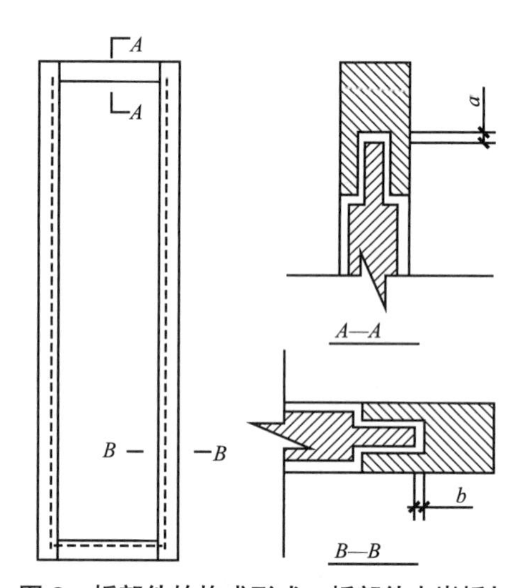

图8 板部件的构成形式、板部件中嵌板与梃间的伸缩缝

表2 镶嵌板件规格尺寸与伸缩缝大小尺寸

单位：mm

A	*a*	*B*	*b*
600	4	300	5
800	4	400	5
1000	5	500	5
1200	5	600	8
1400	8	800	8
≥ 1800	10	≥ 1000	10

能，松木家具可采用连接件来装配。

板式结构的松木家具中，所有板式部件最好全部采用框架接合的形式，像前面所提到的柜类家具的门板与侧板一样。

板式结构的松木家具部件间的接合方式与普通人造板板式家具的部件接合方式有所区别。这是由于松木木材材性不同于家具制造的人造板。一般来说，采用连接件装配家具，部件为松木时，家具的整体装配强度要低于部件为人造板的整体强度。科学的方法是为松木家具单独设计连接件，但此举成本极高。为保证松木家具有足够的整体结构强度，较实用的方法是采用普通人造板类板式家具的连接件，但在连接件使用的数量和方法上加以改变。松木家具最常用的连接件是“二合一”（空套螺母连接件）、“三合一”（偏心连接件）、“对接式”连接件、角塞（角码）、抽屉滑轨、各类门铰等。

图 9 偏心连接件用于松木家具部件间的连接

采用“二合一”连接件时，“母件”应选用“倒刺螺母”，在设计安装方式时，应使螺母件轴线方向垂直于木材顺纹方向“倒刺螺母”的拧紧方向为木材的横纹方向，螺杆件四周套上弹性套，以保证螺杆与木材孔隙紧密配合，并在螺杆端部配加弹簧垫圈，以便用户在使用过程中不断地拧紧。

在同一板件宽度尺寸上，“三合一”连接件的数量比普通板式家具可稍多一些。如果板件是框架部件，则至少应保证有两个连接件固定于另一板件的“立梃”部位，如图 9 所示。

考虑到嵌入式滑轨与侧板之间的钉接合强度较易失去，因此松木家具中选用托底式抽屉滑轨较为合适。

杯状门铰是松木家具中最常用的连接件类型之一。用于松木家具的门铰最好单独设计，在普通门铰的基础上，增大“杯径”，与侧板的连接增加自攻螺钉孔位数，并增大自攻螺钉直径。门铰杯状部位与门扇侧板执行“过盈”配合，公差为 0.8 ～ 1.2mm。杯状部位外螺纹最好是由弹性较好的材料制成。

3.4 架类结构

架类家具是松木家具一种科学的表现形式。所谓架类家具是指用水平和垂直零件接合而成的、空透性较强的一种家具类型。架类松木家具一般用松木方材做零件，这样可以最大程度地避免由于木材的干缩湿胀所带来的尺寸变化，由于方材零件自成一体，即使自身尺寸出现少量的变化也不致影响其他的零件，即使局部结构强度发生改变也不至于影响家具的整体结构强度。其他非架类的家具则可能由于一个零件的变形而“牵一发动全身”。同时，架类结构可以设计出许多生动的家具产品。

原文发表于《林产工业》2007 年 1 月刊第 40—43 页

当今实木家具产品主流设计理念概览

由于传统审美的原因和人们的日常使用习惯，尽管木材资源日益紧缺，实木家具仍然是主流家具产品类型之一。虽然它是一种传统的家具产品类型，但其设计创新一刻也没有停止，并且呈现出日新月异的局面。综观近年来国内外实木家具的设计实践，一些具有代表性的产品设计理念逐渐清晰。

1 自然设计

以实木家具为载体，最大程度地反映木材的自然美。木材的美是一种自然的美。木材的自然形态，木材表面自然的纹理与图案，甚至是木节、虫眼和腐朽等以往被视为“缺陷”的各种元素，都是木材自然美的有机组成部分。在这种审美观指导下，将木材原木直接用作家具，或者只经过简单加工处理就用作家具部件的现象逐渐流行，如图 1 所示。值得说明的是，在这些拙朴的外表下蕴含着科学的和精致的加工处理。例如：采用严谨的木材干燥工艺确保木材的含水率符合最佳工艺要求，进而保证产品最低限度的开裂变形；对木材腐朽部位的精细清理，并灌注透明的合成树脂，一方面让腐朽部位成为一道“景观”，另一方面又阻止腐朽的继续蔓延。如此这般，简洁而不简单（图 1）。

2 有机形设计

图 1　自然设计

图 2　有机形设计

采用流畅和圆润的造型手法使得实木家具浑然一体、宛如天成。与其他家具材料类型相比，木材最大的优势就在于它的宜人性，为了更好地体现木材的这种设计属性，设计师模仿树木中树干与树枝的天然形态特征来处理实木家具中各部件间的接合，进而赋予实木家具更强的亲和力，如图 2 所示。需要说明的是，这种处理手法必须解决 3 个关键技术问题：一是如何保证木材的加工利用率；二是部件间的接合方式；三是部件的圆弧形加工。要实现部件间的圆弧形过渡，传统的加工方法就是采用“挖圆”处理，即在较宽大的木板上裁切出圆弧形部件，即使是采用“套裁”工艺，木材的利用率也相对较低，不利于降低材料成本，同时浪费木材资源。解决此问题较为合理的方法是分解圆弧形部件，即将圆弧部位分为多段，再将其拼合形成圆弧。但这种处理随即会带来第二个问题，各段间和部件间采用何种接合方式，既能确保接合强度，又能保证部件在视觉上的完整性。多数企业采用的方法是多层对接，即在部件上切出阶梯形的多层接口，以增加胶合面积，再者就是选用高性能的胶黏剂。圆弧部位往往是多维曲面，传统的铣型加工工艺难以完成或者加工质量较低，三维加工中心（CNC）便成了必备的加工设备。

❸ 多种材料混搭设计

充分发挥各种材料的设计属性，让它们各得其所地被运用于实木家具中。木材作为家具的主要用材，表现出自然亲切、色彩柔和、触觉舒适、成型自由等多种优良性能，但同时也存在资源量有限、物理力学强度较低、干缩湿胀造成的尺寸不稳定性、开裂变形、耐久性较差等固有的缺陷。因此，家具中的某些部件就不适宜使用木材，或者使用其他材料会更加合理。例如，当家具的载荷较大时，如果使用木材，部件的外形尺寸势必较大，产品整体难免出现傻大笨粗的造型。在这种情况下，如果换用金属材料，部件的外形尺寸将会减小，产品整体自然更加轻巧。众所周知，金属材料强度高且经久耐用，塑料材料色彩艳丽、成型性能好，玻璃材料玲珑剔透，各种织物图案丰富、柔软舒适，它们都表现出了与木材不同的材料属性。家具设计的目标是在获得优美外形的前提下实现某种使用功能，一件家具产品往往是由多个部件组合成的综合体，每个部件都有明确的功能属性，木材部件不一定是唯一的和最合理的选择。在这种“材尽其才”的产品设计原则指导下，实木家具中出现多种材料混搭的现象也就自然而然了，如图3所示。

❹ 轻量化设计

通过精确的强度计算，科学设计实木家具部件的截面尺寸和体量，在保证功能强度的前提下减少木材的使用量。无须讳认，传统实木家具设计更多的是以“经验”“视觉”来确定家具及其零部件的体量及尺寸，“过剩”设计（过分采用较大尺度）的现象比比皆是，无疑增加了材料成本，尤其是对一些珍贵树种的木材使用，浪费现象较为严重。现阶段借助于木材科学的研究成果，各种精确强度计算方法被运用于家具设计实践，出现了众多轻量化设计的优秀产品。

❺ 可拆装设计

采用特殊连接件在保证结构强度的前提下实现实木家具的反复拆装。实木家具往往与榫卯接合相互关联，形成了实木家具不可拆装的固有印象，加之空套螺钉等以往一些简单的拆装连接件的使用，更是增加了“用连接件来实现实木家具的反复拆装是不可靠的”误解。随着各种新型连接件的出现，实木家具的可拆装化已成为事实，这极大地改善了实木家具的灵活性，同时降低了市场流通中的物流成本。

图3 多种材料混搭设计

6 精致装饰设计

图 4 精致装饰设计

采用各种精细化加工技术，使实木家具的装饰细节更加丰富和精致。装饰设计一直以来就是家具设计的主要内容之一，在传统实木家具的设计和制造中，雕刻、镶嵌、拼花等方法非常多。但受加工技术水平的制约，一些装饰形式的运用由于更多地依赖手工技艺因而质量不稳定，或加工成本极高，这严重地影响了实木家具的装饰运用。当前电脑拼花、人工智能雕刻技术与设备的研制和应用，彻底改变了这种状态，许多精细的装饰方式都可以做到得心应手。如图 4 所示的拼花装饰，就达到了远非手工加工所能达到的水准。设计师在了解了上述技术背景后，其设计视野必将得到较大拓展。

7 全装饰色设计

在不削弱木材质感的前提下，对实木家具整体进行有色涂饰。长期以来，木材本色涂饰和浅着色涂饰是实木家具涂饰的主要形式，其理由就是要维护木材的天然色彩效应。但不可否认的是，木材的本色由于较为中庸因而其时尚性效果较差，尤其在和别的室内陈设品进行搭配时，难以做到格调一致。以往的实木家具也不乏全覆盖涂饰，但由于受涂料的黏度和透明度性能影响，进行全覆盖涂饰的木家具基本难以呈现木材表面特有的肌理和质感。当今新型涂料尤其是水性涂料的诞生为实木家具的涂饰装饰提供了新的可能，各种时尚色彩涂饰在实木表面，且木材特有肌理效果不受任何影响，宛如彩色木材一般。

8 速生低值木材的高附加值设计

对速生材和传统低附加值木材进行改性处理和调整使用思路，提升这些材料的产品附加值。一些速生木材和较低品质的木材品种以往都是设计师敬而远之的木材类型，如松木、杉木、杨木等。近年来，这些木材渐渐成为设计师的新宠。高档金属材料与这些木材混搭，在色彩和质感上形成强烈对比，高档次的金属材料也提升了木材的档次。对松木、杨木等低附加值木材进行做旧处理，制造仿古家具，即使用料较大也不至于过分增加材料成本，而且做旧工艺也较为简单易行，装饰效果比使用珍贵树种木材有过之而无不及。

9 结　语

上面对近年来较为流行的实木家具设计理念进行了粗略的梳理，难免见仁见智。总的来说，实木家具的创新设计永无止境，各种创新设计理念也层出不穷，但创新设计真正的源动力在于人们审美意识的变化和木材加工技术水平的提升，设计师只要把握好这两个方面要素的变化，就一定能实现实木家具设计的不断创新。

原文发表于《林产工业》2017 年 8 月刊第 3—5 页

2008年中国家具设计十二大趋势

摘　要：本文分析了中国家具市场现状和当代家具企业条件，提出家具产品设计在市场定位、设计观念、设计风格、设计过程、产品类型、消费群体等方面的变化和发展趋势。

关键词：家具设计趋势

2007年对于中国家具业来说是不平凡的一年。美国反倾销政策的延续，欧洲贸易壁垒的逐渐形成，以及中国政府对上述情况的因应，家具出口加工和贸易受到了较大的影响。国内社会、经济的发展与变化，导致了国内家具市场在观念上和形态上的调整。2008年将是中国家具产业维持20多年来持续稳定发展势头的最关键的一年。

家具设计融入家具产业链之中，对家具的生产、销售起着至关重要的作用，又游离于家具产业链之外，在社会、政治、文化、经济与家具产业之间起着桥梁和纽带作用。家具产业对家具设计的依赖和重视已达成共识。

经过宏观考量、市场调研以及与业内人士广泛的沟通，笔者就2008年中国家具设计值得关注的问题提出以下观点。

1 重视原创设计，决胜在国内市场

原始设备制造商为中国家具业的发展尤其是设计、制造、管理技术水平的提高打下了良好的基础，但形成的隐患和制约也显而易见，如何摆脱这种制约，并形成自己在国际市场的核心竞争力，原创设计成为关键。实现从中国制造到中国设计的转移是中国家具业可持续发展的必由之路。

经济保护主义态势日趋明显，一段时间内大力鼓吹“国际化”的真正用心或者对“国际化”的别有用心的辩解和曲解已初显端倪，我们在潜心理解“国际化”本质的同时，也应该充分认识到国内市场是发展中国家具业的基础和土壤。2008年业界在国内市场的竞争将出现白热化的局面。如何在火热的国内消费市场中找准自己的定位，成为每个企业关注的问题，这不仅影响到外销型企业的转型和短期调整，甚至影响到所有企业在国内的立足与长期发展。

2 由传统意义上的单纯的产品设计转变为以品牌为核心的系统产品策划

长期以来，国内大多数企业的产品开发都侧重于产品本身，以产品本身的款式风格、功能、成本、质量为着力点，这当然无可非议。实质上，越来越多的企业实践已经证明：单纯的就产品本身而开展的产品设计往往不能达到预期的效果。产品设计是一个包含社会发展与动态、企业战略、市场策略、企业经济技术条件、物质产品本身、产品形象宣传与推介、产品展示、产品销售、产品服务等要素在内的系统工程。忽视其中的任何一个子系统或环节，都将导致设计开发的效率降低甚至是失败。

❸ 国际化特征仍将持续，本土化特征日趋明显

中国市场上的家具产品，其国际化特征已经十分明显，这与中国社会政治、文化、经济、技术的国际化特征具有必然的联系，其大的趋势不可逆转。但解读“国际化”的方式可以是多种多样的。一边参与国际化的进程同时也静观国际化的走向成为各国对待国际经济一体化的基本态度。在中国家具产业当前的格局下，继续关注家具设计的国际化趋势，同时寻找具有中国特色的家具设计方向既不失为当前的“万全之策”，也是值得长期探寻的方向。

近期中国家具产品设计本土化特征的表现可关注以下基本点：一是具有中国传统文化和地域文化特色的产品开发，如新中式家具设计；二是充分利用本土资源所进行的产品设计，如利用中国和少数东南亚国家所特有的竹材资源进行的产品设计；三是针对中国当代社会和人们生活形态所进行的设计，如针对中国农村家具市场购买力所进行的简化设计和低成本设计等；四是由中国家具市场所主导的其他设计。

❹ 经典设计与时尚设计平分秋色

所谓经典设计是指基于传统经典设计元素、传统审美观念、传统设计方法等所进行的设计，由于其观念、手法在今天看来仍不过时，而且由于在人们的心目中已根深蒂固可能会持续更长的时间甚至永远。例如，“黄金分割”比例是一种经典的尺度比例，这种比例关系至今不会被认为过时，而且具有长期的生命力。再如一些在历史上有过重大影响的艺术设计风格，由于其艺术品质和审美精神深入人性的最深层，因而其影响是长期的，基于他们的设计往往具有经典设计的特征。

所谓时尚设计是指针对当代的某些审美思潮而进行的设计，可能是采用当代流行的某种造型形态（如形式、色彩等），也可能是迎合当代的某种生活形态。时尚可能会随着时间的流逝而销声匿迹，也可能会发展为永久时尚而成为经典。

当代中国家具设计表现出经典设计和时尚设计并举的态势，这是由于社会意识形态和生活形态多样化的特征所决定的。

❺ 设计周期增长，设计质量提高

由于要迎合市场的瞬息万变，或许由于设计思路在设计开始之初就根本不明确，也或许是由于商业展会的推波助澜，企业不及时拿出来一点新东西在面子上过不去等理由，中国当代大多数企业的设计开发周期是半年甚至更短。这样的设计周期对于一些具有较强开发能力的企业来说都是十分困难的，就更不用说那些开发能力相对较差的企业。所以最终的结果是：在没有做好这件事的情况下，又急急忙忙去做下一件事，结果一件事也没有做好。反观发达国家的家具产品设计，我们都有同样的感觉，他们并不急于求得产品的不断变化，而是有条不紊地进行一些实质性的设计（如新材料、新技术的运用，

风格款式上根本性变化等），他们的产品设计周期相对稳定，设计质量高。

而这种状况已经引起了业内的共鸣。一些具有号召力的企业依托其强大的影响力用自己的行为向业内证明了这一点，设计不是乱哄哄的浮躁，而是扎扎实实地坚持，由此并不会失去市场领头羊的地位，反而得到更多的尊重和取得更好的经济效益。许多企业已经充分认识到了这一点。

❻ 延长产品生命周期意义上的产品维护、拓展与深化

从产品生命周期的意义上说，任何面市并得到市场初步认可的产品，都会有一个销售的稳定期，如果在此期间对其产品加以必要的维护，它的市场效应会更好，行销持续的时间也会更长。就企业而言，设计的成本也相对较低。

如果受外界的影响，急于产品的更新换代，就有可能将一些本有发展前途的产品“扼杀在摇篮之中”，不仅做不出市场满意的产品，而且设计成本高，更会伤害设计师的积极性。

❼ 风格化、个性化产品在一、二级市场表现良好

所谓风格化、个性化的产品是相对于通常所说的“大路货”而言的。从审美意义上说，所谓“大路货”是基于大众审美特征而设计的产品，而风格化产品是基于一定艺术意义和艺术审美特征而设计的产品，个性化产品是针对少数具有特殊审美素质的人所设计的产品。就当前的消费者素质而言，适应风格化特征和个性化特征的人群数量相对较少，也意味着相对较小的市场份额。

虽然我们强调基于大众审美的产品设计，但也决不否认个性审美和审美差异的存在。就市场调查的结果来看，由于大中城市的消费者整体文化素质较高，接受的艺术熏陶和社会新思想的机会较多，他们往往处于较“前卫”的层次，他们对风格化和个性化的家具产品具有较高的认知度，甚至追求借此来区分自我和表现自我。

❽ 中产阶级消费额成为主体，中高端产品消费人群年轻化

分析家具市场消费额和消费人群之间的关系，我们发现：中等及以上收入水平的消费者是家具消费的主体，他们占据着 55% 以上的消费份额，这一点与商品房住宅的消费有极大的相似性和极大的相关性。

在中、高端产品的消费群体中，年轻化的趋势越来越明显，其中尤以 30 ～ 35 岁年龄群体的为甚。怎样适合和引导他们的消费倾向，将成为近期家具设计分析的重要因素。

❾ 环保概念深入人心，实木家具受到青睐

环保概念已经成为共识。对于生态、环境、可持续发展的整体环保概念尚未表现出应有的敏感，但对于无毒、无害的局部环保概念已经为绝大多数人所接受和关注。因此，关于环保概念的产品宣传取得了积极的效果。

在一般消费者眼中，实木家具具有无可比拟的环保性能。近年来，实木家具在家具市场份额中以高于 20% 的速度持续增长，并将继续维持其增长势头。

需要说明的是，少数无信誉的生产厂家由于采用了质量不合格的人造板，使人造板材料的环保性能在人们心中大打折扣。

10 农村家具概念崭露头角

市场上并无严格意义上的“农村家具”或“城市家具”，但分析农村家具市场和城市家具市场的结果表明，两者确有着明显的区别，由于农村家具市场购买力相对较低，容易接受价格低廉的产品，一些在城市被认为“过时”“花哨”的款式，在农村市场却受到欢迎，装饰纸、三聚氰胺贴面装饰由于被认为比油漆装饰具有更好的外观性能而受到青睐，形体厚重的产品被认为是“货真价实”且具有更好的耐久性。

11 智能化家具将改变家具的传统概念

一直以来，“家具是设备”的概念受到人们的质疑，人们习惯把家具同室内陈设、工艺制品等概念联系在一起。智能化家具与先进的现代技术和“家具是机器”的观念结合在一起，赋予了家具产品全新的含义。各种可调节的、运动变化的、以智能技术适合人的生理和心理的家具类型，俨然是一些复杂的家具机器。这些产品大多以休闲家具和娱乐家具的形式出现，引起了人们广泛的兴趣。

12 住宅工厂化装修与整体家具

家具业内人士一直在讨论住宅装修市场对家具市场的冲击，事实上，住宅室内装修中的现场制作对家具的生产的确形成了冲击，尤其对一些柜类家具产品的生产。从服务消费者的角度来看，这种趋势将会更加明显，但也不等于家具生产厂家对此无能为力。家具生产厂家由于具有先进的、专业化的制造设备，在产品加工质量上无疑要胜于现场制作。关键在于家具生产厂家的灵活的设计配套，模数化、标准化、装配即时化的家具产品同样具有强大的竞争力。

总的来说，市场瞬息万变，企业条件各有不同，根据企业自身的发展战略和基本条件确定适合企业自身的产品才是正确的选择。无论是对于企业还是对于市场和消费者而言，都没有最好的产品，只有最适合的产品。

原文发表于《林产工业》2008 年 2 月刊第 3—5 页

木材利用途径的社会思考

摘　要：人类对木材资源的利用有直接利用和加工利用两种途径。木材的直接利用反映人类"以自然为本"的思维方式，木材的加工利用则体现人类"以人为本""以技术为本"的思维方式。两种不同的利用途径在当今表现出不同的经济价值和社会价值。本文倡导在研究社会的基础上正确对待木材利用的问题。

关键词：木材；直接利用；加工利用；思考

木材资源的综合利用不仅是木材工业领域永恒的研究课题，同时也是国民经济可持续发展不可忽视的战略问题。不同的研究视角可能得出完全不同的结论。在倡导保护天然林、大力发展和科学培育人工林、充分利用国际市场中的木材资源、高质高效利用木材、大力开展木材节约利用的前提下，中国木材工业领域的专家学者，对木材资源的可持续利用表现出了非常乐观的态度；而在自然环境破坏日趋严重、森林覆盖率增长缓慢、国土沙漠化现象日益严峻、人们对木材及其木材制品的需求日益增加等现实国情下，更多的社会学家、经济学家则产生了深深的疑虑。由此可以看出：研究木材的利用不应只局限于学科和特定的研究领域，而应该上升到包括政治、技术、经济等在内的社会学范畴。

1　木材的直接利用与加工利用途径

借助自然的力量生长或演变的物质称为原生态物质，木材就是一种原生态物质。

木材的直接利用，是指对木材的原生态有效物质的直接利用，主要表现为3种形式：①原木的利用。即树干部分直接加以利用，如用于构筑各种设施。②实木木材利用。按要求的形状和尺寸，对树干部分进行锯剖加工后直接利用，如各种实木建筑用材和制品等。③树木枝丫材利用。如用其制造造型各异的家居制品。

在木材直接利用过程中，为了使木材具有更加优越的性能和满足人们的使用要求，常常进行干燥、蒸煮、弯曲定型等简单的加工处理，但不改变木材原有的基本物质构成形态。

木材的加工利用，是指按照使用要求人为地改变木材原生态物质的组成、结构、肌理和使用、加工性能等品质的利用途径。木材的加工利用反映了材料加工技术的痕迹，不同的历史时期具有不同的技术和特点。主要包括以下两种形式：

（1）传统人造板材料的制造。以原木、木材采伐和加工剩余物，以及构成物质组分与木材类似的植物为主要材料，制造各种人造材料，如纤维板、胶合板、刨花板的制造等。

（2）新型木质材料的制造。指采用化学的、物理的或机械的方法，通过把木材或木质材料由整体—碎料—整体等诸多加工、处理工序，从而赋予木材某些新的性能，或改良木材的某些缺点，或满足某种特殊用途的需要。由此产生的材料已与原本木材性质大有不同，但仍以木材或木质材料作为基质。

2 两种木材利用途径的比较

2.1 两种利用途径的综合评价

木材的直接利用和加工利用各自表现出了不同的特点。以最常见的 MDF 加工利用和实木直接利用为例，在不同的用环境中，两种制品各项指标的比较见表 1。

由表 1 可知：木材加工利用途径对自然资源的综合利用率高，对资源的消耗大，经济成本高；而木材直接利用途径，材料的环境友好性能好。

表 1 MDF 和实木在不同使用条件下的比较

比较指标	建筑用材		室内装饰		家具		工业用材	
	MDF	实木	MDF	实木	MDF	实木	MDF	实木
综合利用率（%）	88.0	57.0	91.0	47.0	89.0	41.0	90.0	43.0
平均使用寿命（年）	2.3	4.7	5.4	6.8	8.3	15.6	3.2	5.7
综合经济成本（美元 /m³）	140.0	167.0	171.0	183.0	171.0	189.0	153.0	166.0
利用指数	2.4	1	2.4	1	3.2	1	2.8	1
能源消耗评价值（MJ/m³）	10000.0	880.0	10700.0	1390.0	10700.0	1390.0	9980.0	860.0
环境负荷单位（ELU/m³）	127800.0	6600.0	134000.0	8800.0	132000.0	8700.0	124800.0	8540.0
LCA 评价值							4310.0	643.0

注：表中能源消耗评价值的数据系参照《木材加工技术手册》，并根据不同利用途径的后续加工工序能耗估算而来；环境负荷单位也主要依照能源消耗指标计算，并未按照国际通用的寿命周期评价法（life cycle assessment，LCA）计算。虽缺乏准确性，但在此只反映基本事实，故列表标出。

2.2 不同社会发展状况的国家对两种利用途径的选择

表 2 列举了不同社会制度和经济发展水平下，中国、意大利、芬兰三国木材综合利用的比重。

表 2 芬兰、意大利、中国近年消耗的实木木材量与消耗的人造板材料总量的比值

	1998 年	1999 年	2000 年	2001 年	2002 年
芬兰	1∶2.15	1∶1.56	1∶1.43	1∶1.32	1∶1.13
意大利	1∶6.75	1∶4.64	1∶3.50	1∶3.10	1∶2.60
中国	1∶2.02	1∶1.95	1∶2.23	1∶1.98	1∶1.95

从表 2 中可以看出：芬兰、意大利等经济发达国家在木质材料的使用中，使用实木的比重在逐渐加大，人造木质材料的使用比率在逐渐减小；木材资源丰富的国家，如芬兰，实木成为木质材料的主要使用途径；而资源相对较少、但工业技术较发达的国家，如意大利，人造木质材料仍然是木质材料使用的主体；资源相对缺乏且需求量大的国家，如中国，人造木质材料是木质材料使用的主体。

用社会学的观点分析，可以认为：当社会的基本矛盾主要是处于满足人们的物质生活需求为主时，迫于发展经济的压力，木材的综合加工利用是必要的途径；当社会的基本矛盾处于满足人们的物质生活和精神生活并重时，出于对环境效应和人的理想的考虑，木材的直接利用将处于主导地位；当科学技术发展到新的水平后，木材加工利用过程中的 LCA 将减小，木材的加工利用与直接利用达到基本平衡，即“想怎么用就怎么用”。

❸ 木材两种利用途径的社会背景分析

木材加工利用是典型的“人本”利用途径，充分反映人是社会的主宰。人们试图改善材料的使用性能、加工性能等为我所用，是工业革命在木材工业领域的具体反映。工业革命在产品领域的结果是大批量、标准化，人造板产品就集中体现了这种思想。

原始的工业化最根本的思想背景是改造自然，同时也强调以技术为先导。在一定历史时期之内，这种思想适应了社会发展的需要，并为社会发展作出了巨大贡献。但是，如果没有正确引导，就会陷入功利主义的泥潭。其后果就是通常所说的工业革命的灾难。这一点在许多国家已经得到了证实，并开始对工业革命及其相关政策的反思。我国目前倡导的建立和谐社会的政策，实质上也包含了这方面的内容。

木材的直接利用则充分反映了以自然为本的设计思想。从人与自然的关系而论，人类社会的发展历史是一个“感受和敬畏自然—初步认识并试图改造自然—深刻认识继而崇尚自然”的过程。人类利用木材也是相类似的过程。

当人们对木材的认识还比较浅显时，受技术条件的限制，人们更多的是对木材进行直接利用；借助于技术，人们对木材的认识加深，认识到了木材直接使用的缺陷，于是试图改变这些缺陷，同时也提高了木材的利用率。

但随着人们将技术、社会等因素综合起来，考虑人类的持续发展的问题时，人们又恍悟，木材是一种可以再生的材料类型，以往对其所谓高品质加工，从根本上说，由于能源的过度消耗、生产过程中对环境的破坏、产品使用过程中对环境的污染，以及产品的无法回收利用等原因，这些加工可能是徒劳的，甚至是得不偿失的。

至于对木材高强度、高性能的特殊要求，或许可以通过其他的途径和其他材料的利用来解决。于是，人们又重新考虑木材的直接利用，或者是在直接利用和加工利用之间找到一个“平衡点”，重新找回材料的自我，或许就是材料领域科学研究的从“以人为本”到“以自然为本”的一次根本性的思想革命。

“以自然为本”“可持续发展”的思想是当今社会、经济、技术研究最基本的思想，这一思想运用到木材工业领域，最直接的任务就是要求人们对木材的利用途径进行思考与论证。

4 结 论

（1）中国当代处于经济需要高速增长的特殊历史时期，同时，社会的主要矛盾是满足人们不断增长的物质和文化生活的需求，木材利用的多元化途径是必要的。中国社会对物质产品的大量需求与资源紧缺的矛盾，决定了中国当代木材利用的主要途径，仍然是加工利用。

（2）中国社会转型期的特点，决定了中国当代木材利用途径不能忽视木材的直接利用。

（3）和木材的加工利用相比，目前，木材的直接利用研究较少，应倡导木材直接利用的应用基础理论研究。特别是现今木材直接利用的重点是人工速生林木材的利用，提高人工林木材及其制品的品质，应作为主要研究方向。

（4）木材加工利用途径的研究，应以提高制品的环境友好性能为重点。

（5）定性、定量地研究各种木质材料的环保性能、生态性能，应该成为判别木材加工利用技术是否可以被应用和推广的主要依据。与国家最近出台的重大工程项目必须经过环保审查的政策一样，木材加工利用新技术的研究，必须包括该技术的环境评价研究等内容。否则，虽然从技术层面而言是一种创新，但社会、经济、环境、生态价值却降低，那才是真正的得不偿失。

在林业与林产工业发展道路上，产业带动林业发展的观点与传统的思想还会继续碰撞。在市场经济发展过程中，林业作为最早的从计划经济体制中解放出来的行业，开放程度有限，还需要不断探索，借鉴其他行业的先进经验，解放林业管理者的思想。需要制定生态建设、环境保护、经济建设之间均衡、长远、和谐规划发展的蓝图，并努力实现。

根据多年的基层工作实践与经验总结，笔者深刻感受到，我国目前林业与林产工业的发展，已经处于发展的提升阶段，这个阶段的特征是，资源优化整合、产业整合、国际背景下的知识产权壁垒保护等。因此，需要林业与林产工业的企业家用大智慧，来共同实现我国林业与林产工业资源价值的最大化，社会综合效益的最大化。

原文发表于《林产工业》2008 年 4 月刊第 20—22 页

中国传统家具艺术史料数据库的研究

摘　要：建立中国传统家具艺术史料数据库对于保护、继承和弘扬中国传统艺术文化具有重要意义。家具是一种文化形态，只有从文化的视角来看待家具才能理解家具艺术的意义。建立此数据库应以家具发展各历史阶段和家具品系为索引，介绍家具的实证案例、造型特点、形制、装饰特征、技术特征等。可以选择 Visual Basic. NET 为开发平台，借助 Microsoft SQL Server 2005 进行数据库设计，使该数据库具有查询、输入、输出、浏览、修改等功能。

关键词：中国传统家具；史料；数据库

中国是一个历史悠久的文明古国，中国人民创造了辉煌灿烂的传统艺术。家具艺术是中国传统艺术中的一枝“奇葩”。

据考证，中国传统家具艺术的传承大多以行规中师徒传承的形式进行。对于中国传统家具的系统研究始于 20 世纪中叶。王世襄先生、杨耀先生等为代表的学者系统整理了故宫博物院和各地博物馆馆存品、古旧建筑中的家具存品和私人收藏品，并以此为基础进行了品系构成、形制特点、艺术风格、欣赏等方面的研究。随着我国文化建设的进程，中国传统家具研究题材近年来引起了史学界、艺术界的广泛关注。代表性成果如董伯信的《中国古代家具综览》、胡德生的《中国古代家具》、朱家缙的《明清家具》、康海飞的《明清家具图集》等，以传统家具品系为主要线索，虽然涉猎了文化艺术研究的某些主题，但更多的是以收集整理和品鉴为主。李宗山先生的《中国家具史图说》，试图从社会、经济、文化、艺术的角度全面认识家具的历史；胡文彦先生编撰的《中国家具文化丛书》，试图从家具伸入社会的各个领域——政治、经济、文化艺术、宗教信仰、民风民俗、科技工艺等，探究家具与这些领域的关系。两者以文化的视角来研究家具，使研究工作提高到了一个新的水平。传统家具的分类研究主要体现在形制研究和装饰艺术研究两个方面。形制研究大多与传统建筑的形制研究结合在一起。传统家具装饰艺术研究成为近期艺术研究的热点，濮安国先生的《明清家具装饰艺术》就是典型的成果之一，一些高等院校的学位论文中也经常出现关于传统家具装饰艺术的研究题材。

然而，要系统研究中国传统家具艺术成就，有必要建立中国传统家具史料数据库，本文试对此进行初步探讨。

1　从家具文化的大视角来研究中国传统家具艺术

家具文化是一种客观存在。在人类文化发展的历史长河中，家具文化就曾经是它的源头和主要组成部分之一。作为与人的基本“生存方式”息息相关的因素，它决定了其他文化形态的存在和发展，如生活方式和生活内容的改变、人类行为审美观的改变、人与人之间关系的确立和变化等。作为人类劳动的结晶——劳动产品而言，它在表面上反映出的是无以计数、琳琅满目的家具产品，但在本质上所反映出来的是：一方面，按照政治、经济、宗教、信仰、法律、社会习俗和道德伦理来决定家具的意义、内涵与形象；另一方面，家具在不断地凝聚其丰富的历史文化传统内涵的基础上，不断地深化并改变着人类的方方面面。这种物质与精神之间的谐调关系，充分显示了文化的意义。家具文化意义的核心在于家具与社会、家具与人类的关系和相互影响。

家具文化是一种动态文化，它的变化和发展依赖于社会的发展进步和人们认识的改变，依赖于社会科学技术的发展。家具文化以物质的形式反映出来。家具艺术是一种特殊的艺术形式。家具能影响人们的情绪，家具有美、丑之分，家具具有一切艺术形式所具有的普遍特点。但家具艺术与绘画、文学艺术等其他艺术形式相比，它有其自身独特的存在方式。由于家具与制作者的技艺相关联，所以家具一直被认为是一种工艺美术品；由于家具与建筑和室内环境密不可分，它的造型、色彩和艺术风格与建筑和室内空间艺术共同营造特定的艺术氛围，所以家具属于建筑艺术的分支——陈设艺术；由于家具的设计原则、表现手法与其他造型艺术有许多共同点，所以家具是一种造型艺术。作为精神文化，家具具有教育功能、审美功能、象征功能、对话功能、娱乐功能等。家具以其特有的功能形式和艺术形象长期呈现在人们的生活之中，潜移默化地唤起人们的审美情趣，培养人们的审美情操，提高人们的审美能力。家具以艺术形式直接或间接地通过隐喻或文脉思想，反映当时的社会思想与宗教意识，实现象征功能与对话功能。

从上面的分析可以看出，只能以文化的视角来认识家具，才能了解家具的意义。否则，都可能是支离破碎的或者是只见树木不见森林。

❷ 历史沿革为纵轴、品系为横轴的数据网络

家具文化表现为物质文化形态，家具艺术是一种可视的形态艺术。受社会条件（人们对自然的认识、科学技术条件等）的影响，传统家具的历史发展过程十分清晰，在不同的历史时期表现出相对独立的艺术特征。这为按照历史朝代来归纳整理家具艺术史料提供了必要的条件。

家具艺术具体表现为器具艺术，并与人的日常生活行为直接关联。由于在各个历史时期人们的生活方式各不相同，具有不同文化背景的各民族人民使用的家具不同，不同地域的人们使用的家具也各不相同，家具的种类繁多，个体案例更是数不胜数。为方便归纳整理，按照人们日常生活行为方式（如坐、卧等）、家具的基本使用功能（如储存、收纳、支撑）以及家具的外形形态等划分家具类型的常用方法来采集各种家具个体素材。数据库的数据网络示意如图 1 所示。

❸ 造型特点、形制、装饰特征、技术特征为主体的数据内容

家具艺术是三维空间艺术，描述形态特征是描述家具艺术特征的基础。家具的形态特征是决定家具艺术风格的主要因素。家具形态特征的描述包括家具的形态构成元素、形态构成方法和结果。

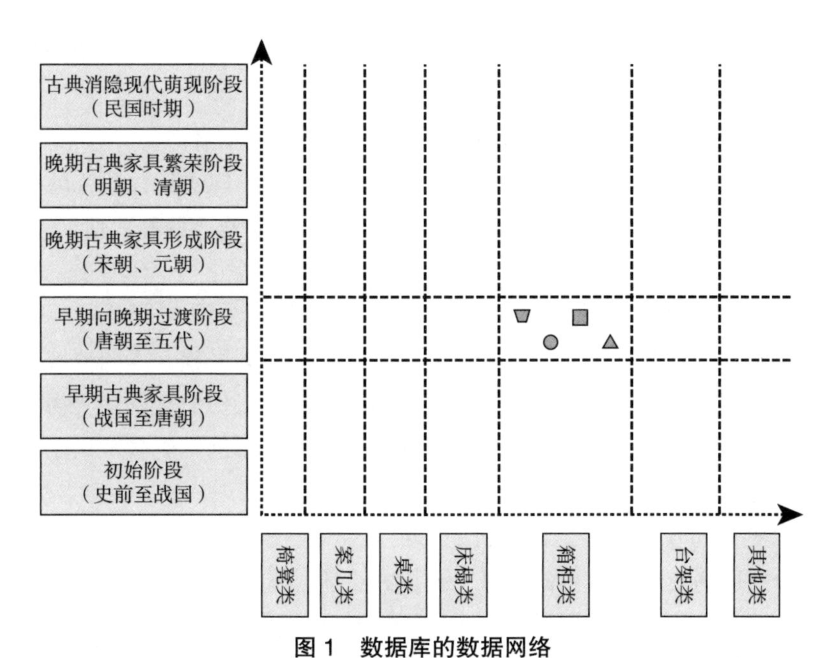

图 1　数据库的数据网络

家具的形制是指某一件家具的尺度特征、尺寸（包括整体尺寸、局部尺寸和零部件尺寸等），以及形成尺寸的决定条件，决定某些尺寸的基本原则或习惯、法则，等等。

家具的形制与家具形态、家具形态的比例关系密切相关。因此，家具形制是家具艺术特征的重要组成部分。家具的装饰艺术特征是影响家具艺术风格的重要因素。它包括家具的装饰手法、装饰图案与题材、装饰的艺术效果等。

家具装饰是家具艺术的核心。甚至可以这样认为：家具离开了装饰则难成为艺术。家具艺术是器具艺术，可广义地被认为是工艺美术的形式。正因为如此，家具制作技艺在家具艺术中占有十分重要的地位。家具的技术特征主要包括家具材料、家具结构、家具制作工艺等内容。

4　基于最新计算机软件的数据库技术平台

利用图像处理软件、文字处理软件等各种专业软件对所收集的各种资料进行预编辑处理，以微软公司新近推出的 Visual Basic. NET 为开发平台，借助 Microsoft SQL Server 2005 强大的数据处理功能来进行数据库设计。

与研究内容相对应，数据库系统分为“历史沿革概览”“发展各阶段的主要特征”“实证案例”“艺术史料数据”等子系统。其中“艺术史料数据”子系统包括“社会文化信息”“形制特点”“装饰风格”“技术特征”“欣赏”等二级子系统。

数据库具有查询、输入、输出、浏览、修改等功能。

（1）查询功能：进入查询系统，用“关键词”（中文或英文）进行查询。可查询关于“时期”“品系”等的关键词，如“明代家具”“清代家具”“床”“椅”等。该功能主要方便于读者查询关于家具艺术史料的各种数据。

（2）输入功能：在系统及各子系统目录下，输入各种新的信息。该功能主要用于不断地补充各种数据。

（3）输出功能：按用户要求，可执行“打印”“下载”等功能，方便于用户使用该数据库。

（4）浏览功能：可执行一般浏览功能，快速了解数据库信息。

（5）修改功能：可对数据库中的信息进行修改和补充。随着后续研究的深入，现有数据库中的一些问题会逐渐显现出来，该功能可以方便及时修改各种数据。

5 归纳整理、比较研究、回顾与前瞻相结合的综合研究

中国传统家具品种类型繁多，各个不同历史时期、不同民族、不同地域、不同社会阶层都有不同的家具类型，归纳整理大量的史料是数据库工作的基础。实物案例是最好的素材，但大量的素材尤其是初始阶段和早期阶段的家具案例，更多地只能从其他途径如绘画作品、古籍中获得。

家具艺术史料的收集绝不是根本目的，更重要的意义在于对家具文化内涵的挖掘。分析比较各个不同历史阶段、不同地域、不同社会阶层的家具，并进行比较研究，可以清晰地把握中国传统家具的发展脉络，进而形成对于中国传统家具艺术的宏观认识。分析不同的家具类型，了解导致其不同的原因，进而分析影响家具艺术发展的因素，为构建家具文化理论奠定了扎实的基础。分析比较中国传统家具与西方传统家具，分析比较家具艺术中的特定要素如装饰手法、装饰图案等，可以形成相关领域的研究成果。

在设计的“国际化”大背景下，各国设计理论学界尤其重视本国、本民族传统设计文化的研究，并提倡“国际化”基础之上的设计的“本土化”。只有民族的才是世界的，历史和民族的要素是本土化设计的源泉。当代中国已成为世界家具生产大国，但当代中国家具产品缺乏原创设计，因而阻碍了中国家具产业的发展。在中国当代家具产业中，企业或迫切需要中国传统家具设计的相关理论指导和相关技术数据，或需要从中国传统家具文化中汲取营养，从而创造出自己的产品特色，更好地适合国内市场和国际市场。因此，传统家具艺术的研究具有重要的现实意义。

围绕该数据库的建立可以开展的系列研究课题包括：①中国传统家具品系结构研究；②中国传统家具发展历史研究；③中国传统家具艺术比较分析研究；④中国传统家具装饰艺术研究；⑤中、西家具文化比较研究；⑥中国传统家具艺术现代化的研究。

6 结 语

建立中国传统家具艺术史料数据库，涉及数据库技术、文献资料收集与整理、现有家具实证案例的分析等方面的工作。文献收集与整理工作遇到的最大问题就是已有文献繁多，虽然尽可能地搜寻各种资料，但难免挂一漏万。家具实证案例分析工作遇到的最大问题是文献中经常出现对同一件家具有不同注解的情况，课题组只能就自己的研究作出结论，一些论断难免偏颇。

该研究课题属于中国传统家具艺术的基础研究课题，其主要目的是方便研究者进行后续性的和专题性的深入研究，而且这些研究成果将更具有意义。

原文发表于《中南林业科技大学学报（社会科学版）》2008 年 5 月刊第 88—90 页

构建未来中国家具工业体系

摘　要：本文分析了中国家具产业现状，提出合理构建未来中国家具工业体系包括科学合理的产业体系、设计战略、生产体系、产品策略的设想。

关键词：家具工业；产业体系；设计战略；生产体系；产品策略

中国家具产业已初步形成了一个较为完整的工业体系，并初步具有了自己的产业特色。

中国作为世界家具生产大国和出口大国的地位没有改变。据中国家具协会统计报告：2007 年 1—12 月全国家具规模以上企业产值 2416 亿元，比 2006 年增长 27.81%，全行业总产值超过 5400 亿元，海关出口 226.17 亿美元，比 2006 年增长 29.5%。截至 2008 年 11 月，中国家具规模以上企业产值达到 2632 亿元人民币，国内行业总产值达到 5400 亿元人民币，国内销售总额达到 2577 亿元人民币，出口达到 949 亿美元。虽然受世界金融风暴的影响，2008 年下半年产业增长势头有所缓减，但总体上比 2007 年仍保持上升趋势。

但不可否认的是，中国家具工业存在许多缺陷。这一点，在 2008 年的世界金融风暴中已经充分反映出来。

中国家具工业已经参与国际竞争，为了在今后发展中更进一步地确立它在世界家具工业中的地位，我们有必要进行回顾与反思。我们认为：必须以全球性的视野、系统论的思维、发展的眼光来分析中国家具工业的过去、现在和未来，以过去的经验教训为基础，以现在的具体情况为背景，构建未来的中国家具工业体系。

1　家具产业体系

家具产业体系是指构成家具工业的产业链、产业网络以及企业类型、规模。截至 2007 年底，中国注册登记的家具制造企业 26940 家，据不完全统计，家具行业从业人员已达 294 万人。中国家具产业已经初步形成了完整的产业链，但产业链的“啮合”效应和“合力”效应有待加强。中国家具产业是世界上规模最大的家具产业，但企业分工与合作效应欠佳。

1.1　建立完整的家具工业产业链

当今时代赋予任何一种产业都绝不是孤立的特征。家具产业也是如此。家具产业应形成一条包括行业产业管理与企业管理、家具材料的研究与开发、家具生产技术和制造技术的研究与运用、家具设计管理、家具营销与服务、家具技术教育与基础研究、人力资源管理与调剂、产品质量监督与检测、物流管理与运营、社会职能的组织机构、信息媒体与网络等环节在内的完整的产业链。

纵观当今中国家具工业，上述产业链已基本形成，但整体实力有待提高，尤其是其中不乏薄弱环节。

虽然有 2 万多家企业，但布局不合理，尤其是沿海与内地发展不均衡，缺乏真正具有竞争实力的企业；虽然企业经营范围涉及家具工业的方方面面，但缺乏必要的统筹；虽然我们已经初步具备了家具材料工业基础，但普遍存在的问题是材料品质较低，材料类型欠丰富，许多新材料均依赖于进口；虽然我们已经拥有了世界上最先进的家具生产设备，但加工质量相对较差，生产效率有待提高。所有这些，都可归结为中国家具工业发展的“硬件”基础，都有待进一步改进。

中国家具协会和全国各地家协为中国家具工业的发展作了不可磨灭的贡献，但与发达国家和地区的行业协会（如意大利家协、中国香港家具商会等）相比，其作用和地位还有待加强和巩固；中国家具缺乏原创设计，大部分企业以模仿和抄袭为主，虽然我们进行了部分设计管理的具体工作，但远未将其上升到设计管理的高层次来认识；中国家具企业的管理水平普遍较低，各种现代企业管理的理念和手段尚未形成；信息网络技术、数字化技术在家具工业中的运用尚处于起步阶段；虽然全国各地都有不同大小规模的家具“商城”，但营销与服务的宗旨不明，缺乏“整体产品”的概念，国际营销能力差。上述这些都可归结为中国家具工业发展的软件基础。从某种程度上讲，它们在中国家具工业发展中的地位与作用已远远超出其他硬件基础，但恰恰这些又是中国家具产业中最薄弱的环节和“瓶颈”。

在建立中国家具工业产业链的工作中，政府和行业主管部门应发挥统筹、监控、协调、引导的作用。随着沿海产业的举步维艰，现在内地已向他们发出了承接产业转移的信号，但怎样转移和承接，仍有待双方认真思考。地方政府在产业立项、规划、布局等过程中，应根据国家整体经济发展战略和地方经济发展方针进行决策和引导，尤其是要避免因重复建设所造成的浪费；行业主管部门要从行业的实际出发，对企业的经营策略、产品定位等进行协调，以避免行业间由于非单纯的市场因素所形成的不合理竞争和不平等竞争；合理分配各种社会资源；制定行业的相关规范；协调企业间的各种矛盾；建立行业发展所必须的基础研究设施和条件；等等。

1.2 建立区域性产业网络

区域性产业网络是指在同一个地域里，由于所有在同一产业领域进行运作的企业聚集在一起，形成了专业化产业工业区，由于他们之间既独立又合作、既相互竞争又可能因为同一个业务而暂时结成联盟的这种特殊关系所构成的虚拟网络。区域性产业网络的意义在于有利于加强区域内各企业的紧密合作，有利于对产业的社会保障的集中，有利于更方便、快捷地形成生产合力，承担大型生产任务。以地域为标志进行品牌宣传，有利于节约各企业的营销成本。方便客户的集中采购和配送，给各家企业带来了更多的商机。

虽然在广东顺德、深圳、东莞，四川成都，河北胜芳等地已经形成了这种区域性产业网络的雏形，目前被中国轻工业联合会和中国家具协会授予的特色区域共有 11 个，而且全国许多地方也正在筹划建设“家具工业园”，但如果不协调好区域内各企业之间的关系，继续我行我素，不分工协作甚至恶性竞争的话，只会抵消各自的优势从而失去地域性产业网络的意义。

解决这一问题的办法就是建立区域性的企业联盟。企业之间独立存在，在长期的合作过程中逐渐形成明确的分工，并在适当的时机建立长期稳定的合作关系。由于企业各自是独立经营的经济实体，所以他们的合作是一种虚拟的合作，即虚拟产业网络。

在区域性产业网络的建设中，当地政府和行业协会起着至关重要的作用。政府参与产业规划等宏观决策和调控，对企业经营进行综合引导，行业协会在企业和政府之间搭建沟通渠道，同时成为各企业之间联合的纽带，政府和行业协会一起为企业搭建公用平台。

1.3 起龙头作用的大型集团和大型企业

在区域性产业网络中，集团型和大型企业是“龙头”。这些企业在发展或整合中形成了自己在资金、技术、销售网络上的强大实力，在设计、品牌、质量等竞争中树立了自己的威信，在人才、社会交流和社会形象上具有强大的优势，他们自然成为行业中的“龙头”。但由于家具行业不同于其他行业，如对产品的个性化需求强烈、具有手工特征产品的劳动密集型、生产过程的散漫和烦琐等，对产品的许多要求他们都不可能“亲力亲为”，需要将自己的制造业务外派给一些专业化的中、小型企业，而自己则致力于发展那些只有更大规模的企业才能做的业务。凭借先进的通信技术尤其是网络技术，使生产体系中的各个细小部分之间容易建立。那些中、小型企业联成一个类似于大集团的潜在组织，但各自又非常灵活。这是对我国现有大、中型企业的“大而全”、所有业务都“亲力亲为”的企业模式一个根本上的观念更新。在这里，“大”的概念已发生改变，“大”不是单纯地规模大、设备多、人员多、厂房大、机构庞大，而是技术高而新，处理信息的能力强，网络规模大。

在中国家具工业长期的发展进程中，已逐步形成了一些起骨干作用的企业，他们不仅在某种程度上主导国内家具市场潮流，还摸索出了企业建设的成功经验。

中国家具行业的“集团式”企业还有待发展。可以采取多种模式运作，如生产型集团、以设计为主导的集团、以销售为主导的集团等。

1.4 灵活、高效、专业的中、小企业

2008 年 12 月，中国家具商会在东莞年举行的“中国家具业发展战略高峰论坛”上有专家再次指出：如果不进行产业格局调整，在未来的 3 ～ 5 年，将有 30% 甚至 50% 的中、小型家具企业面临破产的结局。我们对此结论成立的条件作些补充：大量的在设计、生产、销售环节中相对“孤立”的中、小型企业必将面临巨大的困境，而在社会生产的“虚拟网络”中的中、小型企业将面临巨大的发展契机。这是由中、小型企业自身的特点所决定的。很多中、小型企业都是传统的家庭式企业，每个企业通常都有一批与其类似的小企业相互协调，但各自瞄准一个产品或者价值链中的某一个环节。这些企业间相互竞争，但同时有彼此合作，形成某些零部件生产或者服务（如对外销售）的规模效益。他们往往同时存在于一个地域性的产业网络中。由于这些企业的家庭性和地域性，他们之间的关系可以发展成一种企业管理的关系。在这些小企业中，不仅业主在努力，员工也积极为生产效益而工作，因而经济效益明显。在这些小企业工作的员工经常有一种另起“炉灶”而变成业主的愿望，因而具有更大的滋生性，可“繁殖”出更多的小企

业。据笔者调查，在广东各家具厂打工的工人中，有近30%的人表达了通过积累资金，日后回到自己的故乡开设小型家具厂的愿望。由于在企业生存的环境中，很多劳动者都是手工业者的后人，每个人都沉浸在艺术杰作的氛围中。手工业文化中成长起来的劳动者具有实验和创新的强烈倾向。由此可见，中、小型企业与集团式和大型企业相比，有它自身的特殊性和优势，我们决不能忽视中、小型企业在产业体系中的作用，也不能轻估他们的发展前景。

2 设计战略

21世纪是设计的世纪。设计已成为一种重要的战略资源，在世界经济竞争中发挥着巨大的作用，甚至成为影响成败的关键。中国家具产业认识到了设计的重要性，也已经初步具有了设计竞争的能力，世界越来越关注中国的家具设计，并且正在以空前的速度介入中国家具设计领域。

2.1 设计作为一种战略资源

中国家具工业的发展历程和发展条件都决定了中国必将成为世界家具生产大国，近年来持续上升的出口份额就充分证明了这一点。但中国家具业的设计水平的相对落后也是一个不争的现实，设计的落后已经影响了中国家具工业的发展。因此，要把设计的问题当成中国家具工业的战略重点来加以认识。意大利家具工业发展的经验值得借鉴。对于意大利这个以设计和产品质量为宗旨的制造业强国来说，设计代表着一种具有经济重要性的战略资源，带来了有形和无形的创新效果的产品，以满足产品供给中任何潜在的需求。设计造就了对设计者、生产企业、多级供货网络、产品分销系统都有利的良性循环，从而极大地发展了行业，并为社会创造了更多的就业机会。因此，设计对于整个行业发展的战略意义显而易见。

设计对于企业的战略竞争力同样具有非常重要的作用。2007年，意大利家具工业的总产值居世界第4位，但出口量在20年以来一直是世界第一，其主要原因是对设计的重视。设计是使意大利的家具产品进入和占有市场的先头部队。一组数字可以证明这一点：2007年以前的近10年来，意大利家具工业的设计投资大约占同期销售总额的3.5%，各企业的情况稍有不同，高层次的企业达到5%，低层次的企业约为2%。这种高额的设计投资在当代中国几乎是不可想象的。据调查，目前中国的家具企业中，对设计投入最大的也只占同期销售总额的1%，大部分企业均为2‰～5‰。

由此可见，无论是对产业整体还是对具体的企业来说，设计都已经成为一种战略性资源。

2.2 创新设计

创新设计是中国家具工业一个永久的话题，设计创新同时也应是全方位的创新。但就中国家具工业现状而言，建议将设计创新的重点放在传统民族风格的继承与创新、技术创新和家具功能开发的创新等3个层面上。

设计风格创新建立在丰富的设计理论研究和实践的基础之上，同时需要有深厚的艺术文化底蕴和良好的社会文化背景。中国虽然是一个具有几千年文明史的国度，但近现代在设计文化上的落后是不可否认的事实。要想在短期内引领国际设计潮流，至少在目

前还不太现实。但这不等于要放弃对设计风格创新的探索。

近年来，中国家具行业中“新中式家具”的设计创新就是一个很好的例子。所谓“新中式家具”，关键在于“新”，核心在于“中式”。“新”，是指在设计观念、生产技术、服务理念上的“新”；“中式”，就是具有“中国式”的特点，它应该是一个跨时空的概念，绝不能拘泥于传统的“中式”，而是探讨具有当代意义的“中式”。

技术创新可以立竿见影。技术创新包括材料、结构、工艺与装备等方面。中国地大物博，许多材料品种是中国的“特产”，用这些材料制造的家具产品本身就具有明显的特质，如竹材家具、石材家具等。家具生产工艺技术的创新更多地来源于企业生产实践，将一些摸索出来的成功经验上升为技术研究成果，并在行业内广泛推广。当前中国家具行业的装备水平在整体上已接近和达到国际先进水平，大部分大、中型企业的装备水平已与国际先进水平接轨，提高家具生产装备水平在于配套设施的完善和主体设备管理水平的提高。家具结构技术研究一直是我国家具产品设计研究的薄弱环节，现有的设计研究更多只关注外形设计。家具结构创新可以吸收其他产品领域的研究成果。

中国人有自己独特的不同于其他国度、民族的生活习惯和生活方式，这成为我们进行家具功能创新的切入点。设计师应更多地参与消费者生活的体验。

2.3 独立的国际化视野的设计企业与社会“设计大联盟”

在各种产业类型中，一些大型、集团式企业有能力同时也希望有自主的设计能力，以便引领潮流。但现在我国家具企业的普遍管理机制是设计部门作为企业的一个下属部门，他们的设计行为除了征求销售部门反馈回来的意见以外，更主要的是迎合主要管理者的“预感”和主张。这种做法存在 3 个方面的弊端：一是由于企业的管理者不一定具有优秀的设计能力，虽然他们可能“见多识广”，但他们所具备的能力最多也是将其他的设计加以“整合”，其创造性则非常少。二是忽略了对市场的预测这一个设计的关键因素，所带来的结果是设计永远落在消费者要求的后面。三是限制了广大设计人员的主观能动性，设计师成为企业管理者指挥棒下的“奴隶”。这种机制从根本上无法将设计在企业中的作用和地位凸显出来，同时设计工作也无法按照自身的规律运作和发展。因此，我们认为：对于大型、集团式的家具企业而言，倡导他们拥有与他们企业、产品的自身定位相适合的设计团体，但这种设计团体应超然于企业其他的下属部门之外，以国际化视野，积聚世界先进设计力量，同时本身应具有相对的独立性，他们的设计工作在方向上适合企业的战略定位，但在具体的内容上则是完全执行设计的任务和探讨设计的规律（如对设计理念、思想的探讨、对设计风格的创造与应用、设计艺术表现手法的实践等）。

对于一大批中、小型企业而言，要求他们都具备设计能力，一方面不可能（即使可能，实际上也是对设计资源的巨大浪费），另一方面也没有这个必要。真正的设计投入是很大的，对于中、小型企业来说，多数难以承受。再者，前面已经说过，一般中、小型企业所从事的是专业化、标准化的生产，产品的决策者是他们为其所服务的大型、集团式企业，也就是说，他们是按照别人的要求进行生产，他们没有必要进行过多的设计活动，充其量是基于生产工艺和生产技术考虑的辅助性设计。所以，应允许这些中、小型企业缺乏设计而奉行依赖政策，即使是完整的产品生产，也可以实行“模仿”“拿来主义”。

为了提高整个行业的设计水平，单单是大型、集团式企业的设计力量是不够的，因为他们所从事的设计工作大部分是为其企业的产品战略服务的，基于企业普遍奉行的“细分市场、各得其所”的原则，他们不可能顾及社会的普遍要求而带有某种倾向性。而游离于这些企业之外的许多中、小企业有义务也有机会和兴趣去填补这些“夹缝”和“空白”，他们需要设计服务。所以，脱离于家具生产企业之外的独立经营的设计企业便应运而生。这些相互独立的设计企业往往具有相同的信息资源、服务市场、人力资源来源，这就决定了他们之间的交流和往来是不可避免的，有时为了一个共同的任务或目标，他们有可能相互联合而形成一个具有社会性的设计联盟。这种联盟在科学研究的许多领域都已经出现，并取得了丰硕的成果。

形成具有社会性质的设计大联盟，其直接后果是将家具生产环节中的设计与制造逐步加以分离。这也是社会大分工在家具工业体系中的直接反映。社会和科学技术发展到今天这个水平，社会分工的重要性是不言而喻的。

❸ 生产体系

生产体系是指产品生产过程、生产方式、生产力水平、生产组织、生产管理等内容。结合我国当代家具工业的现状、产业体系的以及家具产品本身具有的特点、当前社会生产力的整体发展水平以及当今中国劳动力资源情况，中国当代及今后很长一段历史时期内家具工业的生产体系应该是大规模生产、专业化生产和手工艺生产相结合的模式。

3.1 大规模生产

大规模生产是工业革命以来所出现的一种主要的社会生产模式，通过现代化技术，大批量、高效率地生产产品，来满足人们日益增长的对物质生活的需求。

大量的研究表明：当代乃至今后相当长的一段历史时期内，人们对家具产品的需求量仍然相当大。

满足家具的大量需求，只有通过大规模的生产才能实现。大规模生产有两种基本模式：一是以生产同类产品甚至是同种产品为主的简单的大规模生产；二是满足不同消费者个性需求的大规模定制。在社会需求量大于供应量时，前者是主要的生产模式；但当产品供需基本持平、人们消费需求多样化特征出现，加之有相应的生产技术条件（如通信网络、数字化加工技术等）支持时，后者将成为主要的生产模式。就我国目前的市场情况和技术基础情况而言，主要应是以前者为主，但后者将具有巨大的潜力。

无论是简单地大规模生产还是大规模定制，都体现出大规模生产的基本特征，都是以标准化、系列化的生产方式出现，都由大型、集团式企业来主持。

中国当代家具企业的主要生产模式是大规模生产，但这不是所有企业都适用的，尤其是对一些中、小型企业，更不应该盲目追求这种模式。“小而全”是当今制约绝大多数中、小型家具企业发展的“罪魁祸首”。

3.2 专业化生产

专业化生产是指生产企业的生产技术条件、产品类型相对单一。专业化生产的生产技术条件的相对单一性，使企业致力于专项生产技术的研究与开发、专项生产过程的研究与分析，因而生产技术成熟，生产效率极高。专业化生产的产品相对单一，使生产组织极为方便，生产过程较为简单，人员培训难度低且劳动力素质要求相对较低，因而生产成本低。很明显，这种生产方式非常适合大型企业的单一生产部门、集团式企业的单体企业，尤其是适合于广大的中、小型企业。

截至2007年底，全国家具行业人均年产值为12.95万元人民币，规模以上企业人均年产值为18.35万元人民币，远远低于同时期发达国家人均13.5万美元左右的水平。

中国家具工业自新中国成立以来到目前为止，就一直存在着专业化生产的模式。新中国成立初期，出于政府对家具生产进行垄断以及计划经济模式的需要，政府指定厂家生产专门的产品，产品计划和产品销售由计划部门统一划拨和调度。如20世纪80年代初期，上海的家具生产统一由轻工部门计划，除个别厂家生产套装家具，大部分厂家均只生产单一产品。如20世纪90年代中期，中国家具工业较为发达的广东地区出现了大规模专业化生产。一方面，当时随着家具产业的扩大，一部分核心企业逐渐形成，他们有知名的品牌、优秀的设计、庞大的市场网络和较强的价格优势，当市场需求增大时，他们的产品出现供不应求的局面；另一方面，大部分中、小型企业在市场的竞争中处于劣势，他们的产品则相对供过于求。在这种局面下，大部分中、小型企业自发地向大型核心企业靠拢，成为他们的定点配套企业或下属企业，来分享大型企业巨大的市场份额，专业化生产模式自发形成。这些成功的经验仍然可以借鉴。

因此，随着中国家具工业的发展，产业体系逐步健全，作为大型、集团式企业大规模生产方式的补充完善和中、小型企业的主要生产手段，专业化生产模式将成为未来中国家具工业生产的主要模式之一。

3.3 手工艺生产

家具是一种不同于其他工业产品的特殊产品。主要区别有两方面：一是在于家具产品具有强烈的艺术特征；二是家具产品自人类诞生以来就一直存在的悠久的历史渊源以及它在出现时的手工艺特征，这种特质决定了手工艺生产将仍然是家具生产的主要模式之一。

当代意大利家具的生产模式值得我们借鉴。众所周知，意大利是当今世界家具工业最发达的国家之一，但手工艺生产在意大利家具生产体系中占有重要的位置。意大利整个国家良好的艺术氛围使手工艺生产得到延续，在手工业生产者中，有的是从事艺术创作的艺术家，他们以家具为载体，试图传播他们所奉行的艺术风格，在家具上找到了他们的个人价值；大部分的从业人员是手工业者的后人，传统的、家庭的艺术熏陶使他们对家具爱不释手，他们致力于传承文明，把意大利传统家具艺术风格发扬光大。正是由于上述原因，使意大利家具生产体系不同于其他发达国家，尽管国家发展水平和劳动力工资增长较高，但手工艺生产仍然是主要生产手段之一。这不仅没有影响意大利家具生产的整体水平，相反，更使它在国际家具市场的地位日益提高。

手工艺生产是未来中国家具工业的生产方式之一的主要理由有三：一是中国传统家具在世界家具史上的重要位置。中国传统家具无论是作为一种产品还是作为一种工艺品，都得到了世界范围内的广泛认可，有着广阔的市场前景，而中国传统家具产品类型的生产过程中，手工艺生产占有相当大的比重，有些产品的加工虽然可以用先进的设备来完成，但机械加工出来的产品和手工加工出来的产品相比，明显缺乏应有的和特殊的审美特征。手工雕刻所表现出来的刀锋的抑扬顿挫、刀法的婉转娴熟、力度的强弱得体、运刀的随意自如是 CNC 等机械加工无论如何也表现不出来的。二是中国有着良好的手工艺生产的基础，有一大批手工艺人，他们在继承着中国传统的手工艺技术。三是中国有着丰富的劳动力资源，这些人经过基本培训，即可从事家具的手工艺生产，并且劳动成本相对较低。这种劳动力资源的状况预计将维持相当长的一段时期。

4 产品策略

中国家具工业相对特殊的产业体系、生产体系决定了中国家具生产的产品策略必然是走多样化的道路。其中主要的产品包括具有精良品质的国际化产品、具有浓郁中国特色的手工艺产品、体现密集劳动特征的劳动输出型产品和具有价格优势的低价位产品等几个主要类型。

4.1 国际化产品

随着中国加入 WTO，中国商品的国际化特征将会越来越明显，家具产品也不会例外。就国内市场而言，消费者对于家具的认识会自觉地与国外进口的优秀家具产品相比较，从而做出选择。也就是说，判定家具产品优劣的标准已趋向国际化。

从目前最为发达的家具生产国——意大利的家具生产、销售实践来看，国际化产品的主要特征是在产品中注入超强的和无形的品质。高新技术条件下所形成的卓越的材料性能、科学的结构特征、精良的加工品质、完美的使用性能构成了所谓“超强”品质的主体；审美和精神的东西使一个产品能变成一种象征，除了实用的功能、使用的舒适，还追加了产品一种无形的艺术品质。这两者的珠联璧合，使家具产品具有无限的国际竞争力。

要适应这种国际化的产品环境，中国当代家具产品最大的缺陷表现在缺乏创新的设计和持续拥有的精良的加工品质。由于国际交流的增强，高性能的材料已不是制约产品的主要因素，即使是由于进口所引起的材料价格的升高，也可以通过较低的劳动力成本来加以抵消。家具产品的结构件、配件及其使用与安装，历来也不是一件技术含量很高的事情。但各种优秀的创新设计不是一朝一夕形成的，它需要长期的设计积累、良好的社会整体素质、深厚的文化底蕴和设计师不懈的努力才能完成。而中国家具工业中普遍存在的加工质量低劣的事实是不能容忍的。中国家具工业生产体系中的技术条件已经或初步具有国际先进水平，绝大多数的大、中型家具企业都拥有先进的设备，但加工质量却令人担忧，有些企业的产品质量存在严重的不稳定性。在家具国际商贸活动中，外商对中国企业的商品有一个不成文的印象，那就是作为“样品”的产品与大批量的商品往往不是同一件事情。这极大地损害了中国家具的形象。实际上，造成这种状况的原因不在其他，主要是生产环节中的质量管理问题，即管理者的能力和生产者的态度问题。当然，加工生产工人的素质也不容忽视。

4.2 手工艺产品

中国悠久的历史、古老的文明决定了手工艺产品长久的生命力。具有手工艺特征的产品具有相对的独立性，好像是专门为客户定制的，这种产品由于具有强烈的个性，很难被其他的生产者所模仿和复制，如果按照其他国家的做法，在产品的某个部位刻（印）

上设计者和制作者的签名，则更难为其他人所模仿，且更具有艺术品的独一性价值。

后工业社会中对手工艺产品的需求趋势是相当明显的。在工业化水平相对较高的国家和地区，消费者无不以拥有个性化的手工艺产品为豪，他们甚至不是将这些产品视为商品，而是视为艺术品来珍惜和珍藏。不言而喻，这类产品的价格远远超出一般产品的价格。

当代中国家具产品类型中也不乏手工艺产品，如绝大多数的红木家具产品、竹类家具产品、竹藤类家具、石材家具等，严格来说，它们都是独一无二的。但是我们的设计者和制作者并没有将其上升至艺术品的定位，其原因很简单：一是缺乏必要的见识和意识，不知道也不理解手工艺品所具有的价值的内涵；二是无意识地粗制滥造，设计者和生产者本身就没有将其上升为艺术品来精雕细刻，或者在制作过程中无主观能动性的参与，有的只是各种机械地和无意识地劳动，甚至是对报酬的唯一追求。这种现象极大地浪费了手工劳动，也亵渎了手工劳动应有的劳动价值。

即使是现代技术高度发达的西欧国家（如意大利、德国）和北欧国家（如芬兰、瑞典等）都十分重视手工艺产品的生产，尤其是意大利，他们把手工生产当成家具生产的主要生产手段之一，并大力发展，这些经验值得借鉴。

4.3　劳动输出型产品

劳动输出产品作为未来中国家具产品的主要类型之一，是由中国拥有的劳动力资源优势所决定的。

当今家具产品类型按劳动力消耗来划分的话，主要可分为高效率产品和劳动力密集型产品。经济学原理中有一条对大多数国家都有效的原则，那就是：当一个国家的经济发展和工资增长水平到了一定高度的时候，就注定要把某些劳动含量高的生产让给其他不发达的国家。（这个原则在意大利则似乎不适用）实际上，这种趋势在中国已经得到了切实的印证：广大沿海地区家具产业的发展，不能不说得益于美国、新加坡等发达国家和中国、香港、中国台湾等发达地区的产业输入和资本输入。

目前，劳动输出型产品的生产绝大多数发生在合资或外资企业中。这种劳动力输出型产品的生产应注意以下两个问题：一是力争得到劳动力输出的合理报酬；二是在劳动力输出的同时，要加强对别人先进科学技术的学习、接受、理解和为己所用。在中国的许多合资或外商独资家具企业中，工人的劳动强度非常大，并且几乎无休假时间，但工资收入水平却不高，其中尤以个别台资企业更甚。这种单一的以低廉的劳动力输出为目的的产品生产应得到及时制止。同时要加强对工人技术素质的培训，提高他们的综合素质，使他们逐渐成为具有竞争力和高回报型的劳动者。在进行劳动力输出的同时，要加强学习别人先进的科学技术、管理技术，当做好充分的原始资本积累后，适时地发展中国自己的劳动力输出型产品的生产，以提高中国自身的经济发展水平。

4.4　价格特色产品

发展价格特色的产品，具体地说就是同时发展价格低端产品和价格高端产品。

发展价格低端产品这是由中国在短时期之内仍将是发展中国家、国内消费水平低以及目前中国家具出口产品在国际市场的竞争力和价格定位特点所决定的。我们曾对当今我国家具市场部分国产家具产品的价格、国外同类型产品在中国的销售价格以及消费者对家具产品价格的期望值等方面进行过调查，结果表明：以卧室套装家具（包括床、床头柜、梳妆台、大衣柜）为例，国产家具产品的平均价格为5500元人民币，同类型的进口产品的价格则约为48000元人民币，相当于国产产品的8倍多。而市场的期望值为4500～5000元人民币，即要求价格继续下降方能让消费者乐意接受。农村市场的价格需求则更加苛刻。

中国目前出口的家具产品一般是价格低端产品。中国是美国家具市场的主要出口国，北京林业大学教授林作新曾这样总结中国家具在美国家具市场上的表现：在价格高端市场中基本无立足之地，在大众化产品市场中高就低成，在价格低端市场中大有用武之地。中国家具出口近年来在东南亚和中东地区呈现明显上升趋势，分析中国在上述地区出口的家具产品的特点，可以发现：他们进口的家具基本是大体量的家具造型，且要求装饰豪华，但价格要求低。这种出口在很大程度上无异于出口家具材料，产品的附加值极低。即使如此，这种现象仍将维持一段时期。主要原因有三：一是由中国家具产品本身的品质特性所决定的；二是国际市场划分一经形成就很难在较短的时间内改变；三是缺乏优秀的家具营销人才，出口业务主要由外商和中间商代理，他们从中牟利较多。中国家具要在国际市场上形成合理的市场定位，要提高自己的产品品质，更重要的是大力改善营销手段、拓展营销途径、培养自己优秀的家具营销人才，而这些工作都不是能在短时间内一蹴而就的。但低价位的家具出口同时，又为我们的产品进入国际市场打下了必要的基础，这种意义比目前的出口工作更值得关注。

发展价格高端产品也是国内国际市场的需要。我们经常听到一些经济实力较强的消费者所发出的“想花高价也花不出”的抱怨，同时也目睹了一些国外进口的在我们看来近乎是“天价”的产品却被消费者抢购的现场。品牌、品质、个性是价格高端产品的必要条件，营销与服务是价格高端产品的充分条件，两者必须兼顾。对此应该有足够的信心。

总之，中国家具工业的发展取得了长足的进步，基本形成了具有中国特色的家具工业体系，除能满足国内市场需求外，并已初步具有参与国际竞争的实力。但我们应及时冷静地分析我们的不足，学习发达国家成功的经验。把当前面临的世界性经济困难当成我国家具业发展的第二个战略机遇，大力推进行业的经济结构战略性调整，坚持改革开放，继续解放思想，坚持自主创新，推动产业升级，实现由量的扩张向质的提高转变，加强管理，节约资源，提高劳动生产率，促进全行业又好又快地发展。

原文发表于《林产工业》2009年2月刊第5—11页

地域特色下的机场公共空间陈设艺术设计

摘　要：陈设艺术设计就是在室内空间进行装饰设计的全部过程，即室内空间的设计人员根据现实特点，结合室内空间的功能要求、使用人员的审美层次等，通过多样化的陈设设计，设计出舒适性、艺术、文化等相结合的室内环境。本文以机场公共空间陈设艺术设计为研究内容，首先探讨了机场公共空间陈设艺术的关注焦点与原则；然后阐述了公共空间的陈设艺术设计思想；最后从空间本身、空间与节奏的转换以及空间的功能等方面，重点分析了地域特色下机场公共空间陈设艺术的设计思路与发展。

关键词：地域特色；公共空间；陈设设计

随着基本生存需求的满足，人们越来越重视精神需求，而公共空间的陈设艺术往往能够带给人本土化的文化与理念。装饰性陈设设计是指通过丰富多彩的装饰性陈设，为整个公共空间带来更多的观赏性价值。

1　机场公共空间陈设艺术设计的关注焦点与原则

1.1　简　洁

简洁就是指在陈设设计的过程中，设计者应该注意陈设内容的简洁，不要有过多的内容和色彩，注意整体的协调性，实现“少而精”的陈设要求。机场公共空间的陈设设计应注意简洁明了的设计要求，避免过于富丽堂皇，实现以少胜多、以一当十的效果。

1.2　创　新

创新就是指设计者在陈设设计中大胆地突破思维定式，在创新的过程中，创新度的高低视空间需求作出调整。从机场公共空间的整体出发，结合其背后的文化与理念，表现较强的艺术独特性。

1.3　和　谐

和谐其实就是整个空间的协调，提倡设计者在陈设器具的选用和设计上应该充分结合机场公共空间的要求，在陈设类别、色彩、造型、材质等方面相互融合和衬托，满足使用者和到访者感官与精神上的需求。

1.4　均　衡

均衡其实与和谐类似，但是又有其独特之处。在机场公共空间的陈设设计中，设计者要充分考虑到陈设设计带给人们均衡的视觉艺术感受，这就要求陈设设计在形、光、色方面保持均衡的量。

2　公共空间的陈设艺术设计思想

在中国的传统思想中，艺术设计是一个相对模糊的定义。从古至今，艺术设计受到师徒关系的影响，理论体系的构建相对缺乏，发展相对较慢。从学术的角度来看，无论是术还是工，都是强调其本身的功能性，民间美术更是被归类到民间技艺中。然而，设计思维的产生是从人们萌生审美开始的。远古时代，人们学会了用各种各样的贝壳设计出装饰物，而现在，空间的设计呈现出多样化的艺术表现形式。由于思想文化存在差异，东西方在公共空间的处理手法和表现形式上是不同的。

3 地域特色下机场公共空间陈设艺术的设计思路与发展

3.1 突出空间本身，重视地域文化的融合

在机场公共空间室内公共空间设计中，内容设计是整体空间的首要和根本。这就要求设计者首先明确设计指导思想，凸显整体设计脉络。

在机场公共空间陈设艺术设计中，地域特色的应用是诸多公共空间陈设艺术的表达形式，也是最常见的表现手法。地域特色是一个地方的民俗风情、文化背景的浓缩，是帮助人们有效区分公共空间的重要标志。在公共空间的陈设中，设计者应该坚持以突出空间本身为基础，重视地域文化的相互融合。

3.2 机场公共空间重视不同节奏之间的相互转化

机场公共空间具有较强的流动性，所以在机场公共空间的陈设设计上应注重采用动态的、不同节奏的陈设形式，这是由机场公共空间的性质和人的因素决定的。人在公共空间中处于运动的状态，在运动中体验并获得最终的空间感受。在满足功能需求的同时，让人感受到机场空间变化的魅力和设计的无限趣味，是塑造个性化展陈空间常用的手法。例如，北京首都机场采用围中有透、透中有围、以围显透的划分空间的手法，人们进入展览空间之后，沿精心布置的参观路线行进，可以从不同的角度看到几个层次的空间。

3.3 强调公共空间的功能性与安全性

就机场公共空间的设计初衷和方向来看，公共空间的陈述设计必须满足其空间需求，以人的需求和集体的需要为基本点和出发点，在这样的基础上，设计师展开奇思妙想，结合空间的独有特征进行陈设设计工作。专业的空间陈设艺术设计师应该在满足空间所有者对于空间的视觉需求和功能要求的基础上，充分地赋予空间舒适性、安全性、美观性、经济性等。其中，功能性和安全性是公共空间最基本的属性，设计师要在机场公共空间陈设设计中最大化地放大功能属性，并满足使用者对安全性的基础需求。

4 结 语

机场公共空间的陈设艺术设计者赋予了公共空间更多的维度，让公共空间展现出多维度的变化与转换，使人在对这种空间的体验过程中获得独特的心理感受。对于个性化陈设内容的设计，应充分考虑不同层次、不同阶段、不同年龄的使用者的需求，使各个层次的人们都能真正融入其中，感受到个性化陈设空间的魅力。机场公共空间的陈设内容和形式不只为人们带来视觉盛宴，更应该是公众传递信息、进行文化交流的场所，是展品与大众沟通的媒介。

原文发表于《艺术科技》2019年2月刊第235页

家具产品设计中明喻与隐喻修辞格的再界定

摘　要：从语言系统中而来的明喻和隐喻这两个修辞格在家具产品设计中的应用极易被混淆，两者在设计的符号修辞结构中具有不同的特点，将其引入家具设计中后，其修辞模式需要得到重新界定。本文借皮尔斯逻辑——修辞符号学理论的符号三分结构，结合中日修辞学的修辞理念进行设计案例的分析，界定了家具产品设计中的明喻和隐喻的概念范围，归纳出明喻和隐喻在修辞结构上的不同在于对两造相似性的依赖与否。认为明喻着重对新发现、新感觉的认识而进行符号意义的连接，隐喻着重对已有意义的强化而选择与之相似的喻体意义进行类比。明喻和隐喻修辞在设计中的运用给出明确的分类方法，将为家具产品创新设计提供更清晰的设计策略。

关键词：设计修辞；家具产品设计；明喻；隐喻；概念界定

明喻和隐喻均为比喻的下位辞格，同时也是最为常见的设计修辞格，于语言系统中，明喻与隐喻以喻词为特征，识别较为明确，但在属于实物系统的设计领域，学界对两者的理解并不统一。有学者沿用符号学中对符号修辞的定义；有学者认为明喻与隐喻的不同在于喻底的明显程度是否不言而喻或需要根据文化语境来推断，也有人认为，隐喻较明喻的不同在于修辞两造间关联性是暗含的，隐喻源于具象而超于具象。平面设计领域对辞格的细化研究较多，而在产品设计修辞领域具体的关注较少。以家具设计为例，进行产品修辞的研究，其实也是对产品中的符号系统间修辞关系的研究。造型语言的变革与演化，是家具设计创新的重要途径，同时，广义的隐喻也是文化建设的一部分，隐喻驱动了语言的更新。对明喻和隐喻在家具产品设计中的概念的界定，是理解两种产品符号相互修辞关系，在产品设计中应用这两种设计修辞格进行符号修辞活动的关键，同时也有助于形成完善的设计修辞基础理论框架。因此，引入这两种修辞格到设计方法领域，需要重新划分两者的边界，明确其使用目的，评价其效果与作用。

1　从语言系统中来的明喻与隐喻

语言系统中的比喻，陈望道在《修辞学发凡》中将其称为譬喻，是思想的对象同另外的事物有了类似点，文章上就用那另外的事物来比拟这思想的对象的修辞格。从此概念上来看，比喻成立的条件为思想的对象与另外的实物之间具有类似点，也即本体和喻体具有某个方面的类似性。比如“月亮挂在天空，像一柄弯刀”，即发现了月亮的外轮廓和弯刀外轮廓的类似性。

比喻的目的，通常是因本体符号场中的意义不足以表达思想的内容，所以借用喻体符号场中的意义来加强对本体的表达。如果只是讲，月亮的形状是弯弯的，发出者真实看到的内容就不足以充分表达，弯曲到如何程度？是像蛇一样的弯曲还是像弓一样的弯曲？如果用消极修辞的说法来解释，就应该讲，今晚月亮是面积A，由两条弧度为C和D的弧线首尾相接构成的形状，亮度为E……这就失去了表达的诗意性与简洁性。

陈望道通过对喻词和两造的出现与否，将比喻划分为明喻、隐喻、借喻3个不同的层次。西方语言学家盖伦认为从明喻到隐喻是连续的，将其表现到文字上，就如同这样的比喻："水兵像驴一样愚蠢""水兵像驴一样""水兵是驴""驴！"。综合两人的看法，可以认为，从明喻到借喻，都是一个连续的过程，也是比喻的态度由浅入深、情绪不断递进的过程。明喻是易被理解的，隐喻是需要被解释的，借喻的这一层次，本体完全消失掉，只剩下了喻体的存在，解读也只能从可感知的相似性作为线索，如若这种相似性不能被接受者感知，意义就不能通过语言得到有效的传递。

比喻基于相似性的看法，在进入实物产品设计的领域，并非完全站得住脚。这一点在佐藤信夫的现代修辞学著作《修辞感觉》中可以得到印证。他认为明喻不一定必须是基于两造的相似性，明喻的目的是一种"发现性认识"的表达手段。并举例川端康成《雪国》中对驹子姑娘"像美丽的蚂蟥般的嘴唇"的比喻，蚂蟥于一般人而言，很难想到它和女人的嘴唇有类似之处。这种明喻，其实是为了表达发出者眼中的独特发现性认识而将两者进行强制连接的手法。其目的是为创造一种新的关联和新的造型，来如实地表达发出者的真实感受，从而迫使人们去不断地体味和认识对明喻中本体的新看法。

修辞法之所以能被引入设计，是因为语言和人工制品有内在关联，两者不但都是人们表达思想、创造世界的中介或手段，而且也都是人类表达出来的思想和创造出来的世界。因此，如何说话和如何造物，在根本上是一回事，都是一个修辞的问题。符号表意不可能有"像""如""似"等喻词的存在，所以对设计修辞的分析要比语言修辞困难。并且不同类型的产品，其修辞的方式也各有不同，比如包装设计中的修辞手法，其针对的本体就可以是概念性的，而家具设计修辞的本体只能是家具本身。对产品设计中符号修辞的研究如若陷入对语言修辞和视觉修辞中的固定格式的模仿上，就容易走入歧途而迷失方向。产品设计以功能性为基础，并且与语言修辞线性的符号识别方式不同，探究修辞格之所以产生的修辞目的，才是将其引入实物系统的关键。

2 不以相似性为基础的连接——明喻

2.1 明喻的界定与修辞目的

在家具产品设计中，明喻是不依赖相似性的连接。本体和喻体之间的关联尚未具有普遍性，成为可以被符号接收者感知到的约定时，此时的直白的、强制的符号连接关系可以被称为明喻。当本体A所在的符号意义场中的意义不足解释新产品时，设计者通过明喻的方式连接喻体B，将喻体B所在意义系统连接至本体A，来赋予A以新的意义，从而成为新产品A。在修辞目的上，家具产品设计中的明喻和语言修辞的明喻是殊途同归的，都是为表达新认识的造型行为。柳宗理的蝴蝶凳，从造型中可以识别出凳子和蝴蝶两个符号，但在尚未被造型完毕之前，作为修辞本体的凳子与作为喻体的蝴蝶这两种事物几乎没有任何相似性。这里的相似性，如果竭力去解释，可以说凳子和蝴蝶都表现了美的特征，但这就显得过于泛泛而谈，任何产品修辞就都可以这样一言以蔽之了。如果以蝴蝶凳这件已设计完善的作品作为明喻的本体，可以讲蝴蝶符号和这个本体是有形态上的相似性的，但此时我们所讨论的就不是实物修辞了，而是语言上的修辞，明喻的方法，本来也就是作为一种设计方法来指导设计造型，当设计的造型阶段完成后，设计修辞也就完成了（图 1）。符号是携带意义的感知，再现体即是这种感知，对象和解释项可以被称为其所携带的意义。一个符号的意义场包括了使之成为这个符号的意义以及社会对此符号的全部解释，是对象与解释项的总和。将本体凳子与喻体蝴蝶相连接后，新产品就带有了蝴蝶符号中的特有意义，一个本不存在于凳子的符号意义场内的意义，它的拾取取决于符号接收者的解释，但不会超出蝴蝶这个意义场之外，可能是自由、梦幻或自然，也可能是吉祥、成功，甚至恐惧。

图 1　蝴蝶凳

明喻具有原创性，表达的效果优劣，最终要看是否为描述新概念而产生。发现性的认识需要明喻来表达，建立一个新的明喻连接，也为产品符号提供了新的意义（图 2）。人们发现了红色这种色彩符号所表现出来的警示性与前进性，就将其和救援类产品联系在一起，涂装在其表面，救援产品的意义系统就包含了红色这种色彩符号的特有意义。家具中的色彩设计同样不应孤立地考虑其外部视觉效果，而要考虑到某种颜色所带有的情感和象征意义。所以从这点出发的明喻产品通常是创新的、有活力的，因此，大多数贴图式的文创产品千篇一律，同质化严重，不能称之为优秀的理由可想而知，这些产品虽然也具有明喻的特征，其文化符号往往与载体符号没有较大关联，似乎也可以算作明喻产品。决定其不能成为优秀设计的原因就在于其不以表达发现性认识为目的，明喻缺少了修辞目的，也就无修辞效果可言。

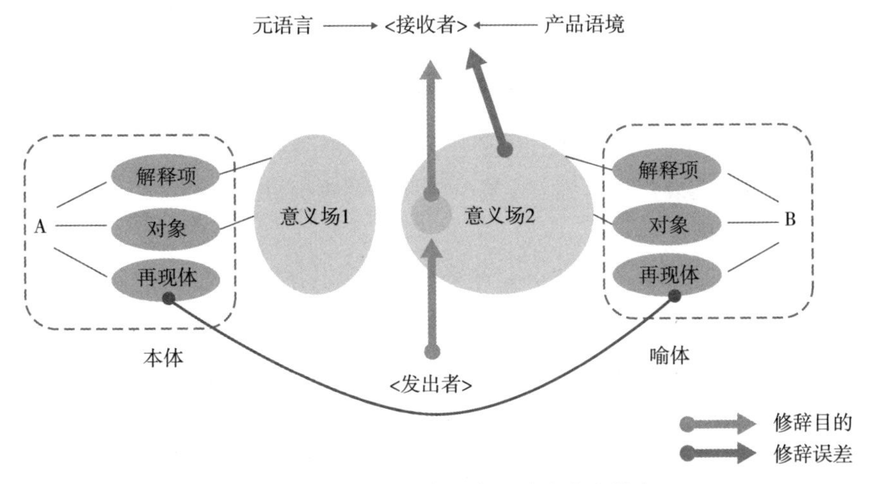

图 2　明喻修辞结构示意图（作者自绘）

2.2　意义的连接方法

在文字语言系统的修辞中，明喻辞格发生的特征是伴有喻词，如“就像”“好似”“仿佛”等。产品设计所属的实物语言系统中，并没有喻词的存在。我们只能通过本体符号与喻体符号的意义关系来识别明喻。因为明喻是不考虑相似性的连接，所以在此产品设计的修辞格中，修辞两造符号的意义场应该是近乎相离的。设计师在采用明喻进行修辞时有两项任务：一是不可感的概念关联，即选择喻体和其意义场中的意义集合，形成概念的确立；二是可感的符号本体关联，是制作两者的再现体，然后将其在一个产品设计中统一起来，为两个符号建立物理的联系。符号的接收者在意义解读时，受其自身元语言和产品所处语境的影响，选择喻体意义场中的某种意义来对喻体的出现作出解释。

首先，明喻要保证两造符号的可识别性。两造符号的完整度要保证具有从再现体指向对象的能力，本体如果是椅子，就必须满足其完整的功能，即人可以坐上去，且身体后侧有支撑的这一基本概念，这也是产品自身的文本自携元语言。喻体如果是花朵，可以通过其色彩、造型、触感等来塑造再现体，如果造型需要脱离对象本身具有的有机形态走向几何化，就需要在其他方面予以补充，以此来保证其整体的形象能够被识别。

其次，无论明喻或者其他辞格，要以家具本身或该家具系统的某一组成部分作为修辞的本体。所以本体是确定的，喻体是变量，从这个角度来看，许多工艺美术品中的明喻修辞，不能称作实物意义上的修辞，而是语言上的修辞。例如，一件金蟾的雕塑摆件，用金蟾比喻财源滚滚，其明喻的本体是物品的持有者本人或其所处环境等，并非摆件自身，只能算是语言上的明喻。符号意义的拾取取决于符号接收者的解释，超出意义场之外的解释是不合理解释，或尚未被明喻所印证的解释。要设置合理的产品语境，让用户群对产品的解释向预想的方向进行。这个语境，包括产品名称、喻体的可识别度、指示符号、产品细节等。黑川雅之在《设计修辞法》将设计的产物分为“论文”与“实物”两部分，“实物”所不能有效传递给使用者的概念，就需要建立“论文”来进行修饰和补充。

最后，通过语境和元语言的构建来引导明喻的意义表达。明喻相对其他修辞格而言，具有更大的误解风险。创造一种从没被人认识到的连接，需要精确的意义传达。设计师发出的明喻常常不会按照其一开始对概念关联的方向被认知，受产品语境和接收者元语言的影响，接收者对明喻的意义解释会向着非预想的方向进行，修辞误差因此而产生。为了避免修辞误差，设计师应在设计的前期就定义准确的目标用户，分析其元语言。同时，要运用合适的设计说明、产品名、广告、包装、使用场景图等来构成产品所处语境，最大程度地让用户向着修辞目的对家具进行解释。设计造型是一件苦差事，从抽象的概念落实到实体的过程需要设计者拥有丰富的经验，明喻提供了一种格式化的方法。

2.3　明喻的辨析

明喻是新风格、新产品产生的必要途径。明喻因其不基于两造相似性的特点而往往不能被人轻易理解其内容，相较于其他的比喻下位辞格，明喻的家具产品往往显得不易解读，但也有了更加丰富的解读可能性。20 世纪 80 年代的孟菲斯组织所设计的大部分家具产品，其因采用了其他家具所不具有的明亮色彩与怪诞的结构形式，而将这些色彩和结构形式所带有的独特意义连接到了家具产品中，从而形成了一种新的风格。

明喻具有复制性。当明喻产品不断地被使用，强化后，这种明喻的概念开始逐渐的隐含。人认识新产品的过程就是寻找类似性的过程，人们不断地试图查找明喻中的相似性，如果没有相似，那么就强制性地建立关联。第一件使用红色来作为主色的救援产品诞生之后，因为其取得了良好的效果，之后的同类型产品就会沿用这种明喻，两者的连接不断被强化后，这种将红色与救援产品连接的明喻就失去了原创性，两者之间的关联成为被设计者与使用者广泛认同的共识，这种发现性的明喻便消失了，取而代之的辞格，就称为隐喻。

3 基于相似性的概念强化——隐喻

3.1 隐喻的界定与修辞目的

在家具产品设计中，隐喻是基于相似性的概念强化。隐喻修辞成立的基础是修辞两造之间的相似性明显，并且相似点在使用群和设计群之间达成了共识。与明喻相比，它与语言系统中的修辞定义更为接近。本体 A 意义场中的意义 a 不明显，不易察觉时，使用喻体 B 意义场中与之相似的意义 b，来比拟 a，从而形成一种类似式的重复，强化 a 的读取（图 3）。隐喻让产品概念的传达变得更加准确、幽默、生动，这种修辞目的，好似“欺骗用户”，但回头想想，所有修辞都是建立在欺骗基础上的，用一物代替另一物，从物理层面上讲本来就是一种欺骗。但欺骗是否就代表不诚实呢？答案是否定的。中国传统修辞学历来讲究“修辞立其诚”，修辞是为了诚实地表达心中所想所采取的手段，并非为比喻而比喻，而是为表达不可触摸的、抽象的意义的必要途径，即为了更好地表达心中所想，但迫于符号系统的不完整性，有些意义无法用消极修辞来完整表达，修辞法便成为善意的谎言，反而是最诚实的做法，这也与中国传统造物中天人合一、道器合一的思想不谋而合。隐喻是体现这种诚实性的典型辞格，梵几的这件鸟笼电视柜（图 4），找到了本体电视柜和喻体鸟笼在展示这一功能上的相似性，这两者的相似性是可识别的，但需要经过使用者的稍加思索。对鸟笼有过切身认知的用户，更能够轻松地与设计师要表达的相似性达成共识，这件产品的修辞也就达到了隐喻的效果，其展示的功能得到了强化。隐喻的修辞方式因共识的存在，相较于明喻更容易被使用者接受，而不会产生较大的困惑和不适感。

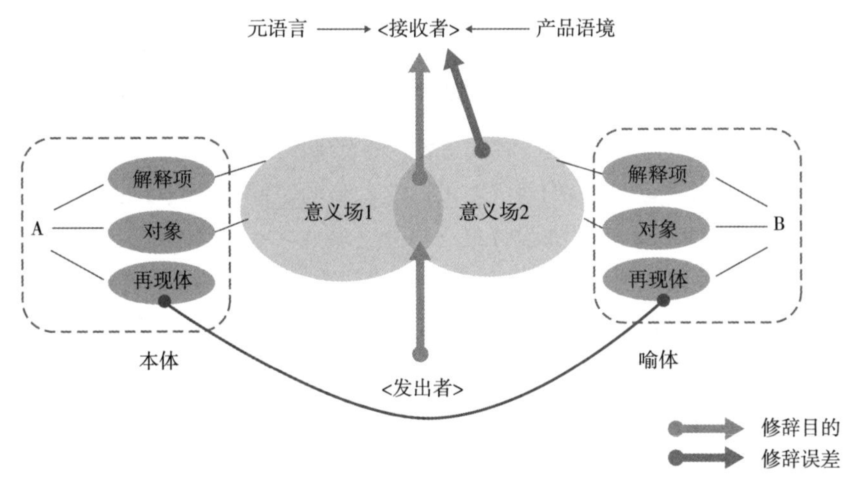

图 3 隐喻修辞结构示意图（作者自绘）

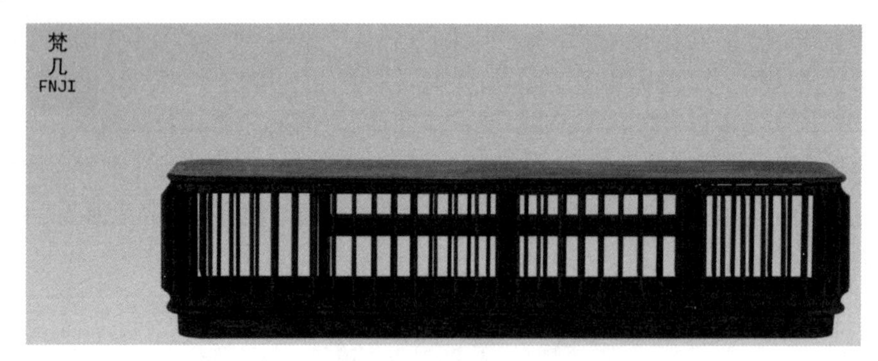

图 4　鸟笼电视柜（图片来源：梵几家具官网）

3.2　隐喻的强调方法

隐喻辞格的使用要注意以下 3 点：

第一，要选择恰当的喻体。这种“恰当”，是所选取的共识意义是否能够良好的达到修辞目的，本体与喻体间相似性达成了多大范围内的共识，设计师应在设计的前期调研阶段就做好完备的分析，产品针对的目标用户的元语言中是否包含此项共识，是隐喻修辞取得效果的关键。如果一件隐喻产品，只有设计者固执地认为两造之间具有他所说的相似性，其目标用户不能与之达成共识，那么这隐喻便是失败的。同时，要减少可能会出现的修辞误差和负修辞。符号 A 与符号 B 之间的意义常相重叠的某一部分，是设计师想要在作品中表达的相似性，重叠区减去共识区后的剩余部分，就成为偏离设计者本意的误差区域，解释者受自身元语言和非理想语境的影响，可能会对其解读出偏离共识的含义，有时甚至会产生对产品的负面解释，成为负修辞。这件“苏州”组合柜（图 5），隐喻的共识是本体与喻体在展示这一功能上的相似性，以及两者结构上的相似性等，设计者概念的出发点来自苏州园林中的“一窗一景”的展示方式，将展示柜的展示功能用这种文化符号的隐喻来强化。但并非所有人仅凭这种外方内圆的造型从中认知到苏州园林中的窗景的形象，这就是一种修辞误差，设计者只好通过命名“苏州”来引导使用者的解读方向，但优秀的隐喻设计应该是不言而喻的。

第二，要对隐喻修辞的喻体符号的再现进行表意的加工。在上述作品中，若将产品色彩设置得更加接近苏式园林窗的色彩，对产品的尺度进行调整来更接近喻体符号，便能得到更好的表意效果，设计物“论文”中不诚实的方面也因此而削减。对于这种相似性进行的控制，就像深泽直人在《设计的生态学》一书中提出的“晃动”，在像与不像之间把握隐喻强度的变化，以此来达成对概念表达的清晰度的控制。

第三，使用隐喻需要有明确的修辞目的。这种目的是设计合理性的来源，如果设计师不在产品中表现出来，就应该在设计概念中补充表达。不表明修辞目的而只展示作品形态，家具概念的表达就依赖符号接收者的解读，20 世纪中后叶的许多经典设计，都没有在概念中明确表示其喻体所传达的明确意义，因而就不能评价修辞效果。Marilyn Bocca 沙发的设计者 Franco Audrito 曾表示此件作品的“修辞目的”：“它展示我们又如何迷恋视觉效果。”（图 6）但嘴唇符号所带来的，绝不只是视觉效果，还有它所独有的符号意义，它通过隐喻让人联想沙发的柔软和嘴唇的柔软，通过明喻，将红唇所带的热烈奔放的气质关联至沙发这件产品之中。

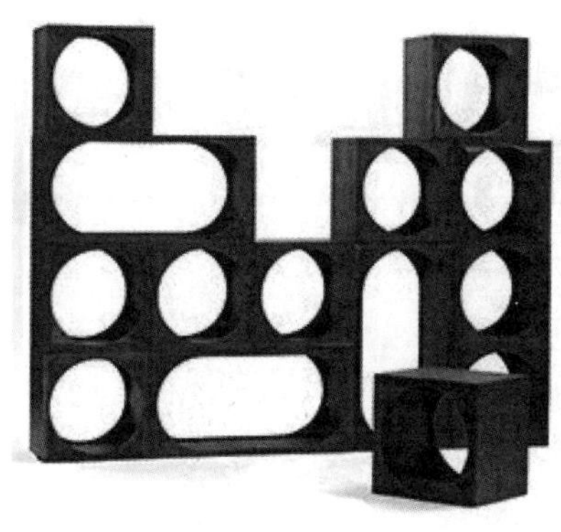

图 5 组合柜

（图片来源：moreless 家具官方网站）

图 6 BOCCA 沙发

（图片来源：网络）

3.3 隐喻的辨析

隐喻进一步地被使用，将跳脱出方法和技巧的作用，本体符号中被修辞的类似性将成为不用比喻就可以感知到的存在。儿童家具中，其隐喻建立在其摇晃的功能与骑马的相似，以及在乘坐方式上的相似性，因此采用喻体小马的符号通过造型置于本体摇椅之上，当这个隐喻不断地被强化后，假设有一天设计者故意弱化小马的造型而使人们不可感知，使用这件产品的小朋友还是会将其当成木马跨坐在上面。而此时符号已经消失。倘若将小马的形态改为小猪，消费者还是会将其称为木马。这个意义早已被写入这件家具之中，成为家具的内涵之一。

4 结 语

明喻总在不断地连接，隐喻总在不断地解释。源自语言修辞中的两种修辞格，在被引入了家具设计领域后成为可遵循的创新设计方法。比较这两格而界定概念，得到了相邻接的两者在概念上的分界线，即两者的概念相似性，以此为认识和区分两格的关键。在任何家具产品中，只要两个不同且清晰的符号同时在一个实物系统中被连接，明喻就一定会发生。而隐喻是否存在，取决于两个符号间是否有可以被认知的相似之处。明喻和隐喻常常同时出现，认识两者并进行清晰的辨别，帮助我们理解了产品符号系统中修辞格运用的复杂性。再界定两者的概念并探讨了其运用中的符号生成方法，为家具设计的概念向造型转化的阶段提供了可遵循的方法与手段，也为用户在理解和评价此类难以捉摸的家具产品时提供了路径。

原文发表于《家具与室内装饰》2023 年 3 月刊第 27—30 页

家具造型特征定量模型的构建研究

摘　要：针对家具造型中的复杂性和不确定性设计信息，以造型特征空间构建和造型信息层次分析为基础，提取家具造型中的几何特征，并基于数量化理论 I 的产品意象造型研究方法，分析家具造型语义特征，发掘感性意象与造型要素之间的映射关系，构建基于造型特征、语义特征及其映射关系的家具造型特征定量化模型。

关键词：家具造型；造型特征；语义特征；定量模型；几何特征；感性意象

现代家具产品越来越具有工业产品的属性，家具设计也越来越体现出一般产品设计的特征。现代产品设计以知识的获取和应用为核心特征，其本质上就是一个造型知识获取、存储和使用的过程。产品造型特征作为造型知识的重要表现形式，一直是设计和工程领域研究的重点和难点。马宏儒等从材料角度出发，以“形态”为核心和主要研究对象，探讨家具造型的形态构成和构成法则、构成规律；余继宏从符号学理论角度研究家具设计中的形态符号问题，为更深入的家具形态符号研究提供了新的方法和尝试；赵江洪、谭浩、黄琦、孙守迁等从认知心理学、模式识别的角度提出了基于情境和意象尺度的产品造型特征设计方法，对产品造型和意象的关系进行了聚类分析、多元分析。基于上述研究，本文从家具产品实体造型及其引发的心理意象两个层面，构建家具造型知识处理框架，对家具造型特征这一具有复杂性和不确定性的对象进行定量化建模，并运用于具体的知识处理实践中，试图建立与家具造型领域特点的知识获取、表达与应用技术。

1　家具产品造型特征

感性工学研究认为，产品造型是一个由多个维度和元素所构成的概念。按照符号二元一体模型，产品造型可分为产品造型实体及其引发的心理意象两个层面。产品造型特征可以表征为造型实体信息及心理意象信息所构成该产品的共有特性空间的表达函数。几何特征、语义特征及其映射关系构成了产品造型的特征。其形式化表达如下：

令 D 为产品造型领域，W 为产品造型设计领域中所有可能状态的集合，对于产品造型设计的概念关系 r^n：$WG \rightarrow 2Dn$，其中，r 为从 W 映射到 D 上的所有 n 元关系。对于任一可能的造型状态 $w \in W$，其造型的解空间可以表达为：

$$S_o = \left\{P_h, F_u, r^n\right\} \tag{1}$$

式中：P_h 为物理域，即造型几何特征；F_u 为功能域，即造型语义特征；造型从几何特征到语义特征的属性映射 r^n：$P_h \rightarrow 2n^{F_u}$，则对于任一几何实体在语义特征域上均存在 n 个价值维度的属性映射。

2 家具造型几何特征分析

2.1 几何造型特征空间构建

完整意义上的家具造型是家具本身的信息载体，是一种以物质形式来表现的符号。几何特征是家具造型的客观属性。从视觉符号和人的认知过程角度，椅子的座面、靠背面和腿部三者构成了椅子造型的关键约束信息，是其设计和制造的主要控制特征，在认知过程中对整体造型意象的形成具有重要作用，将其定义为主特征。扶手、前挡、横挡和侧挡等部件体现了主特征要素之间的空间连接关系，对整体意象的形成具有辅助作用，将其定义为过渡特征。此外，一些通过删减和添加手法形成的，在整体造型上功能独立的关键部件（如椅脑、椅背条、坐垫等）定义为附件特征。家具造型几何特征可以定义为由主特征集、过渡特征集和附件特征集构成的几何造型特征空间。

2.2 家具造型几何特征的信息层次分析

基于几何造型特征空间，可以把家具整体造型分解成点、线、面的信息层次结构（图 1），点、线、面之间在几何空间上构成包含关系，即特征点存在于特征线中，特征线存在于特征面中。从某种意义上说，特征线可以认为是由连续的点构成的，其中具有独立信息意义的关键点即为特征点。因此，特征点是对特征线的信息简约，特征线是对特征面的信息简约。在家具造型设计中，特征线起先导作用。家具设计中线条的运用到处可见，从家具的整体造型到家具部件的边线，从部件之间缝隙形成的线到装饰的图案线等，特征线作为特征面与特征点的中间层，具有重要的过渡作用，是家具造型几何特征的重要表征。

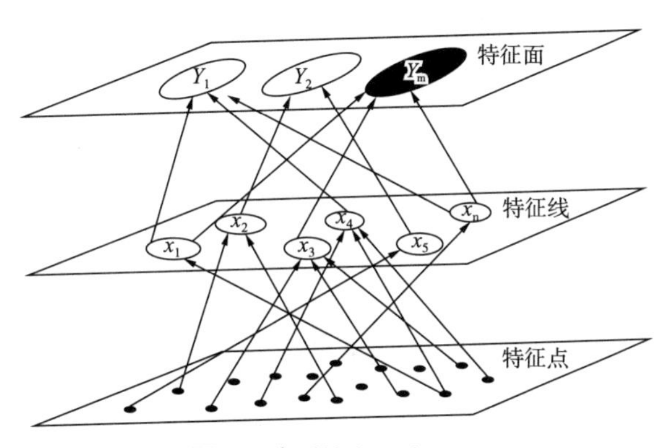

图 1 造型信息层次结构

2.3 家具造型几何特征的提取

家具造型几何特征的标定主要采用基于特征线的关键特征提取方法。考虑到家具产品种类繁多、风格各异，为了简化相关调查数据，更直接地揭示了家具造型形态元素与意象语意之间的规律，研究样本在座椅中选取。样本以明式家具经典形式、20 世纪主流家具设计大师作品以及有关设计大师经典的家具作品为主。以广泛收集造型相异的样本为原则，共选取了近 100 款座椅的造型，由 6 位具备相关设计背景的人员进行筛选后，最终保留了 30 个家具造型样本，对其关键特征线进行定量化提取和分析，以获得家具造型的几何特征。

通过样本案例资源库，借助 Auto CAD 等软件，完成 30 个样本案例的立面图及三维数字模型，在各个视图上观察对象，提炼造型符号，提取关键特征线，提取原则参照建模的先后顺序和主要特征、过渡特征、附加特征的几何特征分类（图 2）。

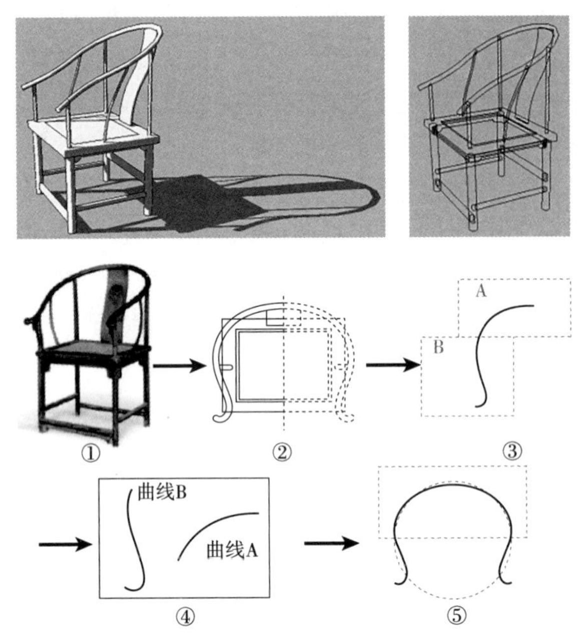

图 2　家具几何特征提取结果（部分）

以完形认知心理为基础，通过形态分析可将产品造型分为若干独立的造型特征单元，而不同的造型特征单元又分别由不同的造型属性类别组成。在此，以矩阵形式来表达。

特征单元集为：

$$X=\left\{X_1,X_2,\cdots,X_n\right\} \tag{2}$$

第 i 项特征单元对应的特征属性矩阵为：

$$X_i=\left\{X_{i_1},X_{i_2},\cdots,X_{i_n}\right\} \tag{3}$$

式中：n 为自然数。

某些特征实体的关联程度较高，导致由多个特征线实体构成一个具有独立造型意义的特征组，获得若干个家具造型几何特征，见表 1 中的靠背和腿部。这些几何特征成为对造型设计实践有指导意义的要素，并将被用来作为意象造型研究的对象。

表 1　家具造型元素分析表

			1	2	3
靠背	a	线	曲线 a_1	直线 a_2	曲直结合 a_3
	b	面	方形 b_1	圆弧形 b_2	异形 b_3
	c	体	几何体 c_1	有机体 c_2	无 c_3
腿部	d	线	曲线 d_1	直线 d_2	曲直结合 d_3
	e	面	方形 e_1	圆弧形 e_2	异形 e_3
	f	体	几何体 f_1	有机体 f_2	无 f_3

③ 基于数量化理论 I 的家具造型语义特征分析

产品意象造型是基于人认知视知觉原则，以造型几何特征为对象，将非理性的感性意象信息加以量化来发展概念设计的方法。对于产品造型意象的语义特征，一种比较有效的方法是以多维的形容词量表描述人们的心理意象，也称为语义差异法。语义差异（semantic differential）法由 Osgood 等提出，目的是通过语义量表建立心理描述量（语义特征）与感官特征量（几何特征）之间的映射，然后运用数理统计的方法分析其规律。数量化理论是多元统计学的一个分支。数量化理论 I 主要解决说明变量为定性变量的定量基准变量的预测问题，应用该理论可以充分利用收集到的定性、定量信息，使难以详细定量研究的问题定量化，从而更全面地研究并发现事物间的联系和规律。本研究从语义差异法入手，运用数量化 I 来建构偏好意象的造型法则，通过对受测人员的测试，并对实验数据进行分析，得到语义特征要素的分布规律和映射关系，从中了解每组意象语意和造型要素之间的数性关系。

在前期研究的形容词量表中选取 4 对形容词（时尚的、仿古的，舒服的、不舒服的，实用的、装饰的，律动的、静穆的），设计项目确定为背板和椅腿，在此基础上确定其设计要素，见表 2。在样本资源库中选取 20 个典型的家具造型，采用七阶的李克特量表设计调查问卷，选取 32 个受测人员进行调查（其中家具设计专业学生 20 人，家具设计人员 8 人，家具行业人员 4 人），表 3 为样本造型要素编码表。

表 2　家具造型形态元素分析表（部分）

设计项目	设计要素简化示意图		
靠背面 b	b_1	b_2	b_3
腿部线 d	d_1	d_2	d_3
……			

表 3　样本造型要素编码表

	靠背线 a			靠背面 b			靠背体 c			腿部线 d			腿部面 e			腿部体 f		
	曲	直	曲直	方	圆	异	几何	有机	无	曲	直	曲直	方	异	圆	几何	有机	无
	1	2	3	1	2	3	1	2	3	1	2	3	1	2	3	1	2	3
1		a_1			b_2			c_2			d_1			e_2			f_2	
2		a_2			b_1			c_3			d_2			e_3			f_3	
3		a_1			b_3			c_3			d_2			e_3			f_3	
4		a_2			b_1			c_3			d_1			e_3			f_3	
5		a_3			b_3			c_3			d_2			e_3			f_3	
6		a_2			b_1			c_1			d_2			e_3			f_3	
……																		

（续表）

<table>
<tr><th rowspan="3"></th><th colspan="3">靠背线 a</th><th colspan="3">靠背面 b</th><th colspan="3">靠背体 c</th><th colspan="3">腿部线 d</th><th colspan="3">腿部面 e</th><th colspan="3">腿部体 f</th></tr>
<tr><th>曲</th><th>直</th><th>曲直</th><th>方</th><th>圆</th><th>异</th><th>几何</th><th>有机</th><th>无</th><th>曲</th><th>直</th><th>曲直</th><th>方</th><th>异</th><th>圆</th><th>几何</th><th>有机</th><th>无</th></tr>
<tr><th>1</th><th>2</th><th>3</th><th>1</th><th>2</th><th>3</th><th>1</th><th>2</th><th>3</th><th>1</th><th>2</th><th>3</th><th>1</th><th>2</th><th>3</th><th>1</th><th>2</th><th>3</th></tr>
<tr><td>19</td><td colspan="3">a_3</td><td colspan="3">b_2</td><td colspan="3">c_1</td><td colspan="3">d_1</td><td colspan="3">e_2</td><td colspan="3">f_3</td></tr>
<tr><td>20</td><td colspan="3">a_2</td><td colspan="3">b_3</td><td colspan="3">c_3</td><td colspan="3">d_2</td><td colspan="3">e_3</td><td colspan="3">f_3</td></tr>
</table>

将造型设计项目作为项目，并将造型设计项目中的设计要素作为类目，建立数学模型并求解。表 4 所列，意象语意为一对相互对立的形容词，对应到家具造型元素上的各个分值最高和最低的类目，并加以整理，就得到意象语意与造型要素的量化关系，也就是各偏好意象的家具产品造型法则。根据预测模型可以预测产品造型的感性评价值，根据类目得分可以得出设计要素对感性词汇的影响及影响的方向，根据偏相关系数可以得出设计项目对感性词汇的贡献大小。

表 4　意象语意的数量化 I 类分析结果

项目	类目		时尚的 / 仿古的 Y_1		舒服的 / 不舒服 Y_2		实用的 / 装饰的 Y_3	
			类目得分	范围	类目得分	范围	类目得分	范围
靠背	a 线	1 曲线	–0.040	0.25	–1.336	1.984	–0.483	1.221
		2 直线	–0.065		0		0	
		3 直曲线	0		0.648		0.738	
	b 面	1 方形	–1.811	0.214	–2.124	0.935	–0.368	0.391
		2 异形	–1.597		–1.189		–0.212	
		3 圆弧形	–1.717		–2.029		–0.603	
	c 体	1 几何	0.544	0.043	–0.059	0.988	0.030	1.135
		2 有机	0.587		0.929		1.165	
腿部	d 线	1 曲线	–0.530	0.929	1.001	0.641	0.902	1.339
		2 直线	–1.459		0.435		0.415	
		3 直曲线	–0.779		0.360		0.093	
	e 面	1 方形	–0.453	1.157	0.002	1.027	0.408	0.297
		2 异形	0		–0.637		–0.433	
		3 圆弧形	0.704		–1.025		–0.931	
	f 体	1 几何	–0.240	1.201	0.009	0.009	–0.297	0.297
		2 有机	–1.441		0		0	
常数相			1.424		1.512		–0.914	
复相关系数			0.986		0.861		0.853	
决定系数			0.972		0.741		0.728	

以“时尚 / 仿古”的造型意象为例，表 4 中范围值越大，表示该造型项目对“时尚的—仿古的”意象影响就越大。从数据来看，在各项目中以腿部“体”（f）的范围值最大，以腿部的造型特征项目的贡献率为最大，其他依次为靠背的线（a）、体（c）、面

（b），这几个要素构成了“时尚/仿古”意象的典型特征集。换句话说，当家具造型要突出“时尚的”意象时，家具的造型特征应趋向于：靠背造型以直线型为主，靠背面近方形，靠背体呈有机型，腿部选择有方型面的直线型。

4 家具造型特征定量模型构建

基于上述实验方法，可选定具体的家具产品类别，通过形态分析确定其造型样本特征在造型语义特征要素空间中的位置，并结合特征单元集和语义特征形容词，就可以构建该类别家具产品造型特征定量模型。

家具造型特征的定量模型包括几何空间、语义空间及两者的映射关系。几何空间是由N个几何特征构成的N维空间；语义空间包含语义特征要素和形容词两个层面。语义特征要素层面是对形容词层面的概括，两者通过相关性进行关联并均和几何特征构成映射关系。这种映射关系主要是基于实验的心理映射关系，能借助统计学方法以量表的方式进行定量表征。

5 结　论

（1）面向家具造型领域，以实验和特征分析为依托，对家具造型物理域和功能域中的特征向量及相关性进行定量表征，通过分析物理域与功能域之间的映射，可以构建家具造型特征定量模型。

（2）进一步研究几何特征和语义特征的映射关系，通过实验和设计实践，可以细化和完善理论模型。

（3）真正实现辅助设计的有效渠道是开发与造型特征定量模型对接的家具造型信息设计系统。

原文发表于《中南林业科技大学学报》2011年2月刊第1—6页

评《现代包装设计理论及应用研究》

随着市场经济的不断发展与完善，作为“无声推销员”的包装在产品品牌塑造中正扮演着更为重要的角色。经过30余年的发展，我国包装逐渐走出了昔日“二流产品、三流包装”的阴影。不仅如此，在政府和包装各界人士的共同努力下，包装在国民经济42个行业中居第13位，包装工业总值也从2002年的2500亿元上升到2007年的8000亿元。就产值而言，我国是仅次于美国与日本的世界第三包装大国。然而就包装的整体质量及具有创新价值的包装设计等方面而言，与发达国家还有一定的差距，有学者归纳其原因有两个：一是包装科技的创新不够，二是缺少高水平的创新设计人员。但笔者认为，除以上两方面原因，创新型包装人才的匮乏及深层次包装设计理论的滞后是制约包装行业发展的瓶颈。

作为文化载体之一的包装在每一历史时期均表现出强烈的时代特征，在当下的知识经济时代，商品包装已不再只是商品外在的“物化”表现，它已从创造“形式”上转移至满足人们的“情感需求”。曾经千篇一律的包装设计使人们一度陷入了单调、乏味的生活模式，而随着时代的进步，人们不仅要求产品内在质量过硬、使用方便，而且要求产品外观赏心悦目、富有情趣。设计师往往通过包装设计使其在功能、形态、色彩、图形等方面，表达出极富人情化和情趣的含义。内在含义极富于人情化，不仅经济实用，并且能丰富人们的情感生活。这样的包装以其独特的魅力价值提高了商品自身的附加值，体现了消费者的身份地位，满足了消费者的心理需求。因此，对包装的理解已经不是原有的简单保护商品、方便运输、促进销售等功能，应该上升到民族性格、民族心理的深层次。

朱和平主编的《现代包装设计理论及应用研究》这本书，作为国家“十五”规划课题的最终研究成果，无论是横向的知识跨度，还是纵向的理论深度，都达到了国内外一流水平，可谓是目前包装行业的一本权威著作。本书共分七章，对现代包装现状做了详细的阐述，从传统包装、现代包装，到包装设计概念、包装设计应用，将包装设计放在世界多元文化的大背景下进行了认真的梳理、论析和整合，对包装设计的基本概念、发展历程、发展规律、相互影响、原理的共性和个性等问题作了全面系统研究，集中反映出现代包装设计的丰富性、交叉性和整体性。该书还探索了包装设计如何更好地为消费者服务的行之有效的方法，这不仅为提高商品包装设计水平提供理论依据，并且满足了市场竞争的需要，创造更高的经济效益，同时，它也直接影响了企业品牌形象。研究现代包装设计理论及应用符合国际设计发展的趋势，有利于提高我国整体的包装设计水平，能为我国的包装设计人员提供设计参考和依据。阅读此书，在了解更多包装相关知识的同时，还能启迪思维、丰富设计视角、积累实践经验，进而形成理论体系，真正把握包装设计普遍规律和原则，对日后的设计工作提供理论指导。

笔者基于长期以来对包装设计行业的关注，发现包装行业新增添了一系列有关包装设计的教材与专著，但多数都是对包装设计表现技法的一种浅层次的解说，或者一些工科方面的包装书籍，抑或是对包装设计的工艺流程做了机械式的介绍。《现代包装设计理论及应用研究》一书创新性地以动态的视角对现代包装设计的理论进行了深层次的挖掘，特别是对目前包装行业、市场上出现的一些现象，进行深入的分析与总结，提出了一些建树性的基础上形成了鲜明的极具价值的观点。以下是笔者就本书中的这些观点进行提取、阐释，以便读者对本书有更加深入的理解。

其一，该书解决了一个包装行业一直在争论的问题——包装的概念问题。

因为语义学的原因，“包装”是一个外来词，我国古代并没有“包装”一说，所以很多学者都以新中国成立后“现代包装”的概念对整个历史过程中的包装进行界定，基于以上原因，我国对古代包装的研究一直受到很大的制约，令人感到遗憾。然而，《现代包装设计理论及应用研究》一书中第一章中“包装概念的演变”这个章节，作者将包装的概念看作一个动态发展的对象，以动态的眼光看待包装的发展，对各个时期包装的特征进行了总结，并对各个时期的包装的概念进行了定义，极确切地解释了包装的概念，明确了包装概念的问题。作者认为原始时代的包装是包装的起源，其包装的概念具有“双重性”，认为那个时代的包装既是包装也是用具，没有非常明显的划分；而随着生产力的发展，人类分工进一步细化，包装的概念范畴也更加明确。笔者指出，这个时期的包装便具有了“专门性”，使包装从生活用具中独立出来，完成了保护产品、方便运输、促进销售等包装的基本功能。随后，随着材料的多样化，包装逐渐成为一种附属物，这个时期的包装具有了附属性，经过几个阶段的发展与演变，最后才有了现代意义上的商品包装概念。

其二，该书创造性地提出了“展开设计理论与设计展开理论”，科学地将包装设计划分为从定位到设计、深化设计两个阶段，并对两个阶段设计的内容、设计的原则和设计方法进行了归纳。

人们在实际的设计过程中，却往往分不清楚展开设计和设计展开这两个不同的设计阶段，很容易将两者混淆起来而不加以区分，或因区分错误，这不仅导致设计思路失之偏颇，而且影响了设计质量和效率。众所周知，完美的包装设计是为社会公众与经济市场服务的。它不但给人们提供一个舒适、美观、安全、方便的条件，而且与环境达成个人、群体、社会三者和谐的关系。在这一标准下，作为包装设计的第一阶段的展开设计，就是在保证产品能够舒适、安全、方便地从生产者转到消费者手中的前提下，确立材料的选择、包装的造型和结构。《现代包装设计理论及应用研究》一书认为设计展开的基本内容从总体上讲，根本点在于使被包装的商品，除了质量、价格等因素，通过赋予包装的视觉冲击力，使消费者去接受、认同它，进而去购买它。那么，这一阶段的主要形式是使包装在科学性、合理性基础上，融色、轻盈单纯的白色还是充满力量的黑色，都可以用来展现个人网页的个性。但对于一个网页来说，不是运用的颜色越多就越能展现更多的内容，而是应该将色相控制在 3 种以内，设计师可以通过调整色彩的明度和纯度来达到千变万化。

网页要展现的方面是多样的，所以不可能局限于某一种配色准则，还是应该根据具体状态进行协调。网页设计师要把握好色彩明度的对比，不能太小导致看不清楚，不能太大以免伤害眼睛。色彩搭配时最好采用网络的216种安全色，其中有彩色210种、无彩色6种，这样就能很好地避免由于显示器等硬件不同产生的视觉差。在网页色彩的搭配做到合理统一的前提下，力求达到独特、艺术化，促进网页的功能提升到最高水平。

原文发表于《大众文艺》2009年10月刊第76—77页

中国家具产业的结构性调整和相应的产品研发策略

摘　要：中国家具产业存在产能过剩、产业链吻合度较低、产业投入不尽合理、产品品质较差等结构性缺陷，应进行联合重组、改善生产方式、技术升级、提升品牌效应和国际化转型等调整。在调整期内，企业的产品研发可采取国际化策略、精品策略、经典策略、亲民策略。

关键词：家具产业；结构缺陷；调整；产品策略

近两年来，我国家具产业已经明显进入调整阶段，主要反映在一批中小型生产企业纷纷倒闭，出口和内地市场均显疲软，电商的异军突起使传统制造企业彷徨，产品研发也处于无所适从的境地。笔者认为：产业的调整是迟早的事，只要我们认清为什么会出现这样的调整，预测出将向何处调整，企业仍然可以从容不迫、应对自如，产品研发也同样可以按部就班、有条不紊。

1　中国家具产业存在的几个结构性缺陷

中国家具产业经过几十年的快速发展，已经形成了较完善的工业体系，同时也暴露出了一些结构性缺陷：第一，总体产能严重过剩。据初步统计，我国家具产业的产能已经达到近 30 000 亿元人民币，而国际国内市场的接受量还不足其一半。二是产业链各环节的吻合度仍然较低。主要反映在生产环节和流通环节的匹配性较差，利益分配不合理，甚至出现相互牵制的局面。第二，就是技术发展环节仍然处于相对落后水平，缺乏推动行业整体技术进步为责任主体的技术研发机构，缺乏专注于行业技术发展的科研型企业。近年来，设计企业虽然雨后春笋，但其设计能力和运行机制仍然较为落后，难堪大任。第三，产业投入不合理，产业链的修复、优化和可持续发展机制不健全。绝大部分的投入仍然是流向粗放的扩大生产规模和较为低俗的品牌宣传，而集聚“内功”的技术性投入、以文化建设为核心的品牌推广却少得可怜。第四，产品的粗制滥造。一些低品质、低技术含量的产品仍然在争夺资源和扰乱市场。

2　中国家具产业近期的调整方向

从国外家具产业的发展历史来看，家具产业发展的“自组织”特征非常鲜明，那就使得以国家、集团利益为目标的调控性手段和措施均难以奏效，自发性修复和优化机制起主要作用，而这种修复和优化均是以当前利益为核心的渐进式调整。因此，不用担心中国家具产业的调整会顷刻间崩溃和解体，但也不能指望那种外科手术式的变革和跨越式的进步。从目前的局势而言，产业调整行为主要将会表现在如下方面。

一是联合重组。中小企业自身的实力难以抵御调整期的外部压力，与其被大潮淹没，不如抱团合作。这种合作，强强联合和优势互补当然是最理想的状态，但实际上难以实现。而小规模优质企业的联合，则无论从达成共识，还是在操作难度上都是可行的。这种联合，企业间很快从竞争对手转化为合作伙伴，是一种典型的“1 + 1 > 2”的范式。较为成功的经验反映在以产品线拓展为目的的“集团式联合”，与产品同质化企业的“规模化联合”以及产业下、中、上游的“跨界式联合”。不同的联合方式利弊各异，但相同的价值观是实现联合的基础。

二是专业化、精益化的生产方式。当前，我国仍存在许多小而全和粗放式的企业，它们面对调整的抵抗力极差，是最容易倒闭的企业类型。当下最急切要做的事，就是果断地实行减法调整，及时下马简单重复和低水平的投资，及时摒弃同质、劣质的产品，将有限的资金和精力集中在最拿手的工艺技术和最具竞争力的产品上，在工艺技术上精益求精，在特色产品上锦上添花，在生产管理上追求极致。

三是以信息化技术为核心的技术升级。无可置疑，“定制”“电商”对产业产生了较大的冲击，同时，其发展前景也初见端倪，不能不引起足够的重视。信息化技术就是这两股产业大潮共同的技术核心。家具企业 ERP 系统及其设计、生产、营销模块，是企业信息化技术升级的基础，但不同的企业具有不同的内涵，照搬照抄显然不可取。而构建这样的技术体系，需要企业长期的技术积累和较高水平的人才队伍。因此，人才储备、人才引进、人才培训等工作成为调整期企业工作的当务之急。

四是品牌提升。以前许多家具企业只埋头于“实惠”，巨大的市场需求让企业无暇顾及品牌建设，同时，也出现了许多品牌建设的优秀案例。但必须提醒的是，有些企业从不重视品牌，又走入了盲目建设品牌的误区。名人明星代言、奢侈活动似乎成为树立品牌形象的唯一选择。品牌建设的核心是文化建设，企业的核心价值和价值观、健全的企业机制、优良的产品和产品在市场上的影响力是企业文化建设的重点，外在形象、流通渠道以及市场知晓程度等，还只是表面的东西，虽然同样重要，但不应是品牌建设所追求的唯一目标。

五是国际化转型。国内需求已基本趋于稳定，巨大的产能过剩如果仍只寄期望于国内市场，显然是不可取的。一些有实力的企业应尽快关注国际市场，但需要做的事情也很多，例如，国际营销渠道的建设、对国际市场的认知、国际产品标准的知悉与解读、国际金融与流通知识的学习与经验积累等，都是要面临的问题。

3 调整期家具企业产品研发策略

毫无疑问，行业调整和企业的应对，最终都要落实到产品设计上，因为企业不可能停止产品生产来进行调整。因此，调整期企业的产品设计策略是每个企业面对的共同问题。

确定调整期企业产品策略的基本原则在于：应对市场需求，体现企业优势，提升产品品质，追求最高附加值。具体就不同的企业而言，可分别采取如下策略。

一是国际化产品策略，即顺应国际市场的普遍需求，或者顺应目标地特殊的需求，力争占领国际市场。当前，国际市场家具产品的主流风格是简约风格，产品外形简洁明快，以“干净”的几何体或几何形块面为主，工业感强，木质材料用量逐渐减少，大量采用高强度的塑料、金属等材料，不拘束于板式结构或框式结构，但大多采用机械式接合形式，色彩或沉稳或大量使用中间色。同时，中东、非洲、南美等地区的家具市场有着鲜明的地域特色，因此，了解这些区域的传统民族和民俗文化，对于开发对路的产品至关重要。

二是精品策略，即用心打造精品的策略。精品不等同于奢侈品。能被称为精品的产品具有以下特征：功能科学合理，对使用者体贴入微；造型的识别性高，符号特征强、科技感强，富有个性；注重细节设计；用材考究；加工品质高，产品通体均精工细作，不存在任何质量瑕疵；采用高科技配件和部件；使用操作方便；性价比高。这里需要强调的是：精品是需要长期打造出来的，任何急功近利的行为都难以出精品，朝秦暮楚、一年推出几代新品的企业也难以出精品。

三是经典策略，即塑造经典产品的策略。当市场疲软的时候，经典产品的优势立马反映出来。所谓经典，是指经过较长时间的市场考验消费者公认的好产品。它可能是传统的，也可能是现代的；可能是经典形式，也可能是经典功能。例如，现在大多数红木家具企业举步维艰，不断尝试产品“创新”，但效果甚微。回过头来发现，尽管新产品一筹莫展，但那些精工细作的、照抄复制的、经典的中国明清家具产品却独领风骚。因此，一些以新古典风格定位的企业的设计师们不妨重温家具发展史，欧式新古典的家具设计师们不妨回溯一下文艺复兴运动、洛可可风格，美式新古典的设计师们则不妨重新研读殖民地风格……这里还要重点强调“塑造经典”，就是企业选择自己产品族系中的精品，将它们打造成为“经典”，保持它的基因，并能与时俱进的长期保持它在市场中的存在。大家都公认北欧家具经典纷呈，最核心的是北欧家具市场并不像西欧市场、更不像中国市场的更新让人目不暇接、眼花缭乱，有时在外形变化上甚至是停滞不前，但内涵、品质、技术含量等却是在与时俱进。

四是亲民策略，即指贴近百姓大众生活现状的策略。集中体现在亲民的功能、亲民的审美、亲民的价格。家具产品的基本功能是满足人们日常生活的基本需要，这是家具成为基本消费品的物质基础。针对一些特殊的使用功能，不断开发出新型家具品类，这种做法本无可厚非，但有少数企业却以此为噱头，过度开发，还美其名曰人性关怀，有剑走偏锋之嫌。亲民的审美是指贴合百姓的大众审美。新潮、个性等一些审美探索和审美引导虽然非常重要，但真正能托起中国家具产业的产品，必然是雅俗共赏的大众审美产品。因此，设计师们也没必要过分无病呻吟。当世界范围内奢侈品江河日下的当今，中国的家具市场上却不断刮起奢华风，这充其量只能满足极少消费者的需求，不能成为中国家具消费市场的主流，亲民的家具须是亲民的价格，是老百姓人人都买得起的家具。在亲民家具的背后总有一段家喻户晓的故事、一个妇孺皆知的场景。

原文发表于《林产工业》2016年3月刊第3—5页

板木家具设计中实木构件与人造板基材构件的配置方法

由于人们对实木家具情有独钟，但实木资源尤其是珍贵树种资源日趋减少，因此，具有实木外观形象特征又减少实木用量的板木家具应运而生，并已成为当今中国木质家具市场的主流产品类型之一。

按照基材类型不同，板木家具的构件主要分为两种：实木构件、人造板基材构件。

板木家具设计时，设计师最难把握的是家具的哪些构件用实木构件、哪些构件用人造板基材构件。因为人造板表面通过薄木贴面处理后，与实木通过拼板工艺制成的板件在外观上相差无几，人造板通过集成的方法可以制成较大截面尺寸的方材，表面贴面处理后与实木方材构件在外观上也足以达到逼真的效果。

板木家具设计中对原材料的选择不能一概而论，而应该根据设计目标定位，遵照科学合理、反映板木家具特征、节约实木材料、适应板木家具制造工艺等原则灵活决定。

1 设计目标定位是基材选择的基本依据

产品设计目标定位包括产品风格定位、产品价格档次定位、产品质量定位、产品销售地域定位等。

板木家具可以是传统古典风格、现代风格。对于传统古典风格的产品而言，有大量异形构件（尤其是方形构件）存在、截面较大呈现体的特征且形态复杂者，一般用实木或实木集成材制造，如仅是截面尺寸大，但表面形态较为单一者，亦可以用人造板集成处理为方材后在表面贴薄木处理，即选用人造板基材；平面维度尺寸较大但厚度尺寸较小者，如采用实木拼板则拼板工艺要求较高，而采用人造板基材构件不需要拼板，并且表面可以进行平面雕刻，实现古典家具的装饰设计要求，故一般采用人造板基材构件。现代风格的家具产品，构件形态往往较为单一，对于方材形构件而言，直线型构件可采用人造板集成材（表面贴薄木），曲线型（含流线型）构件一般采用实木基材；对于板形构件来说，一般用人造板基材，少用实木拼板。

产品价格定位是决定材料选择的最主要因素。一般高端价格定位的产品选用实木材料较多；对于中端价格定位的产品，其线形构件（如腿足、攒边、立梃等）和框架构件一般全选用实木构件，板形构件选用人造板基材构件；低端价格定位的产品，直线型、曲率较大的构件一般选择人造板基材贴面的形式，异形件则选择价格较低的实木，板形构件选用人造板基材贴面。

产品质量与材料选择具有密切关系。一般而言，实木构件易出现干缩湿胀、变形、开裂等实木产品通常的弊病。但如果选用的实木材质较好、处理工艺（如干燥）到位、

加工精度有保证，则这些弊病均可避免。人造板集成材构件虽易出现胶合面开胶，薄木贴面人造板构件虽易出现贴面开胶、鼓泡等通病，但同样可以避免。因此，应根据企业自身的情况及对材料的处理和加工能力选择合适的材料。

不同地域的消费者对家具用材有不同的理解，中国北方地区的消费者更加喜爱实木产品或者实木含量较多的产品。

❷ 科学合理原则

科学合理的原则是任何家具产品设计时都应遵守的基本法则，该原则既适用于板木家具设计，又可以灵活处理。

在截面相同的情况下，实木木材尤其是质地致密树种的木材其抗弯强度较人造板集成方材大，用于承重梁类构件时，其抗弯效果较好。工厂装配或自装配过程中，有木螺钉反复拧入、拧出情况时，实木构件的握钉力强度较人造板基材构件的大。在设计强度足够的情况下，人造板基材构件的使用寿命一般较实木构件的短。幅面尺寸较大的板件，人造板基材构件的形状和尺寸稳定性较实木拼板构件的好。

依据上述情况，可以总结以下原则：

（1）选用抗弯和抗蠕变性能较好的实木木材制作家具产品的弯曲受力构件；承重件选用实木构件为主，用作空间隔断与划分的板形构件则多采用人造板基材构件。

（2）尽量保证家具连接件安装在实木构件上。

（3）协调家具整体使用寿命，尽量实现实木构件与人造板基材构件的使用寿命一致。

（4）方形构件以使用实木构件为主，板形构件以使用人造板基材为主。

❸ 整体实木感原则

板木家具诞生的主要原因之一是基于对实木家具的审美推崇，因此，用非实木材料制造“像”实木的家具产品，成为板木家具设计的基本原则之一。

标定家具外形轮廓的构件最能反映家具的基本材质特征，如柜类家具的外轮廓线、台桌类家具的面板和腿足等，将这些构件设计为实木构件，家具的整体实木感将会较强。

在人们的印象中，框式家具与实木制作有必然的联系。因此，赋予板木家具整体为框式家具的外观形象十分必要。如选用实木材料制作家具的外形轮廓线，用攒板结构设计门板的形状，其中将立梃设计为实木构件、嵌板设计为人造板基材构件（图 1）。

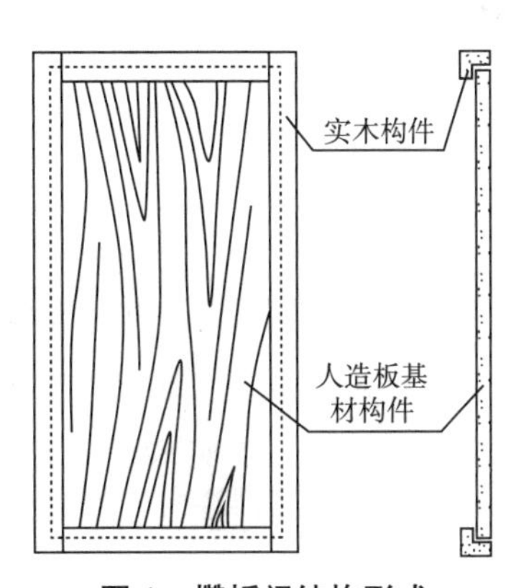

图 1　攒板门结构形式

一些经过切削加工（如各向切削、雕刻、铣形切削等）的方形构件或板形构件非常能体现家具的实木感，因此，有意在家具的正立面部位选择一些构件用实木制造，并对其进行造型和装饰性加工（图 2）。

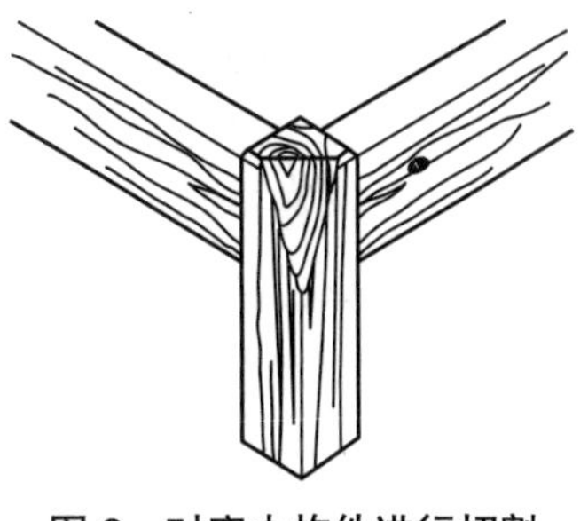
图 2　对实木构件进行切割

❹ 节约实木材料原则

板木家具诞生的初衷之一就是减少对实木材料的消耗，因此，板木家具设计时，在保证功能、审美的前提下，尽可能减少实木材料的使用是板木家具构件设计的基本原则之一。主要体现在以下几个方面：

（1）必须使用实木的构件，尽可能精确确定构件的截面大小，避免盲目使用大尺寸的构件。

（2）非造型需要但又必不可少的构件，尽可能少用曲线形构件，而较多地采用直线形构件，或者采用由线材直接弯曲的曲线形构件，以避免在挖弯、套裁制造过程中的木材损失。

（3）方形构件和板形构件的设计，尽量遵循“套裁”原则（图 3）。

（4）将较大尺度的实木构件分解设计，变成若干个小尺度的实木构件（图 4）。

（5）将装饰性特征明显的实木构件设计成标准件，批量设计和加工。

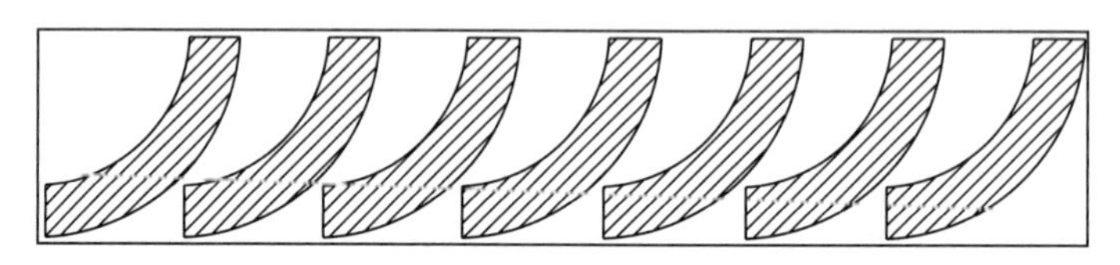

图 3　在基材上套裁零件

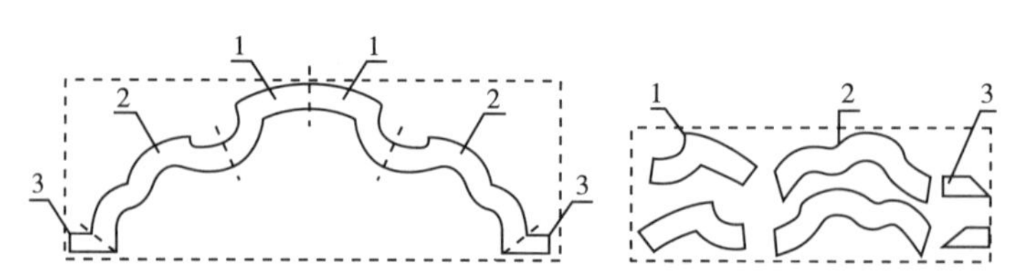

图 4　将零件分解后下料

❺ 加工工艺、质量原则

板木家具制造过程中既包含实木家具生产工艺也包含板式家具生产工艺，相对于专业的板式家具或实木家具生产工艺而言，板木家具制造质量较难控制。因此，板木家具设计时既要考虑加工工艺的方便与可行，又要确保产品质量。主要反映在以下几个方面：

（1）生产效率与加工工艺的选择。人造板基材构件一般只需要裁板、封边等几道工序，而实木构件往往要经过粗加工、基准面加工、精加工等工艺的多道工序，加工效率相对较低。因此，对于外观、功能等影响不大的构件，一般选择人造板基材构件。

（2）异形零件的制造。板木家具中的构件无论是直线型构件还是异形构件，如果选用人造板基材，都要进行薄木封边处理，直线形构件的封边较为简单，但异形构件封边较难。故异形构件一般选用实木构件。

（3）尺寸稳定性与形状稳定性控制。人造板基材构件的尺寸稳定性和形状稳定性比实木基材构件的好，因此，对于一些平面尺寸较大的构件如门板等，和一些非承重而又较易发生变形的构件如踢脚板、帽头板等，则尽可能选用人造板基材构件。

（4）由于实木木材难免存在节子、蓝变、虫眼等缺陷，如要剔除这些缺陷，一则工艺较复杂，二则降低了木材利用率，因此，对于那些对外观缺陷有限制、表面质量要求较高的构件，一般选用人造板基材，外表选用表面品质较高的薄木贴面。

（5）实木拼板较易发生拼缝开裂，而贴面的人造板基材构件则不会出现此质量问题。

（6）虽然人造板材料与木材的加工性能相似，但仍然存在一些区别，有些在实木基材上能采用的加工方式，在人造板基材上就不一定能适用，或者即使采用了，加工质量也比较差。反过来，由于人造板中的纤维板基材组织结构较为均匀，可以进行一些精细的加工，而有些实木木材由于纹理方向的差异，在进行某些加工时，会发生横纹方向尤其是弦向崩裂，从而影响加工精度和质量。

（7）实木构件间或人造板基材构件间的连接，其装配精度较高，使用过程中也不易出现质量问题，而实木构件与人造板基材构件间的连接，由于两者材性的差异，则较易出现装配误差或使用过程中出现质量问题。

6 产品档次

产品档次是一个“笼统”的概念。对于板木家具来说，按照中国现行市场观念，档次高低的参考指标一般包括设计质量、个性化程度、实木含量、实木或贴面用薄木树种、贴面用薄木的厚度、产品整体质量、加工装配精度、装饰及装饰件的精美程度与材质等项。一般认为出自设计名家或产自著名企业、风格纯正的产品档次较高，个性化产品较通用化产品档次高，家具基材中实木比重越大档次越高，产品中所用实木树种、贴面用薄木树种越珍贵档次越高，产品整体质量越好档次越高，加工装配精度越高档次越高，装饰精美奢侈、装饰件选用贵重材料的产品档次越高。按照上述观点，根据企业的设计战略，当新产品开发的“档次”策略确定后，产品设计应遵循市场规则，适当调整实木构件在家具整体中所占的比重，适当选择实木构件的基材树种及板式构件的贴面薄木树种与厚度。

总之，板木家具设计中确定构件是采用实木构件还是人造板基材构件，并没有一成不变的法则，设计者应具体问题具体分析，但由以往产品设计总结出来的设计经验无疑是最重要的。

原文发表于《林产工业》2013 年 1 月刊第 35—37 页

工学结合专业学位硕士研究生双导师培养机制的探索

摘　要： 专业学位研究生的培养与学术学位研究生的培养有较大的区别，工程领域的专业学位研究生培养体现“工学结合”的特征。双导师制是一种有效的机制。实践证明：在双导师制实施过程中，遵从社会需求的学校本位制的培养目标制定、培养单位与导师间共商的课程设置、学科特色与联合单位强关联特征的培养条件筛选、学生绩效的导师管理和独立考评等几个方面尤为重要。

关键词： 工学结合；专业学位；双导师制；模式

随着社会经济建设的迅猛发展，我国对高层次应用型人才的需求不断增大，为适应这种形势，国家实施了扩大专业学位研究生培养规模的战略举措。长期以来，我们已积累了较丰富的科学学位研究生培养经验，相比之下，专业学位研究生培养还是一种新生事物，加之两者具有不同的含义，于是，专业学位研究生培养模式的研究成为研究生教育研究的热点。在众多议题中，导师制度的研究一直是重中之重。

大量实践证明：“双导师制”是一种适合专业学位硕士研究生培养的导师聘用模式。同时，它也是一把“双刃剑”。在培养目标、培养过程、课程设置、导师人事管理等方面达到协调时，双导师制能充分发挥高校与社会培养学生的比较优势，提高学生的实践能力和综合素质，拓宽就业渠道，否则，就可能是“赶时髦”“走过场”。

1　硕士学位研究生培养模式比较及“双导师制”的提出

当前，我国硕士研究生培养形式可分为学术学位和专业学位两类。前者学制一般为三年制，采用全日制培养方式；后者一般为两年制，按照生源不同（应届本科毕业生和具有实践经验的在职人员），其中又分为全日制和非全日制两类。

1.1　硕士学位研究生培养模式比较

结合国务院学位委员办公室有关指示精神和部分高校培养研究生的成功案例，归纳学术学位和专业学位研究生在培养模式上的特点（表1）。

由表1可知，专业学位研究生的培养与学术学位研究生培养有较大的区别。就工程领域的研究生培养而言，正是这种区别的存在，体现了学术学位研究生“以学为主”和专业学位研究生“工学结合”的特征。

1.2　导师在不同模式下的作用及其双导师制的提出

比较不同的培养模式，除了在培养目标、课程设置、培养条件等方面的不同以外，导师组成、职责及其管理也存在区别，其中，专业学位研究生培养过程的双导师制是最

表 1　各类硕士学位研究生培养模式比较

		学制	主要生源	培养定位	课程设置与授课方式	培养条件	导师	导师管理	论文与答辩
学术学位		3 年	应届、非应届本科生	具有某一专业（或职业）领域坚实的基础理论和基础研究能力，具有进一步深造的潜力	学位课 + 必修课 + 选修课 学校课堂授课为主	学校提供主要条件	单一导师；单一导师 + 指导小组	培养学校单方管理	学术型论文
专业学位	全日制	2 年	应届本科生	掌握某一专业（或职业）领域较系统的基础理论专业知识、具有较强的解决实际问题的能力，能够承担专业技术或管理工作、具有良好的职业素养的高层次应用型专门人才	学位课 + 必修课 + 选修课 学校授课 + 实践单位实习	学校和校外培养单位共同提供培养条件	单一导师或双导师	校方为主，联合培养单位为辅	学术与应用性论文兼顾
专业学位	非全日制	2 年	在职人员	掌握某一专业（或职业）领域必要的基础理论和专业知识、针对职位具有较强的解决实际问题的能力	学位课 + 选修课	校外单位提供主要条件	双导师	联合培养单位共同管理	应用性论文

显著的特点。

学术学位研究生的培养，主要是以夯实基础理论和建构完备的知识体系，能够开展本学科领域的基础理论研究。学校的培养条件在学位点申报时就已得到认定，学校的大多数导师正是这样的“行家里手”，甚至他们的成长历程就是这种模式的翻版，他们有足够的能力和经验指导学生。然而，专业学位研究生的培养，一方面要抓理论学习，另一方面要抓技能培养。良好的理论基础是技能培养的前提，而技能的掌握有利于深化理论的学习。理论与实践两者结合的导师配备才是理想选择。但现实是高校又往往缺乏这样的培养条件，难以提供实践操作机会，高校中的大部分导师也由于较单调的学习工作背景使他们缺乏实践操作能力和实践创新的经验。因此，需要选择有实践操作条件的联合培养单位和引入实践经验丰富、工作在生产一线且基础理论较强的校外导师和学校、校内导师共同培养研究生。双导师制应运而生。

由此可以证实：双导师制是时代发展的产物，它有利于改变目前研究生培养中目标结构单一、忽视个性发展、从理论到理论建树的呆板模式，强化了应用型创新人才的培养。

2 工学结合专业学位硕士研究生双导师制培养模式的实施方法

2.1 遵从社会需求、学校本位制的培养目标制定

培养目标是人才培养的总原则和总方向，它既是从事教育培养活动的前提，又是一切教育活动的归宿，决定着教育的培养模式。通俗地说，培养目标即是把研究生培养成为什么样的人的定位，它是研究生培养过程的根本性指导文件。虽然联合培养单位对人才需求有深刻的体会，但相关学位点毕竟设置在高校，而高校面对的是全社会、全行业、全领域，况且各高校在研究领域方向上各具特色。换句话说，一所高校无法也不应该应对某一特定用人单位的具体需求。因此，研究生培养目标的制定应以学校本位制为主，联合培养单位为辅。

联合培养单位独立地制定培养目标的能力相对较差，但是不等于其不参与培养目标的制定，因为其对培养目标的认同更加重要。只是学校本位制的培养目标制定能有效地防止培养过程中的随意性。

2.2 培养单位与导师间共商的课程设置

课程一般由基础课、专业必修课、选修课、实践课和毕业论文（设计）构成。

不同的课程由知识结构不同的导师担任，并采取不同的教学方式。对于学位基础课和专业必修课，一般是以基础理论和基本技能为主要内容，可以采取集成式教学，即教学时间相对较长和集中，由校内导师讲授较为合适。实践课是直接培养研究生专业技能的重要环节，在实践中，学生们将会面临各种各样没有现成答案的实际问题，需要他们创造性地运用基础理论去寻求解决方法。这类课程既需要特定的氛围、场景和条件，又需要导师具有较好的示范能力，校外导师正好具备这一条件。

课程设置及教学大纲制定时，应以总体目标为主，以具体的课程内容为辅。即课程内容可以有较大的灵活性，以方便针对不同素质的生源，并让指导教师有更大的灵活性和自由发挥的空间。

尽管课程教学的分工明显，但校内导师与校外导师的教学活动并不是完全孤立的。校内导师在讲授基础课程时，宜采用课堂参与、小组研讨、案例教学、合作学习、模拟教学等方式，在夯实学生基础知识的基础上，进一步向学生传递本学科的新动向及前沿问题，尽量把新的理论、新的观点、新的成果融入教学中，为学生后续的实践教学课程增加感性认识和提供铺垫。校外导师主要承担相关专业领域的专题课程或专题讲座，但也不完全是传统的师父带徒弟的方式，其应将自身的工作经历及在实际工作中所掌握的技能浓缩成精华传授给学生，即进行必要的知识整理，形成相对理性化的知识。

专业学位研究生培养的是应用型人才，就是要增强他们研究实际问题、解决实际问题的能力。研究生论文数据采集准确、论证严密、实用性强，那就是一篇合格的论文。所以，在学位论文指导上，应以校外导师为主，校内导师参与学生学位论文选题、开题、评审和答辩。在论文写作中，指导教师要不断加强与学生的沟通联系，对学生在撰写论文过程中遇到的问题和困难给予及时指导，帮助他们克服和解决。

2.3　学科特色与联合单位强关联特征的培养条件筛选

高校选择联合培养单位不能走形式，应充分考虑学科特色与合作单位主导工作的关联性，并切实考察合作单位可提供学生培养的具体条件及使用这些条件的可行性。

高校在联合培养单位上应有多重选择，一般来说，应是为不同的学生选择不同的联合培养单位和不同的校外导师。例如，学生的学科是工业设计，但工业设计是一个宽泛的领域，包括机电产品设计、机械产品设计、家具设计、日用品设计等若干个领域方向，并且不同领域方向的设计和制造特点不同。

要做到学生培养条件对口，需提前明确学生重点研究领域甚至是课题方向。否则，学生选择实践单位和进入实践环节都难免盲目。

2.4　学生绩效的导师管理和独立考评

校内外导师分属于不同的工作单位，况且校外导师一般要承担较繁忙的本职工作，校外导师不会也难以围绕学校的指挥棒转。因此，对研究生培养工作的管理和绩效考核最好是由导师所在单位独立进行。要做到这一点，高校与合作单位的联合培养协议就至关重要，协议中，应明确研究生培养的主要目标，并在培养单位层面明确各自的责、权、利。培养单位据此再对导师进行遴选和对导师的绩效进行考核。

考核的指标应以学生的绩效为主。以学生学习效果为基础，制定考核用的“导师绩效”模块。导师绩效模块与标准可由培养单位分别制定，并分别对导师加以考评。

通过此方案的实施，一方面高校与联合培养单位建立了稳固的联合培养机制，另一方面也避免了因单位性质不同而导致的人事管理上的差异和混乱。这样既能充分调动单位的积极性，为创造更好的培养条件打下基础，也能充分调动导师的积极性，并且不影响校外导师的本职工作。更重要的是，可以便于在校外合作单位建立一种基于学科建设总体目标和阶段目标的校外导师动态遴选机制，让合作单位能提供更好的校外导师。

原文发表于《湖南师范大学教育科学学报》2013 年 4 月刊第 83—85 页

两种慈竹装饰天花板的设计与制造

摘　要：依据慈竹的尺度特征，分析了慈竹利用过程中可能的原竹、竹片、竹篾、竹丝等解剖单元，并分析各单元的基本形态特征。依据造型学中的形态构成原理，分析慈竹解剖单元间可能的组合形式及其组合形态特征；提出了原竹利用适合塑造具有体构成特点的制品，竹片、竹篾和竹丝组合利用适合塑造具有面构成特点的制品的设计观点。在分析室内装饰应用要求的基础上，设计了具有标准化特征的和具有特殊透光效果的两种吊顶装饰板，并介绍了它们的制造方法。

关键词：慈竹；竹质装饰天花板；设计分析；制造技术

楠竹和慈竹是我国资源量较大的主要竹材类型之一。楠竹的工业化利用已取得显著成就，但慈竹的综合利用研究还处于起步阶段。慈竹（如石竹、黄箬竹、箭竹等）主要产于中国长江流域以南一带地区。相对楠竹而言，竹干较为弯曲，整竹竹壁较薄，竹纤维较长，其物理力学性能变异较大。前期研究表明：慈竹竹材基本材性优良，并且原竹及其解剖材具有与众不同的形态特征，适合于室内外装饰用材的设计与制造。

1　慈竹原竹与解剖材基本形态及组合形态分析

慈竹原竹可以整竹利用，也可以解剖为竹片、竹篾、竹丝等基本形态。这些单体形态各异，具有不同的形态特征。

1.1　整竹形态特征分析

慈竹（*Sinocalamus affinis*）为丛生竹，竹竿在地面呈现密集丛状，排列紧凑而细密。单株慈竹的外形形态参数主要体现在径级、尖削度、节间距以及节间凸起等4个方面。几种常见慈竹种类的单株高度为5～10m，一般可利用高度为3～7m，尖削度约为10%；径级为4～8cm；节间距因品种不同而不同，一般为20～40cm，最长可达60cm；节间凸起明显，凸起直径一般为2～3mm。

原竹可进行组合，组合的基本方式分为平排和堆积排列。所谓平排，是指将整竹按一定的规律平行排列成一排。所谓堆积，是指将整竹以成捆的方式集合为一体。平排可以是少数几根的平排，也可以是大面积延展平排，它们分别呈现线、面的特征；堆积可以是少数几根的堆积和大体积堆积，它们分别呈现线和体的特征。

1.2　竹片形态特征分析

将原竹竹筒纵向劈裂可以形成若干片状竹材，这个截面呈部分圆环状、厚度等于原竹壁厚，或截面在圆环内取最大截面的长条形竹片材称为竹片。慈竹竹片单体在局部观察时呈现面的特征，而进行组合排列时呈现线的特征。竹片的利用状态可以是平排、编制或者积聚，组合后单体竹片均呈现线的特征。

1.3 竹篾形态特征分析

将竹片进行径向或弦向剖分，解剖为较薄的片体单元，并且厚度一般为 0.5 ～ 2.0mm，这种形态的条状薄片就称为竹篾。竹篾单体形态一般反映为线的特征。单独使用时同样表现为线，但一般通过编制集合成面。

1.4 竹丝形态特征分析

市场上竹丝的概念较含混，一般是指截面小于 4mm^2 且截面为方形或圆形的长条形竹篾。无论是竹丝单体还是产品中的竹丝，都表现为线的特征。竹丝以拼合、编制或拧聚的形式积聚，分别呈现面或线的特征。

2 竹材材料形态与装饰应用形态的对应分析

2.1 整竹聚合与结构材、装饰材

在装饰运用中，整竹全株单体分散存在时，常常表现为装饰性雕塑，而整竹在聚合状态下，由于具有较高的机械强度，一般像原木一样作为结构材。如果是呈平面状态积聚，就像通常所说的“篱笆”。如果以体的形式积聚，将成为通常所说的“柱”。

整竹可以被横截为“竹段”。竹段较长时，积聚后呈现“墩体”状态，而当竹段较短时，其形态则表现为平面上多个圆形的积聚，类似于圆环积聚的平面图案构成。

无论“竹柱”或“竹墩”中的原竹，都是典型的结构材料。“竹篱笆”中的原竹，则既可认为是结构材，也可认为是装饰材。短竹段的平面排列，形态效果非常特殊，此种状态下的竹材是典型的装饰材料。

2.2 竹片材集成、竹篾编制、竹丝集成与饰面用材

竹片在厚度方向上积聚，成为典型的结构材。竹集成材就是典型的例子。但竹片材在宽度方向上拼合积聚时成为面材，一般作为装饰材使用。竹篾和竹丝可以“簇”状积聚为线材，类似于“绳”，但此种状态极为少见。一般常见的是竹篾和竹丝进行平面积聚，其结果是成为面材，在工程中可用于饰面材料。竹篾、竹丝单纯地平面积聚，其形态效果将非常单调，而运用编制的手法，则会形成特殊的肌理效果。如果增加色彩元素，其表面效果更加丰富多彩。

3 两种慈竹吊顶装饰材的设计与制造案例

3.1 具有标准化特征的编制竹篾装饰板设计与制造

（1）选材及劈蔑。选用产自湖南益阳地区的慈竹。竿高 500 ～ 800cm，平均径级为 5.80cm，平均壁厚为 4.20mm，平均节间长为 42.0cm。

先将原竹分段为 1.3m，从大头按 1.2cm 宽度径向解剖原竹，在规刀上加工至等宽竹片，宽度为 1.0cm，剔除 1.0mm 竹青，按厚度 0.6mm 规格劈竹篾。留作碳化、染色用。

劈蔑过程发现：生材和浸泡在水池中的竹材劈蔑较易，竹篾表面较光滑；而露天或室内陈放超过 10d 的竹材，劈蔑过程中厚度易发生变化，并且竹篾表面竹毛较多，表面不光滑。如先将整竹碳化再劈竹篾，因竹材脆性增加，竹篾极易断裂。

（2）染色与编制。按照色彩设计方案采用水性染色剂对竹篾进行不同颜色的染色处理。按照不同的编制设计方案机械或手工编制成规格为 1300mm × 1300mm 的竹帘待用。

（3）复合与裁板。将竹帘与 3mm 厚胶合板或 5mm 厚纤维板进行复合，使板面平整，采用水性胶黏剂使竹帘与基材间具有一定的胶合强度。

采用裁板锯按 600mm × 600mm、580mm × 580mm 规格裁成需要的规格板材。前者规格以直接搁放的方式用于轻钢龙骨吊顶，后者规格需进一步与框架材组合，形成尺寸精度更高、安装要求更高的吊顶材料，并且外观构成效果更加丰富。

无论是直接搁放还是组合使用，上述规格的板材均适应建筑装饰材料的标准尺寸规格，具有明显的标准化特征。

该产品具有标准化特征，可用于室内吊顶装修。竹材肌理、编制纹理及其图案设计，共同呈现出风格朴素、色彩艳丽、具有浓郁的民族特色的装饰效果。

3.2 透光装饰板设计与制造

（1）选材与竹段制备。选用贵州产的绿竿花慈竹。竿高 5 ～ 10m，径级为 4 ～ 8cm，壁厚为 30 ～ 60mm，节间长为 23 ～ 50cm。

按设计要求将原竹横截为长 3cm 的竹段，并人工剔除含竹节的竹段待用。

将生材直接截断，竹段不易开裂破碎，但即使是采用以锯代刨锯片，竹段两端锯切表面竹毛仍较多，不光滑。如果采用普通锯片截断，截面表面状况更差。

将整竹进行碳化处理后再截断，锯切表面光滑程度明显好转，但竹段较易破碎。锯切的进给速度直接影响锯切表面质量和破碎度，适宜的进给速度为 0.5 ～ 0.8m/s。采用普通锯片截断时，竹段表面仍有少量竹毛，但使用以锯代刨锯片截断，锯切表面质量基本满足工艺要求。

（2）竹段铺装。在往复式振动平台上推进竹段，平台面板两侧设置从大到小的喇叭口挡板，在平台终端处，竹段已较均匀地被平铺在台面上。推进速度决定了铺装密度。当竹段的最大间距小于 2cm 时符合设计要求，此时绝大多数竹段间已呈接触状态。

（3）复合。用矩形规（575mm × 575mm）套取竹段，平移到邻近的操作平台上。

在厚度为 4mm 的 PMMA 板上均匀喷涂 UV 无影胶或亚克力塑料胶，对齐竹段平放在竹段上。经紫外线照射，竹段与基板胶合成整体。

该产品用于室内吊顶装饰，作为顶棚中灯箱、灯槽的表面材料，风格清新自然，透光柔和，光影效果特殊。

原文发表于《中南林业科技学报》2013 年 5 月刊第 139—142 页

天人合一
——自然形态向人造形态的转化

摘　要：自然形态充满了丰富的感情内涵并一直为人们所欣赏，自然形态的各种功能启示人们的设计行为。自然形态和人工形态的构成基础是形态的物质性。人们可以通过模拟自然形态的方法，采用抽象与提炼的手段来创造各种人造形态。材料、结构、形式和功能是自然形态向人造形态转化过程中起决定作用的几个要素。

关键词：自然形态；人造形态

自然界中存在的各种形态如行云流水、山石河川、树木花草、飞禽走兽等都属于自然形态。“江山如有待，花柳更无私。”我们每个人都生活在大自然的怀抱里，谁都承认，千姿百态、五彩缤纷的自然界是一个无比美丽的世界。自然界的美是令人陶醉的也是最容易被人们所接受的，同时它又是十分神秘的。大自然中出现的各种形态是人类探索自然的出发点。一切事物、现象最初都是以“形态”出现在人们的意识和视野中，随着这种意识逐渐强烈、现象趋于明显、形态更加清晰，人类才对它们产生了各种兴趣，有的是记录和描绘它，有的是试图解释它。所有这些“记录”和“解释”的过程，就是人们通常所说的“研究”的过程。人类一切活动都可归结为一种——探索大自然的奥妙。

所谓人造形态是指人造物的各种形态类型。反观人类文明史上所出现的各种人造形态，我们不难发现：人类对于形式的一切创造，都或多或少地可以从自然界中找到“渊源”，这就意味着人类不能凭空捏造出“形态”。也就是说，仪态万千的自然界是各种人造形态的源泉。

家具作为一种人造形态，自然形态在其中的反映几乎无处不在。从古希腊、古罗马风格到巴洛克、洛可可风格，从中国明式家具到西方后现代、新现代风格的家具，都可找到自然形态在家具设计中运用的生动和成功的例子。因此，研究自然形态向人造形态的转化是研究家具形态设计的一个重要维度。

1　自然形态的情感内涵和功能启示

人类对大自然充满了热爱之情，因为它不仅是人类生存的依托，也是构成人们生活的天地。人们咏唱日月星辰、赞赏田园山水，这不仅体现了大自然的和谐与秩序，而且在与人的生活联系中被人格化了，赋予了他人的意义。“智者乐水，仁者乐山；智者动，仁者静”讲的就是这个道理，自然形态的这种情感内涵成为人们利用它的感情基础。

人对自然的情感充分体现了人与自然的关系。人对自然的态度大体经历了畏惧进而崇拜、初步认识进而欣赏、更多认识进而试图征服、征服无果后的无奈、深刻认识后的转而寻求和谐共处等这样几个阶段。人类对自然的态度淋漓尽致地反映在各类设计中。

人是从自然界进化而来的，是自然界的一个组成部分，同时，人又要依赖自然界而生存，因为人与自然之间的物质交换是人生存的前提。这是人们利用自然形态的物质基础。

人类长期的实践证明：人与自然最合理的关系是和谐共处。事实上，人们生活的世界，是一个人化的自然界，是经过人的加工和改造的结果。自然界的"人化"在很大程度上是由自然形态功能的不足而引起的。

对于自然形态的功能机制，人们经历了一个历史的认识过程。开始是个别的生物机制给人以启迪，人们从外部特性上加以模仿。随着科技的发展，尤其是生物科学的进展，生物世界的奥秘不断被揭示出来，仿生学等一批与自然界、生物界有关的学科逐步被建立起来。通过对自然界和生物界的认识，人们发现：各种自然形态都蕴藏着各种不同功能，而这些功能与各种人造物品在被制造时所追求的功能几乎完全一致。

正是由于上述人对自然形态的情感和对自然形态功能的发掘与模仿，才形成了自然形态与人造形态之间相互转化的契机。所以，自然形态向人造形态的转化是一种人们认识自然、改造生活的必然行为。

❷ 自然形态与人造形态的构成基础

前面已经说过，所谓人造形态是指人工制作物这一形态类型，它是用自然的或人工的物质材料经过人有目的的加工而制成的。无论是自然形态的东西还是人造形态的东西，都有自身的物质特性，并且服从一定的自然规律。因此，物质性是这两种形态取得统一的基础，它们都是占有一定时间和空间而存在的物质实体。

人造形态与自然形态在物质性上的区别表现在以下 3 个方面：

（1）人造形态的东西是人们有目的的劳动成果，直接用于人的某种需要，因而它的存在符合人的目的性的特点，而自然形态的东西则遵从于"物竞天择、适者生存"的特点。

（2）作为人的劳动成果，人造形态必然打上劳动主体——人的烙印，即它是一种"人化的自然"。人是由自然形态向人造形态转化过程的中心，人作为活动主体所具有的需求、目的、意向和心理特征等因素都将发挥得淋漓尽致。

（3）由于人的生产活动都是在一定的社会关系中进行的，所以人造形态都具有一定的社会性特征，成为特定的社会文化的产物。甚至人对自然形态的态度也会因社会的变化而改变。例如，在新中国成立初期，粮食问题成为困扰国家经济建设的焦点，而老鼠被认为是"偷吃粮食"的天敌，没有人对老鼠怀有爱怜之情，而进入"小康社会"的当代，人们对老鼠的态度已悄悄发生了变化，所以，各种鼠的形态成为人们心目中的一种可爱的形象。

❸ 对自然形态向人造形态演绎方式

将自然形态的要素运用到设计形态中，有 3 种最基本的方法：一是直接运用即直接模仿，即将自然形态直接用于人造形态的设计中；二是间接模仿或抽象模仿，在形态学中称为“模拟”，即对自然形态进行加工整理，将自然形态中各种具象的形态抽象化，或者取其中的某个部分、细节加以运用，或者将其转化为更加适应的形态；三是对自然形态的提炼与加工，“仿生”是最基本和最常见的手法。

3.1 模 仿

简单模仿和抽象模仿可一并归纳为“模仿”。“模仿”是造型设计的基本方法之一，是指对自然界中的各种形态、现象进行模仿。利用模仿的手法具有再现自然的意义。

自然界中形态的存在是各有其“理由”的。巍峨的山形是地壳运动形成的结果，给人以鬼斧神工的感觉，沙丘舒缓的曲线是沙子在风力的作用下缓慢移动而形成的。许多动物的形状和颜色是为了自身在自然界中的生存而逐渐演变而成的，这些形态往往给人以特别的感觉，更多的是美的享受。因此，人们对大自然的各种形态充满了欣赏而影响深刻。这些形态都可以直接用于设计中。

在古代家具形态中，对大自然的模仿是最重要也是最常见的手段，这一现象一直持续至今。

模仿自然形态的方式有下列 3 种：一是以自然形态为基本题材，为了适应某种使用功能和人体的尺度而进行简化和提炼；二是将自然形态作为人造形态的局部装饰，如家具的各种脚型就是源于此；三是将自然形态作为一种图案直接用于家具的装饰上。

模拟是较为直接地模仿自然形态或通过具象的事物来寄寓、暗示、折射某种思想感情。这种情感的形成需要通过联想这一心理过程来获得由一种事物到另一种事物的思维的推移与呼应。

在家具造型设计中，模拟的形式与内容主要包括：整体造型上进行模仿，家具的外形塑造如同一件雕塑作品。这种塑造可能是具象的，也可能是抽象的，也可能介于两者之间。模仿的对象可以是人体或人体的一部分，也可能是动、植物形象或者别的什么自然物。模仿人体的家具叫“人体家具”，早在公元 1 世纪的古罗马家具中就有体现，在文艺复兴时期得到充分表现——人体像柱特别是女像柱得到广泛运用。在整体上模仿人体的家具一般是抽象艺术与现代工业材料与技术相结合的产物，它所表现的一般是抽象的人体美。大部分的人体家具或人体器官的家具，都是高度地概括了人体美的特征，并较好地结合了使用功能创造出来的。

3.2 仿 生

仿生是造型的基本原则之一。从自然形态中受到启发，在原理上进行研究，然后在理解的基础上进行模仿，将其合理的原理应用到人造形态的创造上。例如，壳体结构是生物存在的一种典型的合理结构，它具有抵抗外力的非凡能力，设计师应用这一原理以塑料材料为元素塑造了一系列的壳体家具形态。充气家具是设计师采纳了某些生命体中的具有充气功能的形态而设计的；板式家具中“蜂窝板”部件的结构是根据“蜂房”奇异的六面体结构而设计的，不仅质量轻，而且强度高、造型规整，堪称家具板式部件结构的一次革命。“海星脚”是众多办公椅的典型特征，它源于海洋生物“海星”，这种结构的座椅，不但旋转和任意方向移动自如，而且特别稳定，人体重心转向任意一个方向都不会引起倾覆。

人体工学是人们仿生的重要成果之一。人的脊椎骨结构和形状一直以来是家具设计师重点研究的对象，其目的是根据人体工学的原理设计出合适的坐具和卧具。家具的尺度不再是由设计师自由发挥的空间，而是要考虑到在发生使用行为时人体与家具尺度是否协调，类似这样的例子举不胜举。

4 自然形态向人造形态转化的设计要素

自然形态向人造形态转化的过程中总是要借助一定的载体，即通过一些具体的造型要素来进行表达。对于家具产品设计而言，自然形态向人造形态转化可以从以下 4 个方面着手。

（1）材料。作为产品构成的物质要素，材料是设计的基础。家具产品的生产过程就是把材料要素转化为产品要素的过程，材料本身也有自然形态和人造形态之分。自然材料是指未经人为加工而直接使用的材料（如木材、竹材、藤材、天然石材等），这些材料朴素的质感更有利于使人感受自然形态的美感。人工合成材料是由天然材料加工提炼或复合而成的，它吸收和凝聚了天然材料优良的品格特性，因而更加适合设计。

当代家具产品设计在材料的运用上有 3 种不同的倾向：一是返璞归真；二是逼真自然；三是舍其质感，突出形式。

（2）结构。产品中各种材料的相互联结和作用方式称为结构。产品结构一般具有层次性、有序性和稳定性的特点，这与自然形态的结构特征是一脉相传的。家具结构设计表现在结构形态上，可以取自然形态的格局与气势，但由于家具是一种人造产品，对自然形态的结构运用受到许多限制，因此，在家具结构设计时采用的方法是在科学知识的基础上塑造或构建合理的结构。

（3）形式。这里所说的形式是指产品的外在表现。如形体、色彩、质地等要素。在本文的前一节中已进行了具体的论述。

（4）功能。产品的功能是指产品通过与环境的相互作用而对人发挥的效用。人们在长期地对自然形态的认识过程中已经充分发现了各种自然形态的作用，有些可直接运用，有些稍加改造，即可符合人们更高标准的需求。

原文发表于《家具与室内装饰》2004 年 3 月刊第 24—27 页

“物”有所值
——家具产品设计中的功能形态设计

摘　要：评价当代产品的价值时仍是以功能内涵是否获得最大程度的发挥为标准。家具功能形态设计除考虑“以人为本”，还要考虑与家具相关的“物”。具体的要素包括：家具形态应适应物的特性，家具尺度应适应物的尺寸，家具形态应适应物的功能，并随物的变化而变化。

关键词：家具产品；功能形态；特性；尺度；功能；变化

家具作为一种产品，必定具备两个基本特征：一是标志产品属性的功能；二是作为产品存在的形态。

有关功能和形态孰轻孰重，在不同历史时期和不同的设计思想有各种不同的观点。在我国，早在北宋时期就有了相应的表述。范仲淹赞美水车说：“器以象制，水以轮济。”即说这个器（提水功能）是依附一个象（水车的形式）来实现的，器与象在“制”的过程中完美结合，这只是早期较为朴素的观点。现代斯堪的纳维亚的柔性设计则更好地诠释了功能与形态的关系，它坚持功能主义的合理内核：理性、有效、实用，同时也强调图案的装饰性及传统与自然形态的重要性。从20世纪的现代主义开始，直至当今开始风行的新现代主义，尽管其中演绎了各种不同的设计风格，但都以功能主义思想作为主线而延承下来。后现代主义在某种程度上偏离了以功能为主的思想，这也是它之所以未成为一种流行风格的主要原因。

进而，产品形态不同于一般物体的形态，产品存在的目的是供人们使用，所以必定要依附于对某种机能的发挥和符合人们实际操作等要求。单纯的造型艺术形态很自由，而产品形态设计就不能简单地进行形式创新，因为那会使功能性虚化，其结果只是流于表面，而无法实质性的创造，功能性是产品形态必不可少的要求。

总之，功能是家具产品形态设计中必须考虑的因素。

研究家具产品的功能要素，其落脚点在于两个方面：一是如何适应与家具相关的人，这在以前的文章已经谈过；二是如何适应与家具相关的“物”，让家具发挥它应尽的作用，同时在新的社会条件下发现或拓展家具新的使用功能。

所谓与家具相关的物，就是我们周围林林总总的生活用品与设施，有衣物、食物、杂物、电器、装饰品和书籍等。由于它们都具有各自不同的形态特征，所以容纳和支持这些物品的家具也必然显示出变化的形态。具体反映为：家具功能形态要适应物的特性、物的尺度、物的功能和使用过程中物的变化。对功能形态设计而言，还要以舒适和方便为基本出发点；灵活多变和节省空间为基本手法；节省材料能源与使用耐久为原则，不断拓展新功能为目标。

1 适应物的特性的家具形态

物的特性包括它的形状、大小、色彩、肌理、用途等，在这里主要论述形状和用途对家具形态的影响。有一些家具的形态直接以物本身的形状为特征，如 Fremdkorper 设计的书架，按书的形状切割出轮廓、在满足实际功能的同时，还产生了很强的趣味性。真荣公司的“小狗第一”新型鞋柜突破了传统的直架或斜插形式，直接采用与鞋相吻合的皮鞋伴侣，即鞋面前撑和鞋后帮撑，可根据鞋的大小设定鞋撑，既很好地保持鞋的造型，又非常节省空间。

储存家具的形态受物的影响最为直接，因为它要容纳物，其内部空间就必须与物的形状相吻合或包含，如许多 CD 架就设计得相当到位。储存家具多以标准的立方体为基本形态，人在这个既定空间中组织物的排列，总是会有浪费的空间和材料，但是物的形状千变万化，怎么通过设计来赋予它一个存放规律呢？这些都需要我们继续思考。

储存家具的表面分割和通透情况反映出物品的不同特性，常用物品通常要摆放在人体最适宜的活动范围内，存取方便；不常用的季节性物品就可以在上、下端的次要区域。要阻光、防尘、防潮、私密性强和贵重的物品，一般通过抽屉或门进行封闭，完全隐藏，如一般的衣柜；易清理，可公开，经常使用及数量较少的展示品则放入开放式空间，如一般的博古架、展示架和壁架；想表现其通透感，但又需要保护物品不会落尘，受潮的物品放入半开放式空间，或加玻璃，如一般的书柜。

现在的组合柜常常是混合电视柜或写字台、书橱、饰品柜等各种功能于一体，融合以上各种不同的功能，形成丰富的造型变化。

2 适应物的尺度的家具尺度

在进行形态设计时，人机工程学会被反复强调，任一件家具都要先符合人的生活习惯，但同时也需要考虑物的尺度，如果把两者精准结合，所设计的家具将既有美观和谐的外形，又有最优良的实用性。

座具和床具的尺度直接通过人体尺寸获得，似乎与物的尺度关系不大，但作为一种特殊用途的产品时，如医院的病床、学校用带文件篮和写字板的椅子，在设计时就应另当别论。即使这些与物的关系不十分密切的家具，也要考虑它们与其他家具同处在一个空间中，家具与家具之间进行协调，如沙发要与茶几和电视的高度保持协调，座椅要与对应的桌面高度保持协调，床要与床头柜的高度协调，否则也影响原本功能性的发挥。

台桌类家具的尺度要考虑适合使用者，也要满足基本的容纳空间尺度和支承物品尺寸要求的台面尺度。一般的写字桌只要 1000mm × 600mm（长 × 宽）就可以满足日常书写需要，如果放上计算机则会不够用，需要根据计算机的尺度加长、加宽或改为转角形状，才能满足尺度的要求。

就家具尺度与物品尺度相关而言，衣柜和书柜恐怕是最典型的两种家具表现。与衣柜相关的物有棉被、冬衣、长衣、中衣、短衣、裤、内衣、领带、袜子等。它不但要满足基本的贮存要求，还要使用、存取方便，满足四季交替衣被的转换要求。根据统计的物件尺寸，原尺寸及叠放后的尺寸，在衣柜内部划分为了棉被区、挂长衣区、挂短衣区、挂裤区、封闭或敞开的储衣格，抽屉以及领带和袜子的存放小区域。这样丰富的形态，必须掌握了各种物的尺度范围，才能设计得实用，同时还要好用一科学的容纳。而书柜则是设计师最乐意做的设计之一，按书的规定规格（4 开、8 开、16 开、32 开等）来确定基本容纳空间的尺寸，同时考虑横放、竖放、叠放及那些非标准规格的书带来的尺寸变化但若一味按规定规格设计，可能造成呆板，所以设计师会运用平面分割设计的各种手法和技巧，创造出丰富的形态。

❸ 适应物的功能的家具形态

家具有收纳、支承、陈列的各种功能，与家具相关的物本身也有自己特别的使用功能。所以，家具形态设计应该考虑怎样促进物发挥其最优功能。

厨房内的器具和设备有很强的功能性，可以分为 3 个中心，即储藏调配中心、清洗和准备中心、烹调加工中心。储藏调配中心的主要设备是电冰箱和烹调烘烤所用器具及佐料的储藏柜清洗和准备中心的主要设备是水槽和多种搭配形式的厨台、料理桌，水槽与洗盆柜配合，上设不锈钢洗盆，厨台下可设垃圾桶与储物柜；烹调中心的主要设备是炉灶和烘炉，它们放置在灶炉上，上有抽油烟机，还应设有工作台面和储藏空间，便于存放小型器具。最重要的是，它们的布置要按操作顺序进行，形成流线，方便人的使用，减少劳动量。厨具的形态设计必须满足以上功能要求，并且进一步设计物与物之间的形体搭配关系，不断完善其功能性。

计算机桌、椅的功能性一直备受关注，因为它对人的身体健康有很大影响，除了从人体工学的角度出发考虑尺度，还可以从计算机设备本身的功能性出发，考虑形态。充分利用纵向空间，用错落的架体，由上而下依次排列音箱、显示器、键盘和鼠标、主机和储物盒，也使它成为一个流程，获得最好的听觉、视觉和触觉感受。

有一些家具的细部形态特征也表现了功能性，如活动小柜顶面做成托盘状用来置物，防止移动过程中物件滑落。整体厨具中，有时会刻意做出突出的边角作为独立的特殊功能区域和面积增加的操作区，同时丰富了整体造型。

❹ 适应物的变化的家具形态变化

物在使用的过程中不是一成不变的，它有数量的增减和位置的移动变化，相应地会产生各种组合家具，如折叠家具和多功能家具等，可以根据不同的使用要求和特定环境进行多种方式的组合及变化，从而扩大使用功能，同时在造型上显示出多变性，形成丰富多样的形态变化。

组合家具包括单体组合家具，即由一系列相同或不同体量的单体家具在空间中相互组合的一种形式，如套装家具；部件组合家具，即将各种规格的通用系列化部件通过一定的结构形式，利用五金件，构成各种组合家具的一种形式；拆装式自装配家具，即在所提供的组合单元里，选择自己需要的单体，自己动手制作自己喜欢的方案。

将几张比例不等的边桌重叠起来，套装使用，能节省很多空间，在需要的时候横放或竖摆，形成一个方便的工作空间。把设计独特的椅子放在戴滑轮的边桌下面，平时可以收纳物品，需要时就拉出来。

折叠椅和折叠桌也是用来做物的加减法，加以细节和颜色变化，能产生优美的形态。

随着经济的不断发展和进步，人们的消费由“大众化”转向“小众化”个性消费，对“单一功能”用品不再感兴趣，而要求系统、多功能的家具，如把音响与软体家具相结合，组合沙发、一物多用，都相应地发展了家具的形态变化，出现以前未曾出现过的新形态。

综上所述，功能对形态的变化起着很重要的作用，而与物有关的功能形态变化也占据一定的地位，与“人”的因素一起，制约形态，发展形态。格罗皮乌斯认为：“新的外形不是任意发明的，而是从时代生活表现中产生的。”形态设计也必然要立足于生活，扎根功能的土壤，不断生长，枝繁叶茂。

原文发表于《家具与室内装饰》2004 年 6 月刊第 13—16 页

“匠”心独运
——家具形态设计中的结构形态设计

摘　要：由家具产品结构的形式特点所决定的家具产品形态可以称为家具的结构形态。研究家具产品的结构形态，可以从以下几个方面着手：家具产品结构形态的意义；家具产品的结构形态与接合方式；家具产品的内在结构形态与外在结构形态及其表现形式；家具产品形态设计与结构创新。

关键词：家具；结构形态；设计；接合方式；结构；创新

通常，物体形态的存在必须依赖于物体本身的结构。一切物体要保持自己的形态，必须有一定强度、刚度和稳定性的结构来支撑。家具产品的结构形态也是如此。结构在家具产品中的地位，如同人体的骨架对人的重要性一样。一件家具产品，如果没有像骨架一样的结构来连接和支撑，也许只是一堆废料，既不能构成产品的形态，也满足不了使用功能。

一件优秀的家具产品，必然要使用具有一定强度的材料，通过一定的接合方式来实现其使用功能和基本要求，同时还应注重其审美功能和结构的新颖独特。

家具产品的结构强度是实现其基本功能的基础。没有一定强度的家具产品，无论外表怎么华丽，也只是徒有其表，根本满足不了使用功能。

然而家具产品的结构构成需要通过一定的接合方式才能完成。在家具产品中，除了一些传统的接合方式仍在沿用外，为适应家具产品“可拆装”的要求，连接件接合是使用最多的一种方式。

由家具产品结构的形式特点所决定的家具产品形态可以称为家具的结构形态。家具产品的结构形态主要表现在两个方面：一是由于内部结构不同而被决定了的家具外观形态；二是家具的结构形式直接反映在家具的外观上。

因此，研究家具产品的结构形态，可以从以下 4 个方面着手：家具产品结构形态的意义；家具产品的结构形态与接合方式；家具产品的内在结构形态与外在结构形态及其表现形式；家具产品形态设计与结构创新。

1　家具产品结构形态的意义

家具产品之所以表现出它特有的结构形态类型，其意义有二：一是创造出家具产品应有的使用功能；二是保证家具产品具有足够的强度和稳定性特征。

家具作为一种工业产品，首先应该具有使用功能。家具产品的功能特点是通过人的使用体现出来的，而家具产品的结构形式是体现其功能的具体手段。工业设计能否充分体现功能的科学性，以及使用合理、舒适、安全、省力和高效等都反映出产品结构是否合理、造型是否合宜。除了满足使用功能外，家具产品的某些外部结构还具有审美功能。例如，中国传统家具中椅子腿上的横枨和矮老，以及桌腿间牙条、牙板和桌腿与桌面间角牙等的使用，不仅加强了各个零部件之间的接合强度，实现其应有的使用功能，还起到了很好的装饰作用。

家具产品要实现基本的使用功能，其结构必须具有足够的强度。结构的强度与结构本身的构成形式有着密切的关系。首先，结构的强度与家具产品所使用的材料形态有很大的关系。例如，两种材料相同、截面积相同的不同形态的材料，其截面积为方形的强度要比截面积为圆形的强度高。根据力学测定，力对材料的影响主要作用于材料的两端，而材料的中间部分，即中性轴部分，受力的影响相对较少，同样面积的方形和圆形材料相比较，圆形中性轴上的材料要比方形的多，故圆形材料受力部分要相对少些。因此，方形材料要比圆形材料的强度高。其次，结构强度还受受力方向的制约。例如，常见的折叠椅，如果使用者从前后向椅子施加压力，椅子就会因为结构不稳而倒，而如果使用者端坐在椅子上，力的方向自上而下，其结构就相当稳定。

结构本身的稳定性对家具产品基本功能的实现也起着至关重要的作用。如三角形结构形式是一种最稳定的结构形式，很多家具产品都利用了这一结构原理。

然而，中国很多家具产品在设计和制造过程中，企业和设计人员并没有重视对结构的力学强度进行合理分析，有的只停留在以往的经验或个人单纯的外部感官上，但是随着新材料、新技术的不断涌现，设计者对结构形式的不断开发创新，某些过时的经验和个人的感官未必还能奏效。因此，笔者认为，家具产品的设计应注重对结构的力学分析，做到结构科学、强度合理。

2 家具产品的结构形态与接合方式

对于绝大部分家具产品而言，如果没有运用一定的接合方式对其零部件之间进行连接，家具将“面目全非”毫无用处，更构不成家具产品的外观形态，对其结构形态的分析也只能是纸上谈兵、天马行空，毫无意义可言。

从产品的角度来看，由于其接合方式的不同，赋予了家具产品不同的形态。如传统家具中的榫卯接合，形成了独特的以线、面等形式构成要素为主的框式家具形态；各种连接件的使用又使现代家具形态有别于传统家具形态。现代家具如板式家具，以面、体的形态构成要素为主，通过部件、单体的形式来构成产品形态（如32mm系统板式家具）；而适用于金属、塑料等材料的焊接、黏接和胶接等接合方式又赋予了家具产品别具一格的整体构成形态。

连接件对家具产品的结构组成是至关重要的，其功能有二：连接和装饰。连接件的连接功能就如人体骨骼间的关节，连接着各个零部件，把本来毫无生机的各种材料组合起来，从而赋予家具应有的功能和使用要求，同时构成了各种生动活泼、姿态万千的家具形态，也实现了设计者的各种创意和梦想。

此外，各种连接件的使用，对家具产品的外观形态起到很大的装饰作用，有画龙点睛之功效。中国古代家具常使用五金件，这些金属饰件形式多样，造型优美，使传统家具倍增光彩，如包角、套腿、合页、吊牌、吊环的使用。又如，现代家具产品中形态各异的拉手，由于所使用的材料、造型的不同和色彩上的千变万化，使家具形态产生不同的视觉效果。如儿童家具中圆形、三角形等几何形拉手的使用，加上其鲜艳明亮的色彩，给儿童家具增添了几分童趣。

3 家具产品的内在结构形态与外在结构形态及其表现形式

家具产品的内在结构形态包含两个方面的含义：一是指由材料本身的结构特性所决定的，不同材料种类所产生的不同的家具产品形态。如金属家具、塑料家具、竹藤家具、充气家具及软体家具等都有自己独特的结构特点和表现形式。例如，使用玻璃纤维增强树脂制造而成的，名为“佛罗瑞斯”的儿童椅。设计师利用材料的特殊性质设计出了这把结构和造型非同一般的椅子。另外，人造板如胶合板、刨花板、纤维板等，由于其材料本身内部的结构与天然实木的内部结构大不相同，因此人造板家具形态与实木家具形态也存在着很大的差异。二是指隐藏在家具外观形态之内，不易被人们察觉的家具零部件之间的连接结构形态以及由它们所决定的家具造型形态。例如，沙发的外表很一般、很简单，但隐藏在其外表之后的内部结构却比较复杂。为了达到展开—折叠的使用要求，其内部必须运用多个零部件通过一定的连接方式，以及采用一些特殊的连接件才能完成。

家具产品的外在结构，即外观结构，它充分暴露在人的视觉范围之内。家具产品的外在结构与内在结构最大的区别就在于外在结构直接表现在产品的外观形式上，它在满足产品基本功能和要求的同时，还具有很强的审美功能。例如，世界著名设计师华伦·普拉特勒（Warren Platner）在 1966 年设计的金属扶手椅系列堪称经典。其史无前例地使用多根棒状结构产生的光学效果，使产品外观表现出很强的现代感，优雅而又豪华。椅子和桌子的基座展现出由钢环连接着的精细金属棒构成的金属结构，产生了奇特的光学效果——波纹效应，就像带水的丝绸，美丽而又富有动感。又如，传统家具中的榫卯结构形式反映了家具外表的结构美；外露的销钉等反映出“点”的特性，拉手反映出“线”的特征，等等，这些都对家具外表起到了不同程度的装饰作用。

但是外观形态与结构之间并不存在对应的关系。比如同一种结构形式，若使用不同的材料和颜色，家具产品将会产生截然不同的外观效果。

4 家具产品形态设计与结构创新

古往今来，家具产品形态设计上的求新、求变，其主要途径之一即力求结构形态上的变化创新。家具产品在满足其基本功能和使用要求的条件下，设计者就在努力探索如何在结构上进行变化，以求产品功能的拓展和形态的新颖独特。

家具产品的结构形态是实现其功能的基础。因此，家具产品使用功能的开发与拓展需要进行结构创新。这把多功能休闲椅正如它广告词所说的“It extends on its own”，它完全依靠其本身结构上的变化来产生各种姿势。更巧妙的是它只是多使用了一根弧形金属滑杆和滑套就实现了。

另一方面，通过对家具产品的结构创新，还可以提高产品的审美功能，尤其是对产品外在结构的创新。例如，有名的“钻石安乐椅”是由设计师阿里托（哈里）伯尔托亚于20世纪50年代设计的。椅背和扶手采用相互贯穿的钢网结构连成一体，使其“像雕塑一样主要由空气组成，空间贯穿在其中”。

然而不可否认，家具产品结构形态上的创新，新技术、新材料、新工艺的发明起了至关重要的作用。它们的出现和使用使家具产品的新结构和新造型从“空想”变成现实。面对现代家具设计师“异想天开”的杰作，如埃诺·阿尼奥的“泡沫椅”“佛罗瑞斯”儿童椅，古代家具设计师也只能望洋兴叹，望尘莫及。又如，随着人造板的发明及相关技术的发展，32mm系统自装配家具以前所未有的新型结构形式诞生了。这种全新的结构形式不仅与以往的框架式结构完全不同，还顺应时代的发展实现了家具产品的标准化、系列化、通用化以及便于装配和运输的功能和要求。这些都是人类的不断探索创新和科技的发展进步所带来的。由此可见，家具产品结构的科学性与合理性能体现出一个时代的科技成果及该时代人们对新的生活方式的追求。

此外，大自然也是物体基本结构产生的源泉，它对家具的结构创新有着很大的启发性。例如，人类在吸取了大自然中科学合理的基本结构原理之后，创造出如壳体结构、折板结构、蜂窝板结构和充气结构等多种多样的新颖结构。

随着人类对自然的不断认识，对生物结构的不断探索和研究，以及对不断出现的新材料、新工艺、新技术的使用，家具产品的结构形式将会越来越多样化，家具产品也会不断满足使用者的生理、心理需求，甚至各种个性需求。

综上可知，家具产品的结构形态设计是家具设计的主要内容之一，其地位和作用在家具产品形态设计中是任何要素都无法替代的。家具产品的结构形态设计需要考虑很多方面的因素。归结起来，包括产品功能的满足与拓展、材料的强度、零部件的接合方式、连接件的使用，以及新材料、新技术、新工艺的发明和使用等主客观因素。

原文发表于《家具与室内装饰》2004年7月刊第17—20页

天设地造
——家具产品中的材料形态

摘　要：家具设计中的材料形态，是指由于家具材料的不同而使家具所具有的形态特征。对于家具材料的选用，常常从如下几个方面考虑：材料的品质与家具的功能、材料本身的形态与家具的整体形态、材料的加工特征与家具产品工艺、材料的审美形态与家具的造型和装饰。

关键词：形态；材料形态；家具

产品的形态造型是产品设计的核心内容，产品形态是设计师设计理念的载体。设计师通过产品形态的设计建立起与产品使用者沟通的渠道。设计师正是通过对产品形态的构想而融入自己对设计与产品的理解。而产品形态的实现要靠材料来体现。家具设计中的材料形态，是指由于家具材料的不同而使家具所具有的形态特征。

材料是构成家具的物质基础。家具发展史的研究表明，家具的材料运用能充分反映出当时社会的生产力发展水平。原始社会时期，人们用石头、木材、皮革等天然原料作为材料，其家具形态也十分原始、简陋，甚至是不经任何修饰的。当冶炼技术出现后，人们把金属材料应用于家具上，因此，在中国古代青铜器的产品家族中，不乏家具用途的杰作。当代家具产品几乎囊括了现今所有工艺材料类型，如木材、竹藤、石材等天然材料，各种塑料、橡胶等高分子材料，金属及各种合金材料等，纳米材料、智能材料等高科技材料类型也出现在家具产品中。甚至可以以不同材料类型对家具进行分类，如木家具、竹藤家具、玻璃家具、金属家具、塑料家具、石材家具，以及织物和软体家具。这些不同类型的家具表现出了各种不同的家具物质形态。

材料还是家具艺术表达的承载方式之一，体现着家具产品的设计思想。材料的质感和色彩作为可被人们感知的造型元素，传递着家具产品信息。如厚重材质给人以稳重之美；轻薄材质给人以浪漫之美；粗糙材质给人以原始之美；光滑材质给人以华贵之美。人们对材质的这些感受是由于材质本身的质地、色彩、光泽等一系列因素决定的，这些材料本身的特性给人的直观感受使人们形成了一定的审美程式。

不同的家具材料有不同的质感，即使是同种材料，也会因它的形状、体积、重量、肌理、色彩、加工方法等不同而呈现出不同的视觉效果。对这些材质的处理还能使家具产生轻重感、软硬感、明暗感、冷暖感，因此可以说，家具材料的恰当运用，不仅能强化家具的艺术效果，而且也是体现家具品质的重要标志。为了在造型中获得不同的质感，以产生对比的效果，家具设计还强调各种材料的有机结合，将粗犷与细腻、精确与粗放，通过不同材料的视觉反差，让观赏者品味到不同材料的各自细节，以及呈现出家具设计的材质之美。

❶ 材料的品质与家具的功能

早在战国时期，古代哲学家韩非就说过“玉卮无当，不如瓦器”，指出了虽然是贵重的盛酒玉器，没有底，盛不了东西，其价值还不如普通的瓦器。先辈们早就意识到了功能的重要性，随着社会的发展，科技的进步，评价产品价值仍然是以功能是否得到最大程度的发挥为标准。材料作为家具形态的物质基础，必须首先适应家具的功能。不同的家具有各自不同的功能。床是用来睡觉的，椅子是用来坐的，柜子是用来储存物品的，针对这些不同的家具的功能，材料的品质也应与之适合。

坐具的设计主要是为了使之合乎人体尺度，但舒适度也是不能忽视的因素，因此，大部分沙发为了满足坐的功能都采用了软体材料。软体家具传统上是指以弹簧、填充料为主的家具，在现代工艺上还指泡沫、塑料成型以及充气成型的具有柔软舒适性能的家具。填充料从原来的天然纤维（如山棕、棉花、麻布）转换为一次成型的发泡橡胶或乳胶海绵。沙发外套面料常用的有皮革和布料两种材质。真皮沙发柔软、富弹性、坚韧、耐磨、吸汗，完全满足了沙发作为坐具的功能需求，并且皮革也是容易保养的家具材料。可因皮种不同、选用部位不同及处理方式的差别，使皮制品所呈现的触感不一，可能轻软如纤维，也可能厚实且坚韧。皮革材质的多样性与不同风格的家具搭配，可创造出风格迥异的空间感受。布艺沙发则可拆换坐垫、外罩，便于清洗。其布艺坐垫也能够调节家庭气氛，丰富和活跃色彩搭配。不同的材料品质赋予了沙发不同的造型。

再如实验室家具，由于它是一类比较特殊的家具，主要服务对象是各种科学实验，因此必须满足各类实验所应达到的要求与功能：耐磨、耐腐蚀、承重好、防锈、防火等。因而，坚实、耐用的材料品质就成了设计师的首选，甚至钢筋混凝土、各种金属材料也成为实验台的台面材料。

还有一类较为典型的就是户外家具。户外家具的种类很多，像桌子、躺椅、公园椅等都是人们常见的。由于所处的特殊环境，户外家具更易受到风吹、日晒、雨淋等气候的考验，其家具要求也就非同一般。因此，在材质的选择上必然不同于一般的室内家具。就目前市场上出现的户外家具来看，质地大致为：木质、金属、竹藤等。如果是木质户外家具，多为可折叠、可拆装的形态，或选用油分含量较高的木材制作，如柚木等可以最大地防止因干缩湿胀、腐朽等原因而造成的脆裂；金属材质的户外家具设计，通常运用了各种流畅的曲线以及流线的造型，给人一种灵巧优美的视觉感受，主要选用铸铁、铝或经烤漆及防水处理的合金材料；竹藤制的户外家具轻松写意，形态自然，且抵抗外界气候的能力也较强。

❷ 材料本身的形态与家具的整体形态

前面的文章里已经提到，家具的“形态”是指家具的外形和由外形所产生的给人的一种印象；而材料本身作为一种物质，也有其自身形态。材料是可以直接造成产品的自型的物，所有的材料均以不同的“貌”各自的形态特征呈现出来，并以此区别于不同的物质材料。如何处理好材料本身形态与家具整体形态之间的关系，也是设计师所应重点考虑的。如金属材料主要以线材、管材或薄板等形态应用在家具上，塑料则多用作一次成型的家具零部件，软家具的发泡填料、仿皮人造革或充气薄膜的形态则多表现为有机形的空间形体。

竹藤作为一种新型的天然环保材料，一直是家具的主要用材，由于多种巧夺天工类家具产品中。这种编织家具的古朴、典雅是其他材料无法达到的，给人以很强的休闲感。直接以竹节形式出现的竹椅，参差不齐的竹子直接排列成为靠背，透出浓郁的乡野气息。在这里，材料本身的形态与家具的整体形态达到了高度的和谐统一。

塑料作为一种高分子材料，除具有优良的隔热、隔音、防潮、耐氧化等物理和化学性能，可塑性极强，可根据需要由模具加工成任何形状。所以塑料家具具有线条流畅的显著特点，细部、整体都浑然天成。北欧丹麦家具大师雅各布森（Arne Jacobsen）的天鹅椅、蛋壳椅都是塑料家具的经典之作。蛋壳椅的椅身、后背和扶手都是由一整块聚亚安酯制成，底座是能转动的金属支架，它以丰富的想象力和奇特的形态深受青年人的青睐。

3 材料的加工特征与家具产品工艺

材料的加工特征直接影响到家具产品工艺，同样，不同的加工工艺在某种程度上也制约了家具的材料形态。木材的加工性能好，可以锯、刨、铣、车、雕，是一种具有优良造型特征的工程材料，对于强调形态艺术特征的家具来说，无疑是首选材料种类之一。

木质人造板除具有木材所有的加工特征外，还具有幅面大、可进行表面二次加工的特点，从而赋予了人造板材料表面更大的可塑造性，因而丰富了家具产品形态类型。玻璃材料，经高温熔化成型，冷却后成透明的固体材料，可采用锻、吹等技术手段加工成玲珑剔透的各种形体，也可采用磨砂、喷砂、彩绘等工艺赋予它不同的表面质感和色彩。

至于金属材料，其应用在家具中大都是厚度为 1 ～ 1.2mm 的优质薄壁碳素钢、不锈钢管或铝金属管等，由于薄壁金属管韧性强、延展性好，可加工成各种优美的造型。并且可以对其表面进行各种涂饰：聚氨酯粉末喷涂、镀铬、真空氮化钛或碳化钛镀膜、镀钛、粉喷等。这类家具虽材质感冷峻，造型却具有古典风韵。

4 材料的审美形态与家具的造型和装饰

家具造型是作为一种物质实体而具有的空间形态特征，家具装饰则一般是指家具表面装饰性和对形体的修饰，也就是指对材料进行涂饰、胶贴、雕刻、着色、烫、烙等装饰的可行性。家具的造型与装饰都是基于一定的材料基础，不同材料的物理属性构成的审美形态，从色彩、质感、肌理等视觉或触觉语言中显示出材质的独特个性和内涵，给设计师提供了广阔的创作空间，从而使家具产品呈现出丰富的面貌。

作为中国传统家具的典范，明清家具的装饰、造型与其结构取得了珠联璧合、相得益彰的效果。其装饰手法主要有：细木工装饰、木雕工艺装饰、嵌木装饰、嵌骨装饰、嵌螺钿装饰、嵌象牙装饰、瓷板镶嵌装饰、珐琅镶嵌装饰、透光装饰和铜件装饰等。这么多装饰手法首先都是以材料为基础的。、例如清代红木方桌，其线脚装饰，在一线一缝，一紧一松间，给人带来一种意想不到的效果，表现出“工巧”为美的装饰意境。而这样的线脚装饰与束腰造型也只有在易于雕刻、加工的木质材料上才能淋漓尽致地表达出来。

木材的天然纹理也丰富了家具的造型与装饰。木材种类繁多，如紫檀木、酸枝木、花梨木、铁梨木、鸡翅木、乌木、榉木等，这些优质木材具有不同的色彩与纹理。如鸡翅木，有新、老之分，新者木质粗糙，紫黑相间，纹理模糊不清；老者肌理细腻，呈紫褐色，有深浅相间的蟹爪纹，细看酷似鸡翅，尤其是纵截面，木纹纤细浮动，变化无穷，自然形成各种山水、风景图案。鸡翅木优美的造型加以色彩艳丽的木纹能使家具增添浓厚的艺术韵味。用这些木材制作的家具多利用木材本身的自然色彩与纹理，很少雕刻花纹，家具的边角处多作线条装饰，既增加了美观效果，又不破坏木质纹理的自然特点，偶有雕刻，也只是局部点缀而已。

石材也是具有不同的天然色彩和石纹肌理的一种质地坚硬的天然材料，给人的感觉高档、厚实、粗犷、自然，耐久。主要有花岗岩和大理石两种，较多运用大理石。大理石纹理黑白相间，深浅不一，好像中国山水画般，时而灵秀，时而壮阔，多用于桌、台案、几的面板，以发挥其天然石材肌理的独特装饰作用，而无须寻求附加装饰。

北欧设计师认为"将材料特性发挥到最大程度，是任何完美设计的第一处理"，运用灵巧的技法，从木材、竹藤、纺织物、金属等所有家具材料的特殊质感中求取最完美的结合与表现，而给人一种非常自然、丰富、舒适、亲切的视觉与触觉感受。这就是家具产品中材料形态的意义所在。

原文发表于《家具与室内装饰》2004 年 8 月刊第 18—21 页

喜形于“色”
——家具色彩形态设计

摘　要： 色彩形态是家具的形态元素之一。家具中的色彩主要由家具材料的固有色和附加色所决定。家具的色彩形态与造型形式相结合，构成了家具形态的主要视觉意义。家具的色彩形态设计要考虑家具的陈设。

关键词： 家具；色彩；形态；视觉；设计

生活丰富于色彩的存在；家具也不例外。

在当今个性化渐盛的时代，人们喜欢或欣赏一套服装、一件装饰品，完全可以单凭被其色彩的吸引而选择购买、收藏；千变多色的家具产品更是成为这一时期的“新贵”。日新月异中，生活质量带动的是人们审美情趣的升温；“张扬个性”“展示自我”的时代“标签”让更多的人对自己的品位“感觉更好”。仅就大众对家居与家具陈设的关注态度而言，“色彩出位”“造型出新”的“异形”家具摆在充满浓浓“独家自酿”味道的围合空间里，成为越来越普通的事了。

近几年，在室内外装修和家具设计等众多同类设计领域中，“听觉污染”“视觉污染”渐渐成为曝光频率较高的词汇，其中“视觉污染”尤为突出。它主要体现在两个方面：一是已普遍关注的“光污染”，即由于家具表面饰漆、“三表面”（室内顶面、墙面、地面）、建筑体外部装饰表面（如玻璃、反光涂料等）等任一项设计，由于选材搭配、施工方面做法不当，在照明光源或自然光源下产生眩光，超出人眼适应的感光范围，造成轻者有不舒适感，重者头晕、恶心、视网膜受损等危害人体健康的伤害。二是笔者认为应当加大防范力度的“色污染”，即室内装潢表面涂饰色彩不科学的组合和搭配、室内色彩与陈设物（如家具等）色调选配不适合、建筑体外在色彩搭配及不同材质间配色不当而看起来不美，甚至使人感到厌恶，久而久之造成精神抑郁等病理后果的情况。家具产品设计中所反映出的有关色彩的问题，一方面，在于家具本身色调不统一，特殊部件细节色彩构成与家具整体的色彩效应不和谐；另一方面，在于家具的摆置与其周围的环境“色场”没有构成呼应或互补，家具个体与环境共体无法很好地搭配和融合。这些在家具色彩形态设计和技术处理上出现的问题，都需要通过对家具设计中色彩所涉及的、已存在的问题来分析研究，从中找到最优的解决方法。也正由于家具的色彩设计问题尚未被广泛地提及，就更要重视。

1　家具中的色彩

色彩作为家具形态中的一种，与功能、造型、装饰、结构、材料等其他形态类型共同塑造家具的独特魅力。色彩形态和造型形式更是能在第一瞬间捕捉人的视线，吸引人们的注意力。一件家具产品，能在这第一时间以它静静“绽放”的“美”激起观者内心的澎湃，很难说清楚是源自家具“身体”上的“着色”、外形样式、亮点的装饰手法三者中的哪一个，还是它们综合的结果。从这个意义上说，同属于家具设计形态中“外貌式样”部分的“三剑客”——造型、色彩、装饰，它们在整体形态中各自所具有的价值是相当的。也就是说，色彩也可以在家具形态中单独充当吸引人视线的主角。

色彩的活力使它能随着设计师丰富的想象力而尽情地在家具这块“寸草地”上驰骋。在其他相近的设计领域，色彩已经有了多种多样的类型划分研究方式。在此，笔者针对家具的特殊性对其自身色彩进行划分：

（1）可塑性小的原材质固有色。家具的色彩毕竟是依附于材质上来展示的。这类色彩出自“人为可变化性”相对较小的材质，如木材、金属、玻璃等材料的固有色。其自身天然成色，无须人工“雕琢”；色泽均润丰富，纹理千变万化，色调不温不火，给人以稳固、安全的视觉感受。如不静不喧、纹理生动的黄花梨；静穆沉古、分量坚实的紫檀，都使木制家具天生具有了一种沉稳儒雅的气质。新研发的人工染色、镀铬等处理工艺，为含有这类色彩的家具设计和延续添加了更多的灵感和动力。此种类型的色彩多用于人眼视线较低的范围，保证家具给人整体的视觉平衡性。容易与一般的室内环境氛围融合，使人心灵沉静松弛。有一定社会阅历，性格比较稳重、温顺，看重生活质量的人群多偏爱这种带给人“平淡如水，意味绵延”色彩语言的经看耐用型家具。

（2）可塑性大的原材质固有色。这类色彩多出自织物、皮革、塑料等在材料生产过程中染色、调色处理较为容易的材质。处理后的材质色彩饱和度较高，色调多为暖色，少数冷色，浓烈特别；在家具设计中多用于视觉较向上的部位，增加视觉跳跃性；色彩用法随意、大胆。此类型色彩多被用于装饰性强的单件家具设计上，能起到点缀室内空间、活跃居室色调的画龙点睛作用。此类多为时尚性、艺术性强的“异形装饰”型色彩家具；很受年轻、热爱艺术、乐于享受生活的人群喜欢。“精彩生活，我秀我的”就是它追崇的色彩语言。

（3）覆盖色（附加色）。与材料的固有色相区别，指经表面加工处理，将色彩添加在材质表面而形成的色彩。处理手法多为表面贴木皮、木纹纸，饰有色油漆，等等。色彩的任意性受限于一些实际情况（如人工作业的精准程度、特殊的使用环境对色彩的约束等）而相对小于“可塑性小的材质固有色”，但略大于第一种“可塑性大的材质固有色”。色调兼有前两者，既非“热情异常”也不“冷酷到底”，相对较为“中庸”。此类型多为普通实用型家具，持家有道、讲究实干、不太苛求生活享受的人群尤其偏爱“自得其乐，知足常乐”的生活味道。

❷ 家具色彩形态与造型形式

家具的色彩不仅可以单独成为吸引人视觉的主角，更常与家具的造型一起共同烹饪视觉“大餐”。

好的设计讲究整体性，人的视觉也苛求设计的整体性。在人的视觉中，色彩和造型这两个形态元素很难被活生生“剥离”。当赞叹一件家具造型好的时候，也许正是色彩的

"衬托"完美了造型的"表现"；当评价一件家具色彩美的时候，也许正是造型的"穿插"凸显了色彩的"演技"。

（1）丰满家具整体形象。人眼总是对已经显现出来的事物的颜色、形状很敏感；容易由所看到的而产生丰富的内在联想。色彩、造型形式作为家具的外貌样式方面为"外"，功能、质量、技术、细节为"内"；只有在第一时间抓住人的眼球，使人产生想继续了解的兴趣后，家具的结构特征、使用功能、技术特征才能够被体验出来；这里存在设计方案时由先至后、由外至内的思考顺序。同样地，家具若只有属于它的结构特征、使用功能、技术特征，而没有色彩和造型综合"包装"的一个"样子"，就会像一个只有内胆的保温瓶，没有保温外壳、把手、瓶盖，人们无从亲近，也不敢亲近。色彩和造型共同演绎的视觉效果"包容"了功能的"冷漠"，使家具整体变得"有血有肉"。

（2）细化家具使用功能。运用色彩的互补、对比或渐变手法，可以达到"视觉忽略"的效果，即一种合乎设计目的的"视错觉"；也可以用这些色彩变化技法与造型细节点、功能延伸处结合，来突出家具使用功能的识别效果，达到方便人一目了然使用的目的。笔者认为这一设计特色适用于多功能的组合家具，如储存类家具。这类家具多以扩大家具单体容积率，提高功能利用率，从而起到增加居室视觉空间感的作用。造型上涵盖的具体功能，用色彩的区分加以标志，使消费者可充分使用到组合式家具的任一种功能，这不仅杜绝了资源浪费，更重要的是它达到了"为人所想，为人所用"的以人为本的设计境界。不存在多功能型组合特点的家具，不提倡都使用这种将细节"色彩化"的设计手法，以免家具色彩过于凌乱，破坏了整体性。

（3）传达家具意蕴内涵。对于有些侧重点不在于突出功能，而是为了突出其艺术收藏价值的家具，色彩和外形塑造的"亲密无间"可以帮助家具传神地体现设计师的表达意图和家具的艺术收藏价值。单件或成组的装饰性强、趣味性浓、艺术性高的家具会大胆借助色彩和造型来烘托家具的美感；正是这种千变万化的特色家具满足了人们的视觉渴望。

家具的色彩与家具的造型是否"相敬如宾"般"融洽"，关系到家具"站立"在人面前给人的第一印象；家具色彩同家具造型是否"恰如其分"般"互助"，意味着家具是否被赋予了生命。

3 家具色彩与环境色

仅仅将家具的色彩作为家具个体内部的一种形态元素存在来进行分析和研究是远远不够的，家具只有摆放在一定的环境里才能被赋予高于自身的新的价值。即使是同一件家具摆放在不同的环境中也会展示出不同的视觉感受。环境依附物质而相对存在，家具也不可能孤立于环境，将家具的色彩效应与环境相调和，使其整合于统一的"场"。从某种意义上说，环境包容了家具，家具丰富了环境。家具所呈现的色彩形态与环境的色感能够相得益彰，是家具色彩设计的最高境界，也是家具视觉价值最大化的体现。正像拉斯金说过的那样："光线与阴影有助于我们对物体的了解，颜色则有助我们对物体之想象与感情。"家具与环境之间要达到和谐一体、同谱一色的视觉效果，其最基本的原则就是"确定视觉重点"；将家具与环境这两个元素都确定为视觉重点或确定得不明确都不会达到好的整体视觉感受。一是以家具为视觉重点：环境配合家具主题，创造符合家具主题的环境来烘托家具这个视觉中心点。此类型多为家具展厅、家具卖场等以突出家具个体价值为目的的空间；环境的构筑建议使用大面积色彩明度相对弱的冷、暖色调统一大体，再利用照明、局部材质纹理变化、陈设品点缀等动静结合的方式，使展示的环境既不喧宾夺主地与家具视觉融合，又能满足商业展示特殊性的要求。二是以环境为视觉重点：家具配合主题环境，用家具的补充来满足整体环境塑造的要求。此类型空间多为家居室内、餐饮娱乐等有具体主题的环境；家具在主题环境存在后被选择用来填补一些使用功能、装饰功能上的空缺。大多数为色彩造型内敛、质量好、有细节变化的成套家具；少数用来活跃空间气氛的色彩造型夸张、装饰性强、艺术价值高的单件家具。以家具服务于环境，使环境与家具之间更为默契地创造视觉美感，这也许就是家具色彩设计的魅力永恒所在。

原文发表于《家具与室内装饰》2004年9月刊第20—23页

约定俗成
——家具中形式美的法则

摘　要：家具设计通过对形式美的追求，使设计作品中的形式与内容得到统一。在家具设计中美的形态的创造总是离不开多样与统一、比例与尺度、节奏与韵律、均衡与否这4条形式法则。

关键词：家具；形式美；法则

家具的美较之绘画、音乐、戏剧等纯艺术的美有许多的不同。它很少探索性格的、悲哀的、残缺的内在美，但是它却很明确地要求外形美。任何事物都有它的内容和形式设计的内容，使“美”和“用”得到统一。所以，家具的形式美和其他事物的发展一样，有着它自己的规律性。找到其中美的规律、美的法则就有利于家具的造型设计及形式美的创作。

1　多样与统一

家具造型的多样性是指家具中造型元素的丰富与家具样式的各异，在于家具多种多样的变化给人以丰富生动的感觉。其多样性主要表现在以下五个方面：

（1）家具外形的多样性。家具外形或圆或扁或直或曲，或高或矮，千姿百态。其间的组合与变化都构成了家具外形的多样化。

（2）家具色彩的多样性。现代化工业的发展和新材料在家具中的应用让家具有了更加丰富的色彩。如在波普风格的家具中，设计师多以夸张且丰富的色彩搭配表达其设计的思想。

（3）家具材料、质地的多样性。家具在材质的多样化方面很少受到限制，拥有广阔的天空。市场上金属的、玻璃的家具琳琅满目。不仅如此，材料与质地的多样性还可以体现在同一件家具中。比如，一个衣柜除了用木质材料外，还可以视情况加入玻璃、金属、竹材等材料以达到造型美的要求。这些做法在现在的家具设计中已经很常见了。

（4）工艺技巧的多样性。材料的不同决定了加工工艺的多样化。为能够更好地驾驭材料的性质，以创造出具有感染力的家具产品，自然就有了相应的各式各样的加工手段。

（5）位置布局的多样性。在家具设计中，位置布局包括两个方面：一方面是家具本身在每个面上的平面构成和整件家具的立体构成；另一方面指的是一组家具在空间中的摆放位置，与空间共同形成的新的整体的造型。它们高低起伏、疏密聚散、规则凌乱、简洁繁杂都形成了位置布局的多样性。

家具造型的统一，实质上是指家具的各构成元素之间的相互联系与协调。家具中或是家具间各元素之间有主有次、有重点有衬托，才能给人以完整协调的感觉和印象。为使家具有统一完整的感觉，家具造型元素间通常体现为对应、主次、搭配3种关系。

（1）对应关系。一件家具中的对应关系是指家具构造左右、上下对称对等、呼应顾盼的关系，给人以平稳、均匀的感受。而在一个系列的家具中，每件家具都存在着相同或相似的元素，使其之间存在联系，看上去整齐划一。

（2）主次关系。在家具造型上的各个元素之间，应该是有主有次的。造型元素的不分主次将会使设计作品处于一种无序、杂乱的状态，必然丧失其整体感。所以在家具的造型元素之间要有重点、有中心才可能有整体统一的感觉。

（3）搭配关系。家具中的各个形式元素之间也必须是适合统一、珠联璧合的。如不同材料，不同色彩的搭配都必须遵照协调和统一的原则。乃至家具中的每一个细节设计都要再三推敲，使其在整件家具中恰如其分，很好地融入整体中去。再则，不仅是一件家具中的各个元素之间要搭配协调，多件家具的组合中，不同家具之间搭配的协调性也是必要的。一组家具中的高矮、体量、色彩、材质等要素都要密切配合，互相搭配才能使其相得益彰，形成不可分割的整体。

多样体现了各个事物之间的个性以及它们相互之间的矛盾差异；统一体现了各个事物之间的共性和整体联系。人们喜欢多样，也喜欢统一。人们不喜欢单调杂乱，因为单调使人感到无聊乏味，杂乱又使人感到烦躁不安。实质上，人们喜欢的是多样之下的统一和统一之下的多样。多样而不繁杂，统一而不单调是家具造型形式美的重要原则。

2 比例与尺度

家具的形式美由于它的工艺性与使用性，包含了一个重要的比例与尺度美的问题。一切物种都是在一定的尺度内得到适应的比例，这种尺度的调整，以适应生活、生存和环境的要求。所谓尺度是指标准，也就是设计中的计量、评价等的基准。家具作为一种与人生活息息相关的生活用品，其造型往往是根据人的尺度来决定的。而人的尺度往往又是衡量其他物体比例美感的因素。法国的勒·柯布西耶提出的基准尺度就是把人体各部位的比例算出一系列的黄金比，而构成勒费布拉奇数般的关系。

任何形式都有它的比例，但并非任何形式的比例都能很好地展现家具形态的美感。完美的家具形态应具备协调匀称的比例尺度。在家具设计中常用的比率主要有：

（1）黄金比。它是一种理想可计算的比例。若假设一条线段 ab，其中有任意一点 c 且满足 $ac > bc$，其数学表达式为 $ab : ac = ac : bc$。约为 1.618 : 1 或近似 8 : 5。

（2）整数比。整数比可以实现明快匀整的形态。它由肯定外形的正方形为基础派生出的比例。正方形各周边比率均为 1 : 1，两正方形连接的二元长方形相邻比率是 1 : 2，由此派生出 1 : 1、1 : 2、1 : 3 等具有整数比例的矩形。

（3）相加级数比。又称费布拉奇数列。此数列的前两项之和等于第三项，即 1、2、3、5、8、13……此数列比与黄金比相似。

（4）模数。又称模量，含有某种度量的标准。如家具中常用到的“32mm”，这就是一种模数。另外家具中常常用到的模数还有“3”，这是根据建筑模数而来，厨房的整体橱柜为了适应于室内空间采用这种与之相应的模数。总之，模数就是一个标准值，它既能独立存在，又可递增组合，使部件的形态组合方式多样化。

家具中比例的美虽然是根据人的尺度产生的，但是它并不局限于人体的尺度。有时从装饰的角度考虑，设计师也常常将家具中的某些部位进行夸张变形，从而强调家具的装饰特点，使其形式上的美感更为突出。

3 节奏与韵律

“韵”指的是动与静、强与弱、高与低的交替错落，即节奏。“律”则为规律。“韵律”可以解释为以“律”来规定“韵”，使“韵”在“律”中进行。就好像律诗一样，每一句都有平有仄，有它的音韵，整首诗又有它的格律，所以朗诵起来优美动听。

家具形态中的韵律美与律诗中的美学原则非常近似。在家具造型中，反复地出现某种形态与构造，如在床的靠背上反复地出现某种图案，或在色彩上出现几种颜色有规律的、反复的交替。形状、色彩、材质等这些形成家具形态的媒介材料的排列、反复、连缀、转换等不同的变化，在家具的形态上则表现为韵律感，具有极强的艺术表现力。

另外，同一形态的家具单体在家具布局组合中的反复出现和应用，也同样形成了规则的变化，出现了连续运动的节奏特征，使整组家具体现出视觉上的韵律美。

4 均衡与否

事物发展的不均衡就产生了运动，有运动就有发展。但是任何事物发展的同时又要求相对稳定，要求均衡。这个规律能够符合事物发展的规律，同时也成了家具形态审美的一条法则。

在家具形态构成中均衡是核心。其中包含了两层含义：

（1）“均”也就是指均齐，也叫对称。家具形态只要构成对称，则会产生秩序感，给人以静止稳定的感觉。

（2）“衡”是指平衡，这种平衡是相对的均衡，也可以说是视觉上的平衡。以局部的调整达到整体的均衡。

家具形态中的均衡可分为量、色、力的均衡。量的均衡顾名思义是指体量，面积上的均衡；色则指配色上颜色分量的均衡；而力的均衡指的是力与力之间的照应关系。在追求家具形态的均衡上要兼顾这 3 个方面。如在外形不平衡的情况下，通过色彩等手段达到均衡。

在追求均衡的手段上要巧妙、灵活，最好是在不均衡中求得均衡，换句话说也就是在物理均衡的条件下追求视觉上的不均衡。家具从实用角度考虑需要物理力学上的平衡，但是设计者为了追求其作品中的动态效果，可以在满足家具力学上的稳定的同时通过形态，色彩构成视觉上的不稳定，形成强烈的视觉冲击，使作品具有强烈的个性。这也是现代设计中常用的手段之一。

综上所述，家具中的形式美可以归纳为造型元素间既对比又协调的关系。它是外形、色彩、材料、工艺以及家具间的搭配等各个因素的总和，不能只是单纯地理解成家具外部形态的形式。只有对每个因素都兼而顾之，才能创造出完美和谐的家具形态。

原文发表于《家具与室内装饰》2004 年 10 月刊第 28—31 页

浓妆淡抹
——家具装饰形态设计

摘　要：家具的装饰形态是指家具的装饰要素所赋予家具的形态特征。家具的装饰设计赋予了家具产品明确的文化内涵。家具设计中装饰元素的应用取决于设计所处的人文背景。家具的装饰形态以室内环境中起装饰作用的整体家具形态和家具单体的装饰两种形式出现。家具装饰形态的表现取决于家具的色彩、材料、结构、功能、工艺。家具装饰形态设计的基本思路有助于家具设计的创新。

关键词：装饰形态；装饰元素；文化内涵；人文背景；审美

伴随对“物”的生命感知，人类的装饰活动与装饰意识逐渐由朦胧走向自觉，由实用走向与审美结合（审美是一个综合性的美学话题，本文不作解释）。装饰形态作为一种人为的、具象的现实形态，将反映在各种造型设计活动中。建筑设计中的装饰要素从远古洞穴的壁画装饰开始，就成为建筑设计的重要组成部分，并使建筑具有了风格的含义。各种装饰形态在家具设计中的应用也是由来已久，早在古埃及时期，几何化的装饰元素普遍地应用于各类家具的界面中，并形成一种夸张、单纯、生动、秩序的艺术风格。

家具的装饰形态是指某种装饰要素所赋予家具的形态特征，也正是这种形态特征，强化了家具形式的视觉特征，赋予了家具的文化内涵，折射了设计的人文背景，使家具整体形态在室内环境中发挥装饰的作用，并增添了家具单体的装饰内容及观赏价值。家具装饰形态的表现取决于家具的色彩、材料、结构、功能、工艺等诸多因素，也就是说，家具装饰不是凭空产生的，而是依附于其他物质技术条件而存在，同时又演绎出这些因素的表现特征。家具的装饰形态设计是家具设计创新的基本内容之一，家具装饰形态创新的最直观表现是形式的创新，在现代设计思想的指导下，家具装饰形态创新应以价值实现为基本准则。

1　家具的装饰设计赋予了家具明确的文化内涵

装饰作为一种表现形式，具备某种特有的文化内涵和形式特征。装饰设计也就成为表现某种文化内涵的艺术行为。

拜占庭装饰艺术是东罗马帝国的晚期古代艺术，承袭了早期基督教的艺术传统，同时又受到了东方装饰艺术的影响。拜占庭装饰艺术中最常见的装饰元素是一种繁缛的波浪形莨菪卷须饰（简称卷须饰）。这种装饰元素以浮雕的形式普遍运用于柱头、上楣等建筑构件中，并赋予了拜占庭建筑独特的文化内涵。在拜占庭家具中，这种豪华的卷须饰浮雕装饰也是随处可见。其主要应用于家具的界面当中，同时，也经常出现在家具的腿

部。这种卷须饰装饰元素所表达的文化意义，同样也蕴含于拜占庭家具当中。

❷ 家具设计中装饰元素的应用取决于设计所处的人文背景

装饰元素是装饰形态设计的基础，装饰元素的形成主要取决于它所处的人文背景。民族、地域、宗教、伦理、民俗、历史、社会等多方面的文化因素构成了装饰形态设计的人文背景，也就是这些文化因素为装饰元素的产生提供了丰富的创作素材。

不同的民族、地域、宗教、历史等终会产生不同的人文背景。为此，人文背景具有多样性的特点。一种装饰元素的生成，必然离不开相应的人文背景对它的影响。“线”作为一种常见的装饰元素，广泛应用于古代东西方的装饰艺术当中。但是，由于东西方的人文背景截然不同，其所表现的“线”的装饰韵味也各有千秋，值得指出的是：中国人用“线”意在表现生命的律动，因此，注重“线”的变化和韵味；希腊人用“线”意在概括生活，表现物的存在状态，因此，注重“线”的准确性和节奏感，追求形象的真实性。

在当代对于家具的认识中，绝大多数家具被看作一种工业产品。而家具作为一种工业产品，其优劣的评判最终取决于消费者。因此，代表消费者意愿的大众审美成为现代家具审美的主要特征，各种体现大众审美文化特征的装饰元素被广泛应用于家具设计中。“个性化”是当今大众审美文化的主要特征之一，反映这种审美倾向的装饰元素也被频繁地应用于家具设计当中，通过对家具门板结构的改进，使消费者能够在门板的外观上任意嵌入自己喜爱的图片做装饰，最终使这种装饰元素、装饰行为、装饰形态都被赋予了个性化的文化内涵。

❸ 在室内环境中起装饰作用的家具整体形态

家具作为室内陈设之一，有义务充当具有装饰意义的艺术品，有时其装饰性的比重甚至可能远远超过它的功能性。这类家具形态的定位在很大程度上取决于它的装饰要素，其装饰要素主要可分为：形式要素、视觉要素和环境要素。

（1）形式要素。十分注重整体家具的形式美和与室内格调的统一。例如，柜体主要采用“玻璃 + 金属”的组合形式，这种形式所表现的美与室内的冷峻格调相呼应。而对于家具的功能，却只是轻描淡写。因此，家具也就成为室内格调构成的一个重要组成部分。

（2）视觉要素。存在于室内环境中的家具通过对线条、形状、比例、结构、色彩、节奏、肌理等视觉元素的组织，从而使整个家具形态达到整体起装饰作用的目的。例如，通过线条、形状、结构等视觉元素的组织、使整个家具形态在室内环境中发挥着装饰的作用。

（3）环境要素。当家具的装饰形态设计脱离环境因素时，它在环境中的装饰作用就无法实现；反之，会破坏环境的和谐。可见，只有充分考虑环境的诸多因素，才能使其装饰性得到充分体现。

❹ 家具单体的装饰设计

家具单体装饰可分为家具单体的整体装饰与家具单体的局部装饰两大类。

家具单体的整体装饰是指运用一种或多种装饰元素对整个家具单体进行装饰。这种装饰形态具有整体性较强的视觉特点。它把一种或多种装饰元素应用在家具外形上，从而使这个家具单体具有某种明显的艺术风格。它通常以涂饰、贴面、雕刻为主要表现方法。

家具单体的局部装饰是指在家具中起装饰点缀作用的装饰形态。这种装饰形态可分为3种：第一种是通常所讲的“雕龙画凤”型的家具局部装饰，以制作工艺作为分类标准。这种“雕龙画凤”型的装饰又可分为雕刻装饰、模塑件装饰、镶嵌装饰等；第二种是在家具的结构或功能上具有实用意义的装饰形态，这种装饰形态不但在视觉下增添了家具的“看点”，而且，还具有一定的实用价值，如五金装饰、榫卯装饰、灯具装饰、照明装饰等；第三种是指二维平面型（也可称为图案型）的家具局部装饰形态，常见的有绘画装饰、烙花装饰、贴面装饰（木皮贴面等）。

5 家具装饰形态的表现取决于家具的色彩、材料、结构、功能、工艺

色彩与材料的应用，直接影响到家具给人的视觉感受。在结合环境、使用者、家具的自身特点等因素的基础上应用色彩与材料，能使家具的表面装饰恰到好处。

装饰色彩是一种主观性色彩，其精神的自由度关键在于人是否能从自然色彩的束缚中走出来。装饰色彩作为人类对自然审美把握的一种方式，它具有简练、纯朴、含蓄、浪漫、夸张的审美特征。而各种材料的运用，则构成了家具装饰的物质基础材料在光与涩、明与暗、粗与细、坚与柔的对比均衡之中流露着的装饰形态丰富的情感和审美高地。同时，开发新的家具装饰材料也是一种艺术创造。

在遵从审美原则的前提下，结构也会产生一种视觉的愉悦，可称之为结构形态向装饰形态的转化。家具的结构形态不但具有其原有的意义，而且，家具的结构在遵从审美原则的前提下进行构建，也会达到一种装饰性的目的。家具的结构也就成为装饰的对象与载体。结构的装饰性主要取决于两种路径：一种是对结构表面加以修饰（如装饰纹样、图案等），另一种是通过对结构的各个组成部分进行搭配与排列。从而体现出一种立体的装饰美。

早在远古时期，匠人已注意到实用与美观的结合、器形与装饰的统一的重要性。受家具功能定位的影响，家具的装饰形态都应该不同程度地表现了：实用功能、审美功能、认识教育功能3个方面，装饰的实用功能主要体现在人类的生产与生活当中，它随着人类的生活的发展而发展，它联系着人类的物质文明和精神文明，它改变着我们的生存空间和生活空间。装饰的审美功能是通过审美主体对装饰形态的美的感知、认同、欣赏、感情共鸣才得以实现的。装饰的认识教育功能反映在具体的装饰形态中，通过生动的造型、优美的形式、绚丽的色彩，给人美的享受和启迪，影响着人的全面发展。

《考工记》谓：“天有时，地有气，材有美，工有巧，合此四省，然后可以为良。”这里的“巧”与“合”一语道破了装饰形态的表现与工艺之间的关系。在具体的家具装饰形态中，我们所追求的简约化、抽象化、精粹化，实际就是在工艺上追求精神化。因此，工艺的美直接影响到装饰的美。工艺美表现为技术的工巧与表现的技巧两个方面，技术的工巧指的是制作的精巧与牢固、涂饰的工整与光泽等；表现的技巧则是指创造的智慧

在技术上的体现。

科学技术的发展和人类对自然界认识的加深，都将从不同方面影响家具装饰形态的表现。

6 家具装饰形态设计赋予家具设计创新的意义

确立“少即是多”的装饰形态设计思想和创造环保、经济的装饰元素，有助于缓解我国家具资源短缺与家具需求量大之间的社会矛盾。同时，把科技发明的新景观、新理念、新材料等引入装饰形态设计中，也将会为装饰形态的创新与家具产业的经济发展提供新的思路。由此可见，家具装饰形态设计的创新不但展现了它的审美价值，而且还实现了它具有社会价值与经济价值的意义。

原文发表于《家具与室内装饰》2004 年 11 月刊 16—19 页

浑然一体
——家具整体形态设计

摘　要：家具作为一种特殊的产品形态类型，表现出其整体形态特征的方式有两种：一是家具在室内环境“场”中表现出来的形态特征，二是家具自身整体形态。作为室内环境“场”中的家具形态设计应当以室内空间形态作为基本立足点，以营造和谐统一的室内空间氛围为主要目的。家具自身作为一种形态，必须体现家具自身完美的造型意义、功能意义。

关键词：形态；整体形态；家具设计

由物体的形式要素所产生的给人的（或传达给别人的）一种有关物体“态”的整体感觉和整体“印象”，就叫作“整体形态”，家具作为一种物质的客观存在，势必会给人留下印象。家具可以是整体环境中的家具，也可以是独立存在的家具，因此，家具作为一种特殊的产品形态类型表现出其整体形态特征的表现方式有两种：一是家具在室内环境“场”中表现出来的形态特征，即家具在室内环境中的整体形态指的是在所处的某一室内环境中的家具与家具、家具与室内之间的组合、协调与统一所构成的室内环境的整体形态；二是家具自身整体形态设计，即同一家具中的各种形态要素所展现或传达给人的一种有关物体形态的整体感觉和整体印象。

整体家具形态的设计基本出发点是从整体协调一致的角度来考虑家具的形态。室内空间形态的构成要素是多方面的，其中家具作为室内空间的主要陈设，对于室内空间的整体形态构成具有决定性的意义。就单独的家具形态而言，由于家具承载着诸多的文化意义，因此对家具的叙述也不是一件简单的事情。系统设计方法论的基本原理告诉我们，任何设计对象都不是相互孤立的，只有将与设计对象相关的所有因素综合考虑，才能达到设计的真正目的。

1　室内空间环境“场”中的整体家具形态

室内空间具有典型的形态特征，它的主要构成要素包括室内的空间形态、空间的组织、空间的体量、空间界面的形态，以及室内空间的视觉特征等。在上述各类室内空间构成要素中，家具都扮演着不可替代的角色。

由建筑本体塑造的室内空间由于受到各种因素的制约往往是非常有限的，这不能完全满足人们居住和生活的需求，赋予室内空间一个完全适合于人们生活行为和审美行为的形态特征，室内设计担负着完善和改造建筑空间的重要责任。家具作为一种可视的形态存在，既可以使原本单调的室内空间变得丰富多彩，也可能因为家具的存在使原本秩序井然的建筑空间变得杂乱无章。在这里，家具整体形态与建筑空间的相容性就十分重要。问题的关键在于确立建筑室内空间形态和家具形态的主体性，即“场景”与“角色”的关系问题。家具既可以构成室内空间形态的“场景”，也可以作为室内场景中的“角色”。当原本建筑室内空间形态比较单纯时，其形态特征主要由包括家具在内的室内陈设决定，此种情形下的家具形态设计担负着构筑室内空间“场景”的作用。当前社会上在处理居住室内空间时普遍流行所谓“重装饰轻装修”的做法，实质上就是把室内陈设作为室内空间的“场景”来加以营造的做法。作为室内空间场景的家具，其形态设计的定位应该是以“大手笔”的形式出现，从而确立室内空间的基本形式特征。

当原本建筑室内空间形态处于主导地位时，包括家具在内的室内陈设的形态特征就应当是配角，点缀便成为主要的设计手法。

家具通常以一种“体空间”的形式出现在室内空间中，由于家具的存在，原来的室内空间不可避免地发生变化。原本宽敞的室内空间由于家具的存在可能变得拥挤，也可能因此而变得生动和充实。家具的体量特征对室内空间体量特征的影响是不言而喻的。一个偌大的室内空间只有依托体量大的家具才能形成生活的氛围。笔者曾接受一个 $60m^2$ 大小的卧室设计任务，如果选用市场上的常规家具产品并按人们习惯的方式靠墙放置的话，其后果可想而知。笔者采用的方法是特意设计了一组体量较大的家具，并将其布置在房间的中间位置，房间中央再加以室内绿化和装饰性陈设点缀，墙面以固定式壁柜和字画装饰。如此处理，原本空旷的室内顿时改观。

人们在评论城市景观和城市规划设计时，常常用到“城市天际线”的术语，其实质意义是建筑以及城市景观在城市空间中的“轮廓线”的形态特征。家具等陈设在室内空间界面的形态特征在很大程度上构成了室内界面的“轮廓线”，同时也赋予了室内空间各立面形态特征中虚与实、色彩等形态的具体内容。落差起伏、纵深前后、虚实结合、色彩搭配的家具和陈设形态成为室内空间界面设计的主体。

一般而言，原本建筑室内空间的视觉特征是非常有限的，尤其表现在视觉中心主体不突出。室内空间中的家具设计可以人为地创造出室内空间中视觉中心。宾馆大厅中的主服务台、住宅室内客厅中的电视柜、卧室中的床及床头造型等家具类型均表现出此种形态特征。此类家具设计应当成为所有其他类型家具设计的重点。

总之，作为室内环境“场”中的家具形态设计应当以室内空间形态作为基本立足点，以营造和谐统一的室内空间氛围为主要目的。

❷ 独立存在的家具整体形态

对于家具设计师而言，家具也经常以一种独立的创作对象而存在。这种设计背景下的工作更类似于雕塑等艺术创作形式或专业的产品设计工作。

在本书前面的内容中，分别论述了家具的各种不同意义的形态类型，如家具的材料形态、装饰形态等，可以认为它们都是从造型形态的某一个侧面或不同的角度出发对家具形态的一种片面观点。笔者认为，家具很少以一种简单或单纯的形态特征出现，因为家具设计需要追求完美的造型意义，而一个完整设计意义的表达通常需要一个丰富而具有内涵的形态加以体现。家具是一种物质性与精神性兼备并具有丰富文化内涵的产品，要表达家具的完整意义，需要将家具的各种形态特征综合于一体来集中实现。家具的物质形态特征，如技术形态、材料形态、结构形态等融于一体，集中实现家具功能的意义；各种材料形态、装饰形态、色彩形态等的有机统一，以此来实现家具的装饰意义；各种形态的完美结合，综合实现家具的文化意义。

家具设计同其他设计艺术一样需要追求设计自身的风格特征。一种具有典型风格意义特征的设计往往是一系列形态特征的综合的具体体现。中国传统家具中明式家具风格的主要特征表现在合理的功能尺度、简洁的造型、天然质感的木材、繁简相宜的装饰、精致和高强的结构等5个方面，因此，体现这种风格的家具形态，必然是家具在材料形态、结构形态、功能形态、装饰形态等方面的综合反映。

当代家具往往以一种工业产品的形态出现。作为一种工业产品，除了需要体现作为产品的完整的功能意义外，还不可避免地带有工业产品的形态痕迹。

多功能是现代工业产品典型的特征之一，家具产品的设计也不例外。家具产品的多功能必然伴随着家具形态的组合化和多样化。一个凳子实现了坐的功能形态，有了扶手和靠背的形态之后，才使凳子具有了椅子的功能，而椅子的形态与凳子的形态特征明显是有区别的。具有多功能的系统家具是当今家具设计领域的一大创新，并在相当长的一段历史时期内会成为家具设计的主要趋势之一。将居住空间中的背景墙、视听柜和储存柜等功能综合于一体的客厅组合柜就是这种形态特征的典型例子。

从狭义的设计意义出发，家具设计就意味着对家具产品的造型构思。一个完美的造型体现了合理的形态构成原则和各种形式美的法则。家具造型设计具体落实在对形态的构成要素，如点、线、面、体、色彩、质感等要素的分解与组合上，要使这些要素具有为人所接受的特定的审美意义，设计师常要运用统一与变化、对称与均衡、节奏与韵律等具体的造型形式。这个复杂过程中最关键的因素就是要使各形态要素达到高度的协调。

总之，家具作为一种形态存在，只有体现家具自身完美的造型意义、功能意义，才能实现自身其完美的形态。

原文发表于《家具与室内装饰》2004年12月刊第11—13页

家具设计讲座（七）
——家具形态设计

摘　要：物体的形态包含外形和神态两层意义，形态具有力度感、通感等心理特征。形态学是家具造型设计的基础理论之一。家具造型最终以功能、材料、结构等形态类型加以体现。理解形态构成规律、采纳大自然中的各种形态特征、以家具形态要素为重点是创造家具新形态的基本方法。

关键词：家具；形态；设计

形态概念包含了两层意义：一是形，就是我们通常所说的物体的形状外形，如我们通常把一个物体称作为圆形、方形或三角形等。二是态，是指蕴含在物体内的神态或称为精神姿态，也就是包含在物体形中的精神。

物体的形态就是指物体的外形与神态的结合。

"内心之动，形状于外""形者神之质，神者形之用"等则指出了形与神之间的相辅相成的辩证关系。也就是说"形"离不开"神"的补充，有"形"无"神""形则晦"；"神"需要通过"形"来阐释，无"形"则"神"也不会凭空存在。"形"与"神"是物体的辩证统一体。

产品是一类特殊的物体，是人类结合自身的需要而设计出来的特殊的物体。与自然界中的其他物体如山川、河流、树木、花草、动物等不同，人们对这类物体有着特殊的控制能力，即让它们按照人们所需求的那样出现。这种"控制"就是"设计"。也就是说，可以按照我们自身的"观点"来赋予产品以"形态"。家具就是其中的产品类型之一。可以按照人体的尺度来制造出符合人体尺度的家具尺寸；可以按照人们的使用要求来塑造家具的内、外部形态；可以在众多的材料类型中选择最适合人们的材料；可以通过各种不同的结构来构造家具，等等。上述的这些行为就是通常所说的"家具设计"。

由此看出，家具设计和其他设计一样，包含两方面的内容：一是构想出我们需要和满意的"形"；二是实现这种"形"。

1　家具设计中的形态学基础

世界上的形态包罗万象，宇宙天体、自然景观、人物百态等都是各种形态的表现；形态的变化也是无穷无尽的，随着大自然的运动变化，形态也在不断发展变化着。人类社会正是在这种永恒的变化中得以延伸和发展。这是人们理解和认识形态的基础，同时也启发了人们有目的地去创造新的形态。

1.1　形态分类与特征

按照人们的认识特点，可以把世界上的形态分为现实形态（或称为具象形态）和概念形态（或称为“抽象形态”）两类。

（1）现实形态。现实形态是能够被人们直接知觉的形态类型。

自然形态是指自然界中存在的各种各样的形态，如飞禽走兽、山川树木、行云流水等。其中无生命的称作非生物形态，如白云海浪、奇山异石；有生命的称作生物形态，如各种动、植物形态等。非生物形态又称作无机形态，生物形态又称作有机形态。自然形态具有朴素、浪漫、感性的特征。

人为形态是指人类用一定的材料，利用加工工具创造出来的各种形态，如建筑、机器、电器、家具等。人为形态具有规整、秩序、理性的特征。

自然形态和人为形态的根本区别在于它们的形成方式。自然形态的形成的形成和发展与自然和自然形态自身的变化规律有关，而人为形态是按照人的意志构成的，创造人为形态是人们为了满足自身的物质和精神需要。

（2）概念形态。概念形态是指不能被人们直接知觉的形态类型，人们利用他们所具有的知识，将一些现实形态进行抽象整理，变成可以感知并为人所用的形态类型。例如，在讨论造型的立体构成原理时，我们必须将一些形态要素变为可见的形态，如点、线、面、体、空间、质感、色彩等。这些要素是人们从现实形态中抽象出来的，因而由这些概念要素构成的概念形态也称为抽象形态。

几何学形态是最基本的概念形态。如：各种圆形（包括球体、圆柱体、圆锥体等）、方形（包括正方体、方柱体、多棱柱体、方锥体和多棱锥体等）等。几何形体是经过精确计算而做出的精确形体，具有单纯、简洁、规则的特性。

除了上面所说的几何学形态，自然界中的一些有机抽象形和偶然发生的抽象形在大多数情况下缺少具体的内容，在形态学上具有几何形态的特征，通常也被纳入概念形态的范畴。

有机的抽象形态是指有机体所形成的抽象形体，如生物的细胞组织、人体形态等。这些形态通常带有曲线的弧面造型，形态饱满、圆润、单纯而富有生命气息。

偶然的抽象形态是一些物体偶然遇到或偶然发生的形态，如树木的断裂口、玻璃破碎后的形态等。偶然形态无序而刺激，难以预料，能给人一种启示和联想，因而更具有魅力。

1.2　形态的心理特征

人们通常是通过视觉和触觉来认识形态的。看到一个立体形态，人通过视觉很快就能感知其外形特征，甚至其比例与尺度，再进一步通过触觉了解其表面的光滑程度和肌理，于是得到美或不美的结论，这是知觉所产生的心理过程。

人的审美心理活动包括人的内在心理活动和外部行为，是感觉、记忆、思维、想象，情感、动机、意志、个性和行为的总和。审美活动因人而异，但也存在许多共同之处，如形态构成原理，形式美的法则就是经过人们长期总结所得到的关于形态的美学法则。

人们对待形态的共同态度可以让我们更好地认识形态和对待形态。总结形态与人们心理活动的关系，可以认为形态具有以下 6 个方面的心理效应：

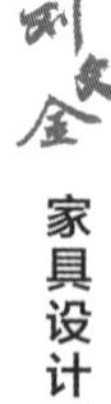

（1）力度感。力是一种看不见但可以凭借某种形态进行感知的东西，它是一种“势态”。由于力度总是与运动、颠覆、变化等联系在一起，所以力度感对人们有巨大的吸引力和震撼力。立体形态中力度感的表现往往是通过形态的向外扩张来体现的，另外，“悬臂”和错位的构图、弯曲的“弓”形构图等也体现出一种力度感。

（2）通感。人们的听觉、视觉、触觉等各种感觉可以彼此交错相通，这种心理体验就称为通感，通感可以引起人们的联想，更可以丰富形态的内涵。

（3）新奇。求新求异是人的天性，新奇的形态可以引起人们的心理震撼或愉悦。

（4）个性。具有个性的形态最容易被人所记忆。

（5）联想。即由一事物想到另一事物的心理过程。

（6）理解形态的心理特征可以帮助设计师更好地利用形态。

1.3 形态构成的美学原理

前面已经说过，通过人类文化的积累，已经形成了一些对形态的基本认识，这构成了形态设计的基本前提。

（1）形态构成原理。形态构成原理的内容主要反映在以下 3 个方面：

①对形态的认识。当一个形态出现在人们面前时，可以宏观地去认识它的整体，也可以对其加以分解。由形态构成原理可知，任何一个复杂的形态都可以分解成为构成形态的基本要素：点、线、面、体；空间、质感、色彩；形态要素以一定的内在规律和秩序加以组合，就能形成一种形态。这为我们研究形态提供了基本的方法论，同时也说明了形态研究的必要性。

②形态构成的方法。体的构成、面的构成是最基本的形态构成。它们都是按照一定的规律和法则进行的。

③形态要素的特征。各种形态要素都具有各自的形态特征，例如，按照排列方向，线有水平线和垂直线之分，水平线具有平静、安定的特征，而垂直线具有挺拔、力度感的特征。同样地，不同的点、面、体、空间、质感等形态要素都具有各自不同的形态特征。

（2）形式美法则。形态要素之所以构成一个形态，一方面，具有它的内在必要性，这就是形态要素之间的相互关联，就像树之所以成其为树，有树冠、树干、树根，是因为只有这样才是一棵完整的和有生命力的树；另一方面，形态要素以不同的方式构成形态时，所具有的形态心理和特征是完全不同的。人们总结了一些能使形态更加完美的规律，这就是通常所说的形式美法则，它告诉人们当形态要素怎样构成形态时才使形态具有通常的美感。例如，对称的构成、符合“黄金分割”的比例、统一和谐的构图等。

2 家具形态要素分析

前面已经具体讨论了形态的各种类型。单就这些具体的形态而言，我们认为它们缺少必要的意义。

从设计的角度来看，产品形态除了与产品的外观造型有关，还与它的功能、材料、结构等要素相关。家具产品也是如此。

2.1 家具的审美形态

家具的审美是一个复杂的概念。家具的美主要在于它的功能美、形式美、意义美。这里所说的家具的审美形态主要是指与家具外观造型有关的形态。

家具是一种看得见、摸得着的物质产品。它以一种现实形态的形式展现在人们眼前，其体量或大或小，其形状或方或圆，其尺寸或高或低，其构成或虚或实，其色彩或深或浅，其装饰或繁或简。

（1）造型。严格意义上的家具造型是指包括家具外形、装饰、色彩在内的所有家具的形态要素，这里主要是讲家具的外观形式。

家具造型设计的原则主要体现在家具形态与家具功能的关系上面。

尽管“功能决定形式”的口号在当今受到了许多挑战，但随着其实质内涵的延伸和发展，使得我们在评价当代产品的价值时仍是以功能内涵是否获得最大程度的发挥为主要标准。由于家具具有特定的功能，家具产品造型便不同于其他工业产品。床是用来睡眠的，水平的床面是形态的核心；办公桌是用来工作的，工作台面的大小、形状、高度是造型的核心；椅子是用来坐的，它的形态必须在座高、座深等尺寸，座面和靠背的形状上与人体契合。

形态契合的方法可以较好地发挥形态的功能价值。形态契合就是指形态之间的相互密切配合，形态契合设计就是根据其形态的基本功能要求，找出形态之间的相互对应关系，使创造出来的形态相互契合、互为补充，使各自独立的形态通过形态契合设计形成新的统一的整体，从而达到扩大功能价值的目的。家具造型设计中，对于家具单体的设计经常采用这种方法将不同的家具零部件利用形态契合的原理“装配”在一起，共同完成某种使用功能，同时也塑造出了形态各异的“细部”。

形态的组合排列可以使形态具有充足的功能价值。按照既定的组合原则将一些形态组合在一起，让它们共同完成某种功能。组合家具是形态组合排列的典型例子。在形态组合过程中，形态之间的过渡与协调最关键。

（2）装饰。与其他产品相比，家具具有更加鲜明的审美价值。家具产品的文化意义非常强烈。因此，家具的装饰成为家具形态设计的重点。利用装饰形态可以塑造家具的艺术风格，同时也赋予了家具形态鲜明的个性。所以，家具装饰形态的研究一直是家具设计师关注的焦点。

（3）色彩。家具的色彩形态主要由家具的表面材料决定。家具设计可以直接利用材料固有的色彩，也可以通过其他的方式赋予家具特殊的色彩效果。

2.2 家具的功能形态

家具的功能形态主要是指由于家具的功能所决定的形态类型。家具功能形态的确定主要依据与家具产品有关的“人”和“物”。

由于人体尺寸、人体姿态、人体的各种功能动作与家具密切相关，它们往往成为家具设计的主要参考。家具设计的目的之一在于提供一个良好的“人机界面”。

与家具相关的物的形态直接影响家具设计，家具设计的目的之一就是提供良好的“物物”界面。

现代家具设计有将家具作为一种“工具”和“设备”的倾向。家具是使人的活动更加有效、舒适的工具，家具同时也是一种提高人类生活品质的“机器”。多功能家具就是其中典型的例子。功能性家具正在成为家具产品的亮点，而多功能家具的设计更主要的是建立在多功能形态设计的基础之上。

2.3　家具的材料形态

家具产品最终是由不同的材料制作而成的。

各种材料具有不同的形态特征。这主要体现在两个方面：一是材料本身所具有的形态特征。例如，制作家具用的木材和木质材料，其丰富的色彩、纹理、质感效果是其他材料无法比拟的，同时也是人们最为认可的一种材料。这也是即使在现代材料科学极度发达的今天，木材仍然是主要的家具材料类型的原因。二是材料所具有的加工特征而导致的制品形态特征。金属材料除了具有较高的强度特征因而可以使制品形态更加纤细，还可以进行压、弯、铣等各种加工，加工后的制品具有特别的形态效果。塑料材料可以进行注塑成型，方便于加工成各种有机形态。木材可以进行刨、铣、车、雕、弯曲等加工，形态塑造的可行性极大，这也是木材成为主要的家具材料的原因之一。

2.4　家具的结构形态

任何产品中都包含一定的结构，而任何结构都会以一定的外在形态加以表现。

家具结构形态的意义主要表现在以下 4 个方面：

（1）家具结构与强度。家具的结构以结构强度为目标，确保家具在使用过程中结构不破坏和不失效是家具结构设计的依据。当以不同的结构形式出现时，家具所具有的结构强度是各不相同的，而不同的结构形式必然反映出不同的外部形态。与家具结构强度密切相关的还有家具的稳定性、家具零部件的受力情况等因素，它们反过来也会影响家具的外部形态。

（2）家具结构中材料间的连接方法。家具中的连接会直接影响家具的形态。如木家具的框式家具和板式家具在外观形态上的差异就是由于连接方式不同而造成的。

通过对连接方法的设计可以创造出一些意想不到的外部形态。例如，木材零件间用榫连接、钉连接、胶接、连接件连接时，它们的外部形态会截然不同。

（3）家具结构的外在表现。家具结构有外在结构和内在结构之分。无论是外在结构还是内在结构对家具形态都有影响。如在木家具中，一些结构形式只能形成零件间的垂直连接，而一些结构可以形成零件间的任意角度的连接。显然它们的形态是各不相同的。家具的结构可以反映在外表，如将木家具榫接合的榫头形态表现在家具外观上，就是一种很好的装饰形态。

（4）结构与形态创新。结构技术是一种典型的科学技术。科学技术的发展是永无止境的，结构的创新会带来形态设计的创新。

3　家具设计中形态创造的方法

综合前面的讲述，可以得出一个结论：形态设计学是家具设计的基本理论之一。将形态设计的原理用于家具设计，目的是创造出美好的家具形态。家具设计中形态创造的方法主要包括以下 3 个方面：

（1）掌握形态创造的基本规律。形态构成原理、形式美的法则是前人经多年研究所形成的经验总结，它们是关于形态创造的基本规律和法则，充分理解这些原理的内容，有助于对形态进行创造。

例如，对于体形态的创造，绝大多数都是基于形态构成法则中的“体的分割与积聚”，这些关于体的分割与积聚的手段和方式完全可以用于家具单体设计和组合家具设计。又如，统一与变化、对称与均衡、稳定与轻巧、比例与尺度、对比与协调等形式美的法则在家具单体设计和组合家具设计中也经常用到。

（2）从大自然中汲取营养。大自然是自然形态的创造者，在纷繁复杂、千变万化的自然形态中，不乏美的形态，有在构造和材料等方面非科学合理的形态，也有至今虽然尚未被认识，但对改善人类社会生态环境、调节社会机能系统非常合理的形态。因此，人类在改造自身生活环境、创造生活形态的同时，必须向自然学习，要从大自然中获取设计的灵感。

例如，仿生和模拟一直以来都被认为是一种形态创造的技法，通过这种技法的运用，产生了一大批优秀的家具设计作品。

（3）基于基本形态要素和功能的创新。人类社会在不断发展，人们对生活不断提出新的要求，各种新的生活形态层出不穷，这些都可能提出对于家具的新的功能要求。家具功能的创新，必然导致家具形态的创新。根据当今生活方式提出来的SOHO家具、休闲家具等都属于这一类型。基于功能的家具形态创新要求设计师在观察生活、体验生活的同时，时刻把握时代的脉搏，不断发现新的生活内容，并与家具设计相联系，在设计新的生活方式的同时，创造出新的家具产品。针对当代中国家具产品和中国家具市场的现实，笔者重点倡导功能性家具的设计与开发。在这一产品类型上，德国现代家具树立了好的榜样。

基于材料的创新。材料科学是现代科学技术的重要组成部分，现代科学技术的发展在材料领域有着明显和及时的反映。材料的更新与发展直接反映在设计上。有人认为对于材料的利用水平在某种程度上反映了设计师的设计水平，材料是设计的灵魂。姑且不去论证这些观点的正确性与全面性，有一点却可以直接体会到，那就是材料的创新必然导致设计的创新。当然包括家具形态的创新在内。在家具设计历史上这样的例子比比皆是：人造板材料的出现，导致了家具从框式向板式的转化；塑料材料在家具中的运用，出现了各种有机形态的家具。

基于结构的创新。物体形态的存在必然依赖于物体自身的结构。科学技术的发展和新材料的出现。使一些物体的结构形式趋向科学性和合理性；反之，对一些更加科学合理的新结构的运用又促使了事物形态的新变化。对于一些工业产品，像家具而言，其实用功能的发挥必须借助于家具产品本身的结构形式，在产品形态所表现出的美感要素中。产品结构形式的新颖性和独特性占有十分重要的位置，有些产品外形本身就是一种结构。

总之，在家具产品设计的方法论中，家具形态设计是十分重要的内容之一。对于形态学的学习和理解，将有助于人们设计出实用而美观的家具产品。

原文发表于《家具与室内装饰》2005年7月刊第22—25页

中国林业高等院校家具设计专业教育的研究

摘　要：中国林业高等院校中的家具设计专业由木材科学与技术专业拓展而来，现已发展成为多层次、多模式的格局，但仍存在许多问题。立足于工业设计教育，充分发挥林业院校对于家具设计与制造的技术优势尤其是对木质材料的研究优势，延续与行业长期良好的合作关系，加强实践性教学环节和专业技能的培养，重新制定新的科学合理的教学大纲，是当前各林业高校家具设计专业教育工作的重点。

关键词：林业院校；家具设计教育；模式

在中国林业高等院校的诸多专业设置中，家具与室内设计专业、工业设计专业家具设计方向因为学生就业形势好而成为引人注目的专业，它从原有的木材机械加工专业演变而来，现已成为具有博士学位授权的专业。在中国家具产业中，林业院校家具专业的毕业生占据全行业设计技术管理人才数量份额的“半壁江山”。同时，我们也认识到，在现有的家具设计教育体制中，还存在着许多问题。面对着世界先进设计教育理论的发展，中国设计教育和家具设计教育多元化格局的出现，必须进行新的思考：如何与世界先进设计教育理念“接轨”？如何适应中国家具产业的发展？如何在纷繁的家具设计教育格局中形成林业院校的整体特色和院校各自的特色？

1 现状分析

从20世纪80年代初期中南林学院在木材机械加工专业的基础上创办家具设计与制造（专科）专业开始，到1988年林业部批准在林业高校中设立家具设计与制造（后更名为家具与室内设计）本科专业，2000年高校进行专业调整，部分院校在家具专业的基础上申报工业设计专业家具设计方向，部分院校在木材科学与技术三级学科中继续保留家具与室内设计专业至今，各院校在各自教学资源的基础上纷纷开设了家具设计专业或专业方向。该专业（专业方向）由于一方面体现了林业院校的整体教育特色，另一方面也发挥了各自的优势，从而发展成为每个院校的重点或特色专业之一。总结这20多年的办学，林业院校家具设计专业教育大致具有以下特点：

1.1　木材科学与技术学科的延伸与拓展

20世纪50年代至70年代，林业高等院校陆续设置了木材机械加工专业，该专业的主要研究方向为人造板生产技术和传统意义上的木材加工技术与工程，有关木材制品生产的材料、设计、工艺课程，如“木材学”“木材加工机械”“木制品设计与生产工艺”等成为主要的专业课程。而这些课程恰好是木质家具设计与制造专业领域的核心或基础课程。

20世纪80年代初期,“百废待兴”，包括满足人们基本生活需求的家具产品生产在内。而工业设计专业、产品设计专业分属于不同的学科和专业范围之内，加之就当时的工业发展水平而言，木质家具产品是主要的家具产品类型。在这种社会条件下，将木材科学与技术专业加以延伸，培养木质家具设计与制造的专门技术人才是顺理成章的事情。各林业院校或早或晚地都抓住了这一历史机遇，纷纷开办了家具设计与制造专业。

截至目前，绝大多数的院校都延续了这一专业特色。家具专业的专业课程设置中保留了明显的木材机械加工专业课程设置的痕迹，比照木质家具设计与生产和“泛意义”上的木材加工，对有些课程进行分解与拓展，对有些课程进行减缩与整合。如将“家具制图”“木质家具产品设计”“木质家具零件”“木材切削原理与刀具”“木工机械”等课程整合为“木质家具生产装备”课程，将“木材学”“人造板材料学”整合为“木质家具材料学”，等等。

传统意义上的木材加工专业学生的就业现状促成了这一现象愈演愈烈。多数院校为了增加“木工”专业学生的就业渠道，在选修课程中增加了木质家具设计与制造相关课程的比重，使得两个专业（方向）的学生在课程设置上更加雷同。

1.2　多模式、多层次的教育体制

林业院校培养家具设计与制造专门人才的“多模式”特点表现在它们分属于不同的学科与专业领域。少数申报了工业设计专业的院校，将家具设计纳入了产品设计的国际化教育模式轨道，按照工业设计教育的特点和规律执行教学程序，其实质已具有设计教育的基本特点；多数院校继续执行工程技术教育模式，即以木材科学与技术学科特色为基础，培养家具设计与制造的工程技术人才；有少数院校发现了该专业学生的设计表现能力在社会上尤受重视这一现实，正在尝试从艺术类考生中招收该专业方向的学生，执行艺术设计教育程序。

林业院校培养家具设计与制造专门人才的“多层次”特点表现在具有博士、硕士、学士等全方位的学位教育上。2004年，南京林业大学在获得林业工程一级学科博士点的基础上，设立了家具设计与工程博士学位授权点，授予工学博士学位；东北林业大学等高校在木材科学与技术、设计艺术学等两个硕士学位授权点中设立了家具设计研究方向，分别授予毕业生工学硕士、文学硕士学位，许多院校在木材科学与技术硕士点中招收家具方向的硕士研究生并授予毕业生工学硕士学位；绝大多数林业院校在木材科学与技术学科（家具与室内设计专业）中具有学士学位授予权。

1.3　条块分割的复杂局面

“条块分割”的局面主要表现在学科专业性质归属不明确和院校间过分的各自为政两个方面。

前面已经说过，迄今为止，林业院校中家具设计专业的归属仍是一个有争议的话题。“设计教育”“工程技术教育”在形式、程序甚至在性质上都存在一定的区别，它们在培养目标、教学计划、课程教学大纲、教材编写等方面也必然存在差别。如果不分青红皂白地纠缠在一起，势必造成教育体系的无序化。而当前林业院校家具设计专业教学体系中就不同程度地存在这样的问题，具体表现在：一是两种模式在教学计划中的机械拼凑，例如，同是“设计”，但在两种不同的模式中，其意义有较大的区别；二是课程设置和教材选择上的拿来主义，不管课程性质和内容上的区别，只要名称相同，就照用不误，殊不知，尽管都叫“家具设计”课程，但在分属不同的教育类别时，其对学生基础知识的要求、教学目的、重点可能是完全不同的。

不同的院校根据自身的教育资源、教学条件确定自身的特色本无可非议，但是，这种特色必须是在尊重普遍规律基础之上的特色，也就是说，特色不等于无规律、无原则和无秩序。应当承认，目前，林业院校家具设计专业都不同程度地缺乏必要的教学条件（如实践手段、师资条件等），有一些院校的课程设置不是按照家具专业本身应具备的知识要求，而是根据自身的现有条件开设，有些课程甚至是不着边际、似是而非。教育部工业设计专业教育指导委员会的相关要求没有得到具体体现，而木材科学专业指导委员会对家具专业教学也无明确的规定和要求。

1.4 技术与艺术的简单结合

前期研究表明：家具设计涉及纯艺术、产品设计、环境设计等设计的诸方面，完整概念上的家具设计是一种集多种设计类型于一身的综合性的设计类型。家具设计教育是一种综合性的，特殊的工业设计教育。家具专业学生应当具备融社会、艺术、技术于一体的综合知识基础。

绝大多数的院校都基本认识了家具专业的本质，充分认识到了艺术在家具设计专业中的重要性，因此，艺术知识基础成为家具专业学生的必要知识基础。但是，这里所说的艺术基础绝不是孤立存在的几门课程，而是融技术、社会知识于一体的关于设计的艺术知识基础。

设计中艺术与技术的关系问题，是设计科学一个永恒的话题。艺术与技术的有机融合，是设计的基本态度。不可否认，在目前许多林业院校家具设计专业的课程设置中，还在套用技术与艺术简单结合的传统教学模式。笔者认为：从设计的角度出发，以设计的完整意义为宗旨的设计教学有别于单纯的艺术教学、技术教学。例如，素描与设计素描、色彩与设计色彩、“三大构成”与造型设计基础等课程除了在名称上存在区别，教学目的、内容、方法、侧重点等都有较大的区别；造型设计虽然以形态设计为基础，但与材料、结构、工艺等技术知识关系密切。

2 形成林业高等院校家具设计专业教育特色

2004年，教育部工业设计专业教育指导委员会透露：据不完全统计，至2004年6月止，全国高等院校中，开办工业设计和与工业设计相关专业的院校近300所。据初步调查，具有家具设计方向和家具设计课程设置的院校占开办工业设计专业院校数量的50%。自2005年以来，位于中国家具产业相对发达的地区（如广东、山东、浙江等地）的高等院校都在陆续增加或申报工业设计专业（家具设计方向）。家具设计教育已成为中国高等教育的热点之一。如何在家具设计教育中继续保持林业高等院校的优势和发挥“主力军”作用，是具有家具专业的每个林业院校都必须思考的问题。

首先必须说明的是，家具设计教育属于工业设计教育范畴的观点已为大多数人所接受。不管是工业设计专业目录下的家具设计方向还是木材科学与技术专业目录下的家具设计方向，因为它们的研究对象是一致的，所以，这种观点应该得到统一。

2.1 工业设计知识基础与家具专业技能的有机结合

世界工业设计教育可分为两种基本模式："通才式"教育和"通才与专才相结合"的教育。前者强调扩大学生的知识面，重点训练学生的创造能力，注重学生继续学习能力的培养和潜能的发挥，旨在培养学生的综合素质以及后续效应的持续发挥。它以具有综合素质的生源为基础，贯彻"大专业"的观念，进行包括不同专业方向在内的系统化、多元化教学，用人单位不计较"短期效应"，即不要求学生一就业就能胜任具体的专业工作，给予他们继续学习和锻炼的机会和时间。这一点与我们的国情显然是有区别的。

例如，我们的生源可以认为是"残缺不全"的生源，很少有学生具备全面的知识基础，这是由我国的基础教育模式所决定的。虽然许多企业已经具备了对毕业生进行继续教育的观念，但不能否认大多数企业要求学生一毕业就能独当一面。后者在注重综合素质培养的同时，也注重学生专业技能的培养，在教授学生综合知识的同时，又要提高学生的现实工作能力，力求做到学生毕业时既能胜任日常工作，又具备继续学习的潜能，这与我国目前的用人环境是比较吻合的。

具体到家具设计专业的教学，笔者倡导采用的是"工业设计知识基础与家具专业技能的有机结合"的教学模式。即在培养学生有关工业设计专业基本综合素质的同时，加强对学生有关家具专业技能的培养。例如：通才式教育模式训练学生产品造型设计能力时，在强调造型设计基础的前提下，可能包括各种产品造型设计的训练，如日常生活用品、家具、家电产品、交通工具；而通才与专才相结合的教学模式则有所不同，虽然强调造型设计基础，但具体的设计训练则以某一类产品设计为主，如家具产品。

2.2 以"木材的技术和艺术"为突破口的特色教育

从设计的角度看，设计本来就"文无定法"，也就是说，设计师可以从不同角度开始来认识设计，完美设计，最终在设计目的上"殊途同归"。设计的这种特性使设计教育具有多元化的特性。事实也是如此：艺术院校的设计专业更多地选择"艺术"、感性为突破口，理工院校的设计专业则以技术、理性为突破口，最终达到设计上的艺术与技术的融合、感性与理性的共存。国外设计教育也莫不如此。

由于历史和传统的原因，绝大多数的家具产品都是木质产品，由于习惯和审美的原因，人们对木质家具产品情有独钟。木质家具是林业院校开设家具专业的切入点，也可以成为林业院校家具专业的特色。绝大多数林业院校对木质材料都有较深入的研究，同时也具备开发新型木质材料的能力，这将成为林业院校家具专业的突破口。

林业院校长期对木材及其木质材料进行研究，积累了大量关于木材性能、木材改性、新型木质材料研发、新型加工技术等方面的研究成果，这些将是木质产品设计宝贵的创新点，是木质家具产品原创设计的核心资源。只可惜大多数林业院校对此尚无深刻的认识，甚至丢掉了自己的"根本"和"祖宗"而去盲目地效仿其他设计院校的教学模式。

2.3 适合家具企业的复合型人才培养机制

中国的家具企业大多数是中小型企业，企业内部分工尚未专业化，经常是设计、生产、管理、营销等事务均由同一人或同一部门来承担。这种事实对家具专业的学生提出了特殊的要求。

笔者曾经对广东地区的60多个家具企业进行了调查，征求他们对家具专业人才的需求，有 85% 以上的企业提出了“复合型”人才的要求。

所谓“复合型”人才，就是具有较全面的综合基础素质、较丰富的专业知识和能力的综合型人才。要塑造这种性质的人才，教育所面临的最大和最具体的问题就是如何设计课程设置。在当前的有关“标准”和“规定”下，不可能执行如此大量的课程设置，于是，才有了后面的关于五年学制的设想。

3 科学合理的教育模式探讨

中国家具产业以前所未有的速度在发展，家具设计与此相适应，同样也处于一种不断变化、不断进步的过程之中。家具设计教育必须适应这种变化，并力争引导这种发展和进步，走在发展的前列。因此，构建一种新型的符合中国国情的家具设计教育模式是中国当代林业院校家具设计教育改革的重大任务，它涉及观念转变与更新、教学内容与课程设置、教学方法等许多方面。中国林业高等院校家具设计专业教育的改革还必须考虑中国高等教育的国情以及各院校的实际情况，目的在于建立与国际、国内先进设计教育体系接轨的、科学合理的家具设计教育体系，建立与当代中国家具产业发展相适应的家具设计教育体系，形成各院校的教育特色。

3.1 提高对家具设计本质的认识，转变家具设计教育的传统观念

尽管木制品设计与制造仍然是家具设计中的主要技术基础，但当代意义上的家具设计已经不是传统意义上的木制品设计与制造了。完整概念上的家具设计是涉及纯艺术、产品设计、环境设计等各类设计于一身的综合性设计。家具设计教育是一种特殊的工业设计教育类型，家具设计专业的学生必须拥有综合的设计素质。以木材科学技术学科为基础的家具设计专业必须尽快摆脱单纯工程技术教育的束缚，拓展为设计教育意义上的家具设计专业。正确认识设计表现在整个设计工作中的地位和作用，避免片面地强调绘制效果图。正确认识家具造型设计的意义，加强对家具设计本质的探讨。

重视社会技术因素在设计中的体现，避免学生只能从事木质家具设计与制造的现状，在保留木质家具设计与制造的特色技能的基础上，力求使学生掌握所有家具产品类型设计与制造的专业技能。

3.2 以人为本，因材施教

林业院校家具设计专业学生普遍从理工类学生中招生，由于中国基础教育的缺陷，这些学生往往缺乏必要的艺术与审美基础，少数从艺术类考生中招收的学生，又缺乏必要的技术基础。再者，受传统思想的影响，在人们的心目中，林业院校缺乏其应有的地位，林业院校的生源质量不是十分理想，这些为我们的教育改革带来了较大难度。在这种实际情况下，以人为本、因材施教就表现得尤为重要。

在理工类学生招生时加试艺术课程，在艺术类考生招生时，注意他们的理工科基础是非常必要的。

对于理工类学生，应加强艺术基础知识的训练。由于他们缺乏必要的基础，其教学方法就不能照搬艺术类院校的模式，但由于当前我国的艺术基础教育的师资绝大多数来自艺术类院校的毕业生，因此，首先转变教师的观念，让基础课教师充分认识家具专业的实质尤其重要。

对艺术类学生进行必要的技术基础补习。由于艺术类高考基本沿用了纯美术教育的模式，学生在进大学前普遍缺乏对设计的认识或者对设计存在误解，把设计与绘画等美术创作混为一谈。我们要适时扭转这种倾向。

对于不同类型的生源以及学生进校后基础知识结构所发生的变化，可以采取毕业前专业技能教学分班和增加选修课的办法进行有针对性的专业技能训练。

3.3 重视实践性教学和专业技能的培养

国外设计教育重视实践环节已经成为一个不争的事实，100 多年的实践证明，这种教学模式是非常成功的。从 2004 年开始，笔者陆续调查了家具产业用人单位对学生技能的要求，家具新产品开发能力、家具生产技术与管理、家具产品设计与制图、企业管理、产品营销与推广等分别排在其他 15 项素质与技能的前 5 位。因此，在制定教学大纲时应特别重视实践性教学环节以及对学生专业技能的培养。

国内林业院校实践教学条件普遍较差，在短时间内根本改变这一现状也十分困难，因此，笔者倡导开放式的课堂教学与开放式的课外专业技能训练相结合的教学模式。在这方面，南京林业大学、中南林学院、东北林业大学、北京林业大学等院校都积累了大量经验。他们采取将企业建设成为实习基地，与企业共建产品研发中心，聘请企业一线技术、设计和管理人员作为校外导师等方法，加强与企业的合作，调动社会资源，缓解学校教学资源不足与学科建设需求大的矛盾。

主张教师科研活动主要面向企业实际也是值得推崇的方法。无须讳言，家具专业教师申报纵向科研课题非常困难，而大多数企业又迫切希望高校为他们解决许多实际问题，于是，机会就产生了。教师执行和参与企业实际问题的研究一方面可以提高教师的科研等业务能力使其积累丰富的教学素材，同时，也可以为学生争取参加实践训练的机会，而且能解决办学需求大与研究经费不足的矛盾。

3.4 以专业综合素质为前提的基础课教学

经过调查发现：目前大多数林业院校的教学过程中，普遍存在专业课教学与基础课教学脱节的现象。例如，素描、色彩、设计基础课程的教学绝大多数的院校还在沿用美术院校的传统教学模式，这种教学模式，除了能提高学生的基本素质外，学生很难理解它们对设计的重要性，更不知道怎样将其用于设计实践；学生修完了数理统计、市场学的课程，却对家具市场调查、分析无从着手。此类现象集中暴露了教学过程中的基础与专业的脱节。

解决这一问题最好的方法，就是在教师中提高和统一对家具设计、家具设计教育的认识，加强课程间的交流与合作，充分发挥教研室的集体与团队作用。

3.5 五年学制的倡议

由工业设计专业性质所决定，本专业学生的学习任务相当繁重，家具设计专业也是如此。笔者走访了该专业的许多教师，大家都有比较一致的看法，就是对家具专业毕业生的培养还有些“意犹未尽”，问题集中反映在 3 个方面：一是生源广泛缺乏艺术知识基础，不像国外的设计教育那样，学生已经经过了较规范的艺术基础学习，我们的学生必须在大学阶段花费较长时间“补”上这一基本功，就像理工科学生进大学后还要补习高中阶段的数理化一样，这使院校只有压缩或者削减其他与工业设计综合素质有关的课程；

二是现行的毕业生分配制度，学生在最后半年基本难执行正常的教学程序，出于对学生就业的“同情”，教师有时也只能“听之任之”；三是学生缺乏必要的实践学习环节，有许多院校将非常重要的实习环节安排在假期由学生自主完成，由于缺乏教师的辅导，实习的结果大打折扣，有些院校甚至将本应执行的实习环节取消，美其名曰让学生自行安排，实质上根本未落实到位。这 3 个问题可以归结为一点：院校的培养计划在仓促执行，他们缺乏时间。

笔者利用每年一次的中国工业设计教育年会的机会，广泛走访了全国工业设计专业的教师，大家也有同样的感觉。这证明我们所面临的问题不是工业设计专业教育的个案。

因此，笔者倡议：模仿建筑学专业，对家具设计专业施行五年制学制，并提请关注家具设计教育的各位专家讨论。

4 结　论

（1）中国林业高等院校的家具设计教育，经过了由木材加工向家具设计与制造的简单过渡，单纯的工程技术教育模式正逐渐向设计教育模式转化。

（2）尽管人们的家具设计教育的观念发生了许多转化，但院校仍然处于对家具设计教育规律的探索时期。林业院校的家具设计教育普遍存在着学科方向不明确、培养模式不清晰以及无序的各自为政等问题。

（3）家具设计教育属于一种特殊的工业设计教育范畴。形成林业院校家具设计教育特色的基本思路是强调工业设计知识基础与家具专业技能的有机结合；以“木材（木质材料）的技术和艺术”教育为突破口培养适合家具企业需要的复合型人才。

（4）林业高等院校家具设计专业当前急需解决的问题包括从“设计”的角度出发，提高对家具设计本质的认识，转变家具设计教育的传统观念，树立家具设计教育的正确理念；正视生源现实，切实做到以人为本、因材施教；充分利用社会资源，改变原有的封闭性教学模式为开放性教学模式，加强实践性教学环节和专业技能的培养，加强基础课教学与专业课教学的有机结合，提高教学效率，改善教学效果。

（5）倡议进行家具设计专业教育五年制学制试点。

原文发表于《家具与室内装饰》2005 年 12 月刊第 46—49 页

家具产品形象设计初探

摘　要：为了适应市场竞争的需求，家具企业需要重视自身产品形象设计。本文阐述了家具产品形象系统的定义，分析了中国家具产品形象设计现状，并提出了家具产品形象设计的原则和设计定位，为家具企业进行产品形象设计提供了依据。

关键词：家具产品；产品形象；设计

家具产品形象设计直接影响家具品牌建设，而家具品牌又影响家具企业的经济效益，因此探讨家具产品的形象设计就显得非常重要了。

1 家具产品形象系统的定义

1.1 家具产品形象的概念

家具产品形象从广义来讲，是指人们对家具企业产品的总体认识和综合印象。它包括了产品的品牌、功能、设计、工艺、质量、包装、展示、广告、营销、使用、维护、服务等各方面的因素。狭义的家具产品形象，主要是指家具产品本身所呈现的造型形象以及由于造型所感觉到的其他信息。以“华源轩”公司的“原野”系列家具为例，其产品具有表面明亮、对比度大、木纹粗犷、造型简洁的特点。设计师赋予它斑马的形象标志，并将这一标志作为基础要素扩展到包装、展示、广告等应用系统设计中去，为这套家具营造出广阔的非洲草原的意境，从而主导人们将视觉感受转化为对这套系列家具风格意识的共鸣。

1.2 家具产品形象系统

家具产品形象系统（F-PIS）是用于识别和表达家具产品形象的相关要素构成的一个系统，旨在对位于产品终端的家具形象进行整合设计。

由此可以做这样的定义：家具产品形象系统是关于家具产品名称、牌号、商标、功能、工艺、广告设计、展示设计、销售及售后服务等各项目的相关设计理论与设计纲领。它要求将家具核心产品形象和外围产品形象统一策划，按照标准的模式建构一个规范的系统。为家具产品做系统的形象设计，旨在使广告、包装等投入能以尽可能好的效果形成无形资产并积累起来，使产品逐渐成为知名品牌。因此，它是实施产品品牌战略的一项基础工程。家具企业只有引入和应用家具产品形象系统，才能够在市场与消费者心目中建立起风格统一、特色鲜明的产品形象。

2 中国家具产业产品形象设计现状与分析

近几年，企业越来越清楚地认识到了产品形象设计的重要性，在产品形象设计方面也取得了显著进步。但笔者也应清楚地认识到，我国家具企业的产品形象设计工作与企业的整体发展步伐还不同步，尤其是在面临许多国外知名企业竞争的环境下，这点显得尤为突出。

2.1 仿冒家具产品盛行，缺乏原创设计

改革开放让人们大开了眼界，家具设计有了很大的发展，家具的品种与款式日新月异，在引进改造，主动开发的同时，由于行业管理不规范，法规制度不健全，引进仿造、抄袭仿制也滋生并迅速蔓延起来。有机会出国的一些大企业，在国外市场上购进新潮家具样品，然后仿制生产，中小企业则仿大企业的，内地企业则仿制沿海地区产品。现在地域上已表现出两大倾向：以深圳、珠江三角洲为主的华南地区、华东地区仿造的主要对象是意大利、西班牙、法国、德国和北欧的现代或古典家具；东北、华北的大多企业则仿制日本或韩国的实木家具，不同层面上的仿造形成了中国家具市场的一大“特色”。

2.2 产品形象设计缺乏规划性和整体性

家具产品形象基础要素设计缺乏规划，例如，一些名称在确定时没有考虑到外延问题，以至产生了名称与牌号的矛盾；有的产品标志风格不够清晰容易混淆；有的则经常变化广告形象主题，不能给人留下深刻印象。企业对于产品形象的实用性设计基本上是分散和孤立的，各设计单位和设计专家没有系统地进行构思、创意和整体设计，使产品没有完整的形象，不利于产品品牌的构建。

2.3 家具产品形象缺乏文化内涵的定位

不同地区因环境、气候条件、经济情况、人文思想、宗教信仰、民族风俗等各不相同，因而导致了不同的审美情趣和审美取向。由于设计单位对上述差异没有进行综合考虑，家具产品形象缺乏较深的文化底蕴和内涵，因此产品的投放效果与实际有所偏差。

2.4 家具产品形象设计缺乏监督测评系统

大多数家具企业在设计单位对家具产品形象设计完成投放市场后，只要市场反应还不错，便极少再去对这套产品形象进行必要的监测。而家具产品形象设计的测评本身也一直是个难题，如果按完全量化的评价指标体系去评价，很难得到满意的结果，特别是涉及人类的多种情感，如喜、怒、哀、乐，以及五官的视觉、听觉、触觉、嗅觉等感官因素，就会出现许多不确定评价因素，还要涉及人自身的个体差异，心理与生理的差异，所处环境、地域、时间及各类社会因素，等等。因此，必须以定性和定量结合的评价方式建立起评价系统。

3 家具产品形象系统设计路线的构建

按照以上原则设计产品形象，需要构建一条系统路线，遵循整合设计的思想与方法进行设计操作。家具产品形象系统设计的路线建构主要由 4 个部分组成。

3.1 设计定位

F-PIS 设计首先要对 4 个方面进行定位。一是对设计和制造某家具品牌需要的各种设备和技术进行技术内涵界定；二是进行市场调查，对消费者的消费观念与行为模式进行定位；三是对这种家具进行市场定位和价格定位。定位的目的就是要明确设计的目的、对象以及对方的需求，并对目标对象的需求进行分析。

家具产品形象设计不一定要凸显设计特色，但一定要出色表现产品特色和定位特色，

将产品形象定位与市场定位很好地结合起来，打造出成功的家具品牌形象。恰当的产品形象设计能引导消费者购买，而不是一味地迎合市场。

3.2 基础要素设计

在基础要素设计中，要对视觉识别标志、牌号、商用名称、形象主题词四个方面进行确定。

（1）产品标志。标志的含义之一是表示动作；形象要素的设计方案必须有标志性能，能区分本产品与别的同类产品。标志可有另一个含义：作为事物性名词，与标志同义。它的设计遵循标志艺术规律，创造性地探求恰切的艺术表现形式和手法，锤炼出精确恰当的艺术语言，使设计的标志具有高度整体美感、获得最佳视觉效果。

（2）产品牌号可以是指产品的牌号或企业的牌号，服务的牌号。在英语中并无与品牌对应的专门单词，只有牌号 Brand。例如，牌号“HZO1”，其含义为“华源轩”公司之“自然风情”系列之 1 号作品。

（3）产品商用名称由产品类别名加标志名组合而成。企业为新产品确定商用名称时必须注意两点：一是品牌名称与产品名称一致性，淡化产品类别名突出标志名（即品牌）。二是标志名与注册商标一致性，突出产品宣传形象主体。

（4）产品形象一般是有主题的，尤其是无形附加层的形象和有形附加层的形象，它可以是用文字直接表达的，也可以是用含义明显的画面表达的，还可以是比较难于用文字与图画明确表达的。产品的一套形象设计方案可能含有不止一个主题的内容，例如，有一个主题和一个或一个以上的“副题”，有时也可能会有两个并列主题。

3.3 组合构图设计

组合构图是在确定了视觉识别与基础要素后，以基础要素为基础扩展出的一个或一组过渡性元素并将其用于应用要素的构成方式。组合构图的形式灵活多变，可依产品风格来确定。

组合构图要在基础要素完成的基础上，结合标志设计风格及产品定位准确地组合成可直接应用的构图。企业不需要再分散、单独地做商标、包装、广告等设计，对于一般品牌产品，尤其是对于不做较大广告投入的产品，导入 PIS 可先做基础要素设计、过渡要素设计和包装设计。有些应用项目，如某些形式的广告，如果一时用不上，可暂不设计、制作，但其主题、创意还是应与商标及组合构图、包装等一起考虑，委托设计机构同时完成，建构起 PIS 系统。

3.4 应用系统设计

应用系统要素是将基础系统、应用基础系统的多个要素综合在一起，以应用项目形态出现的产品形象建构，是最终提供给市场直接使用的一件件的作品。它包括包装装潢、大众媒体广告、专门媒体广告。

应用要素设计是以基本要素设计为基础、根据产品设计中实际的视觉表达事项，规范基本要素的使用，在家具产品形象设计中，具体应用到以下各项之中：

（1）产品的外观造型系统（特定的外观造型、标准色彩、表面装饰工艺等）。

（2）产品的包装系统（包装造型、包装的文字、图形符号、排列、包装材料、包装纸、包装箱、集装箱）。

（3）产品的立面装饰系统（立面造型、企业标志、标准字体、标准色彩、辅助色彩、铭牌等）。

（4）产品的服务系统（产品货单、使用说明书、技术资料书、质量跟踪卡、保修卡、随货礼品等）。

（5）产品的促销媒介系统（商品册页广告、报纸、杂志广告、电视广播媒体广告、互联网广告、POP 广告、户外广告、活动广告、室内广告等）。

（6）产品的展示系统（商场货架、专卖店、商品展览会、招商订货会、洽谈室、橱窗等展示环境）。

3.5　综合示例

以南豪公司“滕王府”系列家具为例，设计公司首先为这套产品进行了市场定位和品牌定位。公司将差异化作为产品品牌战略，加之南豪公司所在地正是藤器之乡，于是以其悠久的历史和背景作为依托，将产品形象定位为“藤器之乡，王者之府”。它的识别要素标志，以“王”字为元素结合藤编感而构成。

原文发表于《家具与室内装饰》2006 年 3 月刊第 84—85 页

家具产品生命周期的细分与设计策略

摘　要： 家具产品生命周期是指家具产品从最初的产品开发到被市场淘汰的全过程，分为开发期、导入期、成长期、成熟期和衰退期。在指导具体的家具企业产品开发实践活动时，家具产品生命周期的内涵可拓展为具体家具产品生命周期和抽象家具产品生命周期。只有把这两者结合起来考虑家具产品生命周期不同阶段的设计策略，才能指导不同的家具企业更好地发展。

关键词： 家具产品；生命周期；具体；抽象；设计策略

1 家具产品生命周期

产品生命周期的概念是指产品从投入市场到被市场淘汰的全过程。亦即指产品的市场寿命或经济寿命。结合产品生命周期的概念和家具行业的特性，考虑到家具产品的开发阶段对家具产品生命周期有举足轻重的影响，所以把这个阶段也加上，形成广义的家具产品生命周期曲线图。笔者认为家具产品生命周期的概念是指家具产品从最初的产品开发到被市场淘汰的全过程。一般来说，家具产品的生命周期有 5 个阶段，同样，产品的销售量和获利情况也分为 5 个阶段。

第一阶段：开发期。这一阶段是产品孕育的阶段，企业根据市场需求，提出产品概念，制作原型，试制样品，为量产做准备。在这一阶段，由于开发新产品需要资金投入，所以利润值为负数，产品的销售量为零。

第二阶段：导入期。新产品通过参加家具展览或销售员在零售店的推介等一系列的市场推广活动，销售量开始上升。在这一时期，消费者对新产品并不了解，大部分消费者对产品持观望态度，产品的销售量低。由于开发新产品、样品投放市场及其他启动成本都得先回收。所以，这一阶段的利润增长缓慢。

第三阶段：成长期。产品开始销售，也会有一些口碑，开发期的费用已收回，所以开始有利润，同时也引起竞争者的注意。家具是高度竞争的行业，同行会立即评估你的新产品，假如你卖得很好，在下一次的展销会上就会有相似的产品出现来与你竞争。一般情况下，成长期会有可观的利润收入。

第四阶段：成熟期。大多数购买者都已经接受新的家具产品，产品的销售额从显著上升逐步趋于缓慢下降的阶段，这一持续的时间相对来说是最长的阶段。其他厂家的同类产品不断推出，竞争加剧。为维持市场地位，必须投入更多营销费用，导致利润下降。

第五阶段：衰退期。由于市场竞争势态、消费偏好。产品技术以及其他环境因素的变化，导致产品销量减少而进入衰退期。产品的销售额下降，工厂生产的批量也减少，老产品逐渐下线，厂家开始计划开发新产品。

2 家具产品生命周期内涵的拓展——具体家具产品生命周期与抽象家具产品生命周期

具体家具产品生命周期是指相对于某一具体企业而言的家具产品的生命周期。抽象家具产品生命周期是指不考虑具体的家具企业与产品，相对整个家具市场而言的产品生命周期，也可理解为最早开发该产品且居于市场领导地位的家具企业产品生命周期。

在运用家具产品生命周期理论指导具体的家具产品开发时，笔者发现家具市场的实际情况往往比较复杂。即同一款家具产品生产者由于进入市场的时间不同，只有最初进入市场的家具企业才能运用家具产品生命周期理论指导营销及产品设计活动，或者说只有当所有家具企业都处于同一起跑线时，家具产品生命周期理论才具有普遍的指导意义。

以某家具企业开发新的家具产品系列为例，该公司当时正大力推广板式贴纸系列家具。就该公司而言，新产品正处于市场导入期，如果相对于全国市场而言，该产品则处于成熟期，那么这时候如何运用家具产品生命周期理论来指导该家具企业的产品开发策略呢？很显然，既不能用家具产品生命周期理论中导入期的产品设计策略理论，也不能用成熟期的产品设计策略理论，这时，对于该厂的新产品系列实际上存在两种生命周期状况：一个是相对于该企业而言的家具产品生命周期；另一个是相对于全国市场而言的家具产品生命周期，笔者把前者称作该家具企业的具体家具产品生命周期，后者称作该家具企业的抽象家具产品生命周期。

3 具体家具产品生命周期与抽象家具产品生命周期的关系及设计策略

结合家具市场的实际情况，由于不同的家具企业进入市场的时间不同，具体家具产品生命周期与抽象家具产品生命周期间的关系可大致分为以下两种情况。

3.1 具体家具产品生命周期与抽象家具产品生命周期同步

所谓同步就是指具体家具产品生命周期曲线与抽象家具产品生命周期曲线完全重合。就家具企业而言，创新领先型家具企业与市场领先型家具企业会出现两种生命周期曲线同步的现象。

（1）创新领先型家具企业。假设某家具企业是第一个开发该类家具产品的企业，并且一直在该产品的技术、生产与销售上占有领导地位，其后加入的企业比较难超越它，这时该企业的具体家具产品生命周期曲线就与抽象家具产品生命周期曲线相重合，笔者把这种家具企业称为创新领先型企业。以联邦家私为例，1992年，联邦自主设计出符合人体曲线、造型优美的硬木沙发——9218“联邦椅”，由于产品设计符合人体工程学且外观造型典雅，受到消费者的一致好评，创造了中国家具史上罕见的单一产品覆盖全国市场，经久畅销的奇迹。这时，联邦家私成为第一个开发“联邦椅”并拥有制造该产品的技术的家具企业，联邦家私生产的“联邦椅”的具体产品生命周期曲线就代表抽象家具产品生命周期曲线，两者相重合。

创新领先型家具企业的设计策略虽然创新领先者处于领先地位，但是家具市场的情况瞬息万变，居于创新领先者的家具企业必须加大新产品开发的力度，保持领导市场主流趋势能力。适时进行更新换代以保持领先优势。设计师要及时了解和掌握国际上家具新材料，新工艺、新结构的发展，并能将其运用到企业新产品开发中，结合国内的市场特征形成独特的家具设计风格，同时，将设计师或设计团队品牌化。家具公司不仅是售卖产品，同时也是倡导一种新的生活方式。

（2）市场领先型家具企业。假设某家具企业虽然不是第一个开发该类产品的企业，但是由于企业善于经营管理后来居上，成为市场领先者，并在产品成长后续时间内居于主导地位，这时具体家具产品生命周期与抽象家具产品生命周期基本重合，笔者称这种家具企业为市场领先型企业。

市场领先型家具企业的设计策略：市场领先者占据市场主导地位主要是凭借其经营管理的优势和适当的营销策略，但这种情况只是暂时性的。由于没有创新产品做支撑，经营管理与营销优势难以持久。所以，它的生命周期比市场领先者短，成熟期则更短。改变这一状况的办法是市场领先者在领先时期加大产品研发的力度，开发出更新的家具产品，将自身从市场领先者转变为创新领先者。

3.2 具体家具产品生命周期与抽象家具产品生命周期异步

对于绝大多数家具企业来说，做创新领先者并不是一件容易的事，甚至也难以做到市场领先，更多的家具企业是模仿者，也就是说当一种新的家具产品系列在市场上出现后，由于广受消费者的喜爱，市场前景很好，就会有家具企业生产新产品的仿制产品。最早开发新的家具产品并开拓市场的家具企业是该类家具产品的创新领先者，它所代表的就是抽象家具产品的生命周期。而模仿者根据自身资源，模仿新产品的功能或造型，生产出新家具产品的仿制产品，模仿者所代表的就是具体产品生命周期，这时，家具企业的具体家具产品生命周期曲线只有部分与抽象家具产品生命周期曲线重合，称之为异步现象。

由于各模仿者对家具市场的认识不同以及企业自身资源条件的限制导致进入市场的时间不同，会产生 3 类模仿者。在这 3 类模仿者中，具体家具产品生命周期与抽象家具产品生命周期的成长期同步的情况最重要，也更具有市场竞争力，下面，主要针对这种情况分析相关的设计策略。

（1）具体家具产品生命周期与抽象家具产品生命周期的成长期同步。在这种情况下，由于模仿者介入的时间比较早，免去了产品开发期的高昂投入，而且最早进入市场的家具企业已在产品宣传上做了铺垫，所以生存的空间比较大，如果设计策略制定得当，有可能转变为市场领先者。该类模仿者在具体家具产品生命周期各阶段可以采取以下设计策略：

开发期：在这一阶段，由于早期的产品开发者已经将产品投放市场并逐渐在消费者中产生口碑，所以模仿者在品牌形象的树立上可能会处于劣势，这时可以采用差异化设计策略，在追随整个流行趋势的同时保持自己的产品定位特色。对已有产品的缺陷进行改良，优化家具的造型和功能；拓宽产品线；由于产品是在抽象家具产品生命周期的成长期进行产品开发，产品制造工艺已经逐步形成与成熟，模仿者可利用已有的成熟技术使自己的产品尽快成熟起来。

导入期：模仿者的具体家具产品生命周期导入期基本与抽象家具产品生命周期成长期相重合，产品正逐渐被消费者所接受。模仿者可针对原有产品的不足和自己产品的优势进行差异化定位宣传；同时降低产品成本，以较为实惠的价格吸引消费者。

成长期：模仿者的具体家具产品生命周期与抽象家具产品生命周期成熟期基本同步，所面临的市场状况是市场成熟，需求稳定，销售量增长缓慢甚至停滞，产品技术成熟，利润趋于平均化，价格竞争的空间日益缩小。针对这些特征，产品设计策略包括扩展家具的使用功能；在原有家具产品的基础上挖掘潜在顾客群；通过完善而细致的服务弥补在竞争力上的不足。在这一时期尽管产品的功能改进是比较困难的，但可以增加产品的服务项目，以良好的售后服务来促进产品的形象。

成熟期：具体家具产品生命周期的成熟期相当短暂，并且逐步向抽象家具产品生命周期的衰退期过渡。这时，除了适当地对产品的功能和款式进行改进、增加服务项目、提高服务质量、降低销售价格、拓宽市场并开拓新市场外，还要安排一定力量研制开发新产品，适时将其推入市场。

衰退期：调整产品系列。立即淘汰已成为企业包袱的产品，只保留少数有利的产品，并用少量成本对其加以改进；对于一时无新产品取代并仍有一定销路的家具产品，可采取压缩产量、减少库存的方法逐步加以淘汰；采取削价方式把库存积压产品尽快推销出去，使损失降到最低。

（2）具体家具产品生命周期与抽象家具产品生命周期的成熟期同步。对于这部分的家具企业来说，由于是在抽象家具产品生命周期已进入成熟期的时候介入，市场上同类产品丰富，新产品已经被大部分消费者所接受，市场竞争激烈，利润空间有限，成为市场领先者的机会已经很小产品被淘汰的危险增加。这时，企业的设计策略应该是挖掘市场的空当，寻找被忽略的市场，并针对这些特定的市场进行产品设计；同时在价格的制定上寻觅空当。低价并不一定是质量低劣，可以将低价位的材料与合适的使用周期相结合，开拓新的市场。

（3）具体家具产品生命周期与抽象家具产品生命周期的衰退期周步。在这种情况下，家具企业无论是利润空间还是生存空间都很小成为市场领先者基本上是不可能的。这种企业很难真正进入市场，一般它们的命运不是被“套牢”就是“夭折”。

综上所述，在运用家具产品生命周期理论指导家具产品开发时，不同的家具企业应根据自身的资源优势结合抽象家具产品生命周期制定合理的产品设计策略，最大程度地延长家具产品的生命周期，使家具产品更具有竞争力。

原文发表于《家具与室内装饰》2007 年 3 月刊第 30—31 页

中国古代“坐”姿与坐具形式的演变

摘　要：中国古代坐姿经历了从坐、跪、跽、踞和跏趺到垂足坐的演变，反映到家具上便产生了与其相适应的各种坐具形式。

关键词：中国古代；坐姿；坐具；演变

1 前　言

每一种家具形式都是当时当地社会生活的具体反映，同时也是劳动人民在物质维度与精神维度共同的历史积淀中创造出来的，即家具形制的演变是与社会物质文化生活的发展密切相关的。从这个角度来看，研究中国古代坐具形式的改变便要以古人坐的行为特征即“坐”姿为切入点。

2 中国古代的各种“坐”相辨析

从“站”到“坐”是由猿转变成人的第一个行为方式，古人的“坐”与今天对其的理解实质上是一个类概念，这种行为方式大致可细分为：盘坐、跪、跽、踞、跏趺和垂足坐等。中国古代的坐、跪和跽是3种比较易混淆的状态，它们的差别主要是身体纵向方面（图1）。

图1　跽、跪与坐

2.1　坐

严格来讲，中国古代的坐实际上是两膝相并，双足在后，脚心朝上，臀部落在脚跟上。现在日本、朝鲜民族仍是这种坐法。在这种坐的基础上，又可根据古人腰部的不同状态分为：危坐、安坐与凭坐3类。

危坐即直腰端坐，古成语“正襟危坐”就是指这种坐姿。在古代的礼法观念中，它是最正统的坐相。如《管子·弟子职》云：“出入恭敬，如见宾客，危坐乡（向）师，减色毋怍。”西汉的长信宫灯表现的就是这种坐姿（图2）。

安坐时人的腰部比较放松，清代段玉裁注《说文解字》记载：“人安坐则形弛。”其在礼制上不如危坐严谨。

凭坐主要指凭几而坐，“凭”在构词法上从任从几，所以《说文解字》：“凭，依几也。”这种坐在闲居时较多采用。《艺文类聚》中“隐几而坐”就是指凭几而坐。

图2　长信宫灯

2.2　跪

跪与坐类似，《说文解字》：“跪，拜也。”清代段玉裁注：“两膝隐地，体危也。”经学家阎若璩《四书释地》载：“两膝着地，伸腰及股而势危者为跪两膝着地，以尻著跖而少安者为坐。”由此可见跪是两膝相并，双足在后，脚心朝上，臀部不落在脚跟上。跪是一种重要的礼节，在素有“礼仪之邦”的中国具有重要的意义。如《史记·廉颇蔺相如列传》载：“于是相如前进缶，因跪请秦王。”

2.3　跽

跽与跪类似，《说文解字》载：“跽，长跪也。”长是耸身、身体加长。跽就是跪而耸体即两膝相并，双足在后，脚心朝上，膝以上部分直起。它也是一种由坐到站的过渡状态。如《史记·鸿门宴》云：“项王按剑而跽，曰：‘客何为者？’。”

介于对跽与坐的理解，笔者认为李泽厚先生著的《美的历程》一书中第111个插图“跽坐女俑”的提法是值得商榷的。

图3　北齐贴金彩绘石雕思惟独菩萨像

2.4　踞

《说文解字》中“踞，蹲也”的记载，即两足及臀部着地或物，两膝上耸。《后汉书·鲁恭传》中有“蹲夷踞肆，与鸟兽无别”的记载，可见这被认为是一种不合礼节的姿态。根据两腿是否靠拢可分蹲踞和箕踞两种。

蹲踞是一般意义上的踞，而箕踞是两腿劈开不靠拢的踞。箕是表动作特征的，它是古代的一种农业用具，现在的农村仍可得见。

2.5　跏　趺

跏趺是随着佛教的传入兴起并沿用至今的一种坐式，根据日本佛学者小野玄妙的观点可将珈趺分为结珈趺、半珈趺和善珈趺三种。

结珈趺类似现在的盘脚坐，不同的是要求两脚心向上。半踟趺是左右任何一脚放至另一大腿之上的坐姿，类似一腿盘坐（图3）。善珈趺（倚坐、安乐坐）是两脚自然垂下或垂下之后相交的坐姿，这种坐相世俗化之后，就是通常的垂足而坐了。

2.6　垂足坐

这是自殷周以来以跪为主的传统坐姿的一种突破性演变，也是古人生活方式的一次革命。这种坐姿使人的腿和膝获得解放，并使由站而坐或由坐而站的过程简单了很多。

3 由席地而坐到垂足而坐的历史划分及转型因素分析

从“席地而坐”到“垂足而坐”是一个慢慢积淀并异化的过程，所以不可能以一个清晰的界限来进行历史划分。

对“席地而坐”具有冲击作用的坐具形式是胡床。胡床传入中原的具体时间，一部分学者认为是随着西汉武帝时丝绸之路传入的，一部分认为是更早的赵武灵王“胡服骑射”时引进的。

《后汉书·五行志》记载：“灵帝好胡服、胡帐、胡床、胡坐、胡饭、胡箜篌、胡笛、胡舞，京都贵戚皆竟为之。”这是胡床最早的正史记载，汉灵帝之后的魏晋南北朝民族大融合，加之佛教的广泛传播，垂足而坐才慢慢普及，而敦煌莫高窟北魏 257 窟的连坐胡床是胡床最早的图像记载。

东汉末到宋是向垂足坐转变的过渡时期，仍以席地坐为主，垂足坐只在贵族及僧侣阶层中小范围流行，陆游《老学庵笔记》写道：“往时士大夫家妇女坐椅子、杌子，人皆讥笑其无法度。”可见垂足坐并不是主流，唐五代时期的绘画作品如《宫乐图》（图 4）、《捣练图》《调琴品茗图》《韩熙载夜宴图》等也都表现的是贵族的生活。

宋代高足坐具开始在民间兴起，垂足而坐的生活方式才真正普及。一些以民间生活为题材的作品，如《清明上河图》《蚕织图》《女孝经图》等，以及这个时期大量的出土文物及墓室壁画都侧面反映出垂足而坐的全民化。

（1）胡汉文化的冲突与整合。“胡”在某一特定历史时期特指匈奴，后来泛指北方及西方的少数民族，其原因在于它代表了一种这些少数民族共有的文化质——游牧文化质。“逐水草而迁徙”的游牧文化与农耕为主的汉文化在战争和经济交往中产生冲击与整合。据《史记·匈奴传》载：“苟利所在，不知礼义……父死，妻其后母；兄弟死，皆取其妻妻之。”这种没有礼法底蕴的价值观和伦理观连同“马背上”的游牧生活方式在胡汉杂居交融过程中使汉文化多少有了一些“胡气”。而胡床也因其“敛之可挟，放之可坐”的便捷性得以传播，这也是汉文化对垂足坐的生活方式的一种文化认同。

（2）玄学＋佛＋道对儒学的冲击。汉末到魏晋六朝儒术独尊的局面发生转变，人们的文化心理结构在佛、道与玄学的冲击下有了微妙的变化，儒学礼制在这个思想和文化极度自由的多元化时期产生了信仰危机，不同的文化主张延伸出不同的生活主张，垂足坐也开始突破人们的思想障碍。

在这 3 股力量中，道教追求羽化登仙，对人们具宗教感召力，它与玄学都以道家思想为基础。而道家则否定礼，老子的“礼者，忠信之薄而乱之首”显然不同于儒家的“礼，所以整民”。以嵇康为首的竹林玄学又提出“越名教而任自然”，他们揭露礼法的虚伪，倡导人性自然，追求率性的生活方式，坐姿当然包括在内，史书载“阮方醉，散发坐床，箕踞不哭”，阮即七贤之阮籍，此时墓室砖画也多流行七贤题材，足见玄学的社会认可度。而佛教在传入后迅速与玄、道结合，认为人人皆可成佛，“八正道”是涅槃的方法，其中“正思”（远离世俗的思想意志）“正业”（按照佛教规定的正当行为）“正命”（符合佛教要求的生活方式）等教规都对传统的坐有着深刻的影响，跏趺坐也由此经佛教徒传入民间。

（3）服装形制的变革。古人敛膝危坐除与礼制密切相关外，还受服装形制的约束。古人服装主要是上衣下裳和深衣制。裳内着胫衣，胫衣就是一种腿筒，后发展为一种没有裆的裤，这从另一侧面解释了“箕踞无礼”的真正原因。而胡人因地理、气候的影响形成短衣加合档长裤的服装传统以适应他们的游牧生活，“胡服骑射”只是军事的改革，经过几百年的发展到隋唐，上衣下裤才渐入百姓家。

（4）建筑技术的发展对家具的尺度提出新要求。家具是建筑的附属它的尺度要先取决于建筑的室内空间。人们最初掘地为穴的简陋条件决定了席地而坐、卧。生产技术的发展使居住条件改善，反映在建筑上是斗拱、抬梁等加大了房屋的跨度和高度，这对家具的尺度提出新要求，进而影响了人们的起居方式。

4 与“坐”的演变相应的坐具形式

席地坐与垂足坐在动作特征上虽然都是体位向下的动作，但前者的膝部是力的一个主要支撑点。而后者膝部不需用力，只是把身体的重力通过臀部传递给坐具而已。可以说席地坐时期坐具以膝为中心，而垂足坐时期坐具的中心则是臀部，床类是中间状态的坐具，因为它们的早期阶段主要承载以膝为主的坐姿，而随着垂足坐的普及，才具有了高足家具的功能形式。

4.1 与席地坐相应的坐具形式

席、筵、茵和凭几等是席地坐的主要用具。席与筵的主要区别在于铺陈的顺序不同。筵先铺于地面，席后铺于筵上。茵是现在意义上的褥子，比席要软，有皮质和纺织之分，通“鞠”“烟”。这一类坐具迎合了人们较简单的生活需求，但在礼的思想统摄下成了礼的某种象征，反过来又把人们的坐绑定在了茵席之上。

席地坐时，腿足承受身体的全部重力，时间久了会酸痛抽筋，凭几则提供了一个外在的支撑，所以会轻松很多，它是与凭坐相应的坐具形式。

4.2 与席地坐和垂足坐兼容的坐具形式

床、枰、榻是这一类坐具的代表，古时床是一个类概念，指供人坐、卧的一切用具的统称。如像马扎子这样的小凳称“胡床”，马称“肉胡床”。作为坐具来说，它们出现的初期主要承载以膝为主的坐姿，如《太平御览》写道：“管宁常坐一木榻……榻上当膝处皆穿。”随着坐的演变，它们又可供垂足而坐。

三者虽形制类似，但在尺寸上有着细微的区别。汉代服虔《风俗通》载：“三尺五曰榻，独坐曰枰，八尺曰床。”当时一尺约是现在的23cm，三尺五约现在的80cm，八尺约合现在的184cm。

4.3 与垂足坐相应的坐具形式

胡床、椅、凳、杌、墩等是与垂足坐相应的坐具，座面大致与膝平行或稍高于膝部。

胡床在隋代改称交床，因“隋炀帝性好猜防，去信邪道，大忌胡人，乃主谓胡床为交床”，并在发展中逐渐加入靠背、搭脑构件，到宋代称为交椅，后又演变为不再具有折叠性的直腿椅子。其实椅本指一种树，《说文解字》载：“椅，梓也。”而坐具中的椅子本写作“倚”，因其后有背可倚。宋以后随着垂足坐的普及出现了多种椅子形式，如圈椅、官帽椅、靠背椅、玫瑰椅等。椅为人的上半身提供一个凭靠或半包覆状态，使坐更加舒适自由。

凳子也称杌子，杌即“高而上平”，是一种与椅子并行发展的坐具。凳子因无靠背，故与椅子比不宜久坐。

墩，同样源于西域，其中一种两端大、中间束腰的形式类似“筌”（捕鱼工具），故又名“筌台”（图5）。墩还有鼓墩、绣墩等多种形式。

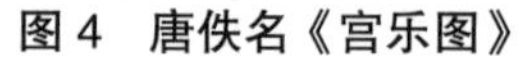

图4　唐佚名《宫乐图》

图5　北齐《商谈石刻图》

5 结　论

由席地坐到垂足坐只是简单的几个动作变化，但对“不学礼，无以立”的古代先民来说却要经历上千年的时间。在这漫长的过程中，“坐”与坐具的演变遭遇了一场独特的文化变迁，礼制、宗教、哲学、艺术和技术等是其中偶然而又必然的影响因素，这种演变和变迁不仅是物质维度的，更是精神维度的，是与中国文化的发展平行发展的。

原文发表于《家具与室内装饰》2007年3月刊第18—19页

家具产品组合策略探析

摘　要：本文简单介绍了家具产品组合的概念，提出了扩大产品组合、缩减产品组合、高档化与低档化、改良产品以及全球化产品等家具产品组合策略。同时分析了家具的市场需求情况、企业自身资源条件和竞争条件等因素对产品组合策略的影响，为企业如何调整产品之间的配合关系进行了探析。

关键词：家具；产品；产品组合；策略

在家具市场日益激烈的竞争下，家具产品将越来越成为家具公司竞争和经营的主要内容。不少家具企业为了满足市场的需求，扩大销售，希望通过分散投资风险的办法来增加利润，生产经营的家具产品不止一种。随着外界环境和企业自身资源条件发生变化后，这些产品也会随着呈现出新的发展趋势。因此，企业如何根据市场需要和自身条件，确定经营哪些产品，淘汰哪些产品，明确产品与产品之间的配合关系，对企业的兴衰有着重大影响，在压力与潜力、机遇与挑战并存的全新局面中，家具企业对家具产品组合方面的探索、分析、研究将极为重要。

1 家具产品组合内涵

1.1 家具产品

随着社会的发展，产品的概念已不仅局限于产品的实物形式，而是已经扩大到包括实物产品和实物产品以外的服务内涵的整体概念。就家具产品而言，家具产品是指家具市场提供的能满足家具消费者某种欲望和需要的产品，包括家具实物、家具服务、家具品牌等。

1.2 家具产品组合概念

家具产品组合是指一个家具企业生产和销售的所有家具产品线和家具品种的组合方式，也即全部家具产品类型的结构。家具产品线（家具产品系列），是指在某种特征上互相关联或相交的，在功能使用和销售方面具有类似性的一组产品。这种类别可以按家具结构、生产技术条件、家具使用功能、顾客结构或者分销渠道等变数进行划分。譬如，在使用功能上，卧房家具与客厅家具的作用是不相同的，即可划分成两条不同的产品线。

2 家具产品组合策略

家具产品组合策略是指家具企业根据自身的目标对家具产品进行的一系列决策。

2.1 扩大化策略

扩大化策略是指家具生产厂家不改变经营范围，只是在原有范围内充实备货品种，增加经营品种的备货量。增加家具的品种、花色、外观造型等，或增加家具的一些配套饰品等都是扩大策略的一种表现。其优点是提高设备和原材料的利用率，减少经营风险，充分利用企业的人力、物力和财力，使企业在更大的市场领域中发挥作用，占领同类家具产品更多的细分市场，从而迎合更为广泛的消费者的不同需求和爱好。以美克集团为例，它从 1993 年进入家具业，刚开始只是专做出口美国的松木家具，在公司资金得到一定的积累时，企业决定扩大生产线。1995 年，美克集团投资增加了一条餐桌椅生产线。1996 年，美克集团又开始进军房间组合家具。现在其产品涵盖了餐桌、餐椅、橱柜、茶几、沙发等各个系列。

有时需要注意的是，扩大家具产品组合往往会分散家具经销商和销售人员的精力，增加管理困难，有时会使成本加大，甚至由于新产品的质量性能等问题而影响到企业原有产品的声誉，比如宜家产品召回事件。因此，在采取这一策略时，企业要考虑自身的条件，是否有生产能力来扩大企业的规模。

2.2 缩减策略

缩减策略是指家具生产厂家合并或缩减不能为企业带来利润或利润很小的产品线或产品线中的某些产品项目，集中精力在获利或经营前景看好的产品上。缩减产品线或产品组合，主要目的是以较少的产品获取较高的利润。它可使企业集中精力对少数产品改进品质，降低成本、剔除得不偿失的产品，提高经济效益。例如，品质卓越的居韵产品是由菱湖公司经过 10 年的磨砺而取得的成功。然而在创办伊始，由于企业什么都想搞，卧房家具、办公家具、宾馆家具一齐上。在受到南方家具北上的冲击下，菱湖公司很快吃不消。于是，他们缩减了自己的产品线，开始有目的的开发产品。最终使菱湖在开拓市场最困难的时候立稳脚跟。

使用此种策略时需要注意的是，这会使企业丧失部分市场，增加经营的风险。因此，要审时度势，找到最适合自身发展的策略。当然，缩减产品组合，并不是一味地缩小，而是犹如作战一样、集中自己的优势兵力，歼灭其他的敌人，从而快速有效地夺取目标。一旦渡过难关，就可以立即扩张，变退为攻，取得新的发展。

2.3 高档化与低档化策略

高档化策略就是通过增加那些价格较高和质量较好的家具产品或产品线，以吸引更广大的市场，提高企业现有家具产品的声望。同时，企业希望新产品高品质定位能提升现有低价产品销售量。低档化策略是在现有产品类型的基础上增加一种质量较低的产品。这种新增的产品在价格上较低，质量也可能有所降低。采取低档化的一个很明显的目的，就是厂家希望利用高档名牌效应来吸引购买力较低的顾客，使其慕名来购买廉价家具产品，以促进销售。

一般来说，很多家具厂家都有自己的高、中、低档产品，通过不同的产品类型可以占领不同市场。比如，香港大熹兴利集团将旗下尊典品牌定位于高档产品，将欧瑞、世纪葵花等品牌定位于中档产品，还会在特定时期推出几款特价家具作为促销手段来吸引消费者前来购买。这种细分将大熹兴利的品牌战线拉到了各个层次，从而扩大了公司在家具市场的整体份额。

因此，无论是高档化策略还是低档化策略，它们都能提高产品的销售量和增加利润，

但这两种做法都存在风险，会引起家具消费者的混淆，模糊企业既有形象，后者更有可能损坏当前很成功的品牌形象。

2.4 改良策略

改良策略就是对企业经营的某些家具产品进行整体上的较大改善，通过产品自身的改进来满足顾客的不同需要，使停滞的销售得到回升，再度出现新的成长。产品改良可以有质量改良、特性改良、形态改良、包装改良和服务工作改良等方式。对家具产品进行改良，可以更加符合购买者和使用者的需求，从而使企业在众多的竞争者中脱颖而出，成为市场的佼佼者。在降低产品成本上，宜家值得众多家具厂家学习的。宜家对其产品邦格咖啡杯已进行了3次重新设计，其目的只是在一个货盘上装多一些。在杯子的销售价格不变的同时，杯子的运输成本下降了60%，节省的成本相当可观。日本在改良方面也可以说是典范，他们从产品一投入市场就开始不间断地进行改良，而我国的企业在产品一上市，就觉得大功告成，从此任其自生自灭，不闻不问。这样不仅浪费企业的资源，也削弱了与国外企业的整体实力的竞争。

2.5 全球化策略

在全球产业结构发生变化的今天，我们不能仅着眼于本土家具市场，同时也要高瞻远瞩放眼看世界，要从全球性的思考角度来作为产品组合方式的起点，为进入国际市场对产品加以改善，提高家具产品质量。同时，将国内及国际标准化纳入产品及服务中，把企业的核心产品加以标准化确定适当的调整幅度，以此增强企业产品组合的综合实力，使其在国内甚至国际上占有一席之地。比如，富运家私在早几年引进国外先进的生产线和技术，同时采用欧洲的产品标准，率先以“绿色家具”打入国际市场，使其企业在国际上享有一定的知名度。一只脚立足于中国本土，一只脚踏入更广阔的国际市场，在全球化的竞争中去超越与胜出。

虽然家具的反倾销让很多中国中小型企业蒙受打击，但如果想要做强做大，这是不可不考虑的因素，也是让国内家具行业与世界轨道越来越接近的方式。

3 影响家具产品组合策略的因素

家具生产商在确定家具产品组合时，首先需要选择适合本企业发展的家具产品组合策略。这就需要考虑家具的市场需求情况、企业所拥有的资源条件和竞争条件等因素。对这些因素进行综合研究，才能找出最适合企业的家具产品组合策略。

3.1 家具市场需求及变化趋势

将生产出来的家具卖出去是家具产品组合策略的最根本的目标，所以家具产品组合策略首先就是为了满足家具市场的需求而产生的。有需求才会有市场，有市场企业才能生存。市场需求状况是制约产品组合策略的一个重要因素。因此，在企业选择产品组合策略时，必须考虑消费者对家具品种、质量、使用寿命、舒适程度等要求。随着社会、经济、文化的不断发展，消费者的消费需求也在不断发生变化，企业同样需要根据市场变化的趋势来对家具进行创新、改良，从而满足市场需求，提高市场的占有率。

3.2 家具企业的自身条件

俗话说“巧妇难为无米之炊”，企业自身拥有的资源条件，包括人、财、物、管理、营销、信息等资源，都是家具企业产品组合策略得以实施的物质基础。一般而言，一个专门从事家具生产的企业就不太可能去做软件开发。所以，清楚地剖析自身的优势、劣势，认清自己的实力，是实施产品组合策略的又一个重大因素。只有具备了相应的生产条件，企业才能生产出满足消费者的各种家具产品，不能打肿脸充胖子，要量力而行。所以，在进行产品组合策略时应该综合考虑企业自身各种因素的影响，以寻求产品最佳组合，使企业获得最大的长期利益。

3.3 市场竞争状况

市场竞争状况也会直接影响企业做出的产品组合策略。若企业想进入市场的某个领域必须考虑这个市场的竞争情况如何。如果此市场竞争激烈，就表明有很多家企业做着同类型的家具，留下的竞争空间较少，从另一个方面也说明了这个领域的产品是一个相对成熟的产品，企业如果贸然进入或是继续追加投资，风险相对较大；而一个既能有效满足市场需求又是新产品的话，市场竞争相对较弱，企业进入的风险相对较小。当然这也不是绝对的，尽管现在家具市场竞争激烈，家具企业面临不断洗牌的处境，若企业想要做大做强，还是要不断地扩充其产品线的长度，以更好地满足消费者需求，提升市场竞争力。

原文发表于《木工机床》2007 年 1 月刊第 18—20 页

松木家具备料工艺的质量控制

随着人们生活水平和环保消费观念的提高，带动了松木家具的发展。国内松木家具多采用进口松木，主要有芬兰松、俄罗斯松、巴西铁塔松和新西伯利亚松等。常用国内松木树种有东北的红松、落叶松、樟子松以及南方的马尾松等。对不同松木树种备料工艺的质量控制应有所区别。

备料是松木家具生产的第一个环节。松木家具备料工艺是根据产品的生产计划、设计图纸和生产工艺要求确定零部件的规格和数量。松木家具备料工艺的质量控制对提高产品质量、木材利用率和降低生产成本具有重要意义。

1 松木家具零部件的质量要求

1.1 方材零部件的质量要求

松木家具产品中的方材零件多用于框架、床柱等部件。应选择外观色泽清新、纹理清晰的松木木材。松木木材的缺陷影响方材的强度，必须进行挑选、避开缺陷或对缺陷进行处理，以改善松木木材的强度。另外，为保证松木方材零件不变形、不开裂，应该对松木原材料进行含水率的控制和使用松木包覆材料来代替整体的松木方材。

1.2 板材零件的质量要求

松木家具中的板件多采用指接或平拼两种方式制造。要求用材色相同或相近的松木错缝拼接。拼接强度、表面平整度、厚度误差、尺寸规格、含水率等都应符合技术要求。

2 松木家具备料工艺流程

2.1 松木板材、方材备料工艺流程

松木板材、方材备料工艺流程：松木干燥→选材→横向截断→纵向锯解。

2.2 松木集成材备料工艺流程

松木集成材接长工艺流程：干燥的松木短料→锯解→定宽定厚→铣指形榫—涂胶→加压→养生→齐边。

松木集成材拼宽工艺流程：松木指接条配板→试拼—涂胶→陈化→拼板→养生。

如果用小幅面板材直接胶合拼宽时，其工艺流程为：小幅面松木板→四面刨定宽定厚→试拼→涂胶→陈化→拼板→养生。

3 影响松木家具备料质量的主要因素

影响松木家具生产备料质量的主要因素是松木的含水率、材质、材料的胶合质量。

松木含水率的控制是松木备料质量的关键因素。含水率过高或过低会导致框架变形、板件开裂、榫接合强度减弱、连接点位移等问题。如湿胀使榫头将榫眼挤裂、干缩使榫

头尺寸变小导致榫接合点松动等。

松木选材主要指松木三切面（径切面、弦切面、横切面）的合理应用和如何处理天然缺陷。选材不合理会导致产品外观的“丑陋”。松木天然缺陷中的死节、树脂囊、裂缝、蓝变、霉芯、虫眼等不但影响产品的外观，而且会降低松木强度和产生诸多质量问题。

松木集成材的质量也是材料质量的重要因素，要求树种一致，其含水率、指接方式、胶合参数等符合质量要求。

4 松木家具备料的质量控制

4.1 松木板材、方材的质量控制

（1）松木含水率。松木必须进行干燥处理。断料前要对用材含水率进行检测，含水率一般控制在 8% ～ 12%。

（2）松木的缺陷与修整。松木家具设计选材与松木的外观有密切关系，不同类型的家具零部件选择不同切面的松木。不同零部件对松木天然缺陷有不同要求。其选材原则见表 1。

松木节疤影响外观的一致性和力学强度，松木节疤主要有活节、死节两种类型。由于活节对家具外观及使用性能均无不良影响，一般不做任何处理，相反，活节更能体现松木家具的“实木感”。

需要注意的是在门面板和见光面板的选材上，单位面积内活节数量不能过多，不能选取活节分布异常的松木。死节呈褐色或黑色，与周围的松木有明显的缝隙。对死节的处理工艺是先将其剔除，再用合适大小的松木材进行嵌补，用于嵌补的松木木材颜色必须与死节周围松木颜色相同或相近，纹理方向保持一致。

树脂囊的形状一般呈锥形，只有在加工过程中才会暴露，对树脂囊的处理工艺是先将其剔除，再用已经加工好的合适大小的月牙形状松木块涂胶后进行嵌补。“嵌补木”必须与树脂囊周围颜色相同或相近，纹理方向必须保持一致。

松木的裂缝、蓝变、霉芯、虫眼等缺陷应在锯截的过程中将其避开。

（3）设置合适的锯路宽度。锯路宽度过窄易产生零件加工误差，过宽会浪费松木原料。锯路宽度也受锯片厚度、锯片适张度、进料速度及平稳度等因素影响。根据相关资料及实验数据，我们建议松木锯路宽度一般为 4mm。

4.2 松木集成材的质量控制

松木集成材主要是松木指接材和指接板两大类型。其质量要求主要有：

（1）选材加工。制作松木指接材应选择树种相同或材性相近的松木。短料长度一般为 200 ～ 500mm，宽度为 20 ～ 250mm。含水率控制在 8% ～ 12%，材料之间含水率的差别必须小于 2%。

（2）松木指接条的接长。接合的指形榫一头榫槽涂胶。指接机对指接条分别从正面、侧面及纵向 3 个方向施压，侧压和正压保证指接材位置不偏离，而纵向压力通常控制在 0.5 ～ 1.5MPa。

加压时间以 2 ～ 5s 为宜。接合好的指接条应该在通风干燥处放置 24h，待胶层完全固化后才可以进行后续加工。

表 1　松木家具零部件选材及加工质量要求

部件类型	使用部位	松木三切面			木材缺陷			
		横切面	弦切面	径切面	可处理缺陷		树脂囊	其他缺陷（裂缝、蓝变、霉芯、虫眼）
					活节	死节		
门面材	柜门、台面、柜面和抽屉面等			允许	$1m^2$ 内数目≤2；$D<25mm$；可不做处理	$1m^2$ 内数目≤2；$D<15mm$；须剔除嵌补	$1m^2$ 内数目≤2；须剔除嵌补	不允许（可进行剔除、嵌补、修复）
见光面材	侧板面、顶板面、望板面等			允许	$1m^2$ 内数目≤8；$D<30mm$；可不做处理	$1m^2$ 内数目≤8；$D<25mm$；须剔除嵌补	$1m^2$ 内数目≤8；须剔除嵌补	
背光面材	底板面、背板面等		允许		可不做处理	$1m^2$ 内数目≤12；$D<25mm$；须剔除嵌补	$1m^2$ 内数目≤12；须剔除嵌补	
不见光面材	内部板件等		允许		可不做处理	$1m^2$ 内数目 20；$D<40mm$；须剔除嵌补	$1m^2$ 内数目≤20；须剔除嵌补	

（3）松木集成材的拼宽。拼板是指侧向拼接。指接接长后的板条经侧面刨光后涂胶再两边加压即可。集成材拼板用板条长度之差应小于5mm，厚度之差应小于3mm。涂胶之前先进行试拼，试拼宽度应该大于所需家具零件宽度，但不应超过5mm。拼好的板件应该在通风干燥处放置24h，待胶层完全固化后才可以进行后续加工。

（4）松木的加厚。加厚主要用于截面较大的家具零件，主要有松木板直接加厚和包覆两种方式。松木板直接加厚，将要拼厚板用双面压刨或四面刨将胶合面刨平、涂胶、加压。

用松木包覆材料来代替同尺寸松木的家具零件（如床的脚柱）可以防止松木方材加工工艺过程中容易出现的变形和开裂等质量问题，在保证零部件所需强度的条件下，最大程度地利用松木余料可降低生产成本。

松木的“包材”选材必须符合见光面板的选材标准，各个面必须刨平。“心材”主要由若干边角余料拼合而成，“心材”的含水率应一致。树种应是松木或材性相近树种。

加工工艺是先加工成尺寸一致的板材，进行接长和拼宽，拼宽时相邻拼缝必须错开，加厚时，注意上下两块板材必须对齐。拼厚后应该架放于通风干燥处待胶层自然固化以后才可以进行后续加工，陈放时间视气温高低情况而定，在夏秋季节需放置3天以上，春冬季节需放置7天以上。

5 结 语

松木家具应该根据松木的外观性能和外观缺陷进行设计选材。松木家具生产备料工艺的质量控制首先应控制松木原材料的含水率，从对材料的合理利用与处理两个方面入手提高松木的利用率；对松木集成材加工参数的控制是保证松木集成材质量的关键因素。

原文发表于《家具》2007年6月刊第47—49页

家具企业产品内部评审机制的理论研究

摘　要： 本文对家具企业产品内部评审机制的框架做了相应阐述，并提出了运用数学模糊理论对评审结果进行量值化的步骤与方法，为家具企业产品内部评审提供了可实施性的具体形象表述。

关键词： 家具；设计评审

设计的过程是不断评价、修正、完善的过程。设计评审作为设计阶段的重要组成部分，对设计过程的优化无疑具有重要的意义。特别是在竞争越来越激烈，产品同质化越来越严重的今天，家具企业要想长期立足于不败之地，并在国内外市场上取得更加长远的发展，依靠好的设计是最有利的出路。因此企业产品设计评审的作用也越来越凸显。但据笔者了解，设计评审在家具企业内是很薄弱的一个环节，虽然每个家具企业看似都有一套健全的评审体系，但更多的是企业主要负责人凭借自己的经验与直觉对设计进行判定。这种过于主观的评价方式往往不合理，更不科学。在这种情况下，企业内部建立一套科学合理的产品评价体系显得尤为重要，它将为家具设计的发展创造良好的内部环境，对设计质量的保证、设计效率的提高、设计成本的降低、企业竞争力的增强等都起到不容忽视的作用。

1　设计评审的概念

设计评审是在设计过程中对设计对象进行比较、评价、审定以便发现设计失误与偏差，取之所长作为产品发展的方向，并对设计失误与偏差进行改进和修正，使产品符合设计定位的要求，从而获得最佳的设计方案。

ISO 9001 对设计评价是这样规定的："在适宜的阶段，应依据所策划的安排对设计和开发进行系统的评审，以便评价设计和开发的结果满足要求的能力；识别任何问题并提出必要的措施。"

设计评审作为一个完整的系统，包括评价原则、评价因素、评价方法及评价者等方面。设计评审须围绕设计的目的，即怎样达到使用者心中理想的要求建立设计的预期目标和评估方向，找出与设计目标实现相关的影响因素，并区分各因素的重要性与层次关系，从不同角度综合评价设计的好坏，建立产品的评审体系。在设计的评价过程中，很多因素影响结果的评定是定性的，不确定的结论，主要包括人为因素的不确定性和因素自身的不确定性，这也就在很大程度上影响了家具产品评价结果的科学性与公正性。因此，为使评审结果最大程度地合理化，我们应将设计过程中那些非计量性的因素进一步量化，使评审结果更直接、更科学、更公正。

❷ 设计评价的目标因素

设计评价目标因素是针对设计所要达到的目标而确定的，用于确定评价范畴的项目。一般是选择最能反映设计方案水平和性能的、最重要的设计要求作为评价目标的具体内容。对评价目标因素的基本要求是：全面性——尽量涉及技术、经济、社会性、审美性的多个方面；独立性——各目标因素相对独立，内容明确、区分确定。

对于家具企业产品内部的评审，设计评价目标因素的确定应从两个大的方面考虑：

首先是从设计工作性质的角度进行评审，这主要包括：①家具设计的技术评价，如技术上的可行性、工作性能指标、可靠性、安全性、宜人性技术指标、使用维护性、实用性等；②家具设计的美学评价，如造型风格、形态、色彩、时代性、创造性、传达性、审美价值、心理效果等；③家具设计的经济评价，如成本、利润、投资、投资回收期、竞争潜力和市场前景等；④家具设计的社会性评价，如社会效益、环境功能、资源利用、对人们生活方式的影响、对人们身心健康的影响等。如丹麦设计师皮特·卡朋设计的 NXT 套椅，其先进之处在于它既可承压自重又很轻（只有 3.5kg 重），椅子材料中融入了几层非常薄的天然木质层压而成，纹理角度交替变换以分解压力，所以椅子受力均衡，安全性高；符合人体工程学的靠背与座面的线条设计进一步肯定了其舒适性。整把椅子造型轻盈、线条优美、用材节约、工艺简单、安全舒适。从设计工作性质的角度考虑，其各项目标因素的评价值高，是真正意义上的好设计。

其次是从企业自身的角度评价家具产品的设计，评价的内容包括：①家具企业产品的识别设计定位评价；②家具设计的企业评价；③家具设计的战略评价；④家具设计的策略评价。如 2007 年深圳家具研究开发院研发部为“森源”量身定做的民用家具系列，其产品战略即科学构筑产品系统，使之关联，健康而有效地持续发展。产品系统需要被赋予传播的共性与特性，既能体现社会生活的主旋律、与主流家具的相似性，又要对社会文化和消费潮流进行独特思考，并在此基础上赋予企业自身产品系统以足够的竞争能力和相应的品牌定义。产品设计市场定位高，要与“森源”现有的产品相当；产品要适应工业化大生产，以支持营销网络的快速建立；因为“森源”是一个有多年高档酒店家具生产经验的生产商，所以产品设计还要兼顾酒店家具市场的需要。在这些条件下，对“森源”民用家具系列进行评审时确定目标评价因素就应该考虑产品设计是否与其企业战略、产品策略相符，产品是否能满足与企业定位相符合的各项要求，若都能满足就能说明是适合企业自身的优良设计。

不同的企业评价标准与参照准则是不同的。具体评价时，应区别对待并逐个方面展开，针对其不同的阶段特点确定不同的目标评价因素。一个好的设计应是各评价因素的和谐统一、当然不同的目标因素其重要性也不同，也就是说其占有的比重也存在一定的差异性，而且这些因素在很大程度上都存在不确定性。正是这种定性的，不确定性的评价削弱了设计评价的意义。为增强设计评价的意义我们应使评价过程和结果都具有定量分析的特征，为此我们将通过模糊数学理论的应用试图建立一套评价体系。

❸ 设计模糊评价模型

模糊数学作为一描述模糊信息的方法，是美国控制论专家 L. A. Zadeh 创建的，它直接的起因其实就是所谓的“划界”“判断”问题，模糊综合评价的结果是一个集合，而不是一个点值，它适用于定性指标的定量评价并较为准确地刻画了事物本身的模糊状况，模糊综合评判结果在信息的质和量上都具有优越性，因此试图把模糊数学的基本原理应用到家具产品概念设计的评价上，使产品设计能用数学语言定量化，便于决策者进行决策选择。

建立模糊综合评判数学模型的一般步骤如下：

（1）建立因素集 $U=\{u_1, u_2, u_3, \cdots u_n\}$，即被评价对象各指标组成的集合。为使评价结果更客观、科学、全面、先建立一级评判因素集，由上选定的目标因素可得出，一级评判因素集为：

$U=\{u_1$（技术性），u_2（美学性），u_3（经济性），u_4（社会性），u_5（产品识别性），u_6（企业性），u_7（战略性），u_8（策略性）$\}$

根据各一级评判因素所包括的具体方面，再确定二级评判因素集，如美学性包括造型风格、形态、色彩、时代性、创造性、传达性、审美价值、心理效果，则其二级评判因素集为：

$U_2=\{u_{21}$（风格），u_{22}（形态），u_{23}（色彩），u_{24}（时代性），u_{25}（创造性），u_{26}（传达性），u_{27}（审美价值），u_{28}（心理效果）$\}$

依此类推。

（2）给出评价集 $V=\{v_1, v_2, v_3, \cdots, v_n\}$，即评语组成的集合。根据通常对产品设计美的判断评价，可以建立一个模糊评价集，如：$V=\{$很好、较好、一般、不好$\}$

（3）确定各因素的权重集 $N=\{w, w_2, w_3, \cdots, w_n\}$，由于各因素对设计评审的影响不同，各因素在评价中所占的比重也就不同，因此必须对各因素应分别根据其重要程度给出不同的权重。根据选定的目标因素，可相应得出此评价模型的一级权重集为 $W=\{w_1, w_2, w_3, w_4, w_5, w_6, w_7, w_8\}$。通常，各权重 W 应归一化并满足非负条件。目前确定权重常用的方法是专家估计法和层次分析法即 AHP，前者主要取决于领域专家的知识和经验，主观性影响较大；后者需要进行一致性检验，以考察权重分配是否合理。

（4）建立模糊综合评价数学模型，如下：

a. 单指标判断

首先，对每个指标 u_i($i=1, 2, \cdots, n$) 进行评判，得到 $u \rightarrow (r_{i_1}, r_{i_2}, \cdots, r_{i_m})$。其次，将每个指标的评判结果按顺序排列，得到模糊评判矩阵。

b. 将 W 与 R 合成（模糊变换）

$B=W_0R=(b_1, b_2, \cdots, b_m)$，$b_j=w_j r_{ij}$，$j=1, 2, \cdots, m$。这个式子的运算只需把普通乘法换成最小运算，把普通加法换为最大运算即可，这就是综合评判的结果。

如需进一步为企业服务以方便那些对模糊数学运用困难的评价人员或是说为使评判结果能更简易、更方便、更快捷地得出，可运用现在的高新技术条件开发有关模糊综合评判的系统软件，使评审更高效率、更科学地进行。

4 结 语

现在的家具企业对设计评审基本上没有具体的操作程序与评审方法，经常采用评审人员的主观意见进行评判，这就难免受到个人主观认知和经验的影响造成决策失误与评价结果的不科学性，而运用模糊数学理论建立一个切实可行的评审模型基本上能解决企业现行的评审问题，它能最大程度地将人们模糊的评价倾向量值化，使评审结果更合理。关于这个课题，笔者只对其大概的框架进行了相应的研究，并不是很深入彻底，此后笔者将会结合评审理论与具体的家具设计评审实践做进一步的研究，以探求更科学全面的评审体系为中国的家具设计服务。

原文发表于《家具与室内装饰》2008 年 2 月刊第 84—85 页

木材肌理在家具造型设计中的表现

摘　要：木材的肌理特征作为一个基本的外观因素在木家具产品设计中发挥着极其重要的作用。本文概括了肌理及木材肌理的定义，阐述了木材肌理与纹理、花纹、质感、材色几个词语的概念，分析了木材的肌理特征在家具产品造型形态设计中的几方面影响，并提出了对木材肌理进行挖掘和运用的几个方法，从而为木材肌理在木家具产品中的充分表现提供了依据。

关键词：木材肌理；形态要素；产品造型；表现

在木家具产品中，木材的肌理特征与造型形态有着彼此依附、相辅相成的关系。其中，木材的肌理特征是造型形态的外在表现形式之一，而木家具产品的造型形态又影响着木材肌理的特征表现。了解木材的肌理特征首先要清楚肌理的特性，同时还要明确木材肌理与纹理、花纹、质感、材色这几个意思相近的名词之间的关系。

1 木材的肌理特征

1.1 肌理及木材肌理的概述

有些学者曾对“肌理”这个词做过一些笼统的概述，具体的定义形式还没有总结过。在汉语中“肌理”这个词是从法语 matiere 直译过来的，从广义上讲是物质材料之意，从狭义上讲就是材料特有的形象化语言。“肌理”在英语中被译为“texture”，笼统地说是指物质的质感、纹理、材质、结构等。无论是在法语、英语还是在汉语中，“肌理”都是表示物质的纹理结构所呈现出的一种形态。这些对肌理的概述是通过从其他国家对“肌理”这个词翻译时总结出来的。

另外，有些学者将“肌理”这个词拆开来分别加以概述。他们认为“肌理”中的“肌”是指物质的“皮肤”，“理”是指物质的纹理、质感、质地等。这样拆开来分别概述也无非是想表达物质表面的纹理、质感等特征。总之，无论是将“肌理”合在一起概述，还是将其分开概述，“肌理”这个词所要表达的就是不同的物质属性和不同的物质形态。

上面所讲的是对肌理的一些概述，那么木材肌理可以在肌理概述的基础上加以总结。木材肌理是肌理的一部分，肌理可以通过很多材料来表现出肌理特征，而木材肌理是通过木材来表达不同的木材肌理属性和不同的木材肌理状态，如在一些木家具产品中，木材肌理是通过木材自身的自然纹理和质感赋予木制家具自然、生动的本性。松木在弦向呈现美丽的“山纹”形状，这种自然的纹理可以直接体现松木自然清新的木材肌理特征。所以说，木材肌理是通过木材来表达不同的肌理特征，在家具产品设计中有很重要的作用。

1.2 木材肌理与纹理、花纹、质感、材色的关系

对于木材肌理、纹理、花纹、质感、材色这几个意思很相近的词在不同的定义中有

不同的说法。木材肌理这个词在上面已经做过概述，笼统来讲“纹理”是指物体表面上的条纹；“花纹”是指各种条纹和图形；“质感”就是指物体材质所呈现在色彩、光泽、纹理、粗细、厚薄、透明度等多种外在特性的综合表现；“材色”是木材颜色的简称，材色对木材识别具有重要的意义，因为可以反映种的特征。

虽然这些词分别有着不同的定义，但是运用在木材上它们有时候就会表达相同的意思，只是说法不同而已。有时候可以通过木材的纹理来表现木材肌理，有时候还可以通过表面凹凸不平的粗糙感、木材的不同材色、木材的表面花纹等方法来表现木材的肌理特征。所以说，木材肌理和纹理、花纹、质感、材色是同属的关系。

2 木材的肌理特征与造型形态的关系

2.1 肌理特征是造型形态的外在表现形式

家具产品外观的造型形态由肌理要素、色彩要素、形式要素、装饰要素等决定。这些要素赋予了家具造型形态典型的艺术美和特有的家具风格。其中肌理要素在木家具产品设计中对造型形态的表现有着不可忽视的作用。木材的肌理特征不同所创造的家具产品造型也表现出不同的形态特征。肌理特征是造型形态的外在表现因素之一。

木材的肌理特征对造型形态在家具产品设计中有以下 3 个方面的影响：

首先，木材的肌理特征影响造型形态的外观特征。如果木材肌理不同的话，即使造型形态再怎么相似，其形态特征也会发生很大的变化。例如，两组形式十分相似的实木家具，一组是以浅色为主，另一组是以深色为主，这两组不同颜色的实木家具给人带来不同的视觉感受。浅色家具会显得轻巧、可爱、和善，深色家具会显得厚重、沉稳、庄严。

其次，木材的肌理特征影响造型形态的整体性。木材的纹理单元越大造型的形体整体性就越弱；反之，木材的纹理单元越小造型的整体性就越强。例如，在家具产品的设计中，应用木材纹理单元有节奏的重复组合，不仅可以起到加强或突出某一部分的作用，来引起人的注意并加深人们的印象，而且还可以使各部分取得联系并相互呼应，从而加强整体的协调性。

最后，木材的肌理特征影响造型形态的体量感。粗糙不平、无光泽的木材肌理表面使造型形态显得厚重、含蓄、暗淡，而表面温润、光滑细腻、有光泽的木材肌理则使造型形态显得轻巧、明亮。例如，有两组木材表面肌理特征不同的木家具，其中一组是天然实木表面，没经过油漆等表面处理，另一组虽然也是天然实木表面，但是表面经过处理。第一组木家具就会显得厚重、粗糙，而第二组木家具就会显得轻巧、细腻。

2.2 造型形态影响肌理特征的表现

家具造型形态是指作为一种物质实体而具有的空间形态特征。它包括形状、形体和态势。形态构成原理告诉人们：基本形态要素包括点、线、面、体、空间等 5 种，每一种复杂的形态都可以分解成单一的各种基本形态要素；反之，各种不同的形态基本要素的组合便构成了不同的形态。

所以说，木家具的造型形态可以通过不同的基本形态要素来影响木材肌理特征的表现。

很多木材的纹理因为家具的造型形态变化而体现不同的肌理特征。例如，这一件木家具通过线和体的形态要素变化来充分体现木材的自然纹理。它将人体的柔美曲线造型与木材的自然纹理相结合，表达木家具特有的肌理特征。当看到这件产品的时候，人们就会想到人体优美的线条，让人感觉亲切、温柔、流畅、舒展。

一个完美的家具产品要充分协调好各个形态要素，从而使木材的肌理特征充分表现出来。作为一个家具产品设计师就要掌握各种手法并在设计中加以运用，将造型形态与木材的肌理特征彼此融合，这样才能设计出更丰富新颖的家具产品。

3 家具造型设计对木材肌理的挖掘运用

在木家具产品设计中对木材肌理特征的挖掘和运用不仅可以作为一种特殊的装饰手段来丰富家具产品种类，而且对一个家具产品设计师也有很重要的长远意义。

木家具产品在造型设计活动中可以通过以下 3 种方法对木材肌理进行挖掘和运用：

首先，通过对木材不同切面上的不同纹理进行设计运用。木材在横切、弦切，径切 3 个不同的剖切面上具有不同的肌理特征。例如，有些木材的横切面呈现规整的同心圆，在弦向呈现美丽的“山纹”形状，而在径向又呈现条纹状。在造型设计中就可以挖掘这些不同的木材纹理来运用到产品设计中。对这些肌理特征挖掘运用，可以产生出使人意想不到的效果。

其次，对特殊肌理进行设计运用。有些木材具有特殊的纹理，在设计时要运用特殊的造型表现形式来体现特殊的肌理特征。例如，乌金木有着特殊的质地纹理，浅黄色的材质，深咖啡色的年轮线，斜径切的纹理更是与众不同。朱小杰就能够很好地借助造型设计将乌金木独有的纹理完美地运用在他设计的家具中。

最后，创造或加工出特殊的肌理特征来加以设计运用。设计师在设计过程中应该熟练掌握木材的基本性能和感觉特性，及时了解新工艺、新形式和新技术的发展趋势，运用适当的技巧对木材进行适当的处理，最大程度地发挥木材的肌理特征，从各种造型设计的木材质感中获求最完美的结合和表现力。

对家具产品中木材肌理的挖掘与运用，可以通过家具造型形态的设计来实现。正确掌握木材的质感语义，赋予家具产品设计以生命，是木家具产品造型设计的重要原则。一件好的木家具产品可以通过对木材肌理的挖掘运用来真正表达人类的内心需求，给人一种自然、亲切、美好、丰富的视觉和触觉的综合感受。

原文发表于《家具与室内装饰》2008 年 3 月刊第 66—67 页

现代家具生产中贴木皮工艺的质量控制

随着人们对家具审美要求的提高，实木原材料价格的上涨，实木皮贴面在家具中应用得越来越多。近年来，广东的东莞、深圳、广州以及北京、上海等地举办的家具展销会上，表面粘贴各式各样实木皮的木制家具十分走俏，深受广大消费者的喜爱，引领着家具市场的潮流。实木皮贴面具有纹理美观、真实感强、产品档次高、成本低廉等优点，然而，木皮贴面质量的好坏也大大影响了家具产品的质量，企业在生产中或多或少的会出现一些质量问题。笔者将通过列举贴木皮加工工艺中出现的一些质量问题，分析影响质量的因素，并提出相应的工艺改进措施，以有效控制产品的质量。

1 贴木皮工艺及其质量问题

实木皮贴面家具也叫覆贴天然薄木的板式家具，这种家具四周的支架仍为实木，其他部位采用中纤板、刨花板以及胶合板等人造板为基材，表面覆贴木皮，以力争达到纯实木的效果。贴木皮工艺流程主要是：看料单→选木皮→裁木皮→拼木皮→涂胶→热压→修边。

生产中以上各工序都或多或少会出现质量问题，其中选木皮工序是贴木皮工艺的关键所在，所选木皮质量的好坏直接影响到后续工序的操作。贴木皮工艺中常见的质量问题有木皮的天然缺陷过多，木皮颜色、纹理差异悬殊，木皮拼贴错位，木皮鼓泡、重叠、开裂以及木皮划伤、压痕，等等。

2 影响工艺质量的因素

影响工艺质量的因素主要有以下 4 个方面：

2.1 原材料的质量

原材料的质量在很大程度上影响了产品的最终质量，就以原料木皮为例来说，其自身的一些天然缺陷大大影响了产品的质量。如挑选木皮过程中没有按产品部件的重要面和次要面规避原料木皮天然缺陷（如死节、腐朽、白边、矿物线、霉变等），以选取合适的木皮，至下道工序则需返工。再如办公家具的一些重要面，如班台和会议台台面以及文件柜的门板正面等要求纹理清晰、基本无缺陷的 AAA 级木皮，若使用其他等级的木皮代替，则势必要返工。另外，所用人造板基材以及贴木皮的热压胶的质量问题也会影响最终的加工质量。如出现常见的木皮鼓泡现象，面积大需砂掉重贴，面积小则需修补，鼓泡原因与人造板的含水率以及热压胶的黏度有关。

2.2 操作工人的因素

实际生产中，工人操作技术水平的高低也是影响产品质量的主要因素，实际生产过程中出现的许多质量问题就是由于工人的不规范操作而致。

2.3 工艺设计因素

贴木皮工艺中出现的一些质量问题与产品的工艺设计是否合理有很大关联。如文件柜的门板或上下多抽屉屉面板表面常需拼纹或对纹加工，而在生产中由于工艺设计得不合理导致组装后发现产品各部件纹理不协调，以致需返工。再如一些需封实木方的部件，在进行工艺设计时，需要考虑封实木方和贴木皮的先后顺序，设计不合理也会导致质量问题从而需返工。

2.4 机器设备的影响因素

在贴木皮加工工艺过程中，由于一些机器设备自身的缺陷也会产生一些质量问题。如许多企业采用胶线拼缝机拼制木皮，此种机器拼制木皮的效率较低且效果也不佳，尤其是在拼制大块木皮时，由于胶线黏合不牢常易出现木皮开裂，以致压贴后易出现重叠现象。相比之下，德国 KUPER 公司产的无线拼缝机拼制效率高且拼接质量佳，大大提高了木皮拼缝的质量。另外如前所述的木皮鼓泡也在一定程度上和热压机有关，经笔者在深圳某办公家具厂对热压机进行测试证明：在相同条件下，垫有缓冲垫的压机上发生木皮鼓泡率明显低于没有垫缓冲垫的压机。

3 工艺改进措施

从上述影响因素着手，具体可从以下 4 个方面对贴木皮工艺质量进行有效的控制：

3.1 对原材料实现从进料到加工过程的全面控制

企业可根据相关国家标准制定原材料来料检验标准和工序检验标准，相关品质检验人员以此为依据严格控制原材料的质量关，减少不合格品的发生，降低因原材料的质量问题而导致的返工率。

3.2 加强对操作人员作业和心态方面的培训

制定出各工序的作业规定，要求其尽可能详细且通俗易懂，即达到所谓的“傻瓜式”标准，以便对相关工人进行培训和指导，使其严格按照作业规定规范操作，杜绝因工人的不规范操作而导致的质量问题。另外，还应加强工人心态方面的培训，令其具备端正的心态，然后认认真真做好每一件事，革除工作中的“马虎”，树立降低返工率的意识和技能。

3.3 积累制造工艺和质量改进的经验，提供产品设计依据

人们在生产实践过程中一直在不断地总结经验、提高工艺水平和改进质量。在这个经验总结过程中最重要的环节就是必须对现有的工艺质量进行记录和分析，以及在提出和实施新的工艺方法中进行验证、分析，新的工艺方法和新产品验证对产品设计部门来讲提供了事实依据，如此相互改进，完善加工工艺，可有效控制因工艺设计的不合理而导致质量问题的发生。

3.4 加强机器设备的利用

对于机器设备在产品加工过程中导致的质量问题，从某种程度上而言是不可避免的，但通过采取定期对设备进行维修保养，并及时更换加工工具，可以降低如木皮划伤、压痕、开裂等加工缺陷的发生率。

4 结 语

企业的竞争是质量的竞争，就生产实木皮贴面家具的企业而言，贴木皮工艺的质量问题极易发生，可通过从控制原材料质量、规范工人操作、完善加工工艺以及加强机器设备的利用4个方面来改善贴木皮工艺的质量，另外通过树立全员参与的企业品质理念，使企业全面控制产品的质量，从而在同行中立于不败之地。

原文发表于《林产工业》2008年3月刊第37—38页

杉木基木材陶瓷的结构及表征

摘　要：用杉木纤维（木粉）/PF树脂复合材料高温烧结制备杉木基木材陶瓷。XRD分析表明，当烧结温度升高，杉木基木材陶瓷的（002）晶面的Bragg衍射角右移，d_{002}值减小，g值增大，可石墨化程度增加；SEM分析显示，木材陶瓷的结构与PF树脂的含量和杉木纤维（木粉）的结构及分布情况有关，树脂含量的增加有助于木材陶瓷形成三维网状结构；杉木纤维（木粉）作为天然植物模板而存在，且保持着其自然形态，使木材陶瓷成为一种植物纤维生态陶瓷。

关键词：木材陶瓷；XRD分析；SEM分析

1990年，日本学者冈部敏弘和斋藤幸司首先对木材陶瓷（woodceramics）进行了研究，这种将浸渍了热固性树脂的木材（或生物质材料）经真空烧结而形成的新型多孔环保型碳材料，随即引起了广泛的重视。制造木材陶瓷的原材料来源十分广泛：木材、废纸、植物纤维等都可以利用。木材陶瓷的结构特性介于传统的炭和碳纤维或石墨之间，既具有良好的力学、热学、电磁学和摩擦学等方面的特性，同时又能保存所使用植物模板材料的天然结构特征（质轻、比强度高，力学性能优良，经过处理后可作为结构材料），具有广泛的应用前景。

木材陶瓷的制造途径和方法因所使用的原材料不同而有多种，常用的方法是将实木或中密度纤维板浸渍热固性树脂后烧结而成，其中木材生成无定形碳，PF树脂生成玻璃碳。由于湖南地区有着丰富的杉木资源，因此在本研究中以杉木纤维和木粉为原料，浸渍PF树脂后热压成型，在真空条件下烧结来制备木材陶瓷，以使杉木资源能够得到充分利用。

1　材料和方法

1.1　试验原料与检测仪器

木质材料：杉木纤维和杉木木粉，杉木纤维为制造中密度纤维板的絮状中长纤维（28～40目），木粉为小于60目的砂光粉，湖南泰格林纸集团新元木业提供。PF树脂：自制，具体指标见表1。

主要试验设备与仪器：ZT-55-20高温真空烧结炉、XD-2多晶粉末X射线衍射仪和JSM-35C型扫描电子显微镜等。

表 1　PF 树脂的主要质量指标

名称	指标数据	备注
固体含量（%）	48 ～ 51	
黏度（s）	30 ～ 35	（涂 -4 杯，25℃）
可被溴化物（%）	16 ～ 22	
碱含量（%）	3.5 ～ 6.3	
储存期（d）	＞ 30	
游离酚（%）	＜ 2.0	
游离醛（%）	＜ 0.8	

1.2　制备工艺

首先在 70℃的温度下将杉木纤维和木粉恒温干燥至含水率为 5%，按照 1 ∶ 1 的比例混合，在本研究中将杉木纤维和木粉的混合物简称为杉木纤维（木粉），以下皆同。再将杉木纤维（木粉）置于浸渍罐中，抽取真空到 0.09MPa，保持 1h 后注入 PF 树脂（树脂浓度为 30% ～ 50%，视实验的需要来选取），同时开启超声波发生器，在真空度为 0.03MPa 时保持 0.5h，恢复常压后再加压到 1.5MPa 并保持 1h。然后，排除酚醛树脂，将杉木纤维（木粉）从浸渍罐中取出，70℃干燥至含水率为 8%，用热压机在 15MPa 压力、160℃温度下热压 8min，制得杉木纤维（木粉）/PF 树脂复合材料，其密度可达 1.38 ～ 1.40g/cm^3。最后，在多功能烧结炉中以 2℃ /min 的升温速度将上述复合材料真空烧结，然后随炉冷却，制成杉木基木材陶瓷。

2　结果与讨论

2.1　物相构成

杉木纤维（木粉）/PF 树脂复合材料在烧结的过杉木基木材陶瓷的结构及表征中，化学变化和结构变化同时发生。化学变化主要是在低温下伴随有脱氢和脱氧反应的碳化过程，而结构变化是以石墨相的析出为特征的。石墨化程度的大小能表示碳材料结构的完整性。树脂复合材料试件在不同温度下的木材陶瓷的 XRD 图谱可知：随着烧结温度的升高，图谱中的（002）衍射峰由 900℃时的平缓变成 1600℃的凸起，Bragg 衍射角 2θ 增大，（002）衍射峰逐步增强且向右移动，（100）衍射峰由无到有，但（002）和（100）衍射峰都是弥散型的宽峰，且没有表征石墨所特有的尖锐峰。这表明木材陶瓷只含有半晶结构，呈现出部分石墨化的无定形状态，较高的烧结温度只能增强木材陶瓷的可石墨化程度，但不能将木材陶瓷石墨化，根据 Bragg 方程的计算也能说明这一点。

木材陶瓷的石墨化程度，可由材料的晶面层间距（d_{002}）和碳材料石墨化程度的 g 值来表征，根据 Bragg 方程有：

$$d_{002}=\frac{\lambda}{2\sin\theta} \tag{1}$$

$$g=\frac{0.3440-d_{002}}{0.3440-0.3354} \tag{2}$$

式中：g 为石墨化程度；0.3440nm 为充完全未石墨化材料的层间距；0.3354nm 为理想石墨晶体的层间距；d_{002} 为（002）晶面层间距（nm）；λ 为入射波的波长（nm）；θ 为晶面的衍射角（°）。

通过对 XRD 图谱的分析和计算，得到表征不同烧结温度下木材陶瓷的 XRD 参数和 g 值，见表 2，从表中可以看出，d_{002} 值随着烧结温度的升高而减少，当烧结温度从 900℃升高到 1600℃时，木材陶瓷的 d_{002} 值由 0.4121nm 降至 0.3712nm，向 0.3354nm 靠近。这表明随着烧结温度的升高，木材陶瓷向着理想石墨结构转变，但其 d_{002} 值总是大于石墨的（002）晶面间距——0.3354nm，且用（2）式计算得到的木材陶瓷的 g 值虽然从 –7.930 上升到 –3.879，但总是小于 0。两者均表示木材陶瓷是难以石墨化的材料，但其结构随着烧结温度的升高趋于规整和有序。

表 2　不同烧结温度下木材陶瓷的 XRD 参数

烧结温度（°）	d_{002}（nm）	θ（°）	g
800	0.4121	21.560	–7.930
1000	0.3597	22.470	–6.012
1200	0.3873	23.960	–6.198
1400	0.3798	23.420	–5.326
1600	0.3712	23.970	–3.879

2.2　微观结构

杉木纤维（木粉）/PF 树脂复合材料在高温烧结时发生剧烈的化学变化，由于材料的收缩和小分子的逸出会形成较大的孔隙和裂纹而构成了木材陶瓷中的宏孔（macropores），孔径一般为 10 ～ 50μm；木材陶瓷中的微孔（micropores）与所使用的杉木材料管胞的形状、结构、大小和分布状态有关，由于所浸渍的 PF 树脂对管胞进行了填充和加强，因此在烧结时杉木的管胞结构被完整地保留下来而形成微孔（此时杉木纤维的排列方向会影响到木材陶瓷中微孔的开口方向），孔径一般为 1 ～ 10μm。由于纳米孔在 SEM 照片中不可见，在此不做讨论。

木材陶瓷能够部分的遗传木材的天然组织结构，这也得益于本研究中所采用的超声波及真空加压的浸渍方法，它能有效地将 PF 树脂渗透到杉木的管胞中，对杉木的管胞起到固定和填充作用，细胞壁因此也得到了强化；加之使用的是热固性 PF 树脂，在烧结过程中没有经过熔化这一阶段而直接生成玻璃碳，变形小，其形态和结构得以保存。

木材陶瓷中细胞腔结构的存在也说明了 PF 树脂虽然对杉木的细胞腔进行了填充，但并没有完全充满，即使有部分被充满，但在烧结时树脂中水分的挥发和 PF 树脂本身的收缩也会使细胞腔结构显露出来。杉木纤维（木粉）作为天然植物模板的存在，使得杉木基木材陶瓷在微观上仍保持了木材作为生物体的孔隙结构特征，成为一种植物纤维生态陶瓷，木材陶瓷中的微孔结构与其分布状态和结构密切相关，使木材陶瓷所具有的鲜明的植物结构、独特的显微组织等特征是其他无机纤维复合材料难以相比的。

2.3　影响因素

（1）对结构的影响。烧结温度、树脂含量对杉木基木材陶瓷的结构均有较大的影响。

随着烧结温度的提高，酚醛树脂分子中的苯环结构经脱氢和脱氧反应之后，在高温下更易析出碳，其石墨烯片层堆积的规整性随烧结温度的升高而提高同时，木材陶瓷中石墨微晶数量的增加将导致微晶的层间距变小（表 1 中的 *don* 值的变化可以说明这一点）；玻璃碳和无定形碳在高温的作用下，界面逐渐消失，两者相互融合，生长在一起，形成两相复合材料，这也会使木材陶瓷的密度增大而气孔率减小。因此，烧结温度直接影响到木材陶瓷的孔隙结构。

树脂含量对木材陶瓷的影响主要在于：当树脂含量偏低时，木材陶瓷的结构比较松散，玻璃碳不能完全覆盖无定形碳的表面，木材陶瓷呈现出块状和层状结构；随着 PF 树脂含量的增加，玻璃碳在木材陶瓷中的分布变得均匀，无定形碳和玻璃碳之间的接触面积和界面接合强度也随之增加，容易形成三维网络结构，同时 PF 树脂的得碳率普遍高于木纤维，因此树脂含量的增加有利于增加木材陶瓷的密度，减少孔隙。

（2）对成分的影响。原材料的配比在很大程度上决定着木材陶瓷的成分。杉木在烧结过程中首先是纤维素脱水，然后是脱氢和解聚并释放一氧化碳、二氧化碳、水蒸气等气体，随着温度的升高，芳构化形成并重排桥式结构，达到 800℃左右时形成无定形碳结构。而 PF 树脂在烧结过程中苯环、羟基、亚甲基等会发生一系列复杂的裂解、缩聚和重排，酚基和亚甲基桥缩合生成二苯基甲烷结构，当温度达到 400℃以上时两个苯酚基进行缩聚和环化反应，再通过深度烧结而形成玻璃碳结构。因此，较高的烧结温度能够形成完整的无定形碳和玻璃碳结构，而杉木纤维（木粉）和 PF 树脂的比例又直接决定了木材陶瓷中无定形碳和玻璃碳的比例。

烧结温度对木材陶瓷成分的影响主要体现在物相构成上：较高的烧结温度能使木陶瓷中的石墨微晶数、微晶中石墨烯片的层数以及石墨烯片层的芳环数增加，层间距减小，微晶中层与层之间的排列更趋于规整、有序，有利于促进木材陶瓷的可石墨化，但较高的烧结温度并不能使木材陶瓷完全石墨化。

3 结 论

（1）由杉木纤维（木粉）/PF 树脂复合材料经高温烧结后所形成的木材陶瓷是由无定形碳和玻璃碳组成的、呈网状结构的两相复合材料，随着烧结温度的升高，杉木基木材陶瓷的（002）晶面的 Bragg 衍射角 θ 右移，d_{002} 值减小，g 值增大，木材陶瓷的石墨烯片层堆积的规整性随之提高，可石墨化程度增加。

（2）杉木纤维（木粉）的原始结构、PF 树脂的含量、烧结温度等对杉木基木材陶瓷的结构均有较大的影响，随着树脂含量的增加，杉木基木材陶瓷呈现出三维通孔网络结构，无定形碳和玻璃碳相互融合。

（3）杉木纤维（木粉）作为天然植物模板而存在，由于 PF 树脂对杉木纤维（木粉）的强化作用使得杉木纤维依然保持着其自然的形态，且细胞腔在木材陶瓷的截面上形成微孔结构，使木材陶瓷在微观上仍保持了木材作为生物体的孔隙结构特征，是一种植物纤维生态陶瓷。

原文发表于《林产工业》2008 年 4 月刊第 28—31 页

具有特殊外观效果的松木家具的基材构成与表面加工工艺

松木家具市场占有量在日益增大，但在人们的心目中，松木家具一直被认为是一种“低档家具”。

大量研究和生产实践表明，进行松木改性和合理使用松木木材是提高松木制品附加值的可能的途径。

提高松木的品质可以通过各种改性工艺来实现，但利弊难以权衡。采用脱脂工艺可以降低松木的含脂量，但木材的强度指标却有所下降，加工过程有一定程度的环境污染（污水排放），通过碳化等工艺处理，可以增加松木表面的硬度，但木材的脆性增加，零部件间的接合强度降低；松木的“增容”处理可以提高木材的力学强度，但成本较高，工艺难度大，且加工过程中对环境造成一定程度的污染。

因此，直接利用松木木材原有的属性，对松木家具零部件的构成形式进行设计，在尽量不做复杂改性处理的基础上，通过常规加工方法，改变制品中材料的外观形态特征进而改变制品的形态特征，是松木制品设计和制造的有效途径。

基于松木纹理特征，按照人们的艺术审美观，对松木家具基材进行集成处理，并在基材表面进行特殊加工，改变松木“低档”外观形态，有效地提高松木木材及其制品的附加值。

1 基材处理工艺流程

原木剖切→板材分选→板材再剖→基材集成→基材表面加工→作为基材用于家具制造。

2 基材再剖与集成

基材再剖与集成工艺的目标是取得表面纹理径向与弦向相对单纯的较大尺寸规格的基材。

2.1 再 剖

木材再剖的目标是将木材板材中具有径向纹理的部分和弦向纹理的部分分别剖分出来以备集成。

如果是原木，则采用合适的下锯法对原木进行剖分，其目标是尽可能地获得数量较多的径向板材。

如果基材来源是混合板材，则经过分选和板材再剖。将板材两个表面均具有径向纹理的板材直接挑选出来，按集成材制造的技术规格进行再剖。如果板材呈现径向纹理与弦向纹理混存，则对板材进行再剖，将具有径向纹理和弦向纹理的部分分开，再分别进行集成。

2.2 集 成

按制品设计尺寸，在考虑加工余量等因素的基础上，确定基材规格，按照集成材的相关生产工艺，生产合适规格的集成材（方材或板材）。常见的集成材规格见表 1。

表 1 常见集成材板材规格与用途

板材类型	厚度（mm）	宽度（mm）	长度（mm）	用途说明
薄板	12、15	400、600	2400	普通板件、门嵌板背板等
中板	20、25	400、600	2400	普通板件
厚板	30、40、50	200、300	2400	攒边、立梃、腿、柱等

❸ 径向纹理外观的基材表面“刮筋”处理

3.1 刮 筋

所谓刮筋处理，就是依据木材早、晚材硬度不同的特点，选用专用的切削设备和刀具对木材表面进行刮削加工，使木材表面形成一种特殊的质感效果。

3.2 影响刮筋处理的工艺参数及其选择

影响加工效果的主要参数有：

（1）木材的晚材率，木材硬度（主要指径向硬度），木材早、晚材硬度差。

（2）钢刷表面钢针的排列密度（根 /cm²）、钢针类型（主要指钢针材料的弹性模量 *E*）、尺寸（钢针的长度和直径）、钢针顶端的形状（切削刃形状）。

（3）钢刷顶端的线速度、钢刷对基材（或基材对钢刷）的平均正压力。

（4）基材进给速度。

一般来说，可以按木材的晚材率来选择钢刷表面钢针的排列密度和钢针尺寸。其参考值见表 2。

表 2 刮筋加工钢刷表面钢针的排列密度和钢针尺寸选择

松木晚材率（%）	钢刷表面钢针的排列密度（根 /cm^2）	钢针长度（mm）	钢针直径（mm）
20 ～ 30	20	60	0.8
30 ～ 40	15	50	1.0
40 ～ 50	15	40	1.2

钢针类型的选择与木材表面硬度与木材早、晚材硬度差有直接关系，硬度的绝对值越大，钢针所用钢材的弹性模量越大，早、晚材硬度差越大，钢针所用钢材的弹性模量越小。

钢针顶端形状即切削刃的形状与理想的质感效果有密切关系，如需要表面质感越粗糙，则钢针顶端形状越平缓，如需要表面质感越光滑，则钢针顶端形状越尖锐。越硬的木材，钢针的顶端越尖锐，软质木材则反之。

钢刷顶端的线速度与钢针尺寸、钢刷对基材的平均正压力一起决定切削效率，同时影响切削表面的粗糙度及残留木毛的多少。

按照理想切削量大小（深度）选择钢刷、钢针类型与尺寸、钢刷顶端的线速度、钢刷对基材的平均正压力和基材进给速度，并应根据松木种类而定。

原文发表于《林产工业》2008年6月刊第54—55页

松木家具设计新探

摘　要：本文就目前松木家具设计存在的问题进行研究，认为影响松木家具技术特征和艺术特征的关键在于造型，而影响造型设计的主要因素在于材料本身，提出了通过改变松木外观属性来进行松木家具设计创新的新方法。

关键词：松木家具；材料；设计方法；外观属性

随着人们环保意识的增加，实木家具已成为新宠。松木作为一种蓄积量很大的速生人工材，正以其自然清新的外观、良好的绿色生态性能成为家具产品家族中的新宠，深受消费者尤其是青少年消费者的喜爱。松木家具产品的市场需求日益增大，有着丰富速生人工林资源的国内松木家具产品将具有很大的市场开发潜力。但是，目前国内松木家具存在产品类型单一、产品档次低等很多问题，严重影响了松木家具的发展。如何加大松木家具的产品创新，提高产品附加值，是目前迫切需要解决的问题。

1　目前松木家具存在的主要问题

对国内松木家具市场的调查发现，目前国内松木家具存在以下问题：

1.1　产品风格单一，造型粗笨

目前松木家具均以现代自然、简洁的风格为主，材色多为松木本色，少量为黑胡桃色等深色，为了体现松木清晰天然的纹理，产品表面处理大多采用透明亚光硝基漆涂饰。这些造成了目前松木家具风格单一的特点。此外，由于松木木材特有的材质，使得松木家具的零部件的尺寸较大，因此，松木家具与其他材种的实木家具相比，外形一般较粗重。

1.2　松木节疤影响美观

松木的一大特点就是带有很多节疤，这种特点也形成了松木家具独特的风格和魅力。喜爱松木节疤的人称它们是溪水中的鹅卵石，呈现在如水波般的松木曲状花纹中，更加引人入胜。不喜爱的人从心理上不能接受这种木头上带节疤的家具，认为好的家具不应带有节疤。因此，对松木节疤的处理是松木家具设计的关键。目前，市场上的松木家具大多采用将节疤直接袒露或完全剔除的方式，都未能达到很好的效果。

1.3　材质柔软，易于损坏

松木木材与其他常用木材相比，材性较松软，干缩湿胀系数较大，力学强度指标偏低。改性处理后的松木家具其强度已经基本能够满足家具的使用要求，但对于某些强度要求较大的部位来说仍不能很好地满足其设计要求，如茶几、写字台等的台面。

1.4　产品档次较底，消费群体较狭窄

与其他实木家具相比较，松木家具的价格要便宜很多，卧房五件套的价格一般在

5000元左右。其主要原因是由于松木的特殊材性使得其加工精度不高，零部件尺寸偏大，给人一种粗糙、笨拙的感觉。此外，松木原本的色彩也是造成了松木家具档次较低，价格不高的原因之一。由于松木家具的这些特点，使得松木家具的消费群体主要以青少年群体为主。

综上所述，现在的松木家具设计正处在一个瓶颈时期，亟待进行设计创新与突破。我认为，就松木家具而言，影响其技术特征和艺术特征的关键在于造型，而影响造型设计的主要因素在于材料本身。因此，从松木材料本身入手，探索松木家具设计的新方法是创新的关键所在。

2 松木家具设计新方法

对松木材料的研究发现，通过改变松木外观属性的方式，可以获得新的设计材料，扩大设计空间。材料的外观属性包括色彩、光泽、肌理、质地等。通过改变松木表面的原有面貌可以使松木变换出与以往截然不同的面貌，并且能够强化产品的审美功能，从而增加产品的附加值。以下我们从松木材料的形态、色彩、肌理、质地等外观属性出发，来研究松木家具设计的新方法。

2.1 对材料形态的设计

由于松木木材欠结实，在保证制品结构足够的强度条件下，其零部件的尺寸较大，因此，松木家具与其他材种的实木家具相比，外形一般较粗重。这是造成松木家具造型单一的重要原因。要改变这一缺点，我们可以对一些不太承重的部位，如衣柜的门板、抽屉面板、各种台面板等用尺寸较小材料来进行设计，以此来平衡或减轻因尺寸较大而带来的笨重感。例如，我们可将松木板材进行切割，制成较小的、具有一定规格尺寸的标准单元体，再将这些单元体进行组合，制成相应的部件。这些单元体可进行任意的拼接和排列组合，变换出各种各样的造型，不仅可以减轻松木家具的笨重感，而且丰富了松木家具的设计空间。同时，单元体的拼接还能够有效地解决木材干缩湿胀所引起的家具变形的问题。

2.2 对材料肌理的设计

肌理是指由天然材料自身的组织结构或人工材料的人为组织设计而形成的，在视觉或触觉上可感受到的一种表面材质效果。任何材料表面都具有特定的肌理形态，不同的肌理具有不同的审美品格和个性，会对心理反应产生不同的影响。

松木的肌理特征非常丰富，因此，对松木肌理的研究是松木家具设计创新的一个大的突破口。

（1）对松木不同切面上的不同纹理进行设计。松木在横切、弦切、径切三个不同的剖切面上具有不同的肌理特征。它的径向呈现近似直线的条纹状，在横切面呈现较为规整的同心圆，在弦切面呈现美丽的“山纹”形状。在造型设计中就可以挖掘这些不同的木材纹理来运用到产品设计中。对这些肌理特征挖掘运用，可以使人产生出意想不到的效果。

（2）对节疤进行特殊的设计。节疤是松木所特有的肌理特征，它是辨别松木与其他树种的一个最有力的证据。因此，在设计时，我们应该将其保留下来，对于造型比较美观的节疤在设计时可以进行强调处理，以突出它特有的自然美感：对于一些小的、杂乱的节疤在设计时就可以进行弱化处理，把它隐藏起来以降低视觉的吸引力，使整个家具看起来更加清新、整洁。

（3）对松木的表面进行“刮筋”处理。“刮筋”其实就是木材凹凸纹理加工，即是将木材表面一定深度较软的早材刮除，保留木材较硬的晚材——“筋骨”，形成表面凹凸纹理的一种加工方法。松木纹理清晰，早晚材区别明显，径向纹理呈现近似直线条纹，早晚材表面硬度相差较大，适合进行木材凹凸纹理加工。进行凹凸纹理处理后的松木有一种皱缩感和沧桑感，让人感觉到一种历史气息、人文气息及其特殊的文化内涵，而其粗大的纹理呈现出令人向往的粗犷，完全符合人们的自然和复古情趣。

（4）对家具表面进行做旧处理。做旧是近几年比较流行的处理方法之一。木材通过一些特殊的方法，使表面呈现出污渍、变色、破损、磨耗、虫蚀等特征。经过做旧工艺处理后的木制品散发着特殊的肌理效果，犹如经历了几个世纪的风云变幻，呈现出一种历史的沧桑感，使人充满对往昔的回忆。

松木的材质有很多大大小小的节疤并且松木的材质较软，若遇上比较坚硬的物体碰撞后很容易留下痕迹。进行做日处理，能将松木原有的节疤转变为斑点，碰撞的痕迹也会被看作是故意留下来的，这样既能掩盖松木原有的缺陷，又能增添特殊的装饰效果，一举两得。

2.3　对材料色彩的设计

松木颜色多为浅色，浅黄、浅棕或黄棕色居多。对松木表面进行涂饰时，为保留松木原有的色彩，多采用无色透明油漆，使人们从感官上有一种身临大自然的清新之感。但是，效果却远不如想象的好。因此，对松木进行着色处理能起到意想不到的效果。目前，松木染色技术已经可以达到设计的要求。

（1）松木表面染色设计。染色后的松木颜色更加丰富，适合更多的人群。如将松木制成较深的颜色，看上去会比较有体量感，也比较有沉稳厚重的感觉，会显得比较高档，再加上亮金属的点缀，会更有现代感。相信会受到中老年消费者和成功人士的喜欢和青睐。

（2）松木局部附加色设计。木材的附加色就是产品的主要色彩以外的颜色，一件产品主要色调重要，它的附加色也不能忽视，因为附加色对主要色彩有重要的辅助作用。附加的色彩能打破松木家具的单调，丰富家具色彩的同时也能对材料起到强调或弱化作用。例如，经过“刮筋”处理的松木和未经处理的松木由于其质地相同，从远处看不会有太大的差别，若将“刮筋”处理的松木加以颜色，就会与普通松木区别开来，将其特点直接快速地展现出来；附加色还能淡化松木节疤减少因表面肌理而造成的视觉混乱。值得注意的是，附加色的处理要与主色达到协调统一，不可喧宾夺主。

2.4　对材料质地的设计

由于松木的材质比较软，且强度较低，表面纹理比较单一，因此，可以考虑和其他材质的材料相结合，进行混搭，丰富松木家具的设计内容。

（1）与钢材等金属材料相结合。松木材质柔软因此其承重部件尺寸都比较大，造成了松木家具的粗笨感，但其触感柔和，适用于面材等非承重部位。而金属质地比较坚硬尺寸小强度高，很适合做支撑或承重部件，但常给人冷漠的感觉。将金属运用到松木家具的设计之中，将其作为支撑件，能很好的弥补松木材质的不足，扬长避短。

（2）与玻璃相结合。松木家具很容易被刮花或受损，如用作桌面等部件会降低其使用寿命。如在松木表面加一层玻璃加以覆盖，就能避免这些情况的发生提高使用寿命。还可考虑将玻璃和松木结合起来形成一种复合材料，直接用于家具的设计之中。松木/玻璃复合材料不仅保留了玻璃的透明性、表面耐磨性等特殊特性，并且将木材天然、美观的纹理呈现出来，解决了松木表面耐磨性差的问题。此外在适当的部位用玻璃进行点缀，可以减轻松木的体量感，起到画龙点睛的作用

（3）与布艺、皮革、竹材等多种材料进行搭配。目前有很多企业尝试将松木与布艺结合，取得了很好的效果。此外，皮革、竹材等也可以考虑运用到松木家具的设计当中，丰富松木家具的多样性，开拓松木家具的设计空间。

3 结 论

通过对松木材料的色彩、肌理、形态、质地等外观属性的设计与处理，能够改变松木材料的设计特性，弥补松木的天然缺陷，打破以往松木家具设计的单一性，扩大设计内容，为设计师提供一定的设计空间和思路。但是，这些方法并不是孤立的，要想设计出好的松木家具作品，进行设计创新，还需要设计师对这些方法进行更加深入的思考，将他们进行综合利用，合理搭配。希望这些方法能够对松木家具设计的创新有所启迪。

原文发表于《家具与室内装饰》2008年12月刊第26—27页

当代青年人家具消费心理行为模式初探

摘　要：本文针对当前青年消费群体日益成为家具市场上的消费主体这一现状，对年轻人家具购买心理行为进行系统的探索和研究，尝试通过青年消费者家具购买心理内涵、心理特征以及不同阶段青年家具消费心理3个部分初步构建青年家具购买心理行为模式，该模式的建立将为家具企业制定相应的家具产品设计定位及市场营销战略做出相应的指导。

关键词：青年；消费心理；购买行为

在市场条件下的今天，家具产品的种类空前的丰富。很多优秀的产品设计都是站在消费者的角度来思考问题解决问题，充分的为消费者着想，即从消费者需求来预测市场的变化趋势从而正确的指导产品设计。在如今的家具消费市场上，年轻人作为一个特殊的消费群体，具有巨大的购买力和特殊的影响力，青年家具消费市场开发前景诱人。青年是指由少年向中年过渡时期的人群，从心理学的角度划分，青年消费者群的年龄阶段为18～35岁。这个年龄段消费者的消费能力和购买潜力大，他们不喜欢储蓄，追求消费行为带来的舒适便利和品牌个性，不甘被时代的现象、感官所抛弃，一生不断在自身替换、自身变革、自身改变自己。在消费中价格敏感度降低，注重的是品牌、舒适程度和生活方式，具有强烈的“享受生活”的观念。因此在家具市场研究关注年轻人这个特殊群体，对于家具生产企业和消费者都尤其重要。

1　青年人家具消费的心理内涵

1.1　消费心理内涵

消费心理即消费者进行消费活动时所表现出的心理特征与心理活动的过程。消费者的心理特征包括：消费者兴趣、消费习惯、价值观、性格、气质等方面的特征。消费者的心理过程是消费者心理特征的动态化过程，分为7个阶段：产生需要、形成动机、收集商品信息、做好购买准备、选择商品、使用商品、对商品使用的评价和反馈。消费心理受到消费环境、消费引导、消费者购物场所等多个方面因素的影响。

首先是“需要的激发和购买动机的形成”，青年期是人一生中需求较旺盛的时期，求知欲、成就欲、表现欲都特别强烈，年轻人内心深处具有强烈的消费欲望。需求欲望在经济发展水平较低时被人为压制。随着中国经济的迅速发展、物质产品相当丰富，客观上使这些欲望的释放成为可能。作为一种与人们生活息息相关的商品，年轻人对家具的需求也在不断变化。但是不管消费者需求如何变化，总可以找到一定的规律。对消费者需求和动机的研究对我们分析青年家具市场需求的变化规律以及影响家具市场需求变化的因素来说至关重要。

1.2 青年人家具消费心理

一般来说，青年消费者在进行消费时具有的稳定心理状态与特征。18 ～ 35 岁，以“80 后”占据主要地位的一群充满活力的年轻人，他们从刚入社会到小有成就，他们个性鲜明、敢作敢当，他们或张扬或内敛。但无论他们性格怎样，都对居住和生活有着自己的见解和追求。在他们心中，家具产品简单时尚、舒适实用、独具创意才是重点。主要表现为：①追求时尚，追赶潮流，希望购买的家具比较“时髦”；②表现个性心理特征，要求家具能表现自己的性格、专业，不落俗套；③消费行为的计划性差，往往因为一时的冲动而发生购买行为。

2 青年人家具消费心理特征

2.1 追求时尚新颖、个性化，强调彰显个人特质

年轻人思维活跃，热情奔放，寓于幻想，容易接受新事物，喜欢猎奇，反映在家具消费心理和消费行为方面，表现为追求新颖与时尚，追求美的享受，喜欢代表潮流和赋予时代精神的家具。现在越来越多的年轻人认识到家具不仅是具有一般实用功能的器具，更是一种蕴藏文化内涵的艺术品，因此对家具的装饰功能和审美价值提出了更高的要求。他们要求家具能体现人独特的素养，其消费行为更加注重生活质量，希望能够表达自己更多的主观感受。在选择家具时，他们不再只看重价格，更看重家具的艺术风格，还有很多年轻人希望亲自参与家具的设计。正如美国消费者协会主席艾拉马塔沙所说：“我们现在正从过去大众化的消费进入个性化消费时代，大众化消费的时代即将结束。现在的消费者可以大胆地、随心所欲地下指令，以获取特殊的、与众不同的服务。”这一趋势反映在家具消费领域，表现为年轻人追求独立自主，力图在一举一动中都能突出自我，表现出自己独特的个性。

2.2 迷恋高科技、智能化、专业化，崇尚绿色环保概念

在数码产品大量充斥生活的今天，年轻人购买家具的消费热点已不仅局限于传统的消费领域，高科技材料的运用及智能家居产品的开发正越来越多的吸引着他们的目光。每次新工艺、新技术的投入都将受到年青一代的热力追捧。然而充斥日常生活、无所不在的商品广告却让当下的年轻人面对琳琅满目的家具产品无所适从。此时，专业化消费无疑是最好的选择。因为在他们心目中，专业化的消费可以视作一种不同人之间、不同亚文化群体之间的区隔行为。与其他消费相比，它不仅是一种投入金钱的炫耀性消费，更是一种社会阶层差异和生活方式的差异。再者，随着年轻人生活水平的不断提高、可支配收入的明显增加、消费知识的专业化因素，青年消费者已经从原来的盲目消费转向理智消费、专业化的消费。专业化的消费成为他们提升自我、获得个人成就感的重要途径。在强调产品科技含量的同时，年轻人们推崇节能、环保的绿色家具产品，他们已经真正认识到“绿色消费”不仅要满足当代人的消费需要和安全健康，还要满足子孙后代的消费需要和安全健康，进而实现可持续消费。

2.3 注重感情和直觉、情绪化，自我意识较强

年轻人的情感丰富、强烈，同时又是不稳定的。他们虽然已有较强的思维能力、决

策能力，但由于青年人处于少年不成熟阶段向中年成熟阶段的过渡时期，思想感情、志趣爱好等还不太稳定，波动性大，易受客观环境、社会信息的影响，自我意识也明显增强，容易冲动。反映在家具消费心理和消费行为方面，年轻人的消费行为受情感和直觉的因素影响较大，他们较少综合选择家具，而特别注重商品的外形、款式、颜色、品牌、商标，只要直觉告诉他们家具是好的，可以满足其个人需要，就会产生积极的情感，迅速作出购买决策，实施购买行为。当理智因素与感情因素发生矛盾时，总是更注重感情因素。总之，青年人购买活动中的情感色彩比较明显，而且其作用强度也比较大。

2.4 追求前卫超前的消费方式

年轻人始终对现实世界中的新兴事物抱有极大的兴趣，乐于尝试新鲜事物。他们保持着一种求新、求异的状态。在家具消费上，他们也喜欢尝试新的消费方式，足不出户也能购买满意的家具，如信用卡透支消费，运用快递公司、电话订购家具，网上购买，等等。定制是年轻人追求个性化的另一种消费方式。青年消费者不再把消费作为一种单纯的购买家具或服务的活动，也不再被动地接受企业单方面的推销。他们要求作为参与者与企业一起研究开发符合他们独特风格的个性化家具和服务。他们要求每件家具根据自己的爱好和需求来定做，每项服务要根据他们的要求单独提供。

❸ 不同阶段青年人家具消费心理的比较

28～35岁的青年人，他们的消费心理和消费行为在单身阶段、婚前及新婚（也可称为婚后）具有各自显著的特征。在这3个阶段中，青年人的心理与行为在家具购买消费活动中各自表现为：

3.1 单身青年

单身青年消费者群具有较强的独立性和很大的购买潜力。进入这一时期的消费者，多数正处于人生事业的成长、奋斗期，他们大都开始在经济上、生活上开始脱离上一辈人的影响，或购买住房或租住而拥有自己的独立空间，并且他们已具备独立购买商品的能力，具有较强的自主意识。尤其参加工作后有了经济收入的单身青年消费者，由于没有过多的负担，独立性更强，购买力也较强。他们在家具的选择上也越来越理性，更加追求个性、新鲜、时尚等元素，从传统的店铺选购到现今逐步走向成熟的网络购物，这一切无不反映了单身一族的自身变化，不断跟上时尚和新的消费观念，越来越舍得花钱在自己的生活舒适度上。因此，青年是消费潜力巨大的消费者群。2008年，香港兴利集团欧瑞品牌一项针对“80后”的家具消费关注调查结果显示，在当代青年消费者心目中，排在第一位的是款式，占了关注率的69.7%，其次是价格和品牌。青年家具消费者尤其是单身青年实际上对价格的关注不是特别强，他们可以为了一件喜欢的东西花比较多的钱，但这并不代表他们不理性。相反，他们一般会先上网了解产品，了解专业网站和论坛上对产品的介绍、评测等，选定一定数量的目标之后再去卖场。同时，他们对款式、材质、颜色等细节都会进行非常细致的研究，再衡量价格和品牌，最后才做出是否购买的决定。

3.2 婚前青年

结婚和建立家庭是青年消费者继续人生旅程的必经之路，大多数年轻人都在这一阶段完成人生中的重大转折。近年来，我国新婚家庭的家具购买时间发生了变化。20世纪

80 年代以前，年轻人婚前集中购置的物品以生活必需品为主，耐用消费品尤其是家具产品多是婚后逐渐购买。20 世纪 90 年代以后，新婚家庭用品包括家具等大件耐用消费品，大多在婚前集中购买完毕，且购买时间相对集中，多在节假日突击购买。随着 21 世纪的来临，婚前购置住房、成套家具、家用电器等高额消费品，已成为许多现代青年建立家庭的前提条件。此时，婚前青年的家具消费既有一般青年的消费特点，又有其特殊性，由此形成了新婚青年消费者群的心理与行为特征。具体表现在以下两个方面：

（1）在消费需求构成上，婚前家庭的需求是多方面全方位的。即在家具需求构成上及顺序上，更加倾向于整体家居产品设计和整套家具的购买，其次是小件家具的搭配和饰品补充。

（2）在消费需求倾向上，不仅对家具产品要求标准高，同时对精神享受也有较高的追求。这也就意味着婚前青年更加注重家具产品的文化认同感，他们需要的不是冷冰冰的工业产品，而是倾注于产品内部的情感内涵。在这种心理支配下，婚前青年对家庭用品的选购大多求新、求美，注重档次和品位，价格因素则被放在次要地位。同时，在具体商品选择上，带有强烈的感情色彩，如购买象征两人感情设计元素的家具，或向对方表达爱意的家具饰品等。

3.3 新婚（婚后）青年

新婚夫妇的购买代表了最新的家庭消费趋势，对已婚家庭会形成消费冲击和诱惑。他们不仅具有独立的购买能力，其购买意愿也多为家庭所尊重。他们对家具潮流的把握与选择，将直接影响和辐射周围的同龄人以及长辈。

青年人的攀比心理和从众心理使新婚夫妇的购买成为潮流的风向标。建立自己的小家庭后，新婚夫妇开始承担赡养老人的责任，老年人对他们的依赖逐渐加强，对于老年人家具的选择，他们的意见往往也起到举足轻重的决定性作用。孩子出生后，他们又以独特的消费观念和消费方式影响下一代的消费行为。可以说，婴幼儿家具市场的需求几乎完全取决于新婚夫妇的喜好与品位。同时由于少年儿童消费具有依赖性，就现状而言，我国青少年家具产品的购买绝大部分受青年消费者决策左右。这种高辐射力是任何一个年龄阶段的消费者所不及的。

因此，青年消费者群尤其是新婚青年夫妇的购买行为具有扩散性，对其他各类消费者都会产生深刻影响。

4 结 论

最近著名投资银行百富勤就大胆预言，从现在到 2016 年，将是中国的一个消费繁荣期，“80 后”的年轻一代将步入成年，并会成为消费的主力。年轻一代正成为我们家具行业的消费主力，他们引领着新的消费潮流，要想抓住这股潮流，必须认真调研分析年轻人的消费心理及变化，比竞争对手先想到年轻人消费者心里去。

原文发表于《家具与室内装饰》2009 年 1 月刊第 73—75 页

家具企业 ERP 应用的问题与策略

企业资源规划系统（enterprise resource planning，ERP）是指建立在信息技术基础上，以系统化的管理思想为企业决策层及员工提供决策运行手段的管理平台。实施 ERP 就是将企业内部所有资源整合在一起，对采购、生产、库存、销售、运输、财务、人力等资源进行规划和优化，从而达到最佳资源组合，获取最高利润的行为。

ERP 系统经过 20 多年的发展，已经较为成熟，近年来已涉足国内多个行业。对于家具行业而言，已经有一部分大中型企业开始实施或考虑实施 ERP，希望借此帮助企业完成信息化过程，提升企业管理水平，提高企业生产能力，最终为企业获得最大的利润。然而，目前家具行业实施 ERP 的现状并不理想，还存在很多问题。

1 家具行业 ERP 应用的问题

ERP 在各行各业中的应用实践证明，ERP 的成功实施必须结合其行业特征。而家具行业不同于其他行业，有其自身的特点，以下结合家具行业的特点分析其 ERP 应用中存在的问题。

1.1 企业业务重组难度大

实施 ERP 的第一步就是要对企业业务流程进行分析重组。然而，家具行业是一个历史悠久的传统手工行业，虽然随着生产规模的扩大，部分环节开始采用机械作业，但整体机械化作业程度不高，一些重要的工艺环节仍采用传统的手工、半手工作业。此外，家具行业长期以来只重视训练具有专业技术的人员，相对缺乏具有综合管理能力的高级人才。在这样的环境下，企业业务流程重组的阻力自然是其他行业无法相比的，直接采用那些通用的模式将很难达到预期效果。

1.2 材料清单的建立难又慢

由于 ERP 是基于材料清单（bill of material，BOM）的，而 BOM 最初是针对单品种大批量生产的，因此主流 ERP 系统中，BOM 均相对固化。然而，家具产品结构复杂、种类繁多，产品更新换代的周期也较短，这就给数据资料收集工作带来了较大难度，如果按照通常的作业方式，基本数据资料收集整理需要花费大量的人力和时间，往往在 BOM 建好之前，产品可能就已经出货了。另外，家具产品所用的材料特性差异较大，规则材料、不规则材料都被大量使用，特别是实木材料，本身是家具生产所必需的材料，但是受树木生长的制约，无法统一材料规格，这些因素也影响了 BOM 的建立。

1.3 基本资料编码混乱

ERP 系统运算过程中，要求有严格的编码体系，该编码体系必须能够表征一个产品或材料最本质、最重要的特性。因此，在 ERP 实施中如何使基本资料的编码更具有准确性、完整性、适用性、逻辑性，避免重复编码，是系统成功实施的关键之一。然而，大多数未实施信息化的家具企业，其基本资料编码管理混乱，一般都没有一套系统的命名规则，往往造成编码与实物不匹配，这给 ERP 系统的成功实施设置了很大的障碍。

1.4 ERP 选型不当

相对一般制造业而言，由于家具行业各生产阶段内容不同，各生产阶段的管控重点也存在较大差异。例如：备料阶段为了提高材料的利用率，需要尽量加大生产批量；而涂装阶段则要考虑产品涂装效果和颜色统一，就需要把相同系列的产品安排集中生产；等等。这些管理特点使绝大多数家具企业无法直接选择通用 ERP 系统而加以实施。此外，很多家具企业在选择 ERP 系统时没有严格的选型标准，这往往使得所选系统不能很好地适应家具企业自身的需求。

1.5 没有一个很好的 ERP 实施团队

很多家具企业在提出实施 ERP 系统时，不少员工甚至高层管理者对企业实施信息化的作用不太了解，表现出漠不关心，甚至产生抵触情绪，这些都会阻碍 ERP 系统的成功实施。

2 家具企业 ERP 应用策略分析

针对家具行业目前应用 ERP 的现状及存在的问题，笔者提出以下 ERP 应用策略：

2.1 建立适应 ERP 应用的机制

ERP 应用成功的关键首先在于必须建立起相应的各种机制。

（1）建立和健全适应 ERP 应用的组织结构。家具行业是传统的手工行业，其机械化程度普遍不高，各家具企业的组织结构也是与这种特点相适应的；然而，信息系统和组织结构是相互联系的。ERP 的应用涉及企业的方方面面，领导的支持和参与是 ERP 系统的基本要求，还必须在组织结构上做必要的调整以适应 ERP 系统的实施应用。比如，有必要由各部门富有经验的管理者组成一个 ERP 项目小组，负责不断分析研究和规范企业业务工作流程，推进整个企业的信息管理；甚至建立信息化部，并任命首席信息官（Chief Information Officer，CIO）负责制定企业的信息政策、标准、程序，并对整个企业的信息资源进行管理和控制。

（2）树立全员参与意识。ERP 也被称为“一把手工程”，这是因为其实施过程不是一个简单的技术软件培训，不仅是一个 IT 项目，更是一个管理项目，包括企业业务流程重组、管理模式和业务架构转变、岗位职能调整等许多方面，只有得到一把手的坚决支持，才能排除干扰，克服困难，成功地实施 ERP；企业的中层管理者，扮演着局部目标和政策的制定以及企业管理政策执行者的双重角色；企业的基层员工是业务流程的日常参与者，软件的日常操作者，必须让他们理解如何利用 ERP 提高日常决策的及时性和正确性，提高工作的效率和效益。故应注重对中层领导和业务骨干的培训，使他们理解在 ERP 的实施过程中，自己应当如何配合项目小组、管理咨询公司、软件厂商的工作，调整工作方式、工作内容，才能使为 ERP 实施付出的时间、金钱得到切实的收益。总之，要求从上到下，所有员工统一认识，充分理解 ERP 的概念，掌握 ERP 的相关技术，支持 ERP 的实施。

（3）建立良好的企业管理制度。家具企业普遍管理基础薄弱，要成功实施 ERP 系统，则必须建立良好的企业管理基础，它包括：①企业制度基础。其指企业的产权制度、法人治理结构和激励约束机制等企业基本制度。良好的制度基础是企业建立和使用信息系统的动力源泉，也是突破实施障碍的关键；②业务流程基础。企业的业务流程应该较为固定而且固化成为管理制度。即使业务流程经常发生变化，企业各个部门也应该根据规定按部就班地进行各种调整。

2.2 做好基础数据的收集与整理

要注重基本数据资料的收集整理工作，这一点也是家具企业的困难所在。很多项目就是因为数据问题而失败，因此有“一分技术，两分管理，七分数据”的说法。实施 ERP 涉及的数据大致分为两类：静态数据和动态数据。静态数据是指开展业务活动所需要的基础数据，如物料基本信息、客户信息、供应商信息、财务会计科目体系等，它们在整个数据的生命周期中基本保持不变，同时它们是动态数据的基础，公司所有业务人员通过调用静态数据来保持同一数据在整个系统中的唯一性；动态数据是指每笔业务发生时产生的事务处理信息，如销售订单、采购订单、生产指令等。具体完整的收集整理过程可按以下步骤进行：

（1）确定工作范围。根据 ERP 项目范围确定哪些数据需要准备，然后确定参与部门和人员配备，进而确定工作计划，还要注意安排定期的会议，以方便工作人员之间沟通。

（2）建立严格的编码规则。ERP 软件对数据的管理是通过编码实现的，编码是对数据赋予唯一标志，它将贯穿今后的所有查询和应用过程；而其中最难的则是建立编码规则，它需要跨部门反复讨论。所有编码必须满足唯一性、实用性、易用性、标准化，并具有统一的编码结构和便于 ERP 系统处理。

（3）建立公用信息。它包括公司、子公司、工厂、仓库、部门、员工信息、货币代码等基本信息。这些数据会在其他基础数据中被引用，并且数据量不大，可以利用较少的时间和人力完成。

（4）BOM 结构的确定。这里首先应该明确原料到半成品、半成品到产品的层次关系，其难点是半成品的设定问题。必须设置合适的半成品层次以控制数据量。一般认为尽量少的 BOM 层次对控制 BOM 数据量更好。

（5）进行实际数据收集。按数据的分类和数据准备的先后次序，建立统一格式的表格，并在各个部门间交叉流转，各部门填入与自己相关的数据后传递给下一个部门，以此类推，直至完成数据收集。为了控制进度和避免数据丢失，应该对每张表格进行统一编号并事先设置好传递顺序。

（6）数据检查。常见的检查包括：①完整性检查。记录数量是否完整以及所有必须输入的字段是否完整。②正确性检查。正确性的范围很广，企业可根据需要制定检查原则；如有些物料是采购来的，但是录入成自制件。③唯一性检查。实物与编码之间必须是一对一的关系，这可以从两个方向去检查，以避免一物多码和多物一码的错误，两者均应杜绝。

（7）数据录入。录入前应该将基础数据原始档案归档：对于以电子文档保存的数据，应该将数据备份好，并注明整理人员、完成时间和最后版本；对于打印的纸质文档数据，应该将其保存在专门的文件柜中，作为重要文档管理。具体录入可以采用手工录入和利用软件工具导入的方法进行。

（8）系统检核。完成录入工作后仍然不能彻底放松，必须再次检查，此时最好的方法是利用软件程序测试数据，例如，将数据库备份成一个新的数据库，将企业常用的流程在新数据库中做一遍，通过检查结果的正确性来验证基础数据的正确性。

2.3 做好长远规划，分阶段实施

完整的ERP系统，业务流程覆盖广泛，功能繁杂。随着投入使用的ERP子系统逐渐增多，企业信息集成程度不断提高，企业在优化资源运用、缩短采购提前期和生产周期、降低库存资金占用、降低制造成本等方面的收益也日益显著。企业领导者应该结合企业现状和企业发展战略，制订中长期的ERP实施计划，明确ERP实施项目的范围和目标。也就是说，要确定中长期内ERP应用所应该覆盖的业务流程领域，并对业务流程优化提出明确、可量化的目标。由于时间、资金、人力资源等方面的约束，家具企业实施ERP通常不可能在所有的业务流程同时开始实施ERP，也不可能一下子实施ERP中的所有功能。因此，应当从提高企业整体竞争力的角度出发，从那些"瓶颈"业务流程入手，对于业务流程内的功能需求，优先考虑那些对改进关键增值活动有明显效益的需求。只有这样，才能既有效控制ERP项目的时间、成本，又能切实看到效益，这样后续的ERP项目才能继续进行。

2.4 选择好的ERP软件供应商和管理咨询公司

各个家具企业实施的ERP项目中所覆盖流程、流程中要求的功能点不尽相同。不同的ERP供应商在所适应的行业范围，覆盖的业务流程，产品功能的全面性，与第三方软件的集成性、可扩展性、二次开发难易程度等方面各有千秋。目前，国内的ERP供应商，有些是从财务软件转型做ERP，在财务模块上的功能很强，而在其他模块上相对较弱；有些则是从MRP扩张而来，在财务方面的功能相对较弱。国外的ERP供应商水平相对较高，但在本地化支持和价格上缺乏优势。企业应该根据需要和承受能力量体裁衣，在考核了ERP供应商的公司资信、ERP软件产品演示、样板客户调查结果、合同费用、实施人员和实施计划、各个模块的功能需求后再选择合适的ERP供应商。咨询公司的价值在于帮助客户赢得时间和降低风险。国外企业实施ERP时常采用方式是由软件供应厂商、咨询顾问公司共同为客户完成系统实施服务。

3 结 论

在市场经济条件下，家具企业的竞争压力越来越大，尤其现阶段已经进入微利时代，为了求生存求发展，必须努力提高企业的管理水平，降低产品成本，提高企业竞争力，实施ERP是必然的选择，这是关乎企业能否继续生存和发展的生死抉择。而ERP实施的过程实质上就是体制与观念变革的过程。家具企业要成功实施ERP，必须做到：①清楚地了解企业自身的特点，认清存在的问题；②调整企业运行机制以适应ERP；③注重基础数据的收集和整理，它将直接决定ERP系统实施的成败；④重视员工培训，提高管理能力，统一认识；⑤详细规划，精心组织，分阶段逐步实施；⑥重视ERP产品选型，应符合家具行业应用特征以及具体家具企业的应用特征，并且选择好的ERP顾问咨询服务公司。所有这些将最终保证ERP系统的成功实施。

原文发表于《林产工业》2009年1月刊第53—55页

木质饰品常用装饰技法与不同树种材料属性间的关系

摘　要：木质饰品采用何种装饰技法，与木质基材本身属性间存在着必然联系，不同的装饰技法对木材属性的要求不同。通常圆雕技法对木材的物理力学性质要求较高，常采用硬木材质；浅浮雕、线雕技法常用软木材质；烙画工艺对木质材料的材性、颜色、纹理有所要求，常采用材质较软的浅色、弱纹理木材；重彩工艺则常用浅色、纯色的木材；车木工艺常用纹理通直的木材。

关键词：木质饰品；木材；装饰技法；工艺

目前，木制品行业在我国国民经济中已占据相当重要的地位，最初以各种木质家具引领了木制品的潮流，时下各种木质饰品又成为人们的新宠。或许是因为木材能给予我们一波沉静的木色，使躁动的心渐渐收归平静；更或许因为木材良好的触感和亲和性，使我们对它的钟爱由来已久。赖特曾以散文诗般的语言赋予了材料新的生命，他指出："每一种材料有自己的语言，每一种材料有自己的故事""对于创造性的艺术家来说，每一种材料都有它自己的信息，有它自己的歌"。木材就是这种能很好地书写自己性格和故事的材质，由于其良好的触感、美观的纹理、良好的加工性能一直是人们的宠儿，它是传统的建筑、家具及装饰用材之一，在木质饰品的生产加工中也无一例外。

实木是传统木饰品加工材料的主力军，但随着森林资源的稀缺，为缓解用材的压力，人们已研发出满足人们需求的木质基材，如刨花板、纤维板、细木工板等，木质饰品的加工中常用的是纤维板。材料的属性包括材料的外观属性、物理力学属性、化学性能、加工性能等，它们都是设计创作时的依据和参考要素。传统的加工手段已经让木材本身的材性发挥得得心应手，而现代加工设备更让木材的材性展现得淋漓尽致。由于制作木质饰品的材质多样，且材质和装饰技法间又有直接、紧密的联系，不同属性的材料所适合的装饰技法也不尽相同，于是我们看到了市场上琳琅满目、各具装饰特征的木质饰品。木质饰品种类繁多，常见有两大类：一类家居木饰品；另一类是人体木质饰品。无论是哪一类木质饰品，无可否认的是材质与装饰技法间存在的对应关系是始终存在的。由此，需要找到适合表现材料自身语言的方法，装饰技法与材料的直接关系则成为文中探讨的话题。

1　圆雕技法与硬木

圆雕技法是古老雕刻艺术中常用的一种工艺技法，在艺术表现中圆雕呈现的雕刻形态最为完整，其作品极度传奇、逼真，它是立体状的实物雕刻形式，可供四面观赏，因此，此种雕刻艺术又被称作"立体雕"。这种技法要求产品的最终效果能突出整体的婉转

流畅，所以用材很是讲究。古代常用石材作圆雕雕刻，常见于大户人家立于门前的镇宅之宝，如石狮子、石貔貅等。当今，我们常采用木料材质作为木质饰品原材料，但若要用于圆雕技法，其木质材料则更为讲究。它所需材质要坚硬且不易脆裂，雕刻成形后作品截面不易起毛，因此硬木则为圆雕提供了很好的制作原料。

硬木通常有紫檀、花梨木、鸡翅木、柚木、檀香木、酸枝木、铁力木、阴沉木等，这类木材结构细密、韧性好，硬而不脆，具有坚润的质地，最重要的是纹理、色泽上等，适合于圆雕和细刻的装饰技法。圆雕完成后直接上清漆，即可呈现出木材古朴天然的特征，这样制作出来的木雕饰品大气、时尚，最适合作为家居摆设。

紫檀木、花梨木、鸡翅木、酸枝木、铁力木等这类木材由于纹理清晰、丰富，所以雕刻时适合用于形体较为简单、变化频率不宜太快的雕刻题材，以免产生局部形体与纹理的冲突，以至于破坏木材本身纹理的审美特性。

而阴沉木由于长年累月地深埋地下，性质介于木材与石材之间，虽色泽乌黑锃亮，成品也几乎不用上油漆，但其上的纹理表现已不太突出，所以可用于形体较为复杂、变化频率快的作品，多用来雕刻表现细腻传神的作品。

❷ 浅浮雕、线雕技法与软木

浅浮雕是浮雕技法中的一种，浮雕又叫凸雕，是在木材表面刻出凸起的图案纹样，呈现立体浮雕状于衬底面之上，较之平雕更富于立体感。浮雕图案由在木材表面凸出的高度不同而分为浅浮雕、中浮雕和高浮雕 3 类。浅浮雕是一种在木材表面仅浮出一层极薄的物像图样，且物像还要借助一些抽象线条等方法展现。所谓浅浮雕，即所浮凸的雕体一般不到立体雕的 1/2，比较接近于线条雕刻，具有较为明显的轮廓线和清逸雅静的装饰感，它不同于深浮雕注重多层次、多深度、浮凸高的雕刻。而线雕技法又称作凹雕，它是一种在木材及其表面雕刻出粗细、深浅不一的内凹的线条来表现图案或是文字的一种方法。

浅浮雕、线雕技法是木质饰品装饰中常用的装饰技法，它们均注重表现最终的雕刻图案，并要求雕刻的图案具有整体性和连贯性，因此它对木材的物理力学性能、加工性能要求较高。它常采用易于加工的软木，如榉木、枫木、水曲柳、黑桃木、楸木、柏木、松木、杉木、樟木、白杨、桐木等，它们质地较为松软、结构密度小、比重较轻、纤维与纤维间的间距大，形成的结构黏力小，容易分离断裂，受到撞击或压力较易变形。这类木材宜铲不宜凿，尤其不适合细刻。在表面处理上，必须经过抛光处理才使木雕表面圆润光洁，从而使软木呈现出硬度感。因此较为适合于抽象题材内容，造型设计上，需把握大结构和大形体的造型设计，以保证雕刻的整体性和大气。此类木材在做细部设计时，不宜让截面木纤维的造型太突出。此种装饰技法既适合于木质饰品整体雕刻，又适合于木质饰品的局部雕刻装饰。

❸ 烙画工艺与浅色、弱纹理的木材

烙画又名“烫画”，烙画是用温度在 300 ～ 800℃的铁钎代笔，用碳化原理，在木质材料上作画，巧妙自然地把绘画艺术的各种表现技法与烙画艺术融为一体的装饰技法。

它有自己独特的艺术风格，经过烙画制作出的图案具有典雅、质朴之风。烙画艺术在构图上主要出自中国国画，在用笔用墨上也力求表现水墨的韵味，所以一幅好的烙画就是一幅气韵生动的水墨画。所不同的是，烙画在构图上要求简明，层次要清晰，因此，只能做近、中、远三景处理，尽量避免层次搭接。但也要十分注意笔断意连、有虚有实的生动画面。

烙画的重点是要突出烙画的图案，所以在选择烙画木板时要注重选择材质均匀、节疤少、材色较浅、纹理弱的木材，如杨木、桦木、枫木、松木、椴木或是浅色胶合板。这些木质材料的材色多呈白色或淡黄色，对用电烙铁所进行烙画后出现的褐色才有着明显的色调对比，方能形成特殊的碳化效果。对于木材本身天然纹理较美观或是色泽较为浓烈的木材则不适合用于烙画工艺的制作，如黄花梨、紫檀、金丝楠木一类则不合适，否则就有浪费材料的嫌疑。

❹ 重彩工艺与浅色、色纯的木材

重彩技法是用于早期中国绘画上的一种重要的技艺门类，如长沙马王堆汉墓发现的帛画，都是地道的工笔重彩，特别是软妃墓的形“非衣”，构图巧妙，线描精细，设色绚丽，显示了当时工笔重彩达到了高超的成就。古有“雕梁画栋”一词，足以证明彩画装饰为中国古代建筑雕饰做出的重要贡献。而今，重彩不只是用于一般的纸、布材料上，也多使用在木质材料上，只是要求用重彩工艺装饰的木质基材其色泽较浅淡。

现今的木质饰品所用重彩工艺着色大胆、色彩浓烈，使用图案范围和种类更加广泛。但由于重彩木饰品对整体空间氛围的营造有决定性的作用，一般情况下采用单一设色、和谐中突出对比原则，那么使用对比度大、色彩饱和度高的颜色成为很好的实用原则。采用重彩工艺的木饰品构图，图案多用夸张、变形等手法来达到更加鲜明和强烈的刺激感染力。重彩工艺类似于对木材表面做二次装饰，因此对木材本身的外观性能，如光泽度、木纹、色彩要求相对较低，常用浅淡的木质材料，通常为杨木、松木、柏木、杉木、桦木或浅色胶合板，这样的木质材料在使用重彩工艺后才能比较好地从木材本色中凸显出来。时下正流行的一种在树皮实施重彩工艺制作而成的树皮画，它是由桦树的表皮或是深皮为主要原料，经过烘干、压平后，裁切出所需造型，再在其上实行彩画图案。此类木饰品再现了自然原貌的视觉艺术特征，是一种独特的文化传统，具有西方现代装饰画的感染力，是很好的家居和人体配饰用品。

❺ 车木工艺与纹理通直的木材

车木工艺又称旋木工艺，它本是一种古老的民间手工艺，而现今的旋切技术与现代机械相结合，运用了电动机床、车床，大大提高了旋木的生产。旋切技术有外旋切、内旋切之分，根据使用目的不同，选择的方法各异。外旋切工艺制作过程为：加工前根据用途先选好木材，然后固定在电动机床上，通电后电动机带动木料均匀、飞快地转动，匠人用双手紧握锋利的刀具，靠在木头要切削的部分，从而形成流线形的旋木。内旋切工艺是根据设计削去木料内部多余部分，电动机带动木料旋转后，将刀具靠在已经做好的木器的中心，随外形的起伏切削内部，形成空心。旋木在造型上以圆心为基准塑造形态，加工则利用“S”形流线的起伏来塑造形态。常见的木珠通常是将 2 ～ 3cm 直径的木料先加工成为圆珠状，再使用镶嵌、彩绘装饰，最后串联起来，既可以成为身体配饰的手链、项链，又可用于家居装饰的窗帘、门帘。车木工艺制作的木饰品种类可算是数不胜数，如花瓶、碗具、珠帘等木饰品。

车木工艺需采用纹理通直、质地均匀、韧性较好的木材，这类木材在高速旋切过程中不易崩裂，旋切面较光洁，加工起来较为方便。对木材色泽的选取则根据所要制作产品的需求而定，针对材料纹理美观、色泽较好的木材，如黄花梨、金丝楠木、紫檀等名贵木材，旋切后直接上清漆即可展现出木饰品自然、淳朴的外观；对于材料本身为弱纹理、色泽不佳的木材，如椴木、楸木、杉木等木材，则需对表面做二次覆面装饰，经旋切后采用封闭油漆再彩绘图案的方法，因此，对这类材质本身的纹理色泽要求不用太高，可使用一般的软材即可。

综上所述，木饰品制作过程中对装饰技法的选取通常是根据木材本身特性和客户需求而定。木饰品是使用装饰技法最多、最广泛的一类艺术品，正由于技法的多样性，与之相结合使用的其他类材质也较多。现代社会人们已经疲于生活的烦琐，更钟爱于简洁、趣味性强的木饰品。现市场上活跃着一类用木材与石材结合而成的饰品，它们以木质雕刻部件作为产品的一部分，也为基座部分，并选取与所需形态相匹配的石头作为另一主体部分，两者之间需相互结合才成为一个有机整体。这样的饰品更简洁、新颖、俏皮，由此看来，趣味横生的饰品也将成为饰品界流行的新趋势。

原文发表于《林产工业》2009 年 2 月刊第 30—33 页

论批评对家具设计的生态伦理性引导

当金融风暴席卷全球时，世界上最大的家具生产国中国的各地家具生产基地进入了创新转型期，责任感强烈的设计师和生产厂家们正在谋划一场革命，期望透过企业家的市场布局，逐步使中国家具设计走向世界。当创新被反复提上议事日程时，设计批评则堂而皇之地需要被提及，“设计批评很重要，没有批评，历史就无法向前发展。”设计需要批评，更需要批评的引导。批评的意义便在于对设计进行正确的引导。设计不能陷入无限扩张的商业和消费的活动中，设计的行为底线就是设计伦理，是设计师对自己的质疑。特别是在今天绿色环保挂在每个人身边的时日，家具设计的生态伦理性更需要设计批评的正确引导。

伦理的基本问题便是利益和道德的关系问题。家具设计的生态伦理性就是关注自然环境，让人类与动植物在地球上获得共生，具体体现有 3 个整体原则：①维护人、社会、自然生态系统的整体和谐；②关怀与尊重生命、维持生态平衡；③提倡适度消费，人道地利用资源。基于生态伦理的批评在绝大程度上是由于对人类及自然环境整体利益的关注与忧思而形成的。

批评对家具设计的生态伦理性引导着重体现出以下两个方面的引导：

1 家具选材要慎重考虑

（1）避免且最好是禁止使用有毒有害的材料和添加物。

（2）选择丰富易获得的本地材料。

（3）尽量选用已回收材料或可再生天然材料、速生材，如竹材、藤材、芦苇等。

（4）提倡使用复合新材料，如竹木复合材。

（5）尽可能选用使用寿命长的材料。

2 从生产加工、拆装设计方面考虑

（1）尽可能保持原材料的自然美，天然美，令生活更贴近自然。

（2）尽可能提高材料的综合利用率，提倡综合开料。

（3）用材需经济，尽量减少烦琐加工和组装，设计简洁易拆装，避免导致能量消耗太大，造成浪费。

（4）产品设计模块化，易维修、易拼装且更新方便。

（5）家具产品设计人性化，注重细节，台角部分尽量采用圆角设计，避免伤及人和动物，同时增加亲和度、柔美感。特别是在儿童房的设计上，更应加强对细部的考虑。

（6）在设计方面多考虑人性化、艺术化和功能化的相互统一。

家具设计是最关乎人居环境的设计之一，从其诞生开始便应该是生态的，是关注伦理的。忽视伦理的设计是难以为继的，是空虚的，是很难引起共鸣的。忽略伦理价值取向的家具设计不能算是好的设计，自然不可能长期赢得消费者的认可和欢迎，更得不到社会、生态环境长期可持续发展的肯定。这时，把握好设计的尺度，便是批评所应该承担的不可推卸的责任。批评对于家具设计而言具有至关重要的作用，它能影响和引导家具设计的存在与发展。缺少批评的言说，设计师、设计作品的成功是不可能的。真正的批评应该负责任地把握家具设计的发展方向，应致力于进行正确的引导。充分发挥批评的作用，可以有效地帮助家具生产者和设计师树立正确的生态伦理观念，提升消费者挑选购买“好”的、“善”的设计产品的能力。所以，批评应基于对人类社会的持续发展负责，对自然界的全方位呵护负责的态度。关注生态的批评方式，关乎伦理的批评着重，才能在消费社会中渲染构建起一个理性而道德的高尚消费平台。

批评是一种界定，而批评家都是有偏见的，人都有既成性，个体对生命和生存的体验都是有差异的，如何客观地对家具设计的生态伦理性进行批评，让厂家生产出既符合现代社会需求，又能实现可持续发展的新一代产品，同时还能提高广大受众的审美鉴赏水平，促进消费者良好消费观的形成。在这里，笔者尝试提出如下一些批评语言的基本内容：①说明与分析。说明功能引导解释功能和判断功能。②解释。将设计作品作为研究对象，从心理学的角度去分析设计师的思想以及形成这种思想的社会环境。③判断。以社会和人的需要为标准，对已经存在的或未来可能存在的客体做出审美的、功能的、技术的、经济的各个方面的价值判断和规范判断，从而树立批评的标准。在超前判断的基础上，在思维和虚拟的形态上构建未来的客体，实现其预测的功能。④预测。在预测未来客体的基础上，形成虚拟世界的价值关系，从而按照价值序列进行选择。⑤选择。在众多设计现象和设计作品中，确立具有合理价值的设计现象或设计品。⑥导向。通过前面的解释、判断、预测、选择等过程，做出具有说服力的导向，以便形成正确的设计潮流和趋势。⑦教育。传授知识、培养鉴赏力。从以上可看出，批评有一定的引导作用，特别是它的导向功能更是如此。兼职的设计批评家（以中国现今设计批评的现状而言，专职的设计批评家队伍恐怕还难以形成）、设计师、企业家、政府决策者、各媒体从业人员，同时还包括更广泛的关注设计关注生活的大众，应该好好借助和利用批评的这一导向功能，更好更合理地引导设计实践，让设计成为合乎生态伦理的设计。

对于批评的生态伦理性引导，相关家具企业也做出了积极回应，为了实现木材资源的可持续利用，如华日家具投资或购买林地直接参与营林，为了减少和避免甲醛对人的毒害，企业自愿增加成本，在生产中更多地采用 E_0 级人造板或采用不含甲醛的新型胶黏剂；再有，越来越多的家具生产企业尽量采用人工林速生材；更多生产企业会对用材进行严格的森林认证；且尽量不使用热带雨林材，而利用乡土材料，如竹藤等。如广东南海“联邦家私”生产的联邦椅采用海南的橡胶木，取自橡胶林中老化的橡胶树。一般树龄为 30 年的树已无橡胶可采，所以必须通过更新，重新种植。因为含糖分高，砍伐后的橡胶木易于腐朽。过去砍伐后的橡胶树一般都是自身腐烂，从未施以其他的人工利用和开发。后经科研人员科学处理，橡胶树成为很理想的家具用材，既环保且实用，实现了变腐朽为神奇的功效，产生了良好的生态效益与社会效益。此后，“联邦家私”通过开发这种橡胶木设计生产的“联邦椅”为其带来了巨大的经济效益，并在业内推广，众多厂家通过仿其款式，并利用这类橡胶木生产家具，为家具产业找到了一条开发乡土材料，实现可持续发展的新途径。

尊重生态伦理，保持原材料的自然美，设计出贴近自然的、结构简洁的家具设计作品。这一方面，设计师朱小杰用他的设计做了很好的诠释。他认为自然材料散发出的美才是一种大美、至美。

朱小杰的设计理念和设计实践中无时无刻不体现出他对自然的这种尊重和对生态伦理意识的把握。朱小杰惯用最自然的、未经过多加工处理的乌金木作为家具设计的原材料。乌金木纹理清晰流畅自然而深刻，给人以回归自然、拥抱自然的感受。朱小杰设计的家具多以传统的木榫为结合方式，并作为装饰元素加以利用，体现出变化的层次和回归自然的本建筑结构的美。在设计加工中常常充分把握乌金木的特性，利用自然爆裂或干燥时断裂的“废材”设计出独一无二的作品，这类作品既节约利用了本应废弃的木料又无须过多加工处理，再就是无须考虑批量生产，具有很好的收藏价值。朱小杰以海绳线编制椅面，与木材搭配而成。质感对比强烈，仿佛闻到了大自然的那种清新的芳香。

还有些厂家充分利用了废料进行设计，通过木材加工产生的废料胶压而成生产家具。在木材加工过程中，有很多的短料、小料、废料，一般其作为薪材而进入灶房或锅炉房，但如果能借助巧妙设计，采用无醛胶加以胶合而成所需产品，通过此种方式可让废料得以综合利用，对节约资源、降低成本、保护环境具有十分重要的意义。这类原材料在家具企业、人造板企业、门窗生产企业，以及建筑工地废弃的建筑模板中均大量存在，其生态文化和生态经济的意义是显而易见的。

设计批评因设计而生，没有设计，设计批评将丧失存在的意义。同样，没有了批评，设计将空乏无味，迷失前进的方向。批评虽因设计而生，但应独立于设计之外思考。少了这份独立，批评就会显得单薄无力。那种独立地勇敢面对探索过程中的非议与迟疑的批评，与某些整日油头粉面的与无良商家一唱一和的广告相比，更能够逼近人心，更能够给人启迪。真正的批评应该负责任地把握家具设计的发展方向，应致力于正确引导。充分发挥批评的作用，可以有效地帮助家具生产者和设计师树立正确的生态伦理观念，设计和生产出既符合现代社会需求，又能实现可持续发展的新一代产品，同时还能提高广大受众的审美鉴赏水平，促进消费者良好消费观的形成。

原文发表于《装饰》2009年6月刊第82—83页

湘西南民俗竹家具种类及工艺特征分析

摘　要：湘西南拥有丰富的竹材资源，竹家具与湘西南人们的生活形态有着紧密联系，笔者从行为学的角度分析和总结了湘西南竹家具造型种类；并根据实地考察和调查的相关资料，从竹材的“分解”和“结合”等程序介绍湘西南民俗竹家具的编织工艺，装饰工艺和装饰色彩。

关键词：湘西南民俗；竹家具；工艺特征

1 湘西南地区竹产品概述

湘西南是一个地域概念，就地理位置而言，它包括湖南邵阳以及永州、怀化的部分地区。这一地区位于南岭山脉、雪峰山脉与云贵高原余脉三大植物区系交会地带，矿产资源较为富足，水资源丰富，属于中亚热带季风湿润气候，是湖南林业主产区。湘西南境内山川地理，秀丽天成，山环水复，风光秀美，景色宜人，属丘陵大地形区，特点是地形类型多样，山地、丘陵、岗地、平地、平原多类地貌兼有，以丘陵、山地为主。湘西南地区属综合竹产区，竹资源丰富，主要分布的竹属有刚竹属、箭竹属、箬竹属、巴山木竹属、慈竹属、寒竹属、赤竹属等，主要竹种有毛竹、水竹、黄杆竹、金竹、桂竹、慈竹等。在湘西南人们的生活中，竹在日常生活领域中起了极为重要的作用。竹产品种类丰盛繁多，形态绮丽多姿，内涵广泛深厚，地域风格浓郁突出。湘西南地区的民俗竹产品目前仍在使用的有 100 余种，如炊具有箪、笾、篡、碗、箸、勺、盘、蒸笼等；盛放物品的有筐、篮、笥、箱；家具有床、榻、席、椅、枕、几、屏风、桌、橱、柜；算具有算筹、算盘；量具有竹尺、竹筒；照明用具有灯笼、烛炬；卫生用具有帚、熏笼；装饰用具有竹帘、竹花瓶；把玩用具有扇子、手串；葬礼用具有竹棺材等。以上均是用竹材制成的。同时，湘西南地区交通相对闭塞，人们的生活条件也比较落后。在竹材的利用上，湘西南人们保留了很多传统的工艺、思想和方法。对于大多数人来说，近距离的出行往往比远距离的出行要多得多，若不是迫不得已地去购置一些生活必需品或是其他原因，他们很少出远门。甚至笔者在与一位年近九旬的老者交谈时了解到，她所到过最远的地方竟然是她们村子对面的山头。由于环境的相对封闭，人们为了满足自己最基本的生活需要，每天进行日出而作、日落而息的劳作。在这种为满足生活基本需求的劳作中，人们设计制作出很多实用精美的民俗竹家具。

2 湘西南民俗竹家具种类

2.1 “端”出来的民俗竹家具

所谓“端”，是指使用双手平举争物。以“端”为操作方式的民俗竹家具，大多是湘西南人们根据日常生活中的生活习惯和操作经验而设计制作的。这类家具主要有团箕（俗称）、竹箕（俗称）等。团箕这类产品的直径为55～65cm，在湘西南人们的生活中，耕地种菜是他们每天劳作的主要构成部分。人们种植水稻作为他们的主要粮食。由于地理条件的恶劣，打米机打出的米总是存在不少未脱皮的稻子，使用团箕就可以将稻谷和米进行很好的区分。同时，由于团箕的面积较大，人们可以用它盛放物品放在太阳底下晾晒生活用品。因此它是人们生活中必不可少的家具，有的家庭使用比团箕更大的器具，俗称簟箕，由于簟箕的体形较大，直径为160～180cm，需要2～4人同时端其边沿部分方能使用。团箕和簟箕的表面均编织有美丽对称的花纹，这是多年来民间艺人们对传统手工艺技艺的传承和发展。

竹筛制作简便，操作方便是湘西南人们必备的家用工具，其主要用于水稻收取时的清洁工作。湘西南主要的农作物是水稻，水稻收割时，打谷机或者收割机会把大量的禾叶混合在水稻中一起收割回家。这种带禾叶的水稻当地人们称之为“毛毛谷”，竹筛的作用便是把毛毛谷中的禾叶分离出来。当然，竹筛的作用也只是初加工，随后还要使用风车将秕谷分离出来，从而获得质量较好的稻谷。

2.2 “挑”出来的民俗竹家具

挑指扁担等两头挂着东西，用肩膀去担。这是在湘西南地区农村使用得最多的动作，因此与这一动作相对应的竹家具也有很多，如人们比较熟悉的箩筐、扁担、簟箕、簸箕等。该产品为铲状器具，有大有小，外开口宽度为30～40cm，长度为40～60cm，深度在18～25cm。这个产品与农村的锄头一样，是每家必备的工具。每当农忙时，人们搬运肥料、种子、秧苗等必然要用到这一工具。箩筐的种类很多，有粗的，也有细的有纯青篾的，也有黄篾的。但每种箩筐的大小基本上差不多，高度多为45～55cm，一般而言，上径较大，与高度相差不大，但下口径较小，在40cm以下，也有上下口径保持一致的。箩筐是人们储存物品，搬运物品的主要工具。据说，它已经有了几千年的历史，直到现在，它还有着旺盛的生命力，并在湘西南人们的生活中还将扮演着重要的角色。

2.3 “提”出来的民俗竹家具

“提”是指悬持，即悬空拎着物品。这类竹产品一般比较轻便，并且使用距离较近。俗话说“好手难提四两”，这是人们对“提”这一动作使用经验的总结。但由于手是人们工作过程中使用最为频繁的工具，因此为手而设计制作的竹家具还是比较多的。如在人们生活中常用的竹篮、鸡笼、鸭笼、竹笼、竹箱等。这些产品的制作一般比较粗犷，但很实用，是农村家具中的主要构成部分。鸡鸭成群是湘西南人们生活的重要组成部分之一，因此在人们家中，鸡笼、鸭笼等竹家具是不可或缺的。由于鸡鸭等动物的生活习性不同，鸡笼一般是习惯性摆在家里很少移动的，有固定的地方。鸭子生活在有水的环境中，鸭笼一般是被人们在居所与水源地之间搬运。而猪笼的使用一般是小猪出栏时，人们利用猪笼把小猪搬到县城去卖。当然，除了这些竹家具，还有很多设计制作的相对精细的竹篮等。

2.4 “背”出来的民俗竹家具

“背”是指人用背部搬运东西。由于湘西南地区丘陵地带的地形特征，使用背这一动作的竹家具种类较少，但使用频率比较高。其中最典型的背，俗称竹篓。背所用的竹编成的盛器一般为圆桶形。湘西南地区的背篓主要是单肩挎，背篓通过一根有较大厚度的竹篾来支撑。背篓主要用于搬运相关的农作物或者各种蔬菜。根据不同用途，背篓规格、制作各异，用于生产的大而粗糙耐用，用于生活的小巧精细。除了单肩背篓，在湘西南地区还有双肩背篓，双肩背篓有“洗衣背篓”“娘背篓”“水背篓”和“柴背篓”等，柴背篓用“高背篓”，由粗厚的青竹篾编织，形状较大，四周用竹片做成“墙”；洗衣背篓选料精细，用水竹破成细篾精心编织，上大下小，口用斑竹和青竹镶边，表示阴阳交合。

除了以上竹家具种类，还有以“扛”“躺”等使用动作的民俗竹家具。这类家具有用于躺的竹床、竹席，以及用于晾晒稻谷的晾席。这些竹家具与前面提到的几种竹家具相比数量较少，因此在这里不再一一述说。笔者接下来对湘西南竹家具的制作工艺进行一定的介绍。

3 湘西南民俗竹家具的造型工艺

竹材的加工工艺主要是指竹材料的物理加工，可以将之分为竹篾的“分解”和竹的“结合”两个过程。“分解”就是指根据材料特性或使用目的的不同，把原来的整体的材料分割成较小的材料，以供更方便地利用。竹材的分解俗称“破”，由于竹纤维具有强烈的方向性，所以，不同方向的分解方式可以产生不同性能结构完全不同的材料。顺着竹纤维的方向进行分解，竹材会具有很强的可割裂性，这就是通常所说的劈竹篾，所得的产物竹篾具有很强的柔韧性，可以用来进行弯曲、编织等更进一步的加工；垂直于竹纤维方向的分解，则保留了竹材原有的强度和刚度。

竹篾的“结合”是其“分解”的逆过程，把原来较小的几个材料单元用一定的方式拼接，组合成一个新的整体以满足功能需要。对竹材的物理加工，也是分解和结合的过程。竹材的结合俗称竹编，在竹家具的骨架上，用竹篾等编织而成的面层。编织的花样很多，如“十”字花编、“人”字花编、“井”字花编、菱形花编等。因为竹纤维的同向性，使竹很容易沿着纤维的方向开裂，这样原本在木材上可以应用的一些结合方式，如榫接、钉接都难以实现。在传统方式中，使用得较多的方法是利用其本身的柔韧性而进行插接、捆绑等方式。湘西南传统的竹家具产品大多采用这种方法。如今，随着人们对材料的再思考和设计的兴起，已经超越了对单一材料的使用范围，利用其他材料与竹材配合的结合方式也开始屡见不鲜，如一些容易磨损或老化的节点可以采用金属等更为坚固的材料制成。竹材装饰工艺的特征，主要体现在表面光滑质轻柔性、色泽自然柔和、纹理清晰美观、外形修直挺拔、品质不刚不柔，在人们心目中是美好的象征。湘西南地区的竹家具的编织方式，采取的是提花编织原理和多种不同的挑、压、破、拼等编织绝技。一根根竹篾在艺人手中活灵活现地翻动，抽取薄如蝉翼、不腐不蛀、永不褪色的竹丝，通过编织形成虚实和明暗的变化，以及不同颜色竹篾图底关系的互相转换，共生共存与生活中寓意吉祥的图画奇妙结合成一件件经典的艺术品。就竹编工艺的形式而言，它以简约的结构和材料包含复杂组合的有序整体。竹家具这种编织工艺所产生表现出来的互生互存的图底关系，不仅可将主题与背景相互交融成一个共同体，而且会使主产品整体构造具有包容性与双重性的合作关系，也使竹编在简洁的构图中给人视觉的冲击，让人在使用中获得新的思维和趣味。

竹材本身的装饰色彩主要有竹绿、竹黄和竹的碳化 3 类色彩。竹绿色能给人以宁静安详的感觉，使人联想到春天青春和希望；竹黄色能给人以温暖、愉悦、提神、丰收的感觉，使人积极向上、不断进取和向往光明。竹材独具的质感，可以加强某些情调氛围，通过竹材质感处理制作的竹材家具，可以凸显苍劲古朴或柔媚风雅的自然风格。竹绿和竹黄在湘西南的竹家具中使用甚为广泛，两者相互穿插，融为一体。

竹炭是竹材在高温、缺氧（或限制性地通入氧气）的条件下，使竹材受热分解而得到的固体物质。竹炭虽从里到外全身发黑，它却是人类的健康卫士，遇到空气，它能吸收空气中的各种有害气体，使室内空气得以净化而变得清新；在水里，它可以吸收水中有害物质而使普通水成为优质饮用水；它还可以帮助人们去病、防病，增强体质。

原文发表于《南京艺术学院学报（美术与设计版）》2009 年 4 月刊第 151—153，182 页

川西民间家具初探

摘　要：川西民间家具具有独特的川西文化特征。本文分析了民间家具定义、川西人文地理环境，探讨了川西民间家具定义、种类，着重研究了川西民间家具特点。

关键词：川西民间家具；材料；造型；装饰

我国的文化积淀与物质文明都具有博大精深的丰富内涵，家具文化作为其中重要组成部分，各地都有独特的历史轨迹和文化记忆。民间丰富的传统家具实物遗存，既反映着中华民族的文化特点，又具有浓厚的地方风格，保持着优秀的民间传统，形成中国家具独有的艺术特色，孕育着将来的民间工艺复兴，应引起高度重视和深入研究。

1 川西民间家具定义

民间家具是指出自民间工匠之手并依照人们所处的自然环境、材料条件以及当时的历史、经济、文化和民间传统工艺技术而制作出来的，在日常生活和生产中广泛应用和流传的一类家具。民间家具造型不拘一格，少规矩，重实用，大胆发挥，充分反映了大众化的审美情趣。民间家具一般占据地域的自然优势，就地取材，因而朴实大方，更能体现“天人合一”“可持续发展”的社会发展观。

川西地区是指四川盆地龙泉山脉以西，以成都为中心，河渠密布的一片平原地区，属亚热带温暖湿润季风气候。该地区温暖湿润、气候宜人、灌溉便利、农业发达，奠定了川西民间家具发展的基础。

本文所讨论的川西民间家具多集中在清代及民国时期（也有少数可追溯到明代），不用珍贵硬木而是就地取材，由川西当地木匠制作，生产出供商人和小官宦甚至普通手工业者和农民使用的具有浓郁乡土气息的家具。川西民间家具具有造型朴实精致、因材施艺、装饰丰富、精雕细作等特点，汇聚了川西百姓劳动创造的结晶，体现了浓郁的川西地区生活气息和质朴的原创精神。

2 川西民间家具种类

按照使用功能角度进行分类，可以大致将川西民间家具分为躺卧类、倚坐类、摆放类、盛装类、室内装置装饰用类。躺卧类家具主要有 4 种形式：架子床、拔步床、罗汉床、榻。倚坐类家具主要有靠背椅、扶手椅、凳。摆放类家具主要有桌子、案、写字台、香几、矮几、茶几等。盛装类家具主要有橱、柜、箱子等。室内装置装饰用家具主要有屏风和台架类，如梳妆台、镜台、灯台、衣架、盆架、巾架、灯架等。另有其他类，如木雕盘、盒、木雕酒桶、礼担等。

3 川西民间家具特点

在明清时期，四川先后两次出现大规模的移民活动，也就是人们常说的“湖广填四川”。两次大规模移民活动给川西地区带来了生机，也为川西民间家具行业输送了大批不同地区的匠人。正是这些匠人，丰富了家具品种和装饰。他们相互影响，推动了川西民间家具工艺制作水平不断提高。

3.1 材 料

材料是构成家具的物质基础，也是表现家具设计艺术的主要因素之一。民间家具选材一般是就地取材，因地制宜。川西民间家具主要是以实木为主，常见的种类有楠木、柏木、杉木、松木等，除此以外还有竹材和石材等虽然这些材料取自民间，价值一般，但制作的家具舒适、高雅、经济，反映出民间对家具的要求和喜好。

楠木是中国古典家具重要的木材之一产于我国四川、云南、湖南、广西等地，在四川主要产于川西雅安、都江堰一带。据《博物要览》记载：“楠木有三种，一曰香楠，二曰金丝楠，三曰水楠。金丝楠出川涧中，木纹有金丝，向明视之，闪烁可爱，楠木之至美者，向阳处或结成人物山水之纹。”在川西民间家具中，楠木除做几案桌椅之外，主要用于做罗汉床、柜子和书架，也可用来装饰柜门或制作文房用具。

柏木在我国的四川、湖广、福建等南方各地均有分布，其中以四川生长极其集中，分布最广。川西重镇大邑，历来以出产柏木而闻名于世，是中国传统的柏木养生文化的发祥地，同时，也造就了川西成为制造柏木家具最集中的地区。柏木为有脂材，具有材质优良、质地坚硬、纹理直、结构细、耐腐等特点。正因为柏木有其独特的优点，是硬木之外较名贵的材种，自古被广泛应用于房屋修建、制作家具和沐浴桶、造船。特别是在川西地区，民间更是以其为制作家具的首选木材。

杉木材质较软，具有易干燥、变形小、不翘裂、耐久性能好、易加工等特点，是建筑、造船及各类家具的常用材料，尤其是川西民间普通家具，应用极广。松木材质松软，易于加工，变形小、但较易腐朽，高级家具多不使用，多用作髹漆家具和硬木包镶家具的胎骨。

3.2 造 型

从家具的发展史来看，家具的造型水平逐渐由低向高发展，是为了更好地满足功能的需要，体现功能的重要地位。家具不仅满足躺卧、倚坐、盛装的功能需要，还满足摆放、摆设、悬挂的功能要求，家具设计的尺度都是以人体工效学为依据，以建筑和环境空间为依托。在满足功能需要的前提下，川西民间家具造型在比例、结构、空间、疏密、节奏等的处理上体现了造型的美学法则。流畅的线条造型多变的腿脚造型，加上其表面上镶嵌的各异自然风景和吉祥图案，为家具的整体造型增添了情趣和画意，蕴含着民间艺术独特的语言。

3.3 装 饰

川西民间家具大面积使用雕、镂、刻、嵌以及金银彩绘等装饰手法。四川因盛产漆器的主要原料——漆和朱砂而成为著名的漆器制作基地，也成为我国古代最著名的漆器制作中心之一，并享有“中国漆艺之都”的美誉。川西民间家具主要运用雕花填彩、银片丝光、镶嵌描绘等传统手工技艺，其中的花填彩在国内漆饰中独具一格，具有浓郁的

地方风格和审美价值。

深浮雕、浅浮雕、圆雕和镂空雕等技法在川西民间家具中均有运用。川西民间家具镶嵌装饰最具代表性的是绵竹年画的题材技法。如汉旺椅（也称汉文椅、汉王椅），使用绵竹本地出产的楠木，运用以苏派为主的工技法，把深浮雕、浅浮雕、圆雕和镂空雕都运用其中，并用黄杨木制作镶嵌件。雕刻内容，则是地地道道的绵竹年画，表现着追求福禄寿的民俗文化。

川西地区民间家具装饰题材丰富多样与当地文化客密切相关。无论是写意的自然之景还是具有深远意义的图，都源于最淳朴的民间期望。不仅是作为一种美的装饰，更是当地民间生活的生动写实，如金鸡闹芙蓉床，在床檐和四周上遍刻金鸡闹芙蓉题材。金鸡在传说中是一种神鸡，《神异经》中记载："盖扶桑山有玉鸡，玉鸡鸣则金鸡鸣，金鸡鸣则石鸡鸣，石鸡鸣则天下之鸡悉鸣潮水应之矣。"后金鸡为报晓雄鸡的美称，是太阳的代表。而芙蓉自从蜀主孟昶城墙之上遍植关蓉花为天府之国赢得"蓉城"的美称之后，芙蓉更是成为川西地区人民的挚爱之物。雕刻中反映出：芙蓉花开枝繁叶茂、花朵娇艳，吸引了金鸡前来起舞，并引来百鸟飞翔的场景。这种对太阳和花卉的喜爱，无不透露出川西地区人民对生活的热爱和乐观豁达的心境。

虽然川西地区民间家具用料不算上乘，但其装饰题材集南北之所长，并融合当地风俗民情，无处不体现着川西地区人民对学识的追求和生活的热爱，大量用于装饰的"四君子"和"冰裂纹"，仿佛就是当年寒窗苦读的川西文人的写照。源于农耕文化的太阳崇拜则是川西地区悠久历史的真实反映。两者代表了川西地区人民对历史的纪念和未来的憧憬，深刻地体现出川西地区人民对生活的热爱。

4 结 论

综上所述，川西地区自然资源丰富，为川西民间家具的制作提供了优质的物质材料，木工匠人结合了川西地域特色和文化底蕴。制作的家具具有古朴精致、因材施艺、装饰丰富、精雕细作等特点，在突出的外表下，涵盖了川西民间的人文精神，也饱含着当时工匠们的准确、精细、自然、通理的工艺技巧和高超的表现技法，为现代家具设计提供了丰富的素材。

原文发表于《家具与室内装饰》2010 年 4 月刊第 18—19 页

面向装配的实木家具设计原则与方法

摘　要： 本文通过调查实木家具企业生产过程中出现的装配问题，总结了实木家具的装配操作要求，归纳整理了面向装配的实木家具产品设计原则与方法，并分析其应用的局限性。

关键词： 装配设计；实木家具；设计原则；设计方法

在很大程度上，设计是为了解决社会的、经济的、技术的、审美的问题，是有因果关系的活动。不同的因果关系，产品的设计方法也不同。一件产品由许多零部件组成，组装的准确性、质量、效率均会影响产品的质量和成本，而组装不仅是单纯的工艺技术问题，其源头在于设计的动机和合理性。

以组装工艺的技术条件、精度指标、效率作为主要因素的产品设计方法，称为面向装配的设计（design for assemble）方法，是产品设计方法学领域的重要分支，主要应用于对装配时间、过程的研究和较复杂的产品模式。

实木家具与其他类型家具产品相比，最显著的特点是形态较复杂，整体成型的零件数量较少，多由基本零件组装的复杂部件组成。为了避免产品结构强度降低或其他质量问题，实木家具一般采用部件装配或整体装配后销售。因此，装配是实木家具生产制造的重要环节。

经调查发现，在实木家具设计过程中，由于设计师对产品装配环节考虑不周，常出现设计过程与制造、装配过程脱节等失误。而基于装配工艺的设计，侧重于家具由零部件到产品整个过程的便利性，在确保有效制造的前提下，尽量缩短制造时间，降低成本；确保产品功能和质量的有效性和可靠性。

1　实木家具装配操作问题的统计与分析

在实木家具生产中，部件装配和整体装配工时占制造总工时的比例较高。因此，在保证质量的前提下，缩短装配工时，成为企业降低产品加工成本的主要途径。许多实木家具企业纷纷采取培训措施，以期提高操作工人的技术水平，减少装配工时，但均收效甚微。究其根源是产品设计欠合理。

对此，应企业要求，笔者所在项目组以年产值2000万元以上、生产加工基本实现机械化为条件，筛选了我国南方20家实木家具制造企业，以扶手椅、餐桌、床、衣柜、博古架等常见实木家具产品为调查对象，对部件和整体的装配过程进行现场跟踪采访，针对加工过程中的问题收集操作工人的意见，以其出现频次和对产品质量的影响程度，归纳为12项，并据此提出装配设计要求（表1）。

表 1　生产工序对装配设计的要求

序号	部件类型	制造区间	原始意见	装配设计要求
1	所有产品类型	加工、装配	零部件多，难以迅速对号入座	集成零件，使其成为一个部件
2			连接件种类多，装配专用工具类型亦多，效率低	尽可能采用标准连接件
3			对齐安装要靠操作工人眼力	提供零件对齐特征
4		装配	需将工具探入家具内部空间中进行安装，操作不便	面向开放空间装配
5			无法直向旋拧螺钉和螺栓，既不易拧紧，且不易操作	设计便于操作的螺钉、螺栓安装方式
6			拧螺丝操作空间太小，手工旋凿和机械旋凿无法施展	保留足够的空间，以保证装配工具的使用
7	架类、桌类	加工、装配	查看原始图纸耗时	零件自身具备装配特征
8		装配	零件外形相似，装配时易混淆	外观相似的零件应加以标记
9	抽屉、柜类	加工、装配	将一个零部件装入另一个零部件中时，虽然尺寸无误差，但仍较困难	嵌入式装配时，提供匹配特征
10	门类	装配	部件和产品复杂，常导致因安装顺序出错而返工	提供复杂部件的装配顺序
11	椅类、架类、桌类	加工、装配	不对称形零件装配时，常难以定位	尽可能选择形体对称的零件，不对称零件要提供定位特征
12	柜类、架类	装配	装配时需将本体多次翻转，才能完成所有零件的安装	采用单一的装配走向，避免局部组装时，对产品整体进行翻转

上述反馈的原始意见均来自生产加工、部件合成、预装、总装配等生产环节，集中针对设计的合理性和操作的有效性。

具体可归纳为：

（1）在零件装配成部件及部件装配成产品的全过程中，是由上一工序对下一工序的影响，或者某工序对全局的影响所致。

（2）某一装配工序失误，直接影响产品的整体装配质量。

2 面向装配的实木家具产品设计原则与方法

针对上述分析，结合实木家具常见的装配方法、连接方式等理论，笔者分析、归纳了面向装配的实木家具产品的设计原则与解决方案为：

（1）系统装配原则（表 2）。

表 2　系统装配原则与方法及其说明

解决方案	设计示意	设计说明
分析产品构成，划分功能构成模块		将复杂的产品解剖成易被工人理解的不同的功能模块和装配模块
保证部件组装方向向外或开放的空间		如椅子前后腿组成的框架，两边以夹紧的方式和座面、靠背连接，空套螺钉埋入座面和靠背零件中，螺栓头向外
便于定向和定位的设计		圆柱形零件两端加工出对称的两个平面，可以辅助圆柱形零件的对齐
一致化设计	在同一件产品中，尽可能采用相同规格的通用连接件（如螺钉、螺栓、空套螺钉、偏心连接件等）	避免因寻找零件增加装配时间；由于对零件熟悉从而保证装配质量

（2）局部处理原则（表 3）。

表 3　局部处理原则与方法及其说明

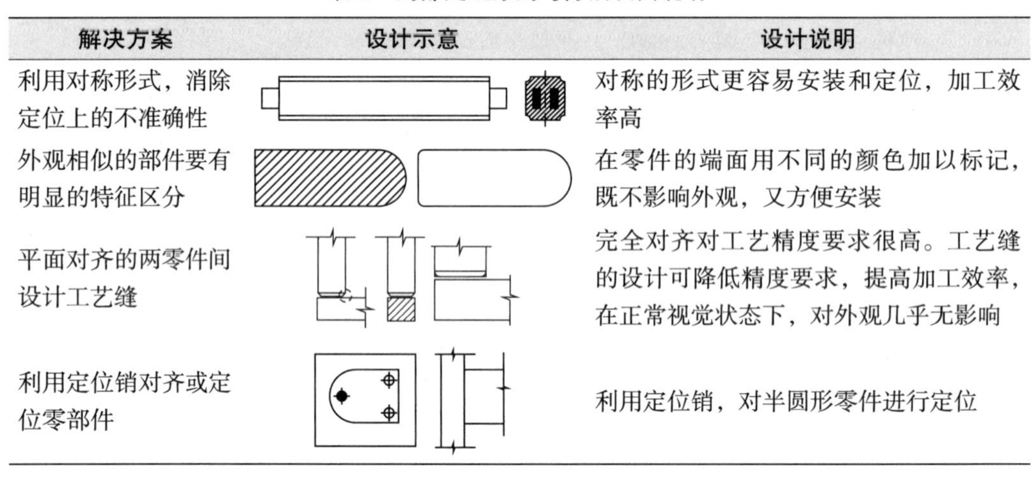

解决方案	设计示意	设计说明
利用对称形式，消除定位上的不准确性		对称的形式更容易安装和定位，加工效率高
外观相似的部件要有明显的特征区分		在零件的端面用不同的颜色加以标记，既不影响外观，又方便安装
平面对齐的两零件间设计工艺缝		完全对齐对工艺精度要求很高。工艺缝的设计可降低精度要求，提高加工效率，在正常视觉状态下，对外观几乎无影响
利用定位销对齐或定位零部件		利用定位销，对半圆形零件进行定位

（3）嵌入装配原则（表 4）。

表 4　嵌入装配原则与方法及其说明

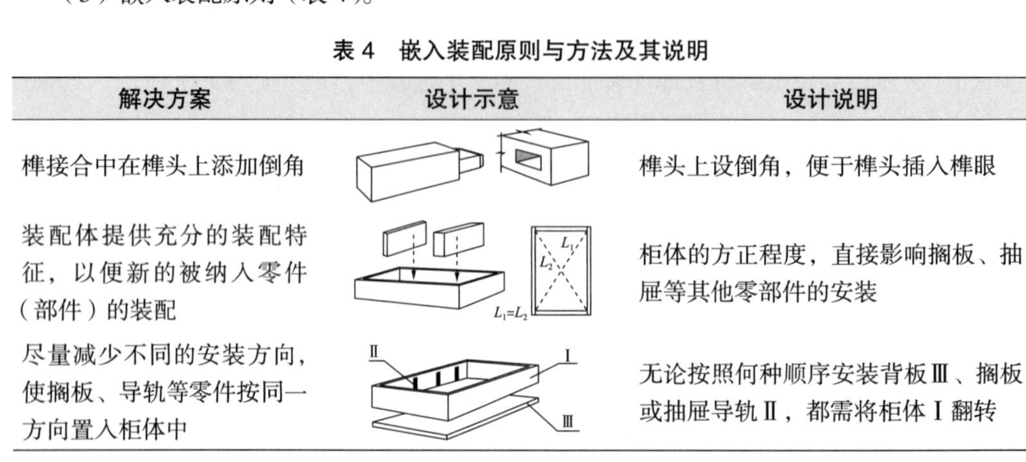

解决方案	设计示意	设计说明
榫接合中在榫头上添加倒角		榫头上设倒角，便于榫头插入榫眼
装配体提供充分的装配特征，以便新的被纳入零件（部件）的装配		柜体的方正程度，直接影响搁板、抽屉等其他零部件的安装
尽量减少不同的安装方向，使搁板、导轨等零件按同一方向置入柜体中		无论按照何种顺序安装背板Ⅲ、搁板或抽屉导轨Ⅱ，都需将柜体Ⅰ翻转

（4）连接装配原则（表5）。

表5　连接装配原则与方法及其说明

解决方案	设计示意	设计说明
选择最方便的接合方式		木制零件接合方式的便捷程度：直钉接合 > 快速固化胶接合 > 螺钉接合 > 螺栓接合 > 榫卯接合
螺钉、螺栓的法线方向		避免螺钉、螺栓的旋转方向，与安装面的法线出现夹角
保证工具有足够的运作空间	H L	“L”“H”形空间的大小，应能容纳装配用手动旋凿或电动旋凿
连接的位置选择应适当		尽可能将连接件放置在方便操作的位置

上述分析及设计原则运用于生产后，收效显著，20家企业的装配总工时均减少了20%以上。

3 结　语

设计原则和方法，与零件制造的装备条件、加工工艺等密切相关。设计的合理性与否，直接影响生产效率。面向装配的产品设计原则与方法，主要解决生产中与装配有关的问题。

装配工序的可靠性是最重要的指标，生产企业在实施装配施工管理时，在保证可靠性的前提下可按其产品、市场定位、企业实际，对上述基本原则与方法给予不同的理解与演绎。

产品设计是艺术与技术的有机结合，不可片面地强调艺术或技术。涉及制造环节的问题，还应依据制造工艺和条件另做分析。

原文发表于《木材工业》2010年3月刊第35—37，43页

传统家具文化文献中“壸门”与“壶门”之正误辨析

摘　要：“壸门”与“壶门”在传统家具文化文献中时有出现，其所指同为一物，然“壸”与“壶”音义有别，混用之下，不知孰是孰非。文章试着考证正误，得出“壶门”才是正确用词。

关键词：文献；壸门；壶门

在中国传统家具文化文献中，标注部件结构名称时，常常有“壸门”（壸，读音为kǔn）、“壸门式轮廓”或“壸门牙条”等。通查文献发现：王世襄先生、董伯信先生、王正书先生、史树青先生、田家青先生等大部分家具权威倾向于“壸门”正确，而胡文彦先生等小部分家具大师认为“壶门”正确。

“壸门”与“壶门”之间，必有正误，为此，笔者结合古代建筑与家具典籍考证，发现此造型结构正确的名称应该是“壶门”，而非“壸门”。具体例证如下。

1　语义学：“壶门”正确

1.1　壶门的历史与渊源

佛床、佛帐须弥座束腰部分各柱之间形似葫芦形曲线边框的部分，石窟中佛床须弥座及晚期壁画下部墙裙亦绘此形装饰，门中画伎乐及火焰宝珠等纹样，谓之壶门。

自汉代佛教传入至魏晋南北朝时期，佛教对家具产生了深远影响。“壶门”样式正式登上了舞台。壶门作为一种装饰在家具的使用中不断出现，由魏晋时期一直延续到明清时期。

1.2　“壸”字释义

壸本作壸，今文作壸，与壶尊之壶以一下多一“劃”（划）为异。《尔雅》云：“宫中衖谓之壸。”此处的“衖”同“巷”。《说文》云：“宫中道，字象宫垣道上之形。”新华字典中的解释与《尔雅》一致，标明为“古时宫中的道路”。在古代“壸”字还可以和“阃”通用，“阃”字的字义为门槛，特指城郭外的门槛，可借指妇女居住的内室。但无论是宫中的巷道还是内室的门，在词义上难以与中国传统建筑与家具中壶门形状的结构相关联。

1.3　“壶”字释义

《说文·壶部》：“壶，昆吾圜器也。象形。从大，象其盖也。”“壶”表葫芦义，与壶门形体特征“⌒”完全吻合，符合语言产生的大背景。在我国古代建筑与家具制作中，主要以社会中低阶层的民间工匠艺人为主体，受文化知识程度所限，对于结构部件的命名，往往联系日常生活中具体的物件，强调直观和象形。如明式家具中的马蹄脚、粽角榫、罗锅枨、壶瓶牙子等结构名词。壶门式结构的形状，其线条的波折起伏都与壶的形状相似，因此工匠们以“壶门”来命名，可谓合情合理。

再者，除了解释为与壶形似，也有可能从“胡”的转音。因为壶门式形状的装饰手法属于舶来品，是随着佛教的东渐而用于佛塔宝刹、神龛壁藏、转轮经藏等佛教建筑结构中的装饰，随后家具才逐渐吸取了这一装饰手法。例如大家熟知的胡床、胡凳之说，同理因为佛教文化原因，将之名为“胡门”也是有这种可能。

1.4　结　论

综上所述，得出两点结论：一是，壶门的特征作“⌒”形，与“壶”葫芦结构特征完全吻合。二是，壶门是西域特色的装饰样式，壶极有可能是“胡”的转音。总之，从词义角度讲“壶门”正确。

2 典籍：“壶门”师出有名

2.1　“壸门”无出处

遍阅宋代的《营造法式》、明代的《鲁班经匠家镜》、清代《工部工程做法则例》《工段营造录》等古代典籍，也未出现“壸门”一词，同时也使用了辅助软件——文渊阁四库全书电子 3.0 版，均未找到“壸门”一词，在使用辅助软件时，认真核对了原书扫描文档，确保不是数字化过程中错印误写的可能。可以断言“壸门”一词，于历代典籍中查无出处，乃后世误书谬传所致。

2.2　早有“方壶门”

南宋诗人汪莘诗人《沁园春》有云：“望蓬山路杳，万株翠桧，方壶门掩，四面红菜。”又在《好事近》写道“风日未全春，又是春来风日。不出方壶门户，见东皇消息。”根据文章分析,“方壶门”的意思应该是像方壶一样的四四方方的门。既然有方壶门一说，那就应该有“圆壶门”，而壶门门的结构特征与“圆壶门”吻合。

2.3 《营造法式》全“壶门”

中国家具与传统建筑紧密相连，涉及的具体部件结构名词，也相互一致。因此，对于中国传统家具的研究，不能忽视北宋时期的《营造法式》。

在四库全书版本《营造法式》三十四卷文字与配图中，均没有出现“壸门”一词，而全部以“壶门”来命名。例如，《营造法式》卷三在描述殿阶基中写道：“其迭涩每层露棱五分；束腰露身一尺，用隔身版柱；柱内平面作起突壶门造。”卷十中记载：“凡牙脚长坐每一尺作一壶门，下施龟脚，令对铺作。”卷二十四，诸作工限，雕木作中记载：“鋜脚壶门版，实雕结带华（透突华同）每一十一盘一功。”卷二十八：“鋜脚壶门版（帐带同）。”以上都是随意举例，但并没有出现“壸门”一词。

2.4　结　论

在历代典籍中“壸门”一词查无出处，相反都是以“壶门”出现，也没有出现对“壶门”一词的异议，可见“壶门”一词正确。

3 “壸门”一词的谬误溯源

3.1 “壸”与“壶”常张冠李戴

李延寿先生在《北史卷八十八考证》上记载：“壸监本讹壶今改正。”沈廷芳先生在《十三经注疏正字》上注释：“误室家之壸是康宁也（壸毛本误壶下同）……当为频音壸读之（壸毛本误壶）……司宫尊于东楹之西，两方壶（壶监本误后可知不出）”张尔岐先生在《仪礼郑注句读》撰写道：“尊两壶于房户间……加二勺于两壶（壶并误作壸）……两圜壶（壶误作壸）……壶禁在东序（壶误作壸）。”由此可见，在古代因为书籍记载是手写，“壸”与“壶”经常弄错，但从来没有对“壸门”提出异议。

3.2 “壶门”误写起因

“壶门”一词的误用由何处开始呢？通过查找，最先在《中国营造学社汇刊》第七卷第一期王世襄先生《四川南溪李庄宋墓》开始出现“壶门”一词：“第三格作长方形，图案外廓似壸门……最下一格又为扁方，中刻壸门……两格方格中刻门”从原文中很清晰地看到应该为“壸”字。“壶门”为何第一次出现在王老先生的书中，暂且不提，先来研究第七卷出现的另两个特例。

刘敦桢先生在《云南之塔幢》文章中对妙湛塔评述：“下部台基两层，稍高峻，表面隐起门柱及壸门牙子。”以及对大德市双塔描述：“隐起间柱与壸门牙子，其上覆以……”前两处“壸”的字迹已经模糊不清，但从文章后面一句描写慧光寺塔时：“处上层台基表面，饰门柱及壸门牙子……”可以看出应该为“壸门”。梁思成先生在第七卷第一期《记五台山佛光寺建筑》对经幢描写道：“……束腰部份收分甚锐，每面镌壸门……”从字迹里很明显看到是“壸”字，但在第七卷第二期《记五台山佛光寺建筑续》原文如下：“其上束腰……每面作‘壶门’四间，剔透凌空……”为何一、二期描写同一个装饰结构，版本不一，而又没有注释过此变化。从以上两个例子可以说明两点：一是第七卷一、二期真迹模糊，容易造成视觉错误。二是刘敦桢先生和梁思成先生认同“壸门”非“壶门”。

现在来谈谈王世襄先生文中的“壶门”，本想寻找王老先生以前的著作但无所收获。可意外地发现原来这个“壶门”不是王老先生亲自研究所得，有例为证，在《锦灰三堆——王世襄自选集》第70页左下角有个对“壶门”的注释“见《营造法式》卷三，引文中的坐应通座，壶应作壸，是经研究此书的学者作过校勘订正。”根据推测，依据应指的是梁思成先生主编的《营造法式注释》。

可“壶门”第一次是在王老先生文中所发现，作何解析？只有一种可能，那就是当时王老先生的“壸门”不是“壶门”，而是“壸门”，有可能是笔误，也有可能是王老先生的书写习惯，毕竟“壸”与“壶”只差一画而已。

更况且是第七卷最后两期才出现的，这样的“异常”也属正常，因抗战爆发搁置七年之久才重新开版，当时印刷条件极其艰苦，采用手写然后用毛边纸石印的方式，印刷品质非常差，故疏漏难免，在这两册书中勘误标明的笔误就达一百多处。但与之相比，前六卷印刷效果较好，从第一册至第二十一册所有论文著作中，对于壸形结构名称皆以“壸门”标注，未出现“壶门”字样。

3.3 “壸门”误写发展

建国后编辑出版的简体版《营造法式注释》把“壸门”正了身，即在梁思成先生《营造法式注释》· 卷三 · 殿阶基 · 注释十六：“‘壸门’的壸字音捆（kǔn），注意不是茶壶的壶。参阅‘石作制度图样二’叠澁坐殿阶基图。”这样突然从“壸门”到“壸门”的转变未做任何考证，以梁思成先生做事严谨的风格，怎么会随便加个注释而不求甚解。从书中前言了解到梁先生未能亲自对“注释本”上卷的脱稿做最后的装饰和审定，而编者们是在遗稿的基础上整理、校补，难免会出现纰漏。更何况“壸门”与“壸门”在第七卷最后两期都出现过，给后来审稿者造成一定的困扰，才会有没有任何注释的情况下突然从“壸门”变成“壸门”。但简体版《营造法式注释》的解释显然成为了后来学者一个范本，新中国成立后出版的书籍将梁思成先生早期文章中写明的“壸门”全部改为“壸门”。王世襄老先生以《营造法式注释》为依据，在后出版的书中都是以“壸门”出现，而王老先生又是家具行业的泰山北斗，自然而然,“壸门”就得到了家具行业的认同。

3.4 结 论

《中国营造学社汇刊》后两期印刷品质是直接原因，造成了会刊中有“壸门”也有“壸门”，给后来学者造成了一定的迷惑。更不幸的是，梁老先生的著作《营造法式注释》并没有经过本人最终的审核，“壸门”变“壸门”很有可能是后来学者通过自己的研究加上去的，才至于在注释中根本就没有说明转变的原因，大家又是以此为样本，“壸门”一词便真正“诞生”。“壸门”一词又在王老先生著作中多次出现，加快了大家对“壸门”的认知度。于是，“壸门”与“壸门”之争没完没了。但从以上考证可以看出：“壸门”正确。

原文发表于《家具与室内装饰》2010 年 7 月刊第 54—55 页

基于功能的老年人床设计研究

摘　要：本文在功能设计法的指导下，通过研究老年人的生活习惯和睡眠的生活行为，例举老年人睡床的功能，剖析这些功能，并分析和优化实现功能的方法，进而设计适合老年人使用的床。

关键词：家具功能设计；功能设计法；老年人

人口老龄化是当今社会的又一重大的主题和社会问题，在全面构建和谐社会的进程中，解决老龄化问题是迫在眉睫的话题。针对目前越来越庞大的老年群体与逐步壮大的老年人消费市场，如何设计老年人家具成为家具设计界面临的现实问题。

1 家具设计与功能设计法

家具是指在日常生活、工作中供人们坐、卧、支撑或储存物品的器具的总称，它是一种或几种使用功能的载体。因此，在进行家具设计时，可以首先从功能的角度出发，对设计对象进行分析、来决定其造型和结构。家具功能设计法是先根据人们的需求对家具功能定义来确定总功能，然后将其分解成不同的子功能直到不能再分时构成了功能要素，再逐一实现各功能要素的解决办法即寻求各种功能的载体，最后对各分功能方案排列组合、优化形成若干可行性整体方案。

2 老年人生活形态概述

老年人在卧室的时间较长，床是其使用最频繁的家具类型之一。床是一种典型的功能性家具、功能设计法的基本原理适合床的设计。

对于老年人来说，床不仅仅是用来睡眠的，它还可以辅助他们来完成一些其他生活行为。按在床上的姿态来分，主要有躺、半躺、坐 3 种；按在床上的动作来分，主要有上床、下床、翻身等。另外老年人在床上和床边可能发生的行为，比如很多老年人有床上阅读的习惯；对需要依靠拐杖行走的老年人而言，拐杖的摆放动作不可忽视。还有些老年人会因各种疾病造成生活不能自理，需要服侍、辅助大

3 老年人床的功能分析

研究老年人的生活行为，分析其对床的功能需求，为老年人提供一个既舒适又安全的睡眠环境。其包括基本的睡眠功能，如床的平台设计、高度调整等，还有舒适安全功能，如床扶手、体位调整、枕头放置位置以及阅读便利等设计。此外，还有其他便利设施，如可能的照明设施等，以满足老年人在使用床时的各种需求。

❹ 床功能的例举、优化、分析与实现

4.1 基本功能

床最基本的功能是睡眠。因此，可将其定义为“具一定高度的水平面平台”，包括“具一定高度”和“水平面平台”两个因素。“一定高度”的实现途径有支撑件支撑、悬挂、从侧面将床屏固定3类；“平台”可能为整体的和分散的。

4.2 特殊护理功能

老年人因各种疾病造成生活不能自理会遇到需服侍、辅助大小便的情况。针对这一情况，设计合适的床垫。A为床头，固定不动，B为一活动台面，可左右移动，C为未封口的床沿，可将便盆放到合适的位置，D为床尾。铺床时，以A、B间的交界线为界限，上下两段分开铺，当老年人需排便时，只需要将B活动台面向左侧拉出一段距离，从C处放入便盆，老年人即可实现排便，排便后也方便还原。

4.3 体位调整功能

除睡眠外，在床上的姿态和动作有很多，如坐、半躺、翻身等。根据体位调整示意可将床体和床垫设计为“三折式”结构来满足这个功能需求，运用技术手段来实现床体体位调整功能。

4.4 床扶手功能

这一功能是基于老年人上下床的安全性考虑的，可在床的两侧或一侧设置扶手。从灵活程度而言，扶手可分为固定式、滑动式、可伸缩式3类。

4.5 其他功能

根据老年人生活行为，我们可以在遵循“在不影响整体功能”的前提下增设拐杖搁放功能和床上阅读功能，拐杖搁放功能的实现可在适当的位置，如床屏添加一构件（U/L形）或单独用支架形式。而床上阅读功能则需满足两个因素：一是小型的工作台面，二是照明设施。其中照明可用内置灯管或独立的家用型灯具实现。工作台面的实现与床平台的实现类似，可能为整体的和分散的。

4.6 床整体方案

针对各分功能的实现途径，挑选一个可行的方案，并将各方案组合、优化，最终得出老年人床的整体方案。该老年人床的设计充分考虑老年人的生活行为需求，具有睡眠、体位调整、拐杖搁放、床上阅读、床扶手、辅助护理等功能，是一款基于老年人生活形态所设计的功能性家具。

❺ 结　论

①功能设计法是家具设计的一种普遍性方法，可以用来指导具体的家具产品设计实践。②对设计受众的生活行为分析是功能设计法的基础。③产品设计时，实现某种功能的方法不是唯一的，即功能的实现技术途径是多样的。④盲目堆砌各分功能方案是不可取的，家具产品设计是功能优化与协调的过程。

原文发表于《家具与室内装饰》2010年8月刊第66—67页

论木质户外家具的场所适应性

摘　要：木质户外家具与场所有着紧密的关系，应充分考虑其场所适应性。木质户外家具的材质应适应场所的露天性及气候的影响因素，选用实木时需及时做好油漆和防腐处理；功能设计上应考虑不同的场所诉求；形式设计上应找到与场所相呼应的元素；情感设计上应根据不同场所的特征，充分考虑在不同场所中影响人们情感的因素，并将这些因素融入设计中。

关键词：木质；户外家具；场所；适应性

户外家具一直被人们比作为人与城市环境和谐相处的纽带。随着城市休闲时代的到来，户外家具的建设越来越受到人们的关注。户外家具不仅给人带来功能使用上的方便，还体现了场所的精神气质，给人以审美享受和精神愉悦。木质户外家具以其自然、朴实、生态、健康和高品位的特性，在公共绿地、庭院、街区等被广泛应用。但在很多应用案例中，木质户外家具与场所的适应性问题没有得到足够的重视，出现了诸如家具与场所的风格不统一，家具的形式千篇一律、材料选择不当等问题。因此，有必要对木质户外家具的场所适应性进行深入的研究。

1　户外家具与场所的关系

（1）户外家具的定义。户外家具是相对户内家具而言的，是指在户外空间（包括室内到室外的过渡空间）中满足人们进行户外活动需要的，供人们坐、卧或供物品储存和展示的一类器具，也可理解为环境设施或城市家具。有休息设施（座椅等），信息设施（标志牌、指示牌、简介牌等），卫生设施（垃圾箱、饮水器、移动式厕所等），服务设施（电话亭、报刊亭、邮筒等），交通设施（候车亭、自行车停放架、路灯、护栏等）等。户外家具和一般家具的区别在于：户外家具具有普遍意义上的公共性和交流性的特征。

（2）场所的内涵。从广义的角度讲，有人存在和使用的空间均可称为场所。场所是人的行为事件发生的具体环境，是物质形态、质感、颜色以及人类精神具体表现的组合。场所的性格建立在场的地域特征的基础之上，其内在含义为场地的场所精神。地域特征可理解为场地表象的、可被人感知的自然特征；场所精神可理解为场所中包含的人文思想与情感的“意识集合”，它利用建筑、景观、人文等要素与人产生亲密的关系。

（3）户外家具与场所的关系。户外家具作为城市必不可少的“生活器具”与环境要素，必然与场所有着密不可分的关系。城市是建筑、场地与道路等实体要素的聚集，进而产生街道、庭院、广场等户外空间，这是城市的机能。上述街道、广场等场所的作用正如建筑内的走道或门厅的作用，在某种意义上，这些户外空间同样具有户内空间的性质，并通过家具的设置才能显示或体现该场所的性格特征、特定的功能和形式。户外家具不应作

为独立的个体或单纯的空间功能载体而存在，相反，应成为一种整体环境控制下的场所系统中的一部分，体现场所的功能特征，确定场所的秩序，丰富城市景观环境的内涵。

❷ 木质户外家具材质的场所适应性

木质户外家具的材质主要有实木和木塑材料两种。

实木是一种天然的家具材料，主要选用柚木、紫檀、杨木、麻栎、香樟等木材为原料，具有优美的自然纹理与亲和的色彩表现，并给人以冬暖夏凉和健康舒适的感觉，为场所赋予了自然、健康、“以人为本”的精神气质，这是其他硬质材料所不及的。在设计时应充分考虑到实木的露天场所适应性，选用干燥、坚硬耐用、防腐蚀性能较好的木材，并进行油漆和防腐处理，以减缓实木家具被风吹日晒所造成的氧化、开裂、变形和腐朽等。在使用过程中，应加强保养，每年在雨季或冬季来临之前进行油漆等保养处理。虽然实木户外家具不可避免地会出现褪色、老化及轻微开裂等现象，但大众对实木户外家具的喜爱并不因此而减退，或许因为这些现象正表达了实木的天然与真实，符合了人们对自然与真实之美的期盼。

木塑材料是近年来发展起来的一种新型复合材料，具有质轻、刚性大、耐酸碱、防水、防虫、环保等特征，其手感与视感极像实木。木塑材料既可像木材一样钉、钻、刨、锯、胶合和油漆，也可像热塑性塑料一样成型加工和表面装饰印刷。木塑材料是一种具有极佳适应性的户外家具材料。户外家具对材料的耐气候性能要求较高，木塑材料能够满足这一要求。阳光中的紫外线能使大多数塑料制品老化加速，但木塑的木粉能有效防止紫外线进入材料内部，从而延长户外家具的使用时间。从经济因素分析，木塑材料比实木材和金属材料的生产成本和维护成本都要低，这也契合了建设节约型社会的要求。

❸ 木质户外家具功能的场所适应性

功能是户外家具场所适应性最基本的要素，是人与场所关系和谐与否的重要体现。按照使用功能的不同，户外家具可分为坐卧、收纳、照明、信息、景观等类型，设计师应根据不同的场所需求设计与其相适应的户外家具。例如，商业步行街的场所属性主要是购物，相对人流量较大而场地较窄，其场所对户外家具的功能诉求主要是为购物者提供良好景观和短暂休息的设施，并附带照明、收纳、信息等基本功能。再如，旅游性历史景区的场所属性是观赏、流动与识别，相对人流量较大而场地较窄，其场所对户外家具的功能诉求主要是为旅游者提供信息、良好景观和短暂休息的设施，并附带照明、收纳、信息等基本功能。如乐山大佛景区内的户外家具就以信息栏、指示牌、座椅为主，适应了场所的功能需求。而场地较为开阔的公园、景区等游憩场所，其户外家具的功能则应较为全面，应增加交通和服务方面的户外家具。如厦门园博园为适应园区面积较大的特点，设置了候车亭、售货亭、指示牌等功能全面的户外家具。

❹ 木质户外家具形式的场所适应性

从外观形式而言，户外家具不仅美化了城市，给城市带来了生机与活力，而且在一定程度上满足了消费者的视觉需求和审美需求。但目前木质户外家具形式的场所适应性表现得并不突出，不少木质户外家具甚至无视地方文化，无视历史文脉的继承和发展，无视场所周围景观环境、生态环境的整体和谐性，导致统一化、雷同化或“异类”化等倾向蔓延，造成了审美的不和谐。

不同形态的场所需要有与其相适应的户外家具形式。在满足基本使用功能的前提下，不同形式的木质户外家具带来的审美感受是完全不同的。具有较好场所适应性的户外家具形式，往往能与场地氛围完美结合，进而凸显、强化场所的空间气氛。例如，具有强烈地域文化特色或者主题类场所，如历史文化街区、主题公园等，在设计时可把最能代表场所特征的某一具象或抽象的形态融入户外家具外观造型上，使其外形具有某一具象或抽象形态，以达到与特定场所形态相统一的目的。丽江古城街道上的信息栏的设计正是运用了与整体环境相适应的纳西建筑形式，具有鲜明的民族特色。如果是特色模糊、气氛沉闷的场所，如市民广场、旧城社区等，在设计时也需找到与场所相呼应的元素，设计出具有特色的木质户外家具，以弥补场所特色的模糊性或改善场所气氛的沉闷性。

5 木质户外家具情感的场所适应性

情感的场所适应性是指木质户外家具需从人的角度出发，综合考虑人的认知与情感，并将这种认知与情感与具体的场所特征相结合。设计时应根据不同场所的特征，充分考虑在该场所中有可能会影响人们情感的因素，并将这些因素融入设计中，使人们能够结合自身的文化、经验和历史背景等因素，对户外家具的价值进行判断，产生相应的情感。

木质户外家具的情感可分为直观情感、行为情感、反思情感 3 种形式。直观情感表现为木质户外家具的外在形态带给使用者最直接的心理感受，这种情感主要是由形状、色彩与材质等外观特性所引发的。公园里的休闲长椅随路径的变化而蜿蜒设置，其温暖的色彩、柔和的质地、流畅的造型，充分体现了木质户外家具的材质优越性，并给使用者带来愉快、轻松、舒适的心理感受。行为情感是指户外家具在使用过程中，因人的参与而被唤起的一种心理感受。设计时要使户外家具便于包括老人、小孩、残疾人在内的各种人群安全使用，细部设计要符合人体尺度的要求，且布置的位置、方式、数量应考虑人们的行为心理需求特点。反思情感是指户外家具形态所包含的某些信息在引起人的联想、共鸣和思考之后，所产生的一种高级的、深层次的心理感受，如温馨、甜蜜、感叹、崇敬等。反思情感也跟人的经历、文化背景有关，使生活在场所中的人们产生归属感、自豪感，从而激发对场所与生活的热爱。

木质户外家具本身是没有情感的，只有当它与所面对的场所使用者的情感需求相适应时，才表现出一定的情感性，才真正体现出它的设计价值。

6 结　语

对木质户外家具场所适应性的思考，应从整体性、系统性的观念出发，充分考虑具体场所的特征及其历史文化脉络，考虑场所中人的情感。这样，才能设计出具有良好的场所适应性的木质户外家具，以更好地塑造场所的精神与性格，创造出最佳的场所使用状态，最大程度地满足人们的视觉享受与精神需求，营造美好的城市户外生活环境。

原文发表于《包装学报》2010 年 4 月刊第 55—57 页

增强板木家具实木感的设计方法

在绿色环保理念的感召下，实木家具成为消费者喜爱的家具类型，但随着木材价格的上涨，实木家具产品的价格随之攀升，一般消费者难以承受这高昂的价格。这种矛盾导致了“板木家具”（frame-board type furniture，FBF）的诞生。板木家具是外形介于板式家具和框式家具之间、给人以实木造就之观感的一类家具的总称。其产品可以用实木材料制成，但绝大多数的产品是用人造板材料替代实木木材。它既迎合了消费者对实木家具的消费需求，也减少了实木消耗量、降低生产成本、方便产品加工生产。近年来已经成为了我国家具市场的主流产品类型。

用非实木木质材料制造具有实木感产品的做法，可以认为是一种设计技术。

1 家具构件的“实木感”及其塑造方法

依据人们对实木家具进行辨析的各种经验和常识，对观察对象进行感知，进而做出“家具材料是否为实木木材”的判断。所谓家具的实木感，是指家具所表现出来的、能被消费者感知为实木家具的综合感觉效应。

影响家具实木感的因素很多，最主要的有如下 4 种：

（1）家具整体形态、整体结构、表面特性、局部结构和局部特征的视觉效应。

（2）家具材料表面的触觉效应。

（3）家具质量感、材料气味的辨析等判断。

（4）其他关于实木家具的经验。

分析上述因素，可以发现：家具构件具有木材外观的，实木感强。家具构件非木材外观的，具有模仿的实木感。

2 增强实木感的设计方法

2.1 框式结构形态与板式结构

在人们对家具的体验中，框式家具是传统家具的主要形式，而传统家具一般都是用实木制成的，尽管材料品质有高有低，“框式结构”几乎成了“实木感”的代名词。相反，人们会将板式结构、板式构件与人造板为基材的板式家具联系在一起，认为它们是一种非实木类家具，“实木感”自然也无从产生。因此，让家具的外观形态呈现框式结构形态，有助于提高家具的“实木感”。

2.2 细节设计

人们判别家具是否为实木家具，往往是从“细节”上加以判断。因此，赋予板木家具类似于实木家具的细节，可以增强家具的实木感。

通过查看木材的纹理可以做出是否为实木家具的初步判断。实木的纹理反映木材生长的客观规律，不同方向上的纹理也呈现出不同的图案特征。在对板件的表面用薄木进行覆面和封边处理时，如果违背实木木材纹理方向的规律，则会弄巧成拙。

实木家具的实木构件在装配时，由于加工误差和装配误差的存在，两零件间的接合往往会出现错位现象。实际生产中，在两零件的接合部位切削出“工艺缝”，以便在视觉上消除这种错位。由于绝大多数生产厂家都采用这种方法，“工艺缝”也成为了判断是否为实木家具的细节。板木家具也常常采用这一技巧，以增强家具的实木感。

实木家具一般采用榫卯结构，这些结构形式在外观上可以直接反映出来。基于实木家具的这种“印象”，设计板木家具时，可以采用这些结构形式，甚至可以以装饰的方式来呈现这些局部结构形态，以增强家具的实木感。

2.3 完全实木感的构件及其加工工艺

板件和方材构件是板木家具的主要构件形式，分别对板件和方材进行加工，并使之具有实木感，将为板木家具整体的实木感打下良好的基础。因此，让零部件本身就具有较强的实木感，是增强板木家具实木感的最有效的方法。

使板木家具的主要板材构件具有实木感的加工方法是用实木薄木或仿真性极强的覆面材料对板件的表面和周边进行覆面和封边处理。

用覆面的方法同样也可以使方材构件具有实木感，但其端面加工较为困难。如果是实木家具，方材构件的端面一般应呈现木材的横截面，即反映年轮的纹理特征。虽然可以用横切面的薄木对构件端面做覆面处理，但其胶合强度一般较低，容易发生开胶现象，且横切面的薄木非常容易破碎，施工时有一定的难度。采用实木与人造板集成材组拼构件的方法，可以较好地解决这一问题。

2.4 表面涂饰技术

按照人们对木材的认识，木材纹理的色彩变化丰富、导管孔外露明显的制品，其实木感也较强。根据此经验，可以赋予板木家具较强的实木感。

板木家具的表面覆面材料如果是非实木的，则可选择表面色彩接近实木色彩且变化较为丰富的覆面材料。如果采用薄木覆面，则可作巧妙的着色处理，即通过“擦色”：面色和底色同一色系且与木材的色相相同，用彩度较低、色泽较深的染料着底色，用彩度较高、色泽较浅的染料着面色。着色后再进行涂饰处理。

如果覆面材料是薄木，做“开放性”涂饰处理则更能增强家具的实木感。但对薄木材料有较高的要求：一是应选择导管孔外露明显的材种，二是应保证薄木的厚度不得小于0.5mm，否则，不仅“开放性”涂饰的效果不明显，反而会使家具表面涂饰质量降低。

3 结 语

板木家具往往不是用实木木材制造出来的，因而制造成本较低，并减少对木材的消耗。但板木家具销售良好的主要原因是它具有较强的实木感。因此，让板木家具具有较强的甚至完全真实的实木感，并不是弄虚作假，而是迎合消费者喜欢实木家具及其外观感觉的要求，同时也是板木家具设计和制造的主要技术问题。

原文发表于《林产工业》2011年第4期第42—43，49页

小面积住宅室内空间设计模式探析

摘　要： 针对小面积住宅“拆风”盛行的局面，从住宅室内空间的系统设计思想出发，结合小面积住宅室内设计特质进行了空间设计研究，对住户差异性的功能需求及实现方式展开了探索，并由此归纳出空间多样化设计的模式。

关键词： 小面积住宅；室内设计系统；空间设计模式

室内设计是为了适应新的生活方式，创造舒适宜人的室内环境而服务的。小面积住宅作为未来住宅商品发展的主流，因其“麻雀虽小，五脏俱全”的多样需求，引发对户型种类、平面布局、功能配置、空间变化等诸多方面的更高要求。然而，当前的小面积住宅室内设计却刮起了“拆墙风”，致使好端端的住宅建筑成为一栋栋的危楼。本文针对此现象，从住宅室内空间的系统设计思想出发，结合小面积住宅室内设计特质，对住户差异性的功能需求及实现方式展开了探索。

1　住宅室内空间系统设计

1.1　系统化的住宅空间设计

设计不是一项单纯的工作，它与社会、消费者、生产者、设计师等各种因素都密切相关。属于设计范畴的住宅空间设计也毫不例外，涉及社会、社会思想、人、人与人之间的关系、技术、艺术、市场等多方面的矛盾。这要求室内设计师将空间设计的命题加以分析，整理出具有逻辑性的思维线索，在将设计的整体看作一个系统的同时，也将设计中的个别问题或者某个具体要素也同时看作一个系统整体。只有这样才会对空间设计所涉及的诸多问题加以全面分析，最终达到满意的结果。

1.2　模式化的住宅空间设计

所谓模式，是指在一定设计思想指导下，建立在丰富的设计实践基础上的，为完成特定的目标和内容，围绕某一主题形成的稳定且简明的室内设计结构框架及具体可操作的活动程序。模式化设计是一种基于系统论及方法论的设计方法，它是将设计作为一个系统，对其所包含的内容进行分类，并归纳出合理系统各元素之间关系的方法。

居住功能的本质是为人的需要而设计的。就人类生活的主要内容来说，它包括了工作、休息和娱乐三大方面。居住建筑的主要功能就是为人们提供睡眠、饮食、生理卫生等休息的场所，根据人们的生活特征，可以将居住建筑划分为玄关、起居室、餐厅、卧室等功能空间。这些功能需求既将室内设计系统中各功能元素有机的联系和综合为一个整体，又体现了功能系统的模式化特点。

❷ 小面积住宅室内设计特质

小面积住宅“麻雀虽小，五脏俱全”的特点，意味着小居室室内设计需要面对的问题比一般住宅要多，而这些问题归根结底就是功能需求多与面积小之间的矛盾，于是，如何获取空间高利用率成为小居室实现满意室内效果的前提条件，小面积住宅室内设计因此也就具有了同一空间追求多元复合利用的特殊要求，即因小求多的空间设计特质。

2.1 以小求多的静态功能复合

以小求多的静态功能复合是将某些功能分区进行静态的合并或连接，不做明确的限定，使同一空间拥有更舒适的多样化功能。

这种设计方式需要设计者重新思考现行的住宅建筑内部的空间组织手法，将传统的空间组织进行拆解，然后按照全新的观念和手法重组室内空间，以建立起符合居住者行为规律的高效空间环境系统，最终实现以少的占地面积争取最高效使用空间的目的。比如，在洗手台旁增加一个放置化妆品、饰品配件及内衣裤之类的收纳柜，就使卫生间能轻松拥有化妆和更衣功能。以小求多的静态空间设计方式在传统的住宅设计中运用得较多，它在一定程度上可以缓解小居室面积小的压力。

2.2 以小求变的动态功能复合

以小求变的动态功能复合是针对静态刻板空间设计而言的，是指在三维基础上，利用时间差和家具的多变性对空间实行全方位借用，以提升不同时间下的单个空间适应度，满足更舒适的多样性功能需求。

这种设计方式实质是为满足不同家庭的动态生活需要，而导入的“一空间多用途”的潜伏式设计方式。它将空间的变化与使用者远近期需求相结合，通过空间偶尔的变化或频繁的变化来实现居住者有限空间的多样性需求，同时也使空间具有了“新鲜”的特质。比如，选择“来去自由”的桌、椅等家具，可以让空间既满足功能需求，又具有生动、丰富的表情。以小求变的设计方式强调以人为主体、强调人的参与及体验，体现了住宅以使用者为中心，灵活性、开放性、可参与性的居室特质，使室内空间拥有了自我完善和更新的特质，是未来小居室室内设计发展的主要方向。

❸ 小面积住宅室内空间设计

居住空间设计的基本内容：

（1）空间的组织、调整和再创造，即根据不同室内空间的功能需求对室内空间进行区域划分、重组和结构调整。

（2）空间界面的设计，即对围合空间的地面、墙面、顶面进行设计。功能多、面积有限的“小家”，需要设计师结合小居室室内设计特质进行特殊的功能整合和界面设计。

3.1 空间功能整合

以小求多、以小求变。从调整空间功能着手，将某些功能空间进行合理的合并与整合，即对性质类似的活动空间进行统一布置，对性质不同或相反的活动空间进行分离，追求空间功能的复合性：①餐厅与厨房功能复合（完全复合或部分复合）；②餐厅与起居室功能复合；③卧室与起居室功能复合书房与起居室功能复合；④书房与餐厅功能复

合；⑤书房与卧室功能复合；⑥阳台与卧室功能复合；⑦阳台与起居室功能复合；⑧阳台与厨房功能复合等。

3.2 空间界面设计

（1）地面设计。以小求多，从三维空间角度去挖掘面积，即根据功能需要适当抬高地面，形成功能多样的地下空间：①普通层高（2.6m 左右）住宅适当抬高地面，可获得储物空间、抽屉床及娱乐休闲的升降桌等多样功能，同时空间层次感也更丰富；②层高较高（一般 3m 以上）的住宅抬高地面到一定程度时，可以拥有储物柜甚至储物间，这样空间底部可用于收纳，上部可以做其他功能，可谓一举多得。

以小求变。从四维时空角度去拓宽有限空间的复合功能，即通过时间差的功能变化，来实现住户多样化物质需求。常利用地面质地、色彩和图案等的灵活变化以及与特殊的多功能家具构成一个被人感知的空间：①在室内空地铺设塑胶地砖便可形成儿童活动天地；②在地面铺设卧具用品（日本、韩国常采用）就轻松拥有了临时“卧室”等。

（2）顶面设计。以小求多，从三维空间角度去挖掘面积，即根据功能需要降低顶面，追求层次丰富、功能更多样的空间方式：①顶面局部降低，具体表现为将玄关、餐厅、卧室等顶棚高度局部降低。这种设计方式不仅能使狭小空间获得更多功能，还能使顶棚层次拥有更丰富的艺术效果；②顶面整体降低。对于某些特殊建筑（比如层高较高的坡屋顶顶层住宅）可以将顶棚整体降低，这种做法使居室在获得一个小型阁楼的同时，还有效地维护了室内温度等。

以小求变，从四维时空角度去充分利用顶棚变化，拓宽有限空间的复合功能，即通过时间差的光影变化，来实现住户多样化功能需求。比如，为了控制空间环境的整体氛围，利用人工光源来影响顶棚，使其根据室内功能需求而产生变化：白天顶面简洁明亮；夜晚顶面或明亮或柔和或色彩多变，甚至可透过婆娑的树影看见满天的星星（通过一种在黑暗中能发光的特殊墙纸，配合室内盆景植物采用自下而上的投影方式，追求特殊顶棚效果等）。

（3）墙面设计。墙面也称垂直面，包含墙、门、屏风、遮帘、衣柜等垂直方向上围合空间的各种建筑构件。

以少求多。追求“小面积，大空间”，倡导小户型建筑设计尽可能避免以实体墙来分割空间，而让室内设计师依据住户需求利用实用性强的博古架、柜子等家具及集装饰和环境过渡于一体的植物、水体、色彩、材质等来划分空间。这种设计方式不仅能使“小家”空间功能变得更丰富、更完善，而且还让人感受到大空间范围形成的虚拟小空间的存在，使空间互相渗透、互相结合，是一种可以简化装修、获得理想空间感的设计方式。

以小求变。追求空间高利用率，倡导一空间多功能，对空间采用灵活多样的分隔载体：①利用轮动的推拉门，让不同功能的空间“若即若离”，形成视觉的流畅感和延伸感；②利用收放自如的屏风、轮动的柜子、帘饰等具有分隔空间、遮挡视线、增强私密性以及空间弹性变化功能的载体，形成具备多样功能和风格的居室空间等。

3.3 空间设计策略

由前面的论述可知，追求空间高利用率的室内设计需要设计师将传统二维平面布局引导至三维、四维空间方向，充分发挥时空设计优势，通过潜伏功能载体（基面、垂直面、顶面、家具等）的变化频率（偶变或频变）来满足居住主体对生活模式多元化、居住品质多层次的需求，至此，可归纳出以下 4 种小居室空间设计策略：

（1）舒适型偶变。舒适型偶变即临时性偶变，具有潜伏功能少，短期、暂时的低频率变化等特点，适用于生活水平较高、喜欢静态型生活但又有临时性功能需求的小面积住宅家庭。常见形式有：临时性的客房、临时性的餐厅、临时性的书房等。

（2）舒适型频变。舒适型频变即个性化频变，具有潜伏功能少，长期、持久的高频率个性趣味变化的特点，适用于家庭成员结构相对简单，对住宅内部私密性要求不高，且倾向于个性化生活方式的家庭。

（3）适应型偶变。适应型偶变即阶段性偶变，具有潜伏功能多，长期、持久的低频率变化等特点，适用于生活水平较低、家庭结构周期性变化的小面积住宅家庭。这种变化方式是一个由简至繁，再由繁至简的过程，而且在这个过程中每一个变化都可以维持相当长的一段时间。

（4）适应型频变。适应型频变即经济型频变，具有潜伏功能多，长期、持久的高频率变化等特点，适用于面积小而功能要求多的经济型家庭。采用这种设计方式的家庭，往往以追求空间最高效能为目标。适应型频变使单一大空间因人而异、因时而异地拥有了备餐、聚餐、就寝及储物等多种功能。

4 小面积住宅空间设计模式

小面积住宅功能空间无论是采用舒适型偶变，还是适应型频变，或者偶变与频变兼顾，它们都以“变”为中心，使小面积住宅空间可变性呈现丰富多彩的景象。但这种“变”并不是毫无章法的乱变，透过丰富多彩的室内环境不难发现，它是依据建筑所提供的结构空间和居住者差异性的功能需求而展开的功能多样化组合和潜伏设计载体变化。在空间结构相同的情况下，这种变化具有模式化特点，就像“上帝”创造人一样——“上帝”按一种模式创造了人：两只眼睛、两只耳朵，一个鼻子、一张嘴，但人的长相却千差万别。

4.1 功能多样化组合模式

空间是人性的延伸，每个家庭的结构与生活习惯、色彩的喜好与感觉都不一样，对厨房、卫浴、起居室、卧室等空间的具体功能要求也因人而异、因时而异，由此也就形成千差万别的空间组合形式。

4.2 空间多样化设计模式

住宅室内空间设计是为居住功能服务的。当住宅功能系统具有模式化特点的同时，也给功能空间设计打上了模式化的烙印：①住宅空间设计要素构成模式化。居室空间是由地面、垂直面和顶面围合而成，并由家具进一步来凸显其空间功能，实现空间再塑造；②潜伏功能载体变化模式化。相同功能即使在空间要素相同的情况下可变化的载体亦有所不同，并由此带来千变万化的室内效果。功能潜伏设计是为空间功能多样化组合服务的，当住宅的功能组成确定以后，设计者就要对空间变化的载体——地面、顶面、垂直面和家具等进行适当选择，以形成多元化的空间格局，实现居住者对高品质生活的向往。

5 结 语

小面积住宅室内设计是一个庞大而又历时性长的系统，其内部各要素和运行各环节有着相互影响和相互制约的复杂关系。要改变小居室“拆风”盛行的局面，必须解决居住空间缩小与现代人居住行为模式日益多样化的矛盾，利用居住建筑室内空间设计系统的模式化特征，围绕构成住宅空间设计的住户差异性功能需求，将实现功能的载体模块进行多样化的组织与拼合，来获得更精密细致的功能设置和更多姿多彩的空间环境效果，让使用者在生活过程中真切地体验到享用的愉悦。

原文发表于《建筑学报》2011 年 8 月刊第 84—87 页

明式朝服柜正立面造型比例研究

摘　要： 本文以杨耀先生《明式家具研究》中所载朝服柜实例为样本，通过构图分析及测量计算等方法，得出其主视图的比例分布图表，然后依据图表总结其整体与局部、局部与局部比例关系以及装饰构件比例的特征，为明式柜类家具造型研究以及现代柜类家具正立面分割设计提供参考。

关键词： 明式朝服柜；比例；造型

在家具造型设计中要做到“增一分则长，少一分则短”，设计师往往要经过多次实验与修改，在这样的尺度把握上，“比例”起着至关重要的作用。家具的比例关系与数千年来人们对家具的认识有关，各种不同功能的家具在人们心目中形成了一种“约定俗成”的比例关系，这些比例关系自然便演化成为一种美的比例。柜类家具的功能性决定了其正立面空间划分具有多样性并且具有明显的几何特性从造型上看，柜类家具的主造型面为其正立面，水平与垂直划分皆以矩形为主，尽管这些矩形比例不一、错落有致，但仍然具有高度的统一。明式柜类家具造型简洁合度，虽少装饰却给人优雅秀美的感观，保持了明式家具形式美的特征，因此研究明式柜类家具的比例特征，可以更科学、更直观地分析其造型美的规律。更深入地挖掘其内涵，给现代设计带来启示。

朝服柜是明式大四件柜中的一种，面宽尺寸较大，因官员朝服不必折叠便可放入而得名，是明式柜类家具中平面造型十分典型的一类。本文以杨耀先生的《明式家具研究》中所载朝服柜实例作为样本，对其进行正立面造型的比例分析，研究的主要内容是朝服柜整体与局部、局部与局部之间的均衡关系以及装饰构件的造型与位置设计，只从造型方面分析其比例运用，对于涉及使用功能的方面不做研究。

1　朝服柜正立面比例测算

本文使用杨耀先生经实际测绘所得的朝服柜正视图图纸进行构图分析与比例测算。朝服柜分为顶柜和主柜两个主要部分，面宽尺寸较大，为了不使柜门过宽，合页负载过重，故增添了“余塞板”，余塞板由攒边装板穿带造成，合页即钉在余塞板的边框上。此柜通体光素，牙板有简单雕花，除靠木材天然纹理外，还利用了铜饰件的造型来取得装饰效果，使用的是比较简单常见的长方形面叶及合页。通过测量计算及构图分析整理总结数据。

2　比例特征分析

从整理数据得出，柜子正立面造型中，使用频率最高的比例为黄金比和 1∶1 正方形

比，其次为 2∶1，还有部分构件使用 $2:\sqrt{3}$ 等根号比以及其他特殊比例等比矩形。具体比例分析如下：

2.1 柜子整体与其主要构件之间的比例关系

从整体上看，柜子本身为一个边长比为 1∶2 的矩形，同时，柜子的主要水平划分比即顶柜与柜子下半部分的高度比为 1∶2，顶柜柜门也采用了 1∶2 的比例。

由此可以看出，柜子的整体以及主要构件的比例均为整数比或黄金比等经典比例，并且主要构件的比例与柜子整体有一定的对应关系，从整体到局部有比例的延续，这样的比例构成使柜子的划分更加协调，使主次更加分明。

2.2 柜子主要构件之间的比例关系

有些顶柜两扇柜门形成的矩形、主柜整体以及余部划分均为正方形，上、中、下 3 个部分的正方形设计形成呼应关系，使柜子整体更加均衡。

一些主柜中，3 片长方形铜质面叶与主柜余塞板外轮廓采用了相同的比例，也就是说它们是两个等比矩形。这样的比例关系强调了柜子主要部位与次要部位的从属关系，铜饰件作为柜子的次要部位，通过与柜子主要构件的比例呼应，起到了协调的作用，使柜子看起来更具整体感。

2.3 装饰构件的设计比例

有些柜造型简洁，铜饰件的使用巧妙关键。虽不是柜子的主要构件，却是关键构件，因此在此单独进行分析。

首先从造型方面看，柜子的面叶及合页均为长方形。顶柜上 3 片面叶组成的矩形与 4 个合页的外轮廓均采用了 $\sqrt{2}:1$ 的比例，另外一种主柜上面叶与 4 个合页采用的比例也相同，但却是与顶柜上不同的黄金比，二者均使用了数学上经典的比例。由此可以看出此柜设计的精细之处，由于顶柜与主柜柜体比例的不同，在不改变铜饰件造型的前提下，通过铜饰件比例尺寸的变化使之在造型上与所在柜体更加匹配。其次，主柜上铜饰件采用的黄金比与顶柜柜体外轮廓的比例相同，还突出了比例上的从属关系，形成上下呼应的关系。

面叶位置的分析：一些顶柜上面叶的几何中心与其本身的几何中心重合，主柜上的面叶的几何中心则是主柜高度上的黄金分割点。对应顶柜与主柜柜体的比例，不难看出，对于顶柜黄金矩形的外轮廓，面叶位于其几何中心协调恰当，而主柜本身为正方形，若面叶设于其几何中心未免呆板无趣，于是该柜设在其黄金分割点上。同时顶柜、主柜上面叶位置的分割比例与对应柜体外形的比例相互呼应，使整体协调统一。

合页位置的分析：从构图上分析，有些顶柜上的 4 个合页的外角点均在顶柜矩形的对角线上，而主柜矩形对角线则穿过主柜 4 个合页的内角点。

3 结 论

正如古斯塔夫·艾克先生在《中国花梨家具图考》中所述：明式家具有“准确无误的比例感”。数据的准确性是家具设计的美学元素，精确的比例设计在此件朝服柜上体现得淋漓尽致。虽然无法了解柜子的设计过程，却能通过分析它的比例特征体会当初设计者精细的用心。通过上面的分析不难发现，这件朝服柜的整体、主要构件及装饰构件的造型及位置的比例皆为整数比（1∶1、2∶1）、黄金比（5∶8）、根号比（$\sqrt{2}$∶1、$\sqrt{3}$∶1）、等比数列比等经典比例，每一个构件的比例都仿佛经过精细的计算，包括装饰构件的细小尺寸都不是随意设定，有着细致而丰富的变化。整体与主要构件之间、主要构件与装饰构件之间，用比例上的延续和呼应，使整个柜子主次关系、从属关系明确，并且极具协调性和整体性。综合来看，柜子造型简洁，其中包含的比例却丰富而有序、主次分明、协调合度、细腻精妙，充分体现出明式柜简洁却不简单的个性。

作为明式柜类家具中非常典型的一例，该朝服柜表现出了明式家具惯有的简洁合度的腔调，其比例的运用法则可以为现代柜类家具正立面分割设计提供一定的参考。通常所说的一种风格的家具，它们必然应具有某一种统一的性质，从优秀中国传统家具中探索造型规律，是发扬中国本土设计文化的一个突破口，那么明式柜类家具在比例上是否也具有统一性，还有待进一步研究。

原文发表于《家具与室内装饰》2012年5月刊第22—23页

竹集成材家具开发探析

摘　要： 作为世界上竹林资源最为丰富的国家之一，我国的竹类种属占到的世界竹类种属总数的 1/3 左右。竹集成材作为一种新型工业材料，其不仅物理、力学性能优于传统木材，且在加工、环保等方面也有着独特的优势。竹集成材家具的开发在缓解了木材供应缺口的同时也使得竹林资源得到了更加充分的利用，呼应了构建"两型社会"主旋律。竹集成材家具的开发中必须彰显竹材的本质特色，在设计上要符合个性化及信息化；同时，应大力开发复合型材料的健康型家具，走自装配板式部件标准化生产道路。

关键词： 竹集成材材性；竹集成材家具；开发设计；开发方向

我国是一个森林资源非常匮乏的国家，长期以来对森林资源的开发和利用也存在着种种不合理之处。随着近年来构建"两型社会"主旋律的唱响，生态环境的保护得到了空前的重视，天然林地的限伐政策和举措也越来越严格，木材的供应情况已日趋紧张。有专家预计，我国在 2012 年的建设和发展中将会出现 6500 万 m^3 以上的木材供应缺口。与此同时，我国的家具制造行业也在社会经济发展的推动下取得了长足的进展。面对木材供应日渐匮乏的现状，广大的家具制造厂商已经把目光投向了资源丰厚、材质坚韧且轻便环保的竹材。

作为一种新型的家具基材，竹集成材是先将原竹经过锯截、开片、粗刨、精刨加工成特定规格的矩形条状竹片，经过"三防"处理（防腐、防霉、防虫等处理）或碳化，再由干燥、施胶、选片、组坯、热压、砂光等一系列工艺加工而成。无论是传统的原木家具，抑或是框式、板式和弯曲型家具，都能使用竹集成材加工制作而成。由于其自然环保、简洁大方、美观耐用等特性，竹集成材家具已经成为了家具市场的新宠，备受人们的青睐。因此，进一步的研究和发展竹集成材家具对中国的家具行业有着重要的意义。

1 竹集成材优良的性能奠定了其家具产品巨大的开发空间

1.1 竹集成材具备更好的物理及力学性能

相较于家具制造常用的传统优质木材，竹集成材的抗拉性、抗弯性、抗压性及弹性模量都具备明显的优势。

1.2 竹集成材具备良好的加工性

竹集成材的加工方式多种多样，如削刨、打孔、镶嵌、表面烙花、覆面及组合装配等。并且竹片上竹节的弦面及径面无需封边，其本身就具备一定的装饰性，能体现出竹材的清新怡人的天然美学要素。

1.3 竹集成材是一种绿色设计

目前，我国生产的竹集成材基材主要使用的是改性脲醛树脂胶等无毒或低毒的胶黏剂。竹集成材家具以板式拆装型家具为主，表面的涂料装饰多为绿色环保型水性涂料和聚脂涂料，几乎不使用有机溶剂，并且其释放出的危害人体健康的甲醛、苯等有害气体要远远低于传统的木材板材家具。因而，竹集成材家具不仅在生产的过程中更加的绿色环保，使用的过程中也更加的自然健康，更适合于现代人的消费理念。

以上的几点特性充分的体现出了竹集成材作为家具基材的优越性与天然性，更由于具备丰富的原料资源使得竹集成材家具的开发具有良好的潜力和前景。

2 竹集成材家具的开发设计

传统家具的开发与设计是为了给人们的生活、生产及娱乐等方面提供便利，以满足人类的生理需求为基础和宗旨。随着生产力的发展、社会的进步，人们在物质水平得到极大提高的同时对家具的样式及功能提出了新的要求，家具的设计也向着生态化、人性化及智能化不断靠拢。因而，竹集成材家具的设计与开发也要在保证实用性的基础上兼顾自然环保、人性关怀及高效智能等方面。

2.1 竹集成材家具开发设计要彰显竹材的自然本质

社会的飞速发展难以避免的为环境带来了各种各样的污染与喧嚣，人们在快节奏的工作和生活中更加注重对恬静自然的追求。家具作为营造室内环境的重要组成部分，也必须起到满足人们渴望的作用。因此，竹集成材家具的设计需突出竹材自然的纹理、质感与色彩等特性，通过彰显竹材的自然本质来满足人们回归自然的心理需求。

2.2 竹集成材家具开发设计要彰显个性化

目前的竹集成材家具多以板式或框式结构为主，以往的开发设计往往充斥着千篇一律的方盒子、直上直下或斜面等。要寻求传统上的突破，就必须根据使用环境、人群，结合人体工效学、安放方式等从造型、结构及色彩几个方面入手，在增加竹集成材家具美感的同时也使个性化得到彰显。

2.3 竹集成材家具开发设计要彰显信息化

伴随着市场竞争的日趋激烈，研发过程的快捷与否已经成为家具产品能否占领市场的生命线。过去甚至目前大多数的家具产品设计依旧遵循了传统的静态封闭或半封闭的设计过程，当市场需求发生一些变化时往往难以及时地对产品及其设计进行修改。为了解决这种情况带来的问题，竹集成材家具的设计可以充分利用当前社会高度信息化的特点，引入协同产品商务理论（collaborative product comerce，CPC）来进行指导。

协同产品理论由美国咨询公司 Aberdeen Group 提出，该理论将产品的设计分析、原料采购、加工制造、市场销售、现场服务及顾客反馈等诸多环节利用现代信息技术构建成一个知识网络。如此一来，在产品商业化的过程中，网络中的每个人都能及时有效地参与到产品的开发、制造及整个生命周期的管理中来。

3 竹集成材家具开发方向

目前，竹集成材家具的市场规模还相对较小，其市场定位不可避免的将高于传统材料的家具。我们还需充分利用丰富的竹材资源，在生产品质优良的竹集成材家具的同时，进一步开发功能合理、结构科学、工艺精湛、造型美观，满足现代生活需求且可实现工业化生产的竹集成材家具。

3.1 复合型材料生产的健康家具

随着生活水平的显著提高，人们对物质生活也有了更高的要求，日常生活中的养生与保健越来越受到人们的重视，这为具备养生保健功能的产品提供了广阔的市场。

很多研究都表明：竹炭具备极强的吸附能力，可以有效的控制环境湿度，消除异味及有害气体，营造干爽清新的家居环境；同时竹炭辐射出的远红外线可以促进人体血液微循环，能促进睡眠、消除疲劳，对肩周炎、关节炎及颈椎疾病有一定的辅助治疗效果。如果在竹集成材家具产品的设计中把竹炭这类新型应用材料融入其中，将开发出具备保健功能的健康型家具，如防霉防蛀的竹炭衣柜、碳化竹椅等。

3.2 走模块标准化生产道路

竹集成材家具装配部件的标准化开发和生产，不仅便于其进行大批量的工业制造，在运输、安装及实际使用中也具有传统家具所没有的优点。

确定竹集成材家具的模块标准化方向的同时，也将装配部件的标准化及系列化确定下来，从而简化了工业设计原理应用过程，使竹集成材家具产品的设计与开发能更便捷地参与进来。另外，拆装式自装配板式部件标准化的确定还能提高竹集成材家具部件的生产精度，减少设备的调试过程，提高工作效率，借此降低生产成本，提高市场竞争力。

总之、随着社会发展，竹集成材家具必将以其生态环保、自然健康、品优价廉等特性为越来越多的人们所认可和接受；竹集成材家具的开发在不断取得新的进展的同时，也必将为人们的生产与生活添加一道亮丽的风景线。

原文发表于《家具与室内装饰》2012 年 5 月刊第 86—87 页

整体衣柜的功能设计研究

摘　要：对整体衣柜进行合理的功能设计，可方便衣物的合理存放与保管，并能提高人们在存取衣物时的舒适感和效率，同时实现较高的空间利用率。本文分析了整体衣柜功能设计的原则，论述了整体衣柜的功能尺寸确定、功能配件的选用、智能化等方面的功能设计要点。在此基础上，提出了整体衣柜功能设计的相关技术指标，以丰富整体衣柜产品的设计理论与方法。

关键词：整体衣柜；人体工程学；功能设计；智能化

整体衣柜是继整体橱柜、整体卫浴改变了人们的烹调和洗浴理念之后，近年来家装市场出现的一种新的储物概念。整体衣柜的形式有多种，可以是步入式衣帽间，也可以是入墙衣柜，或是书柜、电视柜、玄关柜等广义的整体衣柜。通常是按照用户需求，根据具体的室内空间位置，通过现场测量，量身定制，个性化设计，标准化和规模化生产，再经过现场安装完成依附于建筑物某一部分并与其形成刚性连接的集成柜类家具。

任何产品的设计如果不能满足使用者的功能需求都是毫无价值可言的。整体衣柜的设计也一样，它的功能主要是满足使用者对衣物的储存、保管、整理、更换的需求。对整体衣柜进行合理的功能设计，可以将数量繁多的家庭衣物及日常生活用品巧妙地存放、保管好，并能提高人们在存取衣物时的舒适感和效率，同时实现较高的空间利用率。

1　整体衣柜功能设计的原则

整体衣柜的功能设计必须从人与物两个方面进行考虑：一方面，要求储存空间划分合理，方便人们存取，有利于减少人体疲劳，这就需要从人体工程学的角度上加以研究并应用到设计中；另一方面，要求整体衣柜内部储存方式合理，储存数量充分，能分门别类地满足衣物的存放要求，并且不能损坏被储存的物品。整体衣柜功能设计原则如下：

1.1　贯彻人体工程学的原则

为方便人们的使用，需按照人体工程学要求对整体衣柜的内部空间进行功能性分割。人在收纳、整理物品时的最佳幅度或极限，一般以站立时手臂上下、左右活动能达到的范围为准。物品的收纳范围可根据繁简、使用频率以及功能来考虑，比如常用的物品应放在人容易拿取的范围内。为充分利用收纳空间，做到收藏有序、有条不紊，还应了解收藏物品的基本尺寸，以便合理地安排收藏。根据人体动作行为和使用的舒适性及方便性，在柜体的高度上可划分为 3 个区域，如图 1 所示。

第一区域为以人的肩部为轴心，按上肢半径活动的范围，高度在 600 ～ 1800mm 是存取物品最方便、使用频率最多的区域，也是人的视线最易看到的区域。

第二区域为从地面至人站立时手臂下垂指尖的垂直距离，即 600mm 以下的区域。该

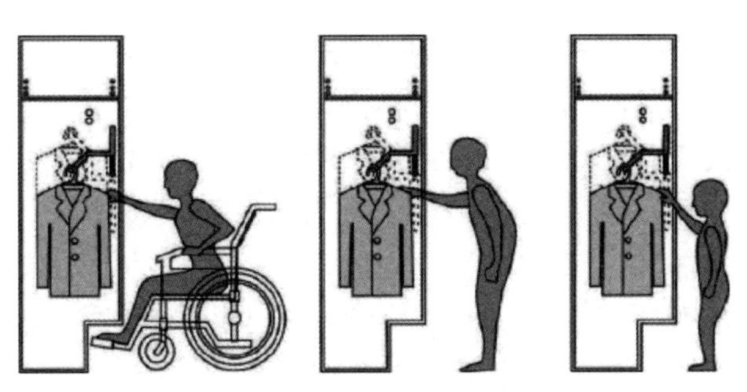

图 1　不同障碍者使用衣柜

区域存储不便，人必须蹲下操作，一般存放较重而不常用的物品。

第三区域为柜体的上部，即 1800mm 以上的区域，一般可叠放不常用的物品，或存放轻质的过季性物品，如棉被、毛衣等。

1.2　无障碍设计原则

在对整体衣柜进行功能设计时，既要考虑身体健康的年轻人，又要注意残疾人、老人、儿童及其他行动不便者使用的方便性，他们在使用普通衣柜时普遍存在拿取衣物困难的问题。因此要进行无障碍设计，为他们提供自主、安全、方便地拿取衣物及更换衣物的环境，将人性化充分体现在整体衣柜设计中。如采用易开关的推拉门，并且底部形成内凹踢脚线，方便轮椅乘坐者靠近衣柜；把柜内挂衣杆设计成可调节高度的形式或使用可升降挂衣杆，方便坐轮椅的残疾人、老人、儿童拿取衣物。

1.3　合理的区域划分满足衣物分类收纳的原则

根据衣物分类收纳的原则，对整体衣柜的设计，可以按家庭成员的不同性别、年龄、身份分类放置衣物，如女主人区、男主人区、老人区、儿童区；或者按穿衣场合和衣物的用途来划分区域，如正装区、休闲服区、家居服区；也可以根据衣物不同材质、款型搭配等分类放置需要，划分为叠放区、挂放区、内衣区、杂物区等专用空间，如需要叠放的衣物安排一些隔板或抽屉，需要悬挂的衣物放置在挂衣空间；还可以根据主人的生活习惯针对衣物储藏性质做出适应性的设计，如将衣柜按衣物更换频度划分为 3 个区域：过季区、当季区、常换区。

1.4　功能区的划分与模块化、标准化设计相结合的原则

根据模块化标准化设计原则，整体衣柜内部空间的设计要先根据人体尺度和收纳物品的种类、数量、大小、形状及物品的存放方式等因素来划分不同的功能模块，如挂衣模块、叠放模块、杂物模块等。根据具体空间情况及客户的不同收纳习惯可以灵活选择相应的模块来组织储藏空间，以更有效地提高储藏空间的适应性，适应住户不断变化的收纳需求。

总之，整体衣柜设计应本着美观、实用、经济相结合的原则，以人体工程学为基础，模块化、标准化为基本手法，以节省材料与提高使用耐久性为目的进行多元化的功能设计。

2　整体衣柜功能尺寸设计

整体衣柜在使用过程中，要与人、衣物、室内空间发生关系，所以它的尺寸是以人

体尺寸为基础，由衣物和室内空间的特性共同决定的。

2.1 与整体衣柜设计相关的人体尺寸

（1）人体的静态尺寸。人体测量数据包括静态人体尺寸和动态人体尺寸。静态人体尺寸是指人处于标准静止状态（立姿或坐姿）时测得的尺寸数据。整体衣柜柜体的高度空间分割尺寸与人体静态高度尺寸有着一定的关系。这些人体的静态尺寸包括：人体的身高、眼高、肩宽、手臂平伸直的长度等。整体衣柜柜体高度方向上的设计应该按照两种尺度进行设计：其一，在设计柜体高度时，应按男子中指指尖向上举高的上限加鞋底厚度来考虑；其二，在设计搁板高度时，应按女子平均双臂向上举高加鞋底厚度来考虑。柜体的宽度一般用悬挂衣服的件数和悬挂一件服装的空间位置（80 ～ 100mm）来确定内部尺寸。柜体的深度，按人体平均肩宽 415mm 再加上适当的空间余量而定，一般为 500 ～ 550mm。

（2）人体的动态尺寸。动态人体尺寸是人在动作状态下，或在进行某功能活动时肢体各部位所能达到的空间范围和所具有的相对位置尺寸。如人伸直臂膀所能接触到的最大范围与人们在衣柜中存、取物品是否方便有直接关系。

（3）存取衣物的动态尺寸。无论是站立、弯腰，或是下蹲，甚至拉抽屉或在高处拿东西时，人的动作范围都有一定的尺寸限制。为了正确确定整体衣柜中挂衣杆、搁板、抽屉等的高度及合理分配空间，首先必须了解人体所能及的动作尺寸范围，以便取放衣物时省力、顺手。

以我国成年妇女为例，其动作活动范围：站立时，上臂伸出的取物高度：以 1750 ～ 1820mm 为界线，再高就要站在凳子上存取物品，是经常存取和偶然存取的分界线。站立时，伸臂存取物品较为舒适的高度为 1500 ～ 1700mm，可以作为经常伸臂使用的挂衣杆或搁板的高度。视平线高度为 1430 ～ 1630mm，是存取物品最舒适的区域。站立取物比较舒适的高度范围为 600 ～ 1200mm，但已经受到视线影响并需要局部弯腰存取物品。下蹲伸手存取物品的高度为 650mm，可作经常存取物品的下限高度。

而对于老人来说，应该利用 700 ～ 1500mm 的空间来储存物品为最佳，最下层的架子最好能够离地 250mm 以上，避免老人因为弯腰而不易取物或因伸手取物而身体失去平衡。

（4）更换衣物的动态尺寸。步入式衣帽间中要留出一定的活动空间，供走动选择和更换衣物，一般一个人横向行走需要 450mm 的宽度，正面行走需要 600mm 的宽度，两个人同时横向行走至少需要 900mm 的宽度。因为衣帽间内的两侧为墙壁和柜体，设计的最小宽度应该是 600mm。人们坐在矮凳上穿鞋的最小空间是 1060 ～ 1160mm。

整体衣柜的尺寸设计直接影响到人们存储衣物的效率，只有在设计中合理地应用人体测量数据，才能使设计的产品更好地符合人们存取和更换衣物的要求，提高人们的生活质量。

2.2 与整体衣柜设计相关的物体尺寸

在进行整体衣柜设计时，除了要符合人的生活习惯，同时也需要考虑所存放衣物的尺度，应把两者相结合，使设计的整体衣柜既有美观和谐的外形，又有优良的实用性。

衣物存放方式主要分为 4 种：挂放、摆放、叠放、卷放。根据衣物的尺寸范围和衣物的材料质地的不同等因素，存放的方式也不同。不同的存放方式所需要的空间也不尽相同，如挂放及摆放所占用的空间就相对较大，而叠放及卷放所需的空间就相对小一些。

适合挂放衣物的尺寸：由于人们生活方式的变化，衣物数量的增多，人们不希望出门时所穿的衣服出现褶皱，因此所需要的挂放空间也就变得越来越多了，见表1。

表1 适合挂放的衣物的长度范围 单位：mm

男装	长度范围（mm）	女装	长度范围（mm）
夹克套装、其他套装	775～1000	衬衫、夹克	625～875
衬衫、裤子叠挂在衣架上	725～925	裙子、半大衣或短大衣	775～1075
全长悬挂	1175～1325	礼服、长大衣和短裙	1200～1375
大衣、罩衣	1200～1350	长连衣裙、长晚礼服	1525～1700

适合摆放衣物的尺寸：皮包、鞋、帽等物品由于特殊的形式多采用摆放方式储存，依据各自的尺寸进行合理安排。

适合叠放和卷放衣物的尺寸：为了节约空间，在存放衣物时就可以把不常用和不易起皱的衣物进行叠放储存。但叠放垒起的衣服不能太多，一叠以不超过6件为宜，否则不仅会压坏下层的衣服，还会造成取用时的麻烦。一般叠放的衣物放在隔板或抽屉里最好。

2.3 与整体衣柜设计相关的空间尺寸

通常情况下，为了充分利用室内空间，整体衣柜柜体外形尺寸可以做成顶天立地的高度，即室内净高高度2600～2800mm。为了安装方便，可使用封板与天花进行收口连接。但考虑到材料的合理利用，如常用人造板幅面大小为1220mm×2440mm，可以将柜体分为顶柜和底柜，底柜高度通常为2400mm，顶柜高度重视空间实际情况并考虑造型比例的要求而定。

3 整体衣柜功能配件

整体衣柜还提供了各种不同的功能配件，通过这些功能配件能更好地实现人们分门别类储存衣物的要求，更好地利用空间，提高空间利用率。但是需要注意的是，当设计三门衣柜时，功能配件的布置要合理，不能设置在两门结合处，否则会出现功能配件被门挡住拉不出来的现象。

3.1 挂衣架

在衣柜中，衣物的存放方式有竖挂和横挂两种方式。竖挂的方式较为普遍，悬挂衣物与背板基本垂直，服装一目了然，便于人们选取。横挂的方式相对较少，悬挂衣物与背板基本平行，一般设计为可以拉伸活动式的，只在选择衣物时将其拉出。挂衣架的结构形式有：普通挂衣架、下拉式挂衣架、活动挂衣架、旋转衣架等。

3.2 裤架

裤架是专门挂放裤子的配件，有全长悬挂和叠挂两种方式。如今叠挂的形式已经渐成主流，全长悬挂裤装的方式较少用到。一种是由专业的五金厂家制作的不锈钢成品裤架，有悬臂式裤架、悬垂式裤架等多种形式，其功能尺寸随着裤架形式的不同而变化。

还有一种是由生产衣柜柜体的厂家根据自己的标准柜体设计的系列屉式裤架，装有滑轨，屉的底板被均匀设置的挂杆代替，挂杆为金属杆或是木杆，存取裤子时，将屉拉出，结束后将屉推进，以节省空间。

3.3 领带架

对于领带的存放，有两种方式：挂放和叠放。采用挂放的形式，有专门的领带架，结构简单，占用空间很小，可固定在柜体旁板上，为可拉出式的设计。用于叠放领带的有专业厂家生产的领带屉，也有结合标准柜尺寸由柜体生产厂家设计制造的领带屉，其结构为长方形的格子单元，领带叠放的外形尺寸大致为 200mm × 120mm 的长方形，高度 80 ～ 120mm。领带屉的外形尺寸由标准柜的尺寸系列结合单格的尺寸大小来确定。

3.4 格子抽与衬衣屉

格子抽用于摆放毛巾、围巾、帽子、内衣、钱包、丝巾等小件物品，方便存放与查找。通常安装在选定的衣柜内壁之间，其大小依据标准柜的尺度和存放物品的单体尺寸来决定。通常是结合标准柜尺寸由柜体生产厂家设计制造。结构类似于抽屉。衬衣的存放也可以分为挂放和叠放两种。衬衣的叠放尺寸一般为 400mm × 280mm × 60mm，叠放衬衣一般采用衬衣盒、衬衣屉或者是直接叠放在搁板上，如图 6B 所示。

3.5 鞋架与拉篮

鞋子的存放是传统衣柜不具备的功能，在整体衣柜及衣帽间内，存鞋被认为是必备的功能之一，有钢管鞋架和搁板鞋架两种形式。

整体衣柜还可以装配不同大小的活动拉篮来存放毛衣、浴巾、床单被套等物品，使取放更方便。拉篮一般为单层或多层，其尺寸根据五金生产厂家的不同有所变化。

其他功能配件还有收纳盒、推拉镜、烫衣板等。整体衣柜功能配件既能体现衣柜的人性化设计，又能满足顾客不同的使用要求，它是整体衣柜的亮点所在。

4 整体衣柜的智能化设计

整体衣柜智能化主要体现在衣柜储物以外的功能上，如电子烘干衣柜可实现烘干衣物、消毒杀菌、香薰的完美组合。智能化整体衣柜可替代人们来管理维护衣柜中的衣物，让人们从繁杂的事务中解脱出来。目前，应用在整体衣柜上的智能化构件有以下 8 种：

（1）智能自动移门。触摸或遥控操作。当需要更衣时，轻轻触摸，衣柜门即可自动打开，并能任意停。

（2）智能 LED 显示屏。可以镶嵌于衣柜门板表面，能播放音乐，也可在线浏览或下载服饰介绍和衣服搭配指南。

（3）红外线感应灯。打开衣柜门时，衣柜顶部的灯自动亮起，方便挑选衣物。

（4）电子香味散发器。能释放淡雅的香味，可根据主人喜好选择。

（5）自动升降挂衣架。解决高处取物难题，只须轻轻一触，即可让高处衣物降到合适的高度，实现自由、随心所欲地取放衣物，让空间发挥到极致。

（6）除静电离子风机。为衣物加温的同时去除了静电，衣服也不会招惹尘埃。

（7）智能电子恒温器。在潮湿的南方可使衣服始终保持干爽；在寒冷的北方，智能电子恒温器能使衣服从穿着的时候就很温暖。

（8）穿衣指数提醒。在衣柜智能控制系统中加入温度传感器，并将之放置在室外感应室外温度，通过 MCU 单片机程序转换成相应的控制指令，并通过液晶显示屏显示当前出行的穿衣指数。

5 结 语

整体衣柜功能设计的合理与否直接影响人们使用的方便性、舒适性及使用效率。随着设计理论的完善与科学技术的不断发展，更多优良设计的功能配件及智能化构件的出现会促进整体衣柜功能设计的不断完善，逐步提升人们的生活品质。

原文发表于《木材加工机械》2012 年 5 月刊第 46—50，37 页

基于纸质蜂窝的家具板件结构与工艺技术

摘　要：本文总结了家具用轻质蜂窝板件的主要类别和优缺点，系统分析有框蜂窝板、无框蜂窝板、半框蜂窝结构特点与工艺技术要求，总结并定义框架的安装方式并将其分为横向装配与竖向装配。解析无框蜂窝板进行工业化应用的关键是封边技术和可拆装连接技术，总结并提出无框蜂窝板家具五金件嵌入螺母与基材的连接方式有表板嵌入式、整体贯通式、空腔贯通胶合式、空腔填充式，从而为轻质家具新产品开发提供技术指导。

关键词：家具；蜂窝；结构与工艺；五金件

木材是稀缺性资源，家具产业是木材资源消耗的大户，中国是家具生产大国，发展资源节约、环保低耗的绿色家具新材料势在必行，而基于木质蜂窝夹心结构的复合板因其独特的优点成为设计师争先采用的绿色家具新材料。蜂窝夹心结构质量轻，便于家具板件的拆装和运输，以一块 1000mm × 500mm × 50mm 板件为例，有框蜂窝板的质量是实心板件的 40% ～ 50%，无框蜂窝板的质量是实木板件的 20%，因此其特别适合厚型家具板件的应用。蜂窝夹心结构具有较好的力学性能，科学家发现蜜蜂所做的六角六面状蜂窝，以最少的材料消耗，比其他任何形状的结构强度更高，能够承受极大的压力；此外，当蜂窝夹心结构承受弯曲载荷时，上面板承受压应力，下面板承受拉应力，纸芯主要承受剪切力，这种结构与工字梁相似，面板相当于工字梁的翼缘，芯板相当于工字梁的腹板，随面板之间夹层厚度的增加，整个剖面的惯性矩呈幂级数增大。

家具用轻质蜂窝板件的主要结构类型为：有框蜂窝板、无框蜂窝板、半框蜂窝板。有框蜂窝板指四周的边框内嵌蜂窝纸并与上下表板压合而成复合板，是最早出现的一种家具用蜂窝板。由于有框蜂窝板只能是针对特定的零件进行加工制作，无法作为一种标准的原材料如人造板等进行预先的生产与库存，因此其工业化的应用受到较大限制。随着五连件技术和封边技术的发展，德国 Hettich 和 Hafele 公司相继研发出系列无框蜂窝板连接件，IMA 公司研发出无框蜂窝板封边机，从而无框蜂窝板在家具行业开始应用。毕竟无框蜂窝板连接件比较昂贵，施工复杂，接口力学性能指标不及实心板件，并且封边机价格高昂、技术复杂等，后来在无框蜂窝板的基础上出现了半框蜂窝板，它指蜂窝板件两边填充实心边框，而另外两边不填充，五金件在边框部位进行连接。

1 有框蜂窝板结构与工艺技术

有框蜂窝板由上下表板、框架、蜂窝纸芯层通过胶黏剂粘接而成，它需要根据具体

零部件的尺寸、孔位的要求进行设计，结构如图 1 所示。

表板一般采用高密度纤维板、胶合板、竹集成材等，厚度为 3mm 或 5mm。框架材料一般为刨花板、中密度纤维板或速生实木。填充材料为蜂窝状的纸质芯层，形状通常为正六边形，一般为 100 ～ 150g/m^3 的牛皮纸作原料。有框蜂窝板四周镶有木质框架，因此它们与其他板件之间的连接与实木板件的连接形式一样，可采用五金件与圆榫组合的可拆装形式。

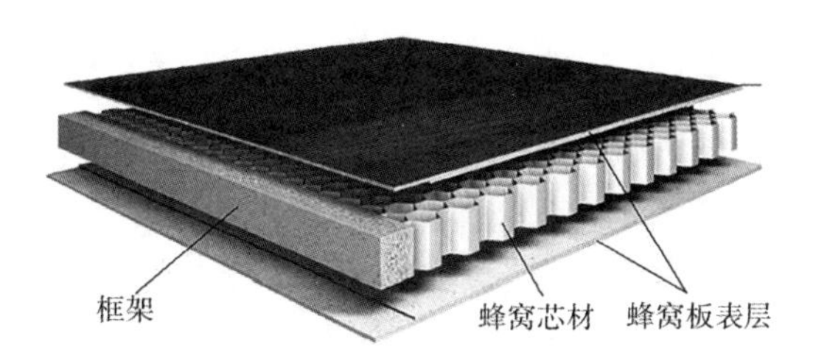

图 1　有框蜂窝板的结构

（1）上下表板工艺技术。表板每边需预留 5 ～ 10mm 加工余量，上下表板的厚度应一致，以避免板件的变形。根据设计尺寸，上下表板直接在推台锯或电子开料锯中锯切成相应的规格。

（2）框架工艺技术。框架材料在板件长度与宽度方向，应留出 3 ～ 5mm 的加工余量。根据板件的厚度与表板的厚度进行框架厚度的设计，框架厚度（mm）= 板件的厚度 - 表板厚度 ×2 +（0.2 ～ 0.3mm）。经过多年实践，笔者总结并提出框架的安装方式可分为横向装配和竖向装配。横向装配指用作框架板件的厚度方向与蜂窝板件的厚度方向一致，根据不同的框架厚度选择相应厚度的大板，而框架的宽度一般为 30 ～ 80mm。如果框架设计厚度与用作框架板件的厚度不一致，则需要先将板件加厚胶合，然后锯切成相应规格的框架材。比如，蜂窝板的设计厚度为 50mm，表板厚度为 3mm，则框架的设计厚度为 44mm，因此需要 2 张 16mm 人造板与 1 张 12mm 人造板胶合起来，然后锯切成宽度 30 ～ 80mm 框条。纵向装配指框架板件的宽度方向与蜂窝板件的厚度方向一致，根据框架的设计厚度直接锯切成相应规格的板件即可，选用的大板厚度一般为 15 ～ 25mm。如果需要在板件框内进行五金件连接，则需要在框架铺设时在相应位置上安装木质框架。锯切通常采用推台锯或多片锯加工，批量小，宜采用推台锯加工；反之，宜选择多片锯加工。为了减小蜂窝板在胶压过程中鼓泡的影响，使其在热压过程中能够顺利进行气体排放，应该在框架的边沿开 3mm × 3mm 的气孔槽。准备好的框架根据图纸要求用“U”形钉连接，将固定好的框架放入宽带砂光机中定厚，使其厚度偏差保持在 0.1 ～ 0.2mm。

（3）蜂窝纸工艺技术。一种为蜂窝纸直接成型技术，指各种原纸在特定的模具中压成半六边形的蜂窝纸，然后胶合而成，工艺精度较高，用作高档蜂窝板件。家具行业中通常采用蜂窝纸拉伸成型技术，将原纸在蜂窝纸机上通过两套胶辊涂胶，相邻两层原纸交错层叠，得到具有一定厚度、黏接在一起的芯纸板坯，根据待生产蜂窝纸板的厚度，从芯纸板坯中裁切下一定宽度的芯条。使用时蜂窝纸芯首先在烘干机上拉伸定型，然后裁切成所需尺寸。研究表明，蜂窝纸在含水率 3% 时达到最高的抗压强度；蜂窝纸的拉伸率显著影响板件抗压强度；拉伸后蜂窝纸高度应比框架厚度高出 0.2 ～ 0.4mm，可以获得高质量的蜂窝板件，否则容易出现胶合不良和局部塌陷等品质问题。

（4）组装与胶压。将拉伸定型好的蜂窝纸嵌入实心框架中，与已涂胶的上下表板进行组合胶压。胶黏剂一般采用脲醛树脂胶或聚醋酸乙烯酯乳白胶。胶压分冷压与热压，冷压压力为 0.2 ～ 0.3MPa，冷压时间 4 ～ 12h，夏天取下限，冬天取上限；热压压力为 0.2 ～ 0.3MPa，热压时间根据胶黏剂和表层材料的不同为 3 ～ 8min，热压温度为 100 ～ 130℃。

2 无框蜂窝板结构与工艺技术

无框蜂窝板因去除四周边框而得名（图 2）。由于无边框支撑，其封边工艺成了无框蜂窝板制造技术的关键，目前主要有两种封边方式。一种为支撑条封边技术，它首先在无框蜂窝板四周铣出矩形或梯形的槽口，其次封一圈支撑封边条，最后在支撑封边条的外围再封一层装饰封边条。目前，德国 IMA 和 Homag 公司已研发出相应的自动封边机。另一种为注塑封边技术，该技术将聚乙烯、聚丙烯等高分子材料通过加工中心上的注塑设备挤出，并注射到蜂窝板的空心腔体及板材的边缘，形成异形板材边缘的封边保护层，同时可在注塑材料中加入着色颜料，从而使蜂窝板边缘的色彩具有设计感。

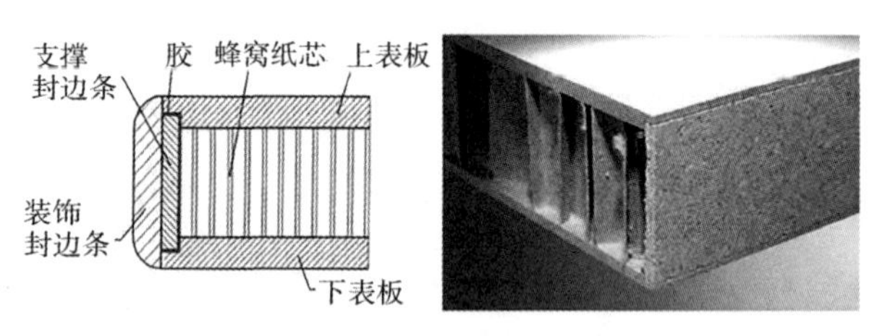

图 2　无框蜂窝板的结构

另外，可拆装的连接形式也是无框蜂窝板应用于家具产品中的关键技术之一。家具五金件本身的可拆装性决定了无框蜂窝板的可拆装性，因此五金件至少由两个基本构件组成，每一部分应分别与板件连接牢固，然后通过五金件之间连接实现可拆装性，而其中必不可少的就是嵌入螺母。研究表明，嵌入螺母与基材之间界面连接破坏是家具板件之间破坏的主要形式，因此嵌入螺母与基材之间接合强度是家具板件连接强度关键；而无框蜂窝板因中空而不易连接，经过系统分析，笔者总结并提出嵌入螺母与基材的连接方式有表板嵌入式、空腔贯通胶合式、整体贯通式、空腔填充式。

（1）表板嵌入式。其指在一侧表板开孔，直接在 3 ～ 5mm 表板上嵌入专用螺母，然后用专用螺钉紧固。为了增强连接强度，可采用二孔固定式。德国 Hettich 公司的 Socket 系列五金件（图 3），此种连接方式接合强度低，容易引起表板与蜂窝芯纸之间的剥离，主要用于非承重部件之间的连接。

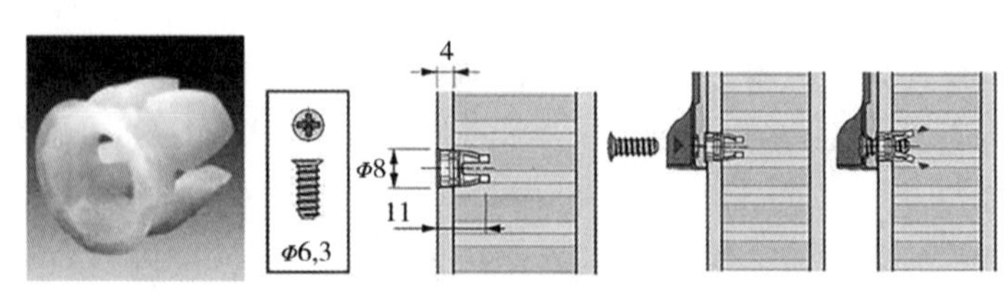

图 3　Socket 系列五金件连接方式（单位：mm）

（2）空腔贯通胶合式。在板件表面开孔，孔深至下板表面，然后插入专用嵌入螺母，通过冷固化、高频法等方法使胶黏剂固化，从而嵌入螺母与下板表面接合牢固。德国 Hettich 公司的 Hettinject 五金件（图 4），此种连接方式接合强度高，但安装较复杂，必须根据板件的厚度选择不同长度的嵌入螺母。

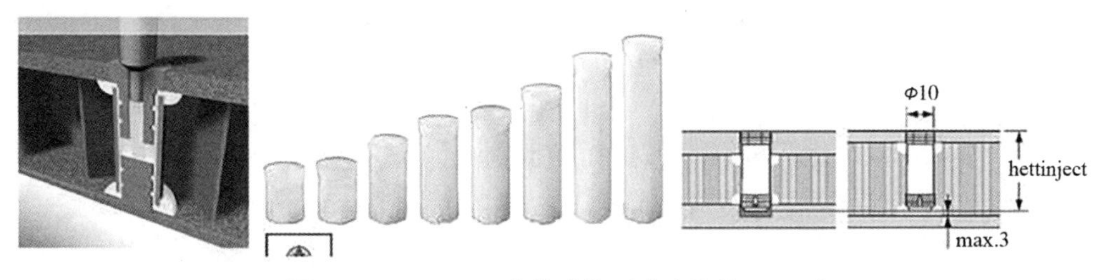

图 4　Hettinject 五金件连接形式（单位：mm）

（3）整体贯通式。直接在蜂窝板上开通孔，采用普通螺母连接。此种连接方式接合强度高，但能够在外表面看到嵌入螺母，影响美观。

（4）空腔填充式。采用固态或液态等其他物质在需要安装五金件的空腔部位填充成实心结构，然后钻孔并进行五金件安装。

3 半框蜂窝板结构与工艺技术

半框蜂窝板指在无框蜂窝板两边嵌入支撑板条，从而可以采用普通五金件实现连接（图 5）。它可由自动化的生产流水线完成。其生产工艺为 1220mm × 2440mm，无框蜂窝板在电子开料锯中锯切成规格材，用指定的成型铣刀在蜂窝板两侧边铣出槽口，然后喷胶并嵌入相应厚度的木质框条，最后四周进行封边。

图 5　半框蜂窝板的结构

4 结　语

纸质蜂窝夹层板的家具板件具有质量轻、比强度大、比模量高、节省材料等优点，正逐步在家具行业中广泛应用。瑞典宜家家居、东莞富运家具、深圳仁豪家具、深圳伟安家具等国际和国内著名家具企业都已开发出系列产品，特别是无框蜂窝板和半框蜂窝板技术的出现，使蜂窝板制造实现自动化、工业化成为可能，随着新型无框蜂窝板五金件和无框封边技术的成熟，无框纸质蜂窝夹层板将成为厚型家具构件的选择之一。

原文发表于《包装工程》2012 年 3 月刊第 29—32 页

基于有限元分析的梓木家具直榫结构设计研究

摘　要：本文通过10组不同榫卯尺寸同为梓木的单直榫结构的“L”节点的抗弯试验，得出了能够承受最大荷载的直榫结构榫卯尺寸。采用基于试验基础上的有限元法对榫卯节点进行详细分析，对比榫卯3个方向的不同尺寸对节点受力的影响，得到了增加榫卯宽度能够提高节点抗弯性能的结论。

关键词：梓木；单直榫；有限元；ABAQUS

我国古代木家具以造型精美、结实耐用、工艺精湛而闻名于世，代表了世界木家具和木结构发展的最高水平。但是，现在国内实木家具发展严重滞后，大部分家具企业还依赖于仿照，创新能力和技术严重不足。有限元在发达国家家具生产中扮演着重要角色，涉及家具设计、生产流程优化、木工设备改进等方面。

中国古代家具的精髓在榫卯接合。榫卯接合具有结实、紧凑、美观、耐用等特点，受到广大消费者的喜爱。目前，一部分的家具设计师为了探索具有中国特色的家具，仍将榫卯接合作为中国传统文化的符号加以提炼运用。但是对榫卯节点的力学性能研究较少，未能给实木家具榫卯尺寸提供设计依据。

1　榫卯尺寸效应研究的重要性

包括实木椅类在内的由榫卯接合的家具最容易破损的地方往往是榫卯接合处，而一旦榫卯破坏一般很难修复，这造成了木材料的大量浪费，基于榫卯加上胶装的家具目前还占有巨大的市场，所以有关榫卯的受力性能研究仍有很大意义。

有限元法在国内外家具结构设计中的主要应用大多是简化的结构模型和整体结构静力分析，较少针对实际榫结合尺寸配合进行分析及优化。本文采用有限元法针对单直榫榫卯节点破坏规律和榫卯各尺寸对榫卯受力的研究，为榫卯尺寸设计提供依据。

2　梓木材料性能参数

木材的物理力学特性对于实木框架式家具构件的强度、刚度、稳定性具有重要的意义。在解决工程设计中的强度、刚度等问题时，首先要知道反映材料力学性能的参数，而这些参数也必须靠材料物理力学试验的方法来测定。

此外在采用有限元仿真之前必须得有材料的相关性能参数，包括密度、弹性模量、泊松比。通过这些参数有限元软件才能分析出具体的变形和应变。若要分析模型的极限强度还得知道材料的各个相关的极限强度，包括抗拉、抗压、抗扭、抗剪等。

木材是一种各向异性材料，具有复杂的材料本构关系，一般来说，采用9个独立的弹性常数，分别为3个弹性模量（E_L，E_R，E_T）、3个剪切模量（G_{LR}，G_{LT}，G_{RT}）和3个泊松比（μ_{LR}，μ_{LT}，μ_{RT}）。其中L表示纵向；R表示径向；T表示弦向。

目前，国内外对木材弹性常数测定方法的研究开展得也很广泛，常用的方法有电测法、杠杆式引伸仪法、静态弯曲法、光测法等。本文所用材料为梓木，采用电测法来测量木材抗压弹性常数；采用静态弯曲法来测定木材抗弯弹性常数；并根据弹性常数间的相关性计算出剪切弹性常数。

本实验所使用的梓木直接取自湖南某家具厂，原产地湖南。材料经长期室外气干。试件制备时，依据国标《木材物理力学试材锯解及试样截取方法》（GB/T 1929—2009）规定进行截取。

梓木材料力学性能相关数据是在北京林业大学工学院木材力学实验室进行的。每组实验试块为10个，结果采用平均值。试块如图1所示，参量详见表1，梓木几项力学强度参数见表2。

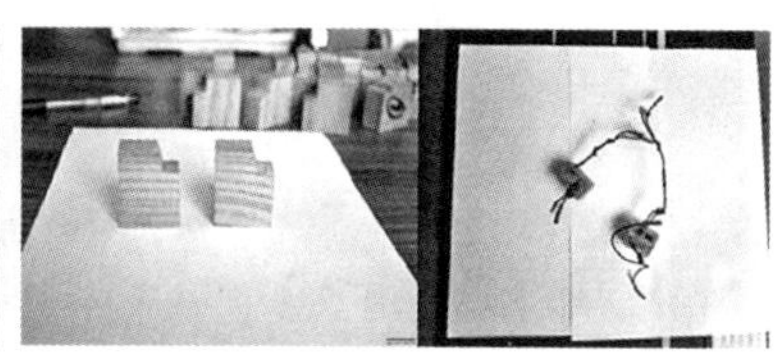

图1　材料实验部分试块样图

表1　梓木的弹性模量和泊松比

E_L(MPa)	E_T(MPa)	E_R(MPa)	VRT	VLR	VLT	G_{RT}(MPa)	G_{LR}(MPa)	G_{LT}(MPa)
7852	690	306	0.602	0.38	0.535	152	350	205

注：泊松比无量纲。L表示纵向；RT表示横切面；R表示径向；LR表示径切面；T表示弦向；LT表示弦切面。

表2　梓木强度参数　　单位：MPa

顺纹抗压强度	横纹抗压强度	弦向抗弯强度	径向抗弯强度	顺纹抗拉强度
42.2	9.4	72.5	87.3	182

3 实验准备

3.1　实验设备

本实验使用的主要仪器有：微机控制电子式木材力学试验机，型号KHQ—002H；电子天平，型号PL203，最大称量210g，精确至0.001g；电热恒温鼓风干燥箱，型号DGG—9203A，温控范围0～200℃；卷尺；游标卡尺；等等。

对微机控制电子式木材力学试验机进行实验前参数设置如下：

加载速度：10mm/min。

破型判断：力值下降> 200N。

接触判断：力值> 200N。

预紧速度：100mm/min。

实验中，主要采用的试件加工设备为 Festool 推台锯、平压刨等。

3.2 试件密度测试实验

木材密度与木材诸多物理力学性质有密切的关系，其中水分含量与木材的密度有密切的关系。

木材的密度可以分为生材密度、气干密度、绝干密度和基本密度。本实验所测试密度为绝干密度。

木材密度测试时按照国家标准《木材密度测试方法》（GB/T 1933—2009）对梓木试件进行密度测试。试件共 30 个，尺寸为 20mm × 20mm × 20mm，其测试结果按《木材物理力学试验方法总则》（GB/T 1928—2009）要求记录，见表 3。

表 3 梓木构件密度测试实验结果

试件数（个）	平均值	标准差	标准误差 S_r	变异系数 V	准确指数 P
30	0.49	0.018	0.004	3.6%	1.6%

3.3 试件含水率测试实验

木材含水率测试依照国家标准《木材含水率测定方法》（GB/T 1931—2009）进行。试件共 30 个，尺寸为 20mm × 20mm × 20mm。其测试结果见表 4。

表 4 梓木构件含水率测试实验结果

试件数（个）	平均值	标准差	标准误差 S_r	变异系数 V	准确指数 P
30	10.4%	0.008	0.002	7.8%	3.9%

4 榫结构节点强度实验

节点强度是反映家具结构强度的主要特征之一。实验将构件主要的接合形式简化为“L”形节点结构。通过改变榫卯的不同尺寸，比较榫卯的 3 个尺寸在节点受力性能中发挥的性能，通过比较得出榫卯尺寸的最优设计，为以后直榫结构家具榫卯设计提供依据。本实验选取 10 不同尺寸的榫卯进行对比实验，每个尺寸做 3 个构件。对比不同榫卯尺寸所得的荷载平均值，从而选择出最佳榫卯尺寸。榫卯构造如图 2 所示。详细的榫卯尺寸见表 5。通过 3 组实验对比，可以清楚地知道 3 个尺寸在榫卯节点抗弯能力中的贡献。

表 5 实验榫卯尺寸 $a \times b \times$ I 单位：mm

实验组	尺寸一	尺寸二 $a \times b \times$ I	尺寸三 $a \times b \times$ I	尺寸四 $a \times b \times$ I
一	18 × 10 × 18	16 × 10 × 18	14 × 10 × 18	12 × 10 × 18
二	16 × 8 × 18		16 × 12 × 18	16 × 14 × 18
三	16 × 10 × 20		16 × 10 × 16	16 × 10 × 14

本实验采用型号为 KHQ-002H 微机控制电子式木材力学试验机对“L”形节点施加荷载，加载位置如图 3 所示，实际效果如图 4 所示。其中一个构件的加载力时间曲线如图 5 所示。

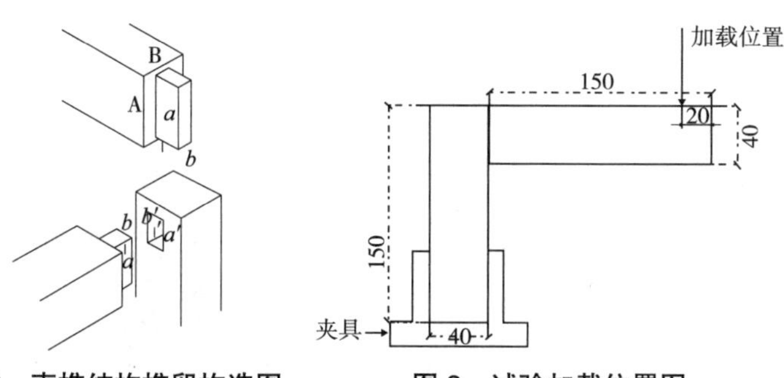

图 2　直榫结构榫卯构造图　　　图 3　试验加载位置图　　　图 4　试验加载图

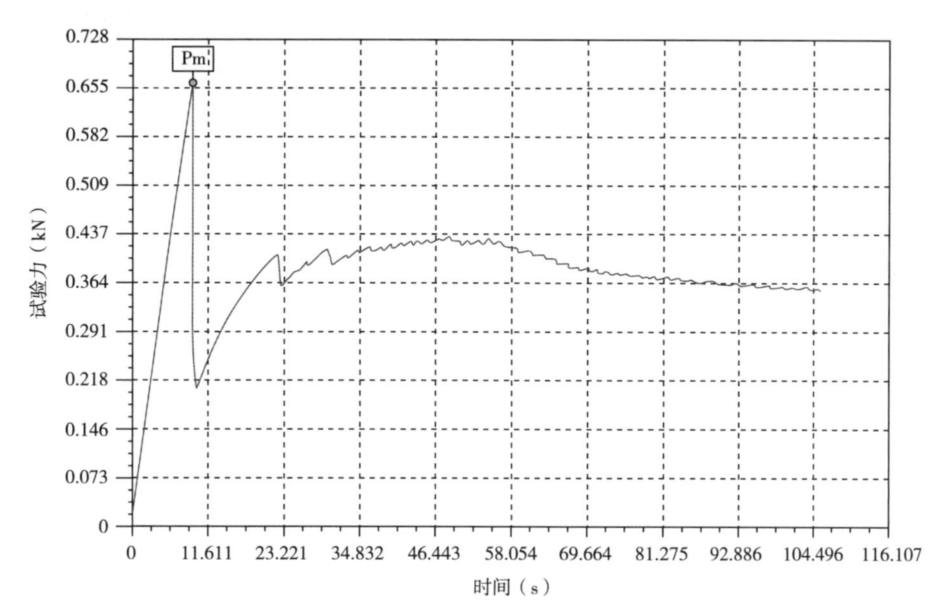

图 5　尺寸为 12mm × 10mm × 18mm 的构件试验力加载过程

加载完全部 30 个构件后，对每个尺寸结果求平均值，其中尺寸为 16mm × 10mm × 14mm 的 3 个构件中有一个出现脱胶现象，所得值偏小，其值舍弃不用。图 6 为实验组一加载极值图，图 7 为实验组二加载极值图，图 8 为实验组三加载极值图，图 9 为试验后榫卯节点破坏图。

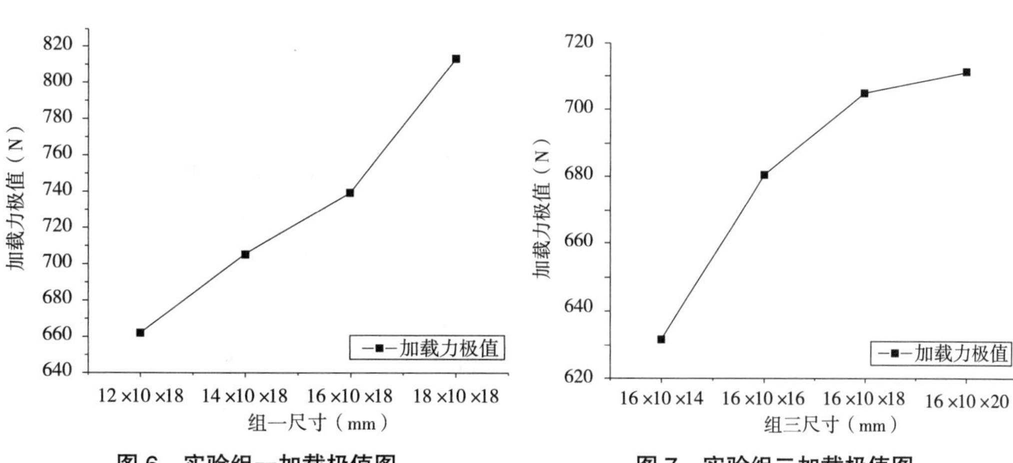

图 6　实验组一加载极值图　　　图 7　实验组二加载极值图

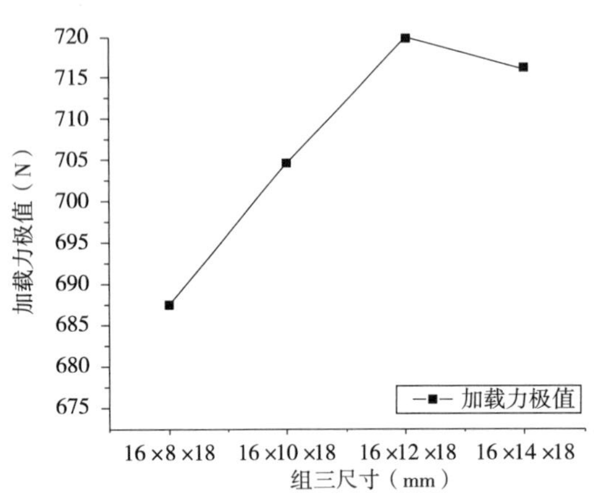

图 8　实验组三加载极值图

图 9　榫卯破坏图

从图 6 中可以看出，随着榫头宽度的增加其抵抗弯矩的能力明显提升，较图 7 中增加榫头厚度对节点抗弯能力提升更明显。由于木材具有较大的离散性，图 7 中，出现承载力减小的情况。导致出现此情况的原因，一是木材本身的离散性，二是可能出现了胶水连接截面的黏结滑移导致加载力减少。图 8 中尺寸一和尺寸二的最大加载力差值较尺寸二和尺寸三、尺寸三和尺寸四的差值大很多。考虑到尺寸一实验中出现的脱胶现象，说明当榫头较短时较易出现榫头被拔出的情况，增加榫头长度能够显著增加榫头和榫眼的胶结能力，提高节点抗弯性能。随着榫头尺寸的增长对节点抗弯能力的增幅明显减小。

5　榫卯节点有限元分析

本文采用著名的非线性有限元软件 ABAQUS 对直榫结构榫卯节点进行分析，通过有限元分析与实验的对比，比较有限元能否达到一定的精度，能否用来指导家具行业设计和试验。

（1）本文 ABAQUS 分析步骤。建立有限元模型，在 ABAQUS 前处理中提供了大量工具用来辅助实体建模。本例中的榫卯模型，应该建立两个部件，在草图上画出截面，使用拉伸命令和拉伸切除就可以得到榫头部件和榫眼部件，部件如图 10 所示。这里先创建第一组第一个尺寸。

（2）组装模型。在 ABAQUS 装配模块里，具有旋转、移动、重合等命令帮助使用者快速装配模型，装配效果如图 11 所示。

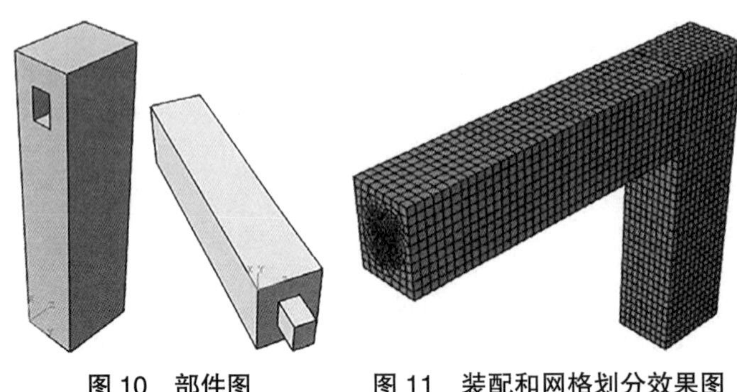

图 10　部件图　　**图 11　装配和网格划分效果图**

（3）定义材料。木材是各向异性材料，在 ABAQUS 中建立工程材料属性，一共 9 个参数，这里方向一为木材料的顺纹方向，方向二为木材的径向，方向三为弦向。定义完材料后要对每个构件指派材料方向。

（4）施加荷载。荷载采用 661N。定义竖杆底部约束为固定。

（5）定义榫头与榫眼之间的约束为绑定，榫肩与竖杆接触面为光滑。

（6）采用六面体单元划分网格。

榫头等效应力从图中可以看出，最大拉应力出现在榫头底部，最大拉应力值为 170MPa，非常接近于梓木的顺纹抗拉强度。所以可以判断，榫卯的破坏源于榫头受拉端达到木材最大拉应力而被拉断。为了研究榫卯尺寸对直榫节点抗弯性能的影响，把最大拉应力值设为木材的极限强度，对不同尺寸的榫卯进行分析，得到尺寸为 18mm × 10mm × 18mm 时，荷载大小为 785N，和实验结果误差率为 3.44%；尺寸为 16mm × 10mm × 18mm 时荷载大小为 709N，误差率为 3.9%。这说明有限元结果具有一定的可靠性，用有限元来辅助设计和试验确实是可行的。

6 结 论

本文通过实验和有限元分析对不同榫卯尺寸的直榫结构进行了分析，发现榫卯尺寸的不同对节点抗弯性能有很大的影响，同时也证明了有限元法在家具行业也具有足够的计算可靠度，说明有限元法也可以在家具行业发挥巨大作用。与传统的消耗大量试验材料的破坏性力学实验，以及和烦琐与不精确的理论计算分析法相比，运用有限元软件对家具强度进行分析具有参数易于调整、求解迅速、计算精准、效果直观，可操作性强等诸多优点。设计者通过有限元分析可以直观的看出家具各部分结构的受力情况，从而为其下一步的家具尺寸优化设计提供依据，并在很大程度上降低了设计成本。本文得到以下两个重要结论。

（1）榫卯尺寸对直榫结构节点抗弯有较大影响，其中增加榫头宽度能够有效地增加节点的抗弯能力；榫头长度不够会使节点容易脱胶而导致节点抗弯性能不足。

（2）采用有限元软件对木结构分析时，只要模型设置正确，得到的结果就与实验结果接近，具有一定的可靠度。

原文发表于《木材加工机械》2013 年 2 月刊第 39—43，59 页

面向即时顾客化定制的整体橱柜产品设计技术研究

摘　要：本文概述了即时顾客化定制生产模式产生的背景、特点和实施方法，结合整体橱柜产品的特点，研究了面向即时顾客化定制的整体橱柜产品设计技术的实现方法，以提升整体橱柜产品设计效率与设计质量，增加顾客参与程度，并为整体橱柜实现柔性生产组织、敏捷供应链管理提供技术前提，使整体橱柜企业能将即时顾客化定制作为一种有效的竞争战略运用到实际生产经营活动中，获得市场竞争优势。

关键词：整体橱柜；即时顾客化定制；大规模定制；设计

1　生产方式的发展演变

从古至今，随着科技进步和经济发展，制造业生产方式经历了一个多种形态演进的过程。从早期的“手工作坊单件定制”到“少品种单件小批量生产”再到福特公司开创的“机械化自动流水线生产”，制造业开始向大批量生产方式转变。大批量生产（mass production，MP）以零部件标准化、系列化以及管理的垂直化等为基础，这时的市场特征仍然为卖方市场。随着生产力的提高，产品的数量增多，市场特征逐渐向买方市场转变，是否满足人们的个性化需求逐渐成为衡量产品质量的一个重要方面，生产方式逐渐转变为以客户为中心的定制化生产。为了进一步降低产品的成本并减少产品进入市场的时间，充分利用信息技术及管理技术的成果，在20世纪80年代末到90年代初，以大批量生产的成本和效益来满足客户个性化需求的“大规模定制”（mass customization，MC）生产模式应运而生。

经济的全球化使制造业面临的市场环境和竞争形式发生了巨大的变化，客户地位主导化、客户需求个性化、产品寿命短期化已成为市场的主要特征。企业只有在设计、生产和提供产品时以顾客为导向，为顾客提供大于竞争对手的价值，才能在激烈的市场竞争中获得竞争优势。与此同时，基于时间的竞争（time-based competition，TBC）使时间成为决定竞争胜负的关键。企业越来越依赖于时间竞争，在最短的时间内将最新的产品推向市场，以最快的速度响应顾客多样化需求，这将是一个企业占领市场和赢得竞争的强有力的竞争武器。即时顾客化定制生产模式（instant customerization，IC）就是为了适应这种市场竞争环境而产生的一种生产方式，即顾客一旦提出个性化的需求，制造商就能即时交付。它追求的经营目标是以低成本来即时（instant）满足顾客多样化、个性化需求。显然，即时满足顾客定制化需求是一个理想化的目标，就像准时生产制（just in time，JIT）和零库存（no inventory system）那样，虽然永远达不到这样的目标，但是企业通过不断地进行管理创新、组织创新和技术创新，可以无限地接近这一目标。

在原始的定制生产中，顾客需要为定制服务支付高昂的价格和进行漫长的等待；在大规模生产中，顾客能够以低廉的价格及时获得产品，但产品是标准化的产品，缺乏个性；在大规模定制生产中，顾客并未参与设计过程，只是基于产品模块的改装和重组，不能完全满足顾客个性化需求。在即时顾客化定制生产中，提高了顾客参与度，使得顾客能够以接近于大规模生产的价格购买定制产品，而不需要等待很长时间，达到或接近零顾客订货提前期，从而更好地满足顾客的需要，为顾客提供增值服务。

2 即时顾客化定制理论体系

2.1 即时顾客化定制生产模式概念的提出

早在1988年，Stalk在《哈佛商业评论》发表了一篇具有里程碑意义的文章《时间：下一个竞争优势资源》，在文中首次提出了“基于时间的竞争”一词，指出时间是竞争优势的一个关键资源。该文是最早发表的详细讨论基于时间的竞争问题的文章。随后，Stalk和Hou对TBC进行了全面深入的描述，并分析了它与商务、资金、顾客和创新的关系。此后，基于时间的竞争优势受到了人们广泛的关注。

Schuler于1988年最早提出了顾客化定制（customerization）一词，他认为实施顾客化定制，就是企业生产的产品及其所具备的特性由顾客唯一决定，并用以满足顾客需求，这需要对企业流程进行一系列变革，并创造出一种“人人都是顾客”的氛围。但是早期并没有把顾客化定制作为一种生产模式来研究。Tersine和Harvey对全球化竞争中的消费者导向进行了讨论，他们认为全球竞争日益激烈产生了顾客化定制，这就需要企业能快速适应、不断创新和提供定制产品与服务。但上述两篇文献并未给出顾客化定制的确切定义。随后，Wind和Rangaswamy首次将顾客化定制作为一种生产模式来研究，认为顾客化定制是一种以顾客为中心、生产由顾客引发并由顾客控制的生产模式。Wind和Rangaswamy的贡献在于首次将顾客化定制的概念提高到战略高度，他们认为顾客化定制是大规模定制新的发展阶段，是一种将大规模定制和定制营销结合在一起以顾客为中心的新战略，同时他们还认为顾客化定制是一种在互联网和电子商务快速发展的环境下企业更好适应顾客个性化和一对一营销的方法（一种顾客和企业之间交互的方法）。但是他们的研究重点强调了顾客参与定制，都没有体现即时的概念。

即时顾客化定制最早是由Yeh和Pearlson于2000年提出的。即时顾客化定制追求零时间，零时间是对顾客需求响应时间的极限，是基于时间竞争的最高目标，即顾客一旦提出个性化的需求，制造商就能即时交付。

国内学者对即时顾客化定制生产模式的研究主要以华中科技大学陈荣秋教授及其指导的博士研究生所展开的一系列研究为主。2004年，陈荣秋教授和唐中君博士沿用零时组织的目标，把“即时顾客化定制”概念发展为一种新的生产模式——即时顾客化定制生产模式，这种新生产模式的目标是同时实现低成本、定制和零顾客交货期。2006年，陈荣秋教授进一步指出即时顾客化定制是两个“极限”的结合：顾客对产品和服务本身追求的“极限”是“顾客化定制”，顾客对产品和服务交付时间追求的“极限”是“即时”。

2.2　即时顾客化定制生产模式的特点

即时顾客化定制是在大规模定制的基础上发展起来的一种崭新的生产模式，它强调的是以低成本即时或快速满足顾客个性化需求。IC具有比MC更多的优势，是顾客驱动、顾客控制下的生产方式，MC强调的是成本，IC强调的是时间。从MC到IC，是生产活动的一次质的飞跃。IC生产模式注重时间的竞争，充分利用现代网络及计算机技术及时响应远程客户的个性化需求，在快速满足客户个性化需求方面具有更加明显的优势。

即时顾客化定制是基于时间竞争的一种运作模式，它通过产品结构的优化设计和压缩产品生产经营过程中各个环节的运作时间，以及消除企业内部运作和外部需求之间的间隙，来提高其快速满足市场个性化需求的能力。

即时顾客化定制生产模式是按照市场需求进行生产和经营活动，实现以订单为中心的运营模式。一方面，这种运营模式能够真实反映并充分满足市场的需求；另一方面，它通过与客户的接触和预测，以时间的优势改变空间上的挤占，节约成本，从而最终提升行业的整体竞争优势，成为行业进一步发展的推动力。

即时顾客化定制生产模式是在系统思想指导下，用整体优化的观点，通过充分挖掘企业及其供应链系统的潜力，在标准化技术、现代设计方法学、并行工程和可重组制造系统、网络和信息技术等技术和思想的支持下，最终实现根据每个客户的特殊需求以较低的成本向顾客即时（或快速）提供定制化产品的过程。

2.3　即时顾客化定制生产模式的实施

唐中君博士给出实施IC的步骤：第一步，先实施按订单生产（build to order，BTO），BTO可以说是IC的初级阶段，它只是表明企业的生产活动是订单驱动的，还谈不上满足顾客在产品的性能、结构和交付时间方面的个性化要求。实施BTO有不同的层次，覆盖面很宽。在对产品性能的个性化要求方面，最初可以在企业现有的产品目录的范围内实行BTO，不考虑顾客的特殊要求。第二步，允许顾客选择现有不同模块组成的产品，这种组合可以提供大量不同的型号、规格和功能的产品供顾客选择；最后可以按照顾客的特殊要求设计甚至研制新的产品，真正实现IC。在用户订货提前期方面，压缩提前期和赢得负时间的方法并用，通过创新和改善，逐步过渡到即时交付。戴尔（Dell）在个人电脑行业实施BTO，取得了成效，能够在5～7天内交付按订单制造的电脑。采用这一新的生产方式，戴尔迅速成为全球最大的个人电脑公司。而海尔公司只要4小时就可以生产1台冰箱。

在即时顾客化定制生产模式下，更强调企业对市场的预测能力、寻找空白市场领域的能力。企业应根据市场的需求预测，以负时间运行和产品结构的优化设计为轴线，注重发展企业的核心能力，充分利用供应链管理模式，以实现快速或即时满足顾客个性化需求的目的。在产品结构方面，通过模块化设计思想，采用无个性特征的基型产品结构设计和模块化结构设计，通过对基型产品的重新配置、变形设计以及模块的不同组合，为客户提供个性化的定制产品。在时间压缩方面，通过对供应商、制造商、分销商直到顾客的各个环节以及各个环节之间的运作时间进行压缩，提高IC企业及其供应链的运作效率，以实现即时或快速满足顾客个性化需求的能力。即时顾客化定制生产模式的关键是实现产品标准化、制造柔性化和市场响应快速化之间的平衡。当然，要想成功实施

IC，不是单个企业能够做到的，只有顾客、制造商、供应商打破企业和部门的界限，合作共赢，密切沟通才能实现。

由于IC生产模式是一个刚刚提出的概念，所以它的成功实施和推广，首先必须解决IC生产面临的一些关键问题和重要技术：面向IC的产品开发设计技术（design for IC，DFIC），面向IC的制造技术（manufacturing technologies for IC，MTFIC），面向IC的管理技术（management methods for IC，MMFIC）、面向IC的敏捷供应链管理技术（agile supply chain management for IC，ASCMFIC），面向IC的信息技术（information technologies for IC，ITFIC），这些技术是保证IC生产模式有效运作的关键因素。

3 整体橱柜行业发展概述

整体橱柜是以厨房家具为核心，将家具及设备融为一体，经过精心设计的、并与家庭装饰风格配套的厨房设施。整体橱柜的形式类同于板式家具，但这类产品受使用功能及环境条件、面积大小的制约，又有一些与板式家具不同的特性。它是用精心设计的橱柜去适应千差万别的厨房环境，去掩盖纵横交错的管道，去组合相关的电器与设备，以确保整体环境的完美和谐，同时又不影响操作和使用。

整体橱柜产业是家具产业的重要组成部分，作为一种独立的产品门类，整体橱柜在我国起步较晚，是20世纪90年代中期才在国内出现的新型产品。在近20年的时间内，我国橱柜产业在行业规模、产品设计、制造工艺、材料应用等诸多方面，取得了长足的进步。目前，已形成原材料配件、整体橱柜产品设计与生产、经销商、物流等互相依存、互相合作的庞大产业链。整体橱柜产业得以迅速发展的原因，一方面在于国家经济发展和人们生活水平的不断提高、居住环境的改善，另一方面是房地产业的蓬勃发展，使得橱柜在装修行业中占据越来越重要的地位。中国巨大的市场消费潜力刺激着橱柜业的快速发展，其产量、产值逐年递增，成为我国的朝阳产业。

由于受使用功能及厨房环境条件、面积大小的制约，整体橱柜从一诞生就是以定制的形式设计生产的。从单件定制一大规模定制，发展至今，进行大规模定制的理论意义已经被充分证实，实施方法也在应对市场竞争、技术发展中逐步成熟。但是在个性化需求越来越突出、产品生命周期越来越短、顾客对产品即时交付的期望越来越高的市场条件下，一些新的矛盾点开始出现：因供应链的协调问题、生产的柔性程度低等问题产品交货期过长，直接导致了客户订单的流失；客户参与定制设计不足导致个性化需求的满足度不高；面向订单的生产管理经验的欠缺导致订单出错率居高不下。在此背景下，即时顾客化定制生产模式的引入是及时的、必须的。在现行大规模定制生产的基础上整合资源进行整体橱柜产品的快速设计与开发，并不断提高顾客的参与程度、生产的柔性，同时与供应商建立动态联盟，是确保即时顾客化定制生产模式顺利实施的关键。实行即时顾客化定制生产方式将是整体橱柜行业乃至整个制造业生产运作管理的一场巨大变革。

4 面向即时顾客化定制的整体橱柜产品设计技术

即时顾客化定制是在不牺牲企业效率和不增加成本的基础上为顾客即时地提供定制化的产品。对于整体橱柜企业来说，从大规模定制向即时顾客化定制转换时，必然会面临如何加快对顾客定制要求的响应速度、增加顾客参与程度等问题。面向IC的产品设计技术是整体橱柜行业实现即时顾客化定制生产模式的前端业务，对于变革生产方式具有重要的前导作用。面向即时顾客化定制的整体橱柜产品设计技术的实现需要通过个性化需求预测赢得负时间；构建整体橱柜产品模块体系进行产品族设计、以低成本和快速开发周期来满足不同客户的个性化需求；同时还要规划以网络技术为支撑的整体橱柜产品设计信息系统，让顾客参与到产品定制设计过程中来。

4.1 整体橱柜产品设计个性化需求预测

整体橱柜行业实现IC的关键是赢得负时间。赢得负时间，就能够提前进行准备，对即时交付产品就越有利，就能够将顾客的订货提前期变为制造企业的提前准备期。为此，需要以客户关系管理为手段，通过全面顾客参与进行个性化需求预测，来获取客户需求并通过质量功能配置法将其转化为设计信息，以赢得负时间。

4.2 整体橱柜产品族设计

利用标准化技术构建整体橱柜产品的模块体系，并设计相关接口，实现产品族设计，为生产组织提供更高的柔性空间，进而获得稳定的产品质量及相对低廉的成本和较短的交货期。通过分析整体橱柜产品特点，初步规划了整体橱柜产品的功能模块体系。在此基础上，针对细分市场中不同客户群的需求，通过添加不同的个性模块，能衍生出满足不同客户对产品特殊特征和功能需求的相关系列产品集合构成一个产品族，通用化、模块化和标准化是产品族的核心。

4.3 面向IC模式的整体橱柜产品设计信息系统

构建基于网络的整体橱柜产品设计信息系统，通过定制平台应用协同设计方法，使顾客参与进行产品配置设计，把产品模块的变型和客户需求联系起来。

面向IC模式的整体橱柜产品设计信息系统结构，首先，客户通过网络定制中心定制个性化的产品，网络定制中心是企业提供给客户进行定制化设计的平台，企业通过网络定制中心这一平台，在模块库的支持下进行个性化产品的定制，通过对具有独立功能的模块进行组合来生产装配多样化的产品族，以快速满足客户的多样化需求，从而促进企业成功实施即时顾客化定制。同时，在定制过程中，客户互动信息、客户基本信息和定制信息都保存在数据库之中。然后，企业的生产及相关职能部门根据客户的定制要求组织生产，为客户快速、低成本地提供定制化的产品和个性化的服务。最后，专家系统根据客户数据与定制产品数据，在利用数据挖掘技术分析与挖掘客户的定制行为与规律、预测定制趋势的基础上，指导企业对客户需要的及潜在需要的零部件进行模块化，从而不断丰富产品模块库，并指导企业快速生成定制模块。

5 结 语

在即时顾客化定制理论体系的指导下，结合整体橱柜产品的特点，通过实施顾客个性化需求预测赢得负时间，结合基于模块化的产品族设计技术，再利用即时顾客化定制产品设计信息系统实现顾客的全程参与。通过对即时顾客化定制前端业务的这一系列产品设计关键技术的研究，可大大提升整体橱柜产品设计效率与设计质量，增加顾客参与程度，并为整体橱柜实现柔性生产组织、敏捷供应链管理提供技术前提，使整体橱柜企业能将即时顾客化定制作为一种有效的竞争战略运用到实际生产经营活动中，在基于时间竞争的环境中能满足个性化市场需要，并形成整体的成本优势，获取更大的市场份额和利润，在激烈的竞争中真正地获得优势。

原文发表于《林产工业》2013 年第 40 卷第 4 期第 27—31 页

基于家具试验的有限元模型的建立与优化

摘　要：本文测定了梓木的力学性能参数，在此基础上运用有限元软件 ABAQUS 对梓木材料直榫接合式座椅进行装配体有限元静载分析。结合椅子靠背位移测定试验结果，对有限元模型进行优化。结论表明，通过对有限元模型的调整和优化，有限元分析的精度满足设计使用需求。

关键词：梓木；有限元法；ABAQUS；直榫结构；模型优化

国外已经广泛采用有限元分析法进行家具设计，通过改变制品结构、结点的形式和各零部件规格尺寸，再根据受力情况不同，得出许多种设计方案，从中选出坚固耐用、成本低廉的最佳方案。而我国目前仍主要采用试验法，产品设计师在经历了前期的概念设计后，对最终确定的设计方案进行初步的结构与工艺设计，随后进行样品试制（打样），根据样品的实际效果再对结构设计参数进行修正，最终完成结构的优化设计。这一方法费工费时，需要反复修改，并且优化结果很大程度上依赖于设计师本身的经验和知识水平。

随着家具行业的发展，传统的结构力学法已经无法满足现在家具复杂的形状、多变的荷载和支撑的计算要求，而有限元法的出现为这些复杂问题的求解提供了可能，伴随着计算机技术的发展，有限元法已经成为有效的结构分析手段。有限元法可在很大程度上提高产品的质量，在开发过程中可以实现复杂环境的再现，缩短产品的开发周期，降低产品的成本。

目前，较多的研究者开始使用有限元软件对家具整体进行有限元分析，得出了一些结论，但是国内外家具行业关于有限元的准确性以及有限元模型的优化方面的研究较少，这严重制约了有限元法在家具行业的推广。本文参照土木工程专业有限元模型优化的相关方法，在试验结论的基础上对梓木座椅的有限元模型进行优化，旨在建立一种有效的、适用的、计算快捷的有限元家具计算模型。

1　材料与方法

1.1　试验材料

本试验所使用的梓木原产地为湖南，实测绝干密度为 0.49g/cm^3，含水率为 10.4%，具体参数见表 1 和表 2。试件胶合采用氯丁乙烯橡胶乳胶液，固体含量为 45%，黏度为 0.72Pa · s，涂胶量为 150g/m^2。

表 1　梓木强度参数　　单位：MPa

顺纹抗压强度	横纹抗压强度	弦向抗弯强度	径向抗弯强度	顺纹抗弯强度
42.2	9.4	72.5	87.3	182

表 2　梓木的弹性模量和泊松比

E_L（MPa）	E_T（MPa）	E_R（MPa）	VRT	VLR（MPa）	VLT（MPa）	G_{RT}（MPa）	G_{LR}（MPa）	G_{LT}（MPa）
7852	690	306	0.602	0.38	0.535	152	350	205

1.2　椅子静载试验

本试验主要测定椅子靠背在相应荷载下的位移。

实验器材主要为沙发万能力学试验机和百分表。座面上按规范施加 1100N 的力（保持恒定不变），靠背上施加 410N 的静荷载。总共测试了 10 组数据，靠背位移平均值为 19.56mm，详见表 3。

1.3　有限元仿真

采用 ABAQUS 对椅子进行分析。按椅子各组成部件分别进行建模（构件带有榫卯），之后组装成型。材料采用梓木。材料定义为各向异性材料，选用表 2 参数。依照国家标准，在座面和靠背规定位置分别施加 1100N 和 410N 的荷载。各构件接触关系定义为绑定。本文选用 6 面体 C3D8R 单元相较以往行业内较多采用的四面体单元具有更高的精度，能够更好地模拟塑性、蠕变、膨胀、应力硬化、大变形和大应变的材料特性。

2　分析结果与模型优化

2.1　分析结果

椅子等效应力表明，最大应力为 33MPa，出现在椅子后腿榫卯接合处。最大位移为 23.4mm，出现在靠背顶端。

2.2　模型优化

椅子出现的最大应力为 33MPa，小于梓木的抗弯强度，满足使用要求，本节是在此基础上结合试验结果对有限元模型进行网格调整优化。网格划分是有限元中非常重要的一个环节，网格质量高低决定分析结果。做有限元分析时都要经过反复调整模型。本节通过不同网格划分方法得到的靠背位移与试验结果对比，得出网格的最佳划分方法。三维网格单元主要有三大类：六面体网格、四面体网格、楔形网格。种子密度决定了有限元的离散程度，离散度越高，结果越准确。采用不同单元和种子尺寸进行有限元分析，详见表 3。

从表格中可以看出，采用第一种划分方法时与试验结论最为靠近，但是网格划分越细需要的计算时间越长，效率不高。比较不同方法下的最大应力，网格划分越细，得到的数值越大。原因是当网格划分较粗时，软件在分析模型变截面处时会出现病态矩阵，导致结果失效。比较方法 2、4、5 可以发现：采用四面体的有限元模型，变形能力较差，分析结果显示的位移较小，应力较小。故划分网格时，除非截面太复杂，无法通过切割截面的方式来划分六面体网格外，最好还是采用六面体网格。为优化结果，对椅子边截面处网格进行加密，种子尺寸为3，其余部分种子尺寸为5。采用此种计算方法软件分析时长为28分钟，最大应力41.80MPa，椅背位移23.01mm，以上结果与方法1的结果相近，计算时间大幅缩短，故采用局部网格加密的方法是可行的。

表3　不同网格划分方法靠背位移

划分方法	采用单元	种子尺寸	节点数	位移（mm）	误差（%）	最大应力（MPa）	分析时长（min）
1	六面体四面体楔形	3	8	22.29	13.96	42.01	92
2		5	8	23.51	20.19	33.06	18
3		10	8	26.44	35.17	18.32	3
4		5	4	15.22	22.21	22.23	11
5		5	6	15.41	21.22	28.36	15

3　结　论

本文通过家具试验和有限元分析的对比，证实了有限元法在家具分析中的适用性和准确性。本文主要得出以下几个结论：

（1）在保证有限元模型正确的基础上，有限元分析的结果是可靠的。

（2）有限元分析中采用六面体单元划分网格所得结果与试验最接近。

（3）网格的划分方式和种子密度对有限元分析具有较大的影响，建议在采用有限元法对家具进行分析时，先采用多种划分方法、使用较大的种子分布尺寸对家具进行初次分析，得出结果后再进行模型优化，对家具应力较大的部位进行网格加密处理，进行多次模型优化和计算分析后得出最终结果。

原文发表于《木材加工机械》2013年6月刊第41—43页

速生松木家具几种节点接合方式的强度比较研究

摘 要：以南方速生脱脂马尾松松木为基材，以“L”形和“T”形构件为基本构件形式，采用力学实验方法，对理想使用状态——即在外力垂直荷载匀速加载的作用下使构件节点发生破坏或变形，测试构件节点破坏强度值及其破坏或变形形式。实验针对8种不同框架节点接合方式（贯通直角单榫接合、不贯通直角暗榫接合、双圆榫接合、倒刺螺母连接件接合、双圆榫与倒刺螺母共同接合、三件式偏心连接件接合，以及45°双圆榫斜角接合和45°不贯通榫斜角接合）的接合强度进行测定。实验结果表明：①对于直角连接构件，采用贯通直角单榫接合时的节点接合强度最大；双圆榫与倒刺螺母共同连接的节点接合强度次之；然后强度值从高到低依次为双圆榫接合、倒刺螺母螺杆连接件接合、不贯通直角单榫接合，接合强度最小的是偏心连接件接合；②对于45°斜角连接构件，采用45°不贯通榫斜角接合的节点强度大于45°双圆榫斜角接合的节点强度；③在相同条件下，“T”形实木构件的节点接合强度总体上大于“L”形实木构件的节点接合强度。研究表明，节点处的基本构件形式（“L”形或“T”形）、角部构件的连接形式（直角构件或斜角构件），以及节点的接合方式等都不同程度地影响着马尾松松木家具框架节点的接合强度。

关键词：速生马尾松木材；家具；节点；强度

家具产品的结构强度是实现产品功能的基础。过去以及我国目前的家具设计基本上偏重于家具的造型设计，而对家具结构强度设计重视不够，结果往往造成两个方面的失误：一方面，家具设计过程中的安全性即家具制品的强度和刚度满足不了设计要求，导致结构变形，甚至破坏，达不到设计年限，缩短了产品使用寿命；另一方面，安全系数过大，没有最大程度地节省原材料，造成资源浪费，制品粗大笨重，反过来又降低了产品的艺术魅力。

一方面，随着社会的进步，人们生活和文化水平的提高，消费者变得更加理性，他们有权利要求产品有足够的强度，以保证产品在使用过程中的安全性；另一方面，随着环境的恶化，森林资源相对减少，而现代家具工业不断发展壮大，这一矛盾造成的直接后果就是可加工利用的木材资源日趋紧张，生产成本相对提高。因此，通过合理的产品结构强度设计可以达到节省材料、避免浪费，降低生产成本的目的，这也使社会各界对家具产品结构强度设计的需求更加迫切。

影响家具结构强度的因素有很多，如家具材料本身的力学性能、零部件的截面尺寸大小、连接件本身的强度、零部件之间的连接方式以及各连接节点的接合强度等。所谓

“节点”，是指在家具产品结构中，利用各种榫、胶或金属连接件等把两个或更多个零部件进行连接的部位，即家具零部件间的接合处。它是家具结构中最薄弱的环节，大多数家具的破坏，都是由于节点强度不够而引起的。节点设计是整个设计过程中最重要的一环，家具在外力作用下，即使零部件强度都足够，如果节点强度不够，整个木制品也会遭到破坏。实际上由于节点强度低而引起家具破坏，比其他原因要多得多，所以科学地设计家具框架结构中的节点就显得特别重要。

节点处的接合方式及接合强度决定了家具产品整体结构的强度。家具结构有框式和板式之分。框式家具以各种榫接合为主要接合方式，木方通过榫接合构成承重框架，围合的板件附设于框架之上，一般不可反复拆装，其框架形式主要有直角接合框架和斜角接合框架两种。板式家具是一类以人造板构成板式部件，用专用的金属连接件如铰链、偏心连接件、螺栓、螺钉等将板式部件接合。

对实木框架节点强度性能的研究可以简化成对“T”形直角构件、“L”形直角构件以及“L”形斜角构件 3 种基本形式的节点强度进行研究（图 1）。

图 1　基本构件形式

我国南方人工速生松木资源丰富，其中马尾松是我国分布最广、数量最多的松类树种，也是我国南方的主要用材树种之一。由于马尾松资源丰富、取材方便，马尾松家具产品纹理优美、色泽亮丽、材质较软、绿色环保，深受消费者的喜爱，现阶段广泛用于生产与制造家具，尤其以儿童和青少年家具居多。研究人工林速生松木家具结构强度性能可直接指导人工林速生松木家具的安全强度设计和零部件的尺寸设计。当前松木家具产品的结构多以可拆装结构为主，便于产品的包装、运输及组装。通常，产品部件间的连接多使用金属连接件，如倒刺螺母连接件、偏心连接件，以及各种铰链等；而对于产品部件内部结构，则主要采用不可拆装的框架结构，常见的接合方式主要有各种直角榫、圆棒榫、螺钉，以及胶接合等。

本实验以湖南产速生脱脂马尾松为基材，以“T”形和“L”形构件为主要结构形式，采用力学实验方法，针对 8 种常见的松木家具框架节点接合方式（包括：双圆榫接合、贯通直角单榫接合、不贯通直角暗榫接合、倒刺螺母连接件接合、双圆榫与倒刺螺母共同接合、三件式偏心连接件接合，以及 45° 双圆榫斜角接合和 45° 不贯通榫斜角接合）的节点接合强度进行测定，对理想使用状态即在外力垂直载荷匀速加载的作用下使构件节点发生破坏或变形进行研究，测得构件节点破坏的强度值及其破坏或变形形式，计算各种节点的平均接合强度，分析各种节点的破坏规律特征后得出结论，以期对人工林速生松木家具的开发设计和生产实践起到一定的指导作用。

1 材料与方法

1.1 实验基材

实验用脱脂马尾松木材直接取自湖南长沙某松木家具厂，已经过脱脂处理。试验测得脱脂马尾松试材平均含水率为 13.9%。由于在生产实际中不可能精确选材，试验与实际生产中随机购材的实质相同，故试验使用的基材指“泛意义的”速生脱脂马尾松松木。

1.2 实验设备

实验使用的设备和仪器主要有：微机控制电子式木材万能力学实验机，山东济南思达测试技术有限公司生产，型号为 MWD–50kg；电子秤，精确至 0.001g，以及游标卡尺。

1.3 实验用圆棒榫、胶黏剂和五金件

实验使用的圆棒榫树种为桦木，类型为螺纹型，尺寸规格选用 Φ100mm × 40mm。圆棒榫含水率控制在 8% 左右。圆榫与榫孔配合间隙约为 0.0mm；榫端与榫孔底部间隙约为 1.0mm。

实验用胶全部采用聚醋酸乙烯酯乳液胶，俗称乳白胶或白乳胶，pH 值为 6.7，固体含量为 48.6%，黏度为 0.64Pa · s。试件接合时榫的涂胶量为 150 ～ 200g/m^2。

实验使用的五金件为三件式偏心连接件，偏心轮尺寸为 Φ15mm × 11.5mm、连接螺杆尺寸为 Φ5mm × 32mm、倒刺螺母规格为 Φ10mm × 11mm。

1.4 实验方法

实验采用 8 种不同的节点接合方式，即双圆榫接合、直角贯通单榫接合、不贯通直角榫接合、普通倒刺螺母螺杆连接件接合、圆榫和普通倒刺螺母螺杆共同接合、三件式偏心连接件接合，以及 45° 双圆榫斜角接合和 45° 不贯通榫斜角接合等。这 8 种不同的接合方式，分别采用“L”形和“T”形构件进行连接，共组成 16 种不同的构件连接形式。

实验时垂直荷载 P 在“L”形和“T”形直角构件的横向试件上进行匀速加载，加载速度为 10mm/min，在外力荷载 P 匀速加载的作用下使构件节点发生破坏或变形，从而测得构件节点破坏的强度值及其破坏或变形形式，如图 2 所示。

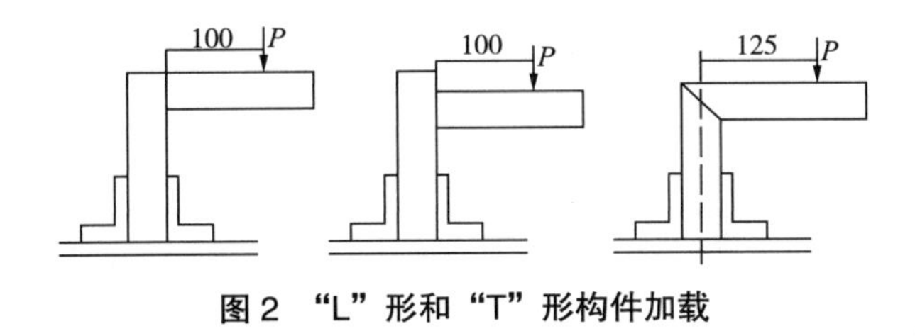

图 2 “L”形和“T”形构件加载

2 结果和分析

2.1 构件节点平均强度值综合比较

为方便图表描述，在以下图表中一律用字母代号表示各种构件的接合方式。其中直角接合代号为 O；斜角接合代号为 M；“T”形构件代号为 T；“L”形构件代号为 L；圆榫接合，代号为 D；偏心连接件接合，代号为 E；倒刺螺母螺杆连接件接合，代号为 S；圆榫 + 倒刺螺母连接件接合，代号为 DS；贯通直角单榫接合，代号为 T；不贯通直角

暗榫接合，代号为 H。

下面对以上 8 种类型的节点接合方式，14 种不同的直角构件和斜角构件的加载实验强度值进行综合比较。其中，直角接合构件主要采用圆榫、倒刺螺母连接件、圆榫与倒刺螺母共同接合、偏心连接件、贯通直角单榫和不贯通直角暗榫 6 种接合方式；斜角接合采用了 45° 双圆榫和 45° 不贯通榫两种斜角接合方式。每种接合节点的平均强度值见表 1。

表 1　构件节点强度值比较

构件类型	节点接合方式及代号	“T”形构件		“L”形构件		平均强度值（N）	“T”形构件比“L”形构件节点强度高出比值（%）
		代号	节点强度值（N）	代号	节点强度值（N）		
直角接合（O）	贯通直角单榫接合（O-T）	O-T-T	1054.0	O-T-L	655.7	854.85	37.8
	双圆榫＋倒刺螺母接合（O-DS）	O-DS-T	669.3	O-DS-L	576.0	622.65	13.9
	倒刺螺母螺杆接合（O-S）	O-S-T	510.7	O-S-L	500.3	505.5	2.0
	不贯通直角暗榫接合（O-H）	O-H-T	444.0	O-H-L	484.7	464.35	-8.4
	双园榫接合（O-D）	O-D-T	604.7	O-D-L	492.7	548.7	18.5
	偏心连接件接合（O-E）	O-E-T	111.7	O-E-L	75.3	93.5	32.6
斜角接合（M）	45° 双圆榫斜角接合（M-D）			M-D-L	487.0	487.0	
	45° 不贯通榫斜角接合（M-H）			M-D-L	616.0	616.0	

2.2　直角接合“T”形构件节点强度值比较与分析

6 种“T”形连接直角接合构件中，以贯通直角单榫的接合强度最大，其次是双圆榫与倒刺螺母螺杆共同接合、双圆榫接合、倒刺螺母螺杆连接件接合、不贯通单榫接合，强度最小的是偏心连接件接合。

2.3　直角接合“L”形构件节点强度值比较与分析

6 种“L”形直角接合构件中，虽然“L”形连接构件在采用倒刺螺母螺杆连接件接合时，其节点的接合强度比采用双圆榫接合时的节点强度稍大，使二者的排列顺序发生了变化，但二者的节点强度值仅相差 0.15%，这一数值可以忽略不计。由此可认为，“L”形直角接合构件的节点接合强度排列顺序与“T”形直角构件的接合强度排列顺序基本一致。

2.4　直角接合“L”形、“T”形构件节点强度值对比

在所有直角接合构件中，除了不贯通直角暗榫接合的“T”形构件比“L”形构件的接合强度稍低以外，其余 5 种接合方式的“T”形构件节点接合强度均大于“L”形构件的节点接合强度，其中高出值最多的是贯通直角单榫，其“T”形构件的节点强度比“L”形构件的节点强度高出 1/3 以上。由此可认为，“T”形构件的节点接合强度总体上比“L”形构件的节点强度要高。

2.5　斜角接合“L”形构件节点强度比较与分析

45° 不贯通榫斜角接合的构件节点强度比 45° 双圆榫斜角接合的构件节点强度平均高

出 129N，增强百分率为 20.9%。

3 结 论

以上通过对速生脱脂马尾松“T”形和“L”形构件的 8 种不同连接接合方式的节点接合强度性能进行研究，就单因子可以得出以下结论：

（1）在所有直角接合构件中，综合起来比较，以贯通直角单榫的节点接合强度最大；双圆榫与倒刺螺母共同连接的接合强度次之；然后强度值从高到低依次是双圆榫接合、倒刺螺母螺杆连接件接合、不贯通单榫接合，接合强度最小的是偏心连接件接合。由此可知，在对家具进行结构设计时，对于受力比较大、要求牢固性比较高的部位尽量使用倒刺螺母连接件或直角榫（尤其是贯通直角榫）进行连接，尽量避免使用偏心连接件。

（2）在两种 45° 斜角接合构件中，采用 45° 不贯通榫斜角接合的节点强度大于 45° 双圆榫斜角接合的节点强度。

（3）实验结果表明，在相同条件下，“T”形实木构件的节点接合强度总体上大于“L”形实木构件的节点接合强度。这一研究结果与 2002 年司传领的硕士研究课题“板式家具角部接合性能的研究”的结论——“T”形结合方式连接的角部结合试件的强度值大于以，“L”形结合方式连接的角部结合试件的强度值相一致。因此，当结构允许时，松木家具产品应尽可能采用“T”形结构。

（4）当采用贯通直角单榫接合时，实木构件端部木材的顺纹抗剪强度以及胶层的胶合强度是影响节点接合强度性能的关键因素。当采用不贯通直角单榫接合时，其节点接合强度性能主要受胶层的胶合强度和榫头木材抗弯强度的影响。实验证明，榫接合的强度普遍比较高，因此在进行家具结构设计时可以考虑适当外露榫接合结构，或者直接以榫卯结构形式做装饰元素进行造型设计，这样既增加了接合强度，又体现了中国家具的传统工艺。

（5）当采用双圆榫接合时，圆榫的抗弯强度和实木构件侧边部的抗拔力是影响其节点接合性能的主要因素，通过比较可知，直角构件的节点接合强度与 45° 斜角构件的接合强度基本相等。

（6）当采用倒刺螺母螺杆连接件接合时，其节点的接合强度主要取决于倒刺螺母与木材之间的摩擦力即抗拔力。如果采用双圆榫与倒刺螺母螺杆连接件共同接合，实验结果表明，使用圆榫不仅起到了定位作用，同时更增强了构件节点接合的紧密度，因而大大提高了连接件的接合强度性能。

（7）当采用偏心连接件接合时，其节点接合强度远低于其他接合方式，而且接合部位不够牢固，在实验过程中容易松动。可见，对于强度和刚度要求较高的家具部位应尽量避免单一使用偏心连接件。

原文发表于《中南林业科技大学学报》2014 年 2 月刊第 122—126 页

具有大众审美特征的糙木家具设计

摘　要：在木材资源匮乏的今天，糙木家具能增大木材利用率。本文以大众审美需求为基本导向，对糙木家具进行设计研究。从造型设计、色彩肌理设计、结构设计等方面入手，诠释糙木家具独特的艺术魅力。

关键词：大众审美；糙木；家具；设计

糙木家具采用森林剩余物及木材加工废弃物作为原材料进行设计、制作，能提高劣质木材小径级材的利用率和附加值，其古朴自然的造型运用于室内空间可以软化建筑用材的冰冷和僵硬之感。但过于原始化、个性化和纯艺术化的糙木家具较难得到大众响应，因此，设计一些具有大众审美特征，并具有家具的普通功能，与室内环境协调的“大众化”糙木家具尤为必要。

家具的审美特征主要受具体的外部形态影响，大众对家具的审美需求主要包括：舒适合理的使用功能、对称或均衡的造型、有节奏与韵律感的外观特征、适当合理的比例与尺度、丰富的色彩与装饰等。

1　糙木家具大众审美特征分析

1.1　符合基本功能需求

糙木家具设计应以满足人们日常使用功能需求为基础，充分考虑人机工程学要素，从而设计出舒适合理的产品。例如，糙木椅子的设计首先必须有座面和靠背两个基本功能构件，同时兼顾考虑椅面的高度、深度、与靠背的位置关系等因素，并在与人体接触的表面尽量保证平整光滑。

1.2　符合主流审美原则

糙木家具造型在视觉上传达出原始粗犷的审美特征，解决该类产品与空间的矛盾是设计中需注意的基本问题。

在造型上，要突破缺乏设计感、过于原始粗犷的瓶颈，就要仔细推敲造型，使家具比例适宜、造型洗练，结合独特的材质特色，形成强烈的艺术美感。在材料质感与纹理的处理上，必须充分考虑糙木材料特殊的外观属性、色泽情况、光滑状态和纹理特征，使设计出的产品粗犷而不粗陋。必要时也可以加入布艺、金属、皮革等材料进行装饰，使设计锦上添花。另外，在结构上可以采用较为精准严谨的零部件、连接件以及连接方式，使产品在原材料的粗糙和辅材的精细中形成有节奏的对比。

1.3　满足亲近大自然的精神特质

糙木家具可以通过自身材料、形象和色彩表达给人赏心悦目的视觉感受和心情愉悦

的精神感受，在设计与加工的过程中设计师充分理解和尊重材质，在满足使用功能的前提下尽量保留糙木家具原生态的面貌，强调自然材质质感，使消费者可以通过感知家具的颜色质地、自然体态来寻求自然的本源，来迎合消费受众渴望回归自然的心理。

2 以大众审美为导向的糙木家具造型设计

2.1 因势造型的基本准则

糙木家具的基材的大小、规格、形状不一，不同的材料会因为其肌理纹路、色彩、强度、材性的不同形成不同的造型方式，因此无法实现大规模的工业化批量生产。设计师可以在取材中寻求原型和灵感，根据基材不同的形状和特征，因势造型。

2.2 几何构成法的运用

任何家具都可以看成是点线面的组合。树枝、有缺陷的树干、树瘤、树根、树皮边、边材、小径级材等材料作为糙木家具的主要构成元素，主要呈现出点、直线、曲线、平面、曲面等几何元素特征，对这些元素进行重复、渐变、对比、交替从而形成复杂的形体，将短材长接，窄材宽拼后，也可以通过分割、切削、分裂等造型手段实现家具的造型。

2.3 自然丰富的原木色彩

材质是家具最直观的视觉效果，糙木家具的基材用到的不同树种或同一树种的不同部位，均呈现出独一无二的肌理、色彩、质感特征。为保留原木的材质特征，该类家具产品在设计中一般力求保持原有的木材颜色，仅辅以清漆或打蜡，利用固有色差异表达出自然温和且丰富的视觉效果。

2.4 秩序与韵律美的肌理效果

材料通过不同的排列和构造可以形成不同的肌理效果。横向纹理与纵向纹理的搭配使用，巧妙利用枝丫节点、木材节疤、腐朽等特征来表现肌理的韵律与秩序美。在质感方面的把握和控制上，要求设计师能考虑粗糙与细腻、明与暗、坚与柔的对比。对小体积的，有着近似肌理的同一材质进行重复编排，从而形成大面积的肌理形象，也可以通过特殊的艺术处理，使家具产生起伏错落，凹凸有致的有组织的肌理效果。

2.5 与其他材质的搭配使用

与其他材质搭配使用也可以为家具提供更多层次的变化。相对粗糙原始的木材与其他细腻精准的材质的重组和融合，可以为设计创造一种新的平衡。温润的木材与温暖的皮革与织物及冰冷的金属和玻璃搭配使用，一方面能凸显木材的自然属性，另一方面也能通过组合自然粗重的天然材料和精确规整的人工材料而呈现更为丰富的视觉效果。

3 糙木家具的结构设计

材料的差异将导致连接方式的不同，糙木家具的结构设计应该建立在理解其特殊的材料性能的基础上，在构造上充分考虑基材的质地、力学特征等因素，以结构强度为目标，在保证力学强度的基础上，巧妙地解决结构与形态的关系，确保家具在使用过程中不破坏和不失效。

3.1 因材施技的表面处理方法

糙木家具制作中不同的材料会产生不同的表面处理方法。有缺陷的木材作为糙木家具主要用材之一，常出现腐朽、虫眼、裂纹等缺陷，通过对伤痕、孔洞、沟壑简单的清创处理后，对虫眼、裂纹部分进行填充，使纹理、颜色形成有节奏的对比。小径级材、枝丫材也常被用在糙木家具中，可以通过不同的编织方式形成不同的表面特征，常用的编织方式主要有“十”字编、菱形编或花编，编织的疏密、花纹都可以形成一定的韵律。在编织手法上可采用疏密对比、经纬交叉、穿插掩压、粗细对比等手法，使之在编织平面上形成凹凸、起伏、隐现、虚实的浮雕般的艺术效果，显示出精巧的手工技艺。

3.2 通用化部件结构

通过对大众使用需求的理解，提取出家具必须的基本形态。如桌子主要分为支撑结构和桌面两大基本形态。在制作过程中需要先把大小不一的基材组成几个必需的基准面，主要的结构式样有框架结构、脚架结构、拼板结构、嵌板结构等，针对不同材性的材质考虑不同的板式特征：对于具有一定韧性强度的枝丫材可通过不同的编织方式创造出丰富的形态；对于长短粗细不一的材料则可通过拼接的方式实现；也可以通过加工，使木头形成标准的组件，通过胶粘或钉接等方式连接形成一个整体，还可以采取绑接表现用材间错综复杂的韵律感，这些结合的方式使零碎的糙木家具基材连接成必需的家具部件。

3.3 可拆装的装配结构

将原材组合形成必须的家具部件后，需要考虑部件与部件间的组合连接方式，从而形成一件完整的家具。传统家具常用的榫卯结构也用于糙木家具部件与部件间的连接，针对糙木家具特殊的材料特性，可以将结构方式进行相应的优化调整，选择相对简单的装配结构装配方式，简化相对复杂的结构，必要时还可借助如偏心连接件、暗铰等金属构件来加固。

4 结 语

总之，糙木家具的设计应着眼于人与自然的平衡，在设计过程中综合考虑大众对家具的审美需求，分析现代消费者的生活行为习惯，对比糙木家具现状与大众审美需求的差距，在充分理解材料的特性基础上，以大众审美为导向，通过对糙木家具造型、结构、色彩肌理等因素的考究，使糙木家具能发挥其独特的优势，诠释自然纯朴的独特艺术魅力。

原文发表于《家具与室内装饰》2014年4月刊第66—67页

遗传与变异：儿童家具可成长式设计理论及其应用

摘　要：本文主要探究了儿童家具可成长式设计理论的表现形式、设计原则及设计方法，结合设计案例探讨可成长式儿童家具设计应用。

关键词：造型艺术；儿童家具；可成长式设计理论；遗传与变异

1 儿童家具可成长式设计理论

从儿童家具设计的发展趋势看，"环境友好"和"资源节约"是设计关注的重点，探讨节约型社会背景下的儿童家具创新设计理论迫在眉睫。

1.1 设计的表现形式

任何事物成长历程都包含继承、变异、新陈代谢的特征，而其中继承、变异特征是最基本的特征。如果没有遗传，各种物种就不可能承前启后继往开来，同样，如果没有变异，生命只是母体的原样拷贝，也就不可能有多姿多彩的大千世界。生物体的进化规律如此，儿童家具设计也是如此。①遗传性。遗传性是儿童家具品牌塑造的关键，是儿童家具品牌发展过程中经过长时间发展与演变所凝结成的稳定特征。遗传性主要体现在：形的沿袭与借用、意的延伸与拓展、神的传承与融合，要使儿童家具具有可成长式特征，形、神、意的传承尤为重要，形的传承就是确定儿童家具的发展基因，即整个儿童家具系列品牌塑造的固有形状，基因确立后，儿童家具就有了自己的独特的品牌符号，神与意的传承主要是儿童家具的外在形式及象征意义的传承与拓展。虽然儿童是在不断成长变化中，但设计中品牌基因等核心部件需要完整地复制，实现儿童家具的基因传承。因此，可成长设计不是推翻与转变，而是继承与发展。②变异性。变异是自然界中生物体进化的催化剂，如果没有变异，生物体就只能是对母体原貌的拷贝，不能造就生物体的奇迹，生物就失去了其乐趣，儿童家具设计也是如此。面对激烈竞争的市场竞争，要使儿童家具走上可持续性的发展道路，必须做到在继承老款家具优秀基因的基础上进行变异。变异性是生物进化的必要条件和主要途径，同样也是儿童家具创新设计的手段和途径，儿童家具的变异性设计是指人们在根据儿童生理、心理尺度及宏观因素变化的基础上进行综合评价后所展开的优化设计，从而设计出具有成长特性的儿童家具。

1.2 设计原则

根据马斯洛的需求层次理论，人的需求主要是生理需要、安全需要、社交需要、尊重需要、自我实现需要。基于马斯洛的需求层理论，论文对儿童家具可成长式设计的原则是从物质功能与精神功能的角度展开论述：①基于物质功能的设计原则。家具的物质功能主要是技术功能、实用功能及环境功能3个方面。其一，从技术功能的角度，儿童家具设计要求具有可靠性及安全性设计原则，尤其是安全性设计原则，对于儿童家具尤为重要。其二，从实用功能的角度，可成长式儿童家具设计中要求可操作性及宜人性原则。用户在使用及购买家具的过程中，能够熟练认知家具的可成长式设计方面功能，其次，用户与家具发生交互的过程中，要求做到这种体验是愉快的、宜人的。其三，从环境功能的角度，可成长式儿童家具要求用节约资源的健康理念经营用户的消费行为，设计合理的生活方式，寻找到自身的归属感及爱的关怀。②基于精神功能的设计原则。家具的精神功能主要是审美功能、象征功能及教育功能3个方面。其一，从审美功能的角度，儿童家具要求造型美及技术美的原则，对于造型及技术之美是用户对儿童家具认知的最浅层感性特征，是消费者对家具之美产生"情感性"的认知结果，也就是对美丑的直接反应与偏好的直接感受，这种感知具有"非功利性"的价值取向。其二，从象征功能的角度，可成长式儿童家具要求体现身份地位、个性、品牌特性等的原则。其三，从教育功能的角度，可成长式儿童家具具有陶冶情操、规范行为、健康成长的原则，这是在马斯洛的需求层次理论上升华，体现求知与完美的需要。

1.3 设计方法

常用的方法为功能组合法与模块化设计方法：①功能组合创新法。组合创新是一种极为常见的创新方法，而组合法中最重要的是功能组合，目前，很多家具设计创新成果都是通过采用这种方法取得的。功能组合创新法主要有以下两种形式：其一，不同功能组合。就是把不同物品的不同功能、不同用途组合到一个新的物品上，使之具有多种功能和用途，符合儿童在不同的成长阶段对家具的个性化需求。比如，将坐与躺功能组合在一起的家具设计。其二，相似功能组合。把功能相同的同一种物品组合在一起，产生一种符合成长不同阶段需要的新产品。比如，将几个相同的衣服架组合在一起，就可构成一个多层挂衣架，分别挂上衣和裤子，从而符合用户心理需求的成长变化，而且还达到充分利用衣柜空间的目的。②模块化创新法。家具的模块化设计是将家具的基本功能模块及某些无法改变的要素组合为一个固定模块，将该模块作为通用性的基准件，提供有效的接口与其他部件进行多种功能组合，构成新的家具组合形式，从而产生多种不同功能或相同功能、不同性能的系列家具，满足用户不同成长阶段的需要。在家具设计中，32mm系统是可成长式儿童家具很好的表达形式之一。

2 家具可成长式设计理论的应用

可成长式儿童家具设计的实践主要从家具固有属性和使用者两个角度来展开设计应用，家具的固有属性主要是指结构、色彩等设计要素，而使用者角度主要是指用户的行为方面。

2.1 基于设计要素变化的可成长式儿童家具设计

①设计灵活结构获得功能的成长。设计师根据儿童成长规律的需要，有意识地设计一些方便灵活转动、调档固定的结构部件，随着儿童的生理尺度的变化及功能需求的不断变化，这种特殊的部件能够完成相应的变化而满足不同年龄阶段的用户需求，目前这类家具的设计实践成果较多，采纳这类结构的儿童家具能够解决儿童在使用家具过程中存在的

不和谐问题，能够随着儿童尺度的变化而在儿童家具设计中采用对应结构使家具功能得到拓展，家具生命力得到持续。比如，在分析儿童生理成长特征时了解到，要使家具能够更好地辅助儿童健康成长，有助于儿童的骨骼生长发育，设计师在设计儿童台桌类家具时，尤其需要重点关注台面角度、座椅靠背角度等的设计，需要设计一些灵活的可调节结构，能够实现台桌类和椅类家具角度的自由调节，从而适配儿童在成长阶段的需要。②色彩与结构结合的可成长式儿童家具设计。设计实践中，色彩是给儿童用户最直接的第一感官，色彩的选择及搭配关系到儿童对家具的喜好度及使用的持续兴趣，因此，在儿童家具设计中，从色彩设计的角度展开家具成长型设计表达是很重要的关注点。设计实践过程中，对家具的装饰面板在结构上进行灵活处理，面板的两个侧面具有不同的颜色（或者各种儿童喜爱的图形），儿童在成长过程中，随着喜好度的成长变化，可以自由地通过两榀结构翻转装饰面板，使面板的色彩呈现形式发生改变，这也是设计中常用的DIY概念在儿童家具设计中的应用。另外，可以将儿童家具的主体视觉面采用手机中可换壳的概念，设计不同的颜色模块，儿童可根据心理尺度成长的需要而灵活选择自己喜好的模块，或者可以在基本功能不变的基础上采用多种软体装饰形式获得成长，能够在不同时期采用适合不同风格的软体装饰，体现在不同成长阶段对设计的认知、成长、变化。

2.2 基于动作行为的可成长式儿童家具设计

家具作为人体功能的延伸，其设计应该符合儿童在不同阶段认知与行为的需要，通过家具的设计来规范及愉悦儿童用户行为，开发儿童的智力，从而使儿童在使用家具的体验中获得认知上的成长。在设计实践中，根据用户某一阶段的动行为而设计的家具或产品，容易造成功能及形式的单一，家具使用的寿命不长，如何能够把不同阶段的行为进行整合创新，设计出能够适应多种阶段需要的家具形态，这尤为重要。如在儿童家具设计中抓住了儿童在幼年时期生长发育的特点，设计供儿童玩乐的爬、钻、滑、摇、画画、学习等功能，让孩子在快乐中成长。而儿童在长大阶段的主要动作行为相对较静，主要体现为休闲及学习的需要，因此，将幼儿阶段的行为与高年龄阶段的行为整合而设计的儿童家具，采用相同部件通过不同的组合形式获得功能的迭代及使用寿命的延长。

总之，在资源节约、环境友好的社会发展背景下，可成长式儿童家具符合当下的设计趋势。随着儿童家具的使用者在不断地成长变化，追求个性、注重人文关怀、倡导生态设计是设计的永恒主题。因此，设计师应该在人、物、环境的系统关系中找到合适的可成长式设计关系、设计要素等方面，准确地把握科学、技术与艺术的当代前沿信息，方才能够设计出真正符合儿童成长规律的家具。

原文发表于《艺术百家》2014年3月刊第266—267页

微波加热软化竹片弯曲工艺研究

摘　要：采用微波对5mm厚的楠竹竹片进行软化实验，研究了微波功率、微波处理时间、试件初含水率等因素对软化效果的影响，并采用正交实验对竹片微波软化进行了工艺优化。研究结果表明，微波加热对竹片有良好的软化作用，当微波功率为500W，微波处理时间为4min，试件初含水率为90%时楠竹竹片软化效果最好，其弯曲半径可达5cm。

关键词：楠竹；竹片；微波软化；弯曲工艺

竹材具有良好的弯曲性能，利用其可以制作丰富的曲线型竹材家具。传统的曲竹家具都以手工火烤水煮的方法为主，生产速度慢，不能满足批量化生产的要求。弯曲竹构件是曲竹家具的主要部件。研究表明，将竹剖切成一定厚度的竹片，对竹片进行软化、弯曲、干燥处理即可以制成弯曲构件，该方法简便快速，便于工业化生产。

同实木弯曲工艺一样，在竹片弯曲工艺中，软化是极其重要的一道工序。本研究采用微波软化的方法对竹片进行软化，探讨微波功率、微波时间以及竹片初含水率对竹片软化效果的影响规律，并运用正交实验法，分析得出竹片软化的优化工艺参数，以期为竹片微波软化工艺研究提供参考。

1　材料与方法

1.1　实验材料

4～5年生楠竹，取自湖南益阳，自然陈放30d，含水率约为13%。经锯截、开条、粗刨、压刨等工序，将竹条去节、去青、去黄，得到竹片试件，规格为180mm（长）×27mm（宽）×5mm（厚）。

1.2　实验设备

微波炉（Galanz，WP8007L23-K3）。最大输出功率800W，频率2450MHz。实验中用于竹片软化处理；微机控制电子式木材力学试验机（KHQ-002H），加载速度设置为10mm/min，实验中用于试件的弹性模量的测试；电子天平（PL203）、游标卡尺、卷尺等。

1.3　实验方法

将竹片试件放入清水中浸泡至预定含水率后取出，然后利用微波炉对试件进行软化，软化过程中为了防止水分过分蒸发，将竹片置于微波炉专用容器中后再一同放入微波炉。软化结束后立即用微机控制电子式木材力学试验机进行弹性模量测试。测试方法参考《竹材物理力学性质实验方法》（GB/T 15780—1995）。需要指出的是：因本课题是研究竹

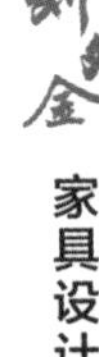

片径向弯曲，因此这里的弹性模量测定为径向弹性模量测试，本实验只对竹青侧受拉情况进行测试。另外，经预实验发现竹片在软化后形变大，容易从两支座间滑移，因此本实验中将弹性模量测试的支座距离缩小为60mm。

1.4 软化效果评定依据

由于饱水材的半纤维素和木质素易发生玻璃化转变，同时随着温度的升高，纤维素、半纤维素、木质素复合物中的氢键受到破坏，减弱了分子间的结合力，热作用下分子能充分运动，细胞壁软化，弹性模量值降低，故以软化后材料的弹性模量值为软化效果的评定指标，弹性模量越小软化效果越好。

2 结果与分析

2.1 单因素实验

在探索性试验基础上，将微波功率、微波时间以及试件初含水率作为实验因素进行单因素实验，对竹片软化后弹性模量值进行考察，分析各因素对软化效果的影响。

（1）微波功率的影响。当试件初含水率为70%，微波处理时间为4min时，经过不同微波功率处理后试件的弹性模量图。

可知，当微波处理功率从200W增大到500W时，试件弹性模量逐渐减小，功率为500W时，竹片的弹性模量值降到最低仅为1469MPa。这是由于在微波磁场作用下使竹材内部的极性分子如水和有关官能团，产生摆动，摩擦生热，在微波时间一定的情况下随着功率增大，分子运动加剧，竹片温度升高，竹材内部的非结晶态高聚物纤维素和木素的玻璃转化点在此作用下明显下降，竹片塑性增强。而当功率由500W增大到700W时，试件弹性模量升高，这是由于随着功率过大，试件在短时间内温度急剧上升，竹片内部水分蒸发加剧，失去了水的润胀使竹片塑性降低。可见微波功率为500W时，竹片达到较好的软化效果。

（2）微波时间的影响。当试件初含水率为70%，微波功率为400W时，经过不同时间处理后试件的弹性模量图。

由图可知，在2～7min的微波处理时间内，试件弹性模量先降低后增大，微波处理时间为4min时弹性模量最低，其值为1810MPa。分析产生其现象的原因是，当微波功率一定时，随着微波时间的增加，竹片内分子得到充分运动，试件温度升高，达到部分纤维素、半纤维素和木素的玻璃化转变温度，竹片塑性增强，弹性模量降低；但微波处理时间继续增大，则竹片内水分大量蒸发，失去水分润胀竹片塑性降低，则弹性模量增大。可见微波处理时间为4min时，竹片达到较好的软化效果。

（3）试件初含水率的影响。当微波功率为400W，处理时间为4min时，初含水率不同的试件经微波处理后弹性模量图。

由图3可知，随着试件初含水率增加，软化后弹性模量逐渐降低。这是由于水作为塑化剂，可以对竹材内部有良好的润胀作用，为分子剧烈运动提供了自由体积空间，随着含水率增大，自由体积空间增大，分子间热运动更加容易，故含水率升高，竹片弹性模量降低，软化效果渐佳。可见试件初含水率越高竹片的软化效果越好，当含水率约为90%时，其软化后弹性模量最低。

2.2 正交实验分析

（1）正交试验安排。在单因素实验基础上，以微波功率、微波处理时间和试件初含水率为影响因素，按照L（34）正交实验表进行实验设计，因素水平表见表1，正交实验结果见表2。

表1 因素与水平

水平	时间（min）	功率（W）	含水率（%）
1	6	600	50
2	5	500	70
3	4	400	90

表2 正交实验结果

编号	时间（min）	功率（W）	含水率（%）	空白列	弹性模量
	I	II	III	IV	（MPa）
1	1（6）	1（600）	1（50）	1	$y_1 = 3776$
2	1（6）	2（500）	2（70）	2	$y_2 = 2678$
3	1（6）	3（400）	3（90）	3	$y_3 = 2454$
4	2（5）	1（600）	2（70）	3	$y_4 = 2770$
5	2（5）	2（500）	3（90）	1	$y_5 = 1978$
6	2（5）	3（400）	1（50）	2	$y_6 = 3232$
7	3（4）	1（600）	3（90）	2	$y_7 = 1520$
8	3（4）	2（500）	1（50）	3	$y_8 = 2351$
9	3（4）	3（400）	2（70）	1	$y_9 = 1731$

（2）结果分析。正交实验极差分析结果见表3。结果显示，影响竹片软化后弹性模量值的因素顺序为Ⅲ＞Ⅰ＞Ⅱ，最佳工艺组合为Ⅰ3 Ⅱ2 Ⅲ3，即各因素对软化效果的影响程度依次为试件初含水率、微波时间、微波功率，最优方案为软化时间4min，微波功率500W，试件含水率90%。

表3 极差分析结果

极差分析	时间（min）	功率（W）	含水率（%）	空白列
	I	II	III	IV
$\bar{K}_{1j}$	2969	2689	3120	2495
$\bar{K}_{2j}$	2660	2336	2393	2477
$\bar{K}_{3j}$	1867	2472	1984	2525
R_j	1102	353	1136	48

（3）工艺验证。按照分析得出的理论最优方案进行验证实验，实验重复3次，得到处理后试件的弹性模量均值为1374MPa，比未软化处理竹片的弹性模量低80%，大大提高了竹片的塑性，达到良好的软化效果。经上模弯曲，竹片在竹青方向受拉时的弯曲半

径可达 5cm，达到较好的弯曲效果。

3 结 论

采用微波加热可以有效使竹片软化，并且其效果显著。微波功率、微波时间及试件初含水率等因素对其软化效果均有影响，影响显著性为：试件初含水率＞微波时间＞微波功率。在本实验条件下最佳工艺为：试件初含水率 90%，微波处理时间 4min，微波功率 500W。经优化工艺处理，5mm 厚无节竹片竹青方向受拉时弯曲半径达 5cm。

原文发表于《中南林业科技大学学报》2014 年 8 月刊第 111—113 页

糙木家具中的榫接合结构设计

摘　要：糙木家具活泼婉转的形态特点以及多样的结构形式，决定了糙木家具的榫卯接合形式是非传统的精密接合。本文指出了糙木家具榫卯配合的3种形式，归纳了糙木家具方形截面构件与圆形截面构件榫接合的4种基本形式以及2种圆形构件间的榫接合形式，用以指导糙木家具榫结构设计，为相关厂家制作糙木产品提供技术支撑。

关键词：糙木家具；榫卯接合；方形截面；圆形截面；结构设计

糙木家具主要利用树根、树瘤、有缺陷的树干、枝丫材、森林剩余物和木材加工废弃物等为原材，引入人体工程学及相关力学原理而制作的一种保留自由粗犷、质朴清新等特点的家具。其构件的接合形式以榫卯接合为主，辅以胶、钉等接合方式。

糙木家具素材类型丰富，形态奇特，整体造型独具一格，但构件间并不能形成精密的榫卯接合。方形和圆形的截面形式是糙木家具榫卯接合的主要形式。为了满足相关的强度要求以及考虑到构件的特点，选择合适的截面形式便具有重要意义。

家具的结构强度不仅影响其使用寿命，同时也是家具整体艺术魅力的内在表现。本文针对糙木家具榫接合结构设计进行研究，为制造出高附加值的糙木家具产品提供理论依据和技术支撑。

1　方形截面构件的榫接合

传统家具结构以榫卯接合而著称。方形截面构件的使用是传统榫卯结构的主要形式，并且对榫头的大小存在相应的技术要求。

榫头与榫眼的配合关系也是反映接合强度的重要参数之一。过大的间隙紧靠胶液的固化产生胶合力固定；太大的过盈量会使构件装配时产生破坏。榫卯配合存在3种形式，间隙配合、过渡配合和过盈配合。合适的配合量能够使构件间的结合强度达到最大。

榫头数量以截面构件尺寸40mm×40mm为界限，超过该尺寸应采用双榫或多榫接合。糙木家具采用传统榫卯接合形式，利用单直榫与双直榫，其技术指标见表1。

表1　榫头数目技术指标

一般要求	构件截面尺寸	推荐榫头数目
榫头数目 $n > A/2B$	$A < 2B$	单直榫
	$2B \leqslant A < 4B$	双直榫

2 方形截面构件与圆形截面构件间的榫接合

尽管糙木家具的榫接合与传统榫卯结构有所差异，但它仍会使用到方形截面构件，因此便涉及圆形构件与方形构件的接合问题。

当圆形构件截面尺寸较小时，可在方形构件上钻出圆形构件截面尺寸大小的圆孔，直接将圆形构件嵌入圆孔形成连接。此种方式加工和组装都比较方便，但由于圆形构件的截面特征，并非所有的都为正圆，不能使构件与圆孔形成紧密的连接。因此，必须用胶和钉辅助，才能形成稳住的结构。

用于截面尺寸较大的构件，在方形构件上加工出方形榫眼，通过单直榫或双直榫连接。此种结构形式只要在合适的配合量下辅以胶便能形成稳固结构，但圆形构件上榫头加工较复杂。

在方形构件上加工榫头较方便，只需在圆形构件榫眼周围加工出光滑表面能与方形构件榫间预留的包肩接触即可，辅胶便可形成稳固连接。且可通过包肩与圆形构件间形成平滑过渡，增大构件间的接触面积，增强结构的稳固性，并使外观柔和。

3 圆形构件与圆形构件间的榫接合

糙木家具中两圆形截面构件相结合较为普遍。基本可以概括为两种形式，通过在一个构件上开榫与另一构件连接，一个构件在端头倒圆处理与另一构件连接。

糙木家具中两圆形构件间的接合通常只需要在构件上辅以铁钉便能形成较稳固的接合。但在两构件的接合处能观察到构件有明显的切削痕迹，且加工较简便，甚至能够观察到与构件间的间隙，给使用者造成不安。

4 结　论

糙木家具由于其构件本身的特点，其结构形式源于传统榫卯结构而又有不同，两构件间不能形成紧密的配合。

糙木家具造型丰富，构件形状、尺寸等相去甚远。而要制作造型精美、结构稳固的糙木家具，需要制作者拥有深厚的造型和结构能力，两者缺一不可。其结构决定了它的使用寿命及性能。合理的结构反映出一件产品的技术特征。对于糙木家具而言，合理的结构形式更能反映出制作者的水平，且能给使用者一种安全享受。如简单的钉接合是能加速制作过程，但体现出来的仅仅只是各构件间的简单堆砌。因此，糙木家具对其结构有着更苛刻的要求。通过对糙木家具制作中常见的构件形式进行整理分析，指出了各种形式构件间科学连接方式的重要性，为制作出更加符合使用要求的糙木家具产品提供一些参考。

原文发表于《中南林业科技大学学报》2014 年 8 月刊第 120—122 页

湘西南宝庆竹簧烙画的艺术特征探析

摘　要：宝庆竹簧烙画是从宝庆竹刻中衍生出来的一种艺术形式，分为创作类竹簧烙画与表现类竹簧烙画两种类型；其烙制工艺主要有选材、刻线、烙绘、题款、罩漆、装框等6个阶段。相对于其他烙画艺术而言，宝庆竹簧烙画具有题材丰富、色彩高雅、纹理自然、个性鲜明的艺术特征，是民间艺术中的一朵奇葩。

关键词：宝庆竹簧烙画；烙制工艺

1　宝庆竹簧烙画概述

烙画古指用烙铁在器物表面上烙制而成的图画，又称"烙花""烫画""火笔画""炭画""火针刺绣"等。就字面意思而言，"烙"是指用器物烫熨，烙画是指艺人借助高温的器物烫熨，使绘画材料表面碳化变黑而形成的一种绘画。烙画是从中国画中分离出来的一个稀有画种，常见有木板烙画、竹簧烙画、宣纸烙画、麦秆烙画、三合板烙画、葫芦烙画和毛毯烙画等。有学者认为，烙画源于西汉、盛于东汉。真正有文献记载的烙画史可见于晚清李放编著的《中国艺术家征略》一书，书中记载："张崇，唐代名画工，擅长烙画，人称巧人张崇。"

宝庆是一个历史地名，是湖南邵阳地区的旧称，宝庆竹刻是国家级非物质文化遗产。宝庆竹簧烙画，也称烙竹画，是从宝庆竹刻中衍生出来的一种艺术形式，其历史相对较短，约起源于民国初年。宝庆地区的民间艺人通过学习借鉴、提炼融合，把竹簧作为烙画材料进行艺术创作，取得了很好的艺术效果。宝庆竹簧外表黄澄晶莹，如象牙般光洁润滑，与烙绘碳化的深色画面形成强烈对比。相对其他烙画艺术而言，宝庆竹簧烙画自成一派，极富地域特色。

2　宝庆竹簧烙画的艺术特征

2.1　宝庆竹簧烙画的类型

根据表现内容不同，可以将烙竹划分为两类：一是创作类烙竹画；二是表现类烙竹画。创作类烙竹画需作者深入酝酿，从题材内容构思构图到表现手法都需要反复推敲，并且需注重题材内容与表现形式的统一。图1为民间艺人刘德义创作的《三国人物》，画面以线条为主要表现载体，每个画面均由一人一马构成。构图匀称、形态多变、层次丰富，兼具生动与抽象的特点，笔法疏密有致、飘逸流畅。作者运用数种烙线刻画出不同人物的形象特征，传达不同的情感和心境。表现类烙竹画主要选取历史上比较著名的艺术作品，然后对其进行临摹烙制，这类作品大多通过改变表现方式，来展现经典作品的艺术效果。图2为民间艺人刘德义临摹的长幅烙竹画《清明上河图》(局部)。作品气势恢宏，再现了《清明上河图》的艺术场景。据刘老先生的夫人介绍，这个作品由 10 余块长 40 厘米、宽 30 厘米的竹簧构成，花了近 3 年的时间才创作完成。作品虽然是临摹《清明上河图》，但由于使用全新的表现形式和表现载体，因此也具有很高的艺术价值。笔者在调研中发现，宝庆烙竹画以烙竹簧画为主，但也有部分艺人在竹青上直接烙画。图 3 中的烙竹画为邵阳艺人唐文林创作的《宝庆古街》，材料选用楠竹竹段的 1/2，以烙笔当铅笔，表现出白描“线”的提按、停顿、轻重、疾缓与转折的变化，烙出的线与画出的线一样，有粗细、长短、浓淡、虚实、疏密、呼应的效果，达到画面的韵律美、节奏美、气势美，再现了宝庆古城的传统面貌。

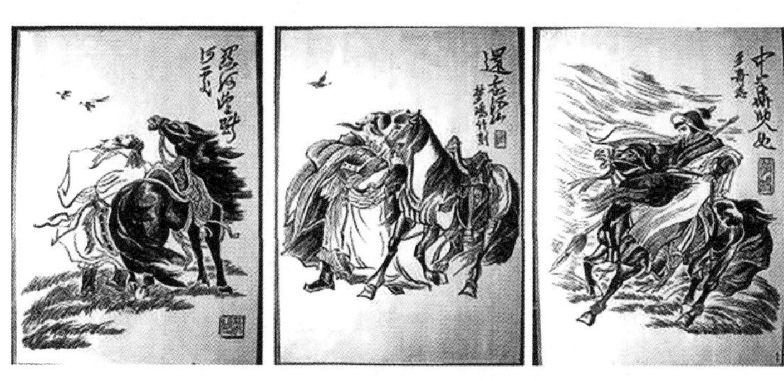

图 1　宝庆烙竹画之三国人物（刘德义绘）

图 2　宝庆烙竹画之清明上河图局部（刘德义绘）

2.2　宝庆竹簧烙画的制作工艺

（1）烙制工具。传统烙画艺人以铁针或火针为绘画工具，在油灯上炙烤进行烙绘。这种方法有一定的局限性，操作烦琐不便，在烙绘作品过程中，需要频繁反复加热铁针笔头，这对作品的篇幅与表现形式都产生了一定的局限。随着制作工艺与制作工具的不断改良，由传统的“油灯烙”转变成“电烙”，将单一的烙针或烙铁换代为专用电绘烙笔，且可根据需要改变绘制温度，大幅提升了烙画的表现能力。

宝庆烙竹画一般选用 150 ～ 300W 的电烙笔。电烙笔的头部形状有直、曲两种，与画面接触部分有方、圆、扁、三角形等几种。电烙笔最好连接一个调压器，这样可以通过调节电压控制烙笔的温度。此外，还要准备砂纸、清漆和板刷、烙铁支架、取景框、玻璃片、铅笔、橡皮、小刀、直尺、三角板等工具，砂纸主要用来去除竹簧在雕刻后留下的杂质，清漆和板刷主要是给烙竹画罩漆。

（2）竹簧烙画的选材。宝庆烙竹画的主要特征之一，是在竹簧材料上烙绘。竹簧是宝庆竹刻中最具特色的材料，细腻润泽，不仅适合雕刻，也适合烙绘。依据竹壁的结构，竹簧是指竹筒内壁一层薄如蝉翼的竹衣，其质光脆，将其经过煮、晒、压平后，再粘贴，镶嵌在木胎上，然后磨光，然后经过拼合，可以加工各种器型。烙竹画选用的竹簧一般压成一个平面，根据画面篇幅，拼合成不同篇幅的画面。由于竹簧厚度一般为 2～3mm，因此烙画需用两层竹簧，并且在两层竹簧的中间夹一块 4～6mm 的竹板或木板。有时为了节约材料，使用一层竹簧直接平铺在竹板或木板上也可烙绘。

竹簧的选取，一般会选择三年生以上的楠竹，竹壁无虫蛀、无疤痕、色泽一致、竹质细腻、纹理不太明显的为上乘。但实际上，自然生长的材料从形态、色泽、纹理、大小等方面都有差别。在具体创作过程中，可根据个人爱好、习惯以及题材的需要来选择不同竹材。烙山水、花鸟画所需的竹材一般要求不严，烙人物肖像画或某些特定题材的作品时需要精选优质的竹材。如表现肤色比较粗黑的人物肖像，可选择质地略粗、色调沉着的竹材；表现青年妇女或儿童肖像，可选用质地细腻、色泽较浅的竹材。

（3）竹簧烙画的刻线。为了在烙绘时做到胸有成竹，烙画艺人需根据所烙画面的篇幅，提前在竹簧的表面刻画出艺术形象的草图。这个过程一般分为 3 个步骤，一是起稿，即用铅笔在白纸上描绘出需要烙绘的画面，每一个细节都要交代清楚，以便于刻绘；二是过稿，在绘好画的纸的背面用铅笔均匀地涂一层，然后将纸覆盖在竹簧的表面，注意纸面向上、背面向下，接下来用铅笔在绘好的画上重描一遍，这样画稿就印在竹簧的表面了；三是刻线，在竹簧表面烙画与其他材料表面烙画有一定差异，由于竹簧质硬，为了保证烙绘的效果，需先在竹簧表面阴刻出画面的线框构图，为接下来的烙绘定型。

（4）竹簧烙画的烙绘。进行烙绘时，先需将电烙笔通电，待电烙笔发热即可进行烙烫。烙绘时要掌握火候，下笔要准确，提按、快慢、虚实、深浅、急缓、转折得当。可采用勾、擦、点、立锋、侧锋、逆锋等技法。烙烫时，要使烙烫出来的线条呈现干、润、焦、浓、淡 5 种不同的色调，组成自然、和谐、精美的画面。烙烫时要果断干练，避免下“笔”犹豫、迟疑，防止在画面上留下不协调的烙印，否则很难修改。待画面烙绘完成后，需要在画面的适当位置题款，这一点与山水画相似。烙竹画的题款一般使用烙笔烫出金石韵味的印章，并在印章表面涂上朱砂色（图 3）。烙竹画的块面和线条忌光、忌滑，因此烙笔必须经常修磨，保持笔头的粗糙性，这样烙出来的作品显得清秀、遒劲，不会僵硬呆板。

（5）竹簧烙画的罩漆、装框。所谓罩漆，是指在烙竹画绘制完成后，用板刷在画面上刷聚酯清漆，需刷 2～4 遍，使其经久耐用。由于烙竹画是由竹簧与木板或主板叠加而成的，待作品罩漆后，还应加上边框、衬底和挂钩等部件，以便悬挂。

图 3　宝庆烙竹画之宝庆古街（唐文林绘）

图 4　宝庆烙竹画之猛虎下山（刘德义绘）

③ 宝庆竹簧烙画的艺术特征

宝庆烙竹画主要采用宝庆独有的竹簧器和常见的竹筒、竹屏等竹材进行烙绘，形成了独树一帜的烙画艺术。由于竹簧质硬、不易烙制，如温度过高，手法过重，竹簧及竹青皮会变焦，温度过低又烙不上痕迹，这给烙画艺人提出了更高的要求。正因为烙竹画绘制难度大，绘制完成的作品线条简洁流畅、自然明快，在加工过程中呈现出高低不平的纹理变化，具有一定的浮雕效果。烙竹画一般色泽呈深或浅褐色，给人以高雅的艺术享受。笔者在调研中发现，宝庆烙竹画具有题材丰富、色彩高雅、纹理自然、风格独特的艺术特征。

3.1 题材广泛

宝庆烙竹画装饰题材广泛。民间艺人从湘西南滩头年画、宝庆竹簧竹刻装饰题材中吸取营养，采用中国画和民间画相结合的表现手法，结合湘西南地区的民俗民风、地域文化，使烙竹画装饰题材既具有传统韵味，也富含现代内涵。其表现内容主要有以下3类：一是选取自然界常见物象为题材，如花鸟鱼虫、草木竹藤、山川云霞、日月星辰等。民间艺人根据长期的生活经验，通过观察自然界中客观存在事物，融合自己的艺术理念与艺术手法，赋予这些自然题材地域性和民俗性的艺术语言，从而创造出精巧生动、特色鲜明的艺术形象。二是源于民众日常生活题材，如衣食住行、婚丧喜庆、农耕劳作、渔猎采摘、习俗礼仪等。这类题材具有鲜明的地域气息与生活情趣，在湘西南滩头年画中也比较常见，但宝庆烙竹画中在表现效果上更胜一筹，实现了从二维向三维的过渡。三是源于历史人物、动物、传说的题材，如龙凤神仙、历史人物、历史故事、神灵猛兽等。图4为宝庆烙画艺人刘德义创作的《猛虎下山》，该作品以猛虎为主要形象，画面用色厚重、形态生动，具有很强的艺术感染力。这些艺术题材是烙画艺人对湘西南地区民众情感的一种含蓄文雅的描绘，饱含着对美好生活的期盼和对国泰民安的向往，是朴实的内在价值取向和审美内涵的外在体现。

3.2 色彩高雅

宝庆竹簧烙画以单纯的竹簧材质色调为基础，在单色之中呈现出丰富的深浅、浓淡的层次变化，在平面的有限维度内，通过烙烫收到可见深度的艺术效果。烙竹画表面通常带有凹凸不平的变化肌理，在光洁润滑、浅黄如玉的背景色上，呈现深褐色、浅褐色乃至黑褐色的画面效果。这种以褐色为统一的单纯化色系，为烙竹簧表现虚实、深浅、省略、概括等空间形态提供了可能，使烙竹画区别于其他烙画品类而自成体系。从烙竹画的色彩倾向上看，其特有的自然褐色是对远古情怀的眷念，尊贵而不失儒雅，这是烙竹画最显著的特点。烙竹画常见的褐色中会加用含一定灰色的中、低明度的色彩，如土红、土绿、熟褐、生褐、土黄、咖啡、古铜、茶褐等颜色，色质都显得不太强烈，具有亲和性，易产生和谐感，有成熟、谦让、丰富、随和的视觉感受，这也是自古文人追求超凡脱俗、清高淡泊的一种外在体现。

民间艺人在竹簧烙画中为了表现浓淡深浅、远近疏密的层次感和空间感，在色彩渲染时往往借用金银匠人的喷火技艺。用喷火器的明火来渲染，这样既可使画作的块面、线条、明暗之间的关系变得和谐，也可使皴擦线条和块面色调骨肉相连、浑厚苍润，与中国画中的泼墨效果有异曲同工之妙。

3.3 画面纹理自然

竹簧烙画以竹簧为烙绘对象。竹簧本身光洁、平整，整体呈浅黄，经过烙笔绘制、喷火渲染后，表面能自然地呈现出各种特别的纹理。有的似碧波荡漾，有的似烟云缭绕、云霞彩练，有的似沙漠荒滩，有的像奇峰峻岭，有的似层层梯田……图案自然不做作，线条流畅不呆滞，犹如棕色素描。巧妙运用竹簧的色调与纹理，有时只需用电笔略烫几笔，就可制成一幅层次丰富的山水画。

宝庆烙竹画的纹理是通过竹簧这种特殊的材料体现出来的。相对木板烙画的大气，竹簧烙画显得更为细腻、精致；相对宣纸烙画的文气，竹簧烙画显得更加豪爽、活泼；相对葫芦烙画的雅气，竹簧烙画显得层次更丰富，大小不受局限。

3.4 不同于其他烙画

宝庆烙竹画的艺术风格，是通过与其他烙画艺术的比较体现出来的。丝绢烙画富有富贵气息，但缺少竹簧烙画的苍劲与活力；宣纸烙画能表现出丰富的层次和色彩，但烙制难度较大，返工率高；木板（含三合板、胶合板等）烙画具有丰富的木纹肌理，但材料获取简单，难登大雅之堂；麦秆烙画通过拼接、组合，可以表现出丰富的层次，但画面缺少连贯性和整体感；葫芦烙画可以 360° 作画，但葫芦体量有限、质地脆硬，很难烙制出层次鲜明、大气恢宏的作品。宝庆竹簧烙画则兼具丝绢烙画、宣纸烙画、木板烙画、麦秆烙画、葫芦烙画等烙画艺术的部分优点，又弥补了这些烙画艺术的某些缺点，在材料选择、画面质感、表现形式等方面具有鲜明的艺术优越性。

宝庆竹簧烙画是一种雅俗共赏的艺术，也是一种心手相通的创造。烙制完成后的烙竹画画面亮丽、古朴、典雅、华贵且色泽经久不变，易于收藏，凸显其画种优势。它是一种民间艺术，根植于民间，凝结了劳动人民的聪明才智，因此既受到普通百姓的喜爱，又受到文人墨客的青睐。

4 结 语

宝庆竹簧烙画是对中国传统绘画的传承与发展。民间艺人以烙当笔、以火当墨、以竹材当纸进行创作，巧妙自然地把绘画艺术的各种表现技法与烙画艺术融为一体，形成自己的艺术风格，是民间工艺美术的独立载体。相对其他烙画艺术而言，烙竹画具有题材丰富、色彩高雅、纹理自然、个性鲜明的艺术特色。

艺术创作的差异化是当代社会的一个发展倾向。随着社会文明的进步，以及人类物质生活水平的不断提高，人们厌倦了工业文明时代无差别的机械复制，对传统工艺表现出新的兴趣。宝庆竹簧烙画的制作工艺、材料选择、肌理色彩、艺术效果等方面都具有中华民族典型而独特的艺术风格与文化内涵，其画面显现出来的悠悠古韵和现代人们的审美追求融会贯通、相得益彰，具有特色鲜明的工艺气质和不可复制性，是民众智慧的结晶。从设计的角度看，研究开发具有艺术个性的烙竹画产品，不仅能充分展现湘西南地区淳朴、悠久的地域风采，还能推进民间工艺美术在现代社会中的生活化、大众化和时尚化。

原文发表于《装饰》2014 年 10 月刊第 114—116 页

梓木浸渍增强技术的初探

摘　要：针对梓木增重改性处理过程中浸渍工艺的研究，考虑了板材的规格、浸渍压力与浸渍时间对增重的影响。在单因素实验基础上，通过响应曲面优化法系统研究了不同浸渍压力、浸渍时间和板材厚度 3 个因素对梓木浸渍增重的影响规律，研究结果表明，优化的梓木浸渍处理条件为，浸渍压力 0.78MPa，浸渍时间 5.2h，浸渍厚度 39mm。浸渍处理后能显著提高梓木板材的物理力学性能。

关键词：梓木；浸渍工艺；响应面法

梓木（*Catalpaovata* G.Don.）是非常用树种，分布在湖南、湖北等地，每年可提供 300 万 m^3 木材。梓木纹理美观、色泽圆润，具有珍贵木材的纹理与色泽，但梓木材质松软，强度低，握钉力差，导致长期以来只能作为劣质材使用，产品附加值低。因此，通过木材改性提高梓木密度及强度，实现梓木高附加值利用具有重要的经济效益。

近年来，国内外众多学者在树脂浸渍密实化改性方面做了大量研究，得出了木材的渗透性、浸渍树脂种类及浸渍工艺是木材浸渍密实化改性三大影响因素。在提高渗透性方面，研究者发现蒸汽爆破预处理利用饱和蒸汽或其他介质加热木材，使其内部的水分汽化并产生较高水蒸气压力，然后瞬间泄去外部环境压力，木材内部与外部环境的压差使木材内产生较快速水分流动，从而破坏纹孔膜与薄壁细胞等组织结构，在木材内部形成畅通的微观通道，以达到改善木材渗透性的目的；在树脂种类方面，研究者发现水溶性低分子量酚醛树脂中含有大量苯环类结构，与木材内部主要成分形态类似，有利于浸润木材，而树脂黏度及分子量大小将直接影响其对木材的渗透效果；而在浸渍工艺方面的研究中，研究者发现真空 - 加压浸渍可以抵消部分木材液体浸渍时在其内部受到的巨大阻力，是目前树脂浸渍较为常用的方法，合理地设置浸渍压力、浸渍时间和木材厚度是浸渍工艺的关键。

通过以上研究不难发现，在木材树脂密实化浸渍工艺过程中，压力与加压时间起着决定性作用，合理设置板材厚度、浸渍压力和浸渍时间尤为重要。此外，大部分的研究都是针对速生人工林木材展开的，针对梓木密实化增重的研究较少。因此，笔者旨在定量分析梓木在浸渍处理过程中不同浸渍压力、浸渍时间和板材厚度三大因素对梓木浸渍增重的影响规律，以获得较为优化的梓木浸渍处理条件，为梓木增重与增强处理奠定了基础。

1　材料与方法

1.1　材料与设备

试验用材为 600mm（长）× 90mm（宽）× 22/32/42mm（厚）梓木蒸汽爆破预处理材，

购自湖南省常德市林区；低分子量酚醛树脂：黏度为 19mPa · s，pH 值为 9.8，固含量为 48.1% ～ 49.8%，平均相对分子质量范围为 300 ～ 500；木材真空加压浸渍处理装置（最高使用压力为 3.0MPa，内容积 0.04m³）；电热鼓风干燥箱（101–3AB 型，天津市泰斯特仪器有限公司）。

1.2 方法与步骤

浸渍试验采用真空 – 加压法，浸渍前将试件编号称重，然后将试件放入浸渍罐，进行抽真空（真空度 0.095MPa）操作，后保压 25min，之后利用负压将浓度约为 25% 的树脂吸入处理罐，再进行加压处理，最后缓慢泄压并取出试件，去除试件表面多余残留树脂后称重。这里需要指出的是上述试验过程中的浸渍工艺参数（浸渍压力、浸渍时间和板材厚度）分别按照单因素试验设计与响应面试验设计的数据进行试验。

2 结果与讨论

单因素实验结果表明了浸渍压力、浸渍时间和板材厚度三大因素对高温蒸汽爆破处理材质增重量的影响规律。不同规格尺寸的浸渍材的湿增重量都随着压力升高呈现增加趋势；随着浸渍时间的增加，不同规格尺寸的浸渍材的湿增重量也随之增加，当浸渍时间超过 5h 后，浸渍湿增重量增加不明显。这是因为细胞腔内有效容积有限，浸渍的低分子量酚醛树脂到达一定数量后饱和，此时浸渍压力与时间对浸渍没有影响。在上述单因素实验数据的基础上，浸渍处理过程中，当浸渍压力介于 0.4 ～ 0.8MPa，浸渍时间介于 2 ～ 6h、板材厚度介于 22 ～ 42mm 时，梓木的浸渍处理效果较好。这里需要指出的是该研究的主要目的是服务于常德某家具企业，22mm 厚度的湿增重量较其他规格湿增重量少，但其试验增重量也满足企业基本需求，并且 22mm 厚度板材为该企业常规尺寸用材，所以笔者在浸渍工艺优化过程中保留了 22mm 厚度板材。

上述单因素实验表明浸渍压力、浸渍时间和板材厚度对浸渍处理梓木的湿增重量影响显著。为此，在其较优水平区间内进行 Box–Behnken 中心复合设计，并以梓木浸渍低分子量酚醛树脂湿增重量（M）为响应值，设计三因素三水平试验来进行响应面分析，因子及水平见表 1。

表 1　响应面试验设计中的水平和编码

变量	水平		
	A（MPa）	B（h）	C（mm）
1	0.4	2	22
2	0.6	4	32
3	0.8	6	42

注：A 表示浸渍压力；B 表示浸渍时间；C 表示板材厚度。

运用 Designexpert 8.0.6 软件对表 2 结果进行多元回归分析及二次项拟合，其回归方程（1）如下：

$$M = 247.6 + 32.64A + 9.84B + 27.73C + 5.67AB - 0.8AC + 5.4BC - 19.26A^2 - 15.26B^2 - 21.63C^2 \quad (1)$$

由回归方程（1）的方差分析（表 2）可知，该模型的 $P < 0.0001$，并且复相关系数

R^2 为 0.9854，回归效果极为显著。其中 AB、AC 和 BC 的 P 值都明显大于 0.05，对湿增重量影响不显著，模型优化后重新构建的二次多元回归方程为：

$$M = 247.64 + 32.64A + 9.84B + 27.73C - 19.26A^2 - 15.26B^2 - 21.63C^2 \quad (2)$$

表 2　回归模型的方差分析

来源	平方和	自由度	均方	F 值	P 值（Pmb > F）	
模型	20721.50	9	2302.39	52.67	< 0.0001	显著
A	8521.65	1	8521.65	194.93	< 0.0001	
B	774.21	1	774.21	17.71	0.0040	
C	6149.40	1	6149.40	140.67	< 0.0001	
AB	128.82	1	128.82	2.95	0.1298	
AC	2.56	1	2.56	0.059	0.8157	
BC	116.64	1	116.64	2.67	0.1464	
A^2	1561.48	1	1561.48	35.72	0.0006	
B^2	980.17	1	980.17	22.42	0.0021	
C^2	1970.38	1	1970.38	45.07	0.0003	
残差	1191.43	6	198.57			
失拟项	1190.15	5	238.03	185.96	0.0556	不显著
纯误差	1.28	1	1.28			

由回归方程（2）所作的不同因子交互作用对湿增重量的响应面及等方线显示：浸渍压力由低向高移动时，3D 曲面逐渐由陡变缓、等高线密度由密变疏；浸渍时间由低水平向高水平增加时，曲面呈现略微上升趋势，等高线变化不大，M 值未出现明显拐点。随着板材厚度的增加，曲面呈缓慢上升趋势，并在 40mm 左右时曲面达到峰值且有下降趋势，浸渍压力对 M 值影响极显著。该试验条件下，浸渍时间对 M 的影响明显小于浸渍厚度，这与上述方差分析结果相一致。

在上述基础上对优化的方程求一阶偏导，当 M 取得最大值时，各因素水平分别是：A = 0.78MPa，B = 5.2h，C = 39mm，M 理论最大值为 275.48。为验证模型可靠性，在方程求解所得水平上进行验证试验（A 取 0.8MPa，B 取 5h，C 取 39mm），实测值的平均值为 279.65，与理论值 275.48 差异不大，考虑到木材变异性可能带来的误差，认为该模型是较优的。在上述工艺条件下，对径向压缩爆破梓木材进行浸渍处理后干燥，测量浸渍增重材的密度、顺纹静曲强度、横纹抗压强度、弹性模量、弦面硬度、径面硬度和端面硬度，见表 3，结果表明酚醛树脂浸渍材各方面性能都有所提升。

表 3　梓木浸渍增重材物理性能测定结果

检测指标	样本量	均值	变异系数（%）	素材对照组	增强（重）率（%）
密度	30	560.27kg/m³	5.69	420kg/m³	33.34
顺纹静曲强度	30	110.09MPa	5.08	90.38MPa	21.8
横纹抗压强度	30	54.22MPa	7.34	42.76MPa	26.8
弹性模量	30	9.84GPa	11.09	8.37GPa	17.5

（续表）

检测指标	样本量	均值	变异系数（%）	素材对照组	增强（重）率（%）
弦面硬度	30	3.57kN	7.81	2.73kN	30.7
径面硬度	30	3.43kN	7.88	2.58kN	33.0
端面硬度	30	3.84kN	8.04	2.82kN	33.8

3 结 论

笔者以蒸汽爆破处理梓木为研究对象，利用水溶性低分子量酚醛树脂进行浸渍处理，用单因素试验结合响应面试验设计优化了梓木增重改性处理的浸渍工艺，获得了优化的梓木浸渍处理条件为浸渍压力 0.78MPa，浸渍时间 5.2h，浸渍厚度 39mm，并验证了优化浸渍工艺的准确性。浸渍处理后梓木板材物理力学性能显著提高，为梓木的高附加值利用奠定了技术基础。

原文发表于《林产工业》2015 年 2 月刊第 47—49 页

基于 B2C、C2C 电子商务的家具设计探析

摘　要：本文通过分析家具产品的 B2C、C2C 电子商务模式与 O2O 模式、传统家具营销模式的不同之处，总结出基于 B2C、C2C 模式的家具产品在营销方面、设计方面、消费者定位等方面的特点，指出 B2C、C2C 目前优势所在与存在问题。从家具材料选择、结构设计、造型设计、模块化定制、包装设计等方面，得出了基于 B2C、C2C 家具产品的设计方法。最后以一款多功能儿童成长桌椅为例进行了典型案例的设计剖析。本文为适于 B2C、C2C 电子商务的家具设计提供理论支持和案例参考。

关键词：B2C；C2C；家具设计

随着电子商务的盛行和发展，家具业部分企业或商城陆续加入了电子商务的阵营，无数的小企业或个人也通过这一商业平台成为电子商务的受益者，以 B2C（business to customer）、C2C（customer to customer）、O2O（online to offline）等形式开展网上销售业务，取得了不错的业绩。其中，O2O 模式是一种融合线上虚拟经济与线下实体店面经营体验的商业发展模式，与家具的传统销售模式相比较，只是把信息流、资金流放在了线上，消费者完成线上支付后可以继续享受传统销售模式的送货上门和安装维护等全方位的服务。而 B2C、C2C 模式是消费者通过线上支付，然后销售商或相关厂家发货至消费者手中，消费者收到商品后确认销售完成。这种模式除借助互联网完成交易活动、借助物流公司完成运输服务，与家具的传统销售模式和 O2O 模式相比较，缺乏相应的安装、维护等售后服务，运输多是送至楼下，消费者需要自己搬运到家，然后自己组装。所以，适合 B2C、C2C 经营模式的家具，在产品材料选择、造型设计、结构设计、包装设计、目标用户、产品档次等方面都要有不同的考虑和侧重。

1 B2C、C2C 模式的家具产品特点

1.1 B2C 模式

B2C 是企业与消费者之间的电子商务模式，这种模式基本等同于网上商店或者称在线零售商店。B2C 模式主要有两种经营方式：一种是家具企业在互联网上建设自己的网上商城，即家具旗舰店的形式；另一种是家具企业借助第三方交易平台，如淘宝商城、京东商城、亚马逊、苏宁易购等，消费者在第三方平台上挑选、付款、收货，完成购物。B2C 模式经营的家具品类比较全面，甚至有些企业做到了“送货上门并安装”的服务。此类家具依然以造型相对简约，小件家具固定式或拆装式、中大型家具拆装结构为主的结构方式，材料多是人造板材、实木框架、金属框架、布艺皮革等易包装运输的材料，

服务人群以“80后”“90后”为主,“70后”为辅，产品档次以中档偏下为主。B2C模式，因制造商的直接参与，大大缩减了营销链中的多个环节，降低了成本，拉近了制造商与终端消费者间的距离。同时，厂商作为产品的制造者，不仅能够为消费者提供产品规格、参数等具体的产品信息，而且可以提供更专业的安装和售后服务指导，使产品及服务质量更加有保障，更加方便开展个性化的服务和配套产品的选择及搭配设计。但随着电商的快速扩张与发展，B2C模式的家具产品因价格高、标准化程度低、结构不尽合理、体量大难以搬运、运输成本大、产品附加服务多等特征，面临多方面的压力。

1.2 C2C模式

C2C是消费者对消费者的电子商务模式，类似于现实生活中的跳蚤市场，或者我们日常生活中的农贸市场。C2C模式的家具电商参与者主要为零散经销商和部分中小型企业，参与的家具企业数量少、规模小。C2C模式的家具电商借助于淘宝网、美乐乐、拍拍网、易趣网等交易平台进行运作，经营的家具以简单的单体家具或小件家具为主，这类家具一般造型简约，结构简单，价位较低，使用方式灵活，易混搭，一般有数种型号、数种材质、多种材色可选，甚至可以定做；但这类家具也因数量少，品种少，款式单调老旧，产品质量参差不齐，缺乏专业的安装和售后服务指导等问题，面临更加激烈的竞争和挑战。

2 基于B2C、C2C模式的家具设计探析

针对B2C、C2C模式在目标用户、产品档次、销售、运输、安装等方面的特点，在产品设计时可采取不同的对策。

2.1 材料选择

因为B2C、C2C模式面对的目标用户以青年为主，位于中低档次，选择普通物流运输，所以大件家具以板式家具为主，可以选用各种刨花板、纤维板、胶合板、指接板等人造板为基材；小件家具根据造型特点以人造板、实木为主，辅以金属、塑料、竹藤等材料。鉴于运输距离较远、非专门的家具物流运输、客户多为自己搬运和组装等方面考虑，不宜使用玻璃、陶瓷等易碎材料，优先选用轻质材料。

2.2 结构设计

大件家具选用易拆装结构，以方便运输和搬运，如板块类家具常用的插接结构、人造板类家具常用的各种五金连接件结构、实木条常用的木螺钉结构、纸质家具常用的折叠后插接结构等。同时要配以直观的安装示意图和详细的安装过程视频，以方便客户自己进行简单的组装，体验自己参与的乐趣和成就感。

小件家具根据造型需要和材料特点使用拆装结构、折叠结构或固定式结构。

2.3 造型设计

对于B2C、C2C的网购家具用户来说，网购一般出于两个方面考虑：一是不受地域和时间限制，可以搜到更加丰富多样、新颖个性的家具产品；二是网购的产品相对价格低廉，方便实惠。所以，大件家具要造型简约、结构简单、选用低成本材料，小件家具要侧重于创意、个性、趣味等方面。

具体来说，大件家具一般以板状、直线条为主，造型尽量简洁时尚，符合网购一族

的审美特点，方便零部件的包装、运输和搬运，降低成本；色彩以黑白灰素色或原木色为主，配合多种冲击力强的色彩为点缀，以适于各种场合的使用和混搭；小件家具以造型精巧、趣味性强、有创意有个性、组合灵活为盛。

2.4 模块化定制设计

模块化定制家具是从整体出发，设计师先对大多数消费者的需求进行深入的分类研究，根据需求的不同层次设计出原始模块，通过单一模块组合方式的变化来组合不同家具的功能；或者是预先设定好可以改变的内部结构，达到一物多用的使用目的。模块化定制的家具既可以轻松实现低成本、高效率的批量化大生产，又可以满足客户的个性化、多样化需求。同时，其技术基础是现代板式家具制造的 32mm 系统，这个系统最适用的结构方式为可拆卸的五金配件结构，方便运输和搬运，所以，模块化定制设计是家具适合 B2C、C2C 销售的最佳生产模式。

2.5 包装设计

家具只有经过一定的包装才能到达消费者手中，对于电子商务的家具更是如此。在包装设计方面，除应具有传统模式所需要的适度保护、提升家具企业形象、为消费者服务等方面的功能，还需要具有方便物流跟踪信息的提供、适于人性化的搬运、相对生态环保等方面的设计要求。如包装标记、说明、条码等便于家具物流信息化管理的详细设计，包装材料的生态化选择，包装外形的扁平化、几何形设计等。其中，出于 B2C、C2C 模式中物流部分尤其是物流最后阶段多是消费者自行搬运的角度考虑，包装的体积和外形尺寸要适宜人工搬运，重量要在人的允许能力之下。一般要求单件包装件的质量不超过 50kg，体积不超过 0.3m^3，长度不超过 2m，否则就要拆分成多个包装件。

3 设计实践

根据以上设计分析，现以本人设计的一款多功能儿童成长桌椅为例进行设计剖析。

能够根据儿童成长特点进行高度调整的桌椅网店里和实体店卖场上都有数款，但这类家具大多造型呆板单调，缺乏美感；材料多为各种人造板材料，或金属框架和人造板材料，材质不佳，贴面和封边工艺不成熟、不到位，封边条容易剥落；结构多为木螺钉或螺栓螺母连接，做工粗糙，不稳定；电子商务的儿童桌椅，连接点过多，用户组装麻烦费时费劲，组装效果不佳。针对这些调查结果，根据儿童的成长特点，笔者设计了一款可以满足一般儿童从幼儿园到中学需要的多功能桌椅。

这款桌椅由 3 块板组成框架，其上开槽放置座面板、桌面板和置物搁板，这些板件可以选用指接板或竹集成材，根据儿童身高和成长特点，座面开了 4 对相对的板槽，桌面开了 6 对相对的板槽，其适于儿童身高阶段和参考调整位置见表 1。

表 1 儿童桌椅调整高度参考表

儿童成长阶段高度参考数值	幼儿园阶段	小学 1 ～ 3 年级	小学 4 ～ 5 年级	初中阶段	高中阶段
桌面可选高度（cm）	50、55	60、65	70	70、75	75
椅面可选高度（cm）	30	34	38	38、42	42

这款桌椅可作为儿童书桌椅居家使用，也可以进行侧向和对向的延伸用于儿童自习室、阅览室、图书馆，甚至是办公空间，单张桌椅侧过来或反过来都可以用作桌子。

为适于电子商务，框架 3 块板间采用圆棒榫定位、偏心连接件连接，延伸时结构空位上下错开，轻松实现了平板包装和运输。

4 结 语

随着互联网的迅猛发展及电子商务的风生水起，在已经成为购买主力军的“80后”“90后”对互联网高依赖度的形势下，家具与互联网的高度结合是大势所趋，家具业也必将迎来最大、最快、最残酷的再一次暴风雨式洗牌。深入研究电子商务特点，结合家具设计特征进行再设计是当前家具设计师迎合时代发展特征的一次机遇。

原文发表于《家具与室内装饰》2015 年 8 月刊第 16—17 页

基于 PDM 的办公椅产品及零部件编码技术的研究

摘　要： 针对 PDM 应用于中国办公椅行业的编码问题，特别是零部件编码提出了解决方案：提出了基于 PDM 的办公椅产品及其零部件的分类方法；以“基于 PDM 的办公椅产品分类方法”为基础，制定了产品型号编码规则；针对模块化设计的需求，依据“基于 PDM 的办公椅零部件分类方法”，同时引入产品结构树概念，编制了办公椅零部件编码规则；编码方案引入事物特性表概念，以解决多配置条件下产品及部件如何编码的难题。

关键词： 办公椅；PDM；编码技术

我国是世界最大的办公椅生产和出口国。随着国内办公椅企业的实力不断增强，许多企业在纷纷利用信息技术提升企业的开发、生产、销售和管理水平的同时，却遇到了数据管理水平低，缺乏有效的协作平台进行信息、资源的交流及共享等问题。研究表明，产品数据管理技术（product data management，PDM）作为一项管理产品信息和过程的技术和集成协同平台，能够有效地解决这些问题。

PDM 应用于办公椅企业有两大亟待解决的问题：①非数字化产品数据数字化；②适合的编码体系。“PDM 的实施，编码先行”，编码在 PDM 的实施中有着首当其冲的作用。笔者就 PDM 的办公椅编码技术特别是零部件编码展开探讨。

1　PDM 应用于办公椅企业的编码问题

1.1　多配置条件下产品及部件的编码问题

办公椅产品属于多属性、多变量的可变型模块化产品。厂家和客户会根据不同需求，在办公椅的基本功能，座、背的造型、工艺不变的情况下更换产品的面料、扶手、气弹簧、脚架、脚轮等配置。那么是否会因这样的变化而产生新的产品型号？该问题也同样存在于部件型号的编制过程中。办公椅部件由多属性的零配件组装而成，有众多组合性，同样属于多属性多变量的对象。比如一款塑胶框与网布材质构成的背，其同型号的胶框可以有材料配比、力学强度、色彩等多种属性选择；网布根据其纹理织法、密度、色彩等属性有更多属性选择。以上两种情况企业在实际操作中会在销售和生产订单中以文字描述的方法解决，但不是编码，不利于发挥计算机快速识别和处理的优势。而现有的家具编码方案仅能体现产品及部件的结构关系，并不能反映零部件属性及其组合和变化。多配置条件下的产品和部件的编码问题一直是困扰办公椅企业的问题。

1.2　现行编码不便实现模块化设计

办公椅产品的系列化、标准化、模块化是减少零部件数量的有效手段；在此基础上，还需一套完备有效的零部件编码系统的支持，才能快速、准确地从原文档中找出重复件或相似件的信息，从而实现模块化、快速设计。但现有家具信息编码体系在总体结构上缺少统一性和完整性，编码缺少唯一性，它的最大缺点是不便于实现模块化设计。

2　基于 PDM 的办公椅及其零部件分类方法

按照“分类在先，编码在后”的一般原则，合理的办公椅产品数据分类方法是一套成功的编码方案和 PDM 数据库结构的基础。常规办公椅分类方法不能很好地反映结构、材料和工艺间的关系，目前许多企业采用的零部件分类方法并没有基于模块化和标准化原理，所以不能很好地满足 PDM 的运用和快速设计的需求。因此，结合成组技术和标准化技术原理，笔者总结出了一套基于 PDM 的办公椅产品及其零部件的分类方法。

2.1　基于 PDM 的办公椅产品分类方法

笔者将办公椅按工艺流水线、结构与功能、材质与功能 3 个方面进行分类并分析后得出结论：办公椅的基本系列和生产工艺是根据其座、背的造型和材质划分的，其功能由支撑结构决定。因此可将座、背、支撑结构 3 个变量赋值进行组合作为型号代码的主体；同时扶手、头枕的配置变化通常会增加衍生型号，可将这 2 个变量赋值组合后作为衍生型号。

2.2　基于 PDM 的办公椅零部件分类方法

通过对办公椅的结构、各部件的材质以及生产工艺的分析，结合组成原理及标准化技术，根据办公椅各部件的通用等级，将办公椅零部件划分为：零部件、通用件、标准件、五金标准件 4 种类型。4 种类型零部件的具体定义见《产品图样及设计文件 总则》（JB/T 5054.1—2000），办公椅零部件的具体分类归属略。

3　基于 PDM 的办公椅分类编码技术

3.1　办公椅信息分类编码技术解析

由于德国工业标准 DIN 是包括我国在内的多国国家标准及重要的参照体系，因此办公椅整体编码方案参考德国 DIN 4000 标准，以便于与国标及国际标准接轨，利于推广；办公椅产品型号编码规则以基于 PDM 的办公椅产品分类方法为编制依据；以基于 PDM 的办公椅零部件分类方法为基础，引入产品结构树概念阐述办公椅零部件编码规则，以便于模块化设计的运用：引入事物特性表概念以解决多配置条件下产品及部件如何编码的难题。同时，参照此方法，建立其他信息的编码原则，为实现 PDM 系统接口奠定基础。

（1）事物特性表。事物特性表适合表达多属性多变量的对象，利用它能有效减少零部件种类，提高零部件的使用频率，更重要的是能够构建可变型模块化产品模型，支持有效的检索和变型设计。办公椅即为典型的多属性多变量的对象和可变型模块化产品模型。因此利用事物特性表能够很好地解决办公椅在各种配置情况下的产品及部件如何编码的难题，并且理论上便于配置信息在 PDM、ERP 等不同系统集成后进行交换。

（2）产品结构树。在集成化建模系统中，产品类型和产品结构等信息构成了企业的产品模型。因此办公椅产品结构树即为办公椅零部件编码的系统表述。运用根据产品结构树

构建的零部件编码系统，管理者能对零部件进行有效的分类和识别，并对产品和零部件分层展开，走不同的分支，直观地找到重复件或相似件，而不用考虑其物理位置。这样可有效地避免重复设计，从而实现数据及编码的唯一性，便于实现模块化和快速设计。

3.2 办公椅信息分类编码方案

如图 2 所示，办公椅信息分类编码方案的总体编码结构分为代码主结构（分类码）部分和代码辅助识别（识别码）部分。各分标准基本采用类似的结构，做到编码层次结构、码位尽量统一。

分类码。用于对对象按属性进行分类，向开发设计和管理人员提供有效的分类检索手段，分为 4 个层次：标准码、分标准码、分表码和分图码，按层次从上至下代码表述的事物特性越来越细分。标准码，用于区分国标、国际标准、企业内部标准等不同的标准体系，比如本文所使用的“工”表示某企业的标准；分标准码，相应标准体系类的分标准，例如“B”表示部件标准；分表码，表示事物在分标准中所属的小类编号，比如“A”表示部件座的分类；分图码，对分标准中的小类更明细划分的编号，比如“A”表示塑胶类的座。

识别码。用来对同一对象族中的不同对象进行区分和标志，即对象的身份标志，具有唯一性。笔者按调研企业的需求将其定义为 4 位数字，多数情况下根据先后顺序进行流水编码；当第一层识别码不能完全定义事物属性时，引入第二层识别码，用事物特性表来描述。

（1）产品型号编码

编码原理。依据基于 PDM 的办公椅产品分类方法，在对产品进行分类编码时，首先将有着相同座、背造型及材质组合的办公椅划分为同一系列，以开发时序作为系列号；并将座、背、支撑结构 3 个要素的分类代码进行组合作为分表码；分表码配合系列号即为产品的基本型号；而将扶手、头枕 2 个要素的分类代码的组合作为分图码，即衍生型号。以上 5 个要素的分类依据相似原理，具体分类方法略。同时，针对多配置情况下的产品的编码问题，引入“事物特性表”概念，将扶手，脚架、气压棒、面料等特性变量的型号编码代入“型号事物特性表”由计算机生成配置流水码。

编码具体方案。产品型号编码方案由 4 个部分组成：①说明编码结构的产品款式（型号）分类编码框架（图 1）；②生成配置流水码的款式事物特性表（表 1）；③客户编码规则表；④定义各码位代码及其含义的款式（型号）编码规则表（篇幅所限略）如图 1 所示，产品型号编码共 15 位，其中分类码 4 层，共 7 位。识别码 2 层，8 位。第一层标准码为 1 位，表示标准体系。工代表某企业。第二层分标准码为 1 位，表示代码类型，C 表示产品型号编码标志符。第三层分表码为 3 位，表示底盘或椅架（1 位）、座（1 位）、背（1 位）类型。由这 3 位分表码基本可以确定办公椅的功能、款式和工艺类型。当座、背为一体部件时，将其定义为座，背的码值取 0。第四层分图码为 2 位，表示扶手（1 位）、头（1 位）的配置情况。0 表示无。第五层识别码为 4 位，按开发年份和顺序进行流水。第 1、2 位表示年份，第 3、4 位表示开发顺序。第六层识别码 2 为配置流水码，在型号事物特性表（表 1）中填入具体编码后，由计算机自动产生顺序编号作为识别码。识别码具有唯一性。其位数根据企业订单决定。笔者所在企业任意一系列产品年订单数最多 100

多笔，因此定为 4 位，数年内不会发生数据溢出现象。前 5 层编码主要是对产品进行有效的分类，第六层解决的是实际生产销售环节中因配置变化产生的编码问题。

标准码	分标准码	分表码	分图码	识别码 1	识别码 2
L-C-A		A	A-A	A-0000-0000	
企业名称	型号标志符	支撑座背	扶手头枕	系列流水码	配置流水码

图 1　办公椅产品款式（型号）分类编码框架

表 1　部件事物特性表

部件配置流水码					
Part-ID 0001	主面料	辅面料	主海绵	辅海绵	塑胶件色彩

（2）部件型号编码

编码原理。依据基于 PDM 的办公椅零部件分类方法，部件分为：座、背、头枕、纸箱；然后依据相似原理对部件进行细分；根据产品结构树原理，识别码 1 同产品型号编码的系列流水码，表示该专用部件隶属于某系列的产品。针对多配置情况下的部件的编码问题，同样引入“事物特性表”概念，将面料、海绵、色彩等特性变量的型号编码代入“部件事物特性表”由计算机生成识别码 2 即配置流水码，具体方案如下。

编码具体方案。部件型号编码方案由 3 部分组成：①说明编码结构的部件分类编码框架（图 2）；②生成配置流水码的部件事物特性表（表 1），及定义特性表中塑胶件色彩代码的塑胶件色彩编码规则表（略）；③定义各码位代码及其含义的部件编码规则表（略）。编码结构及码位含义如图 2 所示，其中第五层识别码 1 为 4 位，同产品型号编码的系列流水码，表示部件所隶属的产品系列。前五层编码仅能反映部件的形状、结构等图纸属性，能够满足研发部门的需求，但是在生产、销售系统中还不能完全反映部件的其他属性，例如颜色、面料分类等。因此还需要一层识别码。第六层识别码 2 为 4 位（原因同产品配置流水码），在部件事物特性表（表 1）中填入具体数值后，由计算机自动产生顺序编号作为识别码。识别码具有唯一性。

标准码	分标准码	分表码	分图码	识别码 1	识别码 2
L	- B	- A	- A	–0000	–0000
企业名称	部件标志符	部件类型	部件小类	所属产品系列	部件配置流水码

图 2　办公椅部件分类编码框架

表 2　型号事物特性表

配置流水码												
Part-ID 0000	塑胶件色彩 1	塑胶件色彩 2	主面料	辅面料	主海绵	辅海绵	气压棒	轮	脚架	扶手	三节杯	纸箱

（3）零件型号编码

编码原理。依据基于 PDM 的办公椅零部件分类方法，零件分为：座、背的胶壳、

胶合板基材、铁架、面料套、海绵等，在此分类基础上对这些零件进行细分；然后根据这些专用零件的规格、颜色、顺序等属性分配流水编码；根据产品结构树原理，识别码同型号编码的系列流水码，表示该专用零件隶属于某系列的产品。

编码具体方案。零件型号编码方案由两部分组成：①说明编码结构的零件分类编码框架（图 3）；②定义各码位代码及其含义的零件编码规则表（略）。编码结构及码位含义如图 3 所示。实际上，第四层的流水码应该为识别码，第五层的系列流水码为分层码，但是为了与其他编码规则统一，所以调换位置。因为某些 PDM 和 ERP 系统不支持用字母作为序列号而自动生成流水码，在这种情况下，分图码使用阿拉伯数字。

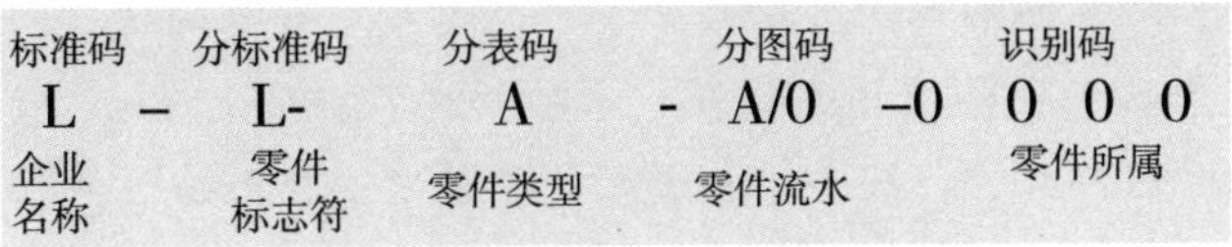

标准码 分标准码 分表码 分图码 识别码
L – L- A - A/0 –0 0 0 0
企业名称 零件标志符 零件类型 零件流水 零件所属

图 3　办公椅零件分类编码框架

（4）通用件、标准件、五金件编码

通用件、标准件、五金件都属于通用件，并不隶属于某一产品，只是通用等级不同，在数据库中单独进行管理，其编码原理类似，结构相同。编码结构及码位含义如图 4 所示，其中识别码按规格及时间顺序等信息进行流水。五金件编码也可以采用国标编码，但为了便于统一管理与操作，该方案还是采取与其他编码统一的结构。

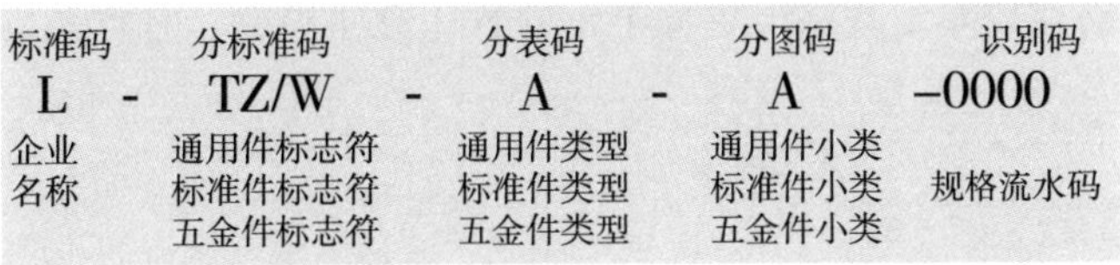

标准码 分标准码 分表码 分图码 识别码
L - TZ/W - A - A –0000
企业名称 通用件标志符 标准件标志符 五金件标志符 通用件类型 标准件类型 五金件类型 通用件小类 标准件小类 五金件小类 规格流水码

图 4　办公椅通用件、标准件、五金件分类编码框架

4 结　论

该编码方案整体参考德国 DIN 4000 标准，较目前各企业编码更利于推广；并针对多配置条件下的办公椅产品及其部件编码的难题，引入事物特性表概念，提出在型号事物特性表（表 2）和部件事物特性表中（表 1）填入具体数值后，由计算机自动产生的顺序编号作为识别码的解决方案，克服了以往编码只反映产品的结构关系不能反映产品配置属性的痼疾；同时，零部件按通用等级进行划分，零部件编码引入产品结构树概念，便于模块化设计。参照该方法已建立了其他分类信息的编码规则，实现了分类信息总体结构上的统一性和完整性，并且整体方案已在某企业的金蝶 K3WISEPLM 进行了实验，但由于该系统没有编码生成器功能，该研究提出的运用事物特性表生成配置流水码的方案暂时并未得到验证。另外，笔者认为，如果使用定制开发的 PDM 系统或 ERP 系统，表 1 和表 2 可集成在系统中，以表单形式存在。

原文发表于《林产工业》2015 年 12 月刊第 58—61 页

楠竹竹片基材弯曲构件冷压胶合工艺研究

摘　要：采用微波加热软化的方式，研究了楠竹竹片基材弯曲构件冷压胶合工艺中各个因子对胶合质量的影响。实验结果表明，随着涂胶量的增加，胶合质量先增大后减少；弯曲胶合后应立即上好夹具进行干燥；干燥温度对胶合质量的影响不显著；干燥后随着陈放时间的延长，胶合质量逐渐趋于稳定；在容易弯曲到规定的半径值的前提下，建议采用较低的含水率竹片进行弯曲件的制作。

关键词：楠竹；竹片；竹家具；弯曲；胶合

竹片因具有优良的弯曲性能等特点被广泛应用于各类竹制品之中。在实际应用中，单竹片厚度尺寸偏小，在竹家具的设计中应用层面比较窄，因此常采用多根竹片并排应用于竹椅的座面和靠背，如石大宇的“椅君子”和“椅琴剑”等作品。对单竹片进行组坯弯曲胶合，能够获得厚度规格上更加丰富的竹片弯曲构件，对竹家具设计和制作有着十分重要的意义。

1 材料与方法

1.1　实验材料

实验中的竹材为楠竹，产自湖南益阳，经自然陈放，至含水率约 13%，基本均衡为止。经过定向横截、定宽纵解、去竹青和竹黄、蒸煮、干燥等工序，制得竹片规格尺寸为 270mm（长）×22mm（宽）×5mm（厚）。

胶种选用实木双组分拼板胶（A 组分为改性聚醋酸乙烯胶黏剂，B 组分为固化剂），含少量水分，适合冷压胶合。该胶种绿色环保，制品耐水性已经超越 D4 或达到 JAS 标准指标。

1.2　实验设备

微波炉：最大输出功率 800W，频率 2450MHz，用于对竹片进行加热软化处理；手动拼板机：配合木质弯曲模具进行多层竹片弯曲胶合；电热恒温鼓风干燥箱：用于对弯曲件进行干燥处理；微机控制电子式木材力学试验机：精度 ±1%，用于对竹片弯曲构件进行力学性能测试；电子天平、游标卡尺、卷尺等。

1.3　实验方法

实验工艺流程如下：竹片含水量调整→微波软化→涂胶组坯→上模冷压弯曲胶合→夹紧夹具，常温陈放一定时间→干燥→干燥完成后陈放一定时间卸掉夹具。

对 4 根竹片进行叠加弯曲胶合实验。微波软化时，微波功率为 500W，微波时间

240min。采用单面施胶。以竹黄贴竹青的方式进行组坯，将组坯好的竹片置于半径值为120mm 的模具中进行冷压弯曲胶合，其中竹青侧为弯曲凸面，竹黄侧为弯曲凹面。

根据预实验，实验中各因子设定情况见表 1。

表 1　实验因子设定表

因子	涂胶量（g/m²）	涂胶后陈放时间（min）	干燥温度（℃）	试件终含水率（%）	干燥后陈放时间（h）	竹片初含水率（%）
组 1	100 200 300 400	40	70	约 10	12	约 90
组 2	200	0 20 40	70	约 10	12	约 90
组 3	200	0	50 70 90	约 10	12	约 90
组 4	200	0	70	10 20 40	12	约 90
组 5	200	0	70	约 10	0 2 6 12	约 90
组 6	200	0	70	约 10	6	50 70 90

1.4　竹片弯曲胶合件检测方法

将制作好的胶合件截取圆弧中间一段，截取的弦长尺寸为 100mm。采用力学试验机对截取的弯曲件进行力学实验测试，获得弯曲竹段的最大破坏载荷。力学试验机的支座和加载辊的宽度选用 30mm，支座之间的间距为 90mm，该实验条件下主要产生胶层剪切破坏。

2　结果与分析

在竹家具弯曲件制作中，弯曲半径一定，按工艺流程，进行了各个实验因子对弯曲胶合件的影响的研究。

2.1　涂胶量对胶合件性能的影响

不同的涂胶量下测试的结果显示，当涂胶量从 100g/m² 增大到 200g/m² 时，试件的破坏载荷均值逐渐增大；超过 200g/m² 时，破坏载荷均值逐渐减小。实验中最佳的涂胶量为 200g/m^2，此时的破坏载荷均值为 3614N。这是由于涂胶量小于 200g/m^2 时，出现局部脱胶现象，胶合质量较差；随着涂胶量的增加，胶黏剂与竹材之间形成化学键，胶合强度得到提高。超过最佳涂胶量时，可能由于胶液的黏稠度过大，胶液不易被挤出，导致胶合质量较差。

2.2 弯曲胶合后陈放时间对胶合性能的影响

不同的陈放时间下测试的结果显示，随着陈放时间的增加，胶合件在力学实验机上测试的破坏载荷值逐渐降低。陈放时间为 0 时，破坏载荷均值为 4171N，胶合强度最佳。分析原因：实验中使用的胶黏剂含水分较少，且固化速度很快。浸泡后的竹片，含水率高达 90%，经软化后，含水率还有 85% 左右（预实验得到的结果），竹片上模加压弯曲后，水分被挤压出来，与胶液融合，随着陈放时间的延长，水分挤压出来得越多，影响胶合质量。

2.3 干燥温度对胶合性能的影响

不同干燥温度下，测试的结果显示，随着干燥温度增加，破坏载荷值先增加后降低。干燥温度为 70℃时，胶合强度最好；干燥温度为 50℃时，破坏载荷均值为 4007N；干燥温度为 90℃时，破坏载荷均值为 3908N。经单因素方差分析可知，干燥温度对胶合件胶合性能的影响不显著，在 50 ～ 90℃的干燥情况下，胶合件的胶合强度均良好。过高的干燥温度，对设备的要求过高；在日后的使用过程中可能出现开裂的现象，对此方面有待深入研究。建议干燥温度采用 70℃为最佳。

2.4 试件终含水率对胶合性能的影响

通过控制干燥时间进行试件终含水量的控制，横坐标轴上显示的值为该组实验下所有弯曲胶合件的含水率均值。不同终含水率下测试的结果显示，随着试件终含水率的增加，弯曲胶合件测试的破坏载荷值逐渐降低。试件终含水率在 10% 左右时，胶合强度最好，为 4171N；试件终含水率对胶合性能影响明显，两者呈正相关关系。分析上述原因，弯曲件的含水率越高，胶合件内聚力较小，不能抵抗弯曲件的内部应力，受到外部加载力的时候，胶合件很容易遭到破坏。随着含水率的降低，弯曲件的内聚力逐渐增大，胶合件胶合性能增强。

2.5 干燥完成后陈放时间对胶合性能的影响

在常温陈放时间下，测试的结果显示，试件干燥完成后随着陈放时间的逐渐延长，胶合件在力学试验机上测试的破坏载荷值逐渐增大，并趋于稳定，陈放 6h 和 12h 时，胶合强度相当。研究发现，胶合件干燥完成后陈放一定的时间，有利于胶合件的胶合性能。在胶合件冷却过程中，温度降低，竹材从高弹性再次回到玻璃态，分子链重新排列，竹材内部的应力平衡，竹片之间的胶接层的应力也逐渐稳定。

2.6 竹片初含水率对胶合性能的影响

竹片在清水中浸泡，每天随机取出 20 根竹片进行称重和含水量的计算，浸泡第 3d 时，含水量趋近于 50%。

随着竹片初含水率的增加，胶合件在力学实验机上测试的破坏载荷值逐渐减小。根据 2.2 的研究，发现水分在加压弯曲时会被挤出，与胶液相融，影响胶合件的胶合质量。当含水率为 48.6% 时，水分在加热中散失，进行弯曲胶合时，被挤压出来的水分过少。

当初含水率继续增大，微波软化后，还有大量的水分以自由水的形式存在，加压中被挤压出来，影响胶合质量。

3 结 论

采用双组分实木拼板胶作为胶黏剂，对竹片弯曲冷压胶合工艺中各个主要因子进行研究，得出如下结论：竹片初含水量、涂胶量、试件终含水率、干燥后陈放时间对胶合质量影响显著，干燥温度对胶合质量影响不显著。在容易弯曲到规定的半径值前提下，建议采用初含水率较低的竹片。随着涂胶量的增加，胶合质量先增大后减小，实验中最佳涂胶量为200g/m²。竹片弯曲胶合后应立即进行干燥处理。试件终含水率越低，胶合质量越佳。干燥后随着陈放时间的延长，胶合质量逐渐趋于稳定，6h后即可卸掉模具。

原文发表于《林产工业》2016年4月刊第49—51，54页

办公座椅感性意象与造型要素关联性研究

摘　要：以感性工学思想为指导，以数量化Ⅰ类理论为原理，在对办公座椅感性意象定位研究及代表性样本造型要素分解的基础上，经感性意象评价实验，将定性尺度转化为定量模式下的工学尺度，构建用户感性意象与座椅造型要素之间的关联性数学预测模型。以“轻盈的—稳重的”感性意象词组为例，研究结果表明：“扶手”部分对座椅“轻盈”意象的影响程度最高，并且“无扶手”办公椅感性意象最“轻盈”，其次是“一字形扶手”；同时，“座面与靠背关系”及“靠背形状”对座椅的“稳重”意象影响程度较高，且“座面与靠背贴近式”与“靠背形状为方形”时的“稳重感”最强。办公座椅其他感性意象与造型要素的关联性分析可做同样探讨。

关键词：办公座椅；感性意象；造型要素；预测模型；数量化Ⅰ类理论

当前家具市场产品同质化现象日趋严重、用户内隐性的感性意象需求越发凸显，传统的家具造型设计方法已不能满足用户的多维度需求。感性工学研究致力于将用户感性需求与产品造型要素结合，探索两者之间的关联性表征，并试图将用户对产品的感性意象转化为具体的设计要素，实现用户与产品之间的有效“对话”，从而实现产品的创新设计。目前，国内外学者对于用户感性需求与产品设计的相关性研究与应用逐渐丰富，例如，Jin 等通过建立用户需求与产品造型要素间的关系，提出基于用户感性需求的产品造型设计方法；Tsai 等以产品特征参数建立三维模型，使其满足设计要求，并提出以遗传算法为基础的产品造型设计方法；徐江等以形态分析法及多维尺度分析法等方式解析产品造型的基础上，同样提出了以遗传算法为理论支撑的产品造型优化设计方法；而石夫乾等则利用数学模糊关联性研究与 BP 神经网络对用户感性需求进行深层次挖掘，从而为产品设计提供新思路。以上研究较注重对产品造型设计过程的模拟，并为感性工学的应用研究提供参照。本研究试图以数量化Ⅰ类理论为原理，探讨办公座椅感性意象与其造型要素之间的关联性，以期为开发符合用户感性需求的办公座椅产品提供依据。

1　造型要素、感性语意空间及其关联性模型构建

1.1　构建造型要素空间

本研究以较为多见的职员椅为对象，进行形态要素分析。经访谈调查知，90% 以上的工作人员偏爱使用椅脚为“五脚滑轮”的座椅，而“U”字形椅脚与“工”字形椅脚等其他不便移动的座椅类型较不受欢迎，因此，本研究将针对该类座椅开展深入研究。

从卖场、相关企业产品手册、企业官方网站等途径进行样本收集，得到 127 个样本，经多元尺度分析及聚类分析，选取代表性样本 38 个，其中包含了国内外领先品牌。为避免色彩因素对家具感性意象的影响，代表性样本均做剔色处理。为便于后期实验观察，尽量选取 45° 透视角下的办公座椅图片。

依据形态分析法相关原理进行造型解构。将职员办公椅整体形态分解为若干独立的组成部分，即设计项目（design items），如靠背、座面、扶手、头靠、椅脚等；根据各设计项目的不同形态将其分解为若干设计要素（design elements），即类目，如靠背分为正方形、矩形、梯形、倒梯形、椭圆形等。同时，还需考虑某些单元之间的关系要素（大小、方向及位置关系等），如座椅设有头枕时，头枕与靠背的关系（相连或独立），以及座面与靠背的相互关系（一体、贴近或彼此分离）。

根据编码项目及类目，将 38 件代表性样本进行造型解构并编码，并整理样本的造型要素编码表。

1.2 构建感性语意空间

充分利用互联网、相关杂志、广告文本、相关产品简介资料，同时结合与用户、设计师及相关销售人员的交流访谈，进行广泛的感性意象词汇信息检索，归纳目标感性语汇 87 对；在主观上剔除意义表达较为相近或相关性较弱的词语，确定 63 对意象语汇开展进一步的筛选，而后采用聚类分析进行归类分组，最终确定最适宜描绘办公座椅造型意象的 4 对词组：轻盈的—稳重的、现代的—传统的、人性的—机械的、艺术的—功能的。

采用语意微分法（SD 法）将最终选取的 38 个代表性样本重新排序并与 4 对感性语汇建立 7 级量表，按照由 1 ～ 7 的评分范围区分各感性意象的差异程度，完成调查问卷的设计并进行意象调查。

1.3 代表性样本的感性语意评价实验

本研究选择多领域人员组成被测群体，以保证评价结果的完整性。共选取被测者 60 名，其中 25 名为具有设计知识背景的在校学生，25 名为办公室职员，5 名为办公家具卖场营销人员，另外邀请 5 名专业办公家具设计师。

评价实验采用调查问卷形式开展。借助网络平台发放 7 级 SD 量表，获取 38 个代表性办公座椅样本的感性意象评价情况。为确保评价结果的信度，实验前向被测人员充分说明调查意图及评价方法。

整理有效问卷 60 份，将评价结果用 Excel 软件统计处理，得出被测群体对 38 个代表性办公座椅样本的感性意象评价均值。

1.4 构建感性意象与座椅造型要素关联性模型

数量化 I 类理论是研究一组定性变量 x（自变量）与一组定量变量 y（因变量）之间的关系，利用多元回归分析，建立它们之间的数学模型，从而实现对因变量 y 的预测。

首先，将座椅感性意象评价尺度转换为工学尺度，即将办公座椅代表性样本的造型要素在编码的基础上进一步量化为可编辑数据格式。具体做法为：当第 k 个座椅样本的第 m 个造型项目定性编码为第 n 类目时，记 $d_k = 1$；否则 $d_k = 0$。其中：m 为项目，n 为类目，d_k（m，n）称为第 m 项目的第 n 类目在第 k 样本的反映。如：座椅样本的靠背形态编码为正方形 a_1，则数据转换为 $a_1 = 1$，$a_2 = 0$，$a_3 = 0$，$a_4 = 0$，$a_5 = 0$；靠背侧面轮廓编码为“S”形 b_3 时，则数据为 $b_1 = 0$，$b_2 = 0$，$b_3 = 1$，$b_4 = 0$，……以此类推。依照此方法，将 38 个样本的造型要素的定性编码转换为 1 和 0 表示的定量数据，完成对样本造型感性意象的工学解读和量化转换。因表格内容较多，具体量化表格在此不再列出。

依据数量化 I 类理论，以感性意象评价均值为定量变量 Y（因变量），造型要素反应值为定性变量 X（自变量），建立多元线性预测模型，具体如下：

$$Y = q_{a_1}a_1 + q_{a_2}a_2 + q_{a_3}a_3 + q_{a_4}a_4 + q_{a_5}a_5 + q_{b_1}b_1 + q_{b_2}b_2 + q_{b_3}b_3 + q_{b_4}b_4 + q_{c_1}c_1 + q_{c_2}c_2 + q_{d_1}d_1 + q_{d_2}d_2 + q_{d_3}d_3 + q_{e_1}e_1 + q_{e_2}e_2 + q_{e_3}e_3 + q_{f_1}f_1 + q_{f_2}f_2 + q_{f_3}f_3 + q_{g_1}g_1 + q_{g_2}g_2 + q_{g_3}g_3 + q_{g_4}g_4 + q_{g_5}g_5 + q_{g_6}g_6 + q_{h_1}h_1 + q_{h_2}h_2 + q_{i_1}i_1 + q_{i_2}i_2 + q_{i_3}i_3 + z \quad (1)$$

式中：Y 为感性意象评价均值；q 为各自变量的权重系数，$a_i \sim i_i$ 为造型要素各项目不同类目在各样本中的反映值；z 为常数值。

2 多元线性预测模型结果分析

2.1 模型求解

借助 SPSSS tatistics 19 软件对线性模型求解。经多元回归及偏相关分析得出相关数据指标，包括权重系数值、偏相关系数、决定系数及常数项等。以“轻盈的—稳重的”为例，相关数据信息见表 1。

表 1 感性词组“轻盈的—稳重的”与办公座椅造型要素间的关联分析结果

项目	类目	偏相关系数	权重系数值	
			轻盈的	稳重的
a	a_1	0.623		−0.557
	a_2		已排除	
	a_3			−0.379
	a_4		0.065	
	a_5			−0.140
b	b_1	0.462	0.375	
	b_2			−0.087
	b_3		0.090	
	b_4		已排除	
c	c_1	0.897	已排除	
	c_2		0.898	
d	d_1	0.468		−0.024
	d_2		0.443	
	d_3		已排除	
e	e_1	0.134	已排除	
	e_2		0.134	
	e_3		0.052	
f	f_1	0.655		−0.450
	f_2			−0.655
	f_3		已排除	

（续表）

项目	类目	偏相关系数	权重系数值	
			轻盈的	稳重的
g	g_1	1.920	已排除	
	g_2			–0.240
	g_3		1.232	
	g_4		0.485	
	g_5		0.094	
	g_6		1.680	
h	h_1	0.085	已排除	
	h_2		0.085	
i	i_1	0.309		–0.309
	i_2		已排除	
	i_3			–0.004
决定系数	0.981		常数项	3.653

2.2 结果与分析

（1）偏相关系数大小表示各项目对座椅感性意象的影响程度，其值越大，则影响程度越高。表 5 中，对于感性意象词组“轻盈的—稳重的”而言，各项目的影响程度依次为：扶手＞靠背填充方式＞座面与靠背关系＞靠背形状＞头靠与靠背的关系＞靠背侧面轮廓＞椅脚＞座面形状＞座椅调节装置。即办公座椅造型要素中，“扶手”部分对该感性意象的影响程度最高，“靠背填充方式”的影响程度同样较高。因此，在开发办公座椅产品时，应优先考虑扶手的造型形态及靠背的填充方式，适当提炼或借鉴其他产品形式进行轻巧型办公座椅设计。以此类推，其他感性意象词组的偏相关系数可用于指导符合相应意象的座椅感性设计。

（2）类目得分表示各项目中不同类目对感性意象的影响程度及偏重方向，正值表示正向语意，负值则为相反语意，已排除表示与该感性意象的相关性不显著。由表 5 所列类目得分情况可知：“无扶手 g_6”情况下的办公椅感性意象最“轻盈”，其次是“一字形扶手 g_3”；此外，靠背填充方式为“网透形 c_2”、靠背侧面轮廓为“直线形 b_1”“头靠与靠背相接 d_1”等也正向影响办公座椅的“轻盈”意象。由类目得分为负值的部分可知：“座面与靠背关系”及“靠背形状”对座椅的“稳重”意象影响程度较高；并且“座面与靠背贴近式 f_2”与“靠背形状为方形 a_1”时的“稳重感”最强；此外，“梯形靠背 a_3”“座面与靠背一体 f_1”及“倒 L 扶手 g_2”等可为办公座椅增添“稳重”意象。因此，在进行相关办公座椅的产品开发时，可参考相应造型要素。同样，其他感性意象与造型要素的关联性分析亦可有效地指导相应的设计。

（3）感性意象词组“轻盈的—稳重的”与办公座椅造型要素关联性的预测线性模型见式 2，其决定系数为 0.981，这表明办公座椅各类目得分可信度极高，并且线性预测模型具有较高精度。为验证以上模型的有效性，可以重新选择相关代表性样本重复调查实验，将所得数据与预测模型计算结果进行 t 检验，若显著性水平在 0.05 以上，则无显著差别，即本研究结果合理有效。同样，可验证其他感性意象与办公座椅造型要素关系模型的可靠性。

3 结 语

在对办公座椅产品感性意象定位研究及其造型形态要素分解的基础上，经调查评价实验，运用数量化I类理论原理，将感性意象的定性尺度转化为定量模式下的工学尺度，进而探讨用户相关感性意象与座椅造型要素之间的关联性，使得设计师精心“编码”的感性意象信息以座椅产品造型为载体，让用户得到正确“解码”，从而实现办公座椅产品感性与理性的统一，满足用户的多维需求。

原文发表于《林业工程学报》2016年3月刊第139—143页

竹集成材家具的设计要素探究

摘要：竹集成材是一种基于可再生资源的生态工程材料。其外观、物理力学、加工性能决定了它适合用于家具设计与制造。竹集成材家具产品的设计可体现造型形态夸张、构件纤细优美、材料本色利用与混搭、标准化等特征。竹集成材家具有望成为一种主要的生态环保型家具。

关键词：竹集成材；生态；家具设计

1 竹集成材的材性特征与对比分析

竹集成材是一种生态工程材料，它是以原竹为基材，通过经过锯截、开条、粗刨等一系列工艺加工成一定规格一定尺寸的矩形竹片，经过防腐、防霉、防蛀、干燥和涂胶等工艺处理，按照统一纤维方向组胚胶合成的竹材规格材料。按照碳化和非碳化及其板条的组胚方式不同，可以细分为碳化、本色和斑马纹竹拼板材等。板材的幅面和厚度规格，可以根据设计的实际需要定制，拓展了设计的灵活性需求。

竹集成材保持了原竹竹材的力学性能，并且优于常见的家具生产常用的木材品种，见表1所列，将该材料与杉木、橡木还有松木进行力学性能的比较实验，发现竹集成材在实验过程中不仅延续了竹材原有的材性特点，抗拉强度、抗弯强度以及抗压强度都远远的优化于其他3种材料，表现在运用实践中，可以体现为幅面大、变形小、尺寸稳定、强度大、刚性好、耐磨损等特点，从一定程度上来说，这种材料的产生大大地改良了竹材本身的各向异性，完全可以和阔叶材相提并论，另外在进行了传统的干缩系数实验后发现它的吸水之后变形率更低。这些特点都有利于竹集成材作为家居设计的基材所使用，对竹集成材进行改性也可以带动重大的社会效益和经济价值。

表1 物理力学性能对比

类型	干缩系数（%）	抗拉强度（MPa）	抗弯强度（MPa）	抗压强度（MPa）
竹集成材	0.267	189.32	112.53	70.76
橡木	0.396	156.65	110.12	62.79
松木	0.463	98.23	66.12	32.83
杉木	0.542	82.2	79.94	39.23

竹集成材的加工性能证明它更加适合于进行锯截、刨削、镂铣、开榫、钻孔、砂光、表面涂饰等加工处理，这也成为它选作为家具基材最有利的性能保障之一。除此之外，作为家具设计的基材，弯曲性能也是造型的关键点，而竹集成材可以采用分片弯曲和整体弯曲的加工工艺，同时也可以按照尺寸加工成各种大小的片材，由此可以取代较大较

厚的实木板材，使零部件可以在加工性能上满足各类家具的造型变化需要。

家具的材料是否环保，目前已经上升成为一个广泛关注的社会问题，不仅仅是行业标准的约束。而竹集成材主要通过改性的脲醛树脂胶来进行竹片胶合，这种材料通过检验已经被认定为是一种无毒的特殊胶合剂，完全符合生态环保的相关标准。通过权威部门的抽样检验对比分析，目前竹集成材的游离甲醛释放量为 0.8mg/m^3 左右，达到国家制定的 E_1 标准，而常用家具基材细木工板的游离甲醛释放量均值为 3.2mg/m^3，胶合板高达 3.6mg/m^3，竹集成材的游离甲醛的释放量更少更生态环保。

2 竹集成材家具的设计要素界定

2.1 大幅面尺寸与整体造型设计的自由度

现代家具讲究造型大胆，尺度夸张，追求整体造型设计的自由度，由于竹集成材可以根据定制需要任意加工成板材或者片材，而且同样可以热弯成型，对于造型发挥的延伸很大。此外，竹集成材的物理性能可以满足大幅面造型的加工需求，这两方面的特性使竹集成材家具在视觉造型上可以完全摆脱传统竹家具的形制限制。Sagano 系列竹集成材家具利用现代的工艺，同时与其他材质进行结合，做出了比较别致、线条自由的造型。

2.2 基材的标准规格与系列化、标准化设计

目前，绝大部分的竹集成材家具在结构上还是保持榫卯的传统形式，国内针对竹集成材家具已经广泛地采用了模数化设计原理，大大地延展了竹材的使用率，同时也降低了对板材加工的难度，赋予了基材标准加工规格。另外，由于竹集成材的材质比较均匀，所以在设计、生产、储存、运输、销售、安装服务等方面都适用于现代工业化生产的需求，可以通过标准化部件化的加工方式，让竹集成材家具拓宽市场思路，和板式或者是板木结合的家具相提并论，也可以系列化设计生产。

2.3 高强度特征与构件的纤细优美

材料与造型的结合对于家具设计而言是一个关键节点。利用竹集成材高强度的物理抗压抗弯和耐磨性能，将家具部分的构件截面设计得更加纤细、小巧，可以从结构和视觉上摆脱传统竹家具所带来的粗糙质感。这种变现手法的使用也可以完整地在设计再塑中式传统家具本身的质感和时尚美，同样可以达到“硬、滑、素、净”的感官效果，使其带有“清水出芙蓉，天然去修饰”的韵味。

2.4 浓郁的文化特征与原汁原味的表面处理

竹子往往通过自然形态传递出一种特有的品性：质朴而淳厚，品清奇而典雅，形文静而怡然，自古与竹相伴的美文宜诗数不胜数，这使竹集成材家具从意蕴内涵上就富有浓郁的文化特征。在竹集成材设计的过程中，将现代的加工工艺与传统手工制作的痕迹糅合，往往可以突出产品设计本身的文化内涵，让人过目难忘。此外，竹集成材表面有天然致密的纹理以及错落有致的竹节，这往往又成为一种普通板材不具备且感官天然的装饰效果，更容易引起视觉感官的共鸣。针对表面纹理效果来进行家具设计，原汁原味地让竹材本色纹理、质感暴露于外，这样的家具在现在巨大的社会压力下可以很好地产生情感上的共鸣，同时也可以营造出一种质朴的空间效果，让人使用家具，置身其中的时候可以缓解情绪、平和心态。

2.5 高融合特征与多种基材的混搭

对于竹材这种融合度高的材料，“以破立新”将竹集成材与金属、有机塑料等多种基材混搭设计是目前的设计趋势。其一，主要是结构上的混搭：竹材和木材始终在抗压抗弯，防腐防虫防变形等方面不如金属和塑料的材性稳定，利用金属来强化竹材家具的结构，可以很好地解决竹材材性上的弊端，得到功能上的延展。其二，是视觉上的对比。例如可以利用竹材的质朴天然的效果与金属在进行混搭的设计方案，例如说利用竹集成材设计椅子的支撑部件，再加入陶瓷材料来满足时尚造型和风格的需求，形成材质上的对比、视觉上的冲击，来营造更加时尚的造型感。同样地，色彩丰富、透明多变的塑料也是竹材板材很好的搭配元素，可以解决竹集成材家具配色单调、形式简单的问题。

3 竹集成材家具的开发方向及问题

3.1 亟待解决结构设计与连接件设计

竹材的横向抗拉强度比较小，在使用和加工的过程中，较容易产生裂纹，俗称开裂。所以，对家具制作，竹集成材家具的结合方式以及结构设计问题即成为必须解决的技术难点之一。在接合方式上，选择性比较多，可以利用胶接合、榫卯接合、32mm 系统、结构连接件接合和竹销接合。其中连接件接合是主要研发方向。连接件接合可实现产品的可拆装化，在当下的网络消费模式下，这种设计方式有利于运输与组装，且组装程度高，但是目前尚未开发出完全适合竹集成材的连接件组件。

3.2 契合新中式风格研发新方向

近年来，新中式家具以其典雅的造型深受消费者的青睐，在基材选择时大多采用类似于花梨木、酸枝木、鸡翅木、紫檀木等硬木，这些材料纹理细腻、色泽饱满，易于加工，但是这一类的木材由于成材率较低，品种名贵，加上家具市场的供不应求也导致原材料的价格水涨船高，高价格为新中式家具的市场无形的设置了一个价格的屏障，很多人望而却步。竹集成材的强度、硬度、色彩性能与硬材料相似，甚至有过之而无不及，并可以利用表面的碳化技术使竹集成材在颜色上和视觉效果上更加接近红木家具，从而提升产品的附加值。另外，新中式家具传承了中国古典家具巧夺天工的技艺，多采用局部的雕刻和镶嵌，而竹材雕刻工艺在我国已经有几千年的历史传承，竹集成材拥有较好的加工性能，既可以满足利用金属，玉石等装饰的手工传统需求，又可以适应现代 CNC 加工或者激光雕刻机的方式，与其他硬木基本一致。

3.3 拓展生态家具设计的新领域

随着世界森林资源的下降，作为家具制造的大国，我国的木材资源已经很难长久支撑供求，尤其是珍贵木种已经濒危。而竹子的生长周期较短，再生能力很强，资源丰富，用竹集成材代替木材，可以有效地保护木材资源，减少砍伐；另外，国家近期出台了扶持和鼓励企业产品研发创新的措施，竹集成材家具因其独特的材性、无毒无害的加工工艺十分符合政策规定，发挥设计优势，使产品性能、使用范围、利用价值得到提升，符合市场发展需要，同时也可以为企业提供高产品附加值，从而带来可观的市场利益。

原文发表于《家具与室内装饰》2016 年 8 月刊第 48—49 页

实木家具有机形结构设计研究

摘　要：本文通过对实木家具有机形结构中的“T”形和“L”形构件的外观形式、连接规律及断开方式进行深入研究，总结出实木家具有机形结构的主要特征，认为其主要体现在实木椅类及架类中，常以杆件部件形式出现。以构件正视图中的截面边长为基准来判断节点过度圆弧的半径大小，确定了两类构件的圆弧过渡半径的最佳视觉造型取值。通过相关计算，发现中间件的设计能极大提高木材利用率，并对结构节点强度问题进行了相关解决方案的阐述，为在实际生活中设计出有机形态实木家具产品提供了可靠的理论依据，从而实现实木家具结构节点的有机化。

关键词：实木家具；有机形结构；审美依据；木材利用率；结构强度

在现代日常生活中，人们越发注重自身健康问题，实木家具天然环保，正好满足了消费者对健康生活的需求。但传统的实木家具造型往往过于厚重笨拙，让人有审美上疲劳的同时往往还产生了不必要的材料浪费。当下以独立设计师品牌为首的有机造型实木家具出现，立马吸引了消费者的眼球，拥有良好的市场反响。

“有机”一词原意本指自然的、生物的、含碳的，后引申为事物的各部分互相关联协调而不可分。有机形态是从有机设计中延伸出来的对于产品造型的思考，它是一种形态风格，讲求产品形体的流畅性。有机形结构的实木家具是让家具产品中的每个接合部位宛若天成一般，在连接节点处能形成一些具有圆弧形态的构成形式，模仿树干与枝丫的天然形态特征来处理实木家具中各部件间的接合，采用流畅和圆润的造型手法使实木家具浑然一体。

有机形结构实木家具与曲木家具以及异形实木家具之间的区别：有机形结构家具仅针对各部位之间的连接处的过渡形式；曲木家具则是利用木材的外性的弹性原理使它的某个部件弯曲成某种形状；而异形实木家具的部件本身就是不规则的截面形状。不同于曲木实木家具的过于张扬的曲面表现形式，也不同于实木家具较大的加工难度，有机形结构实木家具是一种有节制的家具设计手法，在既满足工业化大批量生产需求的同时也保证了一定的艺术审美价值。

然而现有的实木家具有机形结构往往仅凭设计人员的经验和审美主观地进行构想，除了缺少科学依据之外，其中还存在一些难题，如材料利用率问题、结构强度问题等急需解决。分析实木家具接合结构形式上最合适的有机形态，可以更好地运用到实木类家具产品有机形设计之中，为产品最终效果评估提供前期的参考依据，也为设计人员以及相关企业对实木家具产品中结构节点的结构强度提供切实有效的数据，使产品设计能够准确定位目标人群，从而赢得市场。

❶ 两连接件间结合部位的外观形式

由于有机形结构形式的不同会直接影响材料利用率的高低，因此需要探讨怎样的形式是最合理的。在查阅大量的文献及图片资料分析现有市场中有机形结构家具常有形式后，确定现有市场中有机形态的实木家具中以“T”形、“L”形构件表现最为突出，主要表现为杆式部件，常见于实木家具的椅类及架类产品中。

❷ 有机形态家具中连接规律及相关审美依据

通过归纳现有有机形态实木家具中的连接规律，从而制定相关的审美依据，确定两构件间的截面大小搭配以及过渡的圆弧大小之间的关系和影响形式，其核心是找到截面大小与圆弧过渡的合适关系。

而圆弧半径大小除了与截面积大小（a）有关外，与木材利用率也有着密切的关联，选取两者组合的最优的圆弧半径大小。通过分析结论如下：

①当 $2a \leqslant R \leqslant 0.25a$ 时，构件的木材利用率会随着过渡圆弧半径 R 的增大而减小。

②通过问卷调查，发现 $2a \leqslant R \leqslant 2$ 为构件圆弧过度较佳的视觉范围，有 80%的受试者选择该范围的过度圆弧造型。

③当 $R > 2a$ 时，构件节点使用木材量增大，木材利用率会有所增大，但构件造型超出有机形结构范围，属于异形实木家具造型。

④当 $R < 0.25a$ 时，构件节点圆弧过渡半径过小，可视为普通直角构件。

❸ 最佳视觉造型取值评价

采用问卷调查的形式，分析出 $2a \leqslant \mathrm{R} \leqslant 2$ 为构件圆弧过度较佳的视觉范围，并进一步获取该范围内最佳视觉造型取值的具体数值。以 125 名不同职业领域的人群作为受试者，其中男女比例为 1∶1，以 20～30 岁年龄段居多，且有设计基础与无设计基础的各占一半。“T”形构件的最佳视觉造型取值为 $R = a$；“L”形构件的最佳视觉造型取值为 $R = 1.5a$。

❹ 构件相应断开方式及木材材料利用率问题

由于接合部位过度连接会导致基材损失较大，切削量较大。因此需要选择合理的连接方式，保证过度作用的构件的外观功能不受影响的同时尽量增加材料利用率。探讨构件相应断开方式以及构成形式，在满足基本力学性能的前提下，最大化提高木材材料利用率。通过计算不同断开方式的木材利用率，来判断最为节约材料的断开方式。

由于所有构件的厚度均一致，故将公式简化为二维面积的比较，通过 Auto CAD 软件直接得出所需部分的面积大小，简化后的公式为：

$$P_i = \frac{S_{构件}}{S_{基材}} \times 100\% \qquad (1)$$

计算结果为，“T”形构件的木材利用率为：

$$P_C = 88.3\% > P_A = 73.5\% > P_B = 51.9\% \qquad (2)$$

"L"形构件的木材利用率为：

$$P_D = 83.2\% > P_A = 68.7\% > P_C = 61.2\% > P_B = 57.8\% \quad (3)$$

由此可以充分得出，在忽略榫卯用材的前提下，中间件的设计能极大提高木材利用率。

5 结构强度问题

5.1 确定两个连接件之间的结合方式

连接形式发生变化，结构形式也会随之也发生变化，所以需要确定相应的榫头榫眼结构，确保能够保证外形的需求的同时不能有裂缝。通过以直角榫、椭圆榫及圆棒榫接合的"T"形、"L"形构件为例，需要采用力学试验方法，对节点强度进行测定，对理想使用状态即在外力垂直荷载匀速加载的作用下使构件节点发生破坏或变形进行研究，最终选择最为理想的榫卯形式。

5.2 有机形结构节点的工艺标准

相关工艺标准的制定，需要在确定最合适的榫卯类型之后进行探讨。参考方材直榫的工艺标准，通过实验建立相关的有机形结构节点的工艺标准，在选用构件节点最佳过渡圆弧大小、断开形式以及榫卯种类的情况下，通过极限抗拔试验，探讨榫头宽度与榫眼长度对结构性能影响的关系以及相应的最佳过盈配合量，通过实验建立相关的有机形结构节点的工艺标准。

6 结 语

通过对实木家具有机形结构节点进行设计研究，以达到核心目的，即提高木材的利用率；探讨相关节点的结合方式，采用合适的榫接合时榫头榫眼的相关配合尺寸和配合公差问题，为实际设计实木有机形家具产品时提供理论支撑。

以有机形态中的"T"形、"L"形实木构件为代表，归纳现有有机形态家具中的连接规律，将构件正视图中的截面边长（a）作为过渡圆弧的半径（R）大小的衡量依据，调查得出 $2a \leqslant R \leqslant a$ 为构件圆弧过度较佳的视角范围，该范围内的木材利用率也较为合理。运用问卷调查方法，得出"T"形构件的最佳视觉造型取值为 $R = a$，"L"形构件的最佳视觉造型取值为 $R = 1.5a$。通过计算不同有机形结构节点的断开方式的木材利用率，可以充分得出在忽略榫卯用材的前提下，中间件的设计能极大提高木材利用率。

研究后续将以水曲柳木材为研究基材，进一步研究相关节点的结构强度问题，将研究出的有机形结构榫卯接合的相关理论参数应用于水曲柳实际产品的结构设计中，并对其进行仿真力学稳定性测试，证明相关实验的有效性。在以水曲柳材为基材加工成的实木家具中绝大部分采用的结构为外形单一的直角榫结构，少部分水曲柳实木家具结构中，由于节点有机形态的不规范以及结构设计欠妥，造成连接强度较低。针对这两种情况，通过对节点连接方式的优化，设计出有机形态水曲柳实木家具产品，保证产品结构强度的同时，也实现水曲柳实木家具结构节点的有机化。

原文发表于《家具与室内装饰》2018 年 2 月刊第 24—25 页

床屏功能意义研究

摘　要：家具有自身特有的功能意义，包括物质功能意义和精神功能意义两个方面。在此基础上，通过床屏的功能研究得出，床屏自身特有的物质功能意义是满足人体背部倚靠的舒适性，要有合理的尺寸和倾角，床屏的形状要符合背部曲线。再从材料、色彩、装饰3个方面探讨了床屏的艺术功能意义。木质床屏自然、生动，金属床屏光洁、挺拔。皮革和织物给予了床屏温暖的视觉效果。床屏色彩设计因人而异。雕刻丰富了床屏的艺术内涵。床屏作为卧室的视觉中心，为烘托卧室气氛而服务。

关键词：家具功能意义；床屏功能意义；床屏

床类家具作为坐卧式家具始终伴随着人们的生活，它是人类休息时所依附的重要用具。所以，它的功能在人体使用过程中有很大的影响。通过对床屏功能意义的研究，找出它特有的功能原则，丰富设计理论，指导设计实践。

1 家具的功能意义

家具与建筑共同构成人类的生活空间，家具除了有建筑方面的功能意义，还有它特有的功能意义。家具的初始功能是满足人们对坐、卧、休闲、储藏的需要。在此基础上所追求的舒适、高效、美观则是它的最佳功能。家具所烘托出特定的室内氛围，形成特定的心理场，对人群产生特定的作用，从而引发他们的情感共鸣。家具在与人的接触使用中，以其特有的功能和艺术形象长期潜移默化地影响人的审美，有着作为艺术品的精神意义。人们在选购家具时关注的不仅是家具本身，还有它特有的功能。功能意义是对功能的解读，也是更深层次地理解人们的使用行为所包括的物质和精神两个方面的作用。

2 床屏的功能意义

床在卧室家具中的地位最重要。床是睡觉用的家具，就此来说，床的功能意义是人们对于睡眠的理解。首先，床必须能够满足休息和睡眠的基础功能。需要考虑床屏使用的舒适性、科学性。其次，床放置在卧室中，是整个卧室空间格局的重点。与舒适、温馨、宁静的卧室空间环境相协调，这需要依靠床屏的艺术功能来实现。所以，床屏的功能意义研究可以看成对床屏的基础功能和床屏的艺术内涵的研究。

3 床屏的物质功能意义

床屏也可以叫作床头或者床靠背。它的首要功能就是满足人体背部倚靠的舒适性。床屏要有符合人体背部曲线的尺寸和人体倚靠姿势的倾角，床屏的形状也要符合人体背部曲线。

人在倚靠床屏时有两种姿态，分别是直腰倚靠和弯腰倚靠。背部受力不同，对床屏性能的要求也不同。

在床屏设计时，不能一味地按照座椅的靠背参数来设计，这是因为人的背部弯曲度和下身之间的角度在床屏和座椅的使用过程中的角度不同，导致腰椎改变的形状也不同。在“S”形状态下的腰椎形态是最自然的，人的身体往前伸，腰椎变直偏离“S”形状态。人体使用床屏时腰椎形态比使用座椅时的变形曲度更大。因此，不能盲目地将座椅靠背的性能参数运用在床屏的设计中。

当脊柱曲度处于“S”形状态时，人体背部的舒适度最佳。当脊柱曲度偏离“S”形姿势时，肌肉活动程度会增加，引起人体肌肉疲劳酸痛，人体背部舒适性下降。所以，不同的床屏设计会导致使用过程中人体脊柱呈现不同的弯曲度，从而具有不同的舒适性。

床屏倚靠时腰椎的变形曲度大于座椅倚靠姿势，为了缓解脊柱的内部压力，所以需要考虑腰部的支撑以缓解脊柱变形曲度。同时考虑到舒适度，头部、颈部、肩部、背部有时也需要支撑。

人体背部与床屏接触面之间的压力分布是否均匀也是影响床屏舒适性的一个方面。在长时间的倚靠床屏后，背部的肌肉总会感到酸痛，不同人的背部尺寸、背部支撑点、倚靠姿势都不相同，所以，在床屏角度和支撑点应该要具有可调节性。

床屏高度是床屏上沿中点至地面的垂直距离，床屏宽度是指床屏的水平距离。依照我国成年人人体尺寸标准，人体背部到臀部之间的距离为 500 ～ 600mm。按照国家床类尺寸标准，床铺的高度一般为 420mm。因此，床屏的高度参数可以是 920 ～ 1020mm。

床屏与床面间的夹角被称为床屏角度。当床屏角度为固定的 90° 时，人体倚靠床屏的舒适性较低。为提高人体背部倚靠的舒适性，增加床屏的调节功能，将床屏角度设计在 100° ～ 120°，这时的床屏角度具有可调节性，在不影响人们正常活动的同时又具有一定的舒适性。

人体背部在倚靠床屏时有 3 个支撑点分别是腰部、背部、头部。它们到臀部的距离分别是 230 ～ 250mm、500 ～ 600mm、800 ～ 900mm。

床屏的形状各不相同，人体倚靠床屏的支撑点与床屏的形状也有关。当人体背部与圆弧形和半圆形的床屏接触时，脊柱与床屏为点与点的接触。当人体背部与扁平形床屏接触时，脊柱与床屏为点与面的接触。

当人体背部与内凹形床屏接触时，脊柱与床屏为面与面的接触，这种床屏的形状与人体脊椎曲度相吻合，所以人体背部舒适性最佳。当人体背部与“S”形床屏接触时，背部与床屏形状不能完全贴合，而且还会限制背部活动。舒适性反而下降。

在床屏后增设一个储物空间，用于存放杂志、书报等供睡前娱乐，在靠背板的下沿装两个活页使靠背板可以开启，取物灵便。还可以在床屏上装上钟表、灯具、电话等，这些床屏附属装置可以用来增加不同的功能。

4 床屏的艺术功能意义

家具作为一种特殊的艺术载体，是由造型、色彩、材料等感性因素决定的。这些因

素都与功能相结合，脱离家具的功能来谈家具的美感是没有意义的。

床屏具有不同的外观造型，每个床屏都能形成不同的审美联想，让使用者产生不同的心理感受。床屏造型越美观，越有艺术特点，带给人心理上的愉悦越多。不同的床屏还能够反映出人的价值取向、兴趣爱好、社会地位的不同，也就是说此时的床屏不仅是一个家具，同时也出现了作为艺术载体的功能意义。

床屏的选材有很多，常见的有木材、金属、竹藤材，或几种材料混合运用。这些材料是制作床屏的主体材料，海绵、布料、皮革等软装饰可以作为床屏的辅助材料。

这些材料不同的表面特征都会反映到床屏的表面形态上。木材的纹理和质感赋予了床屏自然、生动的特点，选用不同木纹的木材可以使床屏具有强烈的个性和艺术性。用金属材质制作的床屏给人以光洁、挺拔的印象。皮革和织物的辅助材料使床屏十分温暖。

色彩是床屏的构成要素之一，视觉上表达和传递情感。人对色彩的情绪性感受，主要反映在兴奋与沉静、活泼与忧郁、华丽与朴素等方面。

在设计床屏的色彩时，应服从床屏的功能要求。以冷色调为主，让人感到沉静和安宁，便于休息。床屏色彩也应因人而异，老年人适合稳定性色系，青年人偏好对比度大的色系，儿童喜欢纯度较高的颜色。床屏的色彩应与室内环境相协调，保证整个室内的色调和谐统一。雕刻是一种古老的装饰技艺。我国传统家具上就有龙凤、花鸟等雕刻纹样，欧洲家具雕刻中也有兽腿、卷草纹等图案。床屏上的雕刻形式有透雕、线雕、浮雕。圆雕多用于床屏脚和帽头的装饰，而透雕、线雕、浮雕则多用于床屏板的装饰。不仅可以丰富床屏的造型，还可以增加床屏的艺术内涵，使床的价值倍增。

5 床屏的环境功能意义

床是卧室空间的主要陈设物，也是主要的功能家具。所以，卧室的整个风格很大程度上由床来决定。而床屏的外形灵活、变化丰富，可以作为卧室家具的视觉中心，为烘托卧室气氛而服务。床屏的华丽或秀雅、古典或时尚都必须与环境相协调。自己家中卧室使用的床给人以熟悉、温暖、温馨的感觉，明显有别于酒店中的床给人的陌生、孤独的感觉，这些都要靠床屏来实现。

6 结　语

随着人们审美观念的改变，在床屏的选择上不仅注重表面功能的舒适性，也开始关注能够体现个人价值、社会地位的床屏艺术功能。通过对床屏的深入研究，找出更多床屏的设计方法，开拓新的市场。

原文发表于《家具与室内装饰》2018 年 2 月刊第 86—87 页

肢体残障者的无障碍衣柜设计

摘　要：为消除肢体残障者使用衣柜过程中遇到的困难并使其更加安全便捷地使用衣柜，笔者进行了相关分析和研究，可为针对肢体残障者的无障碍衣柜设计提供理论依据。通过调研分析典型肢体残障者的生理和心理特征以及行为方式，结合现有的衣柜设计标准，对无障碍衣柜的结构、尺度、材质以及心理学要素等进行分析归纳。最终得出肢体残障者的无障碍衣柜应遵循安全性、易用性、公平性、经济性以及用户参与原则。

关键词：肢体残障者；无障碍设计；无障碍衣柜；衣柜设计；设计原则

随着特殊群体关爱机制的逐渐完善，“以人为本”的科学发展观逐渐深入人心，社会对于残障者的生活给予了越发密切而广泛的关注。残障者居家时间较长，衣柜为残障者最常用的家具之一，并且使用方式较为复杂，因此衣柜的使用情况会直接影响残障者的生活质量。当今的衣柜市场发展态势良好，产品种类繁多，但供肢体残障者使用的无障碍衣柜品类较少。

目前，我国残疾人总数约为 8502 万人，占全国人口总量的 6.34%，涉及的亲属人口数量约为 2.8 亿。其中肢体残障者的人数约 2472 万人，居于其他各项残疾类型的首位。另外，肢体残障者在衣柜使用中，受自身生理缺陷的影响较大，具有典型性。因此，研究满足肢体残障者需求的无障碍衣柜，打造特殊群体的无障碍家居生活具有极强的现实意义。

1　对肢体残障者的人因分析

1.1　对肢体残障者的生理分析

肢体残障者由于四肢的病损、残缺，或四肢、躯干的麻痹、畸形，导致机体运动系统不同程度的功能丧失或功能障碍。由于肢体残障者致残部位高低不同，运动系统的残疾数量以及功能障碍程度各异且情况复杂，笔者选取具有代表性且受行为障碍影响较大的 4 类肢体残障者作为研究对象，分别为缺手指者、缺单臂者、拄杖者和轮椅乘坐者。

1.2　对肢体残障者的心理分析

肢体残障者由于生理状况特殊，生活自理能力受限的痛苦和社交困难的压抑，使他们自卑、敏感、孤独、情绪化，并且时常抱怨。残障者独立完成生活起居与家庭事务，有利于提高他们的生活质量，重建自信心。设计者应充分考虑肢体残障者的心理特性与衣柜的相互关系，考虑他们在使用中的状态，在设计心理学的指导下，为这些身心更为特殊敏感的人群建立自信乐观、积极向上的良好心理状态。

1.3　对肢体残障者的行为方式分析

缺手指者手部难以完成精细活动，对整理、拿取、勾、拉等动作存在障碍，难以使用抽屉、把手等尺寸过小的精细化构件，或需要手部大量操作的复杂部件。缺单臂者单臂活动范围受限且无法双手并用。多层搁板与空间分隔有利于他们收纳整理，特殊五金件有利于补偿残肢功能。拄杖者平衡性与灵活性降低，加上辅助器具的使用，水平推力、双手并用操作以及弯腰下蹲等行为都会受影响。他们不便使用平开门，不易触及过低或过高的搁板、抽屉或衣筒。轮椅乘坐者自主活动能力较差，只能以坐姿使用衣柜，生理尺度与活动范围与正常人差异较大，他们的视力范围以及操作范围十分有限。另外，轮椅自身尺寸如搁脚板高度也会影响衣柜的使用。与拄杖者类似，他们由于移动受限，也不适宜使用平开门。

1.4 对肢体残障者的需求层次分析

笔者在养老院、福利院等地进行了实地走访及问卷调查，结合上文分析总结的各类肢体残障者的特性，基于马斯洛的需求层次论，得出他们对于衣柜的需求层次。分析表明，肢体残障者对于衣柜的需求呈阶梯状分布，依次为：安全需求、功能需求、经济需求、审美需求以及最高需求。这不仅是无障碍衣柜设计的宗旨，决定消费者的使用体验，也决定无障碍产品在市场上的生存。

2 无障碍衣柜设计分析

根据肢体残障者对于衣柜的主要需求，可以相应得出无障碍衣柜需要具备的属性，依次为：安全属性、易用属性、经济属性、审美属性以及公平属性。针对以上的 5 种属性，结合现有衣柜的设计标准，对无障碍衣柜的结构、尺度、材质以及心理学要素进行分析。

2.1 结构要素分析

无障碍衣柜的柜门应避免采用平开门，又由于趟门的使用更加省力、省空间，尤其方便缺手指者、拄杖者和轮椅人士使用，故趟门是最佳选择。

对于轮椅乘坐者而言，为了便于接近衣柜，从而扩大操作范围，可设置容纳脚踏板的空间。但由于衣柜底部的空缺，要保持衣柜的稳定性而不至于向前倾倒，可将衣柜固定于墙面或地面。

考虑到缺手指者的使用，无障碍衣柜抽屉的拉手应便于识别和操作，开启方式不宜太过复杂，如果有条件可以安装自动弹出导轨。处于高处的抽屉可采用斜拉式，更加方便轮椅乘坐者使用。

无障碍衣柜中特殊五金件的设计和设置，可以充分体现无障碍衣柜的安全属性以及易用属性。大多数定制衣柜为了节省空间，会将衣柜做到顶，但下肢残障者对于高出或低于触及范围的衣物挂取会存在困难。使用可调节衣通代替固定衣通，可以增加衣柜上部空间的利用率，同时便捷省力，几乎适合所有使用者。

对于缺单臂者和缺手指者，可以将小件存放区做分隔，这样有利于收纳，也方便找物。但需要注意的是，尺寸不宜过小，也不宜出现需要精细操作的部件。如图 5 所示的收纳部件，很显然左边比右边更适合残障者使用。

根据调查残障者对穿衣镜的需求，衣柜中可以安装伸缩镜，在使用中拉出即可。另外，镜子下方可安装收纳盒，用于放置小件饰品等。

2.2　尺度要素分析

对于衣柜的尺度要素，此处主要以下肢残障者的触及范围与取物的最佳尺度作为参考。在脚尖贴墙的情况下，轮椅前方触及范围为380～1219mm；在轮椅与墙间距小于255mm的情况下，轮椅侧面触及范围为230～1370mm，建议最低取380mm；当侧面间隔有宽610mm、高865mm的平台时，触及高度为1170mm。由于轮椅乘坐者视力范围的局限，最上部抽屉的高度不宜超过眼高，在1000～1200mm为宜。另外，在衣柜较高处可设置斜向下方拉动的开放式抽屉，方便轮椅乘坐者拿取衣物。适宜轮椅乘坐者的衣柜柜体深度不宜过深，取550～600mm为宜。固定衣通高度约1400mm，而手动或自动的可调节衣通可安装在衣柜的顶部，不受高度限制。

趟门宽度尺寸在600～800mm最佳，高度尺寸在2200～2400mm最佳，在选择尺寸的时候，要考虑衣柜滑轨的承重。对于轮椅乘坐者，衣柜的底部宜内凹200mm×300mm左右。如果衣柜中安装镜子，镜子底边距离地面高度不小于1015mm，镜子顶边距地面不小于1880mm。

2.3　材质要素分析

无障碍衣柜的材质直接影响衣柜的经济属性及审美属性，可以结合色彩要素进行设计。通过对肢体残障者的调研得知，他们更偏好以木质、竹藤和柔性织物为主的材质，这些材质在触觉和视觉上均可以带来一种亲近感和舒适感。如今市场上使用的衣柜材料多以人造板和实木为主材，由于人造板材料适于标准化批量生产，保证了板式衣柜售价低廉，同时性能也较为优越。另外，当使用人造板材料时，可以根据无障碍衣柜不同的功能和尺度等需求，对衣柜进行定制，以满足不同类型肢体残障者的需求。三聚氰胺板为市面上最常用的人造板材，品种、性能多样且价格区间广，故适宜作为无障碍衣柜的主材。

高处的搁板或屉面可以采用透明、半透明材质或网状板，轮椅乘坐者可以透过搁板看到物品，便于找物。设计者、生产者以及经销商等也应从设计到生产乃至最终销售中，考虑无障碍衣柜的经济属性，从而使产品在市场中更有竞争力。

2.4　心理学要素分析

环境心理学理论表明，家具可营造不同氛围，调节室内环境和居家生活，也可以潜移默化地影响人的情绪和心情。作为肢体残障者生活中不可或缺的衣柜，也可以在环境心理学的指导下进行设计和布置，进而通过无障碍衣柜对使用者的行为和心理进行引导。

另外，无障碍衣柜的设计除了尽量满足其独立操作，也需要避免医疗器械般冰冷的印象，弱化“残疾人专用”或“老年人专用”这种印象，带给使用者公平、积极的心理效应。从而使其更加贴近肢体残障者，帮助这些身心更为敏感的人群建立起乐观向上、积极自信的良好心理状态与生活信念。

3 无障碍衣柜设计原则

3.1　安全性原则

安全性原则即保证无障碍衣柜自身以及使用过程中，不会对肢体残障者造成伤害，降低意外发生的概率。由于安全需求是肢体残障者最基础的需求，所以设计研究中应优先考虑衣柜的安全性。

材料的环保性能直接关系使用者的健康。在保证经济性的情况下，应选择质量较高、性能较好的五金件。对于设置容脚空间的柜体需将衣柜固定于地面或墙面，防止衣柜倾倒以保证稳定性。另外，由于衣柜中的板件和功能件较多，在安装中也应遵循装配的法则，避免零部件脱落或解体，使衣柜整体更加结实牢固。

3.2 易用性原则

易用性原则建立在关注残障者身心障碍的基础上，使产品的操作体现简易性和便捷性，方便肢体残障者独立使用衣柜。同时，对于不同经验和技能的使用者，无障碍衣柜的操作都顺应其本能，易于识别和理解。

无障碍衣柜可以借鉴和采用现有的无障碍产品以及辅助装置，尽量适应不同肢体残障者的意愿和能力，使其被便捷而有效使用的同时，降低疲劳感和体力损耗。一般来讲，这些操作方式所需的尺度和力度保持在合适的范围，以确保使用者可以在自然舒适的身体姿态下使用衣柜。

3.3 公平性原则

公平性原则是无障碍设计的精髓所在，要求衣柜对于不同障碍能力的人来说都是有用且合适的，通过设计来达到人人平等。

在生理方面，无论肢体残障者的生理尺寸和行为特征如何，无障碍衣柜都能提供合适的结构和尺度以便使用者接近以及使用。在心理方面，公平意味着在使用过程中所有使用者都能被友好地对待，从而避免肢体残障者在操作过程中的心理窘迫。

3.4 经济性原则

调研表明，肢体残障者往往收入微薄、消费能力较低，于是在保证无障碍衣柜安全性和易用性的前提下，在设计、生产直到销售的过程中应尽量降低成本，同时方便维修和保养。

结合 32mm 系统，通过标准件的设计与制造，也可以实现无障碍衣柜的模块化。通过将尺寸适配，功能相同或不同的模块进行组合，不仅可以提高衣柜的设计效率，缩短设计周期，也可以降低生产成本。多元化的衣柜也有助于满足肢体残障者各不相同的障碍，便于在市场竞争中取得主动权。

3.5 用户参与性原则

无障碍衣柜在研发以及优化中，应遵循用户的诉求，使更多肢体残障者参与到设计中。例如：通过实地调研肢体残障者的使用习惯、行为特征来开发设计方案；通过特定环境下对衣柜模型的测试和评估，记录反馈数据，继续对设计做出调整和完善。

此外，为了使更多残障者参与研发以及评估，也为了得到更多残障者的理解和接纳，可以通过衣柜三维特征模型数据库的建立，来清晰获得空间感知。

4 结 语

肢体残障者的数量庞大且困难较多，现有的衣柜无法适应这部分特殊群体的需求。设计者应本着对特殊群体的关爱与责任，真正从肢体残障者的需求出发，将无障碍设计融入衣柜中，对于衣柜的外观层面与技术层面进行剖析，得出无障碍衣柜需要遵循安全性、易用性、公平性、经济性以及用户参与性原则。

通过衣柜的无障碍设计，可为肢体残障者等弱势群体尽可能营造无障碍的生活环境，为提高其独立生活能力、提升其生活品质创造条件，同时也是减轻社会负担、促进社会和谐的重要举措。

原文发表于《林产工业》2019 年 1 月刊第 57—61 页

竹展平材家具设计表现力探析

摘　要：我国目前木材资源短缺，而竹材资源非常丰富，如何科学地把竹材应用到家具领域是非常具有意义的课题。当前，针对竹材的再加工利用主要是以竹集成材和竹重组材居多，随着竹材展平技术的发展，竹材的再加工利用又有了新的途径，那就是竹展平材。竹展平材作为一种新工艺竹型材，作为家具用材研究价值更加凸显。笔者以竹展平材作为家具设计的材料，分析了竹展平材在家具造型设计中平面形态表现力，纹理和色彩的表现力，以及竹展平材对中国传统竹文化的展现。为竹展平材在家具领域的应用和推广提供一定的参考。

关键词：竹展平材；设计表现力；家具设计

材料作为世界上最基本的东西，每一份材料都有独特的材性，都拥有自身独特的语言和个性，通过挖掘自身的造型潜能来表达各自的秉性，体现材料的天赋。从设计的角度出发去理解认识材料，无论是自身具备的自然属性，还是经过加工和被赋予的设计语言天赋，所体现出的独特的效果，也就是被称为材料的设计表现力。通过分析材料的各种表现力，可以设计出多种多样的表现效果，从而让产品体现出设计师的各种理念。

1　竹展平材

以原竹为原材料，通过竹材展平技术将原竹加工成展平竹板，展平竹板可以经层积制成胶合板，或与其他材料复合制成复合板材或者方材或裁剪为合适大小制成竹集成材，或作为各种基材的覆面装饰板。其共同特征是提高了工作效率和原料利用率，也提高了竹制品尺寸稳定性和防腐防虫效果，而且能够保留原竹特色，材料表面特征明显，竹纹理清晰，具有独特的审美。笔者把由展平竹板制作而成的各种材料总称为竹展平材。

2　竹展平材形态表现

2.1　点

在具体产品的设计中，点元素是一项不可或缺的元素，没有大小、位置以及形状上的限制，对于产品来说，是最基本的单元体，能够通过点来构成各类简单的形状，进而实现使用功能。在产品里，点也分成了不同的存在形式，有实点，同时也存在虚点，并且就算是同一种类型的虚点，在不同的竹制品里所呈现的造型和表达的理念，也不尽相同。竹展平材点元素在横截面位置最为明显，因为竹展平板材的面积比较大，因此竹条上的竹节都能够看作是一个“点”，本身材料的纹理是比较单一的，正是由于竹节的点缀，提升了型面整体的变化美感，并且竹材在竹节处颜色相对较深，在竹节间颜色较浅，所以颜色的深浅重复变化形成了良好的韵律感。因此，竹材的节点符合形态构成美学法则的“统一与变化”和“节奏与韵律”。

2.2　线

位置与长度，是线元素的两种特性。直线代表着坚硬与正直，而曲线则会显得更加柔和圆润。线在排列方式上的差异，同样也会产生不同的韵律和节奏感。在产品中，线元素可以是轮廓线，可以是具体的构成要素，既能够奠定产品整体的基调，也能够把产品的整体效果更好地诠释出来。直线纹理是竹展平材表面的构成要素里最鲜明的特点。由于直线自身给人的感觉就是简洁、直率、单纯，因此对于简单的现代化家具来说，会显得尤为合适。以线条为主的竹展平材家具，简洁而富有时代感。

2.3　面

点动成线，线动成面。几何含义里，面存在面积，面有具体的位置，但是没有厚度的表达。在实际设计过程中，无论是封闭的线，还是移动翻转的线，均能够构成一个面；如果把各个点聚集在一起，让其放大，同样会形成面。面形态之间的差异，会给人不同的审美以及心理效应。在设计产品时，具体把面分成了平面和曲面，直观整齐就是平面给人的感受，不过也会显得比较呆板沉重，没有活力；而曲面就会给人一种柔美运动的感受，并且曲面呈现出的圆润的状态，还能够产生一种亲和感。把竹条平行排列起来，就形成了平面，竹展平材平面上分布有通直的竹条线和位置富于变化的竹节点，每一块都不完全一致，具有天然材料的多变性。例如，将一整块展平竹板作为表面装饰板做成的茶盘，纹理清晰，色泽润和，给人以恬静舒适之感。

3　竹展平材的纹理表现力

材料本身的肌理形态和表面纹样，指的就是肌理，肌理把材料表面的形象特征表现出来，肌理可以把美感体现出来，让材料显得更加有质感。竹展平材纹理顺直、细密，给人以爽滑、细腻之感，竹展平材色泽鲜亮，并且易于漂白和染色以及碳化等，完全可以同一些名贵木材媲美。因此无论是在室内外的装饰，还是家具以及家居饰品等领域，其应用发展的前景都十分广阔。

竹材所表现出的天然的特征，最明显、最特别的就是竹节，是其具备独特的视觉效果，因此竹子才被赋予了坚贞、高风亮节以及节节高升等含义。竹节均匀地分布在竹纤维之间，且带有节奏感，因此显得既灵动又活泼，对平整光滑的竹材表面进行了点缀。在竹壁纵剖面上，竹纤维及维管束是按照纵向进行排列的，因此形成的竹材纹理平行又紧致，具有流畅、整齐美感。在横截面上，呈现出各种大小不一的“点”状斑点，竹壁外侧向内侧，其密集程度呈现的是逐渐稀疏的渐变规律，给人渐进的美感。

除了天然的纹理，竹展平材还可以在加工组培的过程中设计创造更多人工的纹理，各种组培形式的纹理图案表现了竹展平材各种纹理节奏和韵律感。除了同种竹展平材的重复排列，深色与浅色竹展平材交叉胶合在一起，会产生特殊的平面构成效果，就好像是钢琴的黑白键，交错弹奏美妙的乐章。

4　竹展平材的色彩表现力

色彩是能引发人们审美感受最直接的因素，色彩具有“先声夺人”的效果，因此能够在最短的瞬间，就吸引人们的视线，给人的感觉是最直接也是最强烈的。也正是由于色彩的这种特性，使其在实际的创作设计过程中占据着十分重要的地位。色彩能够反映物体表面视觉特征，同时还能够引起人们心理感觉，色彩的自身是不带任何感情色彩的，不过人们常常会把自身的经历和情感同色彩的刺激之间联系和结合起来，心理反应或是平淡的，或是激烈的，不同色彩给人不同的感受，不同的人对同一种色彩也有不同感受，从而人们对色彩有喜恶之分，因此色彩也就被赋予了传递情感的作用。

竹展平材中，最小的构成单元就是竹片，在具体处理时，需要依据实际的需求，再去使用不同类型的工艺，在处理时，竹片能够保持自身的色彩，或者也可以经过碳化处理之后，呈现出一种深棕色的状态，这种处理也被称为碳化竹展平材。现阶段竹展平材的颜色，主要还是本色以及棕色，两种颜色之间互相交织，在设计家具时，把颜色不同的竹片在交叉之后又集中起来，这样就能形成节奏感。同时，还可以使用油漆对材料的表面进行涂饰，在通过深色的油漆涂饰之后呈现出来的竹展平材家具，竹展平材本身的颜色同深色的油漆之间对比强烈，这也体现出传统与现代时尚之间的碰撞。

5 竹展平材对中国传统竹文化的展现

在设计中，材料不仅仅是物质功能的载体，而且也具有很强的精神文化象征。在长期的生活和实践中，面对不同的材料，人们总会对其产生出不同的感性记忆，所以一旦看到了各种类型的材料，就会不由自主地展开联想，比如，南宋的诗人邓椿描述过“世徒知人有神，而不知物之有神”。而接触到金属后，又会联想到现代化的工业，机器人等充满了科技感和现代感的形象，而竹子给人的观感，自然离不开高风亮节等一系列高尚的情操，竹文化是中华民族深厚文化底蕴的一种体现。

在中国人的日常生活里，竹子是无法替代的，同时也代表着国人价值观念和精神世界的一个融合点，因此诞生了竹文化。通过辛勤的劳动和长期的实践，我国的人民把竹子制作成了各种满足人民需求的物品，长期的制作以及使用，也使人们对竹制品产生了习惯和依赖，同时也形成了使用的规则。综合上述内容可知，竹自身并不能体现出中华文化，体现中华文化的是在对竹加工制造过程中，赋予其内在含义以及遵循的各项规则。

所以，在对竹展平家具进行设计时，设计师应该着重去挖掘利用我国灿烂且独有的竹文化，将其应用到产品创作中，以此把民族特色凸显出来，利用和发挥出竹子的特性以及材料自身的优点，开发出一系列新型竹展平材家具产品，增加家具的附加价值。

6 结　语

运用竹材展平技术制成竹展平材，可提高竹材利用率，降低胶黏剂使用量，降低生产能耗，体现绿色环保。竹展平材设计表现力突出，具有独特的审美价值，物理力学性能良好、纹理清新、色泽美观，将其制成家具，结构稳固，造型新颖，符合现代家具的流行风格。因此具有十分广阔的市场推广和应用前景。新技术新工艺的发展是产业革命的开始，随着技术的逐渐成熟以及研究的步步深入，相信竹展平材这种新材料定能在家具领域绽放光彩。

原文发表于《家具与室内装饰》2019 年 5 月刊第 22—23 页

基于竹集成材的家具产品设计技术研究

摘　要：竹材具有密度大、强度高、纹理通直、弯曲性能好等特点，且竹资源丰富，是建筑行业及家具产业中的重要资源之一。“以竹代木”的设计理念可有效缓解资源缺乏的问题，但过度依赖于木家具的设计方法，使竹集成材家具产品丧失了自身的“个性”。针对上述问题，进行科学分析，为竹集成材家具产品设计提供参考依据。以竹材为基材，从材性、色彩、强度及与其他材质的适配性上进行充分分析，探索性提出几种适合竹集成材家具产品设计的策略。从竹材基本属性入手，得出竹集成材家具构件轻量化设计策略；不同的工艺处理后的竹集成材能够得到不同的装饰效果，得出基于平面及色彩构成零件搭配设计方法；基于竹集成材的尺寸稳定性及与其他材质的相适应性，得出与多种材质搭配的设计策略。

关键词：竹集成材；轻量化；家具设计

由于木材资源的匮乏，“木材代用”的观点应运而生。“木材代用”指用其他种类的材料替代木材来使用。其中“以竹代木”是较为常见的做法之一。竹材具有密度大、强度高、纹理通直、弯曲性能好等特点，作为家具产品用材的主要方式有：①以圆竹、竹片及竹篾等形态来直接应用；②打破竹材各向异性特征，通过集成或重组的方式，按照木质人造材料的思路生产竹制人造板，竹集成材就是其中一种。近年来，许多家具企业尝试运用竹集成材制造高档家具，这对节约木材资源具有积极意义，然而大多数家具沿用木家具的设计方法，致使产品自重大、运输不便等，因此，分析竹集成材的基本特征，运用科学合理的设计方法，对于竹集成材的家具产品设计具有重要意义。

1　竹集成材的材料属性分析

竹集成材是一种竹制人造板。它是竹材以一定的规格、形状通过集成胶合工艺制造的一种竹制板或方材。其最小结构单元为竹片材，从而继承了竹材的基本特性。同时，它也是一种竹制人造板材料，打破了竹材本身的各向异性，表现出自身的特点。

1.1　常见的竹集成材

（1）矩形单元竹集成材。以常规竹集成材生产为例，矩形竹片为基本单元，采用三层或多层板交错层积的方式，可生产出竹制板材或方材。矩形截面的竹集成板材和方材如图 1 所示。

（2）弧形单元竹集成材。遵循竹材的原有特征，以弧形态竹片集成，可生产出截面图形由“弧形”单元组成的竹制板材。弧形态竹片集成材如图 2 所示。

（3）先成型后集成的竹集成材。竹片具有良好的弯曲性能，设计师常用弯曲构件来塑造产品的有机形态，但竹集成材的整体弯曲比一般木材都难。竹集成材弯曲构件。如图 3 所示，竹片“先成型、后集成”的制造工艺可有效解决这一问题，能有效完成多种有机形态，从而丰富竹集成材产品造型。

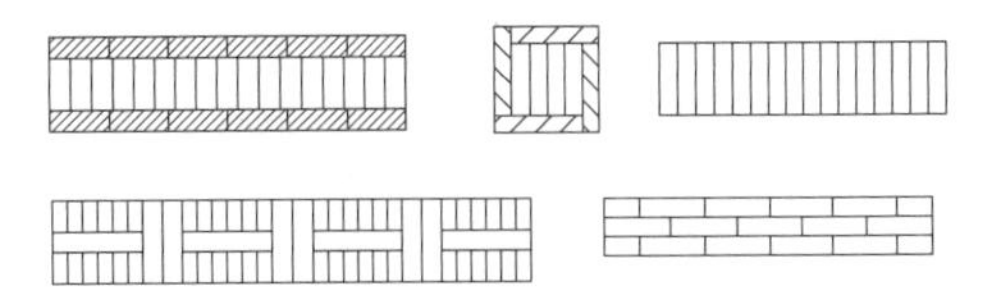

图 1　矩形截面的竹集成板材和方材

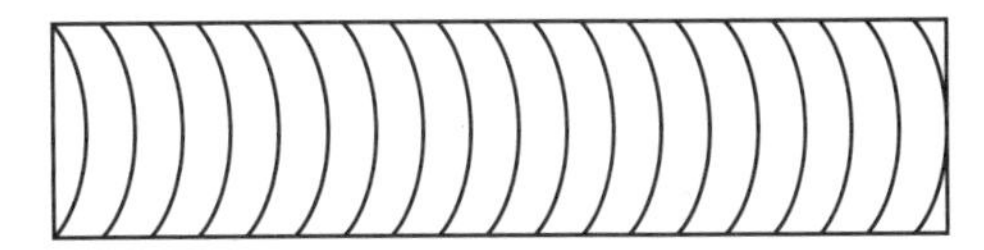

图 2　弧形态竹片集成材

图 3　竹集成材弯曲构件

1.2　色彩分析

不考虑后期涂装的色彩效果，竹片经去青、去黄后呈现天然的“青黄色”，经高温碳化防腐处理后表现出特有的“碳化色”，即褐色，并且不同的碳化工艺能得出不同的色彩效果。竹片的两种色彩为设计师提供了基本的色彩元素。竹片的两种色彩如图 4 所示。

图 4　竹片的两种色彩

1.3　纹理与质感

在竹壁纵剖面上，竹纤维及维管束沿纵向排列，形成平行且紧致的竹材纹理，有流畅、整齐之感。竹材纵剖面及端面纹理效果如图 5 所示。在横截面上，呈现出各种大小不一的“点”状斑点，密集程度由竹壁外侧向内侧呈现出逐渐稀疏的渐变，有跳跃、渐进之感。

图 5　竹材纵剖面及端面纹理效果

竹节是竹材的天然特征，它展示出竹材独特的视觉效果，常有“坚贞意志、节节高升”的寓意，并且展现出竹材最自然的形态。竹节均匀而有节奏地分布于竹纤维之间，活泼而有灵动地打破了平行且光滑平整的竹材表面，有规则、节奏之感。

1.4　基本物理力学的性能对比

竹集成材具有与竹材相似的物理力学性能，具有强度大、变形小、尺寸稳定等特征。与传统的木质人造板相比，它具有良好的环保性能。有研究表明，竹集成材具有与常用硬木相媲美的优质力学特性，其抗拉强度、抗压强度等均大于常用木材，竹集成材与几种常用木材的力学性能比较见表 1。

表 1　竹集成材与几种常用木材的力学性能比较

类型	干缩系数（%）	抗拉强度（MPa）	抗弯强度（MPa）	抗压强度（MPa）
竹集成材	0.255	184.27	108.52	65.39
橡木	0.392	153.55	110.03	62.23
杉木	0.537	81.60	78.94	38.88
红松	0.459	98.10	65.30	32.80

注：竹集成材基材为楠竹。

2　基于色彩搭配的设计

竹片在去青、去黄处理后，呈现出代表自然的“青黄色”。经过不同的碳化工艺处理后，颜色变深且多样，呈褐色、深褐色等。色彩搭配是产品设计的主要技法之一，因此，不同色彩的竹片材经自由组合，可制得具有不同色彩特征的家具产品构件，尤其在大幅面构件中表现突出。

2.1　形式多样而有节奏的“斑马纹”

以经过一种碳化工艺处理的竹片与未经处理的竹片所表现出的两种色彩为基本单元，作规则、平行的布置，构成规律、有序的“斑马纹”图案。

几种常见的斑马纹效果如图 6 所示。设计实践证明，有 3 种常见的集成方法可得到不同的“斑马纹”效果：①选用不同宽度的竹片，以窄面接窄面构成，得到渐进的效果；②竹片单元尺寸一样，以宽面接窄面构成，可得到错落有致的效果；③同尺寸的竹片单元，以窄面接窄面构成，可得到紧致的效果。

根据排列组合的规律，可根据设计需要进行其他排列组合。

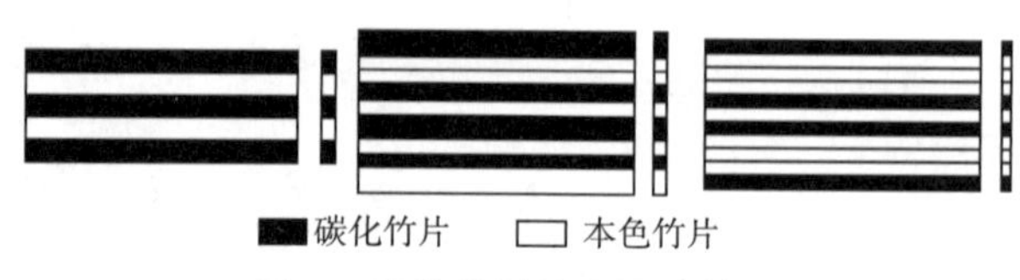

图 6　几种常见的斑马纹效果

2.2　形制自由的平面设计

竹集成材的制造工艺赋予其产品色彩搭配更多的自由度。根据图案设计，以竹片为基本单元制造预制件，而后集成胶合，大大地丰富了竹集成材的造型特征。两种典型的图案造型如图 7 所示。

为追求木家具结构造型特征，攒边与抹头部位用碳化竹片集成一定宽度，经 45° 切角

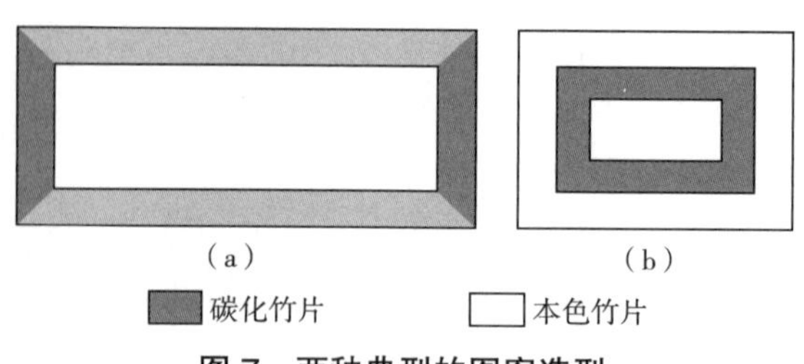

图 7　两种典型的图案造型

制成预制件，心板部位用本色竹片集成制得。最后，各预制构件经集成胶压后呈现框架结构的艺术效果，如图 7（a）所示。某构件表面需要规则的“回”字形装饰，亦可通过不同的颜色搭配完成，搭配效果如图 7（b）所示。

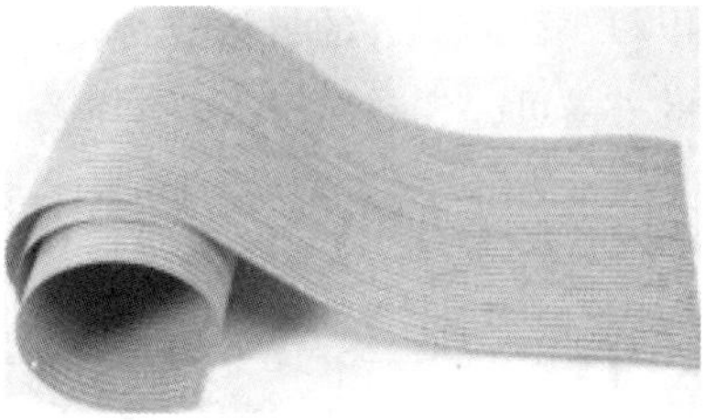

2.3　竹质基材的贴面材质

图 8　科技竹皮

在“节约用材”的设计趋势下，科技木皮往往充当一种很好的覆面装饰材料。同样地，竹集成材亦可刨削制成科技竹皮，如图 8 所示。在很多复杂、异形且竹集成材难以铣削成型的零件表面，通过覆面贴皮，可使其具备竹材的效果。

3　轻量化竹集成材家具构件设计

人们常常以错误的“惯性思维”将竹集成材运用到家具产品设计中。他们遵循木家具的设计习惯和规范，却忽略了竹集成并不是木材的事实，因此，设计出来的产品往往“笨重”且难以体现竹集成材的特征。虽然竹集成材的外观属性与木材有相似之处，但是其各项力学性能均不同于木材，过度的生搬硬套显然不合适。

轻量化的设计理念应为竹集成材家具产品设计的指导思想。所谓的轻量化设计，是以减轻产品物理自重和视觉自重为目标的设计，即在不牺牲消费者审美需求的情况下，增加使用的有效性，同时还减少材料用量，提高产品性价比。以下两种典型的构件设计技法可有效实现产品轻量化。

（1）构件实际体量的减重。这一技法指在满足结构、功能及审美的情况下，减少构件自重。采用空心结构不仅可以有效地减轻构件重量，而且不失美观。

（2）轻量化的视觉效果。这一设计技法即对厚度尺寸较大的构件边部采用特定的造型，如“鸭嘴”“倒梯形”等。构件虽自重减少不多，但其视觉效果与未处理前迥然不同。

4　与其他材质的适配性及构件设计

木、竹材尺寸的稳定性受干缩系数的影响，其他材料则是受胀缩系数的影响。两种或多种材料的搭配使用主要参考相互的尺寸稳定性。研究表明，竹集成材与其他主要类型材料的干缩（胀缩）系数差异性较大，但均在可控范围内，可以搭配使用。

4.1　金属材料作为装饰部件的搭配设计

以竹集成材与金属材料（铝合金、不锈钢等）的搭配设计为例，金属材料的密度、强度均大于竹集成材，若选用较大的截面尺寸，势必增加产品的自重，与前述的轻量化设计理念不符。设计实践证明，有两种典型的方式可实现竹集成材与金属材料的搭配。

（1）金属材料（铝合金、不锈钢等）作为装饰件与竹集成材搭配。无论是方材还是板材，边部直角部位呈现应力集中现象，且在使用中会出现“崩边”的缺陷。以“L”形截面铝合金予以包边，不仅能起到装饰作用，而且可以很好地缓解应力集中效应。

（2）金属材料（如铝合金、不锈钢等）作为主要结构部件的局部加强。以承载性较好、截面为矩形的腿部构件为例，用尺寸小的矩形截面铝合金板作中间支撑件，两边覆以较小截面尺寸的竹集成材，可以在一定程度上减少竹集成材的使用，同时铝合金截面的外露可起到装饰作用。

4.2 与木材相适应的构件设计

家具产品中常用到一些弯曲或弹性构件（如椅背），而木质家具构件往往难以达到弹性效果。竹材具有优异的弹性，可作为主要承载构件，上下表面覆以装饰木材（通常为薄木），保持构件在使用过程中的弹性。对一些有特殊要求的构件（如床的排骨架），还可在构件制造过程中给构件施加应力，使构件保持一定的形态，制备成预应力构件。

4.3 与皮革及布艺材质的相适应性设计

科技发展使多种材料的搭配成为现实。例如，市面上常见的“皮包木”“布包木”等，就是用皮革或布包覆在木材表面。然而木材本身的物理力学性能决定了此类构件的截面尺寸大小。竹集成材具有强度大的优势。这一优势表现出其对木材的“替换性”，即在达到同等力学性能的情况下，可以减小构件截面尺寸，同时还符合“节约用材”“轻量化”的设计理念。

5 结 语

虽然“以竹代木”在很大程度上缓解了木质资源缺乏的问题，但是沿用木家具产品设计的法则对竹集成材家具进行设计显然是行不通的，因此，充分了解竹集成材的基本特征，合理选用设计策略势在必行。通过大量调研与前期研究发现，从物理力学性能的角度分析，竹集成材具有强度大、尺寸稳定等基本特征，因此，“轻量化”“节约用材”的设计理念应为竹集成材家具设计的指导思想。同时，其优异的尺寸稳定性使竹集成材与其他材质的搭配设计成为可能。从竹集成材表面性能与效果上分析，竹片经高温碳化可呈现出不同的色彩，应充分运用色彩构成等设计方法，以获得不同的视觉效果。

原文发表于《包装工程》2019 年 2 月刊第 162—166 页

木材蒸汽预处理过程非均匀传热特性的数值模拟研究

摘　要：对木材蒸汽爆破预处理过程中热量传递规律进行了数值模拟研究，建立了木材蒸汽爆破预处理过程中三维传热数学模型，并通过试验验证了数值模型准确性。模型定量分析了木材初含水率、孔隙率、环境温度对蒸汽爆破预处理过程中传热的影响，结果表明：随着初含水率增加，木材升温速率逐渐减小，但当初含水率低于30%，含水率对升温速率的影响不明显；随着孔隙率增加，木材升温速率逐渐增加，孔隙率对传热的影响大于木材初含水率对传热的影响；随着环境温度增加，木材升温速率逐渐增加，环境温度对传热的影响弱于木材初含水率及孔隙率对传热的影响。

关键词：木材；蒸汽爆破；含水率；传热；数学模型

蒸汽爆破预处理是利用水热协同作用软化木质素等木材化学组分，并结合木材内外部压力差破坏木材纹孔膜等结构，从而显著提高木材渗透性，为木材干燥、改性等提供水分及改性剂迁移通道。蒸汽爆破预处理木材过程中，温度与压力起着决定性作用，定量分析蒸汽爆破预处理过程中木材温度与压力的分布尤为关键。本研究试图建立蒸汽爆破预处理木材过程中传热过程的三维数学模型，定量分析蒸汽爆破过程中温度与压力随时间分布的变化规律，同时，定量分析木材本身的物性（含水率、孔隙率）及爆破温度对传热的影响。本模型可以精确计算不同树种、不同规格锯材蒸汽爆破加热预处理时间，可为企业节能减排提供参考。

1　蒸汽爆破预处理过程传热模型

1.1　物理假定

为定量分析蒸汽爆破预处理木材内部的热量迁移过程，将蒸汽预处理木材加热过程进行若干物理简化，用以构建传热物理模型。

假定1：木材由固相（细胞壁物质）、液相（自由水与结合水）与气相组成的多孔材料，三种相在木材内部连续分布，液相与气相存在于木材孔隙内，忽略液相组分中结合水与自由水密度差异。

假定2：在加热过程中，木材内部热量迁移是由于温度梯度引起的，木材内部局部坐标下固相、液相与气相的温度相同。同时，木材的径向与弦向导热系数 λ_R 相同，木材的纵向导热系数为 λ_L。

假定3：木材在处理罐内加热时，罐体内介质为饱和水蒸气，木材在加热过程中没有水分迁移，即木材传热过程中没有传质过程。

假定 4：处理罐内的饱和蒸汽状态稳定，木材在罐体内加热过程中各方向上的热量传递均匀。

假定 5：处理罐内热量充足，用于加热木材的热量消耗不会影响整个罐内的温度，即环境温度恒定。

1.2 数学模型

（1）控制方程。由假定 1 与假定 2，结合郝晓峰等研究可知木材的纵向等效导热系数为：

$$\lambda_{\mathrm{L}} = \lambda_1 S_1 \varphi + \lambda_{\mathrm{S}}（1 - \varphi） \tag{1}$$

木材的横向等效导热系数为：

$$\lambda_R = \frac{\lambda_s \lambda_1 \lambda_1 \left[1 - 2\sqrt{\phi} + \phi\left(1 - \sqrt{\phi}\right)\lambda_s^2 + \lambda_s \lambda_1 \lambda_1\right]\sqrt{\phi}}{\lambda_1 S_1 \left(1 - \sqrt{\phi}\right) + \lambda_s \sqrt{\phi}} \tag{2}$$

而木材比热容为单位体积内固相、气相与液相三者比热容之和，即：

$$tc = t_{\mathrm{S}} c_{\mathrm{S}}（1 - \varphi）+ t_1 c_1 S_1 \varphi + t_{\mathrm{a}} c_{\mathrm{a}}（1 - S_1）\varphi \tag{3}$$

由假定 2 与假定 3 可知，木材蒸汽爆破预处理过程的三维传热控制方程：

$$\frac{\partial}{\partial x}\left(\lambda_{\mathrm{R}} \frac{\partial T}{\partial x}\right) + \frac{\partial}{\partial y}\left(\lambda_{\mathrm{L}} \frac{\partial T}{\partial y}\right) + \frac{\partial}{\partial z}\left(\lambda_{\mathrm{R}} \frac{\partial T}{\partial z}\right) = t_c \frac{\partial T}{\partial \tau} \tag{4}$$

式中：ρ 为密度（$\mathrm{kg/m^3}$）；c 为热容［J/（kg · K）］；T 为温度（℃）；τ 为时间（s）；λ 为导热系数［W/（$\mathrm{m^2}$ · K）］；φ 为孔隙率（%）；下标 L、R、s、1 和 a 分别代表木材纵向、横向、固相、液相水和空气；S_1 为液相水饱和度。

（2）边界条件及初始条件。从数学上讲，为获得二阶偏微分方程式（4）的定解，结合假定 4、假定 5 可知，边界条件如下：

$$x = 0 \qquad h_{\mathrm{R}}(T_{\mathrm{e}} - T) = -\lambda_{\mathrm{R}} \frac{\partial T}{\partial x} \tag{5}$$

$$x = W \qquad h_{\mathrm{R}}(T_{\mathrm{e}} - T) = -\lambda_{\mathrm{R}} \frac{\partial T}{\partial x} \tag{6}$$

$$y = 0 \qquad h_{\mathrm{L}}(T_{\mathrm{e}} - T) = -\lambda_{\mathrm{L}} \frac{\partial T}{\partial y} \tag{7}$$

$$y = L \qquad h_{\mathrm{L}}(T_{\mathrm{e}} - T) = -\lambda_{\mathrm{L}} \frac{\partial T}{\partial y} \tag{8}$$

$$z = 0 \qquad h_{\mathrm{R}}(T_{\mathrm{e}} - T) = -\lambda_{\mathrm{R}} \frac{\partial T}{\partial z} \tag{9}$$

$$z = H \qquad h_{\mathrm{R}}(T_{\mathrm{e}} - T) = -\lambda_{\mathrm{R}} \frac{\partial T}{\partial z} \tag{10}$$

初始条件：

$$t = 0 \quad T = T_0 \tag{11}$$

2 模型数值解

2.1 求解区域离散化

在进行数值求解前，先将求解区域进行离散化处理，如图 1（a）所示。即，将板材宽度 W、长度 L 和厚度 H 分别分成 IX、IY 和 JZ 等份，即 $\Delta x = W/IX$，$\Delta y = L/IY$ 与 $\Delta z = H/JZ$。该板材被离散成 N_{p} 个单元，即

$$N_p = IX \times IY \times JZ \tag{12}$$

这 N_p 个单元都采用一个节点表征，节点处在单元的中心，如图 1（b）所示。在图 1（a）中，根据各单元所处位置可将板材离散区域分为面单元、棱单元、角单元以及内部单元，其各自单元的差分方程根据控制方程（4）及边界条件略有不同。

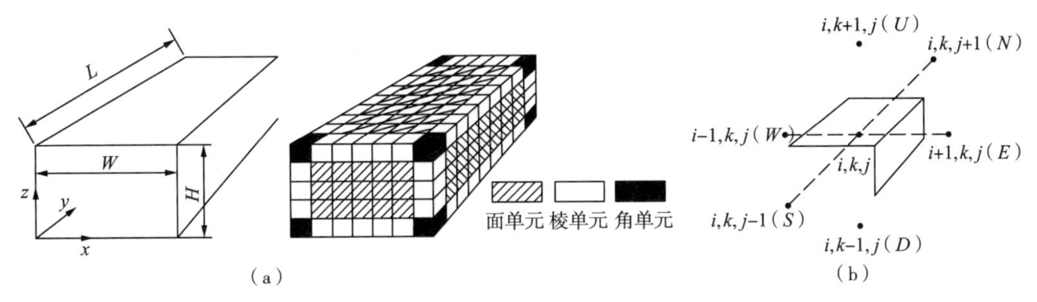

图 1　板材离散示意图

2.2　控制方程差分形式

（1）内单元

根据控制方程式（4），内单元写成差分格式为

$$\lambda_{\mathrm{R}} \frac{T_{i-1,k,j}^{n} - T_{i,k,j}^{n}}{\Delta x} T_y T_z + \lambda_{\mathrm{R}} \frac{T_{i+1,k,j}^{n} - T_{i,k,j}^{n}}{\Delta x} T_y T_z + \lambda_{\mathrm{L}} \frac{T_{i,k-1,j}^{n} - T_{i,k,j}^{n}}{\Delta y} T_x T_z + \lambda_{\mathrm{L}} \frac{T_{i,k+1,j}^{n} - T_{i,k,j}^{n}}{\Delta y} T_x T_z + \lambda_{\mathrm{R}} \frac{T_{i,k,j-1}^{n} - T_{i,k,j}^{n}}{T_z} T_x T_y + \lambda_{\mathrm{R}} \frac{T_{i,k,j+1}^{n} - T_{i,k,j}^{n}}{T_z} T_x T_y = t_c T_x T_y T_z \frac{T_{i,k,j}^{n+1} - T_{i,k,j}^{n}}{\Delta \tau} \tag{13}$$

（2）面单元

根据控制方程式（4）与（5），板材侧面的面单元写成差分格式为：

$$h_{\mathrm{R}} \left(T_{\mathrm{e}} - T_{i,k,j}^{n}\right) T_y T_z + \lambda_{\mathrm{R}} \frac{T_{i+1,k,j}^{n} - T_{i,k,j}^{n}}{\Delta x} T_y T_z + \lambda_{\mathrm{L}} \frac{T_{i,k-1,j}^{n} - T_{i,k,j}^{n}}{\Delta y} T_x T_z + \lambda_{\mathrm{L}} \frac{T_{i,k+1,j}^{n} - T_{i,k,j}^{n}}{\Delta y} T_x T_z + \lambda_{\mathrm{R}} \frac{T_{i,k,j-1}^{n} - T_{i,k,j}^{n}}{\Delta z} T_x T_y + \lambda_{\mathrm{R}} \frac{T_{i,k,j+1}^{n} - T_{i,k,j}^{n}}{\Delta z} T_x T_y = t_c T_x T_y T_z \frac{T_{i,k,j}^{n+1} - T_{i,k,j}^{n}}{\Delta \tau} \tag{14}$$

其他各面差分格式与式（14）类似，此处不再赘述。

（3）棱单元

根据控制方程式（4）、（7）和（9），板材的 xz 面与 xy 面的棱单元写成差分格式为：

$$\lambda_{\mathrm{R}} \frac{T_{i-1,k,j}^{n} - T_{i,k,j}^{n}}{\Delta x} T_y T_z + \lambda_{\mathrm{R}} \frac{T_{i+1,k,j}^{n} - T_{i,k,j}^{n}}{\Delta x} T_y T_z + h_{\mathrm{L}} \left(T_{\mathrm{e}} - T_{i,k,j}^{n}\right) T_x T_z + \lambda_{\mathrm{L}} \frac{T_{i,k+1,j}^{n} - T_{i,k,j}^{n}}{\Delta y} T_x T_z + \cdots h_{\mathrm{R}} \left(T_{\mathrm{e}} - T_{i,k,j}^{n}\right) \Delta x \Delta y + \lambda_{\mathrm{R}} \frac{T_{i,k,j+1}^{n} - T_{i,k,j}^{n}}{\Delta z} \Delta x \Delta y = t_c T_x T_y T_z \frac{T_{i,k,j}^{n+1} - T_{i,k,j}^{n}}{\Delta \tau} \tag{15}$$

其他各棱单元差分格式与式（15）类似，此处不再赘述。

（4）角单元

根据控制方程式（4）（5）（7）和（9），板材的（1，1，1）角单元写成差分格式为：

$$h_{\mathrm{R}} \left(T_{\mathrm{e}} - T_{i,k,j}^{n}\right) T_y T_z + \lambda_{\mathrm{R}} \frac{T_{i+1,k,j}^{n} - T_{i,k,j}^{n}}{\Delta x} T_y T_z + h_{\mathrm{L}} \left(T_{\mathrm{e}} - T_{i,k,j}^{n}\right) T_x T_z + \lambda_{\mathrm{L}} \frac{T_{i,k+1,j}^{n} - T_{i,k,j}^{n}}{T_y} T_x T_z + h_{\mathrm{R}} \left(T_{\mathrm{e}} - T_{i,k,j}^{n}\right) T_x T_y + \lambda_{\mathrm{R}} \frac{T_{i,k,j+1}^{n} - T_{i,k,j}^{n}}{\Delta z} T_x T_y = t_c T_x T_y T_z \frac{T_{i,k,j}^{n+1} - T_{i,k,j}^{n}}{\Delta \tau} \tag{16}$$

其他各角单元差分格式与式类似，此处不再赘述。

❸ 结果与讨论

3.1 模型验证

为验证模型的准确性，从湖南某家具公司购入梓木原木，封端后运回长沙。试件尺寸 600mm（L）×120mm（W）×33mm（H），初含水率约为 100%，试验设备为自制蒸汽处理罐及温度在线采集系统。将试件置于蒸汽罐内密封，通入饱和蒸汽加热木材，环境温度在（160±5）℃，加热木材 30min，并实时记录木材内部温度变化，如图 2 所示。在数学模型数值解方面，根据前一节各节点的差分格式，利用 Fortran 语言，编写计算程序。

梓水蒸气爆破预处理试验数据如图 3 所示，木材在升温过程中，芯层到表层存在温度梯度。4.1mm 层靠近表面升温速度较快，16.5mm 层升温速度慢于 4.1mm 层。在预处理初期，4.1mm 层与其余各层之间的存在较大温度差，这是由于预处理初期，压力罐内饱和蒸汽以喷蒸方式加热木材表面，饱和蒸汽流破坏了界面的黏性底层，界面的导热系数较大，界面传热较快。其余各层温度梯度不是很大，原因是木材初含水率较高，而水分的导热系数较空气大，使得木材内部的导热系数较大，传热速率较快，木材内部各给层之间温差较小，这与郝晓峰等研究结果一致。

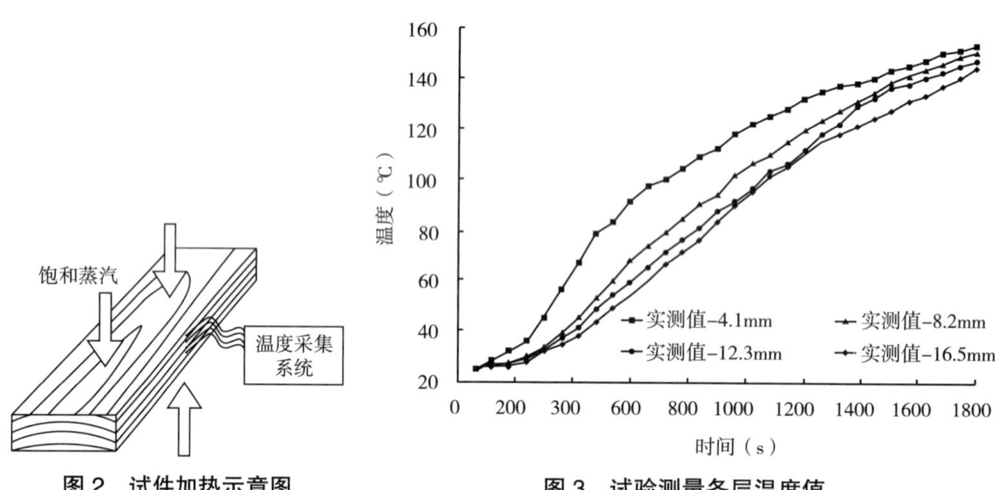

图 2　试件加热示意图　　**图 3　试验测量各层温度值**

将试验参数代入数值模拟计算程序，其中板材几何参数及初含水率与试验材料一致，孔隙率为 73%；纵向导热系数为 0.317W/（m·K），横向导热系数为 0.314W/（m·K）；侧面表面传热系数 h_R 为 5.8W/（m^2·K），端面表面传热系数 h_L 为 12.9W/（m^2·K）。将上述参数代入计算程序，将各层试验测量温度值与数值模拟值分别进行对比，如图 4 所示。在图 4（a）、（b）中，0～450s 模型的预测温度值高于实验测量值，原因是在加热初期，木材温度较低，蒸汽在木材表面冷凝，饱和蒸汽通过界面传递给木材的热量一部分用于蒸发冷凝水，另一部分向木材内部传递。而模型中并没有考虑表面的冷凝水问题，致使前期的预测温度值高于实验测量值。而其他时间段，模型模拟的各层温度值与试验测量值趋势基本相同，误差不大，证明模型的数值模拟结果较为准确。

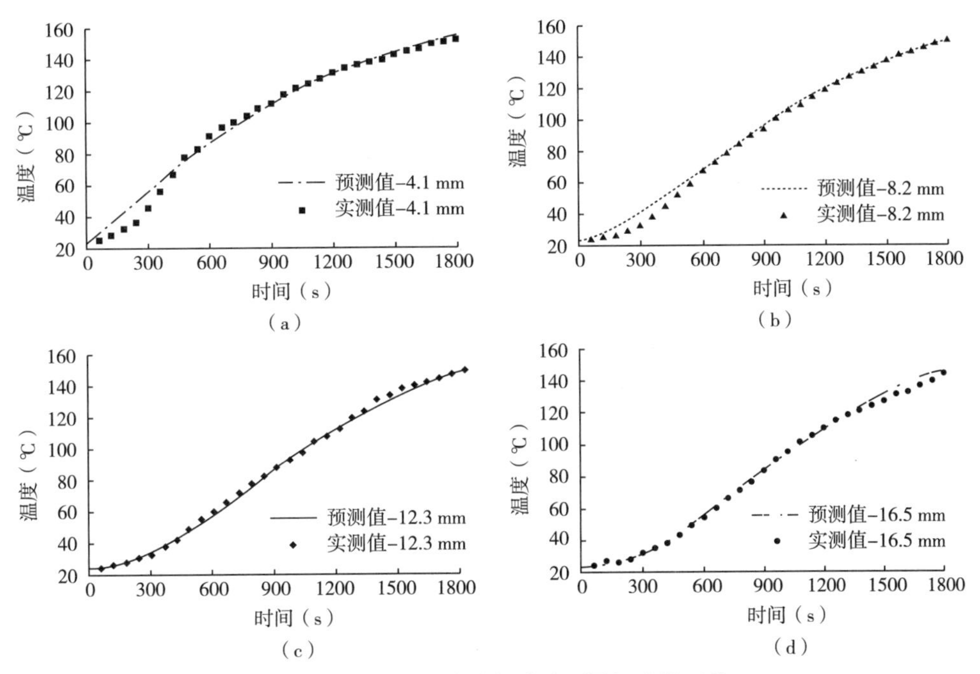

图 4　数值模拟温度值与试验测量温度值对比

为定量分析不同时刻板材内温度传递及分布情况，绘制 $y = 16.5$mm 处截面在 360s、720s、1080s 和 1440s 这 4 个时刻的温度分布等高曲线图，如图 5 所示。由温度颜色尺度棒可知，随着加热时间的增加，$y = 16.5$mm 处截面的温度呈逐渐升高趋势。任意时刻的温度分布等高曲线呈抛物线状，随着时间增加，内部各处温差逐渐减小。且热流主要沿 z 轴方向传导，这主要是因为板材厚度方向（z 轴方向）的尺寸小于宽度方向（x 轴方向）。

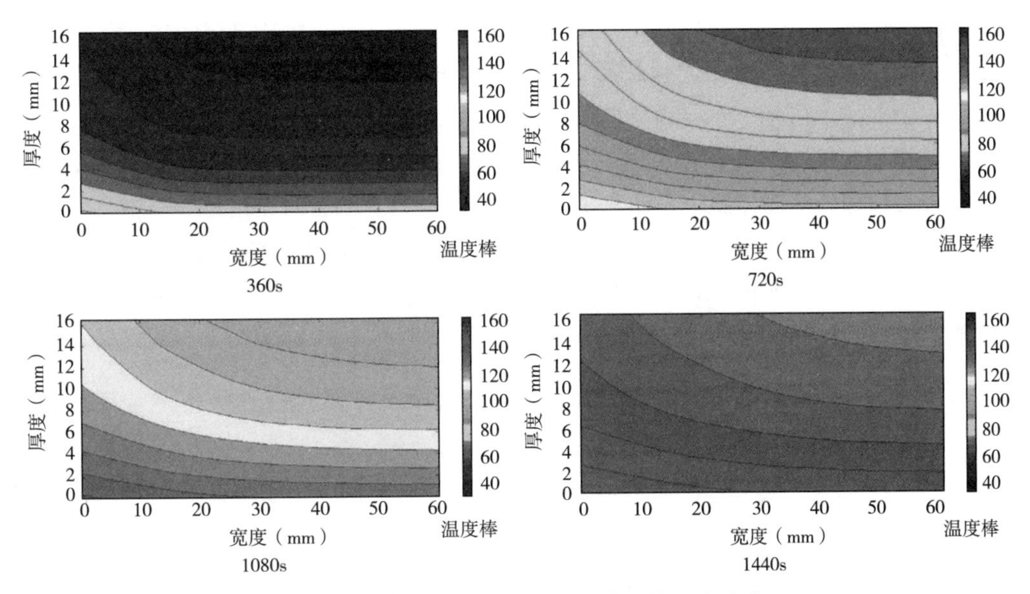

图 5　不同时刻 $y = 16.5$mm 处截面的温度分布

为定量分析长度方向（y 轴方向）对传热的影响，绘制 1080s 时刻不同（$y = 50$mm、100mm、150mm、200mm、250mm）位置的温度分布图，如图 6 所示。由颜色尺度棒可知，在同一时刻，温度传递以厚度方向最快，宽度方向次之，长度方向最慢。主要是因为 3 个方向的尺寸不同引起的。

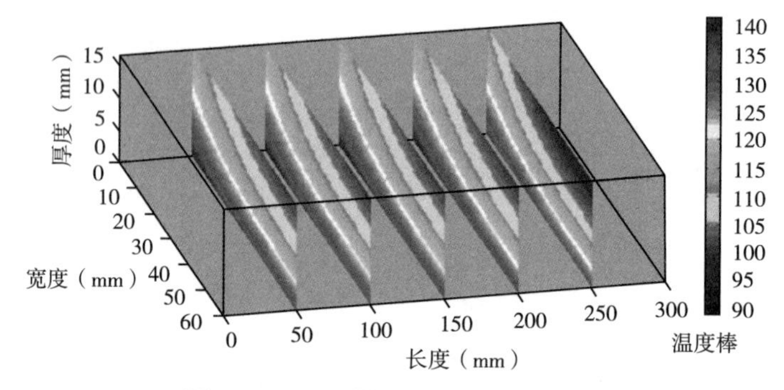

图 6　1080s 时刻不同位置温度分布

通过上述研究，该模型可以较为准确地定量分析蒸汽爆破过程中木材内部温度传递，可以表征木材蒸汽爆破过程传热的物理现象。而模型建立之初便考虑木材含水率、孔隙率等物性参数及环境温度对传热的影响，为进一步分析物性参数等对传热影响，做以下数值分析。

3.2　热物理性质对蒸汽爆破预处理过程影响

（1）初含水率对传热影响

假设木材尺寸统一为 $L = 1\text{m}$，$W = 0.1\text{m}$，$H = 0.04\text{m}$。木材的绝干密度为 450kg/m^3，木材的孔隙率为 70%，板材初始温度为 24℃，压力罐内温度为 165℃，蒸汽加热时间为 30min。而唯一不同的是木材初含水率分别为 10%、30%、50%、70%、90%。取板材的中心点为对比点，对比不同木材初含水率计算的温度值随时间的变化规律的差别，计算结果如图 7 所示。在同样的预处理时间内，初含水率为 10% 时，木材升温速率最快；初含水率为 90%，含水率升温速率最慢。随着含水率的增加，木材升温速率逐渐减小。原因在于：由假定 1 可知，木材由固相骨架物质、液相水及空气组成，在同样的体积孔隙率下，随着初含水率增加，木材内部液相水的饱和度 S_1 会增加，由式（3）可知，木材的比热容会增加，从而需要更多的热量用于升温。此外，当含水率低于 30% 时，含水率对传热速率的影响明显降低，如图中初含水率 10% ～ 30% 温度差别较小，这主要是因为当含水率低于纤维饱和点时，木材细胞壁内已无液相水存在，木材内部导热系数减小，导致整个传热过程速率下降。

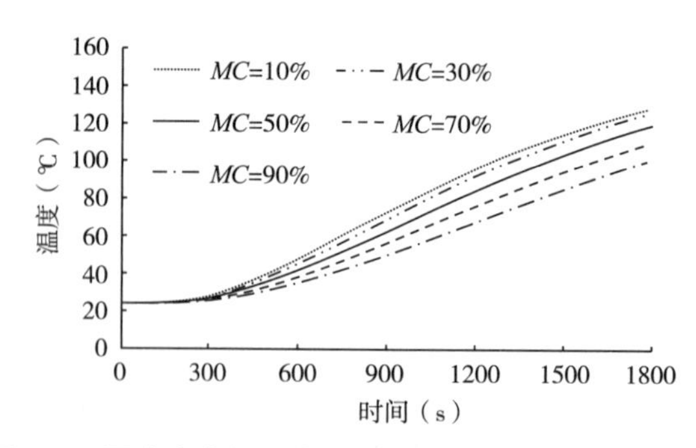

图 7　不同含水率板材蒸汽爆破预处理过程中温度分布

（2）孔隙率对传热影响

木材孔隙率由下式计算而得：

$$\varphi = 1-\rho_d/\rho_s \quad (17)$$

式中：ρ_d 为木材的绝干密度（kg/m^3）；ρ_s 为木材的实质密度（kg/m^3）。

本算例选取木材孔隙率为 50%、60%、70%、80%，即木材的绝干密度分别为 750kg/m³、600kg/m³、450kg/m³、300kg/m³。板材的初含水率为 50%，其他参数不变，计算结果如图 8 所示。随着孔隙率增加，木材升温速率逐渐加快。由式（1）、式（2）和式（3）可知，在相同初含水率情况下，随着孔隙率增加，木材的比热容逐渐减小，升温所需热量减少；而导热系数则逐渐增加，热量传递速率增加，造成不同孔隙率之间传热的差别。此外，对比不同初含水率与不同孔隙率的梓木温度分布曲线可知，孔隙率对温度传递效率影响明显优于木材初含水率对传热的影响。

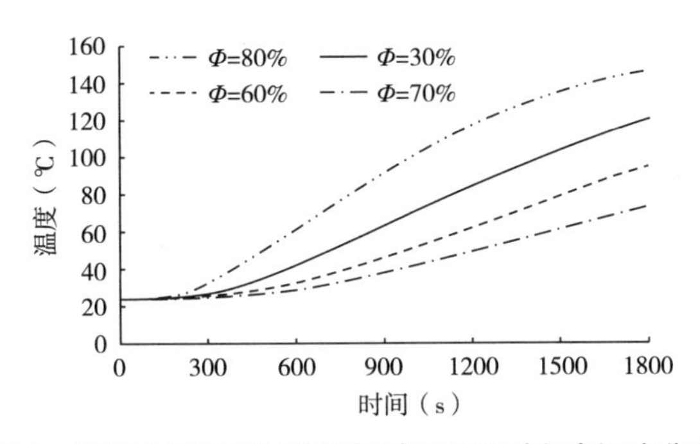

图 8　不同孔隙率板材蒸汽爆破预处理过程中温度分布

（3）环境温度对传热影响

在板材孔隙率为 70%，罐体内饱和蒸汽温度分别为 135℃、145℃、155℃、165℃，其他参数不变的条件下，探讨蒸汽罐内环境温度对预处理过程传热的影响。同样取中心点温度进行对比，计算结果如图 9 所示。随着环境温度增加，木材的升温速率呈增加趋势。但与初含水率、孔隙率等因素相比，环境温度对传热的影响相对较小。

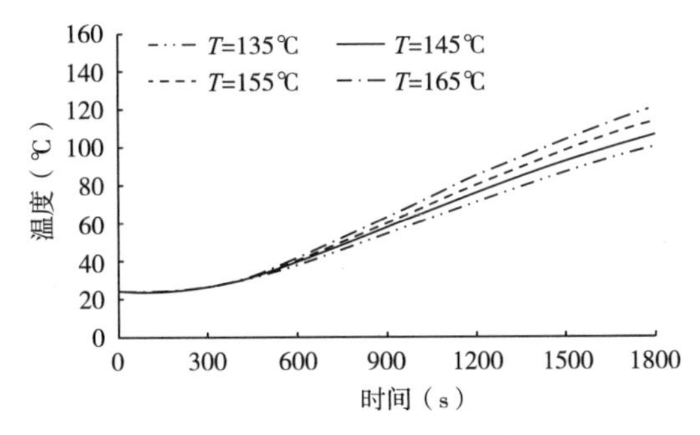

图 9　不同爆破温度板材蒸汽爆破预处理过程中温度分布

4　结　论

本研究针对木材蒸汽爆破预处理工艺传热过程的数值进行模拟。基于连续理论、能量守恒定律和傅里叶导热定律构建了蒸汽预处理传热过程的物理模型；基于蒸汽爆破预处理物理模型，建立三维数学模型，并结合数学上的有限差分方法，利用 Fortran 语言编写了数值模拟程序，分别求解上述模型。最后，利用试验，研究验证模型的准确性，得出以下结论。

（1）在相同孔隙率情况下，随着含水率的增加，木材升温速率逐渐减小，但当初含水率低于 30%，含水率对传热的影响不大。

（2）在相同初含水率情况下，随着孔隙率增加，木材升温速率逐渐增加，孔隙率对传热的影响大于木材初含水率对传热的影响。

（3）随着环境温度升高，木材的升温速率逐渐增加，环境温度对传热的影响弱于木材初含水率及孔隙率对传热的影响。

原文发表于《林产工业》2019 年 12 月刊第 13—18 页

基于有机设计的湘西竹编创新设计研究

摘　要：针对湘西竹编产品设计存在的不足，基于有机设计，探寻湘西竹编的创新设计方法。从形态、情感表达、环境协调3个维度对有机设计的竹编产品特性进行分析，探讨有机设计竹编产品的特征和优势，总结有机设计竹编产品的表现形式，并以实例阐述了基于有机设计的湘西竹编创新设计方法。将有机设计引入竹编产品的创新设计，可丰富湘西竹编产品种类，创造富有现代感和形式美感的竹编产品。研究表明，融合湘西元素的仿生设计法和基于传统竹编器型的变形法是两种有效可行的创新方法。

关键词：有机设计；有机形态；湘西竹编；竹编灯具；设计现状；创新设计方法

我国拥有丰富的竹资源，是竹文化的重要发源地，并形成了独特的竹编织工艺，其中湘西竹编以具有典型湖湘特征的传统编织技艺而闻名于世。传统湘西竹编制品是当地居民重要的生产、生活器具。随着社会的发展和人们生活方式的变化，传统竹编制品正逐渐丧失其原有使用价值，因此，必须摆脱过去单纯以功能为导向的竹编造物方式，找到适合湘西竹编发展的模式，进行大胆创新，注重并开发材质特性，运用当代设计理念提高产品文化内涵，实现产品转型升级。本文基于传统湘西竹编产品设计现状，提出将有机设计引入传统湘西竹编创新设计，分析并总结了有机设计竹编产品的特征、优势及其表现形式，并以竹编灯具设计为例进行设计实践，探索湘西竹编创新设计方法。

1　湘西竹编产品设计现状

湘西全称为湘西土家族苗族自治州，地处湖南省西北部，有土家族、苗族等多个少数民族群体聚集，地理位置偏远，经济产业落后，是国家西部开发和扶贫攻坚主战场。近年来，湘西州政府大力发展旅游业，促进地区经济增长，改善人民生活水平。而湘西竹编手工艺，也经历了从农耕生活用品到工艺品的转变。但以笔者在湘西永顺县芙蓉镇、万坪镇及凤凰镇等地的竹编产品调研情况来看，湘西竹编产品设计还存在以下不足。

1.1　产品类型保守

目前，湘西竹编产品可划分为两大类：一类是以传统竹编为主的生活用竹编产品；另一类是以旅游工艺品为主的观赏性竹编产品。传统湘西竹编以编织生活、生产工具为主，如背篓、竹篮、簸箕、箩筐、鱼篓等。虽然竹编品种繁多，但都已不适应当前的生产、生活方式。而景区内的竹编工艺品店，也以传统竹编器具的精编织为主，即主要为等比缩小的精细化传统竹编用品，这表明手工艺者依然停留在过去的造物思想中，没有从根本上改造竹编产品，赋予其新的时代内涵。

1.2　功能单一

传统湘西竹编产品以收纳性容器最为常见，主要用于粮食储存、物品搬运、遮阳避雨、取凉等。而在现代社会，竹编产品被大量物美价廉的工业制品所替代，生活用竹编产品几乎丧失了市场竞争力。

1.3　形式美感不足

湘西竹编产品讲究形态对称，给人中规中矩的质朴之感。尤其是收纳性竹编产品，虽然产品的深度、直径、外轮廓弧度等不同，但都不能跳脱容器的基本形态。湘西调研所拍摄的部分收纳性竹编产品，色彩以土家族、苗族少数民族服饰中惯用的色彩居多，如红、黑、蓝、绿等对比强烈的鲜艳颜色，具有民族感；编织形式上，融合了一些外来竹编技艺，如瓷胎竹编、字画编、乱编法等，在一定程度上丰富了湘西竹编的编织内容，但这些技艺都以直接使用为主，缺乏进一步的突破和创新。整体上，目前的湘西竹编产品设计依旧缺乏形式美感。

2　基于有机设计的竹编产品特性分析

有机设计是20世纪60年代流行的一种现代设计风格，是将产品的各个部分根据材料、结构和使用目的和谐、有机地组织在一起，这种整体性的设计被称为“活的艺术”。在造型上，设计的产品不由纯粹的几何形构成，不讲究对称，常以曲线或曲面创造自然的线条和外观，称之为有机形态。竹编技艺可以实现产品的一体化成型，从这个角度而言，竹编与有机设计契合度很高。

相较于传统湘西竹编，基于有机设计的竹编产品在形态、情感表达、环境协调这3个维度均表现出独特性与优势，可以很好地弥补当前湘西竹编产品设计存在的不足。

2.1　形态有机性

有机设计在竹编产品中最直观的表征便是有机形态，强调产品形态上的自然衔接与一体性，形态自然、流畅、具有伸展性。竹编是利用竹材本身的物理韧性，将竹丝和竹篾挑压穿插编织成型，同样具有良好的伸展性。而竹篾良好的韧性和弯曲能力、灵活多变的可控性使其能够根据产品造型需要实现均衡与稳定、节奏与韵律、整体与局部的和谐统一。有机形态与竹编的造型工艺不谋而合，与传统湘西竹编器具相比，有机形态的竹编产品不再局限于形态的对称和传统功能的羁绊，而是充分发掘竹材在产品设计表现中的潜力，产品更具有趣味性和现代感。

2.2　情感丰富性

具有有机性质的竹编产品，可带给人们更为舒适自然的情感体验。用仿生学塑造的有机形态竹编产品极富生命力，模仿竹笋形态制成的竹编落地灯，能唤起人们对自然的向往，从而走进自然、亲近自然。采用乱编法，即通过控制竹编的挑压关系和走向编织而成的有机竹编造型，可带给人们更丰富的想象力。

2.3　环境协调性

传统湘西竹编是功能至上的产物，而有机设计注重产品与环境的融合，因此在产品形式上除了保证使用功能外，还注重与周围环境的匹配，营造和谐的氛围。有机设计的竹编产品具有更好的环境协调性及适应性。

3 有机设计竹编产品的形态表现形式

根据有机形态竹编产品的表面特征，可将其形态表现形式归纳为凹凸式、螺旋式和仿生式。

3.1 凹凸式

凹凸式有机竹编表面呈现凹凸之态，可表现为竹编整体形态的凹凸，也可以是竹编表面凸起的棱角，造型圆润、可爱。乱编法适用于凹凸式形态的编织。

3.2 螺旋式

螺旋结构是自然界中较为普遍的形态。螺旋结构有一种变化美，常被应用于现代建筑、工业生产中。竹编产品的螺旋结构分为线螺旋和面螺旋，用竹篾或竹丝螺旋直接编排的螺旋样式，称为线螺旋，以平面竹编形式进行面的缠绕，则为面螺旋。螺旋形式的竹编产品更具有逻辑感和现代感。

3.3 仿生式

仿生式竹编是运用具象仿生、抽象仿生或意向形态仿生设计方法获得产品形态。仿生设计是一种具有创造性思维的设计方法，仿生设计产品形态具有情趣性、有机性、亲和性等多种特征。灵活运用仿生设计，可以创造更多新奇有趣的竹编形态。

4 基于有机设计的湘西竹编创新设计方法

针对湘西竹编产品种类保守、功能单一、形式美感不足的设计现状，展开基于有机设计的湘西竹编创新设计探索。本文结合设计案例主要介绍仿生设计法与基于传统竹编器型的变形法两种创新设计方法。

4.1 融合湘西元素的仿生设计法

湘西竹编的外观造型，如图案纹样、色彩，均受土家族、苗族等少数民族文化影响。从乡土美学视域的角度，发掘湘西竹编的基本特征，融合当地地域文化特色，有助于湘西竹编的发展和创新。因此，通过挖掘湘西竹编中的编织图案、纹样、色彩等文化基因，提取特色元素，对这些元素进行具象仿生或抽象仿生，从而创造新的产品形态。

飞鱼竹编吊灯是笔者取湘西竹编中常见的“鱼纹”元素仿生设计而成。鱼纹寓意富贵有余、年年有余。飞鱼灯借用鱼的造型，以有机形态的编织样式表示吉祥寓意。其底部采用红、黑、白 3 种颜色的金属材料捏制成鱼的形状，然后再用竹篾往上编织完成整个吊灯制作。这组仿生设计的吊灯，仿佛一群会飞的鱼飘浮在空中，富有装饰性和趣味性。

4.2 基于传统竹编器型的变形法

传统湘西竹编用品的样式较为保守和单一，很难适应当代审美和生活需求。为了打破传统器型的束缚，引入有机形态的表现形式，如螺旋式、凹凸式等，对传统竹编器具形态进行再设计。以最常见的收纳性竹编用品为例，首先提取和分析器具剖面造型，得到剖面造型图。然后在这些基本造型上进行螺旋或凹凸式表达，得到具有有机特性的竹编产品形态。

基于有机变形设计法，对改善竹编产品固有形象，增强视觉吸引力，增加竹编产品种类大有裨益。

5 结 语

湘西竹编产品的创新，应充分考虑当前设计现状，并结合不断变化的时代需求。有机设计的竹编产品在形态、情感表达、环境协调方面均具有独特优势，可以很好地弥补当前湘西竹编产品设计存在的不足。基于有机设计的湘西竹编产品创新设计，可以丰富竹编产品类型，满足新的功能需求，创造既有现代感，同时又富有自然美，能为人们带来更多舒适自然的情感体验的竹编产品，是解决湘西竹编设计现状问题的有效途径，也是打开湘西竹编产品市场销路的一个可行之策。

原文发表于《林产工业》2021 年 2 月刊第 52—55 页

基于大众家具消费价值取向的家具设计目的性实证研究

摘　要：家具设计应秉持实现大众自由平等的美好生活的最终目的。通过问卷调查，运用因子分析法提取了现实中大众对家具消费的5个价值评价维度：实用性维度、感性认识维度、使用体验维度、符号消费维度和信息依赖维度。结合消费情况调查，分析得到消费取向在感性认识维度受媒介影响最为显著。研究结果在一定程度上验证了家具设计在消费社会中异化和分离的特征。基于这个结果，本文产生了对家具设计目的性的思考，即家具设计不应将人的属性作为材料，构造市场交换中的价值，而应将大众作为设计的最终服务对象。

关键词：家具设计；家具消费；实证研究

家具是人开展与生活相关的各项活动的重要辅助工具，人最基本的生活活动都需要以家具为平台才能有效率、有质量地进行。在现代经济社会中，明确的社会分工使家具成为一类特定的劳动产物，由部分人生产，通过市场交换活动进入大众的生活。因此，家具首先是以商品的形态展现在大众面前，单纯的使用价值早已不能作为评判家具价值的标准。随着现代生产科学技术的发展，越来越多的概念被注入包括家具在内的各种商品中。进入消费社会，家具因为设计赋予的纷繁概念，再加上市场活动，其价值变得更加复杂且难以厘清。家具设计用消费市场来检验盲目的创造会承担极大的商业风险，故此应针对大众对家具的期望和诉求，了解大众对家具的价值取向来进行实践。然而居伊·德波在《景观社会》中将现代消费社会描述为累积的“表象”对大众生活的全面控制，家具设计因具有个人生活和商品市场的双重面向，在此过程中起到了关键性作用。在复苏经济过程中，家具设计也应反思消费主义盛行带来的影响。为此本文试图从调查大众家具消费取向入手，探究大众对家具价值的判断取向，以及多种消费活动如何影响取向，验证大众是否受家具设计消费景观影响，最终为家具设计的实践目的提出倡议。

1　研究材料和研究方法

1.1　问卷量表的编制

大众对家具的认知一般来说从3个方面展开：家具的商品性、制品性和用品性。在参与消费活动时，消费者首先接触到的是以商品为存在形式的家具，透过家具的商品身份才能认识到家具的制品性（如工艺、色彩和材料等）和用品性（如质量、功能和体验等），又由于对家具制品性的认知存在专业局限，所以通常以商品的自述为主要参考。消费动机来源于消费者所接收到的家具各属性的信息与自身情况相匹配，这个过程同时是消费者对家具价值的认知和确认。同时，考虑消费社会中人会受到产品之外的因素影响进而“受控制地消费”的观点。结合以上内容，假定从四个方面编制四级量表，分别是对自身需求的判断（1、8、10、12、14），对家具各属性的认知（2、4、5、6、16、17），消费动机的来源（3、7、11、13），以及消费过程中的考虑（9、15）。为探究不同消费价值取向是否与家具消费情况有关，同时调查了家具消费情况以及家具消费意向（表 1）。

表 1　问卷内容

题项	选项
1. 我会优先考虑知名品牌 2. 家具品牌可以反映一个人的品位和消费能力 3. 当看到心仪的家居布置时，我会想要按照同样的方式布置自己的家 4. 家具的价格取决于它的设计而不是成本 5. 家具是拿来用的，好不好看没那么重要 6. 我赞同为设计付费 7. 我在选购家具前会参考网络上的分享信息 8. 我只会按需购置我的家具 9. 在同类家具中，我会因为价格原因退而求其次 10. 我会购买一些平常用不到的家具来装饰我的家 11. 我会被商家的装潢布置所吸引而购买他们的家具 12. 我首先关注我想购买的家具是否经久耐用 13. 我常常觉得家具宣传里的描述令我感同身受，进而选择该产品 14. 我十分注重家具的实际使用体验，而不是其他 15. 因为看上了一件新的家具，我会淘汰掉家里原有的 16. 家具是生活情趣的重要来源 17. 家具是生活品质的重要保证	A. 完全不符 B. 不太符合 C. 比较符合 D. 完全符合
18. 您花费或规划花费在家居布置上的预算	A.5 万以下　B.5 万～ 10 万 C.10 万～ 15 万　D.15 万以上
19. 我认为决定家具价格最首要的一项是	A. 质量上乘　B. 工艺考究　C. 材料高档 D. 外观漂亮　E. 品牌建设好
20. 我挑选家具时最看重的一项是	A. 是否实用　B. 是否好看 C. 是否质量好　D. 是否出自知名品牌
21. 我最常选购家具的平台是	A. 电商平台　B. 品牌线下专营店 C. 家具综合卖场
22. 我最常通过什么方式发现我想购买的	A. 家居杂志　B. 电商平台浏览家具 C. 网络博主分享推荐　D. 逛线下店铺

1.2　数据处理方法

问卷经网络投放 7 天后收回来自全国各地的有效问卷共 266 份，数据通过 SPSS 软件进行分析，对量表部分进行探索性因子分析，以浓缩归纳调查反映出的大众家具消费价值取向维度，同时将各因子得分作为大众对该维度的权重指标。随后，将各维度价值权重指标与家具消费情况和意向进行相关性分析，得到不同人群的各维度价值权重的相关性，以及不同消费情况与意向如何影响各维度价值权重。

❷ 分析过程

2.1 提取价值取向维度

量表部分进行了 2 次探索性因子分析，第一次分析时发现题项 14 在所有因子下的载荷系数都小于0.4，故予以剔除并重新分析，表1至表3均为第二次分析结果。结果如下：

经效度检验（表 2），量表部分调查数据的 KMO = 0.725，满足因子分析的前提要求（KMO > 0.6），通过 Bartlett 球形度检验，说明该量表适合进行因子分析。

因子分析时使用最大方差旋转法进行旋转，以特征根> 1 为标准，提取 5 个因子，累积方差解释率 53.593%，说明提取出来的 5 个因子能提取出 16 项中总共 53.593% 的信息量，且 5 个因子的方差解释率较为均衡，结果良好（表 3）。

使用因子分析，根据旋转后因子载荷系数（表 4），16 个题项分别在 5 个因子下显示出对应关系。结合题项内容之间的关联性，将 5 个因子按序号分别命名为"感性认识维度""实用性维度""符号消费维度""使用体验维度""信息依赖维度"。

表 2　效度检验

KMO 值	近似卡方	Bartlett 球形度检验 d_f	p 值
0.725	608.256	120	0.000

表 3　方差解释率表格

因子编号	特征根	特征根		旋转前方差解释率			旋转后方差解释率		
		方差解释率（%）	累积（%）	特征根	方差解释率（%）	累积（%）	特征根	方差解释率（%）	累积（%）
1	3.153	19.709	19.709	3.153	19.709	19.709	2.189	13.681	13.681
2	1.675	10.466	30.175	1.675	10.466	30.175	1.663	10.393	24.074
3	1.529	9.556	39.731	1.529	9.556	39.731	1.609	10.053	34.127
4	1.171	7.319	47.050	1.171	7.319	47.050	1.594	9.963	44.091
5	1.047	6.544	53.594	1.047	6.544	53.594	1.520	9.503	53.593

注：为方便展示，表格省略了因子编号 5 以上（特征根< 1）的方差解释率结果。

表 4　旋转后因子载荷系数表格

题项	因子载荷系数					共同度（公因子方差）
	因子 1	因子 2	因子 3	因子 4	因子 5	
4	0.643	0.169	0.111	–0.109	0.165	0.493
10	0.760	–0.213	0.056	0.094	–0.180	0.667
11	0.607	–0.232	0.145	0.250	0.114	0.519
15	0.577	–0.131	0.184	0.082	0.313	0.489
5	0.326	0.570	–0.271	–0.378	0.080	0.654
8	–0.167	0.691	–0.020	0.031	0.055	0.510
12	–0.175	0.667	0.206	0.125	–0.075	0.539

（续表）

题项	因子载荷系数					共同度（公因子方差）
	因子 1	因子 2	因子 3	因子 4	因子 5	
2	0.232	0.074	0.552	0.259	0.010	0.431
6	0.208	0.040	0.651	0.077	0.047	0.477
9	0.167	0.464	–0.563	0.102	–0.200	0.610
7	–0.023	0.021	–0.113	0.785	0.197	0.668
16	0.201	0.127	0.361	0.454	0.100	0.403
17	0.113	–0.002	0.237	0.590	0.003	0.417
1	0.090	–0.108	0.287	–0.057	0.707	0.605
3	–0.004	0.024	–0.237	0.247	0.671	0.568
13	0.381	0.142	0.195	0.167	0.542	0.525

2.2 各维度含义

（1）实用性维度。实用性维度由量表第 5、8 和 12 项归纳得到，指消费者对家具本身的物质性效用是否满足个人需要的考虑程度。家具是支撑和辅助人有效开展各类生活活动的重要载体和工具，因此大众对家具价值认识的最初阶段就是考量家具的有用性。在“有用”的基础上，大众进一步考虑家具的实用性，即该产品的功效是否能符合个人的实际物质需求，以及在市场交换中，实用性对应的使用价值在价值上的体现程度是否符合个人的预期。

（2）使用体验维度。使用体验维度由量表第 7、16 和 17 项归纳得到，其含义为人在与家具交互的过程中产生的感受，包括体现在生理上的舒适、便利，体现在心理上的愉悦等。区别于实用性维度主要考察的家具对人活动的效用这种对客体合目的性的评价，使用体验维度考察的是家具对人主体的自我感受的效用，可以理解为较实用性而言层级稍高的理性判断。该维度本应产生于人在生活中与家具长期的交互，但在市场上，人与家具商品的交互是短期的，只能形成即时性的体验。

因此，商品家具总是伴随着介绍和宣传，用实际体验之外的渠道去丰富和强调产品的“使用”体验。

（3）感性认识维度。该维度由量表第 4、10、11 和 15 项归纳得到，指大众受家具商品及与之相关联的信息的影响，产生感性冲动，进而产生购买意愿的程度，如家具的外观，家具展陈空间的装潢布置，广告的标语或口号等。比如，我们在市面上可以看到产品在“设计”前加上各种限定词，力求塑造出与他者的差异，以标榜自己的价值。这些限定词并不能切实地起到为消费者更清晰认识家具设计价值的作用，它们更像是口号，用有限定的但依旧是泛化的概念来粉饰商品。该维度依赖消费者感性认识的程度高于理性分析，而且一般发生于消费活动的前期阶段。举个生活中常常发生的例子：人们在浏览商品时，总是那些拥有讨喜外观的东西首先被我们注意到，之后才可能从其他方面去评价这个东西是否值得消费。不仅如此，还存在明知这个东西用处不大，但架不住自己确实喜欢而消费这个“摆设物”的情况发生。

（4）符号消费维度。该维度归纳于量表第 2、6 和 9 项，命名借用了法国哲学家鲍德里亚提出的概念，即消费者在消费商品的物质属性之余，还消费商品的符号属性，将消费过程本身和消费物当成展示自己的符号。在消费社会中，对符号的消费甚至可以忽视商品的其他属性，形成消费的文化强制性作用，比如某一风格的家具与某一群体的捆绑商品导致的群体间的文化区隔和排斥。该维度强调大众将家具消费活动中起到符号区分作用的要素作为消费倾向的权重。

（5）信息依赖维度。该维度由量表第 1、3 和 13 项归纳得到，指消费者凭借他所认可的信息对家具商品的评价而作出价值评判的权重。该维度最核心的来源是消费者的信任，即他愿意将价值评判的权利交给他所接纳的信息提供者。最直白的例子就是品牌，一旦消费者认可了某个品牌便会显示出较强的倾向性，同属此逻辑的还有各类认证和评奖。此外该维度还包括产品风格、功能等的宣传迎合消费者特定需求或情感的情况，因为这会让消费者产生其个性需求被理解、被表达或被满足的感受，进而对信息以及信息来源产生信任。另外，消费者在浏览家具商品时，受限于观察时间和视角，往往对家具信息的获取有片面性，外界信息对他们更全面地了解某一产品也有帮助。但这种依赖性十分容易移位，比如广告等媒介通过对产品使用体验的包装，让消费者本维度的权重迁移到使用体验维度中。

2.3 各维度权重相关性分析

利用表 3 旋转后方差解释率数据计算得到各维度权重（因子权重 = 对应方差解释率 / 累积解释率）：感性认识维度 25.53%，实用性维度 19.39%，符号消费维度 18.76%，使用体验维度 18.59%，信息依赖维度 17.73%。

为研究不同消费情况对消费者家具消费价值取向的影响，以家具消费情况为控制变量，对各维度平均分（维度平均分 = 维度对应题项得分和 / 题项数）进行偏相关分析。结果发现，针对各维度间相关性，实用性维度仅与符号消费维度存在正相关关系，除实用性维度外的其余 4 个维度之间均存在正相关关系（表 5）。

表 5 偏相关分析结果

	平均值	标准差	使用体验	信息依赖	符号消费实用性感性认识
使用体验	3.283	0.485	1		
信息依赖	3.064	0.507	0.296**	1	
符号消费	3.018	0.424	0.204**	0.172**	1
实用性	2.759	0.568	–0.021	0.062	0.136*1
感性认识	2.631	0.636	0.263**	0.327**	0.294**–0.0351

注：* 表示 $p < 0.05$；** 表示 $p < 0.01$。

对各控制变量的分析发现部分控制变量对多个维度产生显著影响（表 6）：预算与使用体验和感性认识维度得分呈正相关，与实用性维度得分呈负相关；家具价格主导因素的主观认识与感性认识维度得分呈正相关；家具品质倾向与信息依赖和感性认识维度得分呈正相关；消费平台倾向与感性认识维度得分呈负相关；消费欲望来源渠道与感性认识维度得分呈负相关。

表 6　分析项和控制变量相关分析结果

使用体验		信息依赖	符号消费	实用性	感性认识
预算	0.169**	0.093	−0.002	−0.174**	0.254**
我认为决定家具价格最首要的一项是	−0.024	0.074	−0.055	−0.103	0.138*
我挑选家具时最看重的一项是	0.054	0.222**	−0.092	−0.113	0.175**
我最常选购家具的平台是	0.099	0.011	0.004	0.075	−0.187**
我最常通过什么方式发现我想购买的家具	0.080	0.004	−0.010	0.019	−0.185**

注：* 表示 $p < 0.05$；** 表示 $p < 0.01$。

为了进一步分析不同情况对消费取向维度的具体影响，将消费情况数据进行哑变量处理，分别与影响呈现出显著性的维度进行逐步回归分析（逐步法），剔除影响不显著的选项，保留有显著影响关系的选项，达到提炼影响因素的目的（表 7）。

表 7　逐步回归分析结果

	非标准化系数		标准化系数	t	p	VIF
	B	标准误	Beta			
常数	3.0880	0.087		35.383	0.000**	
我最常通过什么方式发现我想购买的家具：逛线下店铺	−0.226	0.080	−0.167	−2.827	0.005**	1.102
我最常选购家具的平台是：家具综合卖场	−0.279	0.084	−0.197	−3.318	0.001**	1.109
我挑选家具时最看重的一项是：是否质量好	−0.276	0.101	−0.215	−2.732	0.007**	1.944
我挑选家具时最看重的一项是：是否实用	−0.477	0.102	−0.367	−4.662	0.000**	1.949
R^2			0.171			
调整 R^2			0.158			
F			F（4261）= 13.451，p = 0.000			
D-W 值			2.150			

注：因变量表示感性认识因子平均分，* 表示 $p < 0.05$；** 表示 $p < 0.01$。

2.4　感性认识维度分析

感性认识维度平均分与消费情况各选项的逐步回归分析结果显示，第 19 题家具价格主导因素的主观认识各选项与该维度平均分关系均不显著，故被剔除。但选择“质量上乘”的样本有 164 个，占总样本（$n = 266$）的 61.65%，说明大众认为家具价格的主要决定因素还是家具质量，虽也有部分样本（38.35%）认为其他因素（材料高档、外观漂亮或品牌建设）是家具价格主导因素，但对家具消费取向的权重影响区别并不具备统计学意义上的显著性。

消费时对家具质量和实用品质倾向的样本在感性认识维度的权重较另两项（品牌和外观）低，并且看重实用（−0.477）的比看重质量（−0.276）的更低，说明家具的实用

和质量品质在消费取向中对感性认识维度权重起负向作用，换句话说就是质量和实用品质是消费者对家具价值的较为理性的判断标准，如果家具的实用性和质量不符合消费者预期，便难以引起消费者的情感共鸣，进而无法促成消费。

以家具综合卖场为主要消费平台的样本在感性认识维度的权重更低。该项与另两项（电商平台和品牌专营店）最明显的差异就是信息的传递方式，消费者在综合卖场中了解家具商品的渠道是多层面的，同时还有更大的横向比较空间，而后两者的了解渠道则受到一定程度的约束。通过电商平台，消费者只能以观众的身份单方面接收商品传递的信息。在品牌专营店，消费者虽然也能通过实际体验等方式从较多层面了解家具，但品牌的因素已经提前让消费者进入了特定语境，相对更容易从感性认识层面产生消费动机。

第 22 题的分析结果与第 21 题类似，主要也是获取消费信息的渠道和方式更加多样，更不易单纯受文字图片等信息引起感性冲动。

2.5　信息依赖维度分析

结果显示在信息依赖维度，样本中看重品牌的该维度权重高于看重其他品质的，看重实用的该维度权重低于看重其他品质的。品牌本身就是消费者价值感知的重要信息来源之一，品牌信息会影响消费者的消费取向，表现为对信息依赖维度权重的提高。家具实用与否更多依赖消费者根据自身的需求来判断，而很少通过外界信息来告诉消费者这件家具是否实用，因此看重实用品质的消费者在信息依赖维度的权重相对较大（表 8）。

表 8　逐步回归分析结果

	非标准化系数		标准化系数	t	p	VIF
	B	标准误	Beta			
常数	3.118	0.040		77.069	0.000*	
我挑选家具时最看重的一项是：是否出自知名品牌	0.337	0.155	0.132	2.176	0.030*	1.029
我挑选家具时最看重的一项是：是否实用	−0.172	0.063	−0.166	−2.724	0.007*	1.029
R^2	0.052					
调整 R^2	0.045					
F	F（2263）= 7.277，p = 0.001					
$D\text{-}W$ 值	1.925					

注：因变量表示信息依赖因子平均分，* 表示 $p < 0.05$；** 表示 $p < 0.01$。

3　结　论

3.1　感性认识主导消费取向

权重分析结果显示受调查消费者整体在消费过程中对家具消费的各取向权重较为均衡，但感性认识的权重最大，说明消费者的家具消费较多依赖于家具商品相关的信息形成的感性认识。从相关关系来看，仅实用性维度与使用体验和感性认识维度存在负相关，其他维度之间都呈正相关关系。感性认识维度与信息依赖、使用体验和符号消费 3 个维度都有相对较强的相关性，使用体验维度与信息依赖维度也有相对较强相关性，说明使用体验维度与信息依赖维度具有较大的相关系数，说明消费者对家具的使用体验的判断在一定程度上依赖于外界提供的信息。实用性表现了大众消费时的谨慎，在考虑家具实用性时将在一定程度上排除其他因素。从显著性来看，实用性维度仅与符号消费维度有一定显著性（$p < 0.05$），其他维度之间都表现出极显著的正相关关系（$p < 0.01$），说明大众的家具消费取向是多个维度共同作用的结果，而且各权重相互渗透并且相互促进。

设计研究常以功能、情感体验、设计符号学等为视角进行。本文调查结果一定程度上提取出了这些影响家具消费的要素，但它们对消费者的作用方式主要还是集中在引起消费者的感性知觉。设计符号的意义传达过程正是如此，各种设计内涵需首先外化为消费者可感知的形象，引起消费者解读的兴趣后，才有内化为不同维度意义的可能。

3.2 “消费景观”下各维度系统

分析结果在一定程度上印证了景观理论。法国思想家居伊·德波说：“在现代生产条件占统治地位的各个社会中，整个社会生活显示为一种巨大的景观的积聚。”现代社会最标志性的特征就是“景观”的累积，景观在这里可以理解为事物表象的集中呈现。通过媒介对事物表象的垄断，景观控制着包括消费在内的大众生活：研究结果显示影响消费取向因素的差异主要是信息媒介的不同，信息越是细化，越具有针对性，越能引起消费者的情感共鸣。相较于实体媒介，各种非实体的呈现方式更能实现这个目的。通过文字、图片、视频以及逐渐成熟的新媒体技术，在视觉上对实用功能、情感体验等细致入微的刻画，激发消费者的兴趣和情绪。景观不仅是单纯地让人看到，而是渗透到生活的方方面面：市场上充斥着反映出强大实证性的信息，几乎垄断了人们认识家具商品的渠道，使消费者必须以市场所提供的信息来取得对家具的认识和评价，这些信息又以不同的具体作用形式反映在消费者对家具的价值取向上。

在预算与消费取向维度的相关性分析中可以看到，预算与实用性维度得分呈极显著负相关，并与使用体验与感性认识维度得分呈极显著正相关。该结果说明，使用价值作为物质与人关系的最基本属性，在市场景观所营造的“富足”中被暗示为最“贫穷”的价值，在具备更高的消费能力时，大众须从使用价值以外的角度去体会和消费更多的东西，它们可以是情感，是品位，是身份地位，甚至是“无用”本身——当对物品的“使用”跳出了它本身被标定的使用方式的时候，人们就是在消费它的“无用”，从心智层面去判断它的价值。人们对生活品质和情感体验的追求，就这样一步一步落入了市场景观织造好的美梦中，人们的体验是通过演绎景观“编排好的剧目”所获得的体验。因此，人们在消费时，并不单纯就商品使用价值而消费，而是消费景观为人们制造的符号，这是现代生产的制度性需要，通过一种文化强制性的逻辑来建立人们的消费观，用消费差异的符号来显示社会等级，在消费平等的表面之下构建出区隔。

3.3 从调查结果反思家具设计目的性

事实上，设计服务于市场消费，成为控制大众消费意识形态工具的根本原因，是现代性发展过程中现代设计技术理性的主导与现代经济秩序共同作用导致的设计价值“单向度”。设计现代主义发展之初是设计师确立了功能第一性，以适合人类使用的尺度作为设计首要满足的条件，同时在形式上适合现代大工业生产，通过“功能决定形式”完成对传统设计形式象征秩序的超越，展现新时代设计服务大众的美好生活图景。然而设计现代主义这种依据纯粹技术理性逻辑规范的表现形式受到关于个人欲望表达和单一文化等的合理性批判，随着消费文化的兴起，逐渐发展出享乐的、折衷的、符码混杂的后现代主义。设计的后现代转向虽然在直接效果上实现了大众表达个人丰富的情感和欲望，但也消解了现代主义试图构建的设计功能形式逻辑规范。后现代主义设计消除高雅文化和大众文化之间界限的实践，在消费文化的影响之下，通过商品体系、消费影像以及消费的社会性结构，在消费表面的自由平等下完成对大众意识的操纵，形成新的区隔，“景观构成了社会上占主导地位的生活的现有模式，它是对生产中已经做出的选择的全方位肯定，也是对生产的相应消费”。人们在生活和消费中要产生价值观念，依赖于对呈现在人们面前的事物的全面认识，而“景观”呈现给我们的是“生产已作出的决定”，并且竭尽所能地告诉人们“出现的就是好东西”。

家具设计分别面向人和生产两个方面，前者是通过对人及其相关要素的研究使家具更适合人，后者是通过对经济结构和规律的精准把控让家具产业获取高效益。站在生产的视角，对大众的研究有助于家具商品在消费市场上获得成功。利用家具设计的专业手段将研究的发现适当地应用在产品上，得到大众的接受和认可，最终反映在市场上是利益和口碑的收获。家具设计大可以利用上文的逻辑在市场竞争中谋求成功，但是否应该对设计的终极目标有所考虑？以市场效益结果论来指导设计实践有可能将设计引向工具理性的深渊。家具设计在追求差异性符号带来的消费空间的同时也造成了消费上的区隔和阶层分化，背离了现代设计为所有人而设计的初衷。如果一切手段都是为了取得这个结果而进行，站在大众的视角来看，后果是人们的需求越来越多地被“发现”，过上越来越“富足”的生活，但这些都是建立在单一的消费逻辑上，造成的结果是我们被束缚于表面的自由，自我本真生活需求被商品信息引导的需求所取代，自我表达必须通过消费才能实现，最终将使人陷入更深层次的异化。笔者并不反对家具设计以其商业价值作为实践的价值导向之一，因为这是现代经济社会的立足之本。但家具设计过分注重商业化，将人作为设计的材料和手段来追求效益，无疑是舍本逐末，成为景观对大众生活“颠倒再颠倒”的推手。家具设计要实现现代主义伊始向往的大众自由平等的美好生活图景，应延续现代设计“功能第一性”原则，真诚地从现代生活方式中找到家具设计“功能—形式”的合理表达，拒绝从形式出发，利用设计符号隐喻身份和品位等营造社会区隔的设计意图。家具设计经济价值的体现应该建立在让尽可能广泛的群体接触并享有家具设计成果的基础上，并且家具设计经济导向的重心应放在从设计、生产系统上“做减法”，即在技术导向层面以保障家具功能、情感和伦理等价值范畴为前提，降低家具生产的耗费，而非注重于对以上范畴在经济层面的表达，提高设计产物的市场交换价值。

4 结　语

家具设计价值的体现是多层次的，通过设计为家具商品提供附加价值早已是公认的有效手段，然而市场交换中的价值并不是家具设计的最终目的。家具设计以为大众搭建美好生活的平台为目的，这不只是树立商业形象的口号，而是真实地以这个目的参与到市场中，效益是实现这个目的的伴随结果。并且在市场一片热火朝天的景象背后，设计者不能忽视还有很大一部分群体在为满足基本生活需要而参与消费，他们甚至都还无法从更多的维度评判家具价值。家具设计单纯地以市场为导向，不光忽视了游离于市场边缘的大众，更是抛弃了设计的人本主义精神，成为少数人的"游戏"。

市场经济是社会生产力发展到一个阶段的表现，不能因为它产生了社会问题就从根本上否定它，但也并不意味家具设计就该完全顺从这个逻辑，而应更加坚定地以为大众自由平等生活的目标进行设计实践。

原文发表于《家具与室内装饰》2023 年 7 月刊第 22—27 页

室温下榆木挥发性成分的释放特征

摘　要：以榆树的木材、树皮、树根为研究对象，利用气相色谱–离子迁移谱联用仪对这3个部位的挥发性成分进行检测，并采用二维俯视图、指纹图谱、主成分分析、分子质量对比等方法进行分析比较。结果表明，室温条件下3个部位共鉴定出37种有机挥发物，主要是醇类、酮类、醛类、酯类、酸类等挥发性化合物。37种挥发性物质在榆树3个部位中均可检出，但各部位的含量存在显著差别。各个部位中，主要有机化合物的分子质量均为40～110，分子量较小，能够通过细胞壁释放到环境中，且大多数为有益的生物活性成分，有利于净化空气，提高环境质量。

关键词：榆树；挥发物；GC–IMS；主成分；释放；指纹图谱

榆树是榆属植物的总称，全世界约有40余种，我国有24种，在南方和北方均有生长。榆树喜欢阳光，具有耐旱特性，且对气候和土壤适应性非常强。榆树的皮、叶、根以及榆钱等均具有很高的药用价值和食用价值。榆树木质坚韧，是干旱地区、盐碱地中优良的速生用材树种。随着人们健康意识与环保意识的不断增强，榆树的有机挥发物对环境的影响也越来越受到关注。许多研究者针对害虫对榆树叶片挥发物的响应进行了研究。在榆树相关的提取试验中，主要以榆树叶为原料，探究其中总酚、黄酮类、萜类等活性物质成分，并研究这些物质的抗氧化能力与抗癌效果。有关榆树生理生态环境方面，以榆树林为试验地，探究榆树林对重金属污染、粉尘污染、多环芳烃化合物污染的抵抗作用。在榆木利用方面，主要探究了木材的理化性质与成分结构。由于榆木制品大多数在室温条件下使用，因而有必要解析室温条件下榆树挥发性成分的释放规律，阐明室温下释放的挥发物对环境空气质量的影响，为榆木制品的室内推广应用提供了科学依据。

传统的气质联用（GC–MS）难以精确检测常温条件下的挥发物情况。顶空固相微萃取气质联用（HS–SPME–GC–MS）可以分析常温下的挥发物，但存在温度控制不准确、操作复杂、对极低痕量物质检测限不够等缺陷，因而难以准确反映挥发物的实际情况。近年来，新兴的气相色谱–离子迁移谱联用（GC–IMS）技术能有效解决这些问题，可以对常温下、极低痕量的挥发性物质进行精确检测，可直接测量固态或液态样品中的挥发性顶空成分。本研究以榆树木材、树皮、树根为研究对象，利用气相色谱–离子迁移谱联用（GC–IMS）技术，探究室温条件下榆树挥发物的释放规律，以期为高附加值榆木制品的开发与利用提供科学依据。

1　材料与方法

1.1　材　料

选择河南省驻马店林区的30年生榆树，连根挖掘，立即进行保鲜处理。将榆木和树根锯解成厚度为0.5cm的薄板，然后切成0.5cm×0.5cm×0.5cm的立方体小块。将榆木树皮剥离后，切成长宽为0.5cm×0.5cm小块，冷藏存储、备用。

1.2 设 备

试验主要设备为FlavourSpec® 风味分析仪（山东海能科学仪器有限公司），数据处理与分析采用VOCal和Simac14.1软件，Reporter和Gallery Plot插件。

1.3 试验方法

采用气相色谱－离子迁移谱联用仪分析榆树各部分样品的挥发性成分。将3g样品放入20mL的玻璃取样瓶中，在30℃下孵育20min。在85℃温度下，用加热注射器将1000μL样品注入加热喷油器中。柱子温度保持在60℃，漂移管温度保持在45℃，保护气体为高纯度氮气，前2min载气流量设定为2mL/min，18min后升至100mL/min，保持5min，每个样品重复检测3次。通过主成分分析，找出榆树不同部位挥发性成分与树木部位的关系，找出共有挥发性成分及特有成分。

2 结果与分析

2.1 室温下榆树不同部位挥发性成分种类与含量

采用气相色谱－离子迁移谱联用（GC–IMS）技术，对榆树木材（X）、树皮（P）、树根（G）的小块样品在室温条件下进行挥发性成分解析。从3个部位的样品中共检测出50种待分析峰，应用仪器内置的NIST数据库和IMS数据库，定性出37种挥发性物质（含单体与聚合体）在榆树木材、树皮、树根中均有分布，但部分物质的含量存在显著差别，见表1，表明榆树这3个部位在室温下挥发性成分释放量不同，因而对环境的影响也有较大差异。

表1 榆树3个部位室温下挥发性物质的种类与含量

序号	化合物	保留时间（s）	相对迁移时间（s）	相对含量（%）		
				木材（X）	树皮（P）	树根（G）
1	苯甲酸甲酯	485.575	1.20611	0.8855	0.4221	0.2733
2	桉叶油醇	387.580	1.29337	1.0323	0.5620	0.8868
3	2–戊基呋喃	342.618	1.25564	0.6675	0.4542	0.6947
4	苯甲醛	312.067	1.15423	0.4876	0.2553	0.3946
5	γ–丁内酯	278.158	1.08293	0.5704	0.3847	0.2121
6	正己醇	244.435243.607	1.32121.6383	1.20830.2685	4.19350.6766	2.68950.4866
7	2–己烯醛	232.228232.088	1.182591.5205	2.17710.4163	6.67322.3029	7.30605.2160
8	异戊酸	244.012	1.22031	0.8553	1.3315	0.4549
9	己酸	338.525	1.30125	0.4566	0.2716	0.1202
10	α–侧柏烯	287.330	1.22284	1.1466	0.3827	0.3452
11	庚醛	264.534	1.3252	0.9020	1.3538	1.1456
12	2–庚酮	257.595	1.26021	0.2929	0.2297	0.3188

（续表）

序号	化合物	保留时间（s）	相对迁移时间（s）	相对含量（%）		
				木材（X）	树皮（P）	树根（G）
13	β- 蒎烯	324.772	1.22429	0.2825	0.1340	0.1911
14	α- 萜烯	299.511	1.22014	0.4074	0.1197	0.1409
15	环己酮	261.295	1.15169	0.2462	0.1352	0.1647
16	3- 辛醇	332.953	1.16438	0.2804	0.1347	0.0630
17	正己醛	203.799203.799	1.251771.56467	4.36810.9780	7.999810.4484	6.270311.3395
18	反式 -2-戊烯醛	183.987	1.1066	0.4014	0.3287	0.4603
19	1- 戊醇	189.905	1.24854	0.2996	0.2466	0.4214
20	2- 甲基丁醇	178.326	1.22811	0.3618	0.5588	0.3083
21	2- 甲基丁醛	150.597148.970	1.157931.40538	2.53330.3931	3.65194.1739	2.54502.5164
22	3- 戊酮	163.339162.433	1.108071.35743	5.14851.4211	2.26130.9324	1.90082.5470
23	3- 羟基 -2-丁酮	169.303	1.33243	0.2296	0.8246	0.4798
24	2- 戊酮	158.459158.736	1.123771.37103	0.49070.8822	0.54790.7683	0.86842.1012
25	异丁酸	189.168	1.15972	0.9540	0.5473	0.1947
26	4- 甲基 -2-戊酮	177.649	1.17786	1.5670	0.4460	0.2085
27	2- 丁酮	139.680	1.06722	6.0720	1.2595	0.6005
28	乙酸乙酯	135.016136.249	1.341011.09818	0.15420.2575	0.28420.5930	1.56501.5972
29	异丁醛	123.812122.830	1.287551.10372	0.11620.5576	1.38675.8609	0.73752.9353
30	甲酸乙酯	110.308113.984	1.233831.06646	3.67493.4812	1.86531.2220	0.86520.6941
31	丙酮	104.335	1.12055	20.8610	10.4251	14.0017
32	异丙醇	100.274	1.08899	1.1205	0.5018	0.5434
33	2,3- 丁二酮	139.566	1.16904	1.2281	2.9768	2.4664
34	乙醇	86.194	1.0458	0.6166	2.4934	7.3349
35	甲硫醇	103.984	1.04457	1.4384	3.2800	3.9096
36	醋酸	130.972	1.04827	7.3582	3.5242	1.6449
37	异戊醇	177.107	1.24114	0.1818	0.0911	0.1055

2.2 室温下榆树不同部位挥发性成分释放规律分析

（1）挥发性成分与二维俯视图分析。室温下对榆树木材（X）、树皮（P）、树根（G）的小块样品进行 GC-IMS 分析，为保证挥发性物质从样品中更好地释放，选择温度为 30℃。应用仪器内置的 NIST 数据库和 IMS 数据库对挥发性成分进行定性分析，然后通过 Reporter 插件生成二维俯视图（保留时间、迁移时间）及其差异谱图。

根据色点的有无和颜色的深浅能够直观地看出不同部位的组分和浓度差异，黑色越深，浓度越高。从中可以看出，树根中的黑色位点数量最多，木材中的黑色位点数量最少。为了更加直观地描述3个部位的差异，以树皮中的成分为参照对不同部位进行了差异化分析，黑色位点越多，说明该成分浓度越高。从中可以看出，横坐标1.0之后，树根中的黑色位点比树皮中多，而木材中的黑色位点比树皮中的少。树根中整体的挥发性物质含量最高，树皮次之，木材最少。

（2）挥发性成分指纹图谱对比分析。指纹图谱在活性物质如中药活性成分、香味成分的分析与鉴定中有着重要作用。由于中药及中药制剂、香精、香料原料、木材等所含化学活性成分十分复杂，指纹图谱不仅能考察中药、香精、香料、木材的制造工艺，也能对其质量的高低做出鉴定和评价。为了更加直观地反映不同样品在不同过程中挥发性物质的变化规律，采用Gallery Plot插件绘制挥发性物质的指纹谱图，以直观、定量比较榆树不同部位之间挥发性有机物的差异。

由3个部位的指纹图谱可知，甲酸乙酯、异丁酸、醋酸、苯甲酸甲酯、3–辛醇、己酸、γ–丁内酯、异戊酸、2–甲基丁醛、3–羟基–2–丁酮、正己醇、2–甲基丁醇为树皮的指纹图谱的主要组成。2,3–丁二酮、2–己烯醛、正己醛、2–甲基丁醛、乙酸乙酯、乙醇、甲硫醇、2–戊酮、2–戊基呋喃、苯甲醛、庚醛、β–蒎烯、环己酮、反式–2–戊烯醛、1–戊醇、桉叶油醇、异戊醇、异丙醇、3–戊酮、丙酮为根的主要指纹图谱组成，而木材的指纹图谱组成则较少，主要为α–萜烯、4–甲基–2–戊酮、α–侧柏烯、2–丁酮等。

根部的挥发性物质种类比较丰富，且其含量明显高于其他部位，如2–戊酮、2–戊基呋喃、苯甲醛、2–庚酮、环己酮、1–戊醇等。木材中的挥发性物质水平整体较低，而2–丁酮、4–甲基–2–戊酮、α–萜烯、α–侧柏烯等的相对含量较高。树皮中的苯甲酸甲酯、异戊酸、己酸、醋酸等相对含量较高。

（3）挥发性成分主成分对比分析。利用SIMCA14.1软件对检测结果进行分析，采用降维处理后，主成分一和主成分二共代表了97.6%的数据，能够较好地表征原始数据的特征。木材与挥发性物质2–丁酮、甲酸乙酯、4–甲基–2–戊酮有着较为紧密的关系，树根与挥发性物质异丙醇、β–蒎烯、3–戊酮、丙酮、桉叶油醇、2–戊酮、异戊醇、苯甲醛、环己酮、乙醇、2–戊基呋喃、1–戊醇、乙酸乙酯、2–己烯醛、2–庚酮、反式–2–戊烯醛有着较为显著的关系，而树皮与物质γ–丁内酯、异戊酸、苯甲酸甲酯的关系比较密切。该PCA分析结果与指纹图谱的结果相近，说明分析所选择的模型合适，可视化效果良好。此外，样本间距离明显大于平行样本间的距离，其中根部与木材之间的距离最远，相似度最低。

（4）挥发性成分分子质量比较分析。以挥发性物质的分子质量为横坐标，挥发性物质的浓度为纵坐标作图。无论哪一个部位，其常温挥发物中主要有机化合物的相对分子质量为40～110，属于易挥发的小分子物质，因而这些有机化合物可以通过榆树的细胞壁被释放出来。

（5）挥发性成分结构类型归类分析。通过GC–IMS可知，榆树木材、树皮、树根在室温条件下可挥发出37种有机化合物，且试验的3种样品中均有，但其含量存在差异，不同类型物质的具体含量见表2所列。在树皮挥发物中，醛类、酮类和醇类占74.7%，木材挥发物中，酸类、醛类、酮类和酯类共占70.13%，在根部挥发物中，醛类和酮类和醇类占 79.37%。

表 2　榆树 3 个部位室温下挥发性物质的结构类型　　单位：%

物质类型	含量		
	树皮	木材	树根
醇类	9.46	5.37	12.84
酸类	6.10	10.51	2.69
醛类	44.44	13.33	40.87
酮类	20.81	38.15	25.66
酯类	4.35	8.14	4.93
烯烃	0.64	1.84	0.68
其他	3.73	2.11	4.60

（6）挥发性成分功能分析及对环境空气影响评价。在树皮挥发物中，正己醛（18.45%）、丙酮（10.43%）、2- 己烯醛（8.98%）、2- 甲基丁醛（7.83%）和异丁醛（7.25%）共 5 种挥发性物质在总挥发性物质中占比在 5% 以上。在挥发物中，共有 6 种含量占比在 5% 以上的物质，它们是丙酮（20.86%）、醋酸（7.36%）、甲酸乙酯（7.16%）、3- 戊酮（6.60%）、2- 丁酮（6.07%）、正己醛（5.35%）。在榆树树根挥发物中，挥发性物质含量占比在 5% 以上的有正己醛（17.61%）、丙酮（14.00%）、2- 己烯醛（12.52%）、乙醇（7.33%）、异丁醛（5.06%）5 种物质。

鉴定出的挥发性物质中，除两种功能尚不明确外，其他 35 种可应用于食品添加剂、香料、医药等多个行业中。如桉叶油醇、2- 己烯醛、异戊酸、己酸、庚醛、2- 庚酮、β－蒎烯、α－萜烯、3- 辛醇、正己醛、1- 戊醇、3- 羟基 -2- 丁酮等 23 种物质可用于生产香精或香料，并且其中的大部分物质对人体无害，可用于食用香精的生产。此外，桉叶油醇有樟脑气息和清凉的草药味道，具有杀菌和杀虫的功效，能起到净化空气的作用；α－萜烯可用于合成樟脑、香料（如乙酸异龙脑酯）、杀虫剂、乙酸异莰酯等；苯甲酸甲酯是芳香族羧酸酯类，有强烈的花香和果香香气，可用于配制香水香精或人造精油。

3 结　论

采用 GC-IMS 对室温下榆树木材、树皮、树根 3 个部位的挥发性成分进行分析，结果表明，室温条件下挥发物共鉴定出 37 种有机化合物，主要是醇类、酮类、醛类、酯类、酸类等，并且在木材、树皮、树根中均有分布，但部分物质含量存在显著差别。

树根中挥发性物质比较丰富，其中 2- 戊酮、2- 戊基呋喃、苯甲醛、2- 庚酮、环己酮、戊醇等相对含量高于其他部位；木材中挥发性物质水平整体较低，但 2- 丁酮、4- 甲基 -2- 戊酮、α－萜烯、α－侧柏烯等相对含量较高；树皮中苯甲酸甲酯、异戊酸、己酸、醋酸等相对含量较高。绝大多数挥发物的相对分子量为 40 ～ 110，属于易挥发的小分子物质，易从榆树细胞中释放出来，其中大多数为有益的生物活性成分，有利于提升室内环境空气质量。

原文发表于《林产工业》2021 年 7 月刊第 16—21 页

基于感性意象分析的蒙古族家具造型知识获取研究

摘　要：为探索知识工程学理论及方法在蒙古族家具创新发展中的运用，以蒙古族家具造型知识为对象，采用语义差异法分析造型知识样本与感性意象的相关性。实验前期通过网上收集、实地调研、问卷调查和焦点访谈等方法搜集并筛选确定样本16个和语义词汇15对，以语义差异法和李克特7阶量表为基础，通过问卷调查获得有效数据，利用SPSS软件通过聚类分析和因子分析，得到实验样本与公共因子之间的对应关系，为蒙古族家具产品设计研究提供思路和方法。

关键词：蒙古族家具；知识获取；造型知识；感性意象

知识作为人、机、环境三者交互得到的信息内容和组织，已成为智能制造的关键要素，是创新的关键资源。广义的知识分为陈述性知识和程序性知识两类，狭义的知识分为显性知识与隐性知识两类。隐性知识是指未被表述的知识，即人们知道但难以表述的知识。隐性知识可以被外化成显性知识，如通过市场调研、文献分析、专家访谈、田野调查、问卷调查、数据处理等方法或过程。运用知识工程学有关理论挖掘某领域隐性知识，并将其运用于技术创新，已备受重视。

如何从知识管理视角讨论传统家具创新发展，是近年来学者关注焦点之一。作为传统家具典型，蒙古族传统家具的本底调查与分析已有较多报道。相关研究为拓宽蒙古族传统家具研究思路提供重要素材，但鲜有讨论从知识工程学的视角探究蒙古族传统家具相关知识的获取与表达。对蒙古族家具造型知识认知维度，为探索知识工程学理论及方法在蒙古族家具创新发展中的运用提供参考。

1 蒙古族家具造型知识调研与研究方法

通过文献收集整理，分析相关文献有关资料与数据，前往呼和浩特当地的博物馆、图书馆、民俗小镇、鄂尔多斯博物馆、元上都遗址博物馆等地调查，以拍照和录像等方式获取蒙古族家具感性知识数据。在此基础上，通过感性意象实验中开展问卷调查，根据本领域有关专家学者对蒙古族家具装饰知识的反馈信息，获取用户对蒙古族家具造型知识的选择偏好。

1.1 样本调研

蒙古族家具造型主要包含几何特征与视觉符号两个要素，实验中将视觉符号与几何特征视为一个造型整体，并对其两部分进行分析与总结，将造型特征的构成分为座椅类、箱柜类、床榻类三大类，其中因蒙古族家具造型不同的几何特征的各有不同，蒙古族家

具视觉符号也各不相同。

1.2　感性意象研究方法

通过实验方法提取和分析用户对蒙古族家具造型知识的解读，将用户的感性意象映射到不同的设计维度中，建立用户感性意象与设计维度间的联系。

2　感性意象量化实验

2.1　研究流程

实验分为两个阶段进行：第一阶段先是通过对蒙古族家具进行市场调研、田野调查和样本筛选，确定实验所需的样本，之后通过对造型知识感性意象词汇收集、整理。第二阶段主要是制作与发放实验问卷，利用 SPSS 软件分析问卷数据，构建蒙古族家具造型知识样本感性意象空间，分析样本与感性语义对应关系并提出新产品开发思路。

2.2　知识词汇搜集

由 12 位家具专业学者组建焦点小组将收集到的 214 个感性词汇按 4 个感知维度进行归类。面向用户开展问卷调查，发放问卷 563 份（有效问卷 558 份），获得有关蒙古族家具造型感性意象频度最高词汇 76 对，最终结合 KJ 法，综合焦点小组的意见，选出 15 组感性词汇：①几何维度感性词汇，具象的—抽象的、直线的—弧形的、静态的—动态的、流线的—几何的；②情绪维度感性词汇，实用的—花哨的、暗淡的—鲜艳的、简约的—烦琐的；③理化维度感性词汇，机械的—手工的、轻薄的—厚重的；④关联维度感性词汇，时尚的—古典的、简朴的—奢靡的、都市的—田园的、大众的—个性的、统一的—变化的、轻佻的—庄重的。

2.3　知识样本确定

根据造型，将蒙古族家具分为椅凳类、橱柜类、箱体类、桌几类等类别。通过市场调研，筛选出造型知识样本 69 个，结合 KJ 法、12 位专业学者的评分，筛选出 16 款代表性样本，其中椅凳类 2 款、橱柜类 6 款、箱体类 4 款、桌几类 4 款。对样本进行编号（表 1）。

表 1　蒙古族家具样品信息

编号	名称	图示	编号	名称	图示
M11	浮雕彩绘龙纹鹿角扶手札萨克宝座		M22	正面雕刻植物纹花卉梳妆台	
M12	牛角凳		M23	蒙元案桌	
M13	双门红地单面沥粉描金彩绘龙纹衣柜		M24	双门红地彩绘护法神藏经柜	

（续表）

编号	名称	图示	编号	名称	图示
M14	翻盖铁包角包边四面彩绘双鹿图木盒		M25	双抽屉柜子	
M15	双屉双门浮雕植物纹橱柜		M26	双开门彩绘民间故事柜	
M16	双门彩绘龙狮象送宝图藏经柜		M27	描金植物纹供桌	
MI7	金地沥粉描金彩绘花卉纹供桌		M28	皮荷包	
M18	红绘龙纹金盘盒		M29	翻盖银饰花鸟纹戏装箱	

2.4 实验方法与实施过程

共募集239名被试者，其中男性124名，女性115名。被试者年龄主要为20～59岁，占总人数的90.4%。206名被试者具有本科及以上学历教育背景，占总人数的86.2%。187名被试者为蒙古族，占总人数的78.24%，其余全为汉族。161名被试者为蒙古族家具专业相关的设计师或高校教师，占总人数的67.36%，其余全为蒙古族家具专业相关大学生，无经济来源。161名拥有经济来源的被试者的2021年收入均高于10万元，人均生活消费支出均大于32000元，收入水平与消费水平超过当地当年平均水平。89名被试者喜欢蒙古族传统元素与藏族传统元素等不同程度混合搭配的装饰风格，占总人数的37.24%；73名被试者喜欢蒙古族传统装饰风格，占总人数的30.54%；67名被试者喜欢现代化装饰风格，占总人数的28.03%。

采用李克特7阶量表法将语义差异法获得的样本制成问卷，获取用户对样本的评价。

3 结果分析与验证

3.1 数据检验及处理

利用SPSS软件对数据进行可靠性分析，得出Alpha系数为0.757（>0.6），数值较高，说明问卷中的数据具有高度的可靠性。数据清洗并删除无效数据后，计算出16个材质样本的感性评价平均分，见表2。

表 2　蒙古族家具造型感性意象评价平均分

样本编码	时尚的—古典的	机械的—手工的	实用的—花哨的	都市的—田园的	大众的—个性的	轻佻的—庄重的	具象的—抽象的	静态的—动态的	简朴的—奢靡的	轻薄的—厚重的	暗淡的—鲜艳的	统一的—变化的	直线的—弧形的	流线的—几何的	简约的—烦琐的
M11	1.95	1.23	1.05	0.59	1.86	0.82	0.50	1.05	0.95	1.05	0.27	1.09	1.82	-0.23	1.45
M12	1.59	0.59	0.18	0.82	1.45	0.59	-0.36	-0.41	-1.14	0.59	-0.18	0.41	1.68	0.23	0.32
M13	1.77	1.14	0.14	0.45	0.95	1.05	-0.77	-0.32	-0.18	0.77	-0.41	0.32	-1.05	1.00	-0.23
M14	1.50	0.64	1.23	0.64	1.18	-0.14	-0.23	0.82	0.64	0.59	0.86	0.86	-0.27	1.09	0.82
M15	1.86	1.18	-0.27	0.50	0.50	0.73	-0.68	0.50	-0.18	0.32	0.23	0.64	-0.55	1.36	0.00
M16	1.95	1.23	1.14	-0.14	1.59	0.32	0.32	0.68	0.82	0.68	0.41	0.68	-0.14	1.14	1.05
M17	1.64	1.09	1.73	0.05	1.41	0.50	0.00	0.32	0.14	0.68	0.41	0.64	1.45	-0.50	1.41
M18	1.55	0.64	0.64	0.18	0.64	-0.50	-0.18	0.86	-0.59	0.45	0.18	-0.23	1.68	-0.14	0.32
M22	1.95	1.00	0.45	0.14	11.23	0.91	-0.50	0.27	-0.41	0.91	-0.77	0.86	0.73	0.00	0.68
M23	1.36	0.32	-0.36	0.23	1.09	0.55	-0.23	-0.05	-1.14	-0.86	-0.23	0.14	0.09	0.45	-0.32
M24	1.50	1.27	1.27	0.68	0.86	-0.09	0.05	0.23	0.59	0.18	0.64	0.55	-0.09	0.09	1.23
M25	1.91	1.27	-0.32	0.77	1.09	0.73	-0.45	-0.45	-0.68	0.59	-0.77	0.05	0.45	0.41	0.41
M26	1.82	1.36	1.32	0.27	1.27	0.18	-0.50	0.59	0.05	-0.27	0.14	0.23	0.05	0.64	0.68
M27	1.36	0.27	0.64	0.27	1.64	0.68	-1.14	-0.23	-0.73	0.23	-0.14	0.18	0.73	-0.27	0.14
M28	2.14	1.00	-0.09	0.41	1.27	0.23	-0.73	0.05	-0.68	0.00	-0.41	-0.05	0.95	0.09	0.36
M29	1.91	0.45	0.32	0.18	1.05	0.27	-0.36	0.23	-0.18	0.32	-0.45	0.41	-0.27	0.59	0.18

3.2　造型知识意象聚类分析

利用 SPSS 软件对实验数据进行聚类分析，得到如图 1 所示的样本聚类分析谱系图。以量化值 10 处做垂线，将样本分为 4 个类别：① M25、M28、M22、M12 和 M27 组成的多变曲线造型类；② M13、M15 和 M29 组成的厚重沉稳造型类；③ M11 和 M17 组成的异形新颖造型类；④ M16、M14、M26 和 M24 组成的方正大气造型类。其中的 M18 和 M14 做特殊处理。

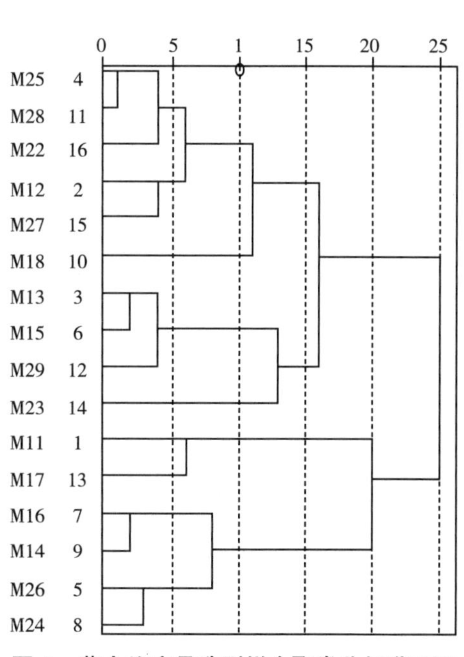

图 1　蒙古族家具造型样本聚类分析谱系图

3.3　造型意象空间建立与分析

（1）蒙古族家具造型知识语义折线图绘制。以聚类分析结果为基础，绘制不同类型的蒙古族家具造型知识感性语义折线图。每类样本的感性语义特征均可由直接从该类样本在 15 组感性词汇维度上的平均分读取，例如，异形新颖造型类样本的感性语义折线图表明：该类样本感性意象倾向于古典的、手工的、个性的等。

（2）因子分析样本意象空间构建。基于样本在公共因子上的得分，建立感性意象空间，分析感性意象与样本间的关联性。

3.4 造型知识样本与感性语义对应关系的分析与验证

综合聚类分析和因子分析结果，绘制样本类别与公共因子的感性意象关联图。由图可知每一类造型样本与4个公共因子之间的感性语义关系。如多变曲线造型类样本与光泽感知因子、风格物理因子及造型感知因子正相关，与自然科技因子负相关，感性语义表现为鲜艳的、变化的、烦琐的、几何的等；厚重沉稳造型类样本与风格物理因子、自然科技因子正相关，与光泽感知因子、造型感知因子负相关，感性语义表现为庄重的、手工的、直线的、田园的等；异形新颖造型类样本与光泽感知因子、造型感知因子及自然科技因子正相关，与风格物理因子无明显相关性，感性语义表现为抽象的、花哨的、弧形的、个性的等；方正大气造型类样本与风格物理因子正相关，与光泽感知因子、造型感知因子负相关性，感性语义表现为实用的、厚重的、奢靡的、几何的等。由此可知，进行蒙古族家具创新设计时应重点参照以下思路：①多变曲线造型类产品开发，应注重鲜艳的、变化的、烦琐的、几何的、厚重的、手工的、流线的等特征；②厚重沉稳造型类产品开发，应注重具象的、实用的、厚重的、变化的、手工的、田园的等特征；③异形新颖造型类产品开发，应注重鲜艳的、花哨的、抽象的、个性的、弧形的等特征；方正大气造型类产品开发，应注重简约的、具象的、手工的、变化的、几何的、大众的等特征。

4 结 语

本研究基于感性意象实验，通过文献分析、田野调查和实验法，进行了用户对蒙古族家具造型知识感性意象的调查与分析，以SPSS软件进行聚类分析和因子分析，构建样本的感性意象空间，对16个实验样本和15组感性意象词汇作了分类和降维处理，获取蒙古族家具造型知识，总结分析知识样本与感性意象特性之间的对应关系。

本研究仅是通过其中一个角度对蒙古族家具造型知识的感性意象特征进行分析与总结，探索其在重用中的可能性，接下来，将从蒙古族家具的结构知识、材质知识、装饰知识等角度进一步探索民族家具知识获取与重用研究的其他诸多相关因素，以使相关研究更加完善和充实。

原文发表于《家具与室内装饰》2023年2月刊第24—28页

后 记

102篇精选的论文，30余载教育科研心路，3代人的心迹，1个“家具与美好生活”的主旋律，演奏出一位教育工作者在人才培养、科学研究、社会服务、文化传承、对外交流与合作等方面率直表现的生命乐章。

在过去20多年里，刘老师和我们兴许是没多想那时的“未来”需要汇编本文集，兴许是唯恐时光飞逝，唯有多作学问，使得我们未及时保存好所发表论文的文稿及学习、工作、生活的美好时刻，虽多番寻找，我们仍未能如愿找到本书中所有文章的一手文稿。因而，遗憾地，部分论文相较于发表的原文篇幅和图表有所删减。

本文集的顺利出版，得益于强恩逊（惠州）家居发展有限公司的支持，得益于中国林业出版社编辑樊菲、李鹏、陈惠的支持，得益于中南林业科技大学校领导及家居与艺术设计学院同仁的支持。沈华杰、董良洲、白彩霞、程玉等人多次校稿文集内容，章国强、李国华、刘岸、王超、王育凯、陈新义等人提供了刘老师生前相关工作场景照片，刘芑等人完成了封面设计，王诗阳、余俐、何挺、王子怡、王悦、黄沿杰、刘紫佳、朱丽颖、罗炎清等人整理本文集收录的论文，谭亚国、高兴、欧阳苏琴、陈慧帧4人完成了刘老师及唐立华教授指导的研究生名录。

书页将合，故事永存，愿这些文字成为我们心中不灭的火焰。